DER GROSSE ATLAS DES UNIVERSUMS

MARK A. GARLICK

DER GROSSE ATLAS

DES UNIVERSUMS

MIT STERNKARTEN VON WIL TIRION

Umwelthinweis:
Dieses Buch und der Schutzumschlag wurden auf chlorfrei gebleichtem Papier gedruckt. Die Einschrumpffolie – zum Schutz vor Verschmutzung – ist aus umweltverträglichem und recyclingfähigem PE-Material.

Mit Sternkarten von Wil Tirion und Planetenkarten von Don Davis.
Bildnachweis siehe Seite 303–304.

Die Originalausgabe ist in englischer Sprache erschienen bei Weldon Owen unter dem Titel

THE ILLUSTRATED ATLAS OF THE UNIVERSE

Aus dem Englischen übersetzt von Manfred Wolf

Ungekürzte Lizenzausgabe
der RM Buch und Medien Vertrieb GmbH
und der angeschlossenen Buchgemeinschaften

Redaktion: Sven Melchert
Produktionsbetreuung: Print Company Verlagsges.m.b.H., Wien
Produktion: Johannes Geyer
Umschlag- und Einbandgestaltung: Harald Braun, Berlin
Umschlagfoto: getty/NASA-ESA/digital version by Science Faction

Printed in Singapore 2007

Buch-Nr. 090617
www.derclub.de
www.donauland.at
www.bertelsmannclub.ch
www.nsb.ch

Das Kind des Riesen (rechts)
Io ist der viertgrößte Mond des Sonnensystems und nur etwas größer als der Erdmond. Doch hier, vor seinem Elternplanten Jupiter, ist er beinahe unscheinbar. Dieses Foto wurde von der Cassini-Sonde auf ihrem Weg Richtung Saturn am Neujahrstag 2001 aufgenommen.

INHALT

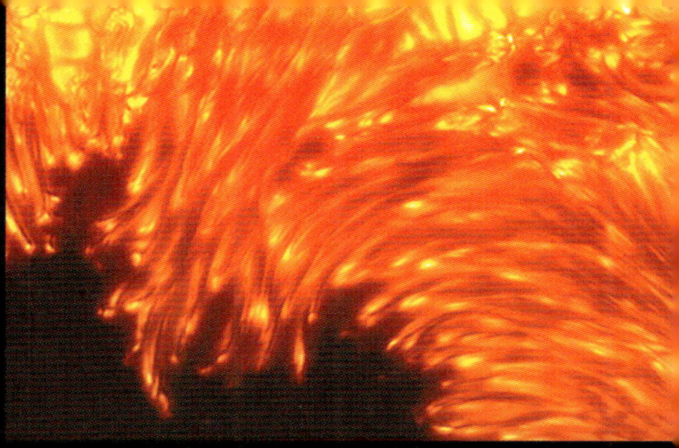

Unsere dynamische Sonne (links unten)
Dieses Ultraviolettbild zeigt eine Sonnenprotuberanz – ein gewaltiger Ausbruch von relativ kühlem Gas, der tausende Kilometer in den Weltraum reicht. Protuberanzen stehen möglicherweise mit den starken Aktivitäten im Sonnenmagnetfeld in Verbindung, obwohl der genaue Mechanismus nicht bekannt ist.

Immerwährender Sturm (unten)
Voyager 1 hat diesen Blick auf Jupiters Großen Roten Fleck im Jahr 1979 eingefangen (hier farbverstärkt). Unser Verständnis für den Riesenplaneten wurde in den siebziger Jahren des vergangenen Jahrhunderts durch nahe Vorbeiflüge von Pioneer 10 und 11 und spätere Voyager-Raumsonden erweitert.

Ein See aus Eis auf dem Mars (oben)
2005 nahm der Mars-Express-Orbiter dieses Bild, das eine große Wassereisfläche in einem namenlosen Krater nahe dem Nordpol des Mars zeigt, auf. Der Krater ist etwa 35 km breit. Wassereis findet sich in bescheidenen Mengen sowohl an der Oberfläche des Mars als auch in seiner Atmosphäre.

Die enthüllten Ringe (links)
Dieses Bild vom Cassini-Orbiter entstand im Ultraviolettbereich und zeigt einen Schnitt durch die berühmten Saturnringe. Die Farben kennzeichnen die Arten und Mengen der Mineralien, die in den zahllosen Teilchen aus Wassereis entdeckt wurden, aus denen die Ringe bestehen. Die Zusammensetzung reicht von relativ reinem Eis im oberen Teil der Abbildung (blau und türkis) bis zu Teilchen mit hohem mineralischen Anteil (rot).

Das Schwert des Orion (ganz links)
Das Schwert des Orion im gleichnamigen Sternbild ist ein Himmelsschatz, den man selbst von einer Stadt aus mit bloßem Auge erkennen kann. Auf dieser Nahaufnahme sieht man einen blauen Reflexionsnebel (oben) mit Teilen, die unter den Namen NGC 1973, 1975 und 1977 eingetragen sind. Darunter liegt der weltberühmte Orion-Nebel (M 42), die größte Ansammlung von jungen Sternen in der Nähe der Sonne.

Vorwort

Astronomie hat die Menschheit gefesselt, seit die Neugierde unsere Augen himmelwärts gerichtet hat. Heute haben wir das Glück, in einer Blütezeit astronomischen Wissens zu leben. Niemals zuvor hatten so viele Astronomen einen solchen Umfang an Technologie zur Verfügung, um die Rätsel unseres Universums zu entwirren. Dank leistungsfähiger Teleskope auf dem Boden und im Weltraum werden heute routinemäßig Bilder eingefangen, die bis vor kurzem noch als Wunder betrachtet worden wären. Einst ferne Planeten und Monde des Sonnensystems sind durch Technologien, die Erkundungsroboter auf den Mars gesetzt, die Oberfläche der Venus erkundet und uns ein Bild von der eisigen Oberfläche eines mehr als eine Milliarde Kilometer entfernten Saturnmondes gesendet haben, in unsere Reichweite gerückt.

Der große Atlas des Universums vereinigt Wissen und Schönheit in einem Band. Er enthüllt, was sich im Universum befindet und wie alles zusammenpasst, aber auch wie man am besten dort hinausgelangt und was man mit eigenen Augen sehen kann. Auf über einhundert eigens für dieses Werk angefertigten Karten wird das überwältigende Ausmaß des Kosmos veranschaulicht. Dies ist mehr als ein Atlas, es ist ein enzyklopädisches Nachschlagewerk über die Astronomie, Kosmologie und Weltraumforschung des 21. Jahrhunderts.

Der große Atlas des Universums beginnt mit einer Darstellung unseres Planeten, der Erde, und ihres natürlichen Satelliten, des Mondes. Dann wird der Blickwinkel mit jedem Kapitel erweitert, um immer größere Regionen des Kosmos zu erforschen, bis schließlich im achten Kapitel das gesamte Universum und seine größten bekannten Gebilde, die sogenannten Supergalaxienhaufen, erkundet werden. Die beiden letzten Kapitel befassen sich mit dem Nachthimmel und sind eine praktische Hilfe für Amateurastronomen und Alltagssterngucker. Das neunte Kapitel ist ein Führer durch die Jahreszeiten und enthält genaue Karten aller Einzelheiten, die man am Nachthimmel sehen kann – nördlich und südlich des Äquators und zu jeder Zeit des Jahres. Kapitel Zehn zeigt alle 88 Sternbilder im Detail und streicht besonders spektakuläre Objekte wie bestimmte Nebel, Sterne und Galaxien heraus.

Von einem internationalen Team von Astronomen, Kartographen und Wissenschaftspädagogen ausgearbeitet und geschrieben und mit wunderschönen Fotos, Plänen, Karten und Illustrationen versehen, ist *Der große Atlas des Universums* Ihr Schlüssel zum Kosmos, der uns dabei hilft, unseren Platz im Universum zu finden.

Die Karte des Universums

Das Universum ist viel größer, als der menschliche Verstand erfassen kann. Schon wenn man die Entfernungen zu unseren Nachbarsternen betrachtet, wird man sprachlos. Doch was man sich nicht vorstellen kann, kann trotzdem veranschaulicht werden. Jedes der ersten acht Kapitel in diesem Atlas wird mit einer Karte eröffnet, auf der die betreffende Region eingezeichnet ist. Diese Karten werden auf den nächsten vier Seiten miteinander verknüpft gezeigt, damit man sehen kann, wie jede Karte in die folgende passt.

DIE ERDE UND DER MOND

Seite 14–33

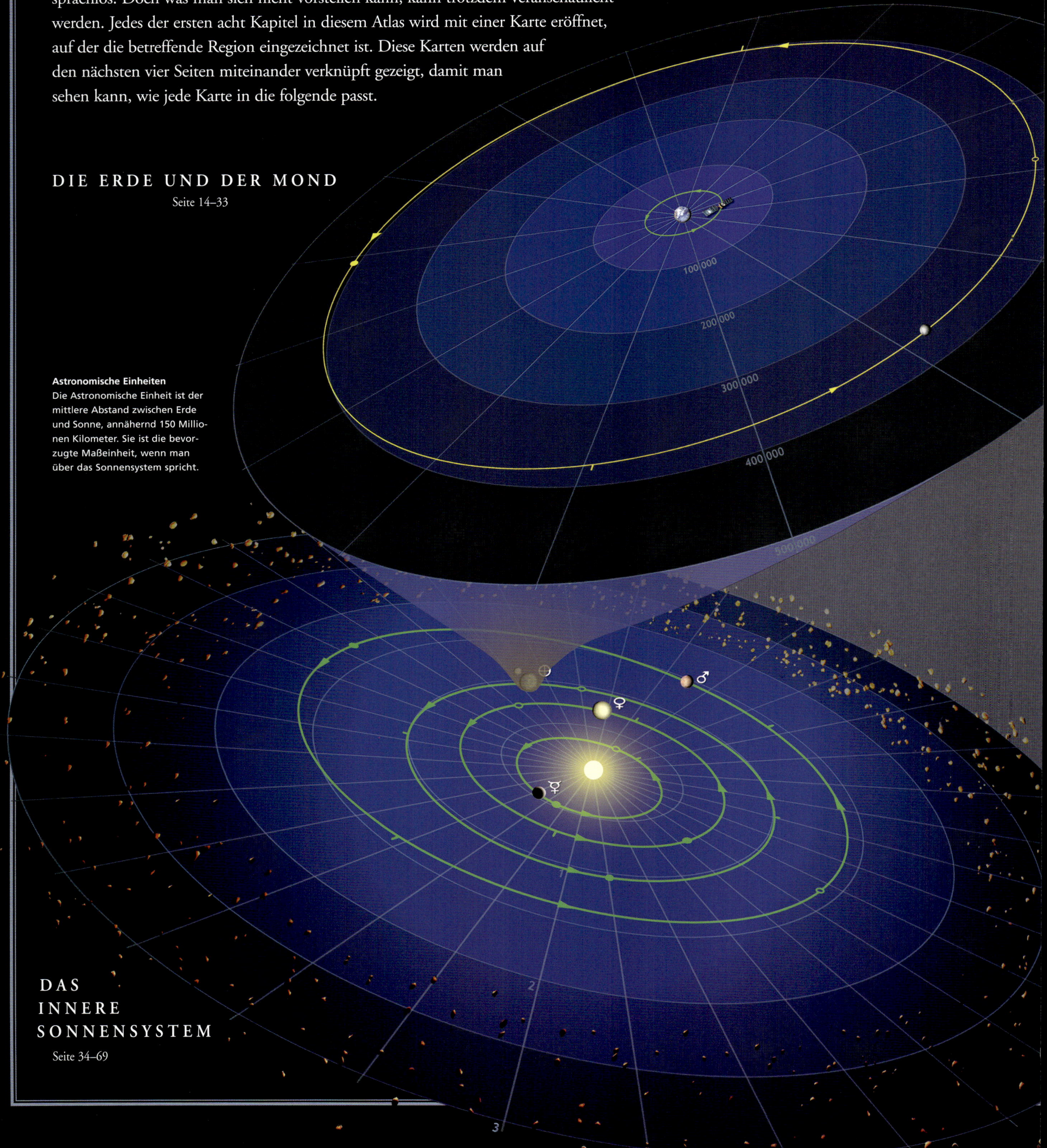

Astronomische Einheiten
Die Astronomische Einheit ist der mittlere Abstand zwischen Erde und Sonne, annähernd 150 Millionen Kilometer. Sie ist die bevorzugte Maßeinheit, wenn man über das Sonnensystem spricht.

DAS INNERE SONNENSYSTEM

Seite 34–69

DAS ÄUSSERE SONNENSYSTEM

Seite 70–111

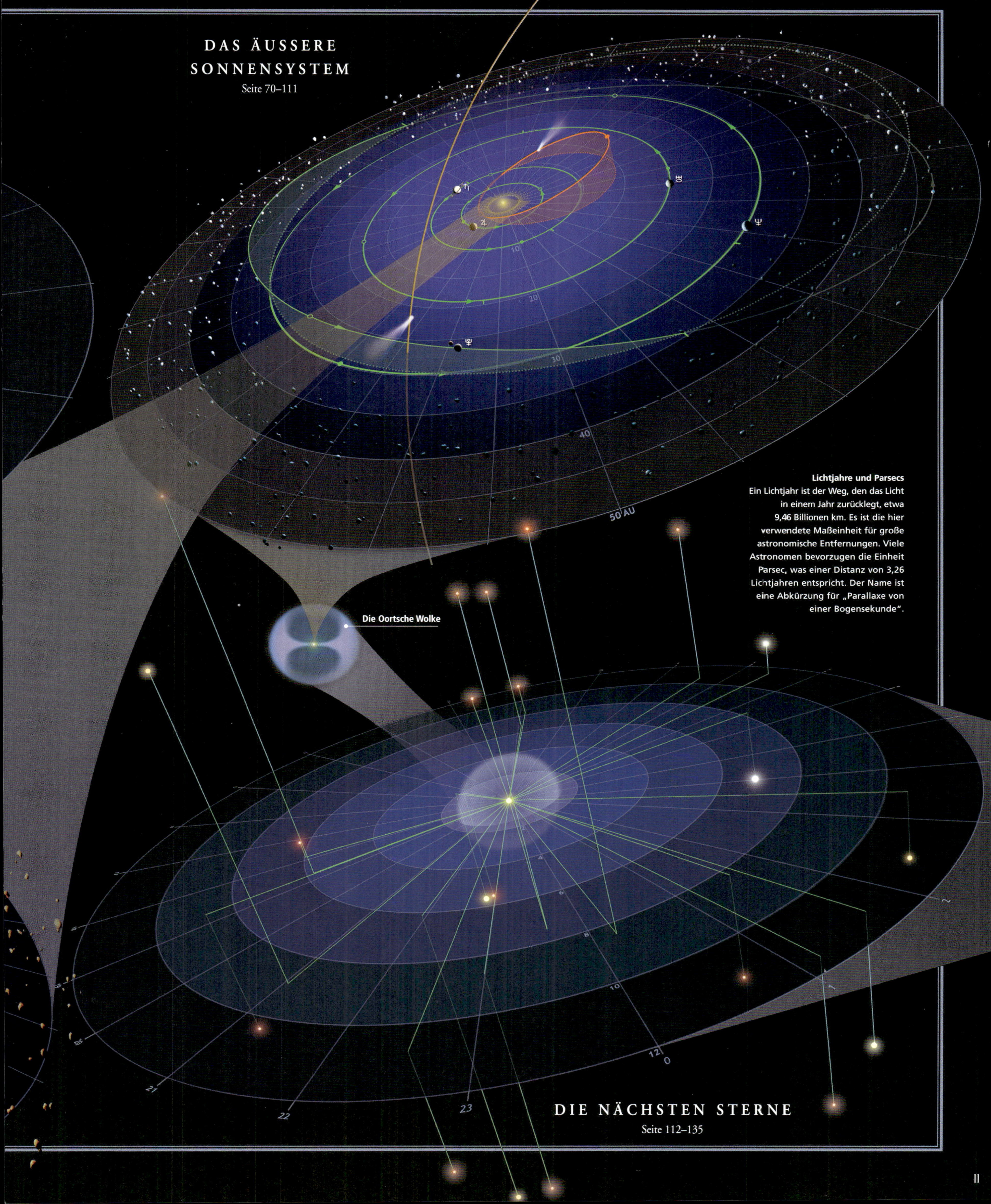

Lichtjahre und Parsecs
Ein Lichtjahr ist der Weg, den das Licht in einem Jahr zurücklegt, etwa 9,46 Billionen km. Es ist die hier verwendete Maßeinheit für große astronomische Entfernungen. Viele Astronomen bevorzugen die Einheit Parsec, was einer Distanz von 3,26 Lichtjahren entspricht. Der Name ist eine Abkürzung für „Parallaxe von einer Bogensekunde".

DIE NÄCHSTEN STERNE

Seite 112–135

DIE MILCHSTRASSE
Seite 160–171
10 000
20 000
30 000
40 000
50 000
DIE LOKALE NACHBARSCHAFT
Seite 136–159
1,000
2,000
3,000
4,000
5,000
DAS UNIVERSU
DER GALAXIEN
Seite 184–203

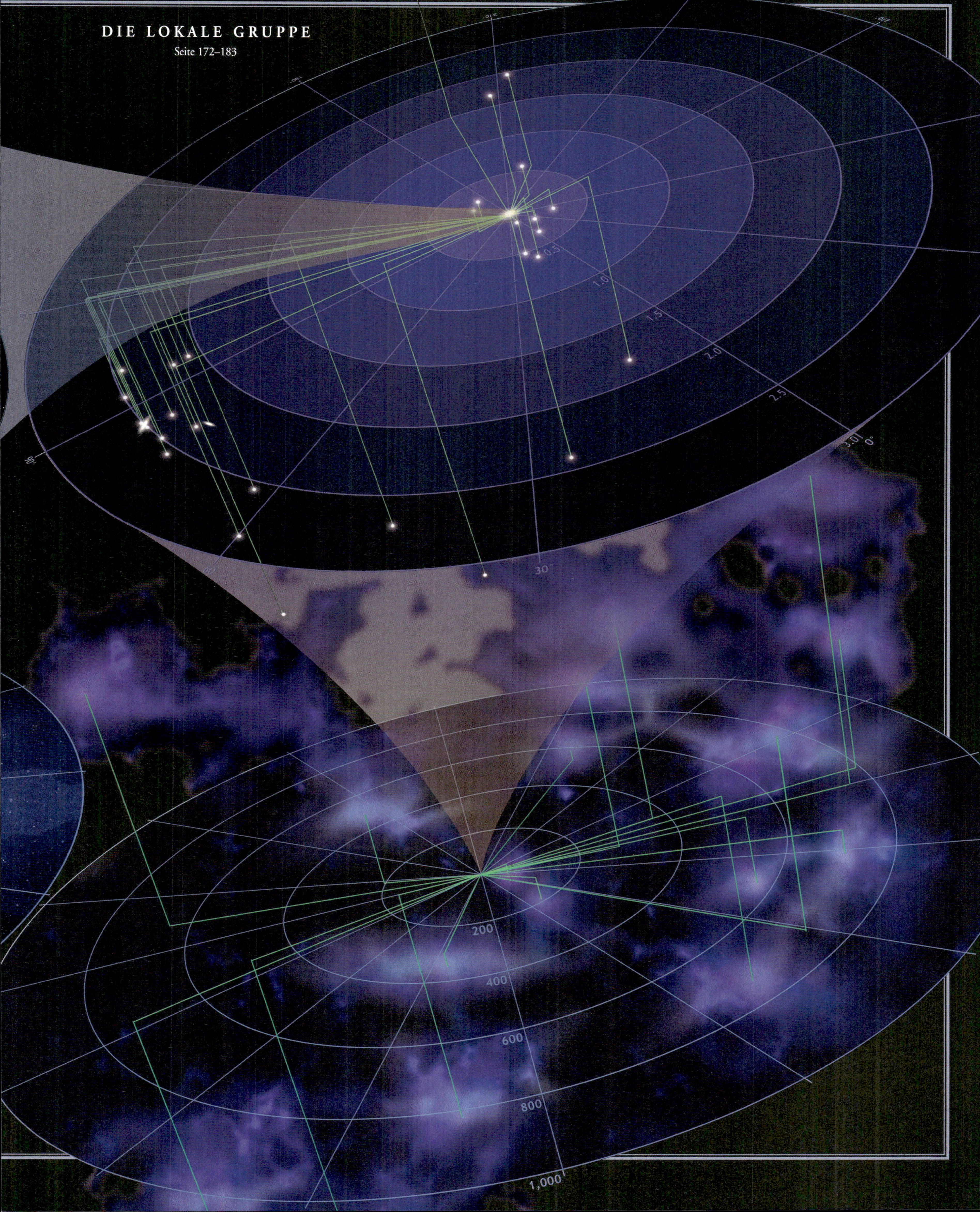
0.5
1.0
1.5
2.0
2.5
3.0
0°
30°
60°
90°
200
400
600
800
1,000

Auf dieser Bildmontage taucht der Mond durch den blauen atmosphärischen Dunst der Erde und steigt in einen wolkenlosen Himmel über der Halbinsel Sinai. Der Mond ist seit mindestens 4,5 Milliarden Jahren unser Begleiter im Weltraum.

Die Erde und der Mond

Karten von Erde und Mond

Manche sind der Meinung, dass man die Erde und den Mond als Doppelplaneten betrachten sollte, weil der Mond im Vergleich zur Erde recht groß ist. Unser einziger natürlicher Satellit ist durchschnittlich 384.400 km entfernt und bewegt sich auf einer leicht in die Länge gezogenen Bahn, sodass sein scheinbarer Durchmesser am Himmel um etwa zehn Prozent schwankt. Starke Gravitationskräfte haben den Mond in eine mit der Erde gleichlaufende Rotation gebannt und deswegen benötigt er für seinen Umlauf dieselbe Zeit wie für eine Drehung, 27,32 Tage. Deshalb sehen wir den Mond immer von jener Seite, die der Erde zugewandt ist, die Rückseite blieb bis zur Ära der Raumfahrt unbekannt.

Die Erde und der Mond (unten)
Die Mondbahn ist elliptisch, der Abstand zur Erde schwankt um etwa 39.000 km. Die offenen und geschlossenen Kreise auf der Bahn markieren die nächste (Perigäum) und fernste (Apogäum) Position zur Erde. Je weiter ein Satellit von seinem Elternkörper entfernt ist, desto langsamer ist er. Der Mond benötigt fast einen ganzen Monat, um eine vollständige Umkreisung auszuführen, wohingegen künstliche Satelliten mehrmals täglich die Erde umrunden. Zwischen diesen Extremen gibt es eine Position, 35.900 km über der Erdoberfläche, wo die Umlaufdauer genau einen Tag beträgt. Diesen Punkt nennt man Geostationären Orbit und er wird auf dieser Karte als grüne Bahnlinie gezeigt. Jede Stufe im Gitter entspricht 100.000 km.

Legende
- Mondbahn
- Mondbahnknoten
- Mondbahn Perigäum
- Mondbahn Apogäum
- Geostationärer Satellitenorbit

Die Gezeiten (links)
Der Mond ist verglichen mit der Erde so groß und nah, dass er eine beträchtliche Anziehung auf unseren Planeten ausübt. Wir sehen diese Kraft in den täglichen Gezeiten, wobei die Schwerkraft des Mondes das Wasser der Meere anzieht. Auch die Gravitation der Sonne beeinflusst die Gezeiten, nur in einem weit geringeren Ausmaß. Wir erleben die größten Gezeitenunterschiede, die sogenannten Springfluten, wenn sich Erde, Mond und Sonne auf einer Linie befinden.

Die Erde

Der Mond

Die Erde und der Mond im Größenvergleich.
Der Mondumfang beträgt 27 Prozent des Umfangs der Erde, nur der Plutomond Charon ist im Verhätnis zu seinem Planeten größer.

Die Internationale Raumstation (rechts)
Seit die Sowjets im Jahr 1957 den Satelliten Sputnik gestartet haben, wurden mindestens 5.000 künstliche Satelliten in die Erdumlaufbahn gebracht. Die Mehrzahl ist längst in der Atmosphäre verglüht oder kreist als Weltraumschrott. Die Internationale Raumstation ISS ist der bisher größte und komplexeste künstliche Satellit.

Wasserwelt (links)
Wasser in Form von Gletschern und Flüssen prägt auf diesem Satellitenbild der Europäischen Zentralalpen eine zerklüftete Gebirgslandschaft. Das lebendige Grün der Pflanzenphotosynthese ist über einen großen Teil der Erdoberfläche hinweg die auffälligste Farbe.

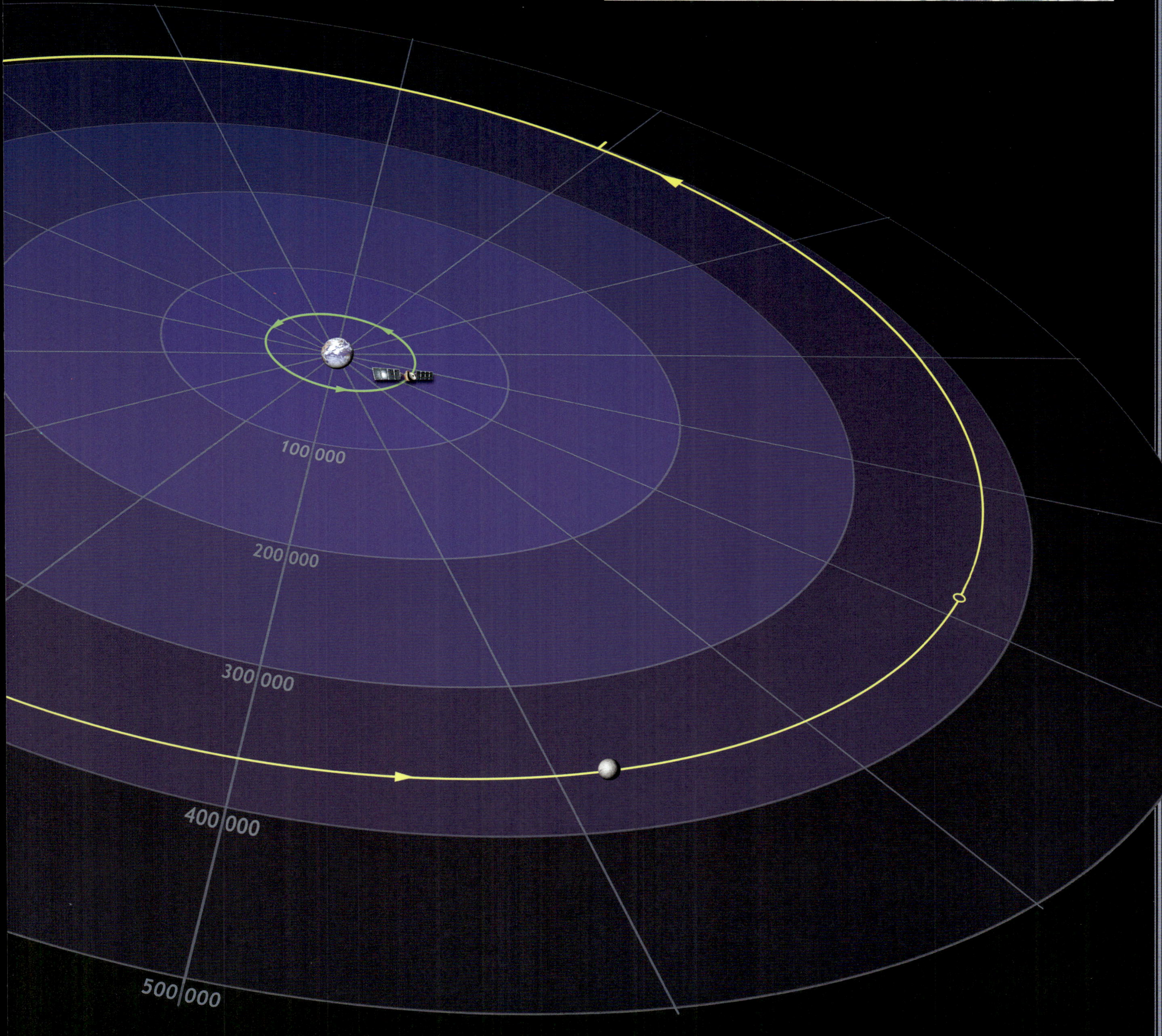

DIE ERDE

Etwa 150 Millionen km von der Sonne entfernt kreist der dritte Planet, die Erde. Wie Merkur, Venus und Mars ist die Erde eine terrestrische Welt, eine feste Kugel aus Silikaten und Metallen. Die Erde ist das größte Beispiel dieser Planetenklasse und wegen ihrer Zusammensetzung, ihres Klimas und weil sie Leben spendet gleicht sie keinem anderen. Die Atmosphäre fängt gerade die richtige Menge Sonnenenergie ein, um die Temperatur auf dem Boden angenehm über den Gefrierpunkt von Wasser steigen zu lassen, und ihre Entfernung von der Sonne schafft Bedingungen, die zur Anwesenheit von flüssigem Wasser an der Oberfläche führen. Diese zwei Faktoren gewährleisten, dass mehr als über zwei Drittel der Oberfläche unseres Planeten mit diesem universalen Lösungsmittel bedeckt sind, und das ist auch der Schlüssel zum Erfolg der Erde als Brutkasten des Lebens. Wäre es ein wenig kälter oder heißer, dann wäre das Wasser gefroren oder verdampft, und das Leben hätte nie begonnen. Kein anderer Planet im Sonnensystem und darüber hinaus hat bisher Anzeichen auf Leben gezeigt.

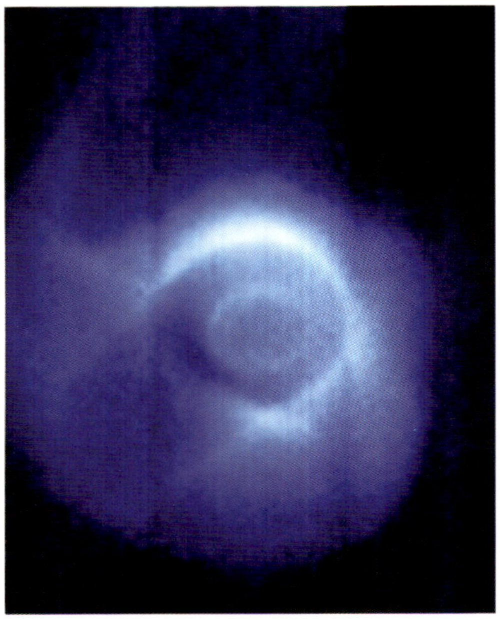

Die Plasmasphäre
Die Erde ist eingehüllt in eine Decke aus Plasma oder ionisiertem Gas, die „Plasmasphäre" genannt wird und sich bis zu einer Entfernung von etwa vier Erdradien ausdehnt. Auf diesem UV-Bild liegt die Sonne oben rechts außerhalb des Bildes, eine Zunge aus Plasma streckt sich nach ihr aus. Der dünne Ring in der Mitte ist das Leuchten der Nordlichter. Diese Aufnahme stammt vom Extreme Ultraviolet Imager der NASA.

ERDDATEN	
Durchschnittlicher Sonnenabstand	149,6 Millionen km; 1 AE
Äquatordurchmesser	12.756 km
Rotationsdauer (siderisch)	23,93 h
Masse	5,974 x 10^{24} kg
Volumen	1,08 Billionen km^3
Gravitation an der Oberfläche	1 g (9,8 m/s^2)
Durchschnittliche Dichte (Wasser = 1)	5,5
Druck an der Oberfläche	101,4 kP
Entweichgeschwindigkeit	11,2 km/s
Bahnexzentrizität	0,017
Höchsttemperatur	58 °C
Tiefsttemperatur	–88 °C
Durchschnittliche Albedo	0,31
Anzahl der Monde	1

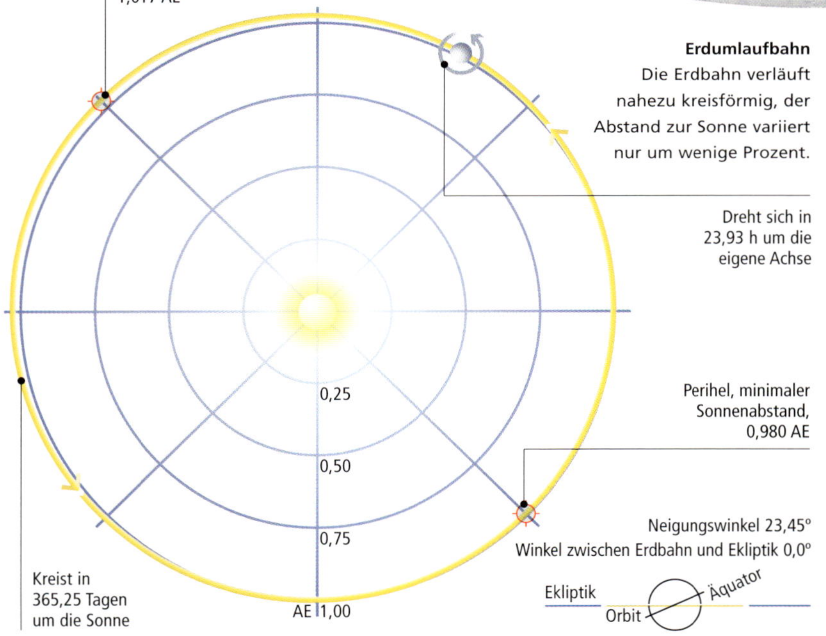

Erdumlaufbahn
Die Erdbahn verläuft nahezu kreisförmig, der Abstand zur Sonne variiert nur um wenige Prozent.

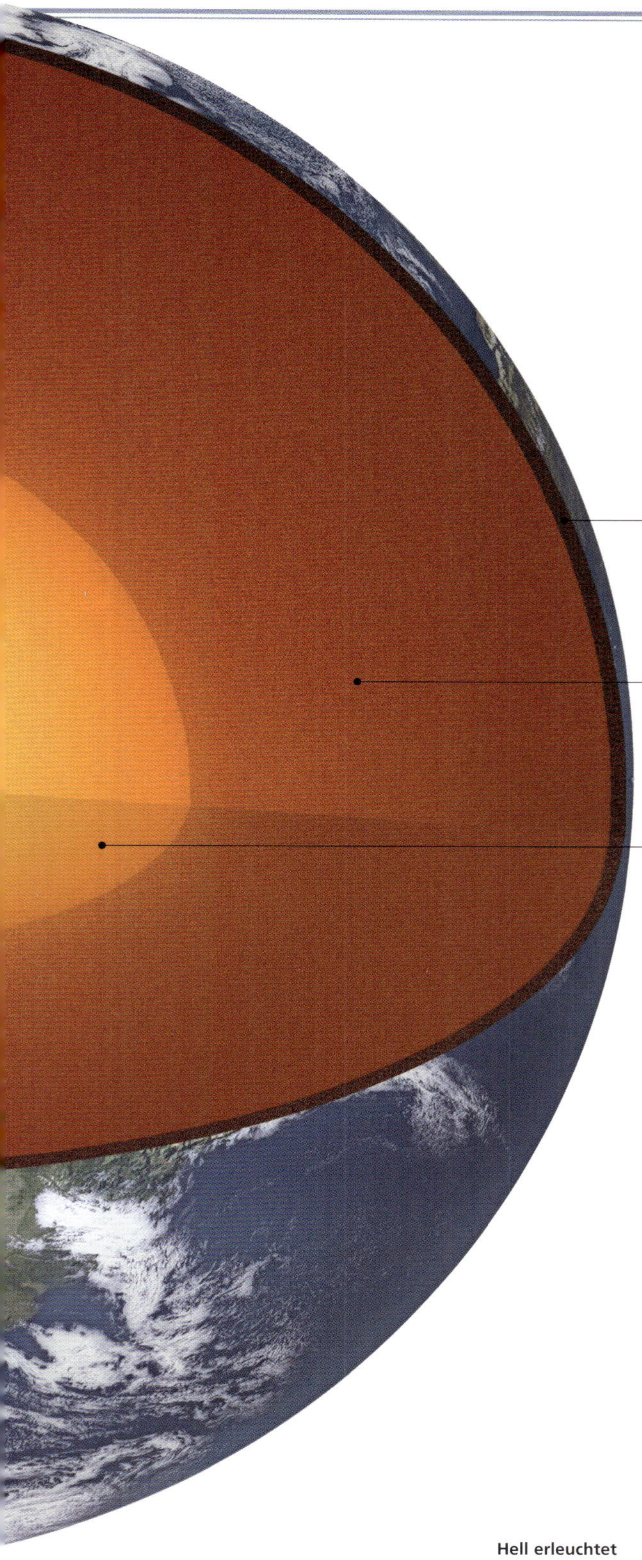

Die ruhelose Erde

Das Landschaftsbild der Erde bleibt nie gleich. Flüssiges Gestein aus Vulkanen verfestigt sich, um neues Land zu bilden, und gewaltige Wassermassen, die 71 Prozent der Oberfläche bedecken, sind sowohl Entstehungsplätze von Sedimentgestein als auch machtvolle Quellen der Erosion: Vergletscherung, Regen und Wind. Aber die wichtigste treibende Kraft der Veränderung ist der anhaltende Marsch der Kontinente. Die Kruste ist in gigantische Platten geteilt, die langsam auf einer biegsamen Schicht treiben, die man Asthenosphäre nennt. Wo die Platten auseinandertreiben, wird neues Material an die Oberfläche befördert, um die Lücken zu füllen. Wo Platten zusammenstoßen, entstehen Berge, an manchen Orten viele Kilometer hoch.

Die Kruste
Die äußerste Erdschicht ist eine dünne Kruste, die hauptsächlich aus Vulkangestein besteht. Die Dicke variiert, auf dem Meeresboden ist die Kruste jedoch am dünnsten, an manchen Stellen nur acht Kilometer tief. Die Kruste der Kontinente ist bis zu achtmal dicker.

Der Mantel
Unterhalb der Kruste befindet sich ein dicker Mantel, der bis in etwa 2.900 km Tiefe reicht. Der Großteil des Mantels besteht aus einer Verbindung namens Olivin, die aus den Elementen Sauerstoff, Magnesium und Silizium zusammengesetzt ist.

Der Kern
Die Erde ist der einzige terrestrische Planet mit einem zweiteiligen Kern. Der äußere Kern, etwa der halbe Radius des Planeten, ist flüssig. Der innere Kern ist fest und sehr heiß, ähnlich wie auf der Sonnenoberfläche. Der gesamte Kern besteht hauptsächlich aus Nickel-Eisen.

Die Atmosphäre und das Klima der Erde

Unsere Atmosphäre ist unser Lebenserhaltungssystem und unser Schild gegen die Gefahren des interplanetaren Raums. Sie birgt hundertmal mehr Gas als der Marshimmel, aber nur ein Hundertstel der Gasmenge, welche die Venusoberfläche einhüllt. Die unterste Schicht, von der Oberfläche bis in eine Höhe von 11 km, nennt man Troposphäre. Hier genießen wir das gemäßigte Klima und Wetter der Erde, ein sich ständig änderndes Phänomen, das aus dem Zusammenspiel von Sonnenenergie, Wasser, dem Land und der Erdrotation entstand. Die darüberliegende Schicht heißt Stratosphäre. Sie enthält das Ozon, das die die tödlichen ultravioletten Sonnenstrahlen abhält. Darüber liegen die Mesosphäre, die Thermosphäre und die Exosphäre – eine Übergangszone zwischen den dünnsten Schichten und dem Weltraum.

Die Zusammensetzung der Atmosphäre
Ungefähr 78 Prozent der Erdatmosphäre besteht aus Stickstoff, 21 Prozent aus Sauerstoff und das verbleibende eine Prozent zum Großteil aus Argon. Es finden sich auch unterschiedliche Mengen an Wasserdampf.

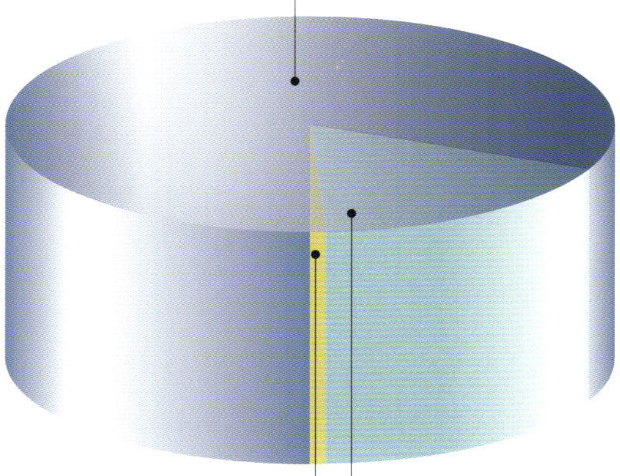

Hell erleuchtet
Vom Weltraum aus gesehen ist die Erde in der Nacht von künstlichen Lichtquellen hell erleuchtet. Das sieht zwar schön aus, aber diejenigen, die vom Boden aus in den Weltraum hinausspähen wollen, stellt diese Lichtverschmutzung vor größere Schwierigkeiten.

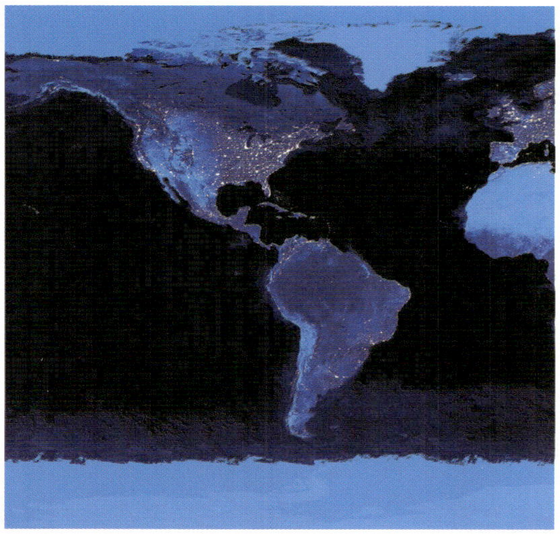

Lichtschleier
Die Polarlichter werden von geladenen Teilchen verursacht, die von der Sonne kommen. Bevor sie unseren Planeten erreichen, werden sie vom Erdmagnetfeld eingefangen und stoßen mit Molekülen in der Atmosphäre zusammen.

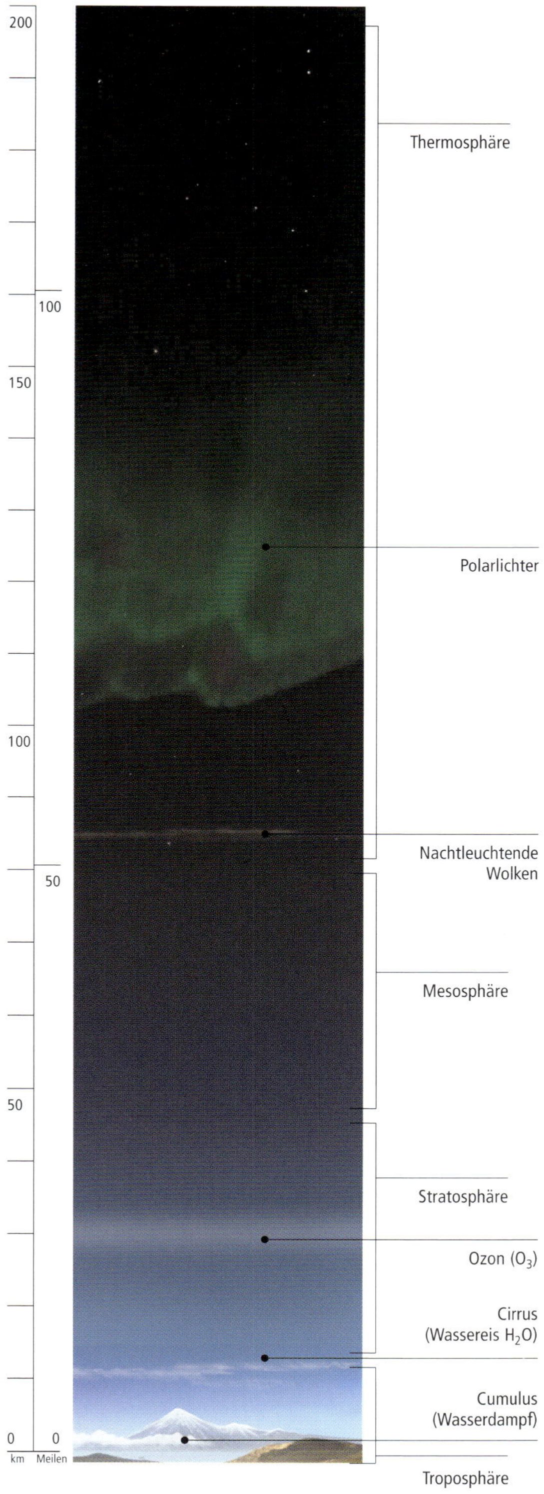

Die Erdkarte: Westhalbkugel

Wasser prägt das Erscheinungsbild der westlichen Erdhalbkugel. Das hervorstechendste Merkmal ist der größte Ozean der Welt, der Pazifik, der von Zonen vulkanischer und seismischer Aktivität umgeben ist, dem Ring aus Feuer. Der Pazifische Ozean enthält doppelt so viel Wasser wie der Atlantik und bedeckt ein Gebiet, das größer ist als das gesamte Festland der Erde. Der Nord- und Südamerikanische Kontinent sind die dominierenden Landschaftsmerkmale auf dieser Halbkugel. Hier liegen das größte Entwässerungsbecken der Welt, der Amazonas (3° S/60° W), sowie der längste Gebirgszug, die Anden (17° S/68° W).

Das westliche Antlitz der Erde (oben)
Der obere Globus zeigt uns die westliche Erdhalbkugel, wie wir sie von hunderten Satellitenaufnahmen kennen. Auf der rechten Karte sieht man dasselbe Bild im Detail.

Die Plattenverschiebungen (links)
Die San-Andreas-Spalte (34° N/118° W) in Kalifornien markiert die Grenze, wo die Pazifische und die Nordamerikanische Platte aufeinander treffen und horizontal aufeinander zutreiben. Dieses Foto zeigt, wie die Strata (Schichten) im Gestein durch seismische Kräfte verformt wurden.

Ziel: Erde (rechts)
Einschlagskrater sind auf der Erde eher selten, weil sie in geologischen Zeitbegriffen sofort wieder von den Kräften der Plattentektonik, des Vulkanismus und der Wassererosion ausgelöscht werden. Hier haben wir dennoch ein gut erhaltenes Beispiel, den Cratère des Pingualuit oder Neu-Québec-Krater (61° N/74° W), der jetzt ein runder, 267 m tiefer See in Québec, Kanada, ist.

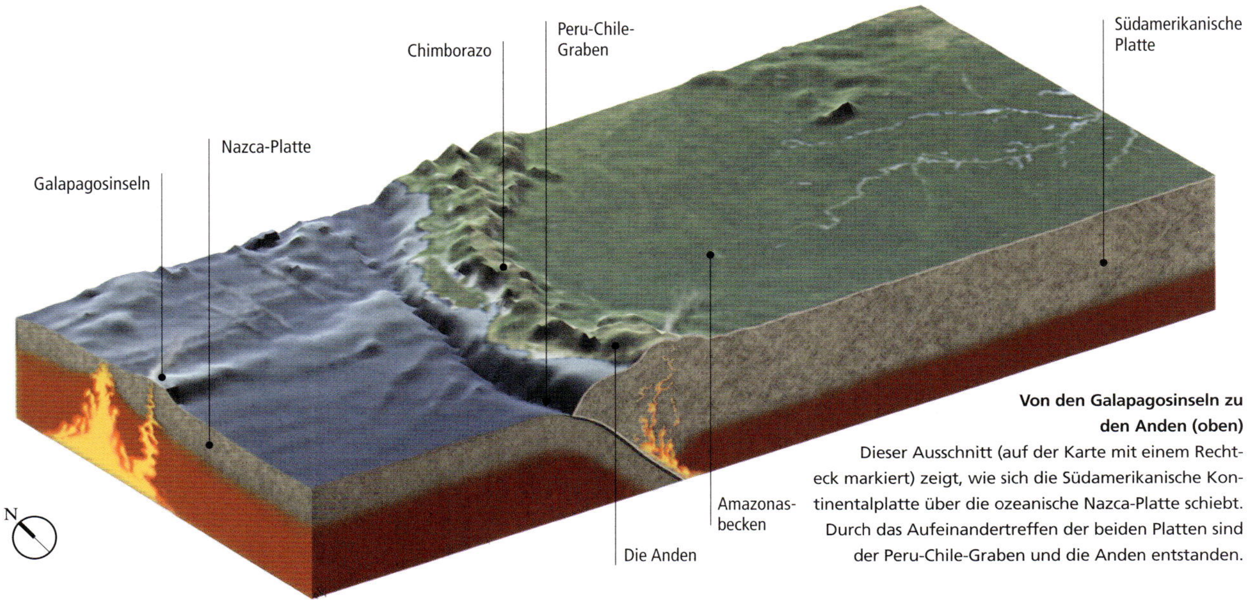

Von den Galapagosinseln zu den Anden (oben)
Dieser Ausschnitt (auf der Karte mit einem Rechteck markiert) zeigt, wie sich die Südamerikanische Kontinentalplatte über die ozeanische Nazca-Platte schiebt. Durch das Aufeinandertreffen der beiden Platten sind der Peru-Chile-Graben und die Anden entstanden.

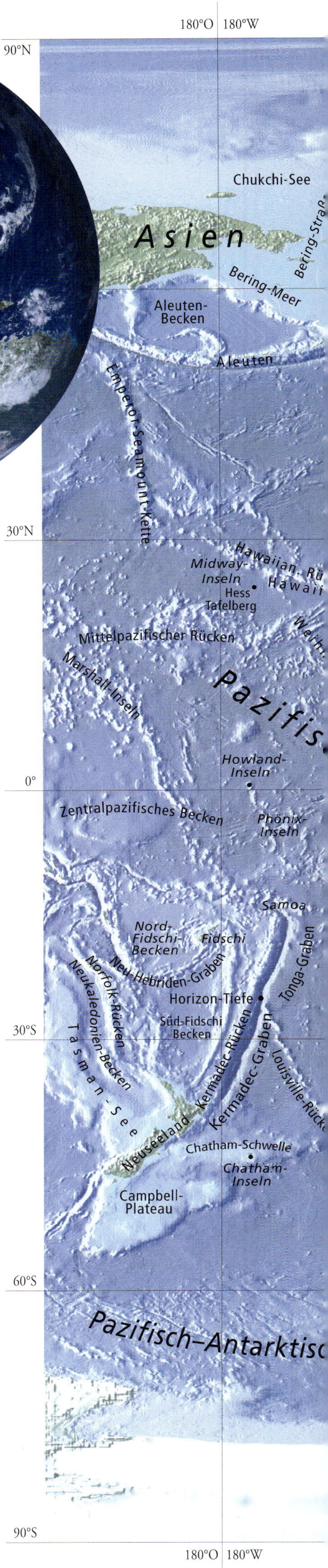

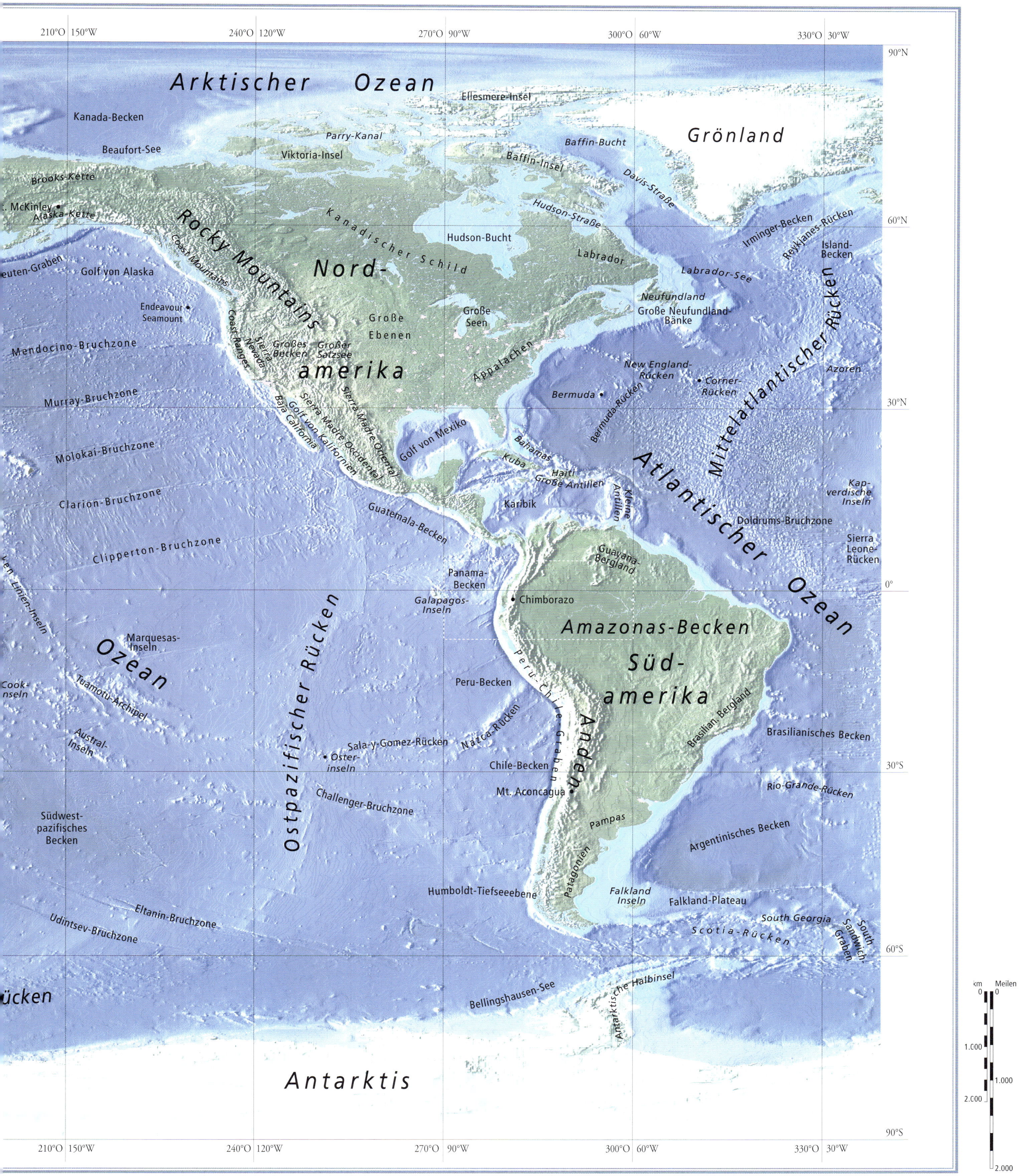
210°O 150°W
240°O 120°W
270°O 90°W
300°O 60°W
330°O 30°W
90°N
60°N
30°N
0°
30°S
60°S
90°S
Arktischer Ozean
Ellesmere-Insel
Grönland
Kanada-Becken
Parry-Kanal
Baffin-Bucht
Beaufort-See
Viktoria-Insel
Baffin-Insel
Davis-Straße
Brooks-Kette
Mt. McKinley
Alaska-Kette
Hudson-Straße
Irminger-Becken
Reykjanes-Rücken
Rocky Mountains
Kanadischer Schild
Hudson-Bucht
Island-Becken
Coast Mountains
Labrador
Golf von Alaska
Nord-
Labrador-See
Endeavour Seamount
Große Ebenen
Große Seen
Neufundland
Große Neufundland-Bänke
Mendocino-Bruchzone
Coast Ranges
Sierra Nevada
Großes Becken
Großer Salzsee
amerika
Appalachen
New England-Rücken
Corner-Rücken
Azoren
Mittelatlantischer Rücken
Murray-Bruchzone
Baja California
Golf von Kalifornien
Sierra Madre Occidental
Sierra Madre Oriental
Bermuda
Bermuda-Rücken
Golf von Mexiko
Molokai-Bruchzone
Bahamas
Kuba
Haiti
Große Antillen
Kleine Antillen
Atlantischer Ozean
Clarion-Bruchzone
Karibik
Kap-verdische Inseln
Guatemala-Becken
Doldrums-Bruchzone
Clipperton-Bruchzone
Guayana-Bergland
Sierra Leone-Rücken
Panama-Becken
Galapagos-Inseln
Chimborazo
Marquesas-Inseln
Ozean
Amazonas-Becken
Ostpazifischer Rücken
Süd-
amerika
Peru-Chile-Graben
Peru-Becken
Tuamotu-Archipel
Cook-Inseln
Brasilian. Bergland
Brasilianisches Becken
Austral-Inseln
Nazca-Rücken
Anden
Sala-y-Gomez-Rücken
Oster-inseln
Chile-Becken
Challenger-Bruchzone
Mt. Aconcagua
Rio-Grande-Rücken
Südwest-pazifisches Becken
Pampas
Argentinisches Becken
Patagonien
Humboldt-Tiefseeebene
Falkland Inseln
Falkland-Plateau
Eltanin-Bruchzone
Udintsev-Bruchzone
South Georgia
Scotia-Rücken
South Sandwich-Graben
Antarktische Halbinsel
Bellingshausen-See
Antarktis
km
Meilen
0
1.000
2.000
1.000
2.000

DIE ERDKARTE: OSTHALBKUGEL

Im Gegensatz zur Westhalbkugel wird der Osten von Land beherrscht: Europa und Afrika im Westen, Asien im Norden und in der Mitte sowie Australien im Südosten. Hier gibt es viele Bewegungen, denn die Platten, die Australien und Afrika stützen, treiben nach Norden. Indien drängt vom Süden her gegen Asien und faltet die Landmasse zur höchsten Gebirgskette der Welt auf, dem Himalaya (28° N/85° O). Diese Erdhälfte ist auch die Heimat des Toten Meeres (35,5° O/31,5° N), des tiefsten Punktes der kontinentalen Erdoberfläche und des Marianengrabens (16° N/147° O), des tiefsten Ozeangrabens.

Das östliche Erscheinungsbild der Erde (oben)
Oben sieht man die Osthalbkugel der Erde vom Weltraum aus. Die rechte Karte zeigt dasselbe Gebiet im Detail.

Der vulkanische Planet (links)
Die Erde und die fernen Monde Io und Triton sind die einzigen bekannten Orte im Sonnensystem, die gegenwärtig vulkanische Aktivitäten zeigen. Ol-Doinyo-Lengai (3° S/36° O) ist das Beispiel eines Kegelvulkans, der noch immer aktiv ist. Man nennt ihn auch den Berg Gottes und findet ihn im Great Rift Valley in Tansania, wo er sich 2.890 m über die Meereshöhe erhebt.

Felssäulen in Meer (rechts)
Wasser ist eine starke Erosionskraft, die unaufhörlich Veränderungen auf der Oberfläche unseres Planeten bewirkt. Diese Meeressäulen aus Kalkstein vor der Küste von Victoria in Australien (41° S/143° O) waren einst Teil der Küstenlinie, aber die Wellen haben das weichere Gestein weggespült und die Säulen am Strand zurückgelassen.

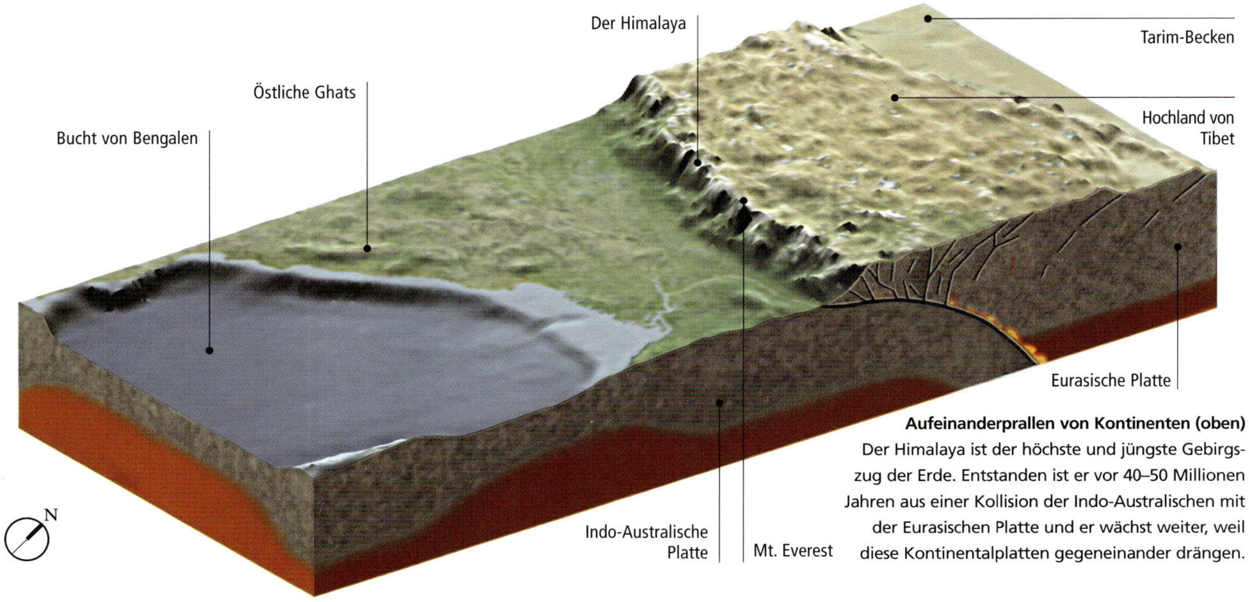

Aufeinanderprallen von Kontinenten (oben)
Der Himalaya ist der höchste und jüngste Gebirgszug der Erde. Entstanden ist er vor 40–50 Millionen Jahren aus einer Kollision der Indo-Australischen mit der Eurasischen Platte und er wächst weiter, weil diese Kontinentalplatten gegeneinander drängen.

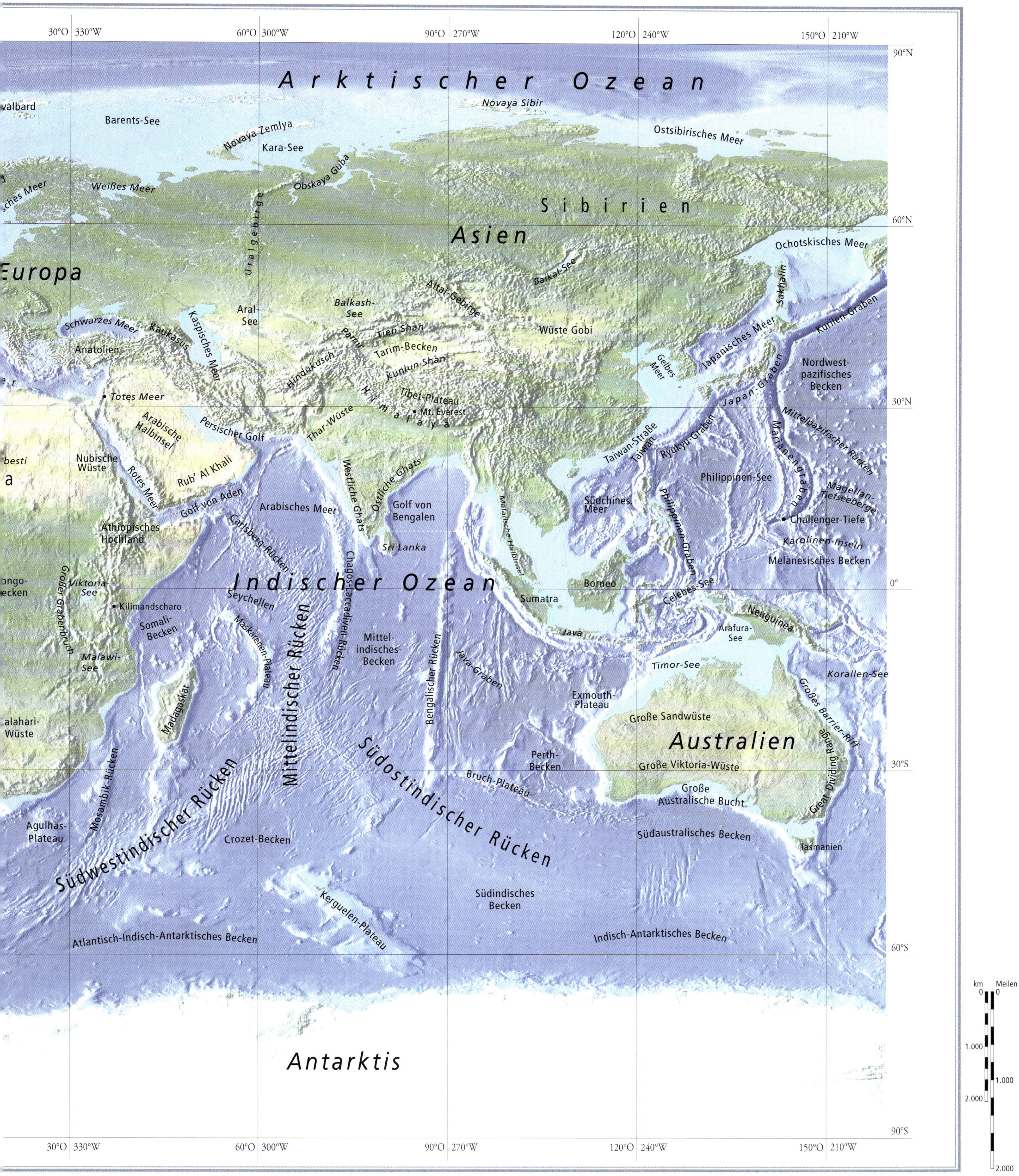
Arktischer Ozean
Novaya Sibir
Barents-See
Novaya Zemlya
Kara-See
Ostsibirisches Meer
Weißes Meer
Obskaya Guba
Uralgebirge
Sibirien
Asien
Europa
Ochotskisches Meer
Baikal-See
Sakhalin
Aral-See
Balkash-See
Altai-Gebirge
Schwarzes Meer
Kaukasus
Kaspisches Meer
Pamir
Tien Shan
Wüste Gobi
Japanisches Meer
Kurilen-Graben
Anatolien
Tarim-Becken
Kunlun Shan
Hindukusch
Gelbes Meer
Nordwest-pazifisches Becken
Japan-Graben
Totes Meer
Tibet-Plateau
Himalaya
Mt. Everest
Arabische Halbinsel
Persischer Golf
Thar-Wüste
Taiwan-Straße
Taiwan
Ryukyu-Graben
Mittelpazifischer Rücken
Marianengraben
Nubische Wüste
Rotes Meer
Rub' Al Khali
Westliche Ghats
Östliche Ghats
Philippinen-See
Golf von Aden
Arabisches Meer
Golf von Bengalen
Malaiische Halbinsel
Südchines. Meer
Philippinen-Graben
Magellan-Tiefseeberge
Challenger-Tiefe
Äthiopisches Hochland
Carlsberg-Rücken
Sri Lanka
Karolinen-Inseln
Melanesisches Becken
Großer Grabenbruch
Viktoria-See
Indischer Ozean
Chagos-Laccadiven-Rücken
Borneo
Celebes-See
Kilimandscharo
Seychellen
Sumatra
Neuguinea
Somali-Becken
Maskarenen-Plateau
Mittelindischer Rücken
Mittel-indisches-Becken
Java
Arafura-See
Malawi-See
Bengalischer Rücken
Java-Graben
Timor-See
Korallen-See
Madagaskar
Exmouth-Plateau
Großes Barrier-Riff
Kalahari-Wüste
Große Sandwüste
Australien
Südostindischer Rücken
Perth-Becken
Great Dividing Range
Mosambik-Rücken
Südwestindischer Rücken
Bruch-Plateau
Große Viktoria-Wüste
Große Australische Bucht
Agulhas-Plateau
Crozet-Becken
Südaustralisches Becken
Tasmanien
Südindisches Becken
Kerguelen-Plateau
Atlantisch-Indisch-Antarktisches Becken
Indisch-Antarktisches Becken
Antarktis
30°O 330°W
60°O 300°W
90°O 270°W
120°O 240°W
150°O 210°W
90°N
60°N
30°N
0°
30°S
60°S
90°S
km
Meilen
0
1.000
2.000

Der Mond

Der Mond ist unser natürlicher Satellit und der nächste Nachbar im Weltraum. Jahrtausendelang war er eine Quelle des Wunders und der Verehrung, weshalb man ihn in den Fabeln und Legenden aller Kulturen findet. Im vergangenen Jahrhundert wurde die Landung eines Menschen auf dem Mond zum ersten Preis des „Rennens in den Weltraum“. Diesem Wettbewerb und den Technologien der Weltraumforschung verdanken wir viel von unserem Wissen über den Mond. Die Astronauten, die auf dem Mond umherspazierten, fanden eine alte, sterile und wasserlose Welt. Aber wir haben Glück, dass es ihn gibt, denn seine Schwerkraft hat eine stabilisierende Wirkung auf die Erde. Ohne den Mond würde die Achse unseres Planeten unregelmäßig hin- und herwackeln, das Klima ungünstig beeinflussen und die Entstehung von Leben wahrscheinlich erschwert haben. Die derzeit bevorzugte Erklärung über den Ursprung des Mondes lautet, dass die Erde kurze Zeit, nachdem sie sich gebildet hatte, einen anderen, teilweise geformten Planeten mit der dreifachen Masse des heutigen Mars gestreift hat. Die Kerne dieser beiden Protoplaneten sind verschmolzen und die Trümmer der Kollision gelangten in die Erdumlaufbahn, wo sie sich bald vereinten und den Mond bildeten. Damals war unser Satellit viel näher, hat sich seither aber schrittweise entfernt. Heute bewegt er sich jedes Jahr um 4 cm von uns weg.

Mondvergleich
Der Mond ist ein riesiger Satellit, der fünftgrößte im bekannten Sonnensystem, etwas größer als Jupiters Europa, aber kleiner als Io, auch ein Jupitermond. Dieses Bild zeigt den Mond im Vergleich zum größten Mond im Sonnensystem, Jupiters Ganymed.

Monddaten	
Entdeckt	Seit der Antike bekannt
Durchschnittlicher Erdabstand	384.400 km
Äquatordurchmesser	3.476 km
Rotationsdauer (siderisch)	656 h (27,32 Tage)
Masse (Erde = 1)	0,012
Volumen (Erde = 1)	0,020
Gravitation an der Oberfläche (Erde = 1)	0,165
Durchschnittliche Dichte (Wasser = 1)	3,35
Entweichgeschwindigkeit	2,4 km/s
Bahnexzentrizität	0,055
Höchste Oberflächentemperatur	123 °C
Niedrigste Oberflächentemperatur	–233 °C
Sonneneinstrahlung	100% der Erde
Albedo (Reflexionsvermögen)	0,11

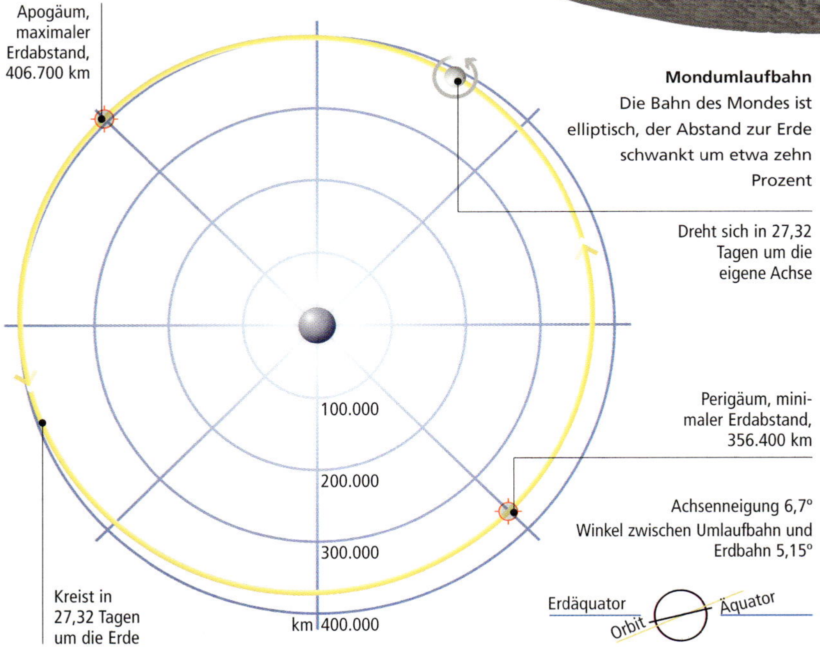

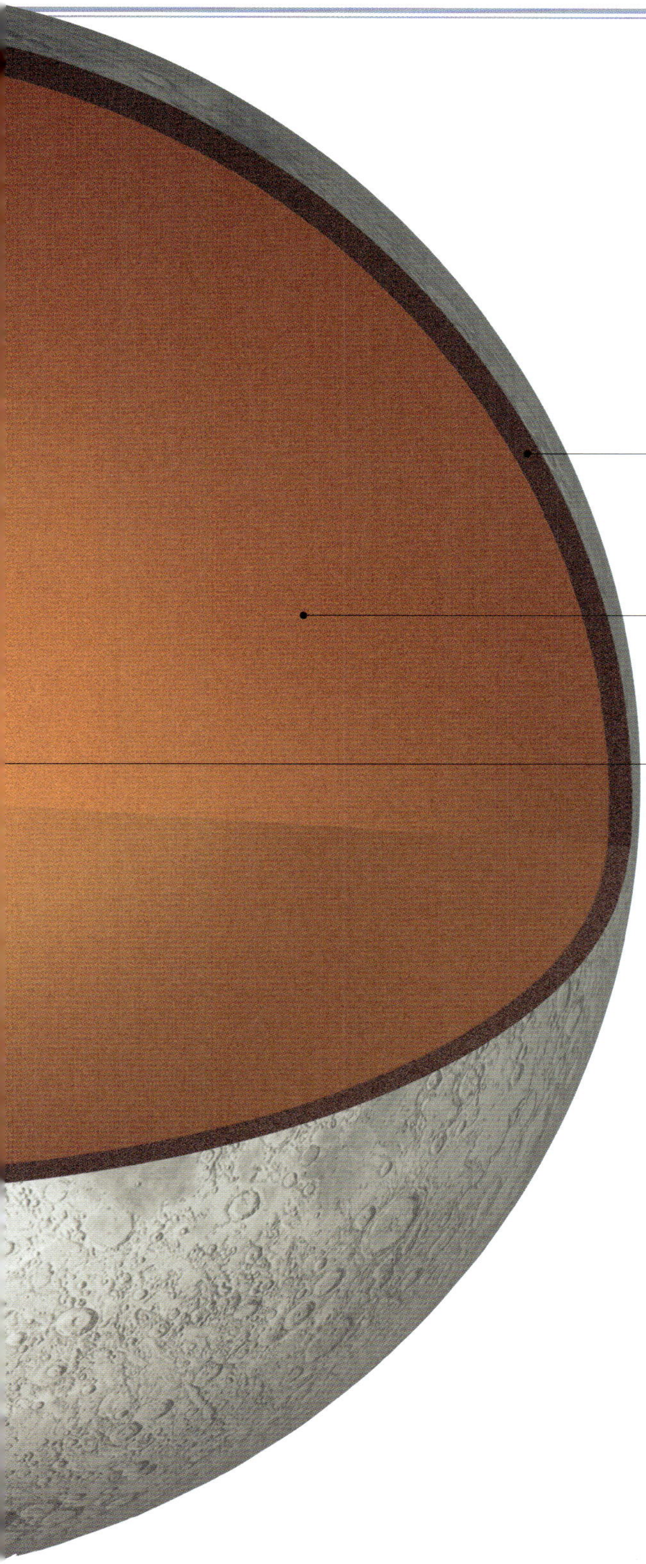

Die Geologie des Mondes

Die Mondoberfläche ist uralt. Vor 3,9 Milliarden Jahren etwa, am Ende einer Zeit heftigster Bombardements, sahen die lunaren Hochländer fast genauso aus wie heute. Seit damals haben sich einige Teile des Mondes verändert, denn breite Fluten von dünner Lava mit der Konsistenz von Motoröl strömten an die Oberfläche, breiteten sich aus, wurden fest und bildeten lunare Maria. Davon abgesehen hat sich die Geologie des Mondes über Milliarden von Jahren kaum verändert.

Die Kruste
Man schätzt, dass die Mondkruste durchschnittlich etwa 70 km dick ist. Sie ist dichter als die Erdkruste, weil sie viel schneller abgekühlt ist und sich verfestigt hat.

Der Mantel
Der Mantel des Mondes reicht mindestens 1.000 km in die Tiefe. Er besteht hauptsächlich aus felsigem Material und enthält wenige Metalle. Leichte Mondbeben dringen tief aus dem Mantelinneren.

Der Kern
Magnetdaten vom Lunar-Prospector aus dem Jahr 1999 deuten darauf hin, dass der Mond einen kleinen Kern hat, der weniger als vier Prozent der Gesamtmasse einnimmt. Er ist möglicherweise zum Teil geschmolzen.

Der junge Mond
Dieser Eindruck eines Künstlers zeigt die Entstehung des Mondes (rechts) an der erdzugewandten Seite (links). Der Mond bildet sich aus einer Scheibe von Bruchstücken rund um den jungen Planeten. Die Bruchstücke stammen möglicherweise von einer Kollision zweier Planeten.

Kratermechanik

Einschlagskrater bilden sich, wenn ein Asteroid, Meteorit oder Komet mit Geschwindigkeiten von mehreren Kilometern pro Sekunde auf eine Planetenoberfläche kracht. Dieses Ereignis sehen wir auf dem rechten Bild. Sowohl das Objekt als auch der Boden, auf den es trifft, verdampfen beim Einschlag. Schockwellen der Explosion, welche die Felssohle zermalmen, schmelzen und verdampfen lassen, breiten sich um die Einschlagszone aus und graben ein gewaltiges Loch (1). Dieses Material wird radial nach außen geworfen und formt einen Auswurfsteppich, manchmal auch Sekundärkrater (2). In den größten Kratern können die Wände einstürzen und Terrassen bilden und oft entsteht an der Einschlagsstelle ein zentraler Gipfel (3).

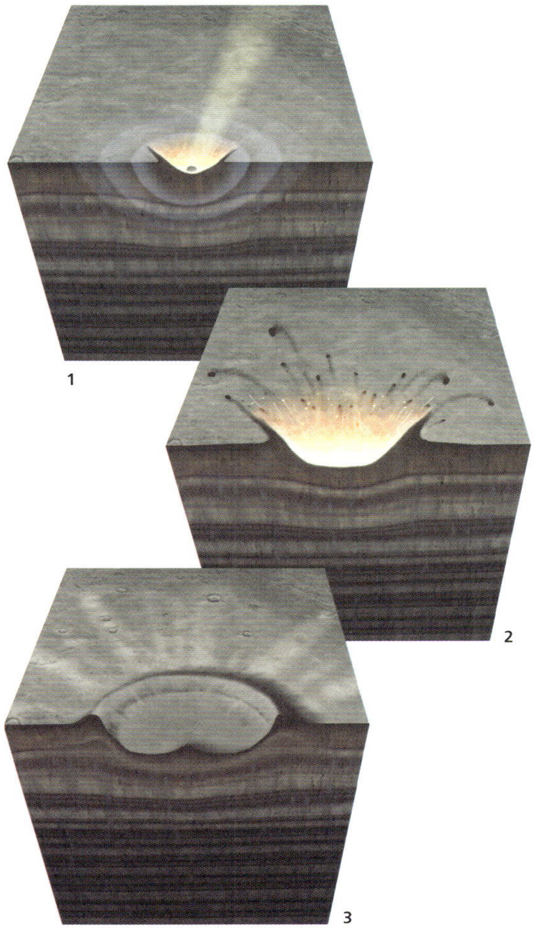

Die Mondphasen

Die Mondphasen sind eine Folge der Umlaufbahn des Mondes um die Erde, wobei die Phase zu jeder Zeit vom Stand des Mondes, der Erde und der Sonne bestimmt wird. Das untere Diagramm beschreibt einen einzelnen Zyklus. Obwohl der Mond 27,32 Tage benötigt, um die Erde zu umkreisen (siderischer Monat), dauert ein ganzer Zyklus etwas länger, nämlich 29,53 Tage (synodischer Monat). Stellen Sie sich vor, der Mond steht am Anfang eines Phasenzyklus. Einen siderischen Monat später vollendet er eine ganze Erdumkreisung. Die Erde selbst hat sich aber auf ihrer Bahn fortbewegt, deshalb ist die Beleuchtung des Mondes nicht mehr ganz dieselbe wie am Anfang dieses Phasenzyklus. Der Mond hat sich ein wenig weiterbewegt, damit der Phasenzyklus „aufholen" kann.

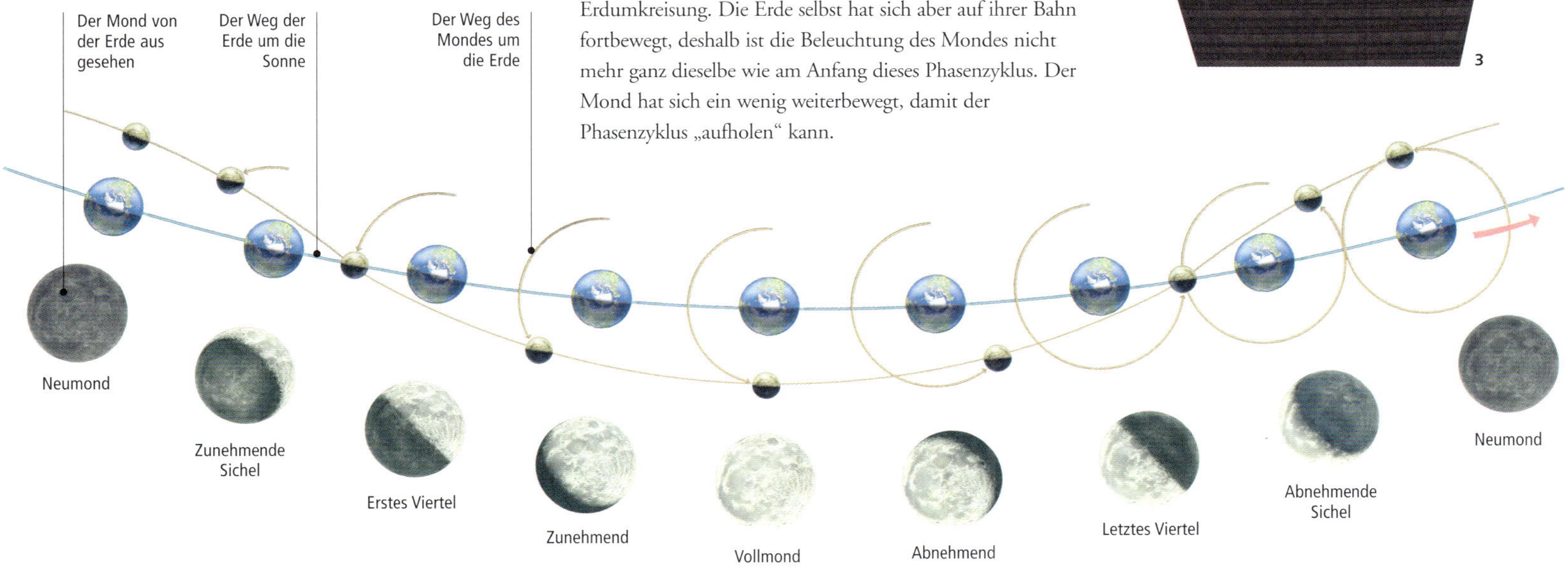

Die Vorderseite des Mondes: Norden

Die Halbkugel des Mondes, die man von der Erde sieht, ist unverwechselbar. Am erwähnenswertesten sind die dunklen Stellen, die uns die Illusion vom „Mann im Mond“ vermitteln: die Maria (Singular: Mare). Maria ist Latein für „Meere“, wofür man sie zuerst hielt. Die Maria sind tatsächlich Fluten, aber nicht aus Wasser, sondern aus verfestigter Lava, die vor 3,9–3 Milliarden Jahren aus der Mondkruste ausgetreten sind. Die Nordhälfte der erdzugewandten Seite weist mehr Maria auf als die andere. Es gibt auch Kanäle, sogenannte Rimae (oder Rillen), sowie einige Krater mit hellen Strahlen. Gewöhnlich zeigt man den Mond, wie man ihn von der Nordhalbkugel der Erde sieht, mit derselben Orientierung wie auf der Karte rechts. Aber südliche Beobachter sehen ihn „auf dem Kopf stehend“ mit dem Norden in der unteren Hälfte.

Mondspaziergang am Fuße des Mons Hadley (oben)
James B. Irwin, von der Apollo-15-Mission, stellt das Monderkundungsfahrzeug am Hadley-Apennin-Landeplatz (26° N/3,5° O) ab. Im Hintergrund ragt der Mons Hadley auf und der ausgedehnte Schatten des Mondmoduls „Falcon“ hüllt den Vordergrund ein.

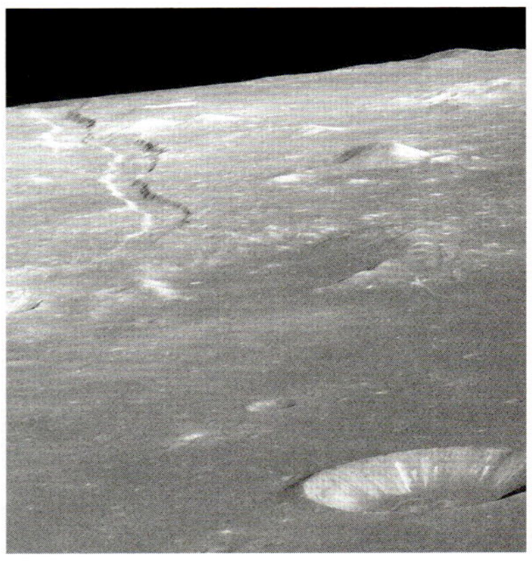

Ein Mondkanal (oben)
Das ist Rima Ariadaeus (6° N/14° O, links oben), wie er von der Besatzung von Apollo 10 im Jahr 1969 fotografiert wurde. Ein Rima (Plural: Rimae), was „Spalte“ oder „Riss“ bedeutet, ist eine schmale Furche auf der Mondoberfläche. Man glaubt, dass gewundene Rimae wie Ariadaeus einmal offene Lavakanäle waren oder unterirdische Lavaröhren, die in sich zusammenfielen, als der Lavastrom versiegte.

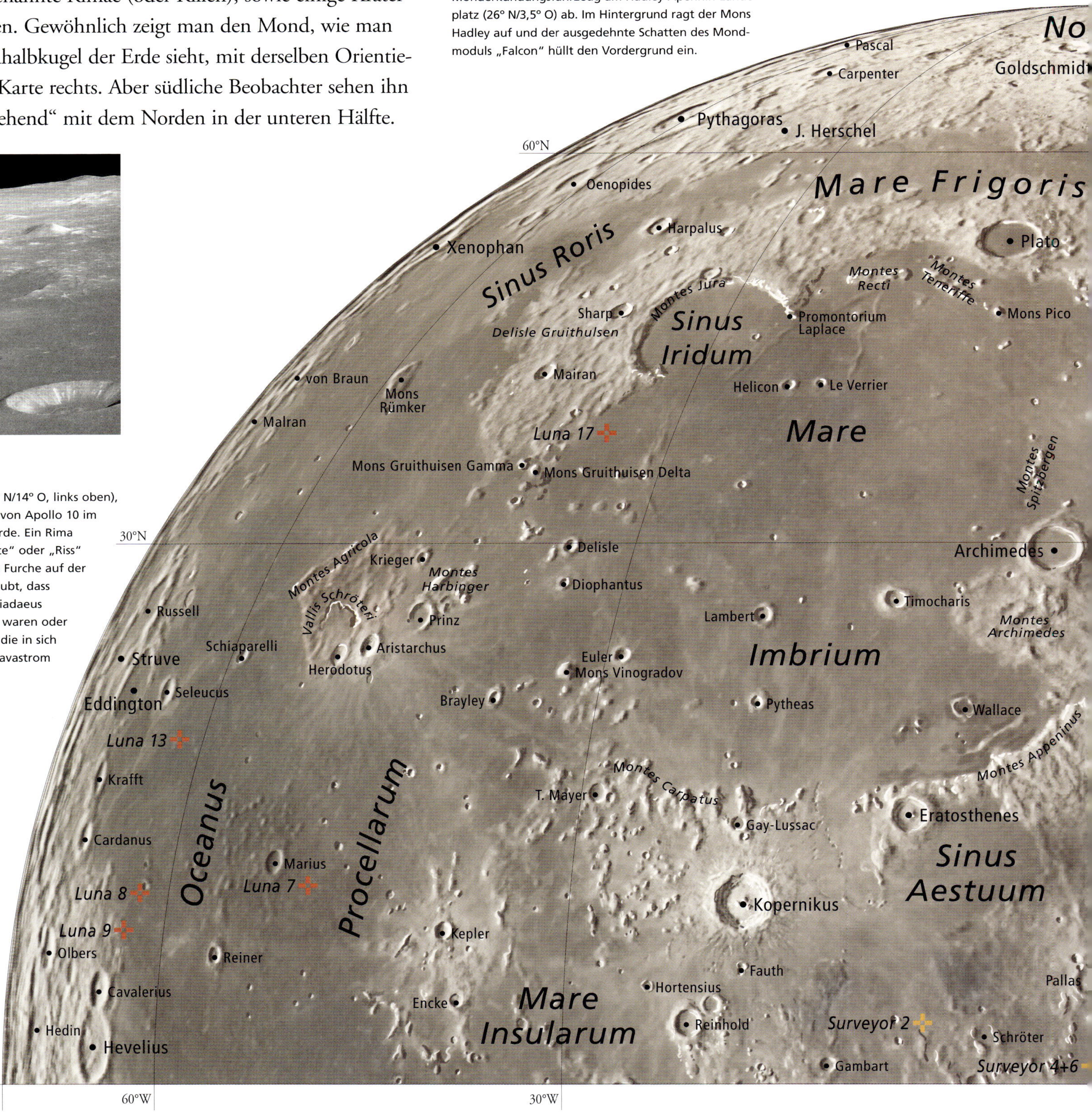

Legende
- Luna
- Surveyor
- Apollo
- Ranger
- Lunar Orbiter
- Hiten
- Lunar Prospector

Der Kopernikus-Krater (links)
Kopernikus (9,5° N/20° W) ist ein berühmter Krater im Mare Imbrium. Auf einem Durchmesser von 93 km weist der Krater eine Vielzahl an zentralen Gipfeln und Terrassenwänden auf. Die unbemannte Mondfähre Lunar Orbiter 2 machte dieses Bild im November 1966.

Mondlandungen
Die Tabelle rechts und diejenigen auf den folgenden Seiten listen alle bekannten Orte von bemannten, unbemannten, abgestürzten und erfolgreich gelandeten Mondmissionen auf. Die letzten Ruhestätten zweier amerikanischer Beobachtungssatelliten sind nicht bekannt. Andere von Menschenhand geschaffene Objekte auf der Mondoberfläche sind zum Beispiel die Teile der Saturnraketen von den Apollo-Missionen.

Mondlandungen – erdzugewandte Nordhalbkugel

Mission	Datum	Ergebnis	Landestelle
Luna 2	14. Sept. 1959	Geplanter Einschlag	29° N/0° O
Ranger 6	30. Januar 1964	Geplanter Einschlag	8,5° N/21° O
Ranger 8	20. Februar 1965	Geplanter Einschlag	2,5° N/24,5° O
Luna 7	4. Okt. 1965	Abgestürzt	9° N/49° W
Luna 8	6. Dez. 1965	Abgestürzt	9° N/63° W
Luna 9	3. Februar 1966	Landung erfolgreich	7° N/64,5° W
Surveyor 2	22. Sept. 1966	Abgestürzt	4° N/11° W
Luna 13	24. Dez. 1966	Landung erfolgreich	18° N/62° W
Surveyor 4	17. Juli 1967	Abgestürzt	0,5° N/1° W
Surveyor 5	11. Sept. 1967	Landung erfolgreich	1,5° N/22° O
Surveyor 6	10. Nov. 1967	Landung erfolgreich	0,5° N/1° W
Apollo 11	20. Juli 1969	Landung erfolgreich	0,5° N/23° O
Luna 15	21. Juli 1969	Abgestürzt	17° N/60° O
Luna 17	17. Nov. 1970	Landung erfogreich	38° N/35° W
Apollo 15	30. Juli 1971	Landung erfolgreich	26° N/3,5° O
Luna 18	1. Sept. 1971	Abgestürzt	3,5° N/56,5° O
Luna 20	21. Februar 1972	Landung erfolgreich	3,5° N/56,5° O
Apollo 17	11. Dez. 1972	Landung erfolgreich	20° N/31° O
Luna 21	15. Jan., 1973	Landung erfolgreich	26° N/32,5° O
Luna 23	1. Nov. 1974	Landung erfolgreich	12,5° N/62° O
Luna 24	14. August 1976	Landung erfolgreich	12,5° N/62° O

Ausbruch des Aristarchus (oben)
Dieses Falschfarbenmosaik aus etwa 500 Bildern des Mondorbiters Clementine zeigt den weiten Auswurfsteppich um den explosiven Krater Aristarchus (24° N/47° W, rechts von der Mitte). Das Gebiet ist stark von Rimae durchzogen, wie dem Vallis Schröteri (26° N/51° W, links von der Mitte) mit seinen unterschiedlichen Gewölben.

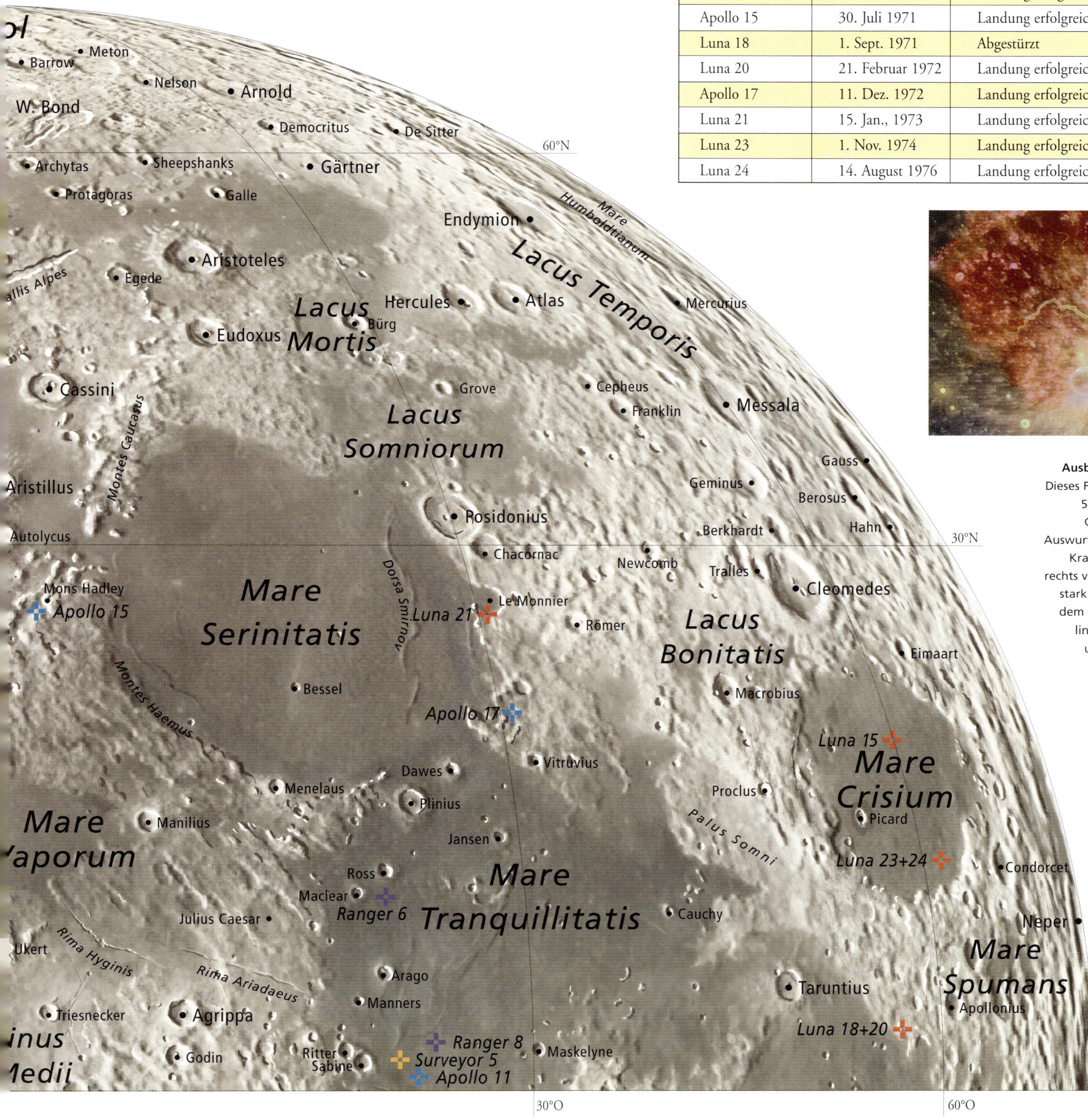

DIE VORDERSEITE DES MONDES: SÜDEN

Die südliche Hälfte der erdzugewandten Seite des Mondes ist weniger von Maria bedeckt als die nördliche, stattdessen wird das Landschaftsbild von Hochlandregionen bestimmt. Hier finden wir Tycho, einen eindrucksvollen Strahlenkrater. Proben des Auswurfsgesteins, die in einer Entfernung von 2.200 km vom Krater gesammelt wurden, datieren das Alter dieses relativ jungen Kraters auf 110 Millionen Jahre. Die Mondkrater wurden nach Astronomen, Astronauten und Philosophen benannt und die Gebirgszüge tragen dieselben Namen wie auf der Erde, etwa die Montes Pyrenaeus, die Namensvettern der Pyrenäen. Maria haben lateinische Namen wie Mare Nubium, das „Meer der Wolken".

Ausflug auf dem Mond (oben)
Die Spuren eines Ausrüstungstransporters schlängeln sich über den Boden des Kraters Fra Mauro auf der erdzugewandten Südseite des Mondes. Die nur 19 mm tiefen Spuren führen zu „Antares", dem Mondlandemodul von Apollo 14.

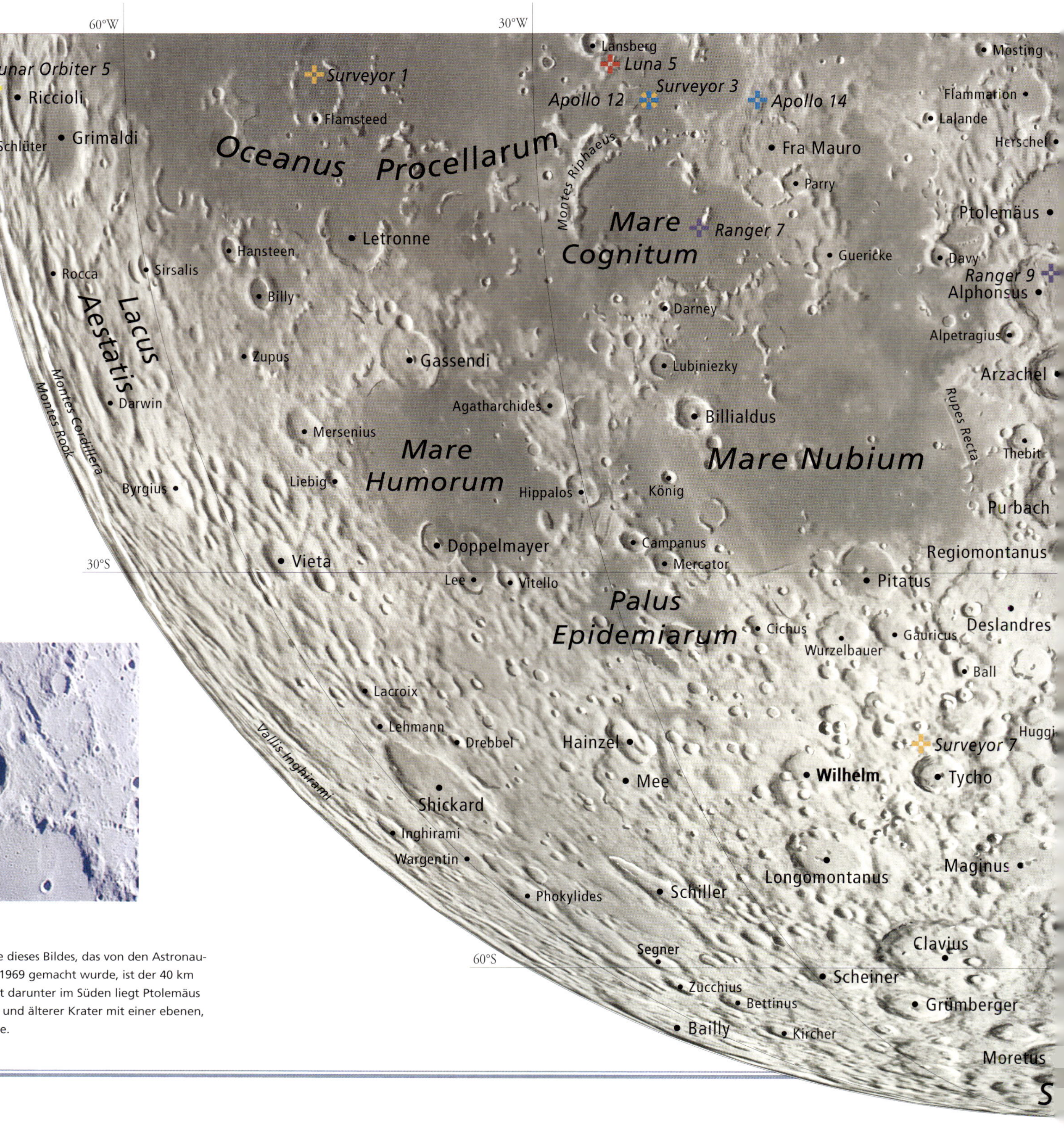

Blick auf Herschel (oben)
Der auffällige Krater in der Mitte dieses Bildes, das von den Astronauten der Apollo 12 im November 1969 gemacht wurde, ist der 40 km breite Herschel (6° S/2° W). Direkt darunter im Süden liegt Ptolemäus (9° S/2° W), ein weitaus größerer und älterer Krater mit einer ebenen, von Lava überfluteten Oberfläche.

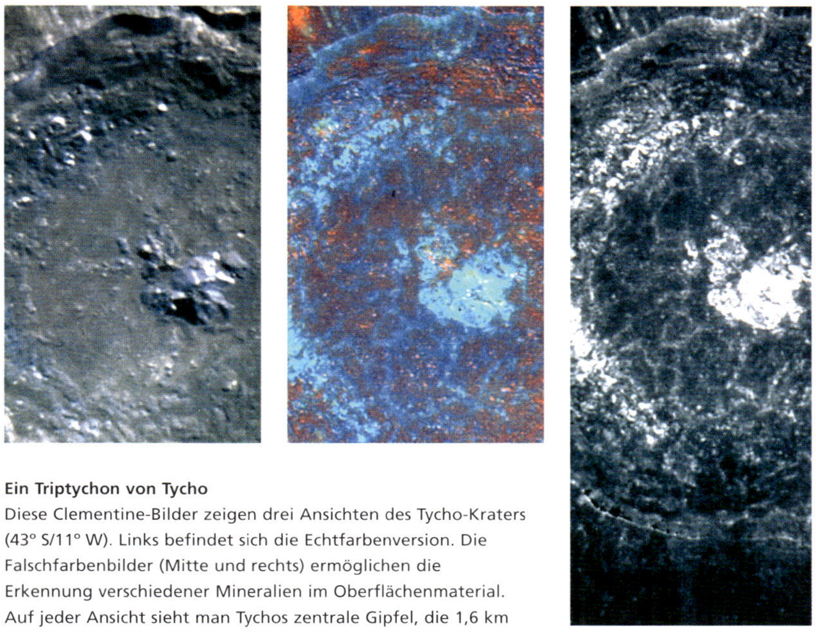

Ein Triptychon von Tycho
Diese Clementine-Bilder zeigen drei Ansichten des Tycho-Kraters (43° S/11° W). Links befindet sich die Echtfarbenversion. Die Falschfarbenbilder (Mitte und rechts) ermöglichen die Erkennung verschiedener Mineralien im Oberflächenmaterial. Auf jeder Ansicht sieht man Tychos zentrale Gipfel, die 1,6 km aus dem Boden des Kraters herausragen.

Mondlandungen – erdzugewandte Südhalbkugel			
Mission	**Datum**	**Ergebnis**	**Landestelle**
Ranger 7	31. Juli 1964	Geplanter Einschlag	10,5° S/22° W
Ranger 9	24. März 1965	Geplanter Einschlag	13° S/2,5° W
Luna 5	1. Mai 1965	Abgestürzt	1,5° S/25° W
Surveyor 1	2. Juni 1966	Landung erfolgreich	2,5° S/43° W
Surveyor 3	20. April 1967	Landung erfolgreich	3° S/23° W
Lunar Orbiter 5	31. Januar 1968	Geplanter Einschlag	3° S/83° W
Surveyor 7	10. Januar 1968	Landung erfolgreich	40,5° S/11,5 °W
Apollo 12	19. Nov. 1969	Landung erfolgreich	3° S/23° W
Luna 16	20. Sept. 1970	Landung erfolgreich	0,5° S/56° O
Apollo 14	5. Februar 1971	Landung erfolgreich	3,5° S/17,5° W
Apollo 16	20. April 1972	Landung erfolgreich	8,5° S/5,5° O
Hiten	10. April 1993	Geplanter Einschlag	34° S/55,5° O
Lunar Prospector	31. Juli 1999	Geplanter Einschlag	87,5° S/42° O

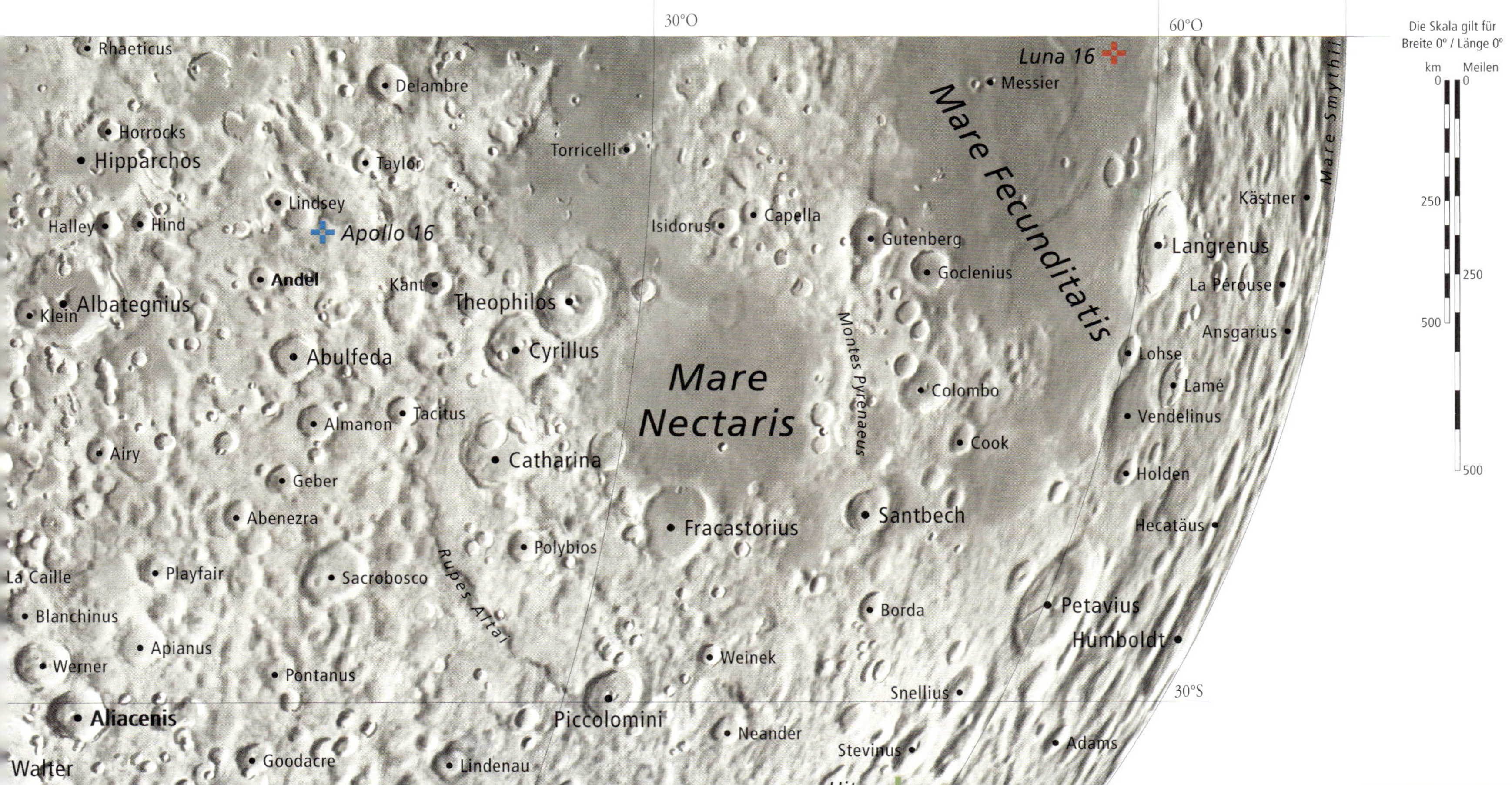
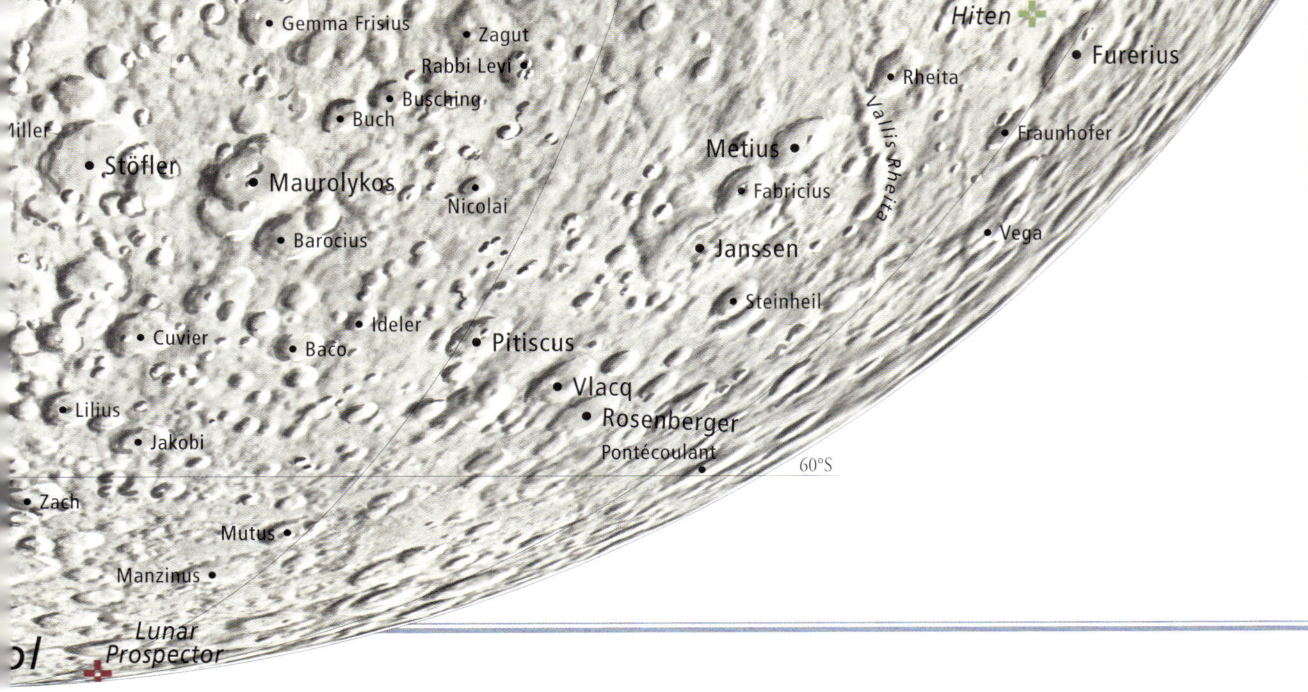

Ein Blick in den Humboldt-Krater (oben)
Dieses Foto von Apollo 12 zeigt den Humboldt-Krater (27° S/81° O) mit einem Durchmesser von 189 km. Oben sieht man die ferne Kraterwand, während die zentralen Gipfel, aufgrund des hohen Sonnenstandes strahlend weiß, in der Mitte zu sehen sind.

Die Rückseite des Mondes

Weil er sich in derselben Zeit um die eigene Achse dreht, in der er die Erde umrundet (27,32 Tage), sehen wir den Mond immer von derselben Seite, genauer von ziemlich derselben. Denn die Mondbahn ist nicht ganz kreisförmig und die Rotationsachse steht nicht senkrecht zur Bahnebene, weswegen sie leicht zu „wackeln“ scheint, ein Effekt, der unter dem Namen Libration bekannt ist und uns ermöglicht, ein wenig über die Ränder der hellen Seite des Mondes zu schauen. Von unserem Heimatplaneten aus können wir bis zu 59 Prozent der Mondoberfläche überblicken. Bis zum Beginn der Raumfahrt blieb der verbleibende Teil ein Geheimnis. Den ersten flüchtigen Blick auf die erdabgewandte Seite des Mondes gewährte uns im Jahr 1959 die Mission Luna 3. Seither haben verschiedene Missionen eine detaillierte Vermessung dieser schwer zu erreichenden Mondhälfte ermöglicht. Die Rückseite des Mondes zeigt im Vergleich zur hellen wenige Maria und eine stark von Kratern durchzogene Oberfläche. Eine mögliche Erklärung für diesen Unterschied ist, dass die dickere Kruste der abgewandten Seite das Austreten von innerem, geschmolzenen Material und dadurch auch die Bildung ebener Maria verhindert hat.

Mondlandungen – erdabgewandte Seite

Mission	Datum	Ergebnis	Landestelle
Ranger 4	26. April 1962	Geplanter Einschlag	15,5° S/130,5° W
Lunar Orbiter 1	29. Okt. 1966	Geplanter Einschlag	7° N/161° O
Lunar Orbiter 3	9. Okt. 1967	Geplanter Einschlag	14° N/97,5° W
Lunar Orbiter 2	11. Okt. 1967	Geplanter Einschlag	3° N/119° O

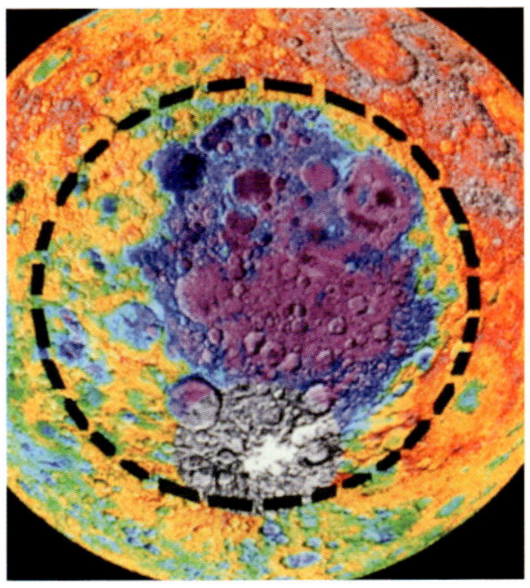

Eine begrabene Narbe (links)
Auf der erdabgewandten Seite des Mondes befindet sich nahe am Südpol die größte und tiefste Einschlagsnarbe im Sonnensystem: das Aitken-Becken. Dieser riesige Krater hat einen Durchmesser von 2.500 km (die siebenfache Fläche von Frankreich) und reicht durchschnittlich 10 km tiefer als das umliegende Hochland. Mit der Zeit wurde dieses Gebilde durch weitere Ein-schläge entstellt und deshalb ist es ohne farbkodierte Reliefbilder wie dieses, das aus Daten des Clementine-Orbiters stammt, trotz seiner Größe kaum zu erkennen.

Lunares Stierauge (oben)
Großteils versteckt hinter dem Westrand der sichtbaren Seite des Mondes liegt das Mare Orientale, das jüngste Einschlagsgebiet des Mondes. Anders als die Einschlagsstellen auf der Vorderseite ist nur das Zentrum des Mare Orientale von Lava überflutet und die Einschlagsstrukturen sind gut erhalten. Vom äußersten der drei Gebirgsringe hat das Becken einen Durchmesser von 930 km, aber Trümmer des Einschlags haben eine weit größere Fläche des darunterliegenden älteren Gebietes begraben.

Tiefer Einschlag (links)
Dieses Foto des tiefsten Kraters der erdabgewandten Seite des Mondes, Ziolkowski (21° S/128° O), wurde im Dezember 1968 im Zuge der Apollo-8-Mission geschossen, die den Mond umrundet hat, aber nicht gelandet ist. Ziolkowski hat einen Durchmesser von 185 km und fällt wegen des außergewöhnlich dunklen, basaltartigen Lavastroms auf seinem Grund ins Auge. Wie viele der Merkmale auf der abgewandten Seite wurde Ziolkowski von einem sowjetischen Wissenschafter entdeckt und nach diesem benannt.

Eine zerbombte Oberfläche (links)
Nordöstlich des Ziolkowski-Kraters auf der erdabgewandten Seite des Mondes zeigt sich eine stark zerkraterte Landschaft. Auf diesem Foto von Apollo 17 kann man verschieden große Einschlagskrater erkennen. Der Krater in der Mitte, der selbst von Einschlägen übersät ist, hat einen Durchmesser von ungefähr 75 km.

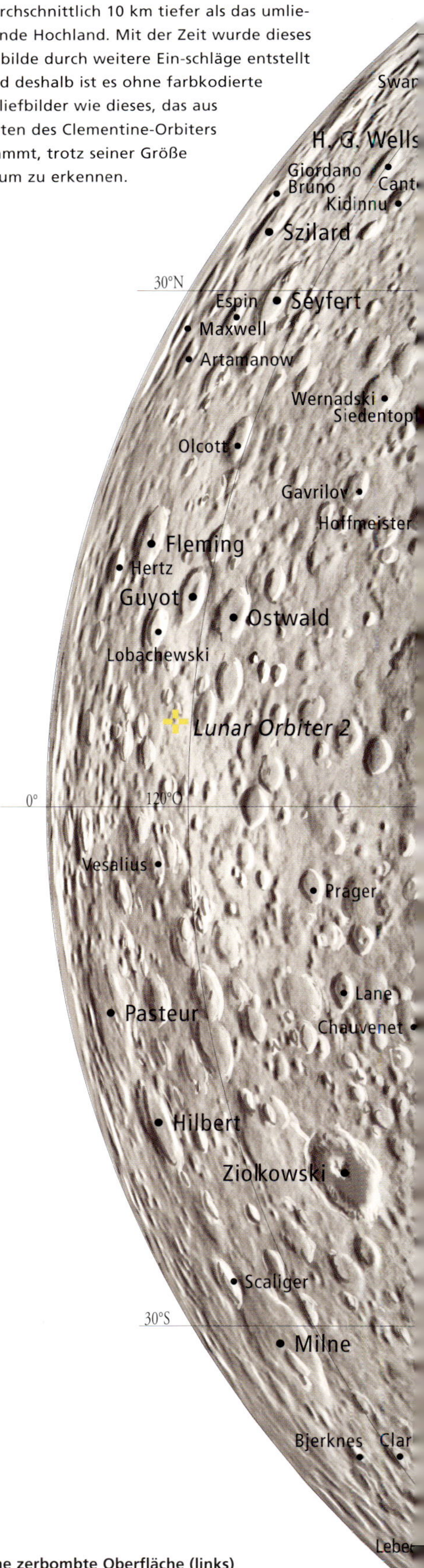

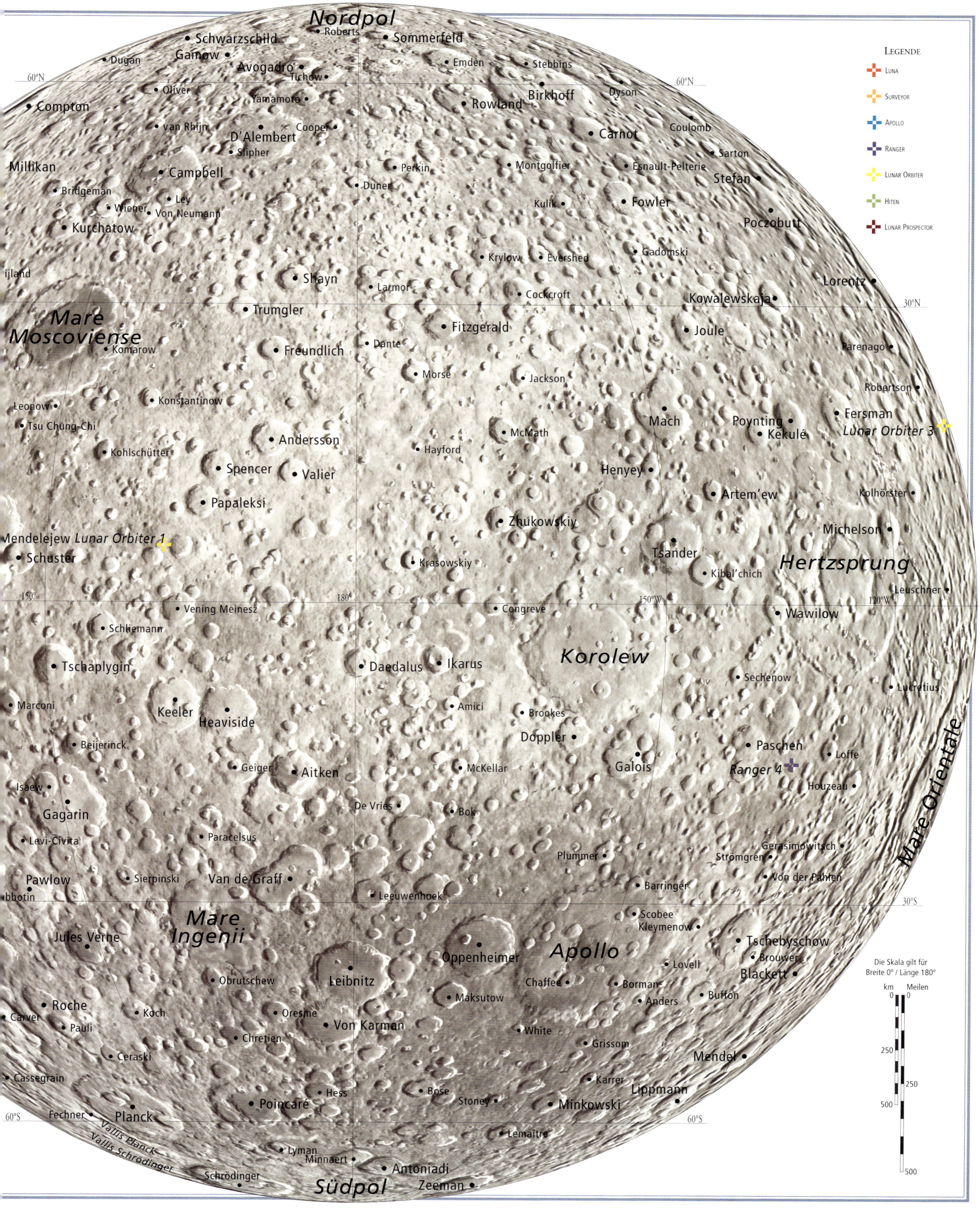
Nordpol
Roberts
Schwarzschild
Sommerfeld
Dugan
Gamow
Avogadro
Tichow
Emden
Stebbins
60°N
Compton
Oliver
Yamamoto
Rowland
Birkhoff
Dyson
van Rhijn
D'Alembert
Cooper
Carnot
Coulomb
Slipher
Sarton
Millikan
Campbell
Perkin
Montgolfier
Esnault-Pelterie
Stefan
Bridgeman
Duner
Wiener
Ley
Von Neumann
Kulik
Fowler
Kurchatow
Poczobutt
Krylow
Evershed
Gadomski
ijland
Shayn
Larmor
Lorentz
Cockcroft
Kowalewskaja
30°N
Mare Moscoviense
Trumgler
Fitzgerald
Joule
Komarow
Dante
Freundlich
Parenago
Morse
Jackson
Robertson
Konstantinow
Leonow
Mach
Poynting
Fersman
Tsu Chung-Chi
McMath
Kekulé
Lunar Orbiter 3
Andersson
Kohlschütter
Hayford
Spencer
Valier
Henyey
Artem'ew
Kolhörster
Papaleksi
Zhukowskiy
Michelson
Mendelejew Lunar Orbiter 1
Tsander
Schuster
Krasowskiy
Kibal'chich
Hertzsprung
Leuschner
150°
180°
150°W
120°W
0°
Vening Meinesz
Congreve
Wawilow
Schliemann
Korolew
Tschaplygin
Daedalus
Ikarus
Sechenow
Lucretius
Marconi
Amici
Keeler
Brookes
Heaviside
Doppler
Mare Orientale
Beijerinck
Paschen
Loffe
Galois
Geiger
Aitken
McKellar
Ranger 4
Houzeau
Isaew
De Vries
Bok
Gagarin
Paracelsus
Gerasimowitsch
Levi-Civita
Plummer
Strömgren
Von der Pahlen
Pawlow
Sierpinski
Van de Graff
Barringer
bbotin
Leeuwenhoek
30°S
Scobee
Kleymenow
Mare Ingenii
Jules Verne
Tschebyschow
Oppenheimer
Apollo
Lovell
Brouwer
Leibnitz
Obrutschew
Chaffee
Borman
Blackett
Maksutow
Anders
Buffon
Roche
Koch
Oresme
Carver
Von Karman
Pauli
White
Chretien
Grissom
Ceraski
Mendel
Cassegrain
Karrer
Lippmann
Hess
Bose
Stoney
Poincaré
Minkowski
Fechner
Planck
60°S
Vallis Planck
Vallis Schrödinger
Lemaître
Lyman
Minnaert
Schrödinger
Antoniadi
Südpol
Zeeman
Legende
Luna
Surveyor
Apollo
Ranger
Lunar Orbiter
Hiten
Lunar Prospector
Die Skala gilt für Breite 0° / Länge 180°
km
Meilen
0
0
250
250
500
500

Die Mondmissionen

Als unser nächster Nachbar im Weltraum wurde der Mond öfter untersucht als jeder andere planetarische Körper. In den frühen Tagen der Mondforschung haben die Sowjets den Wettlauf gegen die Amerikaner mit den äußerst erfolgreichen Raumsonden der Luna-Serie gewonnen, die im Jahr 1959 startete. Zwei Jahre zuvor beförderten sie den ersten künstlichen Satelliten Sputnik in eine Umlaufbahn. Die Amerikaner haben schnell aufgeholt: mit vielen eigenen Programmen wie Ranger, Surveyor, dem Lunar Orbiter und natürlich Apollo, der einzigen bemannten Landung auf einer anderen Welt. Die Faszination des Mondes besteht bis heute und man plant erneut, Menschen dorthin zu schicken.

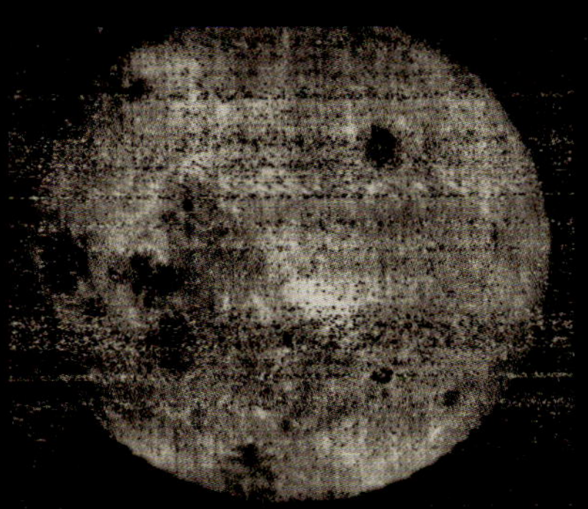

Das erste Bild der Rückseite (links)
Es dauerte bis zum 7. Oktober 1959, als die sowjetische Luna-3-Sonde erstmals ein Foto von der erdabgewandten Seite unseres natürlichen Satelliten gemacht hat, das zwar von sehr geringer Qualität war, aber doch neugierig machte. Der dunkle Fleck rechts oben zeigt das Mare Moscoviense (27° N/148° O).

US-Programme vor Apollo

Im Vorfeld von Apollo hat die NASA eine Reihe von Mondmissionen gestartet. Zuerst kamen die Ranger-Sonden, die Fotos des Mondes gesendet haben, bevor sie auf ihm zerschellt sind, dann die fünf Lunar Orbiter mit dem Auftrag, passende Landeplätze für die Surveyor-Sonden zu finden, die als die Ersten nach glücklich erfolgter Landung Daten über die Mondoberfläche sammeln konnten.

Das Luna-Programm

Zwischen 1959 und 1976 hat die Sowjetunion 24 Luna-Raumsonden zum Mond geschickt. Das Programm hat viele Rekorde zu verbuchen: Luna 2 war das erste Objekt von Menschenhand, das den Mond erreicht hat; Luna 3 war die erste Raumsonde, die Bilder von der Rückseite des Mondes gesendet hat; Luna 9 vollführte die erste sanfte Landung und Luna 10 schwenkte als Erste in eine Umlaufbahn um den Mond.

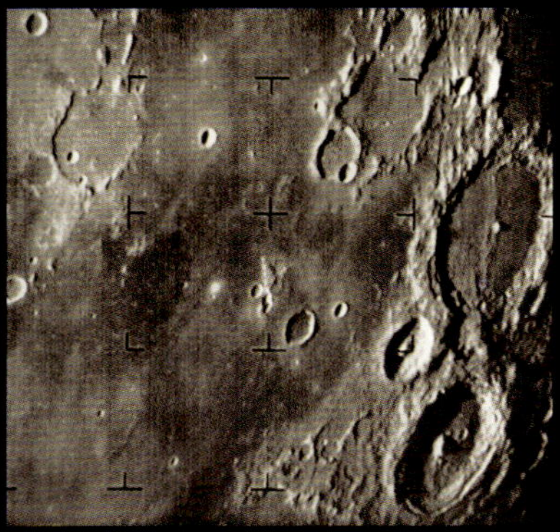

17 Minuten vor dem Einschlag (links)
Diese Aufnahme von Ranger 7 war das erste Foto der Mondoberfläche von einem US-Raumschiff. Der große Krater rechts oben trägt den Namen Alphonsus (14° S/3° W).

Die Raumsonde Luna 2 (rechts)
Luna 2 war die erste Raumsonde, die einen anderen planetarischen Körper erreicht hat, als sie am 14. September 1959 östlich des Mare Serenitatis (28° N/17,5° O) auf der Mondoberfläche einschlug. Die Instrumente sollten Strahlungen und Magnetfelder messen sowie Einschläge kleiner Meteoriten erforschen.

Die Ranger-Mission (rechts)
Die Ranger-Sonden der NASA sollten geradewegs zum Mond fliegen, um Bilder zu senden und danach an der Oberfläche zu zerschellen. Das Programm wurde von technischen Fehlern geplagt, bis Ranger 6 einen perfekten Flug absolvierte, ohne dabei aber Bilder zu übermitteln. Ranger 8 und 9 (rechts abgebildet) lieferten erstmalig tausende detaillierte Bilder der Mondoberfläche.

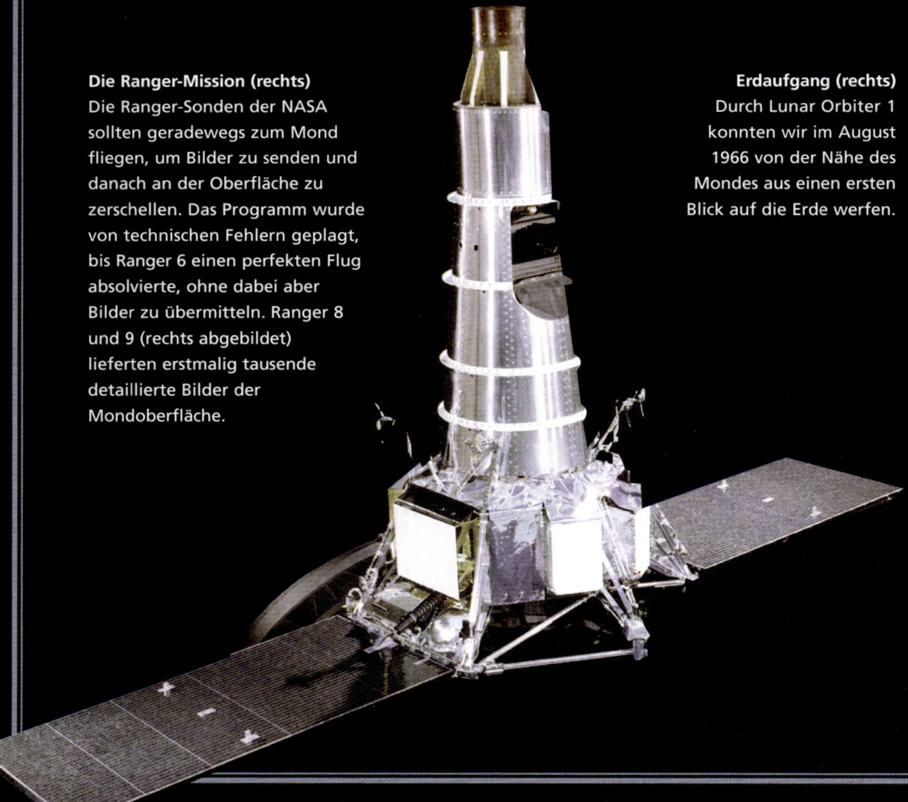

Erdaufgang (rechts)
Durch Lunar Orbiter 1 konnten wir im August 1966 von der Nähe des Mondes aus einen ersten Blick auf die Erde werfen.

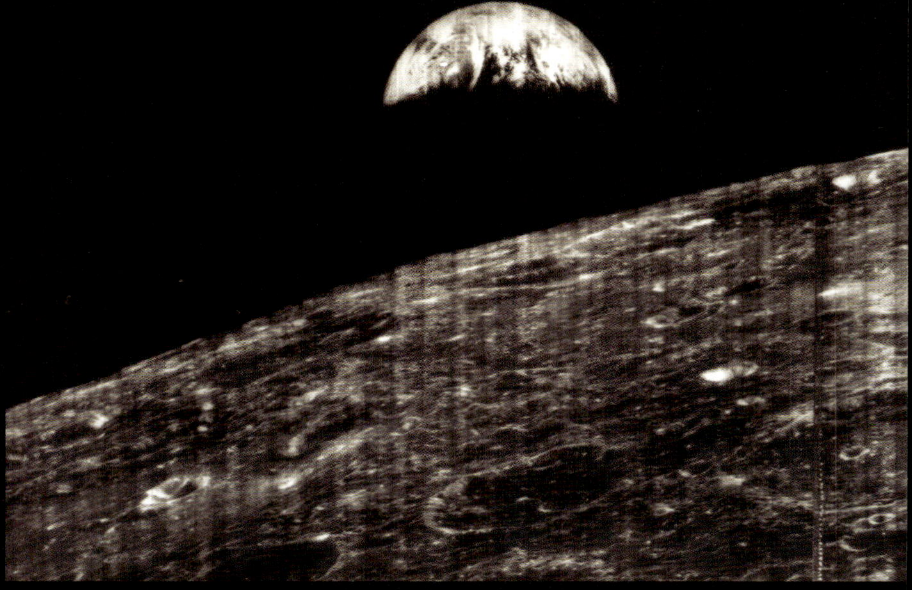

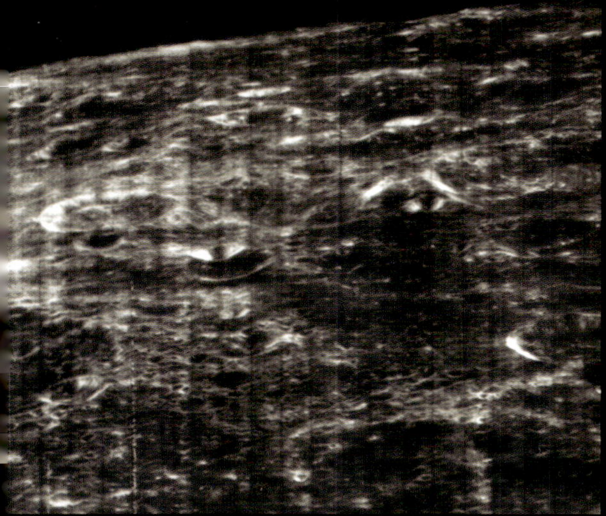

Das Apollo-Programm
Die Apollo-Missionen waren die aufregendsten von allen: der Moment, als Menschen auf der Oberfläche einer anderen Welt umhergingen. Das Apollo-Programm hatte einen schlechten Start. Im Jahr 1967 kamen bei einem Brand in einer Kommandokapsel drei Astronauten ums Leben. Dann aber hatte die NASA mehr Glück, denn schon 1968 wurde Apollo 8 zur ersten bemannten Mission, die mit drei Menschen um den Mond kreiste. Apollo 9 und 10 waren Übungsflüge zur Vorbereitung der ersten bemannten Landung, die am 20. Juli 1969 stattfand: die Apollo 11 unter dem Kommando von Neil Armstrong. Danach begann das Interesse für das Apollo-Programm nachzulassen. Das letzte Mal ging ein Mensch im Dezember 1972 im Zuge der Apollo-17-Mission auf dem Mond spazieren. Zwölf Menschen waren auf dem Mond, alle Amerikaner und Männer. Das obere Foto zeigt John W. Young, Kommandant der Apollo 16, der in der geringen Schwerkraft neben der Kommandokapsel hohe Sprünge macht. Der Hügel im Hintergrund ist etwa 5 km entfernt.

Heutige Mondmissionen
Clementine 1994 und Lunar Prospector 1998/1999 waren die jüngsten Mondmissionen. Clementine erstellte mit einer Reihe von Kameras Mondkarten, obwohl ihre Hauptaufgabe darin bestand, Technologien zur Raketenüberwachung zu testen. Das untere Clementine-Foto zeigt den Mond teilweise vom Licht der Erde beleuchtet und die Venus strahlend im Hintergrund. Auch die Prospector-Sonde hat Karten von der Mondoberfläche gemacht und in tiefen Polkratern unterirdisches Eis gefunden.

Am 8. Juni 2004 kreuzte Venus die Sonnenscheibe bei ihrem ersten Durchgang seit 1882. Durchgänge der Venus geschehen paarweise im Abstand von acht Jahren, der nächste wird am 6. Juni 2012 stattfinden. In der Vergangenheit ermöglichten Messungen dieses Ereignisses eine Berechnung der annähernden Größe unseres Sonnensystems.

Das Innere Sonnensystem

Karte des Inneren Sonnensystems

Das Innere Sonnensystem ist unsere unmittelbare Nachbarschaft im Weltall, eine kleine, energiegeladene Zone mit unserer Sonne, einem gewöhnlichen gelben Stern, in der Mitte. Es erstreckt sich über den 2.500fachen Erde-Mond-Abstand oder mehr als sechs Astronomische Einheiten (AE). Die AE bezeichnet die Entfernung von der Erde zur Sonne und beträgt rund 150 Millionen km. Hier liegen die terrestrischen oder „erdähnlichen" Planeten, von der Sonne auswärts sind das Merkur, Venus, Erde und Mars. Es sind eher kleine Planeten aus Gestein und Metall. Der Asteroidengürtel, ein Ring aus Bruchstücken zwischen dem Mars und dem Gasriesen Jupiter, markiert die Grenze des Inneren Sonnensystems.

Das Innere Sonnensystem
Wie auf dieser Karte zu sehen, hat das Innere Sonnensystem bis zum äußeren Rand des Asteroidengürtels einen Radius von ungefähr 3,3 AE (die Kreise auf der Markierung bezeichnen 0,5 AE). Man sieht, dass die Bahnen von Merkur und Mars deutlich elliptisch sind. Auch die Erde und die Venus haben elliptische Bahnen, aber sie sind einem perfekten Kreis viel näher. Die offenen und geschlossenen Kreise auf den Bahnen zeigen die Aphelia und Perihelia der einzelnen Planeten, die Punkte mit dem größten und kleinsten Sonnenabstand. Kleine Häkchen markieren die Bahnknoten, wo eine Plantetenbahn die Erdbahnebene kreuzt, die man auch Ekliptik nennt. Die Planeten und Asteroiden sind nicht maßstabsgetreu abgebildet.

Legende

- ☿ Merkur
- ♀ Venus
- ⊕ Erde
- ♂ Mars
- Planetenbahn
- Aphel
- Perihel
- Bahnknoten

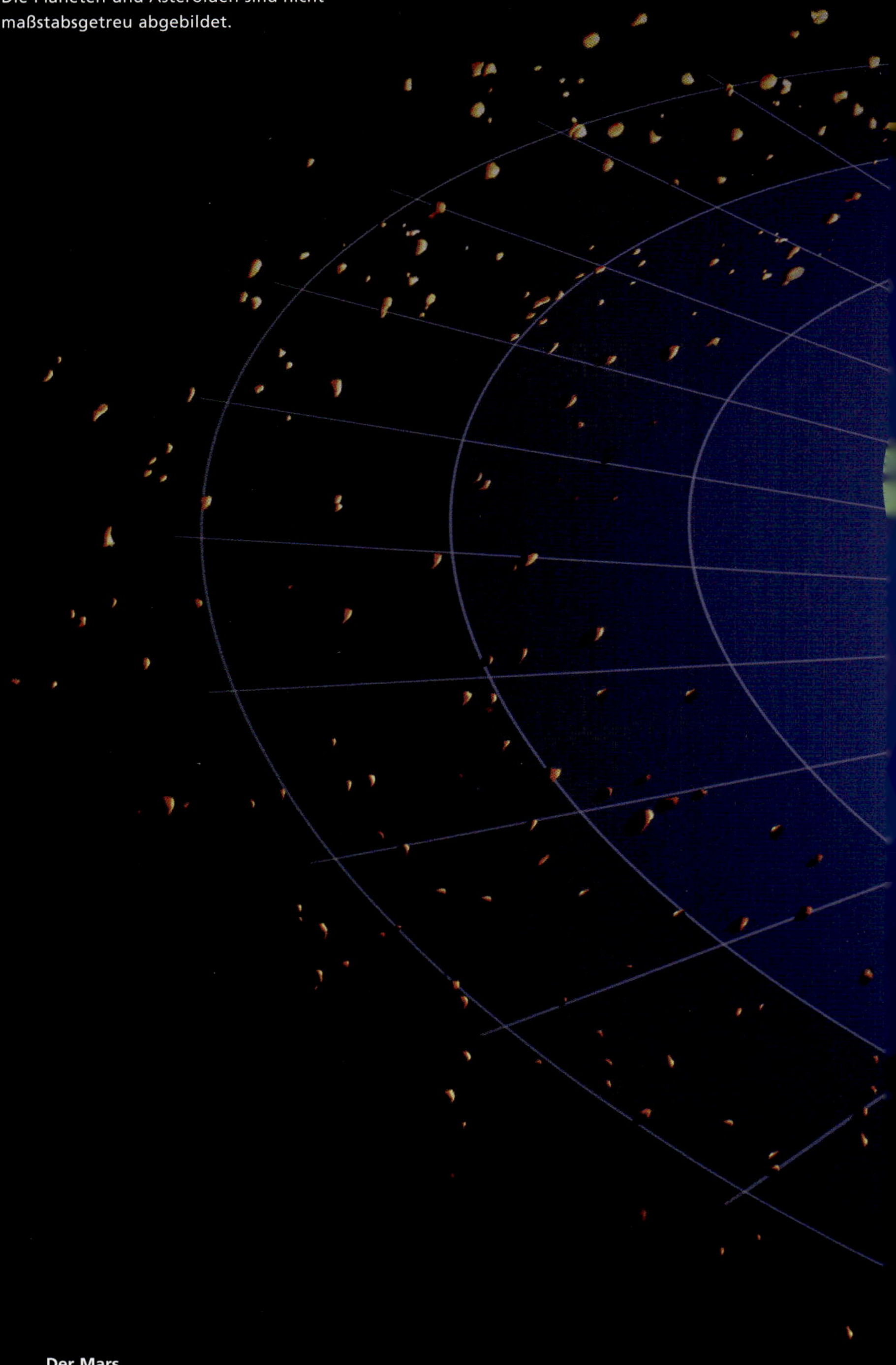

Der Merkur
Den großen eisernen Kern des Merkur umhüllen ein schlanker Gesteinsmantel und eine dünne, aufgebrochene Kruste mit vielen Kratern.

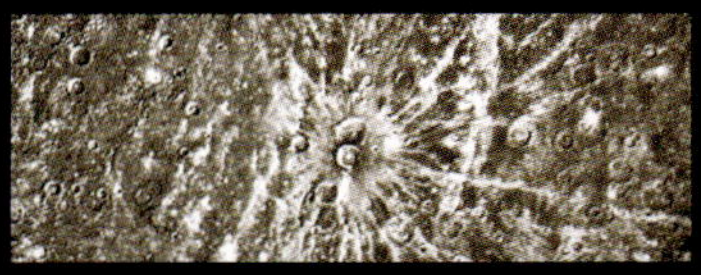

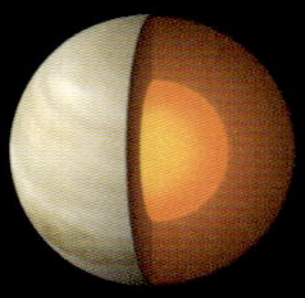

Die Venus
Eine permanente Decke aus hitzespeicherndem Kohlendioxid hüllt die verbrannte Oberfläche der Venus ein und macht sie zum heißesten Planeten.

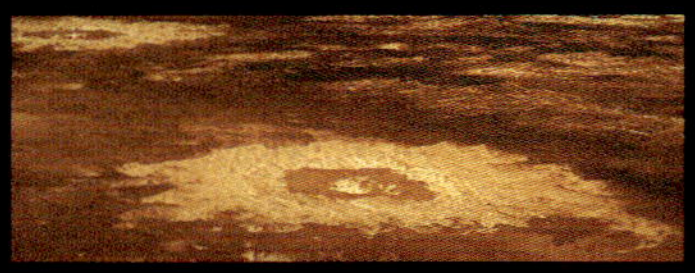

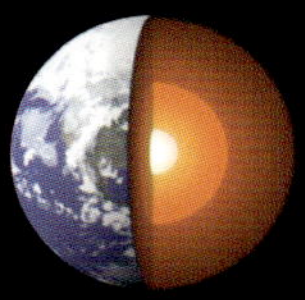

Die Erde
Die Erde ist der einzige Planet mit flüssigem Wasser an der Oberfläche und, soweit wir wissen, der einzige, auf dem es Leben gibt.

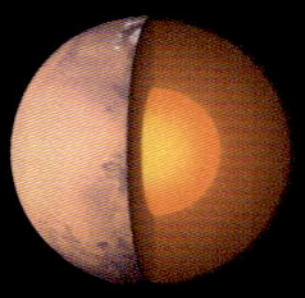

Der Mars
Der Mars ist eine eisige Welt mit einer viel dünneren Atmosphäre als die Erde. In der Vergangenheit war er vielleicht wärmer und feuchter.

Ein Größenvergleich der inneren Planeten
Die Erde und der Merkur sind der größte und der kleinste Planet. Die Venus ist beinahe so groß wie die Erde und der Mars ist eine mittelgroße Welt, etwa halb so groß wie unsere eigene. Ceres, der größte entdeckte Asteroid, ist gerade so groß, wie ein Objekt aus Fels sein kann, um noch die Kugelform zu behalten.

Ein Zusammentreffen der Planeten
In dieser Szene sind alle Planeten des Inneren Sonnensystems vertreten. Gegen den Horizont kann man zwischen den Wolken den Merkur erkennen; die Venus ist der helle „Stern" links darüber; noch etwas höher steht der rote Mars, während der ferne Saturn oberhalb des V-förmigen Hyadensternhaufens zu sehen ist. Die Planeten, die Erde eingeschlossen, liegen entlang einer Linie auf der Ebene des Sonnensystems.

Der Asteroidengürtel
Zwischen Mars und Jupiter befindet sich der Asteroidengürtel, die Heimat einer unglaublichen Anzahl von Trümmern aus Stein und Metall. Es sind Überreste aus der Frühzeit des Sonnensystems, die sich nie zu einem Planeten verbinden konnten, weil sie den Gravitationskräften des Jupiter ausgeliefert sind. Der innere und der äußere Rand des Asteroidengürtels liegen zwischen 2,1 und 3,3 AE von der Sonne entfernt, aber es gibt viele Asteroiden, die sich sowohl inner- als auch außerhalb dieses Hauptgürtels befinden.

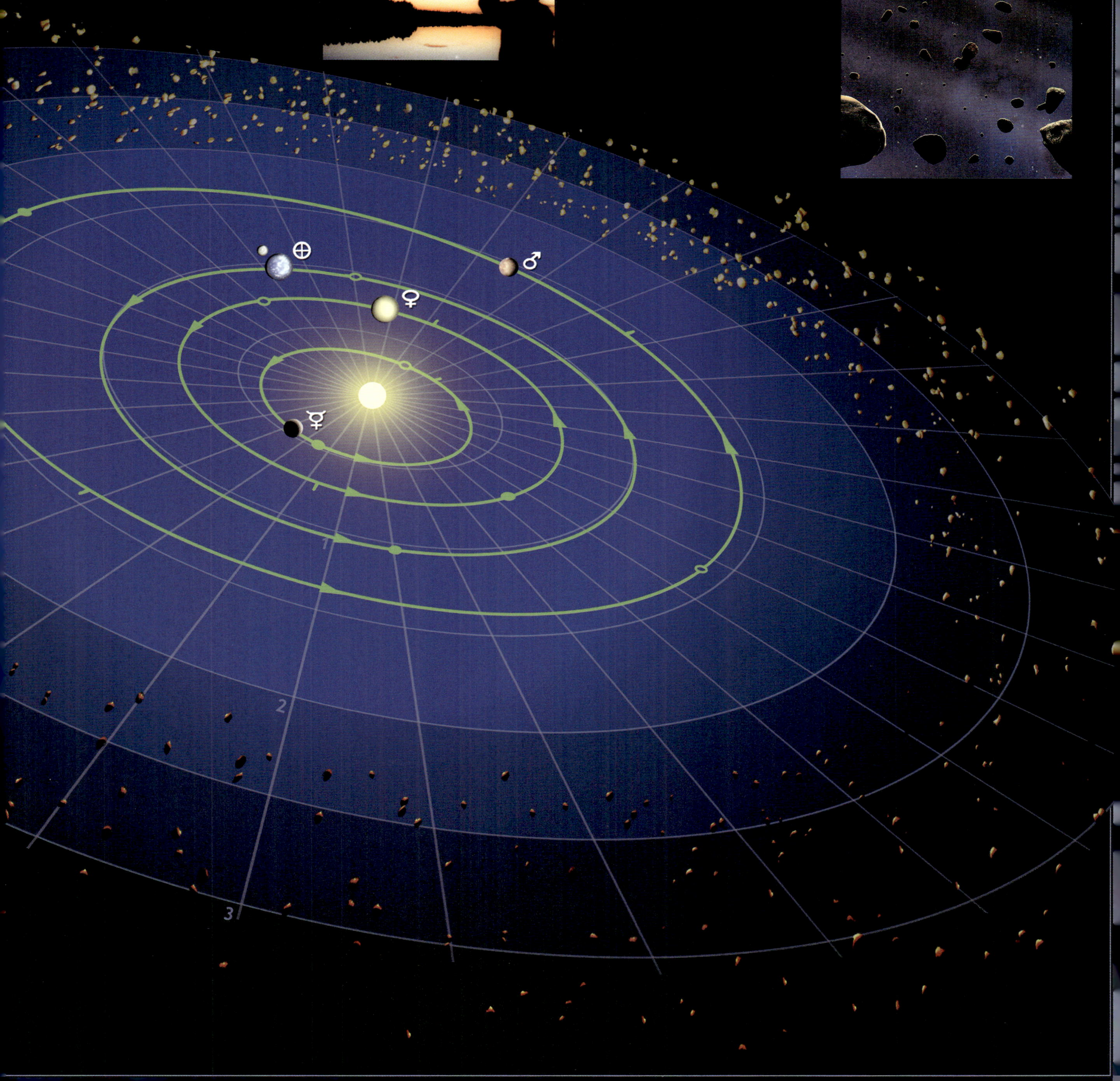

Der Merkur

Der kleine Merkur ist der sonnennächste Planet und wie der gleichnamige leichtfüßige Götterbote der Römer ist der Merkur wirklich schnell und umrundet die Sonne in nur 88 Erdtagen. Am Perihel, der größten Annäherung an die Sonne, beträgt der Abstand weniger als ein Drittel, aber am sonnenfernsten Punkt, dem Aphel, fast die Hälfte der Entfernung zwischen Erde und Sonne. Die Kombination einer sehr elliptischen Bahn und einer langsamen Rotation führt zu starken Temperaturschwankungen an der Oberfläche des Planeten. Am Perihel steigt die Tagestemperatur über 430 °C, genug um Blei und Zinn zu schmelzen, am Aphel ist es aber auf der Schattenseite um 600 °C kälter. Der Merkur ist eine Kugel aus Eisen, wahrscheinlich zum Teil geschmolzen und in einem dünnen Gesteinsmantel eingeschlossen, und er benötigt beinahe zwei Monate für eine vollständige Umdrehung. Es gibt keine Atmosphäre im eigentlichen Sinn und keine bekannten Monde. Von der Erde aus ist der Merkur nicht immer gut zu sehen, weil er meist vom grellen Sonnenlicht überstrahlt wird. Dennoch kann man den zweitkleinsten Planeten manchmal in der Nähe der Sonne als hell leuchtenden Morgen- oder Abendstern erblicken.

Ein Zwerg aus Eisen
Der Merkur ist der innerste und kleinste Planet des inneren Sonnensystems. Der zweitkleinste aller neun bekannten Planeten weist nur 38 Prozent des Erdumfangs auf, aber den 1,4fachen Durchmesser des Mondes. Dennoch besitzt er den vergleichsweise größten Kern aller Planeten des Sonnensystems.

MERKURDATEN	
Entdeckt	Seit der Antike bekannt
Durchschnittlicher Sonnenabstand	57,9 Millionen km; 0,39 AE
Äquatordurchmesser	4.879 km
Rotationsdauer (siderisch)	58,65 Tage (prograd)
Masse (Erde = 1)	0,055
Volumen (Erde = 1)	0,056
Oberflächengravitation (Erde = 1)	0,38
Durchschnittliche Dichte (Wasser = 1)	5,43
Druck an der Oberfläche (Erde = 1)	0
Entweichgeschwindigkeit	4,3 km/s
Bahnexzentrizität	0,206
Höchste Oberflächentemperatur	430 °C
Niedrigste Oberflächentemperatur	–170 °C
Sonneneinstrahlung (Erde = 1)	4,5–10,4
Albedo (Reflexionsvermögen)	0,11
Anzahl der Monde	0

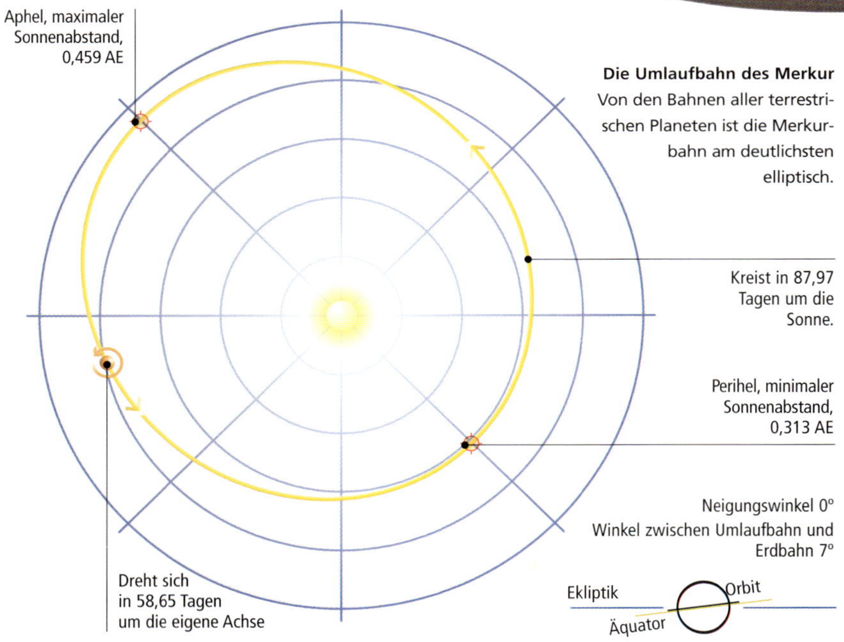

Die Umlaufbahn des Merkur
Von den Bahnen aller terrestrischen Planeten ist die Merkurbahn am deutlichsten elliptisch.

Die Geologie des Merkur

Auf den ersten Blick sieht die zerschlagene Fassade des Merkur wie die des Mondes aus, aber der Merkur besitzt keine Maria, von Lava überflutete, glatte Ebenen wie auf der sichtbaren Halbkugel unseres Satelliten. Stattdessen besteht ein Großteil der Oberfläche aus zerkraterten Gebieten, die man wie auf dem Mond Hochländer nennt. Es gibt auch flachere Gebiete, Tiefländer, die scheinbar auch von Lava überflutet wurden, aber nicht so groß sind wie die lunaren Maria. Soviel wir bisher sagen können (erst die Hälfte des Merkur wurde vermessen), gibt es nur ein auffälliges Einschlagsbecken, eine breite, kreisförmige Narbe namens Caloris mit einem Durchmesser von 1.300 km. Ein weiteres auffallendes Oberflächenmerkmal sind die Steilhänge, die sogenannten Rupes (Latein für Felsen oder Kliff), gigantische Risse, die sich wahrscheinlich bildeten, als der Planet ausgekühlt und geschrumpft ist.

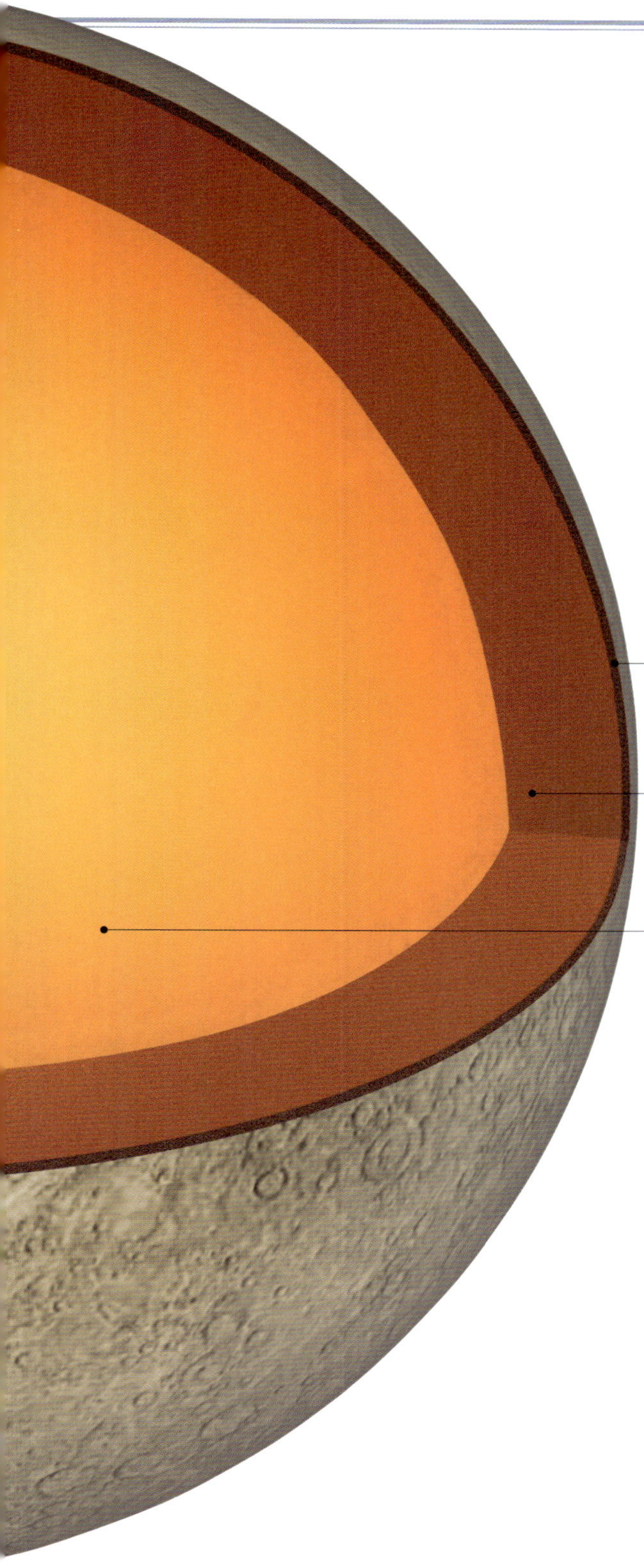

Die Kruste
Man weiß nur wenig über die Kruste des Merkur, aber man denkt, dass sie bis zu 100 km in die Tiefe reicht.

Der Mantel
Der Mantel ist eine relativ dünne Decke aus silikathaltigem Material, das die äußersten 25 Prozent des Merkurradius ausfüllt.

Der Kern
Das Innere des Merkur wird von einem gigantischen Kern aus Eisen beherrscht, der vielleicht teilweise geschmolzen ist. Der Kern ist etwa so groß wie der Mond und nimmt 70 Prozent des Planeteninneren ein.

Der Merkur und die Sonne
Dieses Foto veranschaulicht, wie nahe der Merkur der Sonne ist. Die Sonne (in der Mitte) wurde mit einer Scheibe abgedeckt, um den Planeten direkt darüber sichtbar zu machen. Ständig verliert der Merkur seine dünne „Atmosphäre" an den Weltraum, aber die Nähe zur Sonne ermöglicht ihm, den Verlust an Gasen aus dem eingefangenen Sonnenwind wieder aufzufüllen.

Die Atmosphäre und das Klima des Merkur

Der Merkur besitzt keine erwähnenswerte Atmosphäre. Dennoch verfügt er über eine zarte Schale aus Gasen, kaum dichter als ein Vakuum. Diese Gase entspringen verschiedenen Quellen. Einige Wasserstoff- und Heliummoleküle werden von der Sonne eingefangen, andere Elemente werden bei Einschlägen kleiner Meteorite aus der Oberfläche herausgesprengt und wieder andere treten langsam aus den Felsen oder aus dem Eis, das tief in den Kratern begraben liegt. Das dadurch entstehende Klima zeigt die extremsten Temperaturunterschiede im inneren Sonnensystem.

Die Zusammensetzung der Atmosphäre
Die Gase, die in der dünnen „Atmosphäre" des Merkur identifiziert wurden, beinhalten Wasserstoff, Helium, Natrium, Kalium und Sauerstoff. Die relativen Mengen sind kaum bestimmt und verändern sich mit der Position des Merkur auf seiner Umlaufbahn. Die Merkursonde Messenger, die im August 2004 startete, wird unser Wissen erweitern.

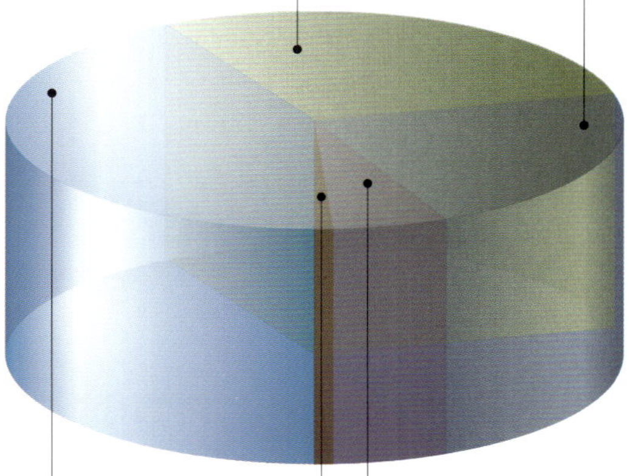

Der Südpol des Merkur
Jüngste Radaranalysen zeigen, dass mehrere süd- und nordpolare Krater ein hohes Radarreflexionsvermögen aufweisen, ein Hinweis auf das Vorhandensein von Eis, vielleicht sogar Wassereis. Die Innenräume dieser Krater sind vor der sengenden Sonnenhitze geschützt, was eine Konservierung von Eis möglich macht.

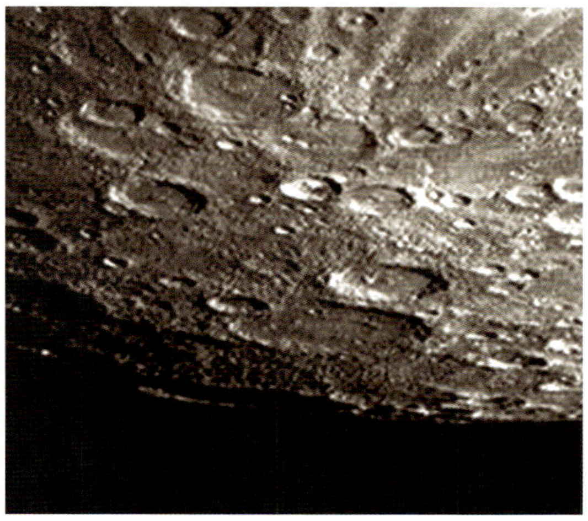

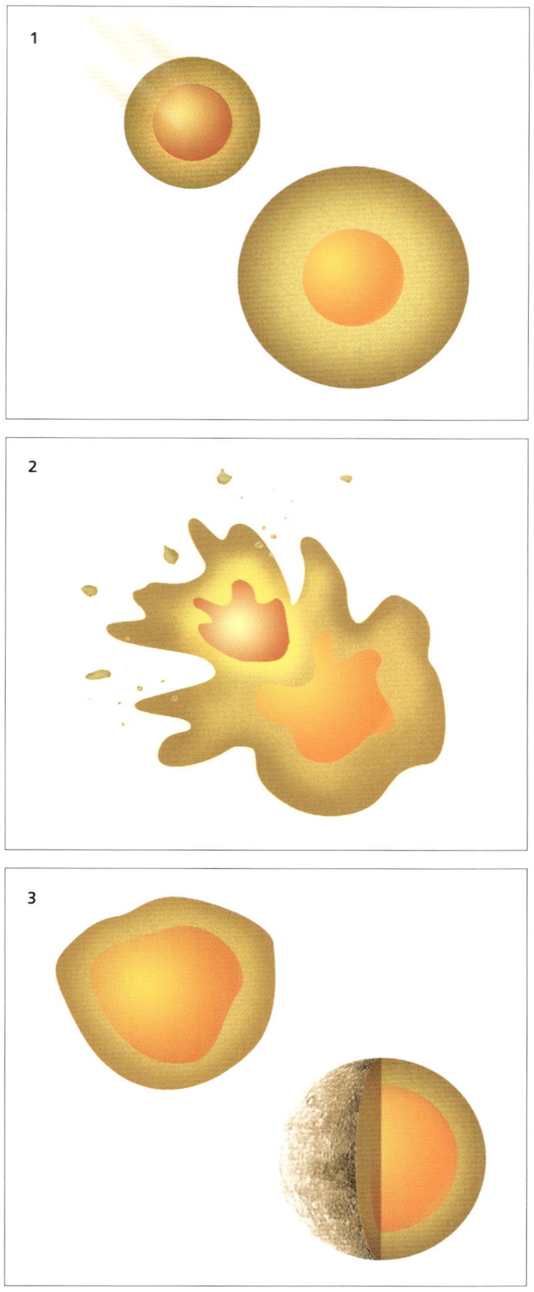

Großer Kern, kleiner Planet
Vor Milliarden von Jahren könnte der Merkur einen viel dickeren Silikatmantel besessen haben (1). Der verheerende Einschlag eines Protoplaneten (2) könnte einen Großteil der äußeren Schicht weggesprengt haben, ohne sich auf den eisernen Kern auszuwirken, und den ungewöhnlich schweren Planeten zurückgelassen haben.

Die Merkurkarte

Unser detailliertes Wissen über die Oberfläche des Merkur stammt von der NASA-Raumsonde Mariner 10, die bei zwei Vorbeiflügen 1974 und 1975 etwa die halbe Planetenoberfläche fotografierte. Diese Besuche enthüllten eine zerbombte alte Kruste wie auf dem Mond, mit einigen Steilhängen oder „Rupes“, die von einer Periode der Abkühlung in der Geschichte des Planeten zeugen. Das große Einschlagsbecken Caloris beherscht mit einem Durchmesser von 1.300 km die eine Halbkugel. Auf dem Merkur sind die Planitiae nach dem Wort für Merkur (sowohl der Planet wie auch die Gottheit) in verschiedenen Sprachen benannt. Die Krater tragen die Namen großer Figuren in der Kunst und die Rupes die Namen berühmter Schiffe der Entdecker.

Die bekannte Halbkugel des Merkur
Oben kann man die bekannte Halbkugel des Merkur auf der Darstellung eines Künstlers sehen. Von der ebenen Region gibt es keine Daten. Dieselbe Halbkugel ist auf der rechten Karte im Detail abgebildet.

Ein Merkurmosaik von Mariner 10 (links)
Hier sieht man ein Falschfarbenmosaik, das aus vielen kleineren Fotos zusammengesetzt ist, die Mariner 10 bei ihren Besuchen in den Jahren 1974 und 1975 geschossen hat. Das große kreisförmige Gebilde links, das nur halb zu sehen ist, ist das Caloris-Einschlagsbecken. Dieses Merkmal mit dem offiziellen Namen „Caloris Planitia“ findet man am nordöstlichen Rand der gegenüberliegenden Karte. Auf der Oberseite des Bildes kann man die hellen Strahlen des Einschlagskraters Degas (37° N/126° W) sehen, die sich über einen großen Teil der abgebildeten Halbkugel ausstrecken. Sowohl Degas als auch Caloris sind Repräsentanten der dominierenden Kraft der topographischen Veränderungen auf dem Merkur: der Beschuss mit interplanetaren Bruchstücken.

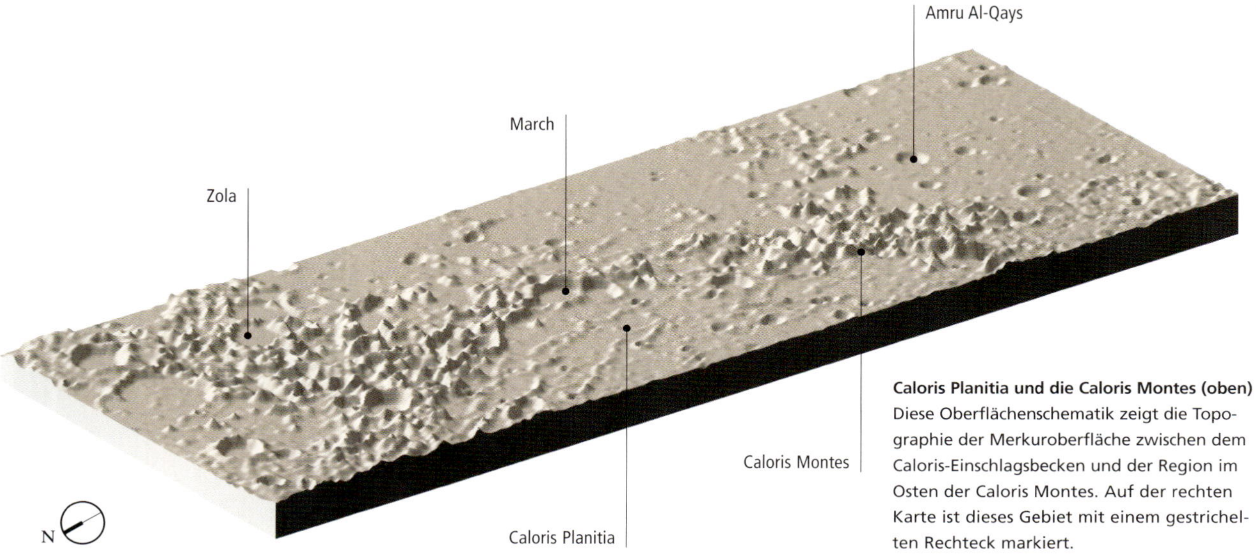

Caloris Planitia und die Caloris Montes (oben)
Diese Oberflächenschematik zeigt die Topographie der Merkuroberfläche zwischen dem Caloris-Einschlagsbecken und der Region im Osten der Caloris Montes. Auf der rechten Karte ist dieses Gebiet mit einem gestrichelten Rechteck markiert.

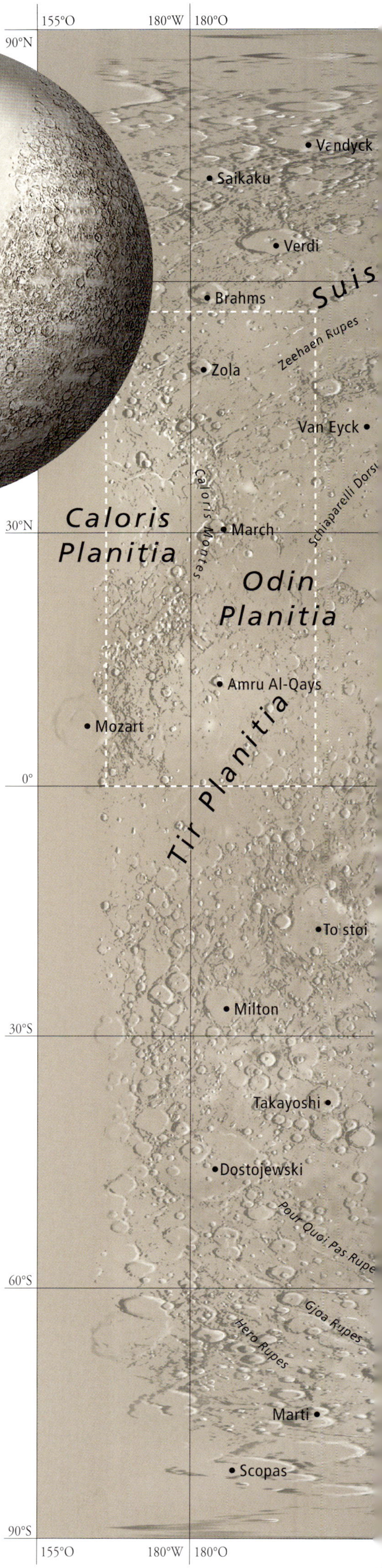

210°O
120°W
240°O
90°W
270°O
60°W
300°O
30°W
330°O
352°W
90°N
60°N
30°N
0°
30°S
60°S
90°S
Borealis Planitia
Wenig fotografiert
Sobkou Planitia
Budh Planitia
Deprez
Goethe
Tung Yuan
Turgenew
Gauguin
Botticelli
Monteverdi
Ahmed Baba
Rubens
Strindberg
Sholem Aleichem
Strawinski
Vyasa
Sor Juana
Victoria Rupes
Monet
Endeavour Rupes
Hugo
Al Hamadhani
Degas
Velasquez
Holbein
Antoniadi Dorsum
Heine
Praxiteles
Heemskerck Rupes
Mickiewicz
Wren
Ts'ai Wen-chi
Dürer
Rodin
Melville
Harunobu
Vivaldi
Sinan
Molière
Giotto
Haystack Vallis
Phidias
Wang Meng
Yeats
Santa Maria Rupes
Händel
Lysippus
Polygnotus
Homer
Philoxenus
Dvořák
Kuiper
Hitomaro
Renoir
Imhotep
Beethoven
Raphael
Valmiki
Matisse
Ibsen
Haydn
Arecibo Vallis
Petrach
Carducci
Tschechow
Neumann
Vostock Rupes
Pigalle
Schubert
Delacroix
Michelangelo
Zarya Rupes
Ghiberti
Sotatsu
Hawthorne
Discovery Rupes
Vincente
Hesiod
Ma Chin Yuan
Chopin
Adventure Rupes
Puschkin
Wagner
Resolution Rupes
Bach
Camoes
Cervantes
Van Gogh
Li Ching-Chao
Sadi
Boccaccio
Bernini
km
Meilen
0
500
1.000
0
500
1.000

Die Oberfläche des Merkur

Die zerschlagene Oberfläche des Merkur ist uralt. Ohne signifikante Atmosphäre, tektonische Bewegungen oder Wasser hat sich die zerklüftete Landschaft seit vier Milliarden Jahren kaum verändert, was ungefähr 80 bis 85 Prozent der Geschichte des Planeten ausmacht. Der Merkur ist ein kreisendes Fossil und sein zerkratertes Aussehen ist ein Vermächtnis des gewaltigen Bombardements in den letzten Phasen der Planetenbildung. Die kraterübersäten Hochländer sind die ältesten Merkmale, während die Tieflandebenen etwas jünger sind. Die jüngsten Gebilde sind die Rupes, breite Risse von hunderten Kilometern, die entstanden, als der Planet abkühlte und sich zusammenzog.

Der Caloris-Einschlag

Caloris, das größte bekannte Merkmal des Merkur, ist vor etwa 3,85 Milliarden Jahren entstanden. Das Einschlagsgebilde stammt wahrscheinlich von einem Objekt mit ungefähr 150 km Durchmesser, das beim Aufschlag Schockwellen über den ganzen Planeten verbreitet hat (unten). Auf der gegenüberliegenden Seite des Planeten liegen Senken, Hügel und Täler, die eine Folge der Faltungen der Kruste sind.

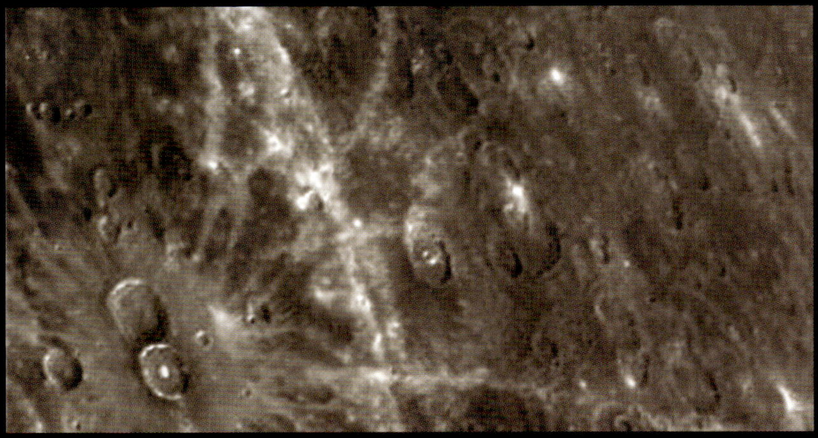

Ein auffälliger Strahlenkrater: Degas (oben)
Bei der Kraterbildung entsteht oft ein breiter Teppich von Auswurfsmaterial, das sich nach dem Einschlag in Form von hellen Strahlen in der Umgebung verteilt. Diese Strahlen sind Kennzeichen von relativ jungen Kratern, wie Degas, 37° N/126° W, dessen hellen zentralen Gipfel man hier sieht.

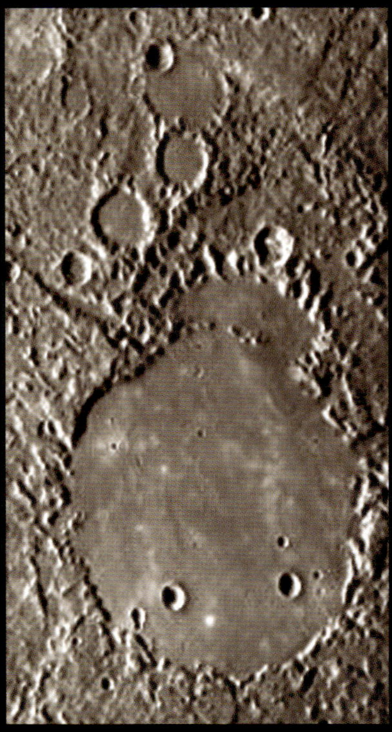

Topographische Vielfalt (rechts)
Dieses Bild von Mariner 10 zeigt zwei typische Landschaftsformen auf dem Merkur nebeneinander: eine sanfte Ebene auf dem Grund des Petrarca- Kraters (30° S/26° W) und die hügelige, durchbrochene Landschaft der Umgebung. Das gezeigte Gebiet hat einen Durchmesser von etwa 200 km.

Der Rand des Caloris-Beckens (links)
Der partielle Kreis aus zerklüfteten Hügeln zeigt den äußeren Rand des Caloris-Beckens. Unglücklicherweise liegt der Großteil von Caloris außerhalb des von Mariner 10 fotografierten Bildes. Heute, drei Jahrzehnte später, wissen wir noch immer nicht, wie der Rest von Caloris aussieht.

Die Ebenen

Obwohl der Merkur stark zerkratert ist, findet man dort auch ausgedehnte sanfte Ebenen oder Tiefländer, die man Planitia nennt. Sie liegen in oder um Einschlagsbecken wie Caloris und sind wahrscheinlich nach gewaltigen Einschlägen entstanden, als Lava an die Oberfläche getreten ist und älteres Terrain unter sich begraben hat, wie bei den Maria auf dem Mond. Die Ebenen könnten aber auch von Oberflächengestein gebildet worden sein, das bei den Einschlägen, welche die Becken des Merkur gebildet haben, geschmolzen ist.

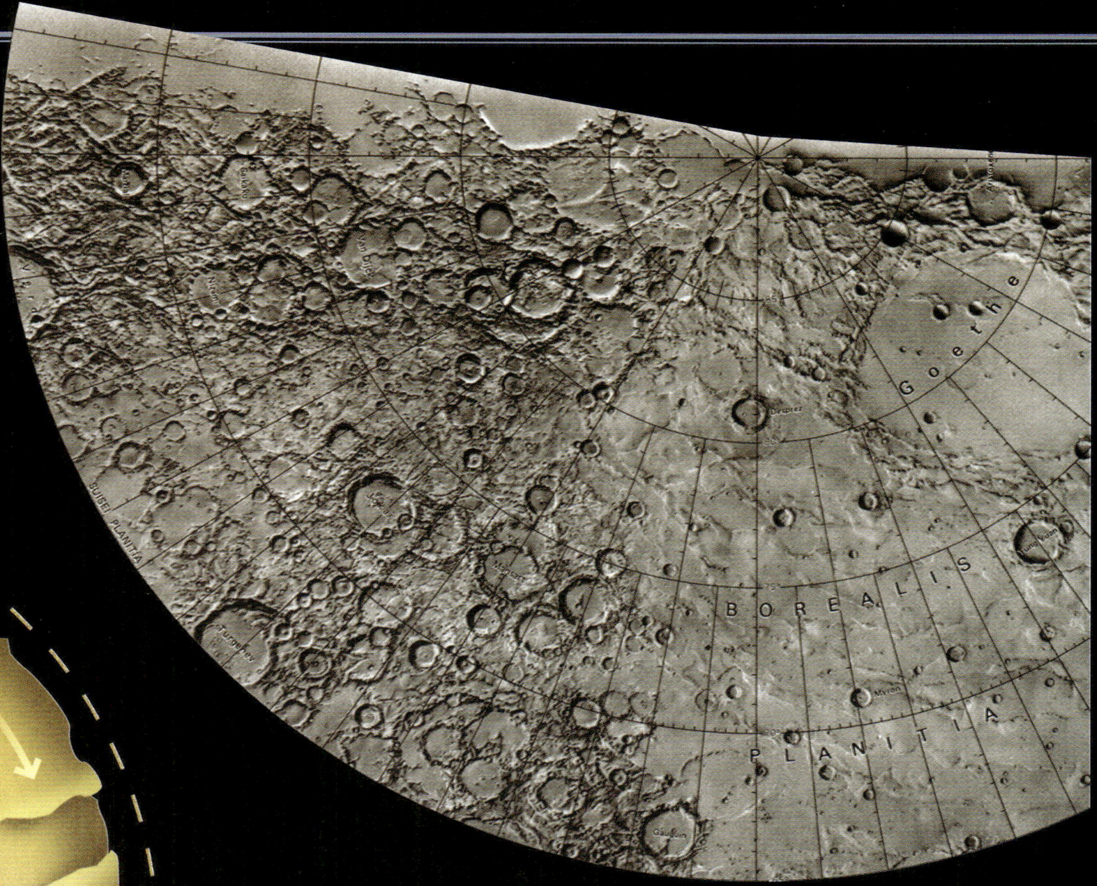

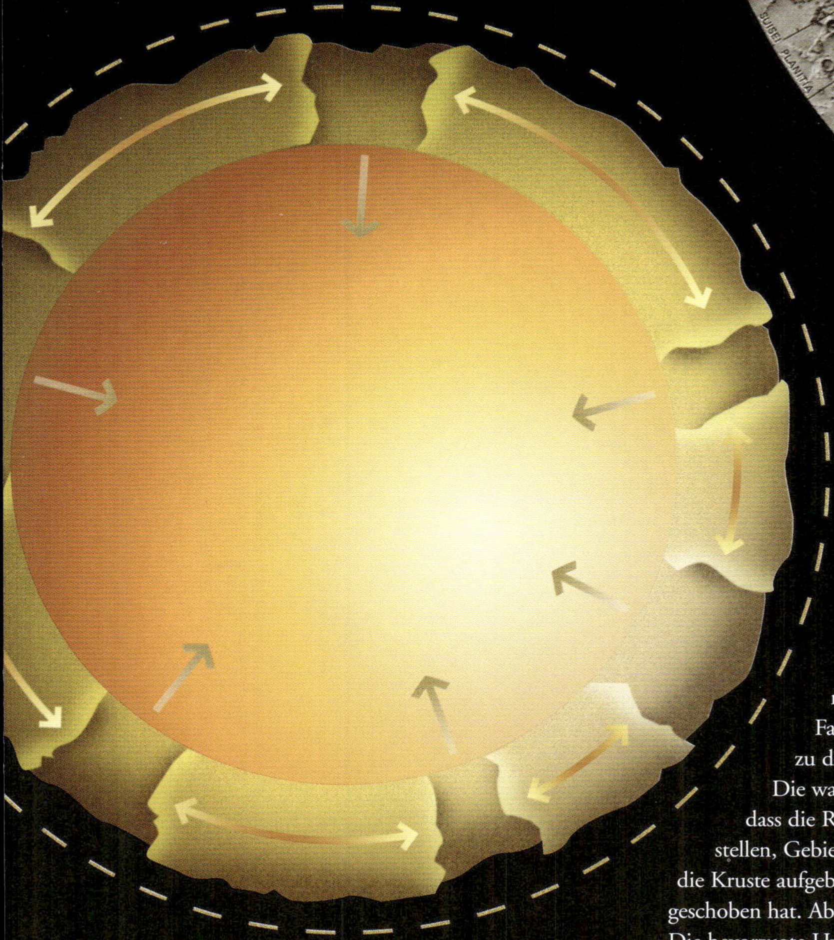

Die Rupes

Die Oberfläche des Merkur ist von zahlreichen Rupes oder Steilhängen durchzogen. Diese tektonischen Gebilde gibt es nur auf dem Merkur und sie durchschneiden manchmal ganze Krater. Wo das der Fall ist, haben die Krater meist senkrecht zu den Rupes einen größeren Durchmesser. Die wahrscheinlichste Erklärung dafür ist, dass die Rupes geologische Verwerfungen darstellen, Gebiete, wo der Druck von beiden Seiten die Kruste aufgebrochen und Teile davon übereinandergeschoben hat. Aber was hat diesen Druck verursacht? Die bevorzugte Hypothese besagt, dass der Merkur zusammengeschrumpft ist, als der Mantel kälter wurde, wodurch sich an der Oberfläche Risse und Buckel gebildet haben, wie auf der Haut einer eingetrockneten Frucht (siehe linke Abbildung). Manche Rupes sind hunderte Kilometer lang und bis zu 4 km hoch. Sie sind jünger als die Ebenen und vielleicht beim Caloris-Einschlag oder kurz danach entstanden.

Die Polebenen des Merkur (oben)
Die Borealis Planitia liegt auf der Nordhalbkugel des Planeten. Diese Abbildung, mit dem Nordpol oben, rechts von der Mitte, zeigt die typischen topographischen Merkmale des Merkur. Es bestehen auffallende Unterschiede zwischen den stark zerkraterten Hochländern links und den sanften Tiefebenen und dem Goethe-Krater rechts. Borealis Planitia oder die „Nördliche Ebene" und Caloris Planitia oder die „Heiße Ebene" sind die einzigen Planitiae, deren Namen nicht von den verschiedenen Wörtern für „Merkur" abgeleitet sind.

Brahms auf 59° N/176° W (oben)
Wenn ein Objekt mit wenigen Kilometern Durchmesser auf der Kruste eines felsigen Planeten wie Merkur aufschlägt, dann werden so enorme Kräfte frei, dass sich das Gestein der Kruste so verhält, als wäre es flüssig, etwa wie eine Wasserfläche, auf die ein Tropfen fällt. Brahms (rechts oben) hat einen Durchmesser von 96 km und ist ein typischer Merkurkrater dieser Größe, mit einem ausgedehnten Feld von Sekundärkratern, einem Ring konzentrischer Terrassen und einem zentralen Gipfel. Die Terrassen und Gipfel sind die Überreste tiefer, kurzlebiger Krater, die beim Einschlag entstanden, aber bald wieder eingestürzt sind.

Die Santa-Maria-Rupes (unten)
Dieses Foto von Mariner 10 zeigt die für den Merkur typischen Rupes. Die Santa-Maria-Rupes sind 1.000 km lang und ziehen sich durch viele große Krater hindurch, da sie viel älter sind als die Krater selbst und durch die Wirkungen des Druckes in der Kruste des Merkur entstanden sind.

DIE ERFORSCHUNG DES MERKUR

Planetenwissenschaftler wissen noch immer relativ wenig über den sonnennächsten Planeten. Sie kennen die fernen Galileischen Jupitermonde besser als diese verbrannte Kugel aus Eisen. Eine einzige Raumsonde hat den Merkur bisher aus der Nähe gesehen, die Mariner 10 der NASA. Bei drei nahen Vorbeiflügen in den Jahren 1974 und 1975 hat dieser automatisierte Gesandte etwa die Hälfte der Oberfläche des Planeten vermessen und zerrissene, von Kratern übersäte Landschaften vorgefunden. Um zu sehen, wie die andere Halbkugel aussieht, müssen wir auf die Messenger-Sonde warten, die den Planeten im Jahr 2011 erreichen wird.

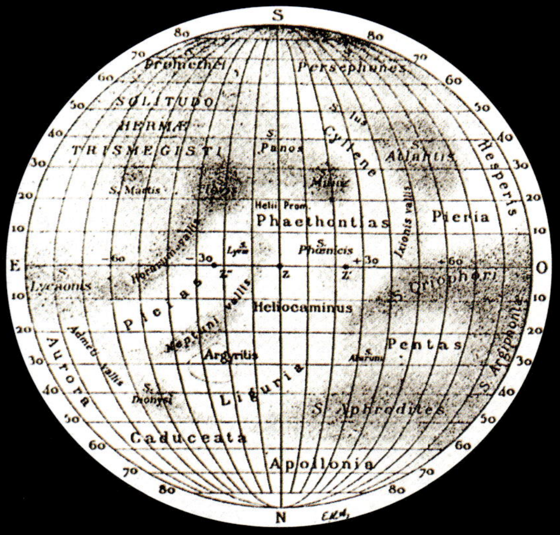

Die Merkurkarte von Antoniadi (oben)
Obwohl sie nicht genau mit den Entdeckungen von Mariner 10 übereinstimmt, ist diese Merkurkarte des franko-griechischen Astronomen Eugène Michel Antoniadi aus dem Jahr 1934 die detaillierteste Karte des Planeten aus der Zeit vor den Raumflügen.

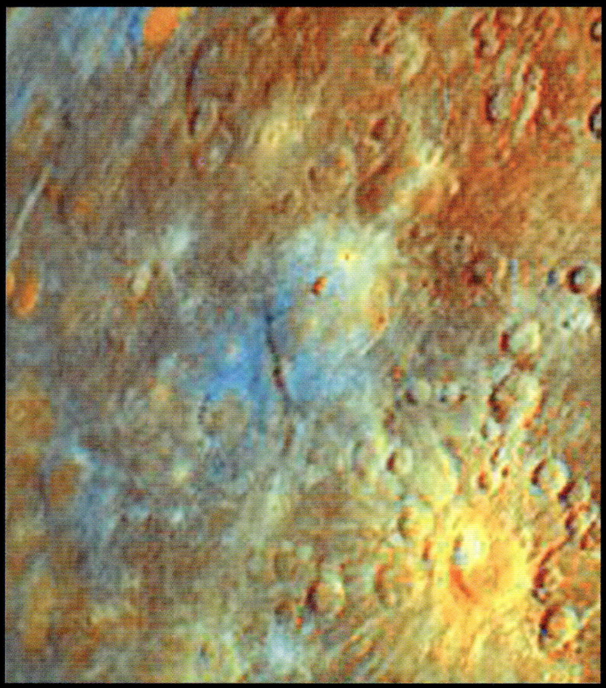

Der Merkur von Mariner 10 (rechts)
Das ist das erste Foto des Merkur, das die Mariner-10-Sonde der NASA am 24. März 1974 zur Erde gesendet hat. Zu diesem Zeitpunkt war die Raumsonde 5,4 Millionen km von ihrem ersten Vorbeiflug entfernt.

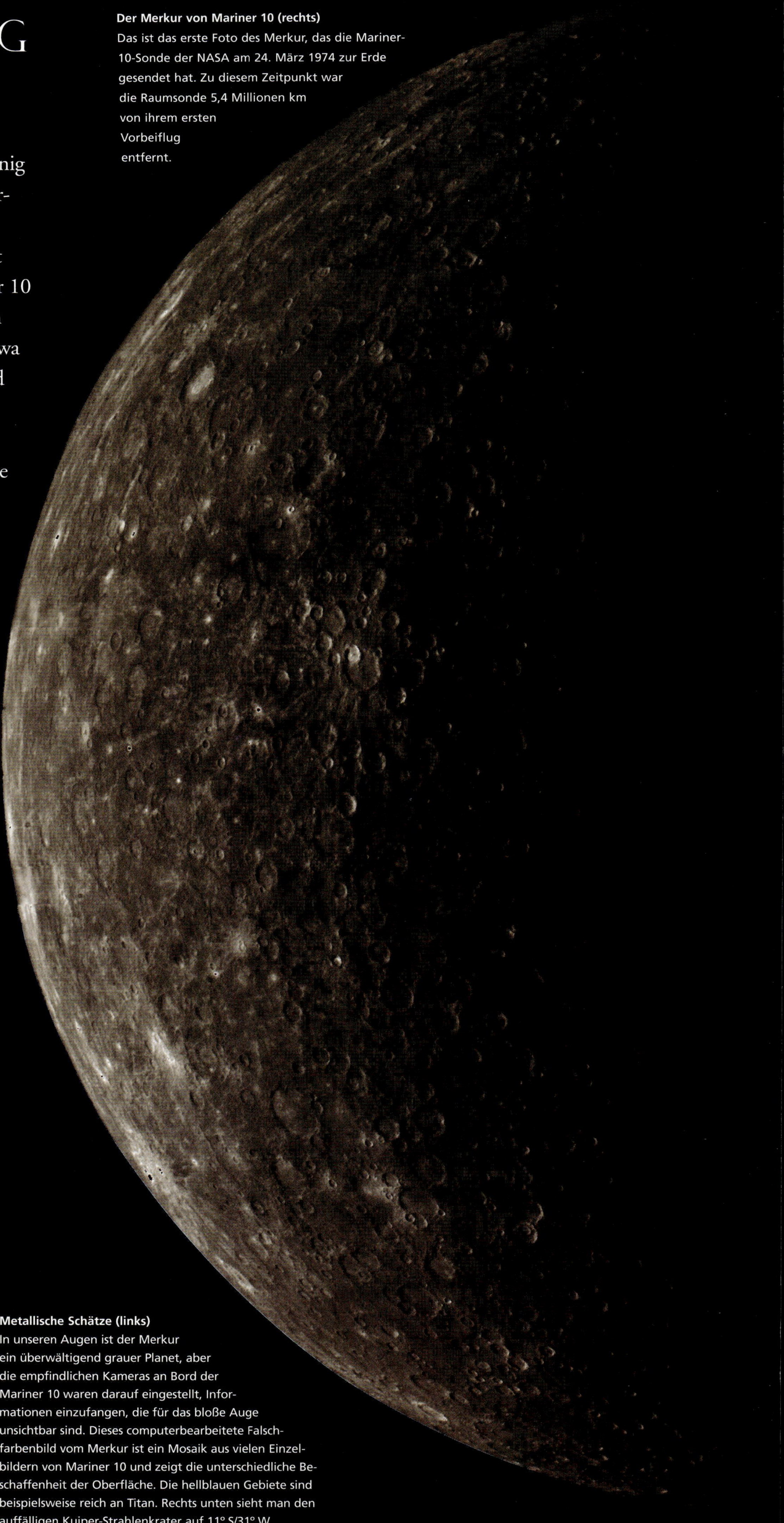

Metallische Schätze (links)
In unseren Augen ist der Merkur ein überwältigend grauer Planet, aber die empfindlichen Kameras an Bord der Mariner 10 waren darauf eingestellt, Informationen einzufangen, die für das bloße Auge unsichtbar sind. Dieses computerbearbeitete Falschfarbenbild vom Merkur ist ein Mosaik aus vielen Einzelbildern von Mariner 10 und zeigt die unterschiedliche Beschaffenheit der Oberfläche. Die hellblauen Gebiete sind beispielsweise reich an Titan. Rechts unten sieht man den auffälligen Kuiper-Strahlenkrater auf 11° S/31° W.

Mariner 10 – die erste Nahaufnahme des innersten Planeten

Mariner 10, die im November 1974 startete (1), war die letzte Sonde aus der über zehn Jahre dauernden Mariner-Serie der NASA und das einzige Raumschiff, das den Merkur aus der Nähe fotografierte. Nach einem nahen Vorbeiflug an der Venus im Februar 1974 (2) wurde die Sonde von der Gravitation dieses Planeten beschleunigt und in eine Bahn um die Sonne befördert. Am 29. März 1974 flog sie am Merkur vorbei (3). Die Umlaufdauer von Mariner 10 war mit 176 Tagen genau doppelt so lang wie die des Merkur. Deshalb war es sicher, dass die Raumsonde nach ihrer ersten Sonnenumkreisung am selben Punkt im Raum wieder auf den Merkur treffen würde (er selbst hat inzwischen zwei Umkreisungen ausgeführt), was am 21. September 1974 geschah (4). Ein letzter Vorbeiflug fand am 16. März 1975 statt (5). Nahezu all unsere Informationen über den Merkur auf mehr als 7.000 Fotos stammen von diesen drei Treffen.

Die Flugroute von Mariner 10 (unten)
Wie alle anderen interplanetaren Raumschiffe musste auch die Mariner 10 eine beträchtliche Entfernung ohne Antrieb zurücklegen. Dafür nutzte die Sonde einen Vorgang, bei dem sie mit Hilfe eines kleinen Teils der Bahnenergie der Venus stark beschleunigt wurde.

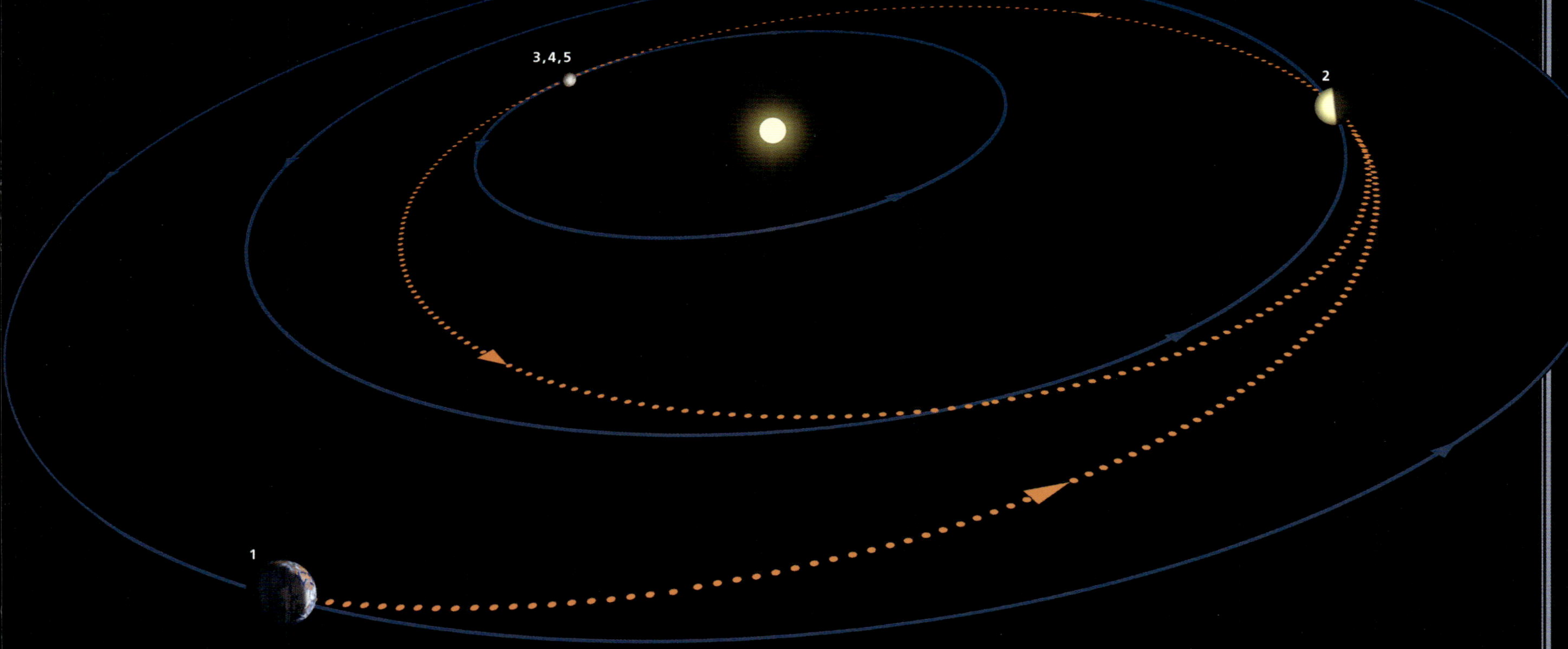

Messenger zum Merkur

Die Messenger-Mission soll den Astronomen neue Erkenntnisse über den Merkur bringen. Diese NASA-Sonde wird die Zusammensetzung der Merkuroberfläche und sein Magnetfeld erforschen, beinahe die gesamte Oberfläche vermessen und zuletzt die Gebiete erforschen, die Mariner 10 nicht gesehen hat. Sie startete am 3. August 2004 auf Cape Canaveral in Florida und wurde auf eine siebenjährige Reise geschickt. Im August 2005 kam Messenger auf die Erde zugeflogen, wurde dabei beschleunigt und auf eine Bahn katapultiert, die sie im Oktober 2006 und ein weiteres Mal im Juni 2007 in die Nähe der Venus bringen wird. Das Raumschiff wird im Januar 2008 am Merkur vorbeifliegen, im Oktober 2008 sowie im September 2009 werden zwei weitere Treffen stattfinden, bevor es im März 2011 auf eine Bahn um den Merkur schwenken wird. Dort wird die Sonde eine jahrelange Erforschung des Planeten beginnen, bewaffnet mit neun verschiedenen wissenschaftlichen Instrumenten, die alle mit Hitzeschildern aus Keramik ausgestattet sind, um sie vor der starken Hitze zu schützen.

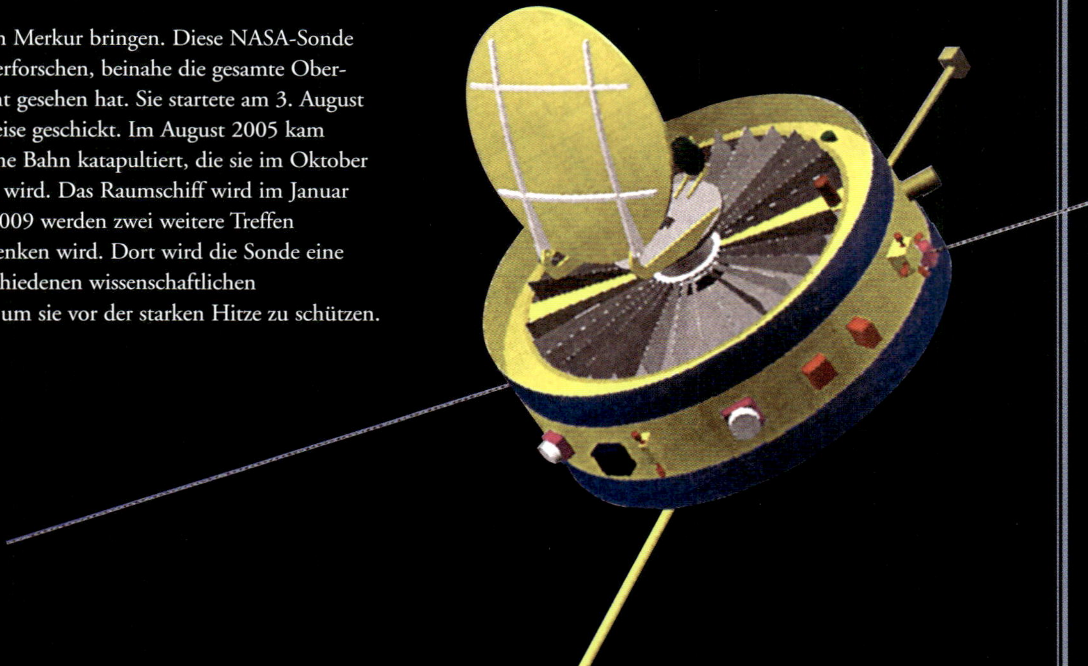

Messenger auf seiner Umlaufbahn (links)
Das ist ein Bild von der Messenger-Raumsonde, wie ein Künstler sie sieht. Es zeigt die Sonde auf einer Bahn um den kleinen Merkur im Jahr 2011. Die beiden Sonnenkollektoren und eine Nickel-Wasserstoffbatterie versorgen das Raumschiff mit Energie.

Zukünftige Missionen

Eine weitere geplante Mission zum Merkur ist die Europäisch-Japanische BepiColombo, die zwischen 2009 und 2012 gestartet werden soll und den Namen des Ingenieurs und Mathematikers Giuseppe „Bepi“ Colombo (1920–84) trägt. Sie besteht aus zwei Orbitern (oben) und einem Landungsmodul.

Die Venus

Wenn wir uns von der Sonne wegbewegen, ist der nächste Planet, auf den wir in einer Entfernung von 0,72 AE (108,2 Millionen km) vom Zentrum des Sonnensystems treffen, die Venus. Dies ist eine Welt, die nur ein wenig kleiner ist als die Erde und ganz in Wolken gehüllt ist. Vom Weltraum aus kann man keine Oberfläche erkennen. Bevor ein Radar zum ersten Mal die Venuswolken durchdrungen hat, nahm die Menschheit lange Zeit an, dass die Venus der Erde sehr ähnlich sei. Manche verglichen sie sogar mit einer Schwesternwelt, einem warmen, üppig bewaldeten Planeten, der von exotischen Wesen bewohnt ist. Heute kennen wir die Wahrheit. Die Venus gleicht eher den üblichen Visionen von der Hölle, mit Temperaturen, die Zinn, Zink und Blei zum Schmelzen bringen. Sie entstehen dadurch, dass die dichte Kohlendioxidatmosphäre die Hitze speichert, die auf die Oberfläche trifft. Aber die dicke, wolkenverhangene Atmosphäre macht die Venus auch zu einem sehr hellen Planeten. Von der Erde aus kann man sie häufig als Morgen- oder Abendstern sehen, weil sie heller leuchtet als all die anderen Himmelsobjekte mit Ausnahme von Sonne und Mond. Die Venus rotiert in die entgegengesetzte Richtung wie der Rest der terrestrischen Planeten und besitzt keinen Mond.

Schwesterplanet
In Umfang und Masse ist die Venus der Erde ähnlich. Daraus ergibt sich eine starke Schwerkraft an der Oberfläche, die 91 Prozent unserer eigenen beträgt.

Venusdaten	
Entdeckt	Seit der Antike bekannt
Durchschnittlicher Sonnenabstand	108,2 Millionen km; 0,72 AE
Äquatordurchmesser	12.104 km
Rotationsdauer (siderisch)	243 Tage (retrograd)
Masse (Erde = 1)	0,82
Volumen (Erde = 1)	0,86
Gravitation an der Oberfläche (Erde = 1)	0,91
Durchschnittliche Dichte (Wasser = 1)	5,24
Druck an der Oberfläche (Erde = 1)	92
Entweichgeschwindigkeit	10,4 km/s
Bahnexzentrizität	0,007
Oberflächentemperatur	464 °C
Sonneneinstrahlung (Erde = 1)	1,9 (Wolkengipfel); 0,05 (Oberfläche)
Albedo (Reflexionsvermögen)	0,65
Anzahl der Monde	0

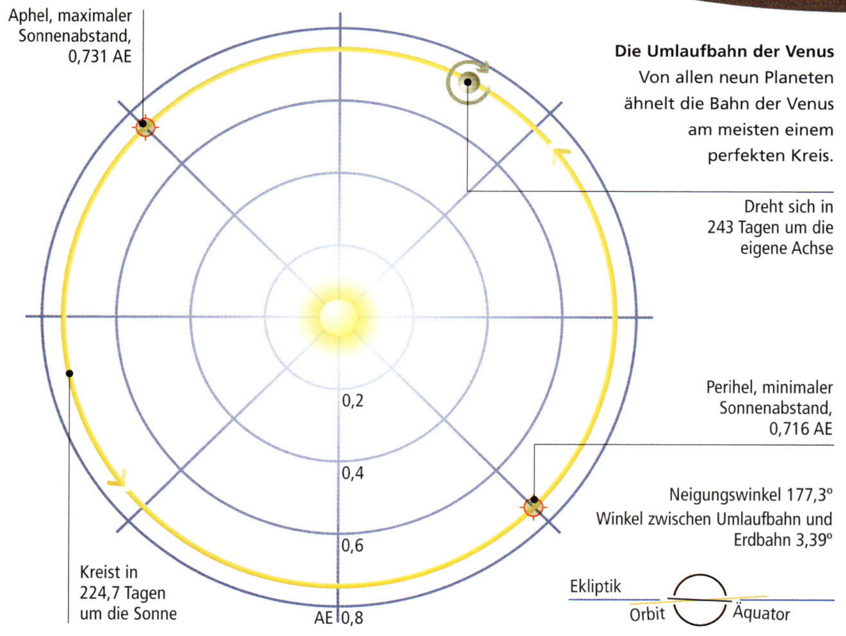

Die Umlaufbahn der Venus
Von allen neun Planeten ähnelt die Bahn der Venus am meisten einem perfekten Kreis.

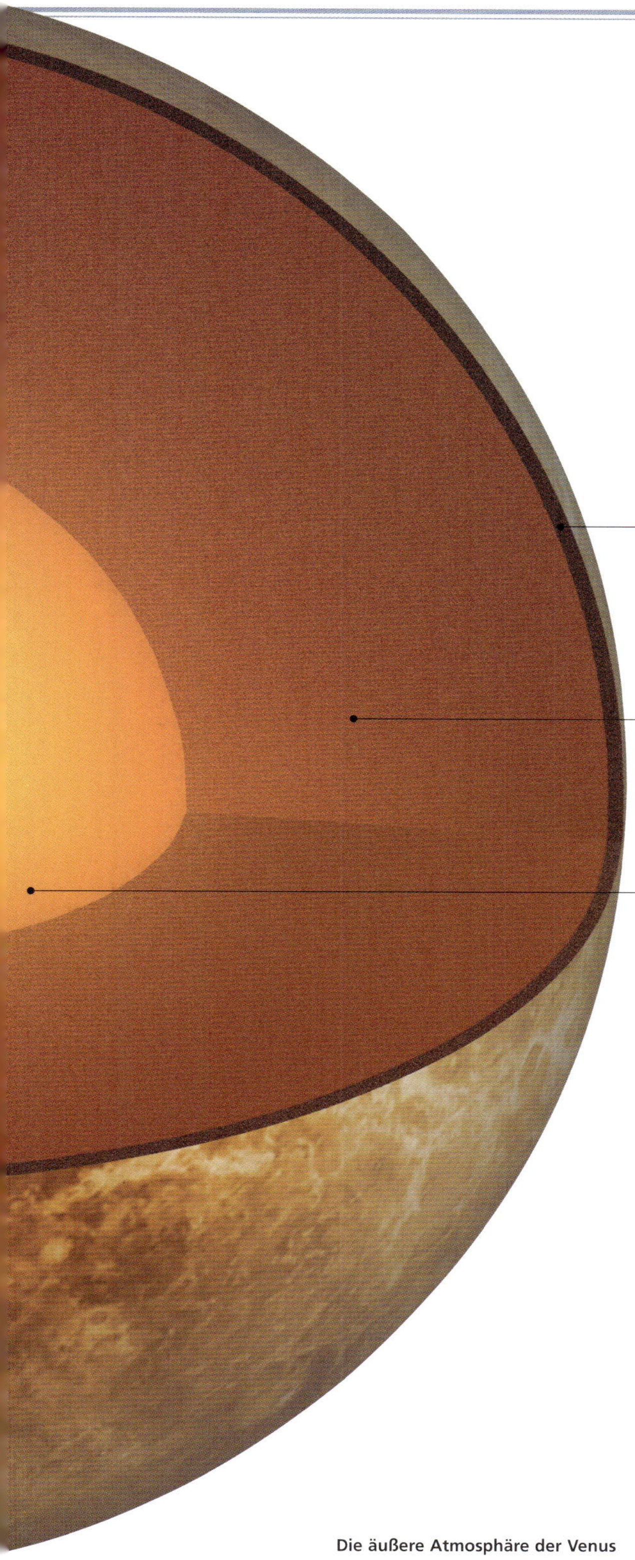

Die Geologie der Venus

Die Venus ist eine Welt, die von vulkanischen Merkmalen geprägt ist. Es gibt keinen Hinweis darauf, dass der Planet jetzt aktiv ist, aber er könnte es sein und war es sicher in der unmittelbaren geologischen Vergangenheit. Einige der vielen Vulkane des Planeten sind wie diejenigen auf der Erde, andere haben kein irdisches Gegenstück. Auf der Venus gibt es auch Krater, aber nur sehr wenige, weil die meisten der älteren durch jüngere vulkanische Aktivitäten ausradiert worden sind und die dichte Atmosphäre kleinere Meteoriten zerstört, ehe sie einschlagen können.

Sapas Mons (8,5° N/172° W)
Dieses Falschfarbenbild des Sapas Mons stammt von Magellan-Radardaten. Sapas Mons hat einen Durchmesser von 400 km und Seitenwände aus unzähligen, sich überlappenden Lavaströmen. Im Hintergrund türmt sich der Maat Mons auf.

Die Kruste
Die felsige Kruste der Venus ist vermutlich ziemlich dünn, was die gegenwärtigen vulkanischen Aktivitäten erklärt. Sie ist etwa 50 km dick.

Der Mantel
Unter der Kruste hat die Venus einen dicken Mantel aus Silikaten, der möglicherweise bis halb zur Mitte des Planeten hinunterreicht.

Der Kern
Die Venus besitzt möglicherweise einen großen Kern aus Nickel-Eisen, der etwa 50 Prozent des Radius einnimmt. Der Kern ist wahrscheinlich fest, obwohl es kein nennenswertes Magnetfeld gibt.

Die Atmosphäre und das Klima der Venus

Die Venus ist kein Platz für ein Picknick. Die giftige Atmosphäre besteht fast zur Gänze aus Kohlendioxid und drückt 92-mal stärker auf die Oberfläche als auf der Erde. Das entspricht dem Druck in 900 m unter dem Meeresgrund der Erde. Hoch über der flammenden Oberfläche ziehen dichte Wolken aus konzentrierter Schwefelsäure. Und als wäre das nicht genug, hat die Treibhausatmosphäre diese Welt in eine globale Hitzefalle verwandelt. Obwohl die Venus nicht der sonnennächste Planet ist, ist sie doch der heißeste, mit durchschnittlichen Temperaturen von 480 °C. Wegen der dicken Atmosphärendecke kommt es auf dem Planeten nur zu geringen Temperaturschwankungen.

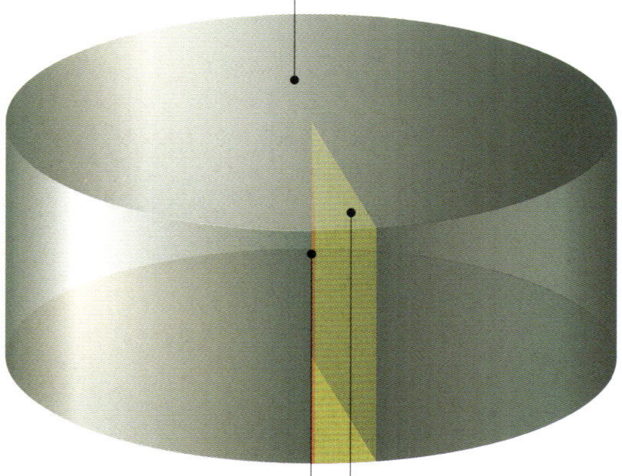

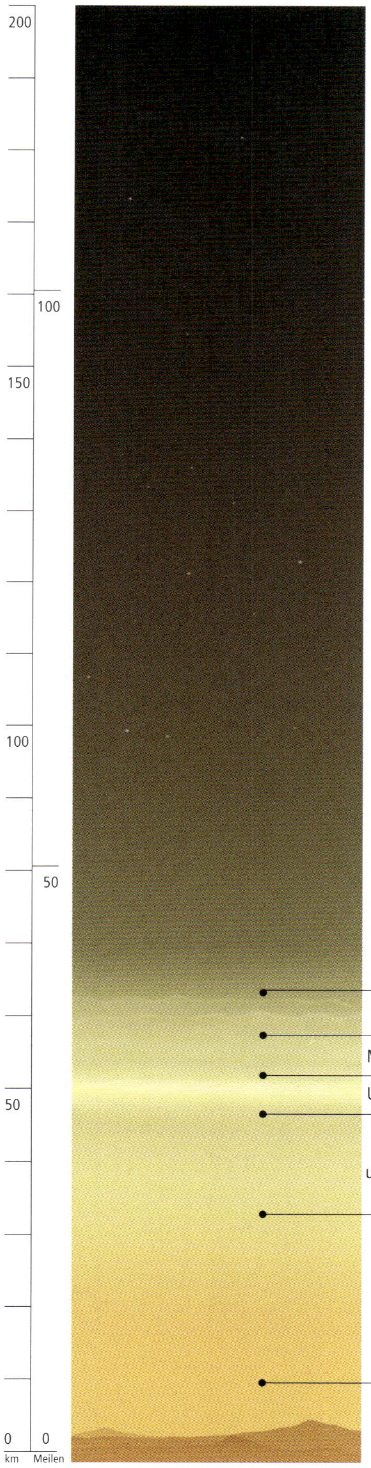

Die äußere Atmosphäre der Venus
Die hellen, obersten Wolkenschichten der Venus liegen in einer Höhe von etwa 65 km und umkreisen den Planeten in vier Erdtagen mit einer Geschwindigkeit von bis zu 360 km/h von der Oberfläche aus gemessen.

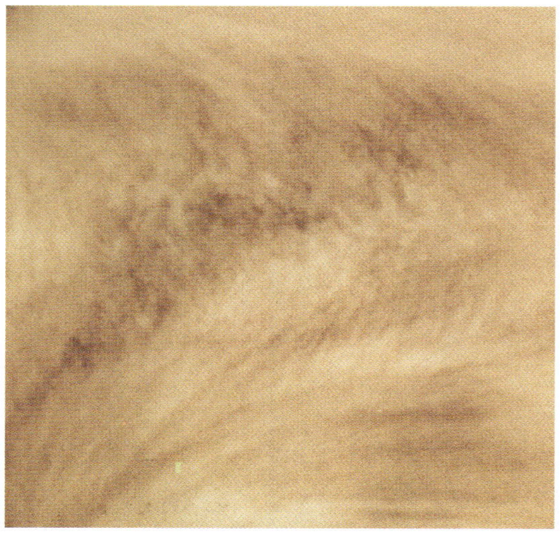

Die Westhalbkugel der Venus

Die Venus weist überaschenderweise kein Landschaftsrelief auf. 80 Prozent der Höhenunterschiede betragen nicht mehr als 1 km. Trotzdem findet man auf der Westhalbkugel den 8 km hohen Maat Mons (0,5° N/165° W), einen Großteil des Ishtar-Terra-Gebietes mit dem Lakshmi-Planum-Hochplateau (68,5° N/20,5° W) sowie die vulkanischen Hochländer von Beta Regio (25,5° N/77° W) und Phoebe Regio (6° S/77° W), die beide von tiefen Gräben begleitet werden. Mit wenigen Ausnahmen tragen die Hauptmerkmale der Venus die Namen weiblicher Figuren aus der Mythologie, während die großen Krater zu Ehren nennenswerter Frauen in der Geschichte benannt sind.

Das westliche Erscheinungsbild der Venus (oben)
Dieses zusammengesetzte Bild zeigt die Westhalbkugel der Venus. Auf den Radarbildern von Magellan erscheint die Topographie der Hochländer als deutlich hellere Schatten als die glatten Ebenen und Tiefländer.

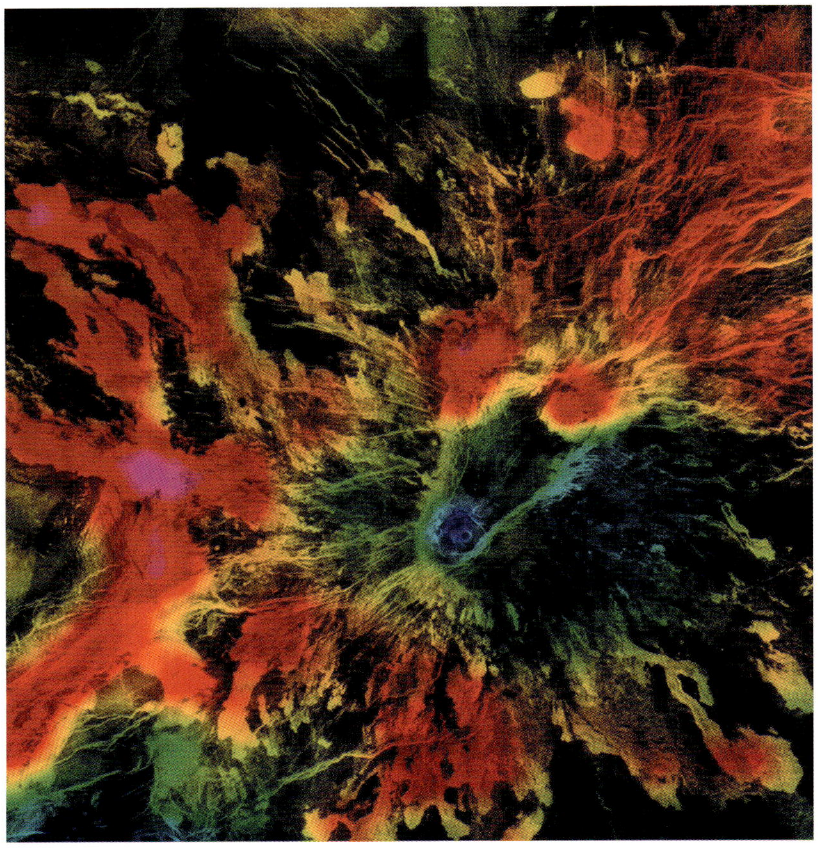

Eine Krone aus Pyrit (oben)
Die Farben in diesem Magellanbild eines namenlosen Vulkans in der Phoebe Regio stammen von Messungen elektromagnetischer Daten des Oberflächenmaterials. Rot entspricht hohen radiothermischen Emissionswerten, Blau niedrigen Werten. Überall auf der Venus trifft man auf hohe Werte, was auf die Anwesenheit von Mineralien wie zum Beispiel Pyrit schließen lässt, das bei den höheren Temperaturen und dem größeren Druck in höheren Lagen stabiler sein müsste. Das Bild zeigt ein 500 km breites Gebiet.

Landestellen: Westliche Venus	
Sonde (Landedatum)	Landestelle
Venera 7 (15. Dez. 1970)	5° S/9° W
Venera 8 (22. Juli 1972)	10° S/25° W
Venera 9 (22. Okt. 1975)	32° N/69° W
Venera 10 (25. Okt. 1975)	16° N/69° W
Pioneer-Venus 2 (9. Dez. 1978)	
Tagsonde	31° S/43° W
Große Sonde	4° N/56° W
Venera 11 (25. Dez. 1978)	14° S/61° W
Venera 12 (21. Dez. 1978)	7° S/66° W
Venera 13 (1. März 1982)	7,5° S/57° W
Venera 14 (5. März 1982)	13° S/50° W

Sonden zur Westhalbkugel der Venus (oben)
Viele Sonden besuchten die westliche Venus, die meisten davon aus der sowjetischen Venera-Serie. Venera 7 war das erste Raumschiff, das Daten einer Landung auf einem anderen Planeten übermittelte, und Venera 9 machte die ersten Aufnahmen der Oberfläche. Wegen der feindlichen Bedingungen auf der Oberfläche hat keine Sonde lange überlebt.

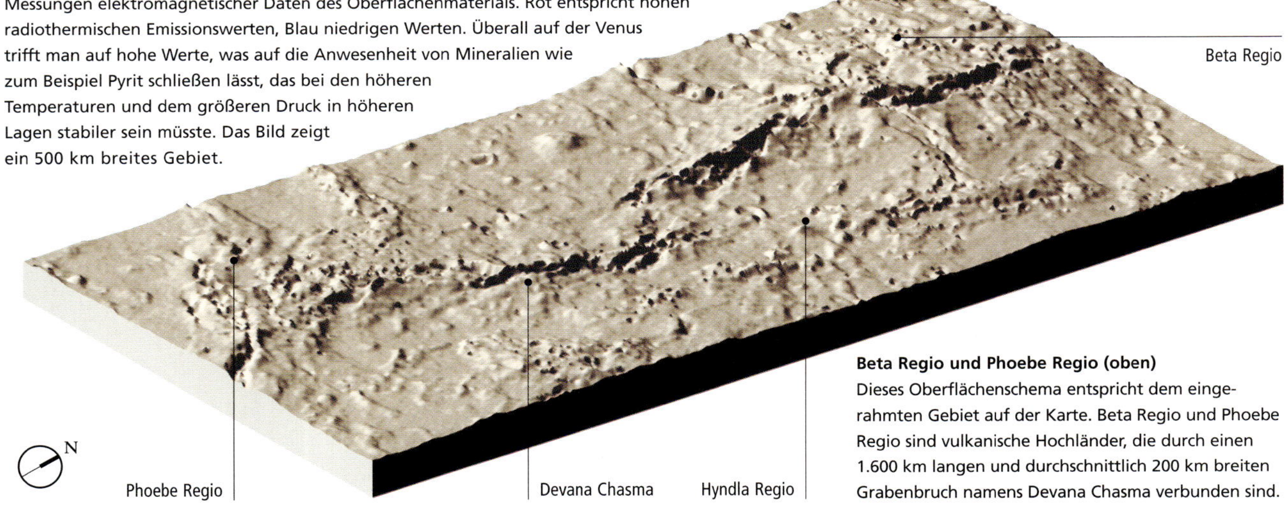

Beta Regio und Phoebe Regio (oben)
Dieses Oberflächenschema entspricht dem eingerahmten Gebiet auf der Karte. Beta Regio und Phoebe Regio sind vulkanische Hochländer, die durch einen 1.600 km langen und durchschnittlich 200 km breiten Grabenbruch namens Devana Chasma verbunden sind.

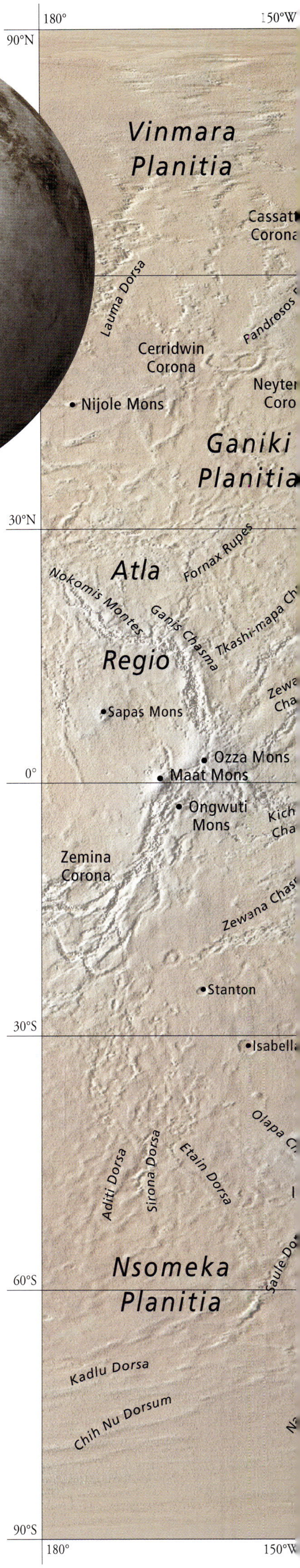

120°W 240°O
90°W 270°O
60°W 300°O
30°W 330°O
0°
90°N
60°N
30°N
0°
30°S
60°S
90°S
Snegurochka Planitia
Anahit Corona
Pomona Corona
Ishtar Terra
Freya Montes
Vires-Akka Chasma
Akuanda Dorsa
Okipeta Dorsa
Bachue Corona
Feronia Corona
Duncan
Akne Montes
Lakshmi Planum
Maxwell Montes
Rananeida Corona
Lampedo Linea
Moira Tessera
Dorsa
Mist Chasma
Clotho Tessera
Neago Fluctus
Ba'het Corona
Libuse Planitia
Seymour
Sedna Planitia
Ki Corona
Sekmet Mons
Deken
Shishimora Dorsa
Eostre Mons
Mango Dorsa
Kawelu Planitia
Yuki-Onne Tessera
Rauni Corona
Asteria Regio
Emegen Corona
Breksta Linea
Guinevere
Zorile Dorsa
Mentha Tholus
Beta Regio
Venera 9
Hyndla Regio
Renenti Corona
Purandhi Corona
O'Keefe
Latona Chasma
Pani Corona
Hekate Chasma
Devana Chasma
Sif Mons
Uottakh-silus
Ixtab Mons
Taranga Corona
Sinlaku Corona
Zverine Chasma
Wheatley
Seymour
Undine Planitia
Somagalags Montes
Cashan-Ki Corona
Venera 10
Nedolya Tesserae
Aruru Corona
Tuulikki Mons
Planitia
Pioneer-Venus 2 Große Sonde
Nang-byon Chasma
Langdin Corona
Hinemoa Planitia
Rhpisunt Mons
Heng-O Corona
Venera 12
-0,859
Venera 13
Venera 7
Dhorani Corona
Phoebe Regio
Dzerassa Planitia
Kankey Planitia
Parga Chasmata
Khosedem Fossae
Venera 14
Venera 8
Uretsete Mons
Ilthyia Mons
Atete Corona
Pinga Chasma
Venera 11
Bhumidevi Corona
Mons
Thaukhud Linea
Atai Mons
Menkerot Dorsa
Lalohonua Corona
Parga Chasma
Iweridd Corona
Pioneer-Venus 2 Tagsonde
Aglaonice
Gertjon Corona
Cipactli Mons
Dione Regio
Achek Dorsa
Furachoga Corona
Themis Regio
Semi ramus Corona
Oakley
Hippolyta Linea
Antiope Linea
Kata Linea
Stowe
Abeona Mons
Shiwanokia Corona
Bibi-Patma Corona
Hathor Mons
Molpadia Linea
Helen Planitia
Sinann Vallis
Lavinia Planitia
Magu Tessera
Meitner
Sui-ur Linea
Morgan Linea
Kamui-Huci Corona
Kalaipahoa Linea
Vesuna Corona
Ponselle
Nuptadi Planitia
Quetzalpetlatl Corona
Siksaup Dorsum
Natami Dorsa
Spidola Dorsa
Amitolane Dorsa
Landestelle
km
Meilen
0
0
1.000
1.000
2.000
2.000

Die Osthalbkugel der Venus

Auf der Osthalbkugel der Venus kann man viele der interessantesten Merkmale dieses Planeten finden. Sie wird von Aphrodite Terra beherrscht, einem weiten Hochland, das sich mit 17.500 km über fast den halben Planeten erstreckt. Hier findet man die Maxwell Montes (65° N/3° O), einen langen Gebirgszug mit dem höchsten Gipfel des Planeten, und Diana Chasma (18° S/155° O), den tiefsten Graben der Venus. Die Maxwell Montes erheben sich 11 km über das Durchschnittsniveau der Oberfläche, fast 1,3-mal höher als der Mount Everest. Diana Chasma reicht ewa 3 km in die Tiefe.

Das östliche Erscheinungsbild der Venus (oben)
Dieses Radarbild der Magellansonde zeigt die Osthalbkugel der Venus, die Karte rechts dasselbe Gebiet im Detail.

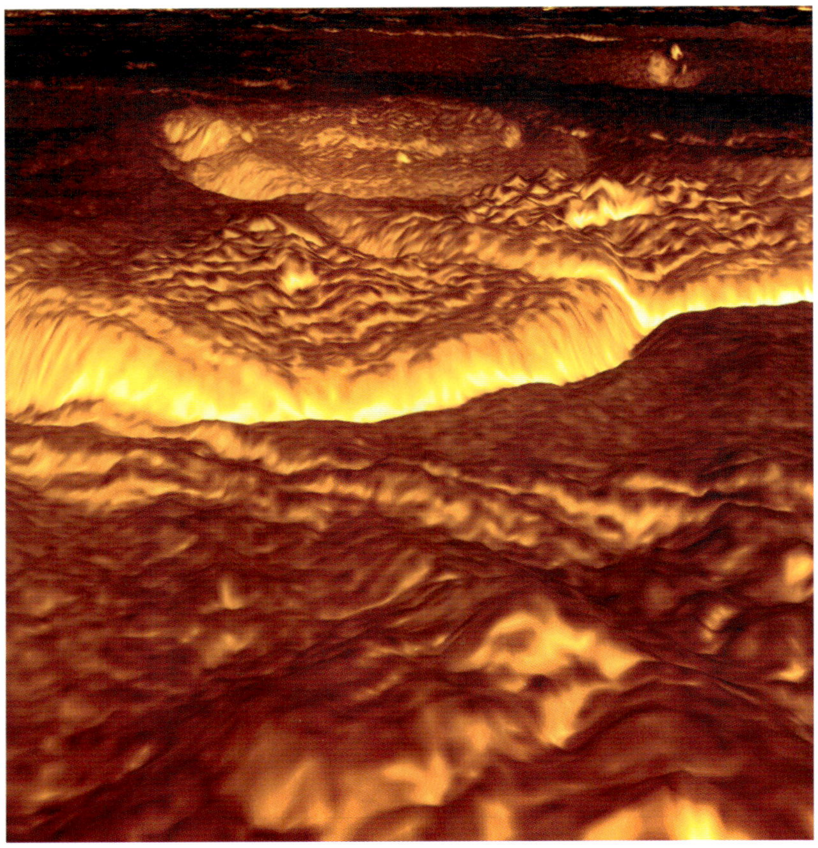

Pfannkuchen auf der östlichen Venus (oben)
Dieses Bild aus Magellan-Radardaten zeigt drei charakteristische „Pfannkuchenkuppeln" am östlichen Rand des Hochlandplateaus Alpha Regio. Es handelt sich um vulkanische Gebilde mit einem Durchmesser von etwa 25 km und einer Höhe von 750 m. Die senkrechte Skala ist etwa 23-mal vergrößert.

Landestellen: Ostseite der Venus	
Sonde (Landedatum)	**Landestelle**
Venera 4 (18. Okt. 1967)	19° N/38° O
Venera 5 (16. Mai 1969)	3° S/18° O
Venera 6 (17. Mai 1969)	5° S/23° O
Pioneer-Venus 2 (9. Dez. 1978)	
Nordsonde	59° N/5° O
Nachtsonde	29° S/57° O
Vega 1 (11. Juni 1985)	7,5° N/177° O
Vega 2 (15. Juni 1985)	7,5° S/177° O

Sonden zur Osthalbkugel der Venus (oben)
Die Osthalbkugel der Venus wurde sowohl von den frühesten Sonden (1967) als auch von den jüngsten (1985) besucht. Venera 4 bis 6 haben in erster Linie die Atmosphäre erforscht und man hoffte auf sanfte Landungen – sie sind jedoch zerschellt. Nachdem sie ihre Module abgesetzt hatten, reisten die beiden Raumschiffe Vega 1 und 2 zu einem Treffen mit dem Halleyschen Kometen weiter. Die Sonden der Pioneer-Venus 2 haben beim Abstieg noch Daten übermittelt, sind aber kurz nach der Landung auf der Venusoberfläche verschwunden.

Aphrodite Terra (oben)
Dieses Oberflächenschema zeigt die Topographie der Aphrodite-Terra-Hochlandregion, die von einigen tiefen Grabenbrüchen begrenzt wird. Wenn aufquellende Untergrundlava gegen die Kruste drängt und diese auseinander bricht, bilden sich diese venustypischen Merkmale.

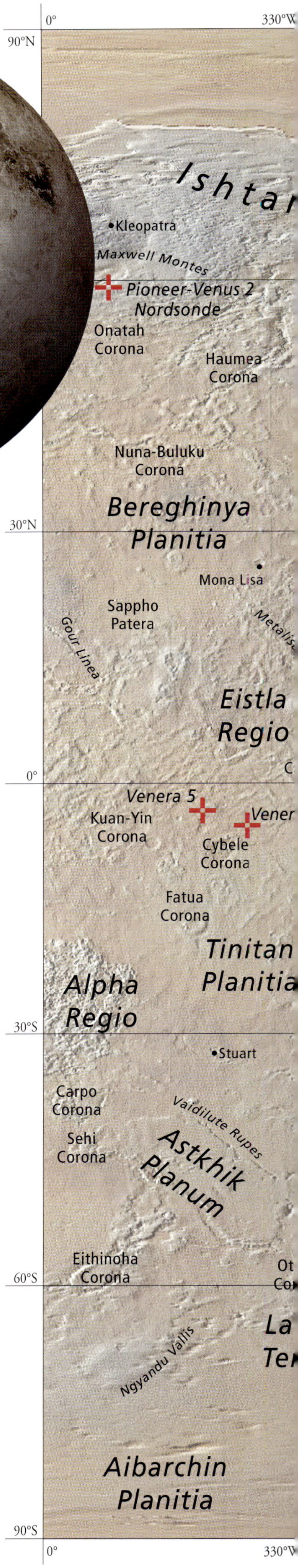

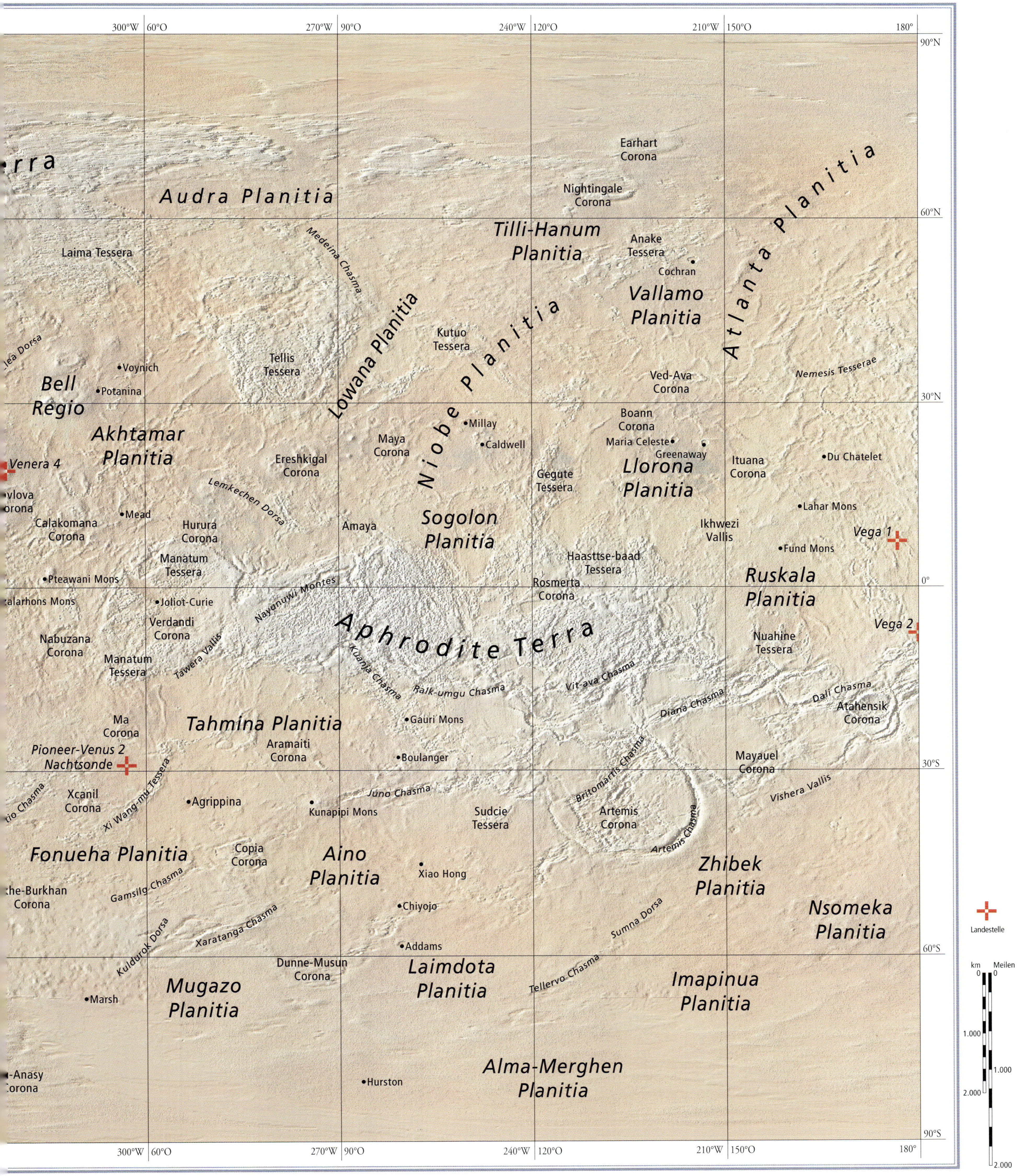
300°W 60°O
270°W 90°O
240°W 120°O
210°W 150°O
180°
90°N
60°N
30°N
0°
30°S
60°S
90°S
Audra Planitia
Earhart Corona
Nightingale Corona
Tilli-Hanum Planitia
Anake Tessera
Cochran
Atlanta Planitia
Laima Tessera
Medeina Chasma
Vallamo Planitia
Lowana Planitia
Kutuo Tessera
Niobe Planitia
Tellis Tessera
Voynich
Potanina
Bell Regio
Ved-Ava Corona
Nemesis Tesserae
Boann Corona
Maria Celeste
Greenaway
Akhtamar Planitia
Maya Corona
Millay
Caldwell
Venera 4
Ereshkigal Corona
Gegute Tessera
Llorona Planitia
Ituana Corona
Du Chatelet
Lemkechen Dorsa
Calakomana Corona
Mead
Hurura Corona
Amaya
Sogolon Planitia
Lahar Mons
Ikhwezi Vallis
Vega 1
Manatum Tessera
Haasttse-baad Tessera
Fund Mons
Pteawani Mons
Rosmerta Corona
Ruskala Planitia
Joliot-Curie
Nayunuwi Montes
Verdandi Corona
Aphrodite Terra
Vega 2
Nabuzana Corona
Tawera Vallis
Nuahine Tessera
Manatum Tessera
Kuanja Chasma
Ralk-umgu Chasma
Vir-ava Chasma
Dali Chasma
Diana Chasma
Atahensik Corona
Ma Corona
Tahmina Planitia
Gauri Mons
Aramaiti Corona
Pioneer-Venus 2 Nachtsonde
Boulanger
Mayauel Corona
Britomartis Chasma
Vishera Vallis
Xcanil Corona
Agrippina
Juno Chasma
Xi Wang-mu Tessera
Kunapipi Mons
Sudcie Tessera
Artemis Corona
Artemis Chasma
Fonueha Planitia
Copia Corona
Aino Planitia
Zhibek Planitia
Xiao Hong
Gamsilg Chasma
Nsomeka Planitia
Chiyojo
Sumna Dorsa
Xaratanga Chasma
Kuldurok Dorsa
Addams
Dunne-Musun Corona
Laimdota Planitia
Mugazo Planitia
Tellervo Chasma
Imapinua Planitia
Marsh
Alma-Merghen Planitia
Hurston
Landestelle
km
Meilen
0
1.000
2.000

Die Oberfläche der Venus

Dank der Magellan-Raumsonde aus den 1990er Jahren haben die Planetenwissenschafter endlich die Venuswolken mit Radarwellen durchdrungen und ihre Landschaftsformen studiert. Die Ebenen der Venus haben wahrscheinlich niemals flüssiges Wasser gesehen, zumindest nicht in größeren Mengen, denn die Landschaft zeigt keine durch Flüsse hervorgerufenen Erosionserscheinungen. Auch die Winderosion hat nicht den Einfluss wie auf der Erde, denn auf der Oberfläche herrschen relativ geringe Windgeschwindigkeiten. Die treibende Kraft für die topographischen Veränderungen ist der Vulkanismus. Vulkane sind auf diesem Planeten in allen bekannten Formen vertreten und ihre Aktivitäten haben die Oberfläche vor 500 bis 300 Millionen Jahren völlig umgeformt, wodurch die meisten kleinen Krater verschwunden sind.

Hochländer und Tesserae

Der Großteil der verbrannten Oberfläche besteht aus Tiefebenen, aber etwa 15 Prozent werden als Hochland bezeichnet: gebirgige und vergleichsweise alte Gebiete außerhalb des Bereichs vulkanischer Ausströmungen. An manchen Stellen sind diese zerklüfteten Hochplateaus stark verformt und bilden ein Gebiet, das die Astronomen Tessera (Plural: Tesserae) nennen. Der Name, der aus dem Lateinischen und Griechischen kommt, bezeichnet die kleinen Einzelteile eines Mosaiks. Die Tesserae, die 8 Prozent der Oberfläche bedecken, sind nicht sehr groß und zeigen sich oft als kleine „Inseln“ inmitten flacherer Ebenen.

Gegensätze in der Eistla Regio (rechts)
Die hellen Stellen rechts unten auf diesem Magellan-Bild sind zerklüftete Tesserae, die dunklen Gebiete Ebenen, die entstanden sind, als sich Lavaströme über die tieferen Regionen ergossen. Der Fluss links oben stammt von jüngeren vulkanischen Aktivitäten: Die felsige Oberfläche erscheint auf dem Radarbild hell. Das Gebiet hat einen Durchmesser von 210 km.

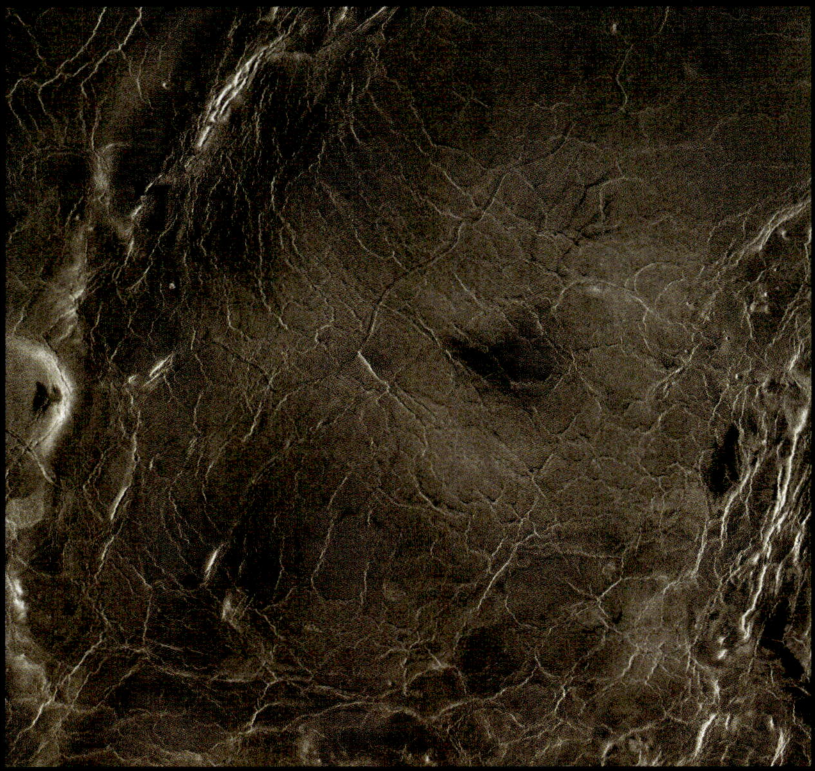

Der längste Kanal im Sonnensystem (unten)
Die dünne Linie, die sich auf diesem Magellan-Bild zur oberen rechten Ecke hinaufwindet, zeigt einen Abschnitt des längsten bisher im Sonnensystem gefundenen Kanals, der sich mit einem Durchmesser von 1,8 km etwa 7.000 km über die Venus windet und vielleicht durch frühe Lavaströme entstanden ist. Das Zentrum des Bildes liegt auf 49° N/165° O.

Einschlagskrater

Es gibt auf der Venus etwa eintausend verzeichnete Einschlagsstellen, aber nur wenige sind kleiner als 25 km im Durchmesser und kein einziger kleiner als 3 km. Das ist eine Folge der dichten Atmosphäre des Planeten, die alle kleineren Geschosse zerstört, bevor sie auf der Oberfläche auftreffen können.

Vulkanische Ebenen

Das Landschaftsbild der Venus wird von weiten, welligen Ebenen bestimmt, die sich über tausende Kilometer erstrecken und ungefähr 85 Prozent der feindlichen Oberfläche bedecken. Diese Tiefebenen bestehen aus festem Basaltgestein vulkanischen Ursprungs. Möglicherweise haben sie sich erst vor wenigen hundert Millionen Jahren gebildet, als Lava aus noch unbekannten Quellen durch die Kruste gebrochen ist und sich über große Teile der Oberfläche ausgebreitet hat. Die Ebenen sind im Grunde fossile Ozeane aus Lava und deshalb auffallend flach. Sie weisen einen Höhenunterschied von weniger als einem Kilometer auf.

Gigantische Blutsauger (links)
Dieses Gebilde in der Eistla Regio, als Zecken- oder Spinnenvulkan bezeichnet, ist einer von vielen dieser Art auf der Venus. Er hat einen Durchmesser von wenigen zehn Kilometern und einen leicht konkaven Gipfel, der von Tälern und steilen Wänden umgeben ist.

Vulkanische Pfannkuchen (ganz rechts)
Diese zerrissenen, kreisförmigen vulkanischen Objekte werden Pfannkuchendome genannt und es gibt sie nur auf der Venus. Hier, in der Nähe von Alpha Regio (30° S/12° O), sind sie durchschnittlich etwa 25 km breit und 750 m hoch. Die Wissenschaftler glauben, dass sie von flüssiger Lava gebildet wurden, die an die Oberfläche getreten ist.

Koronae (rechts)
Dieses Magellan-Bild zeigt eine Korona, ein ungewöhnliches vulkanisches Gebilde auf der Venus, das auf der Erde kein Gegenstück hat. Dieses Beispiel trägt den Namen Ba'het (50° N/0,1 °W) und es ist etwa 230 km lang und 150 km breit.

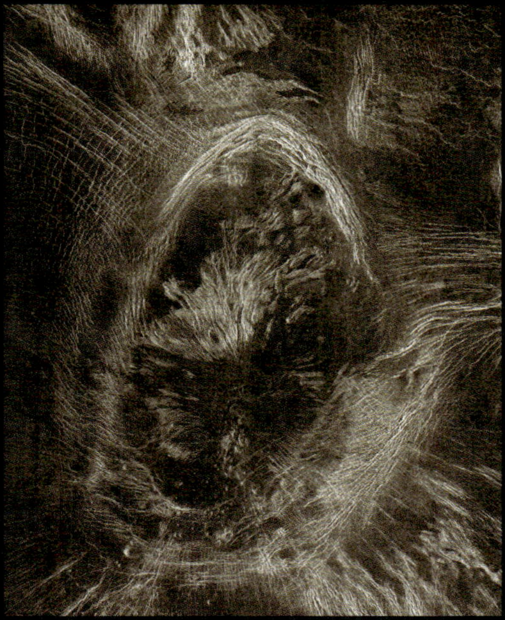

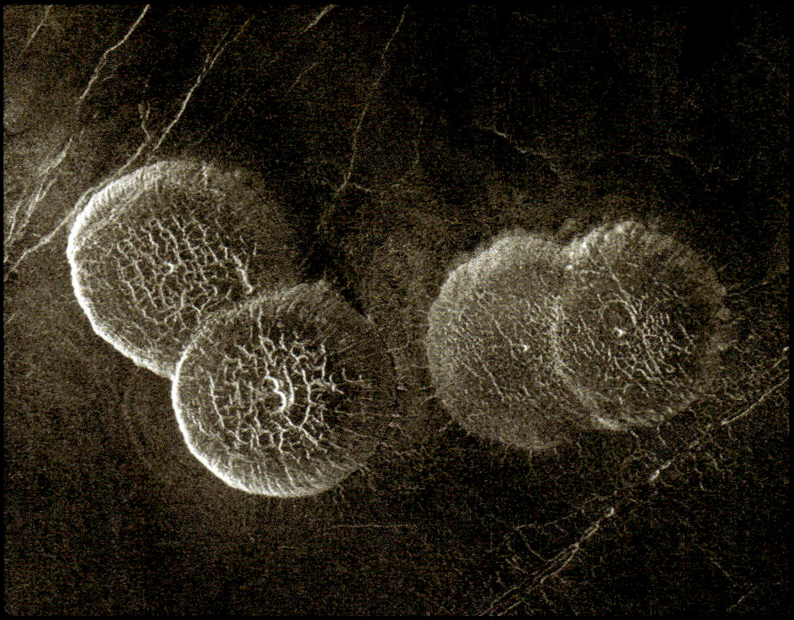

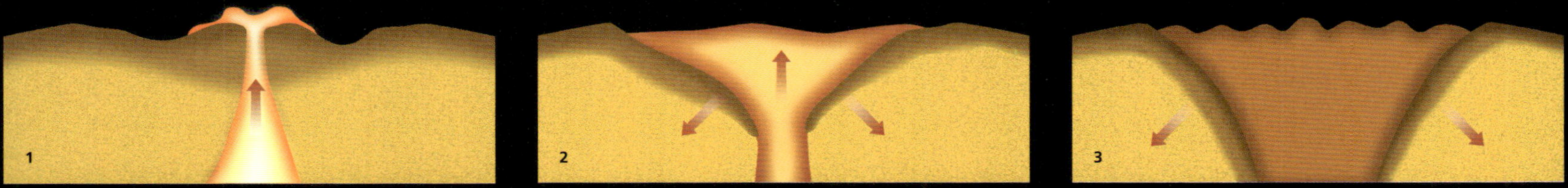

Die Berge der Venus

Die hervorstechendsten Merkmale der Venusoberfläche sind die Vulkane, von denen man mehr als 1.100 kennt. Die Astronomen sind sich nicht einig darüber, ob sie zur Zeit aktiv sind, aber es ist sicher, dass sie vor 500 bis 300 Millionen Jahren das gesamte Landschaftsbild der Venus verändert haben. Einige sind Schildvulkane wie die Hawaii-Inseln auf der Erde oder der riesige Tharsis-Vulkan auf dem Mars. Andere Arten findet man nur auf der Venus.

Die Bildung von Koronae (oben)
Eine sogenannte Korona entsteht, wenn Lava aus einer Öffnung in der Kruste tritt und eine Wölbung in der Mitte bildet (1). Dann kann die darunterliegende Kruste durch das Gewicht des vulkanischen Materials einstürzen (2). Das Gewölbe versinkt dann in der Kruste und rundherum entstehen Buckel. Manchmal zerknittert der Dom auch und zerbricht beim Auskühlen (3).

Maat Mons (0,5° N/165° W) (unten)
Aus einer Kombination von Höhenmessungen und Radardaten von Magellan haben Wissenschafter dieses dreidimensionale Modell eines Venusvulkans erstellt. Dieser Vulkan, der Maat Mons, erreicht eine Höhe von rund acht Kilometern. Wir sehen ihn von einem Beobachtungspunkt, der ungefähr 1,6 km über der Landschaft liegt und 560 km vom Gipfel entfernt ist. Der Vordergrund zeigt eine zerfurchte Ebene, die teilweise von verfestigter Lava bedeckt ist. Der Vulkan ist zwar sehr hoch, aber auch sehr breit und deswegen sind seine Abhänge sanft. Um die Topographie zu veranschaulichen, ist dieses Bild vertikal über 20-mal vergrößert worden.

Die Venusforschung

Den Großteil der Menschheitsgeschichte hindurch blieb die Venus ein Rätsel. Die Oberfläche war bis ins Jahr 1961 unbekannt, als von der Erde ausgesandte Radarwellen zum ersten Mal die schützende Wolkenschicht durchdrungen haben. Auch die Rotationsdauer des Planeten konnte bis dahin nur geschätzt werden, weil die Oberfläche nicht mit derselben Geschwindigkeit rotiert wie die Atmosphäre. In den 1970er Jahren folgten weitere Radarmessungen, aber die meisten Kenntnisse über die Venusoberfläche stammen von Raumsonden. Die berühmtesten Missionen waren die sowjetischen Venera-Sonden, von denen die Bilder der Oberfläche stammen sowie die Magellan-Mission der NASA, die uns den ganzen Planeten mit hoher Auflösung gezeigt hat.

Der Himmel war klarer, als man erwartet hatte, wie an einem bedeckten Tag auf der Erde, und zeigte sich in rostigem Gelb.

Diese flachen Steinplatten bestehen aus einer Art von Basalt und sind vielleicht vulkanischen Ursprungs.

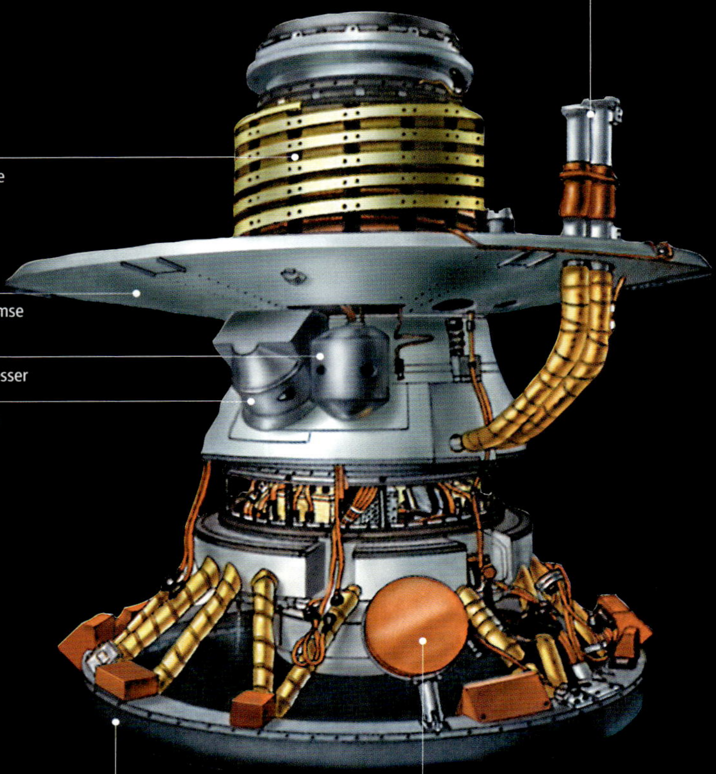

Die sowjetischen Programme Venera und Vega

Das sowjetische Venera-Programm bestand aus sechzehn Einzelsonden, die entwickelt wurden, um die Venus von einer Umlaufbahn, von der Atmosphäre und von der Oberfläche aus zu erforschen. Am 18. Oktober 1967 erreichte die erste erfolgreiche Venera, die Nummer 4, die Venus und entsandte eine Kapsel in die Atmosphäre. Auf ihrem Weg durch die Wolken hat diese Kapsel für kurze Zeit Daten über Temperaturen und chemische Zusammensetzungen übermittelt und damit die Annahme bewahrheitet, dass die Atmosphäre hauptsächlich aus Kohlendioxid besteht. Venera 5 und 6 waren ähnlich gebaut. Die Kapsel von Venera 7 wurde am 15. Dezember 1970 zum ersten Objekt von Menschenhand, das jemals auf einem anderen Planeten gelandet ist, und am 22. Oktober 1975 hat Venera 9 als erste Raumsonde die Venus umkreist und erste Fotos von der Oberfläche gefunkt. Die letzte Sonde, Venera 16, hat die Venus im Oktober 1983 erreicht. Die späteren Vega-Sonden, die im Dezember 1984 gestartet sind, waren beide mit Landefähren und einer Ballonsonde ausgestattet. Sie haben die Venus im Juni 1985 erreicht und ihre Landefähren sind die letzten menschengeschaffenen Objekte, welche die Oberfläche berührt haben. Die Ballonsonden wurden in einer Höhe von 50 km ausgesetzt, von wo sie Daten über die Bedingungen in der äußeren Atmosphäre sammelten, während sie von den hurrikan-ähnlichen Winden über den Planeten gewirbelt wurden. Oben sieht man ein Panoramafoto von der Venusoberfläche, das Venera 13 am 1. März 1982 zur Erde gesendet hat.

Die Venera-Landefähre (links)
Diese Abbildung zeigt das seltsame Design der Venera-Landefähren 9 bis 14. Sie wurden mit einem Fallschirm gebremst, die letzten Kilometer durch die dichte Atmosphäre legten sie aber in freiem Fall zurück und schlugen mit 8 m/s auf die Oberfläche. Die Fähren mussten sowohl diesen Schock überstehen als auch dem starken atmosphärischen Druck und den hohen Oberflächentemperaturen Widerstand leisten. Beim Abstieg wurden mit einem Blitzdetektor elektrische Entladungen gemessen.

Ein Bild der Venus von Pioneer (unten)
Radarmessungen vom Pioneer-Venus-Orbiter lieferten den Wissenschaftlern das erste vollständige Bild der Venusoberfläche, wenn auch bei einer Auflösung von etwa 50 km die feinen Details fehlten. Diese Karte der Nordhalbkugel enthüllt einen Planeten, der von relativ flachen Tiefebenen beherrscht wird, die hier blau und grün sind. Die gelben Regionen sind Hochländer, die im Norden vom Gebirgszug der Maxwell Montes überragt werden, die rot und weiß gefärbt sind.

Der Venuspionier

Das Pioneer-Venus-Programm bestand aus zwei NASA-Sonden, die beide im Jahr 1978 gestartet sind. Ihr Ziel war, den Planeten zu fotografieren und die Oberfläche mit wolkendurchdringendem Radar zu vermessen. Pioneer 1 (rechts) schwenkte in eine Umlaufbahn, wo sie auch geblieben ist und bis zum August 1992 Daten übermittelte. Pioneer 2 hat vier kleinere Sonden zur Planetenoberfläche geschickt, die Informationen über die Zusammensetzung der Atmosphäre sammelten. Eine landete unversehrt und sandte über eine Stunde Daten zur Erde.

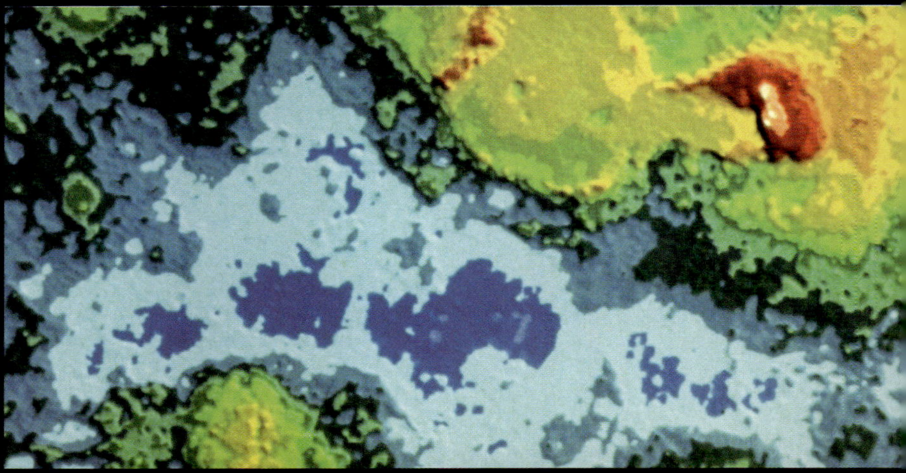

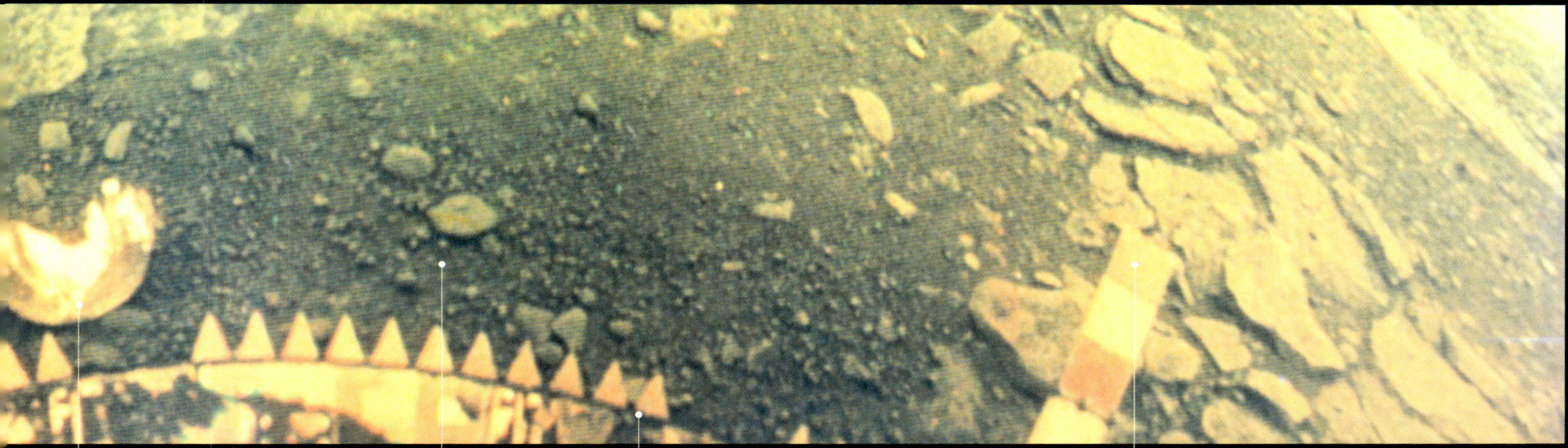

Die ausgeworfene Schutzhülle einer Kameralinse

Proben des Bodens zeigten, dass dieser aus feiner vulkanischer Asche besteht.

Teil des runden Landungsfußes, der den Aufprall bei der Landung abgedämpft hat.

Farbeichungsstreifen

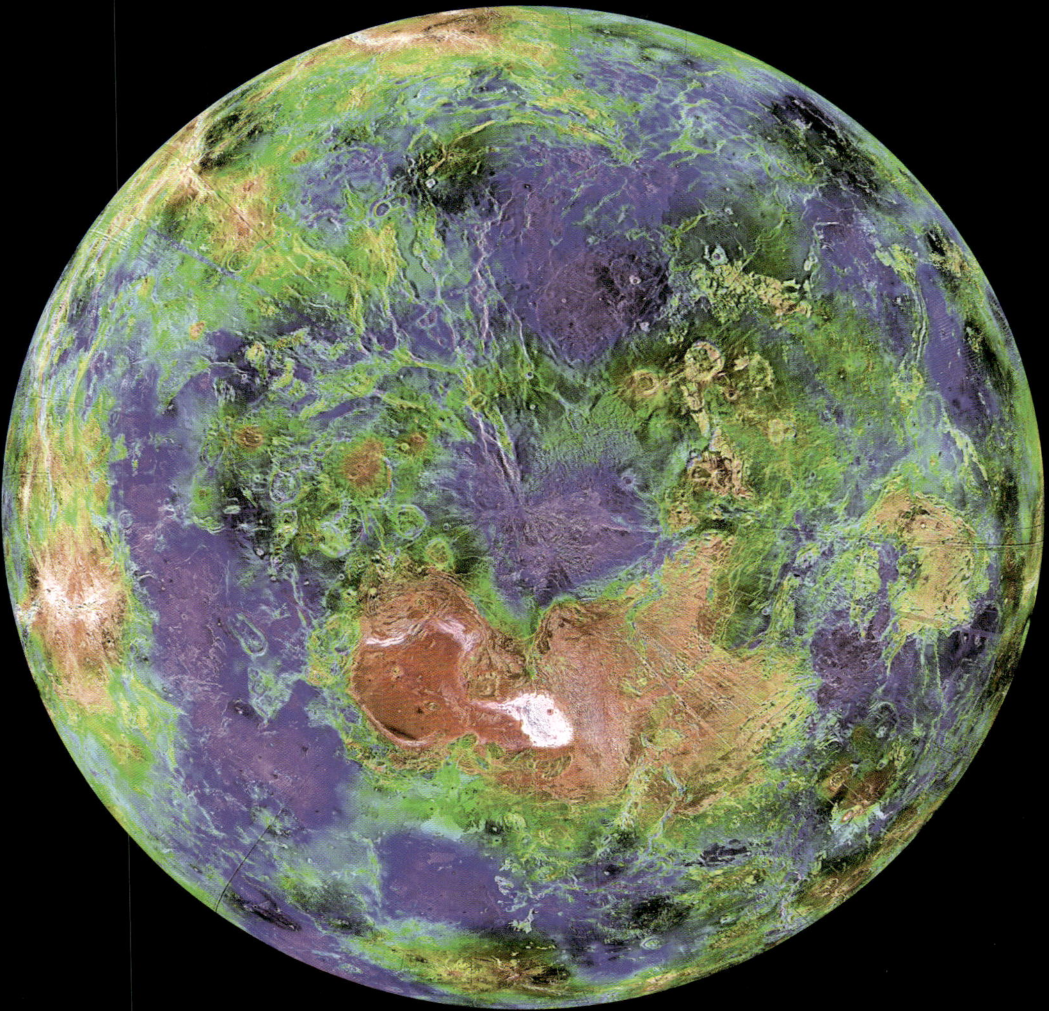

Magellan demaskiert die Venus

Mit der Magellan-Sonde der NASA machte die Venusforschung einen großen Fortschritt. Magellan wurde im Mai 1989 vom Space Shuttle Atlantis gestartet. Fünfzehn Monate später erreichte sie die Venus und trat nahe den Polen in eine Umlaufbahn, von wo sie beinahe die gesamte Oberfläche mit einer Radarauflösung von 100 m vermessen konnte. Im Jahr 1993 ermittelte die Sonde Daten über die Gravitation der Venus. Danach geriet sie allmählich auf immer niedrigere Umlaufbahnen und verschwand schließlich im Oktober 1994 nach erfolgreicher Mission in der Atmosphäre des Planeten. Auf dem linken Bild blickt man direkt auf den Nordpol der Venus. Es ist aus mehreren Jahren an Magellan-Radardaten, Daten der Pioneer-Venussonde und des Arecibo-Radioteleskops in Puerto Rico entstanden. Die topographische Farbgebung ist derjenigen der Pioneer-Venuskarte links unten nachempfunden und zeigt die Maxwell Montes als weißen Fleck nahe der Mitte.

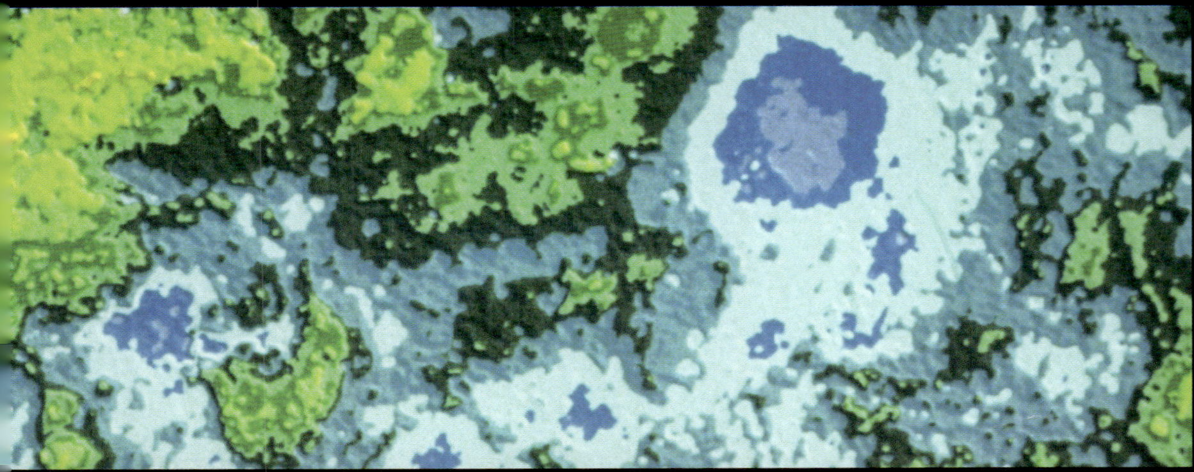

Venus-Express: die Wiederentdeckung der Venus

Nach langen Jahren im Schatten von Missionen zum Mars und den äußeren Planeten bezeichnete der Start des Venus-Express der ESA vom Baikonur-Kosmodrom in Kasachstan im Jahr 2005 ein neues Interesse an unserem nächsten planetarischen Nachbarn. Europas erste Venusmission wird den Planeten im Jahr 2006 erreichen und die bis jetzt genaueste Erforschung der Atmosphäre vornehmen. Analysen des extremen Treibhauseffekts, der hurrikan-ähnlichen Winde und des schwachen Magnetfeldes werden unser Verständnis über die Venus und ihre einzigartigen Merkmale erweitern. Oben sieht man Venus-Express in der Umlaufbahn. Venus-Express ist der Mars-Express-Sonde nachempfunden und hat auch viele ähnliche Instrumente an Bord.

Der Mars

Benannt nach dem römischen Gott des Krieges hat der sogenannte „Rote Planet“ mehr als jeder andere unsere Phantasie angeregt. Der Mars ist nicht annähernd so gastlich wie die Antarktis. Im Vergleich zu den inneren Planeten, Merkur und Venus, erscheint er dennoch nahezu freundlich. Einst gab es dort möglicherweise sogar Leben und manche vertreten die Ansicht, dass es auch heute noch so sein könnte. Der Mars ist eine Kugel aus Fels und Eisen von bescheidenem Umfang, von der Sonne aus gesehen die nächste Welt hinter der Erde. Seine exzentrische Umlaufbahn trägt ihn 1,38- bis1,67-mal weiter weg von der Sonne als die Erde und macht ihn bitterkalt. Seltsamerweise ist die Länge eines Marstages mit 24h 37min dem der Erde bemerkenswert ähnlich, aber physikalisch unterscheiden sich diese Welten gewaltig. Der Durchmesser des Mars beträgt nur die Hälfte und seine Masse nur elf Prozent der Erde. Seine mit Felsbrocken übersäte und von der Oxidation gerötete Oberfläche wird ständig von planetenweiten Sandstürmen heimgesucht und ist durchsiebt von ungeheuren Kratern, Vulkanen und Canyons, die allesamt ihre irdischen Gegenstücke in den Schatten stellen. Die karge Atmosphäre des Mars, die fast gänzlich aus reinem Kohlendioxid besteht, ohne eine schützende Ozonschicht, wäre für jeden ungeschützten interplanetarischen Reisenden tödlich. Die beiden Marsmonde Phobos und Deimos sind wahrscheinlich eingefangene Asteroiden mit Durchmessern von wenigen Kilometern.

Der rote Zwerg
Der Mars ist der zweitkleinste terrestrische Planet nach Merkur, etwas mehr als halb so groß (53%) wie die Erde. Obwohl zwei Drittel unseres Planeten mit Wasser bedeckt sind, besitzen Erde und Mars ähnliche Landflächen.

Marsdaten	
Entdeckt	Seit der Antike bekannt
Durchschnittlicher Sonnenabstand	228 Millionen; 1,52 AE
Äquatordurchmesser	6.794 km
Rotationsdauer (siderisch)	24,62 h (prograd)
Masse (Erde = 1)	0,11
Volumen (Erde = 1)	0,15
Gravitation an der Oberfläche (Erde =1)	0,38
Durchschnittliche Dichte (Wasser = 1)	3,93
Druck an der Oberfläche (Erde = 1)	0,007
Entweichgeschwindigkeit	5 km/s
Bahnexzentrizität	0,09
Höchsttemperatur	27 °C
Tiefsttemperatur	–133 °C
Sonneneinstrahlung (Erde = 1)	0,36–0,52
Albedo (Reflexionsvermögen)	0,15
Anzahl der Monde	2

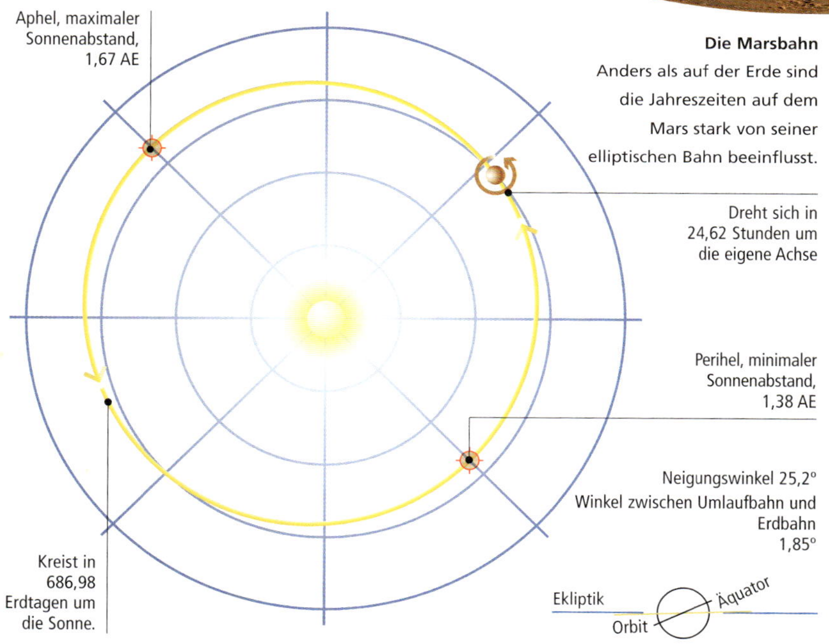

Die Marsbahn
Anders als auf der Erde sind die Jahreszeiten auf dem Mars stark von seiner elliptischen Bahn beeinflusst.

Die Geologie des Mars

Der Mars zeigt zwei verschiedene Landschaftsformen: das stark zerkraterte südliche Hochland und die Tiefebenen vulkanischen Ursprungs im Norden. Die vergleichsweise wenigen Krater im Norden lassen darauf schließen, dass dies das jüngere Gebiet ist. Der Mars hat keine Kontinentalplatten und seine Kruste ist möglicherweise fest und starr. Das erklärt, wie die Marsvulkane zu den größten im Sonnensystem geworden sind, denn die Lava musste sich durch die Oberfläche pressen und hat sich weit in die Höhe geschoben. Neben Vulkanen und Kratern weist der Mars auch breite Schluchten und andere Gebilde auf, die vermutlich durch fließendes Wasser entstanden sind. Vielleicht war der Rote einst der Blaue Planet.

Die Kruste
Die Marskruste ist weit dicker als die Erdkruste und reicht 120 km in die Tiefe. Diese feste Kruste weist keine Plattentektonik auf und ist in der Lage, riesige Vulkane zu tragen.

Der Mantel
Unter der Kruste liegt der Mantel, ein dicker Panzer aus Gestein wie Olivin. Diese Verbindung aus Silikat, Eisen und Magnesium ist ein gemeinsames Merkmal aller terrestrischen Planeten. Der Mantel könnte auch etwas Eisenoxid beinhalten.

Der Kern
Der Marskern ist verhältnismäßig klein. Er nimmt vielleicht 30 bis 40 Prozent des Planetendurchmessers ein (hier gezeigt anhand eines Kerns am oberen Ende der Skala). Die geringe Dichte deutet darauf hin, dass der Kern aus Eisen und Eisensulfid besteht, leichter als der Nickel-Eisen-Kern der Erde. Das schwache Magnetfeld des Mars (das der Erde ist 800-mal stärker) lässt auf einen relativ festen Kern schließen.

Anzeichen für eine nasse Welt
Dieses von der Raumsonde Mars Global Surveyor gesendete Foto zeigt etwas, das wie jüngst entstandene Erosionsrinnen am Rand eines Marskraters aussieht. Die Rinnen stammen möglicherweise von fließendem Wasser oder flüssigem Kohlendioxid.

Die Atmosphäre und das Klima des Mars

Der Mars ist viel kälter als die Erde, da er relativ weit von der Sonne entfernt ist. Die Temperatur steigt während des Marssommers nur selten über den Gefrierpunkt, sonst liegt sie im Mittel bei –50 °C und fällt im Winter auf –123 °C. Die exzentrische Bahn bewirkt große Veränderungen im Laufe der Jahreszeiten: Die Polkappen verdampfen im Sommer und bilden sich im Winter wieder aus Kohlendioxidschnee. Sandstürme bedecken den Planeten wochen- bis monatelang mit feinem, roten Staub.

Die Atmosphäre
Anzeichen deuten darauf hin, dass es auf dem Mars einst Wasser gegeben hat und seine Oberfläche vielleicht von Flüssen, Seen und Meeren bedeckt war. Deshalb könnte der Rote Planet in der Vergangenheit eine stabile Atmosphäre besessen haben. Jetzt aber hat er den Großteil davon an den Weltraum verloren und die Dichte beträgt weniger als ein Prozent der Erdatmosphäre. Der Oberflächendruck entspricht dem Druck in 35 km über der Erde, was etwa die dreifache Flughöhe eines Passagierflugzeugs ist.

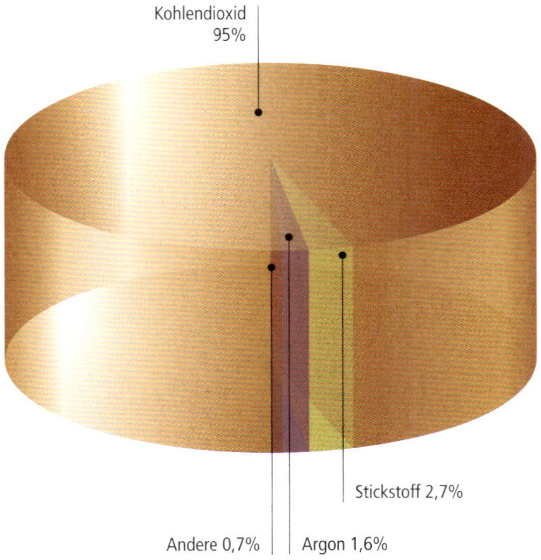

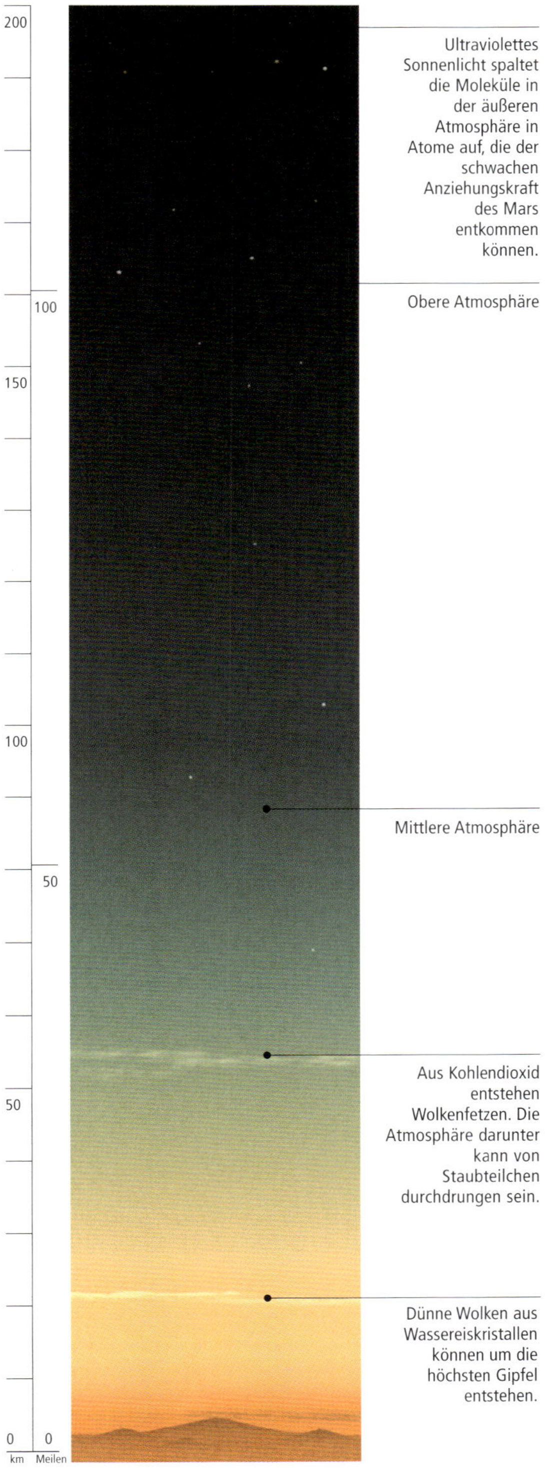

Ein wolkiger Tag auf dem Mars
Wie auf der Erde, so gibt es auch auf dem Mars Wolken, aber sie sind nicht sehr ausgedehnt. Dieses Foto zeigt die Tharsis-Region, links die Vulkankette der Tharsis Montes. Die Wolken neigen dazu, sich an die Gipfel zu klammern, die bis zu 27 km emporragen. Die Wolken bestehen aus Wassereiskristallen, die in der kalten Höhenluft gefrieren.

Die Westhalbkugel des Mars

Auf der Westhalbkugel des Mars findet man sowohl den höchsten Gipfel Olympus Mons (18,5° N/133° W) als auch das tiefste Tal Valles Marineris (12° S/65° W). Die früheste Landestelle der gescheiterten sowjetischen Landekapsel Mars 3 liegt in Terra Sirenum (45° S/158° W) und Viking 1, die erste erfolgreiche Mission, landete in Chryse Planitia (22,5° N/48° W). Auf dem Mars tragen die Landschaftsmerkmale gewöhnlich Namen, die ihnen im 19. und frühen 20. Jahrhundert gegeben wurden. Die Krater sind nach Wissenschaftlern und Schriftstellern benannt, die einen Beitrag zum Wissen über den Mars geleistet haben.

Das westliche Erscheinungsbild des Mars (oben)
Vom Weltraum aus sind die hervorstechendsten Merkmale der Westhalbkugel, nämlich Olympus Mons, die Vulkane der Tharsis Montes und die Valles Marineris, klar zu sehen.

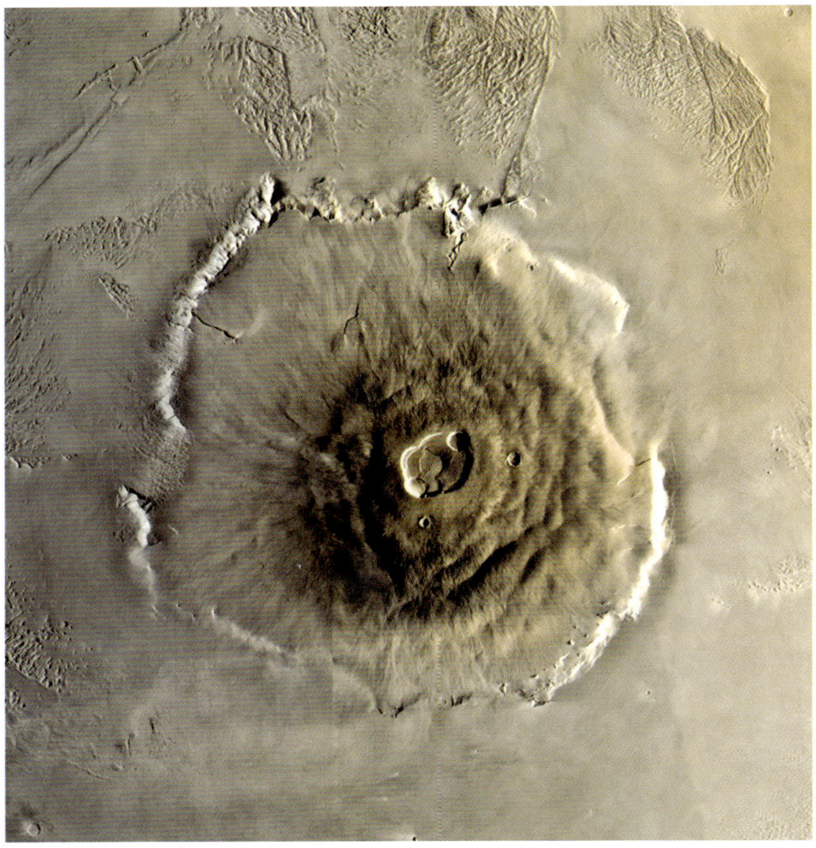

Der Olympus Mons (oben)
Olympus Mons ist der höchste Berg im Sonnensystem. Sein Gipfel ragt 27 km in die Höhe und an seiner Basis hat er einen Durchmesser von annähernd 550 km. Beobachtungen des Mars Global Surveyor lassen vermuten, dass dieser Schildvulkan zuletzt vor 10 bis 20 Millionen Jahren ausgebrochen ist.

Landestellen: Westlicher Mars	
Sonde (Landedatum)	**Landestelle**
Mars 3 (2. Dez. 1971)	45° S/158° W
Mars 6 (12. März 1974)	24° S/19° W
Viking 1 (20. Juli 1976)	22,5° N/48° W
Pathfinder (4. Juli 1997)	19° N/33,5° W
Opportunity (25. Jan. 2004)	2° S/6° W

Sonden zur Westhalbkugel des Mars (oben)
Mit Mars 3 waren sowjetische Raumsonden die ersten, die auf dem Mars landeten. Nur 20 Sekunden nach sanfter Landung riss die Verbindung zu Mars 3 ab, vielleicht aufgrund eines planetenweiten Sandsturmes, der zu dieser Zeit wütete. Mars 6 vollführte eine Bruchlandung im Gebiet der Margaritifer Terra. Viking 1 war die erste Mission, die Bilder vom Boden sandte. Der Pathfinder Rover Sojourner war das erste Erkundungsfahrzeug auf der Westhalbkugel des Mars, gefolgt vom Mars Exploration Rover (MER) Opportunity.

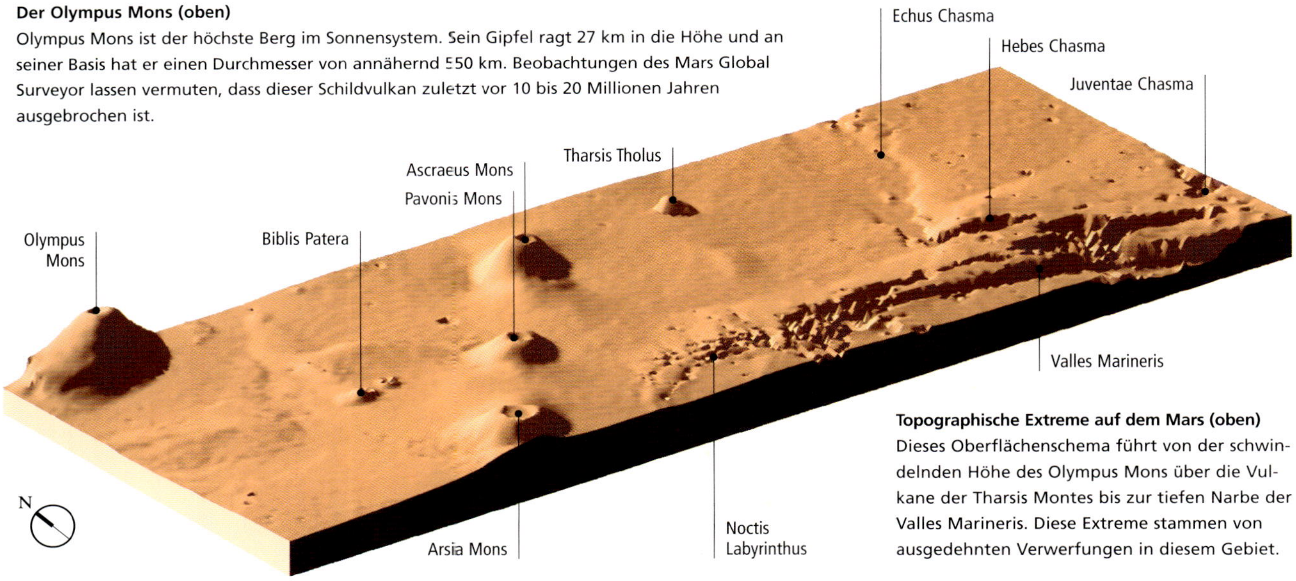

Topographische Extreme auf dem Mars (oben)
Dieses Oberflächenschema führt von der schwindelnden Höhe des Olympus Mons über die Vulkane der Tharsis Montes bis zur tiefen Narbe der Valles Marineris. Diese Extreme stammen von ausgedehnten Verwerfungen in diesem Gebiet.

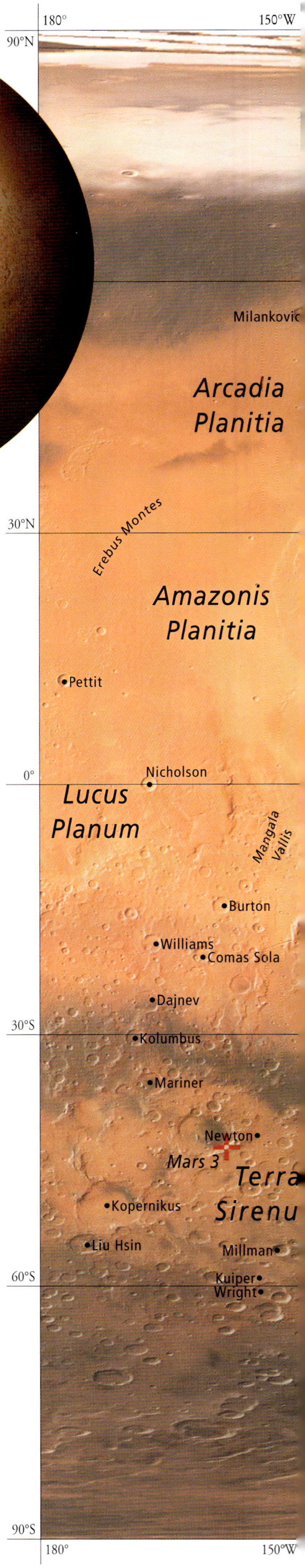

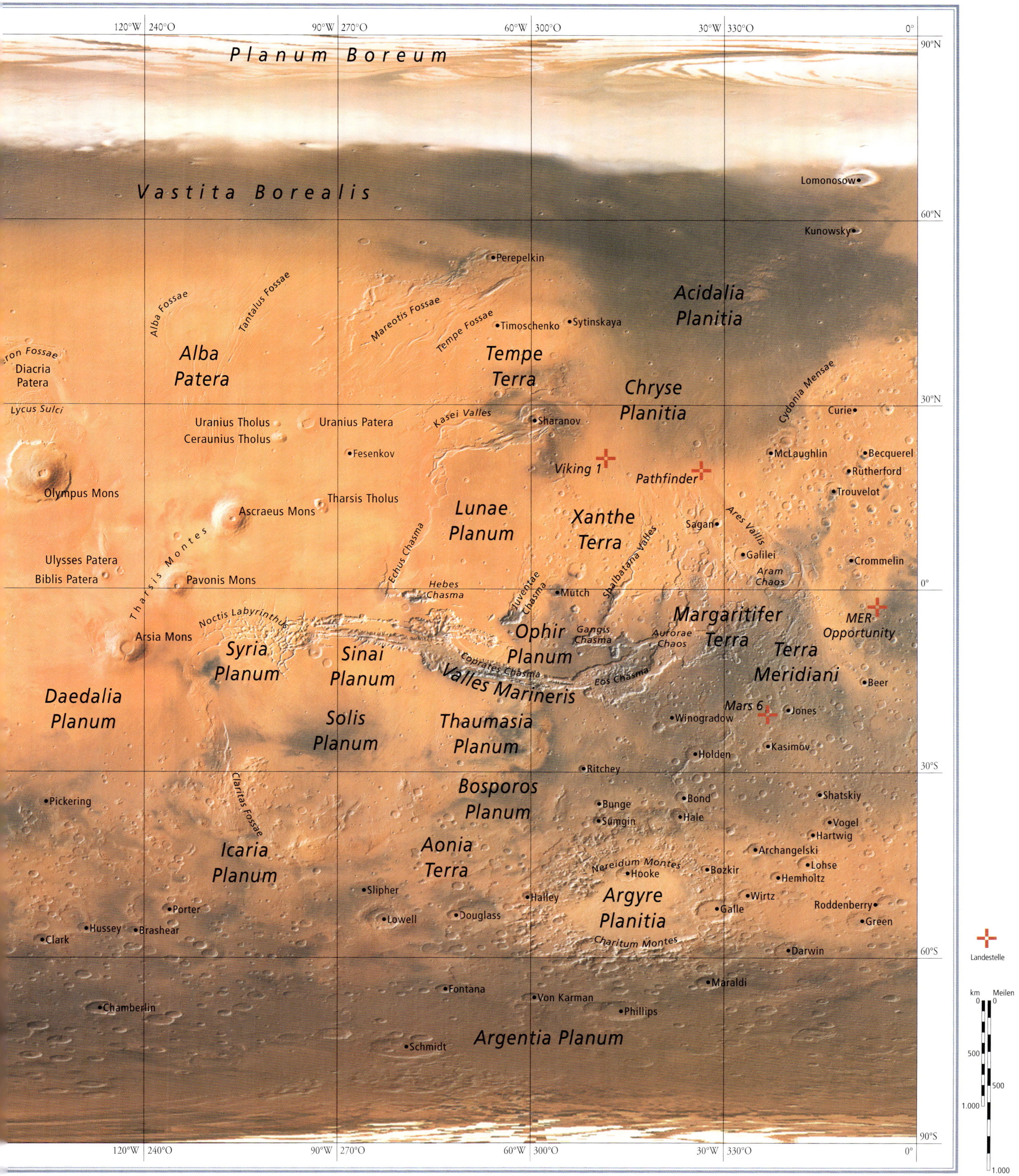

120°W 240°O
90°W 270°O
60°W 300°O
30°W 330°O
0°
90°N
60°N
30°N
0°
30°S
60°S
90°S
Planum Boreum
Vastita Borealis
Lomonosow
Kunowsky
Perepelkin
Acidalia Planitia
Alba Fossae
Tantalus Fossae
Mareotis Fossae
Tempe Fossae
Timoschenko
Sytinskaya
Diacria Patera
Alba Patera
Tempe Terra
Chryse Planitia
Cydonia Mensae
Lycus Sulci
Uranius Tholus
Ceraunius Tholus
Uranius Patera
Kasei Valles
Sharanov
Curie
Fesenkov
McLaughlin
Becquerel
Viking 1
Pathfinder
Rutherford
Olympus Mons
Trouvelot
Tharsis Tholus
Lunae Planum
Xanthe Terra
Ascraeus Mons
Sagan
Ares Vallis
Tharsis Montes
Echus Chasma
Shalbatana Valles
Galilei
Ulysses Patera
Aram Chaos
Crommelin
Biblis Patera
Pavonis Mons
Hebes Chasma
Juventae Chasma
Mutch
Noctis Labyrinthus
Margaritifer Terra
MER Opportunity
Arsia Mons
Ophir Planum
Gangis Chasma
Aurorae Chaos
Syria Planum
Sinai Planum
Terra Meridiani
Coprates Chasma
Eos Chasma
Valles Marineris
Beer
Daedalia Planum
Mars 6
Jones
Solis Planum
Thaumasia Planum
Winogradow
Kasimov
Holden
Ritchey
Claritas Fossae
Bosporos Planum
Pickering
Bond
Shatskiy
Bunge
Sumgin
Hale
Vogel
Hartwig
Icaria Planum
Aonia Terra
Archangelski
Nereidum Montes
Lohse
Hooke
Bozkir
Hemholtz
Argyre Planitia
Slipher
Halley
Wirtz
Porter
Galle
Roddenberry
Lowell
Douglass
Green
Hussey
Brashear
Clark
Charitum Montes
Darwin
Maraldi
Fontana
Von Karman
Chamberlin
Phillips
Argentia Planum
Schmidt
Landestelle
km
Meilen
0
500
1.000

Die Osthalbkugel des Mars

Dieser Seite des Planeten fehlen zwar die majestätischen Tharsis-Vulkane und die weiten Valles Marineris der westlichen Halbkugel, doch sie ist keineswegs uninteressant. Hellas Planitia ist ein gewaltiges Einschlagsbecken, dessen Mitte bei 43 Grad Süd und 66 Grad Ost liegt. Es ist 2.200 km breit und etwa 8 km tief und damit der tiefste Punkt auf dem Mars. Von der Erde aus sieht man es als hellen Fleck, denn es füllt sich oft mit regenbogenfarbigen Wolken aus Eiskristallen. Auch die dunkelste Region des Planeten mit Namen Syrtis Major Planum (9,5° N/70,5° O) befindet sich auf dieser Halbkugel.

Das östliche Erscheinungsbild des Mars (oben)
Diese Halbkugel, die im Großen und Ganzen so aussieht wie die westliche, ist nur im Norden deutlich flacher. Wissenschaftler spekulieren, dass dieses ebene Gebiet von einem früheren Meeresbecken stammen könnte oder dass möglicherweise Lavaströme die ältere Landschaft im Norden zugedeckt haben.

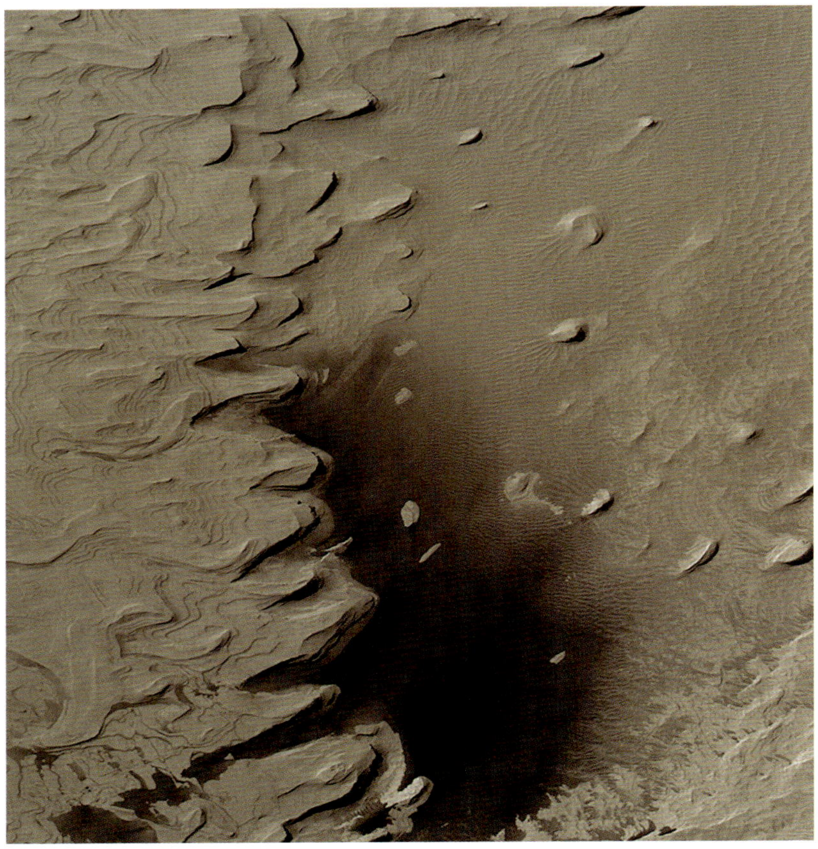

Anzeichen für Wasser auf dem Mars (oben)
Dieses Foto von der Raumfähre Mars Global Surveyor der NASA ist eines von vielen, welche die Planetenwissenschafter davon überzeugt haben, dass es auf dem Mars einmal viel Wasser gegeben hat. Dieses Bild, das etwa 3 km umspannt, zeigt Sedimentschichten im Schiaparelli-Krater (3° S/16° O), die möglicherweise von fließendem Wasser abgelagert wurden. Die dunklen Gebiete, die aussehen wie Wasserwellen, bestehen aus Sand.

Landestellen: östlicher Mars	
Sonde (Landedatum)	**Landestelle**
Mars 2 (27. Nov. 1971)	45° S/47° O
Viking 2 (3. Sept. 1976)	48° N/134° O
Polar Lander (3. Dez. 1999)	76° S/165° O
Beagle 2 (25. Dez. 2003)	11° N/90° O
Spirit (4. Januar 2004)	15° S/175° O

Raumsonden zur Osthalbkugel des Mars (oben)
Verschiedene Sonden haben die Oberfläche der Osthalbkugel des Mars berührt, aber nicht alle sind dabei glücklich gelandet. Der Mars Polar Lander der NASA, das britische Erkundungsfahrzeug Beagle 2 und die frühe sowjetische Raumfähre Mars 2 fanden ihr Grab auf dieser Seite des Roten Planeten. Nur Viking 2 und in der jüngsten Vergangenheit der Mars Exploration Rover (MER) Spirit landeten sicher.

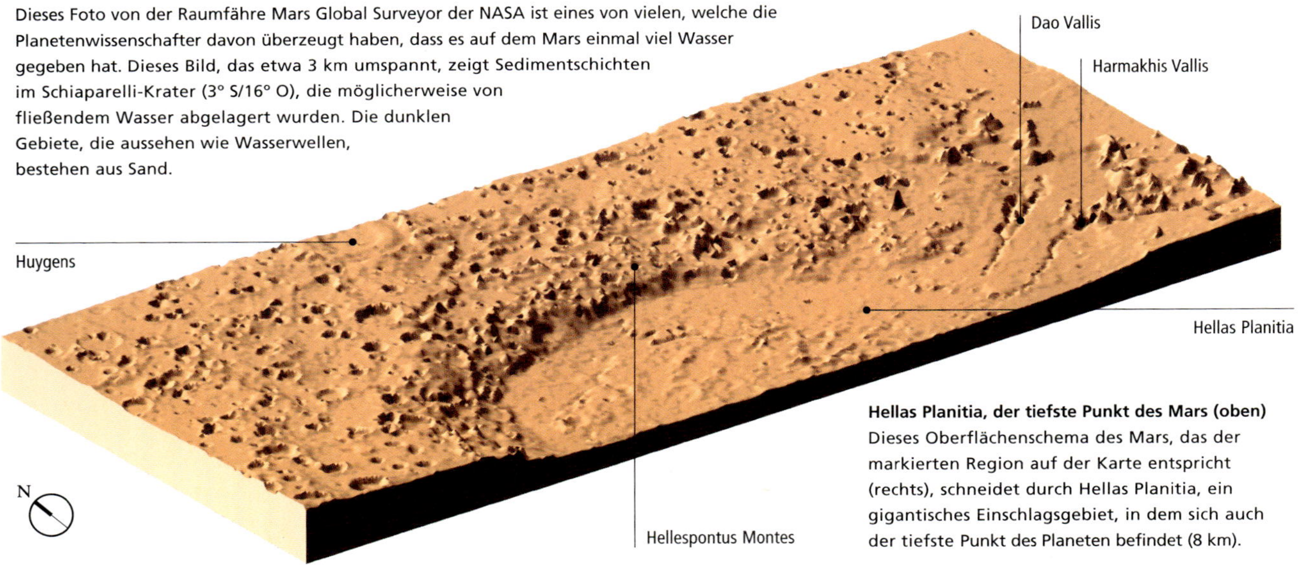

Hellas Planitia, der tiefste Punkt des Mars (oben)
Dieses Oberflächenschema des Mars, das der markierten Region auf der Karte entspricht (rechts), schneidet durch Hellas Planitia, ein gigantisches Einschlagsgebiet, in dem sich auch der tiefste Punkt des Planeten befindet (8 km).

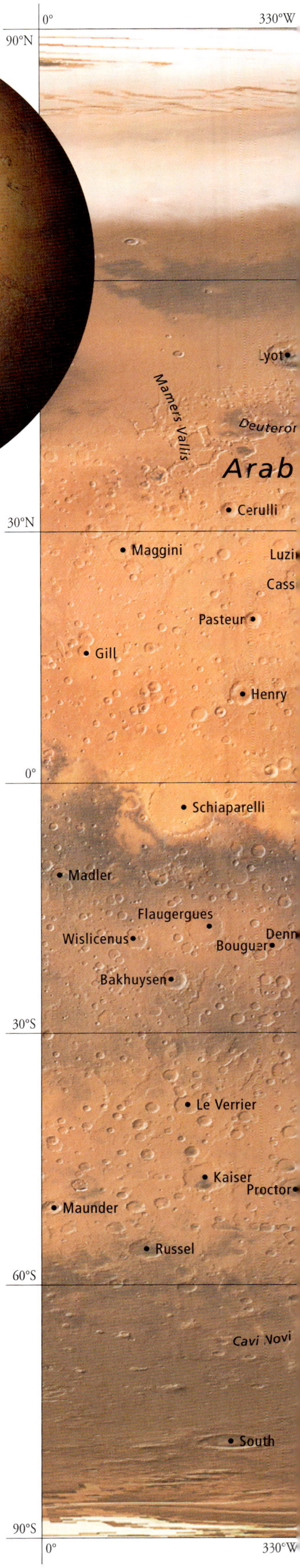

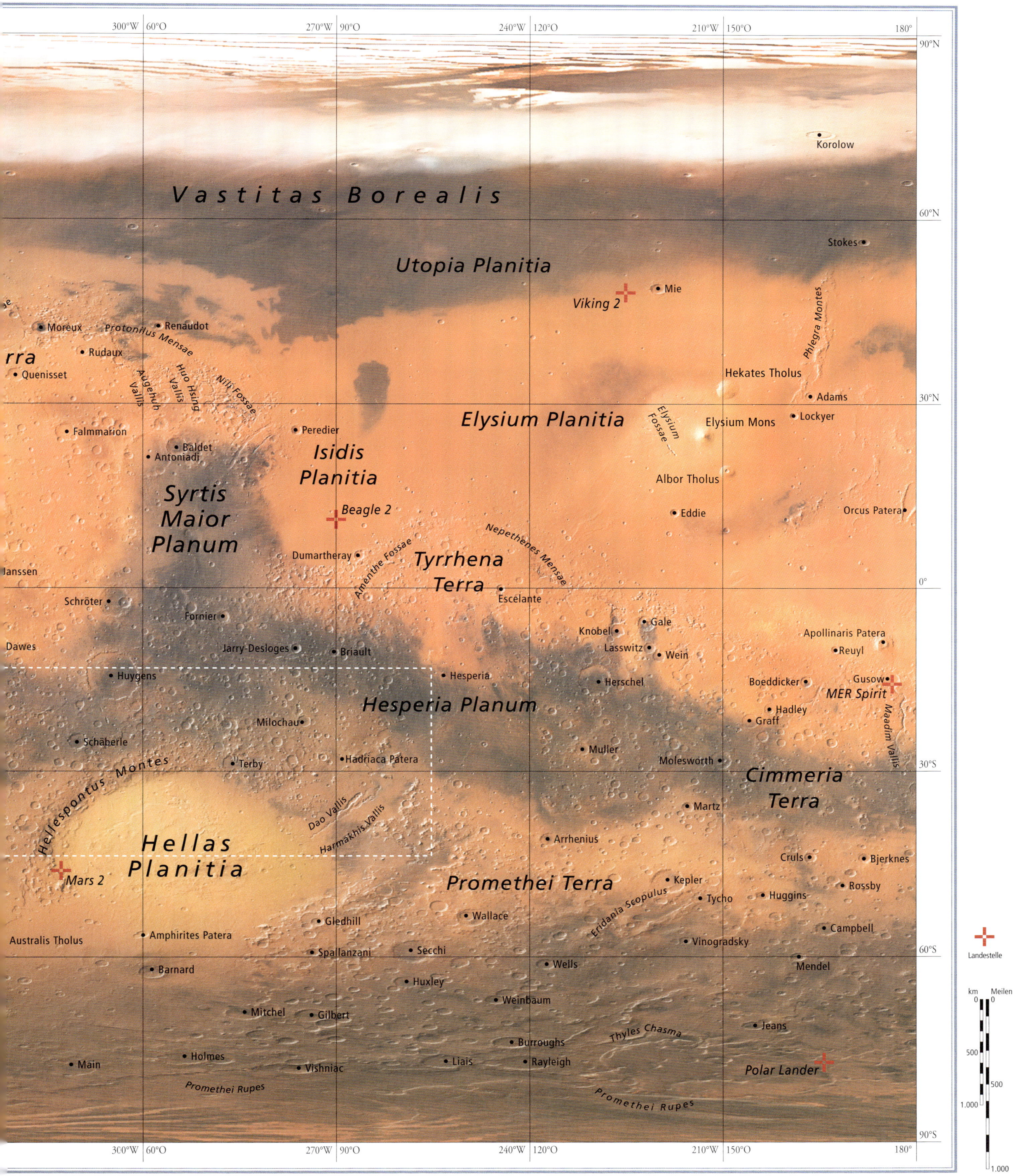
300°W 60°O
270°W 90°O
240°W 120°O
210°W 150°O
180°
90°N
60°N
30°N
0°
30°S
60°S
90°S
Vastitas Borealis
Korolow
Utopia Planitia
Stokes
Viking 2
Mie
Moreux
Protonilus Mensae
Renaudot
rra
Rudaux
Quenisset
Augehuh Vallis
Huo Hsing Vallis
Nili Fossae
Phlegra Montes
Hekates Tholus
Adams
Lockyer
Elysium Planitia
Elysium Fossae
Elysium Mons
Falmmarion
Peredier
Baldet
Antoniadi
Isidis Planitia
Syrtis Maior Planum
Albor Tholus
Eddie
Beagle 2
Orcus Patera
Nepethenes Mensae
Dumartheray
Amenthe Fossae
Tyrrhena Terra
Janssen
Escelante
Schröter
Fornier
Gale
Knobel
Apollinaris Patera
Dawes
Jarry-Desloges
Briault
Lasswitz
Wein
Reuyl
Huygens
Hesperia
Herschel
Boeddicker
Gusow
MER Spirit
Hesperia Planum
Hadley
Milochau
Graff
Maadim Vallis
Schaberle
Muller
Terby
Hadriaca Patera
Molesworth
Hellespontus Montes
Cimmeria Terra
Martz
Dao Vallis
Harmakhis Vallis
Arrhenius
Hellas Planitia
Cruls
Bjerknes
Mars 2
Kepler
Promethei Terra
Rossby
Tycho
Huggins
Eridania Scopulus
Wallace
Gledhill
Campbell
Australis Tholus
Amphirites Patera
Vinogradsky
Spallanzani
Secchi
Wells
Mendel
Barnard
Huxley
Weinbaum
Mitchel
Gilbert
Jeans
Thyles Chasma
Burroughs
Holmes
Liais
Rayleigh
Main
Vishniac
Polar Lander
Promethei Rupes
Promethei Rupes
Landestelle
km
Meilen
0
0
500
500
1.000
1.000

Die Oberfläche des Mars

Die Marsoberfläche ist eine Schatztruhe für Planetenwissenschaftler. Seine Vulkane sind die Größten im Sonnensystem, ihre irdischen Gegenstücke wirken im Vergleich wie kleine Blasen. Die Schluchten und Krater sind nicht minder beeindruckend und es gibt überall Anzeichen dafür, dass es auf dem Mars in ferner Vergangenheit Seen und Ozeane gegeben hat. Die interessantesten Gebilde sehen aus wie Kanäle, die möglicherweise in der jüngsten geologischen Vergangenheit durch fließendes Wasser entstanden sind. Wo ist das Wasser hingekommen? Ein Großteil davon hat sich vielleicht in die Atmosphäre und ins Weltall verflüchtigt oder wurde vom Boden aufgesaugt, wo es unter der Oberfläche als Eis erhalten ist. Einige Geologen meinen, dass in tiefliegenden Regionen, wo die richtigen Bedingungen herrschen, noch immer flüssiges Wasser sein könnte.

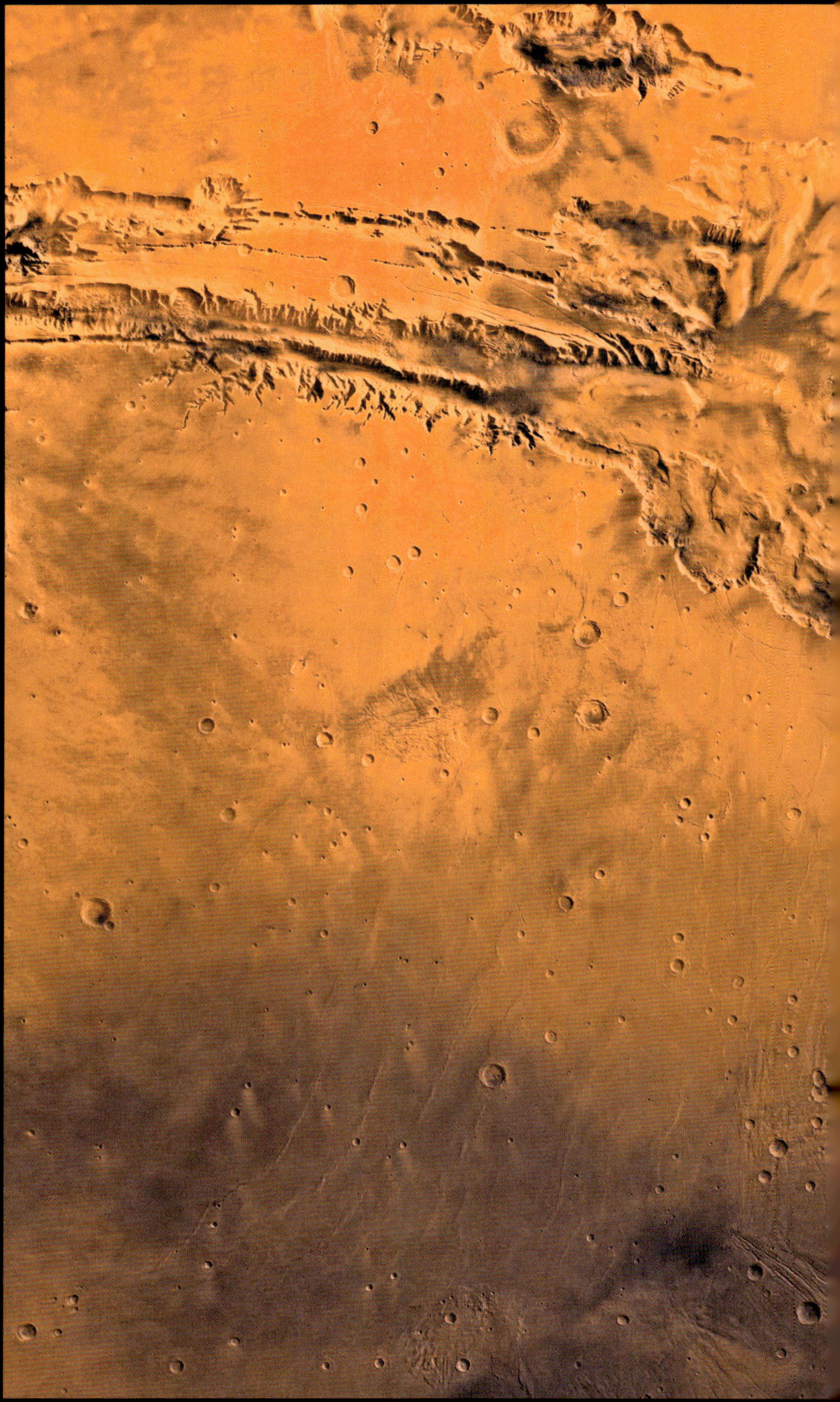

Valles Marineris: der größte Canyon im Sonnensystem
Valles Marineris ist das berühmteste Landschaftsmerkmal des Roten Planeten und von der Erde aus mit einem Teleskop als dunkle Narbe zu sehen, die sich beinahe über die gesamte Halbkugel zieht. Diese tektonische Besonderheit besteht aus vielen bis zu 7 km tiefen Rissen in der Marskruste, die insgesamt eine Länge von 3.800 km erreichen und den größten Canyon des bekannten Sonnensystems bilden. Valles Marineris ist durch an die Oberfläche gedrungenes Magma entstanden, das die Kruste zur Seite drängte. Oben und links von der Mitte auf diesem Bild von Viking 1 (rechts) sieht man den großen Nebencanyon Candor Chasma (6,5° S/71° W), der vielleicht vor langer Zeit von Wasser aus dem Hauptkanal gebildet wurde.

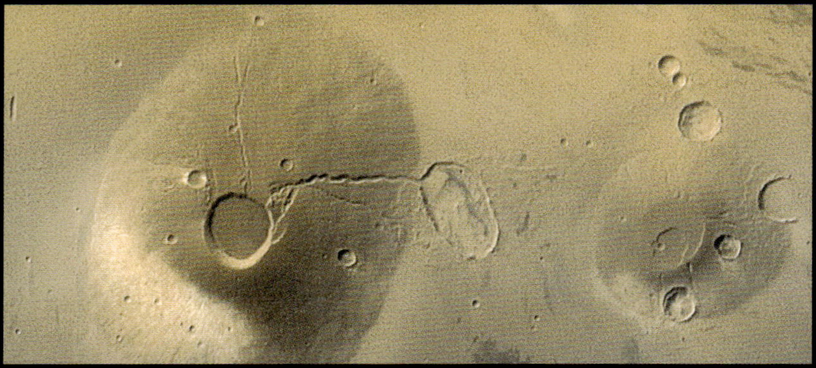

Vulkane auf dem Mars (oben)
Auf dem Mars findet man überall riesige Vulkane, denn auf dem Planeten gibt es keine Plattentektonik und die Lava türmt sich dort in die Höhe, wo sie austritt. Dieses Bild vom Mars Global Surveyor zeigt zwei Schildvulkane am Nordrand der Gebirgskette der Tharsis Montes. Links sieht man den Ceraunius Tholus (24° N/97° W) und rechts den Uranius Tholus (26,5° N/98° W). Die Kaldera auf dem Gipfel von Ceraunius Tholus hat einen Durchmesser von ungefähr 25 km. Die meisten dieser Vulkane sind zwar erloschen, aber es gibt Anzeichen dafür, dass sie während der letzten 10 Millionen Jahre aktiv waren, und der Mars ist auch heute noch vulkanisch aktiv.

Anzeichen für Wassererosion
Der Mars ist voll von Kanälen und Canyons, deren Verästelungen darauf schließen lassen, dass sie von Flüssen wie auf der Erde stammen. Einige Kanäle findet man auch in den jüngeren Tiefebenen und deshalb vermutet man, dass sie in der Frühzeit des Planeten entstanden sind. Man findet auch Anzeichen verheerender Fluten, die vielleicht durch in einem Canyon aufgestautes und plötzlich losgebrochenes Wasser ausgelöst wurden. Das rechte Foto zeigt Gebilde, die aussehen wie Kanäle, die an den Seiten eines kleinen Kraters innerhalb des größeren Newton-Kraters (41° S/158° W) hinabführen. Sie stammen vielleicht von fließendem Wasser oder Trümmern.

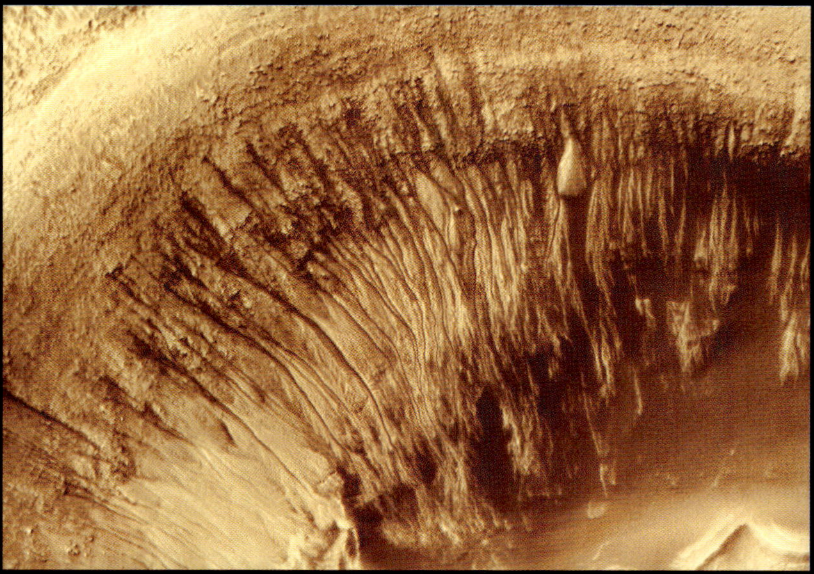

Die Winderosion (unten)

Der Wind hat wie der Vulkanismus und die Erosion durch Wasser eine bedeutende Rolle bei der Gestaltung der kargen Marsoberfläche gespielt. Sandstürme bedecken den Planeten manchmal monatelang. Die langgezogenen Gebilde auf diesem Bild vom Mars Global Surveyor wurden möglicherweise von windgepeitschten Sandteilchen in den Felsgrund gezeichnet. Die relativ ebenen Regionen enthalten vermutlich beständigeres Material, das der Wind noch nicht abgetragen hat. Der Vordergrund des Bildes zeigt ein Gebiet von 20 km Durchmesser südlich des Olympus Mons (18,5° N/133° W).

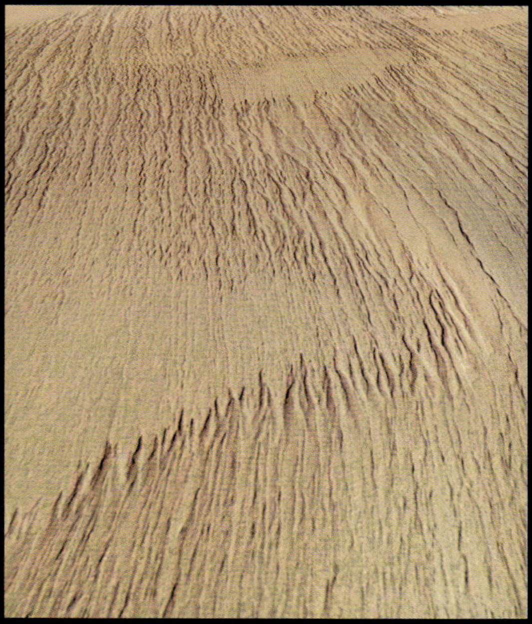

Die Krater

Sobald die Marsoberfläche fest geworden ist, hat sie mit dem Sammeln von Einschlagskratern begonnen. Seltsamerweise findet man die weitaus größere Anzahl von Kratern auf der Südhalbkugel, die sogenannten Hochländer. Die nördliche Halbkugel ist jünger und viel flacher, denn ihre Krater wurden von Stürmen und jüngeren vulkanischen Aktivitäten abgetragen.

Ein frostiger Krater im Winter (unten)
Hier sieht man den Lomonosow-Krater (65° N/9° W), der einen Durchmesser von 150 km hat, im Marswinter. Der Kraterrand ist in weißen Reif gehüllt und man kann Nebel und Wolkenfetzen erkennen.

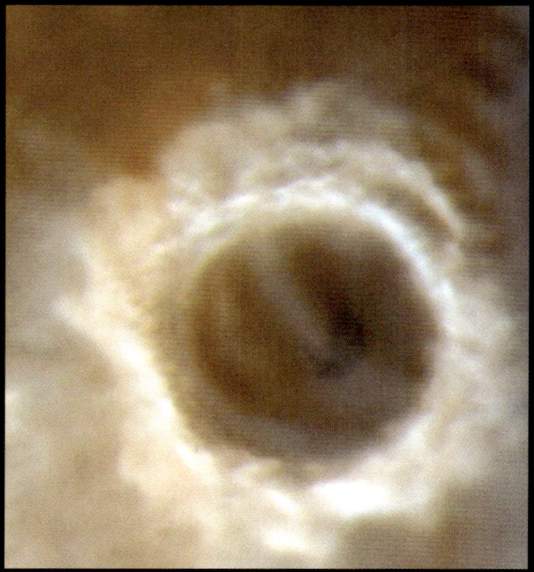

Die Polkappen

Wie die Erde besitzt auch der Mars zwei Polkappen. Aber während sie auf der Erde größtenteils aus Wassereis bestehen, enthalten die Polkappen des Mars große Mengen an gefrorenem Kohlendioxid, auch Trockeneis genannt. Im Marssommer erwärmt sich die Südhalbkugel, die Polkappe schrumpft und das Kohlendioxid verdampft. Im Winter fällt das Kohlendioxid als Schnee zu Boden und die Polkappe wächst wieder zu voller Größe an.

Der Nordpol des Mars (links)
Dieses Bild, das aus Höhenmessungsdaten des Mars Global Surveyor zusammengestellt ist, zeigt die Nordpolkappe des Mars. Annähernd 2,6 Millionen Höhenmessungen mit einem Laser wurden durchgeführt, um dieses Bild zu konstruieren, das senkrecht stark vergrößert ist.

Die Marsforschung

Mehr als jeder andere Planet hat der Mars die menschliche Phantasie angeregt. Vor hundert Jahren dachten Astronomen, dass er eine bewohnbare Welt mit „Marsmenschen“ sei, was zum Teil durch die Entdeckung der „Bewässerungskanäle“ genährt wurde. Der Roman *Krieg der Welten* von H. G. Wells mit seiner fiktiven Marsinvasion trug auch zur Marsmanie bei und als im Jahr 1938 ein amerikanischer Radiosender eine Hörspielversion ausstrahlte, dachten viele Menschen wirklich, dass die Außerirdischen im Anmarsch wären. Aber heute kennen wir den Mars als eine trockene, bitterkalte Welt, karg und steinig, die mit Kratern und Vulkanen übersät und, soviel wir heute sagen können, leblos ist.

Kanäle auf dem Mars (links und unten)
Diese Marsgloben stammen von den Karten des franko-griechischen Astronomen Eugène Michel Antoniadi aus dem frühen zwanzigsten Jahrhundert. Während die hellen und dunklen Regionen relativ wirklichkeitsgetreu abgebildet sind, stellten sich die langen „Kanäle“ als optische Täuschungen heraus. Antoniadi wurde in seiner späteren Karriere zu einem führenden Kritiker der „Bewässerungskanal“-Theorie.

Frühe Vermutungen

Bevor man den Mars aus der Nähe gesehen hatte, glaubten viele Menschen, dass er bewohnt sei, vor allem der amerikanische Amateurastronom Percival Lowell (1855–1916). Eine falsche Übersetzung des italienischen Wortes für „Kanäle“ in „Kanalisation“ in einem Bericht von Giovanni Schiaparelli (1835–1910) über „Kanäle“ auf dem Mars überzeugte ihn davon, dass die Marsmenschen Wasser von den Polen zu den trockenen, aber fruchtbaren Regionen am Äquator leiten.

Frühe Missionen zum Mars

Als die Mariner 4 als erste Raumsonde im Jahr 1965 zum Mars geflogen ist, hat sie keine Bewässerungskanäle oder Anzeichen auf eine Zivilisation gefunden, sondern eine wüste Welt mit vielen Kratern. Elf Jahre später haben zwei US-Landefähren, Viking 1 und 2, auf der Oberfläche aufgesetzt. Bodenproben haben keine Anzeichen auf Leben erbracht. Oben sieht man das erste Foto, das von Viking 1 wenige Minuten nach der Landung nahe der Chryse Planitia (22,5° N/48° W) gemacht worden ist.

Der Mars Global Surveyor

Die vielleicht erfolgreichste Marsmission bis heute ist der Mars Global Surveyor. Die Sonde hat den Roten Planeten im September 1997 erreicht und damit begonnen, von einer Umlaufbahn aus weitreichende Untersuchungen durchzuführen. Die zur Erde gesendeten Fotos haben bis dahin unvorstellbare Details des Planeten enthüllt. Das rechte Bild zeigt Marsgebirge und Krater auf der Südhalbkugel, die im Frühling von Rauhreifnebeln aus Kohlendioxid oder Trockeneis bedeckt sind.

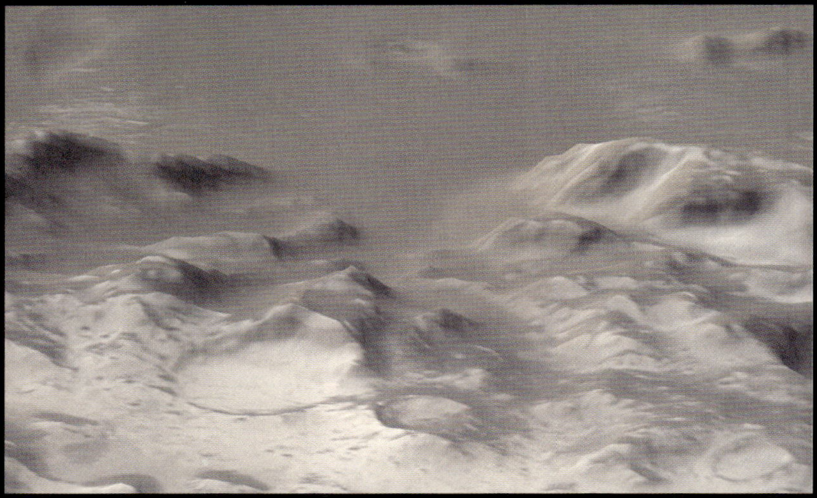

Eine Luftkissenhülle ermöglichte Pathfinder eine sanfte (wenn auch sehr abgefederte) Landung.

Die Größe und die Verteilung der Gesteinstrümmer lassen darauf schließen, dass das Ares-Vallis-Gebiet (19° N/33,5° W), wo Pathfinder gelandet ist, in früheren Zeiten der Schauplatz einer verheerenden Flutkatastrophe gewesen ist.

Der metereologische Antennenmast von Pathfinder hat die Temperatur, den Druck und die Windgeschwindigkeit im Bereich der Landestelle gemessen.

Fernster Punkt
30,6 km

Phobosdaten	
Entdeckt	1877
Größe	20 x 23 x 28 km
Bahnlänge	9.378 km
Umlaufdauer	7,65 h
Exzentrizität	0,015

Deimosdaten	
Entdeckt	1877
Größe	10 x 12 x 16 km
Bahnlänge	23.459 km
Umlaufdauer	1,26 Tage
Exzentrizität	0,001

Phobos und Deimos

Von den inneren Planeten haben nur die Erde und der Mars natürliche Satelliten, der Mars sogar zwei. Aber die Marsmonde sind winzig, wahrscheinlich eingefangene Objekte aus dem nahen Asteroidengürtel. Der amerikanische Astronom Asaph Hall (1829–1907) hat sie 1877 entdeckt, als der Mars der Erde relativ nahe war. Hall hat ihnen die Namen Phobos (rechts) und Deimos (ganz rechts) gegeben, ihre Umlaufbahnen berechnet und daraus die Masse des Mars ermittelt. Phobos liegt näher bei seinem Elternplaneten als jeder andere Mond im Sonnensystem.

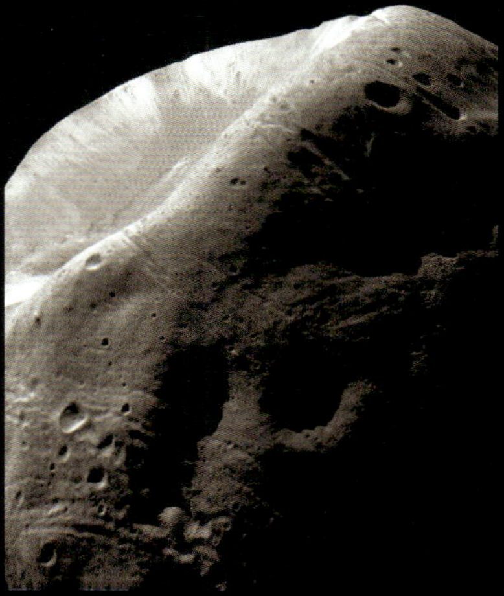

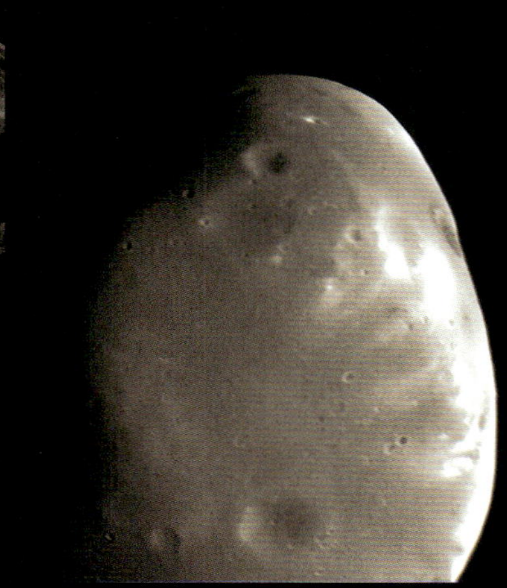

Eine Postkarte vom Mars (rechts)
Diese Panoramabild vom Rover Spirit zeigt die Marsoberfläche innerhalb des 145 km breiten Gusow-Kraters (15° S/175° O) und umspannt ein Gebiet von 3 km. Am Horizont kann man die Kraterwand sehen und davor flache Tiefebenen. Der Vordergrund zeigt eine Felsnase im Krater, auf die der Rover geklettert ist.

Pathfinder

Am Amerikanischen Unabhängigkeitstag 1997 wurde Pathfinder zur ersten Raumsonde seit den Viking-Landungen 21 Jahre zuvor, die auf dem Roten Planeten aufgesetzt hat. Die Landefähre (unten bei der Arbeit zu sehen) hat auch ein milchkannengroßes Erkundungsfahrzeug namens Sojourner ausgeschickt, das mittels Fernbedienung von der Erde aus gesteuert wurde. Pathfinder übermittelte zwei Monate lang Daten, bevor die Verbindung abgebrochen ist.

Der Mars Express

Im Jahr 2003 startete die Europäische Weltraumorganisation ESA ihre erste Marsmission, den Mars Express. Die Raumsonde erreichte im Dezember 2003 die Marsumlaufbahn und entsandte ein Erkundungsfahrzeug namens Beagle 2. Unglücklicherweise ging Beagle 2 verloren, aber die Sonde selbst befindet sich noch immer im Orbit und fand im Februar 2005 Anzeichen für einen gefrorenen, unterirdischen Ozean in der Region Elysium Planitia (20° N/120° O).

Die Mars Exploration Rover

Der Erfolg der NASA geht mit den beiden Mars Exploration Rovers Spirit und Opportunity weiter, die im Januar 2004 auf entgegengesetzten Marshalbkugeln landeten. Die identischen, golfwagengroßen Erkundungsfahrzeuge sind mit Panoramakameras, einem automatischen Navigationssystem und mit Instrumenten zur Analyse der Atmosphäre und der Gesteinszusammensetzung ausgestattet.

Die Asteroiden

Zwischen Mars und Jupiter kreist ein kosmischer Abfallhaufen aus Trümmern, die von der Entstehung des Sonnensystems übriggeblieben sind: die Asteroiden. Es gibt Millionen dieser Objekte, aber ihre Gesamtmasse beträgt nur ein Zwanzigstel der Masse des Mondes. Ursprünglich waren es mehr, genug um einen kleinen terrestrischen Planeten wie den Mars zu bilden, doch die Gravitation der Sonne und des Jupiter schleuderte viele aus dem Sonnensystem hinaus oder sie wurden von der Sonne verschluckt. Der Jupiter hindert auch jetzt die Asteroiden daran, sich zu einem Planeten zu verbinden, und sie kreisen weiter als Fossile aus der Zeit der Planetenentstehung. Die meisten Asteroiden haben Durchmesser von wenigen Metern, aber einige sind richtige kleine Welten.

Die Trojaner-Asteroiden

Manche Asteroiden, die man Trojaner nennt, teilen ihre Umlaufbahnen mit dem Jupiter. Diese Asteroiden befinden sich auf zwei Positionen der Jupiterbahn, wie man auf der unteren Abbildung sehen kann. Mehr als die Hälfte davon befindet sich etwa 60° vor dem Jupiter, der Rest etwa 60° dahinter. Beide Ansammlungen werden vom Zusammenspiel der Gravitation von Sonne und Jupiter in diese Positionen gezwungen. Seit man den ersten Trojaner Achilles im Jahr 1904 entdeckt hat, wurden etwa 1.500 weitere identifiziert.

(433) Eros

Der Asteroid (433) Eros machte im Februar 2000 Geschichte als erste derartige Welt, die von einer Raumsonde umkreist wurde. Die betreffende Sonde war NEAR-Shoemaker, die den Asteroiden ein Jahr lang begleitete, bevor sie für kurze Zeit auf ihm gelandet ist, um die Zusammensetzung seiner Oberfläche zu studieren. Der sattelförmige Eros (links) hat einen Durchmesser von mehr als zehn Kilometern (40 x 14 x 14 km). Die untere Karte ist ein Mosaik aus mehreren Bildern von NEAR-Shoemaker und enthüllt eine Oberfläche mit zahlreichen Kratern und Felsblöcken.

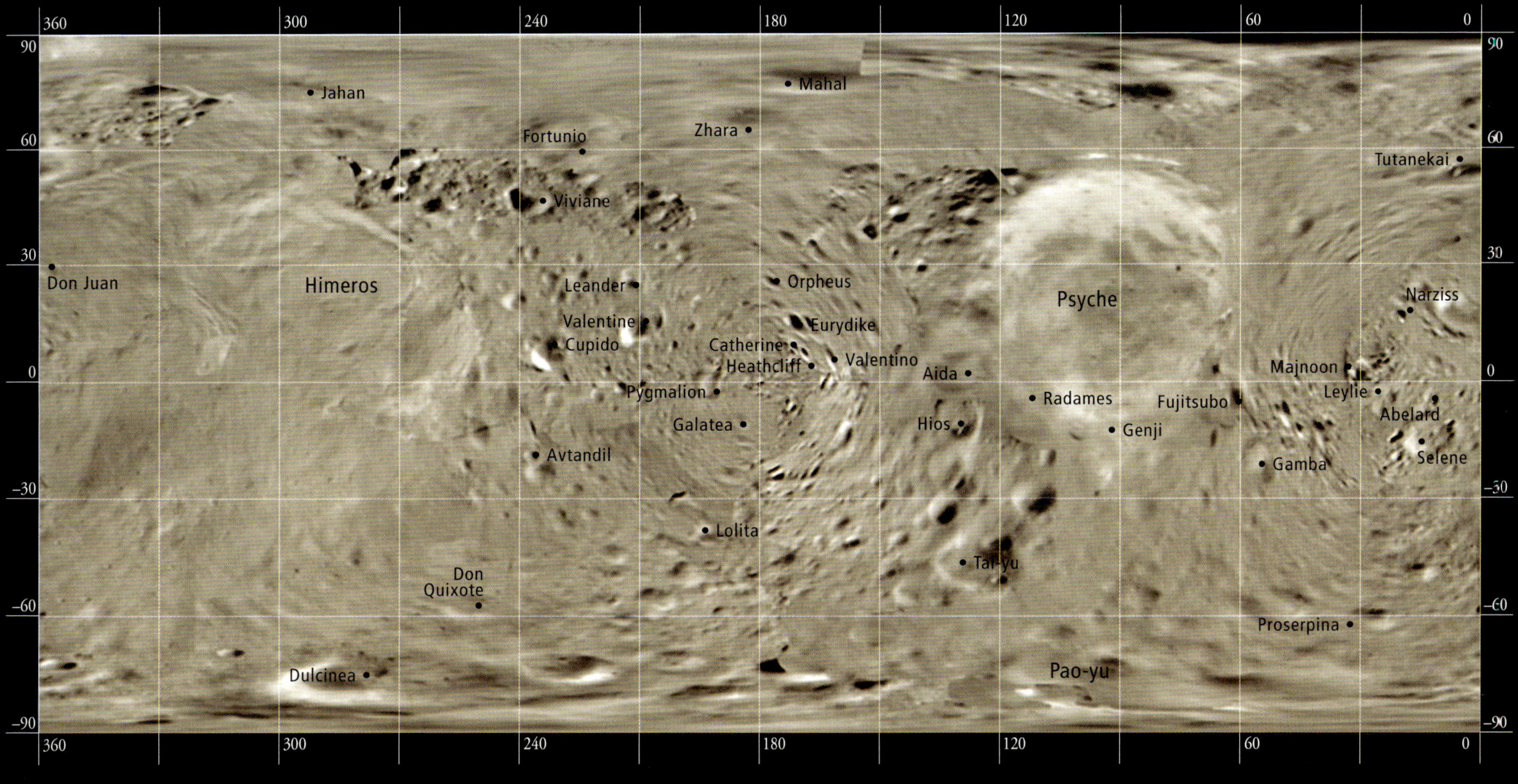

Erdnahe Asteroiden

Nicht alle Asteroiden befinden sich im Asteroidengürtel. Erdnahe Asteroiden bewegen sich auf einer Bahn innerhalb von 1,3 AE von der Sonne entfernt und manche kommen in die Nähe der Umlaufbahn unseres Planeten. Man schätzt, dass es etwa 100.000 erdnahe Asteroiden gibt, die größer als 100 Meter sind, aber es wurden erst einige Tausend gefunden. Eros, der im Jahr 2000 aus der Nähe fotografiert wurde, ist ein erdnaher Asteroid.

Die Ausdehnung des Asteroidengürtels

Die meisten Asteroiden findet man in einer Zone zwischen den Bahnen von Mars und Jupiter, dem sogenannten Asteroidengürtel. Er erstreckt sich zwischen 2,1 und 3,3 AE von der Sonne entfernt. Die Asteroiden auf dem innersten Rand benötigen für ihren Weg um die Sonne etwa drei Jahre, während dieselbe Reise für die Äußersten etwa doppelt so lange dauert. Der Asteroidengürtel ist nicht gleichmäßig dick. Die äußeren Teile haben eine Breite von ungefähr 1 AE, der innere Rand aber nur ein Drittel davon. Man stellt sich den Asteroidengürtel oft als gefährliche Gegend mit sich wild drehenden Felsblöcken vor, ein Hindernis für interplanetarische Reisen. In Wirklichkeit brauchen Asteroiden Stunden, ja sogar Wochen, um sich ein einziges Mal um die eigene Achse zu drehen. Außerdem ist der Gürtel sehr groß und es gibt so wenige Asteroiden, dass man sein ganzes Leben auf einem Asteroiden verbringen könnte, ohne je einen anderen aus der Nähe zu sehen.

Asteroidentypen

Asteroiden werden nach ihrer Zusammensetzung, ihrem Spektrum und ihrer Albedo (Reflexionsvermögen) in Gruppen eingeteilt. Asteroiden vom Typ S befinden sich hauptsächlich im inneren Hauptgürtel. Das „S" steht für „silikathaltig", weil sie großteils aus Silikaten bestehen. Etwa 75 Prozent aller Asteroiden zählen zu den sehr dunklen C-Typen. Es sind die „chondritischen" Asteroiden, denn sie enthalten große Mengen an Kohlenstoff und sind im äußeren Hauptgürtel weit verbreitet. Die Asteroiden vom Typ M sind in der Mitte des Hauptgürtels beheimatet. Sie sind aus Metall, Nickel und Eisen. Manche Asteroiden besitzen kleine Monde, während andere aus zwei Welten ähnlicher Größe bestehen, die um ein gemeinsames Massezentrum kreisen, wie (90) Antiope, unten zu sehen. Es sind zwei ungefähr 80 km breite Körper, die einander im Abstand von 160 km in 16,5 Stunden einmal umkreisen.

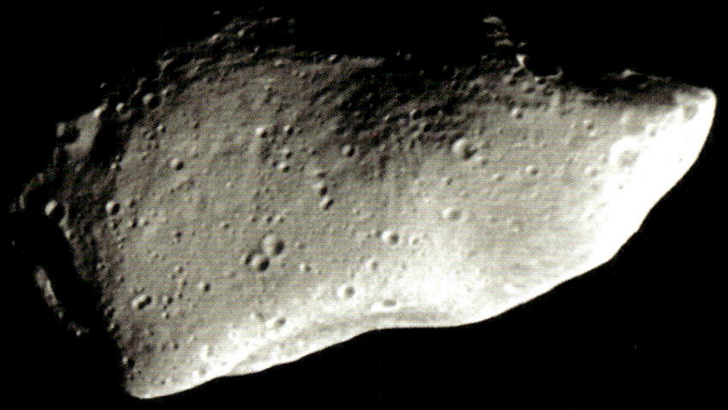

Asteroid vom Typ S – (951) Gaspra

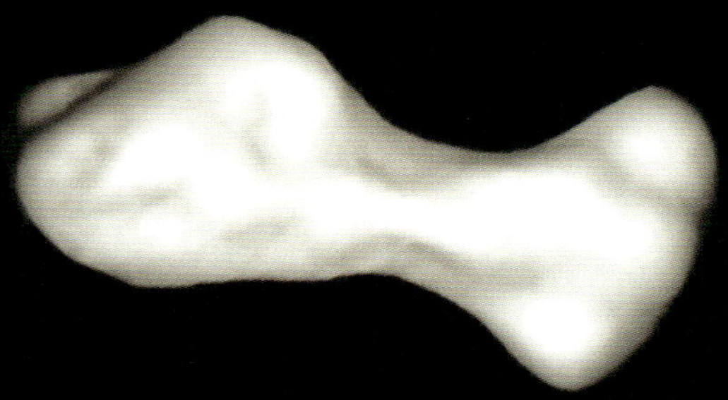

Asteroid vom Typ M – (216) Kleopatra

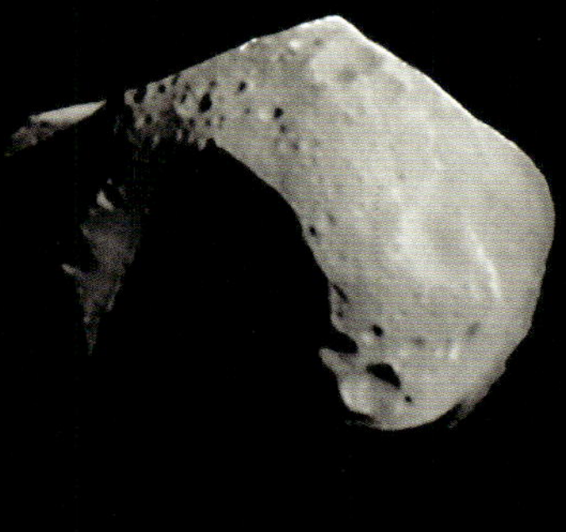

Asteroid vom Typ C – (253) Mathilde

Zwei Asteroiden, die einander umkreisen – (90) Antiope

Asteroidenforschung

Asteroiden sind für die Astronomen deswegen so wichtig, weil sie als Zeugen der frühen Phasen des Sonnensystems Hinweise auf die Entstehung der Planeten liefern. Aber bis zum Jahr 1991 hat man keinen einzigen Asteroiden aus der Nähe gesehen. Das änderte sich, als die Raumsonde Galileo auf ihrem Weg zum Jupiter an (951) Gaspra vorbeiflog und im Jahr 1993 an (243) Ida, wobei sie detaillierte Fotos von beiden zur Erde sandte. Im Februar 2000 schwenkte die NEAR-Shoemaker-Sonde auf eine Bahn um den Asteroiden (433) Eros. Weitere Asteroidenmissionen sind geplant und die Miniplaneten stehen jetzt endlich auch im Rampenlicht.

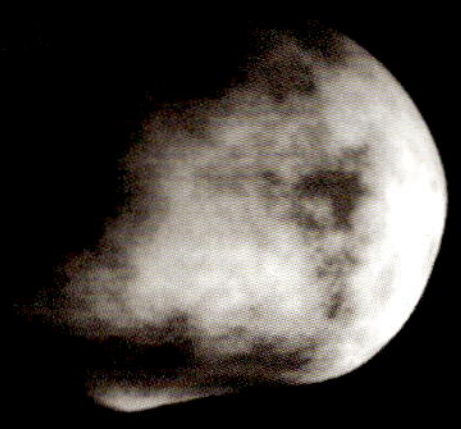

Die Entdeckung der Asteroiden
Am 1. Januar 1801 entdeckte der italienische Mönch und Astronom Giuseppe Piazzi (1746–1826) eine unbekannte Welt zwischen Mars und Jupiter. Piazzi gab ihr den Namen Ceres und erhob sie zu einem neuen Planeten. Nachfolgende Entdeckungen ähnlicher Welten, einige hundert waren es bis ins zwanzigste Jahrhundert, erforderten ein Umdenken. Es schien dort draußen einen wahren Schatz an kleinen „Planetoiden“ (so nannte sie Piazzi) zu geben und man nannte sie jetzt Asteroiden. Heute sind viele Tausend verzeichnet, jeder mit Namen und einer Zahl, welche die Reihenfolge der Entdeckungen angibt, doch weitere Millionen wurden noch nicht entdeckt. (1) Ceres bleibt mit einem Durchmesser von 933 km der Größte, denn er enthält ein Drittel der geschätzten Gesamtmasse aller Asteroiden. Asteroiden sind meist nicht größer als 250 km im Durchmesser und viele nur wenige Meter breit. Meteoriten, Bruchstücke aus Stein oder Metall, die aus dem Weltraum zur Erde fallen, sind Splitter, die bei Zusammenstößen von Asteroiden abgebrochen sind. Der 10 cm große Meteorit links oben stammt vermutlich von (4) Vesta (oben rechts), einem basaltverkrusteten Asteroiden aus Olivin, der Hinweise auf vergangene vulkanische Aktivitäten zeigt.

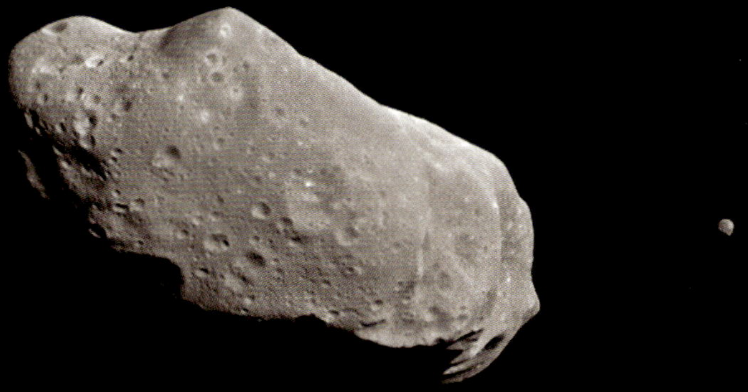

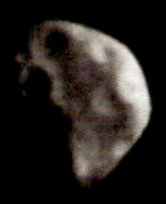

Ida und sein Mond (oben und rechts)
Das obere Bild, das von der Galileo-Sonde auf ihrer Reise zum Jupiter im Jahr 1993 gemacht wurde, zeigt das erste sichere Beispiel eines Asteroiden, (243) Ida (links oben), mit seinem eigenen winzigen Mond Daktyl (rechts oben). Ida hat einen größten Durchmesser von 54 km, während Daktyl (rechts in Nahaufnahme zu sehen) nicht breiter als 1,6 km und eiförmig ist.

Wie man Asteroiden von der Erde aus findet

Asteroiden erscheinen im Teleskop als schwache Lichtpunkte, die sich vor dem Hintergrund ferner Sterne bewegen. In einem durchschnittlichen Jahr werden hunderte Asteroiden entdeckt, die meisten mittels halbautomatischer Systeme. Andere geraten bei astronomischen Beobachtungen zufällig ins Blickfeld. Die Berichte über Asteroiden und ihre Bahnen sind von mehr als nur wissenschaftlichem Interesse, denn man glaubt, dass Asteroideneinschläge mehrmals in der Vergangenheit große Katastrophen und Massensterben ausgelöst haben, und es gibt keinen Grund zur Annahme, dass die Erde in Zukunft verschont bleiben wird. Möglicherweise wird der menschliche Erfindungsgeist einen Weg finden und ein Unheil abwenden, wenn sich ein Asteroid auf Kollisionskurs mit der Erde befindet.

Annäherung an Itokawa (rechts)
Hayabusa fliegt seinem Treffen mit dem Asteroiden (25143) Itokawa entgegen. Die Sonde verwendet eine neue Technik namens Ionenantrieb. Der Motor ionisiert zuerst seinen Treibstoff Xenon, und wenn diese ionisierten (elektrisch geladenen) Gasteilchen auf der Hinterseite ausgestoßen werden, ergibt die auf Newtons Bewegungsgesetzen basierende Reaktion der Raumsonde die Antriebskraft, die sie ans Ziel bringen soll.

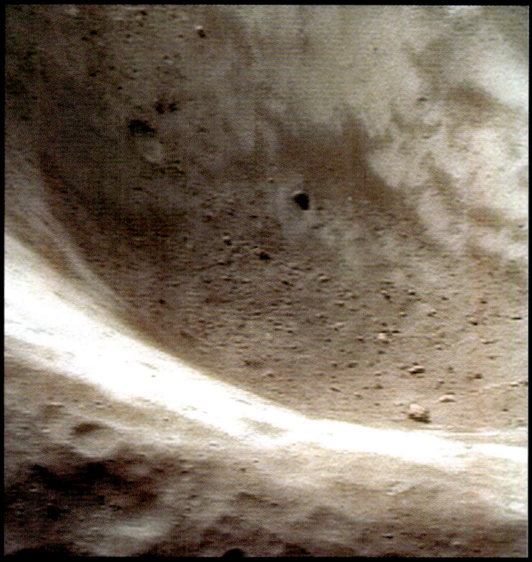

Psyche in Nahaufnahme (oben)
Aus einer Höhe von 50 km hat die Raumsonde NEAR-Shoemaker dieses Bild vom Psyche-Krater auf (433) Eros geschossen. Von dieser Höhe kann man sehen, dass der Kraterboden mit einer Staub-schicht und Felsblöcken, sogenannten Regolithen, bedeckt ist. Die Farben sind typisch, wurden aber leicht verstärkt, damit das Bild klarer wird. Psyche hat einen Durchmesser von 5,3 km.

Asteroiden bei uns zu Hause (links)
Um Asteroiden aus der Nähe zu betrachten, muss man nicht unbedingt in den Weltraum hinaus, denn oft kommen sie in Form von Meteoriten zu uns. Dieses Stück vom Imilac-Meteoriten, der im Jahr 1822 in Chile gefunden wurde, enthüllt goldfarbiges Silikatmaterial eingebettet in einer durchsichtigen Matrix aus Nickel-Eisen. Dieses Material wurde vielleicht vor Milliarden von Jahren in den Grenzschichten zwischen dem geschmolzenen Kern und der festen Kruste eines Asteroiden gebildet.

Die Entdeckung eines Asteroiden (rechts)
Die Wissenschaftler, die das Hubble-Weltraumteleskop 2003 zur Beobachtung einer Galaxie im Sternbild Sagittarius benutzten, staunten, als sie einen unbekannten Asteroiden entdeckten, der auf dem Bild als Reihe von dreizehn Bögen zu sehen ist. Die Bahn ist unterbrochen, weil Hubble mehrere Aufnahmen vom selben Fleck des Himmels machte. Die wellenförmige Flugbahn wurde von der Umlaufbewegung von Hubble verursacht. Aus der Helligkeit des Asteroiden schließt man auf einen Durchmesser von 2,4 km.

Die Hayabusa-Mission

Nicht zufrieden damit, einen Asteroiden zu umkreisen oder wie die NEAR-Shoemaker-Sonde auf ihm zu landen, haben japanische Ingenieure eine Mission entwickelt, die Proben von einem Asteroiden mitbringen soll. Die Hayabusa-Mission (ursprünglich MUSES-C) startete am 9. Mai 2003 mit Richtung auf den Asteroiden (25143) Itokawa. Hayabusa (japanisch für „Falke") erreichte den winzigen Asteroiden (nur 0,7 km im Durchmesser) im Jahr 2005 und wird im Juni 2007 zurückerwartet.

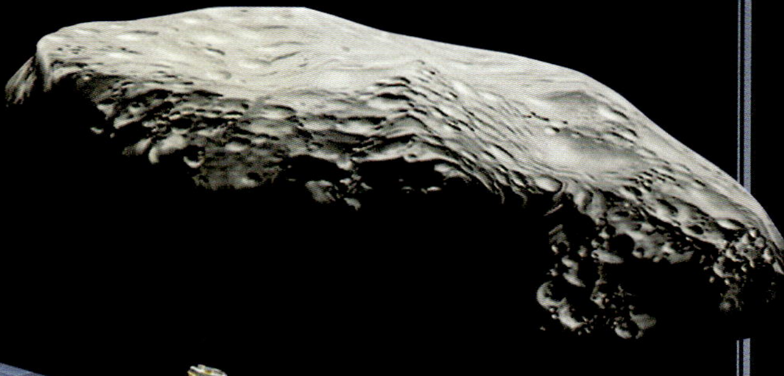

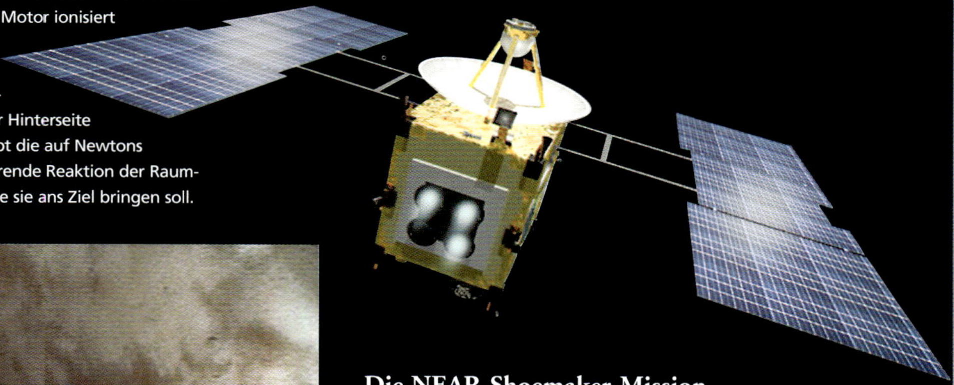

Die NEAR-Shoemaker-Mission

NEAR (Near-Earth Asteroid Rendezvous) war das erste und bisher einzige Objekt von Menschenhand, das in eine Umlaufbahn um einen Asteroiden getreten ist. Zu Ehren eines berühmten Planetengeologen erhielt sie später den Namen NEAR-Shoemaker und startete im Jahr 1996 mit Ziel auf den 33 km langen Asteroiden (433) Eros. Im Juni 1997 ist NEAR im Abstand von 1.200 km an (253) Mathilde vorbeigeflogen, hat im Herbst 1998 den Eros erreicht und schwenkte im Februar 2000 in eine Umlaufbahn, wo sie ein Jahr lang die Oberfläche des Asteroiden bis ins Detail ablichtete. Zuletzt sank sie langsam auf die Oberfläche des Eros nieder, wo sie unversehrt Jahrtausende lang ruhen wird.

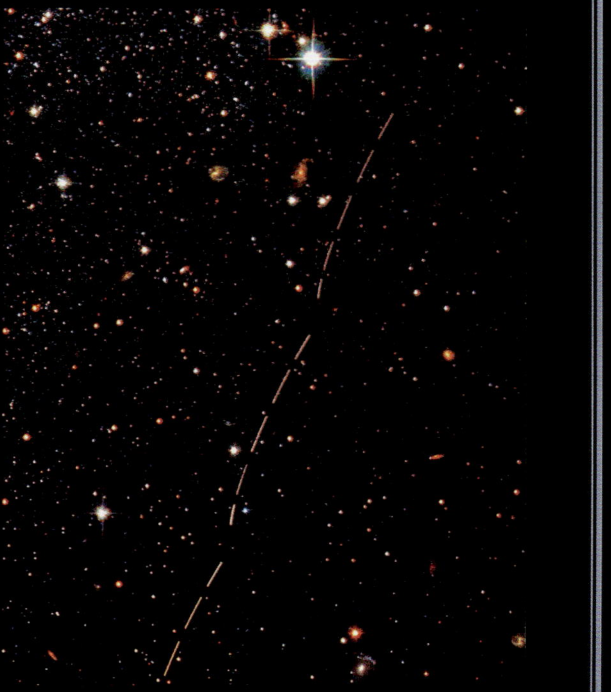

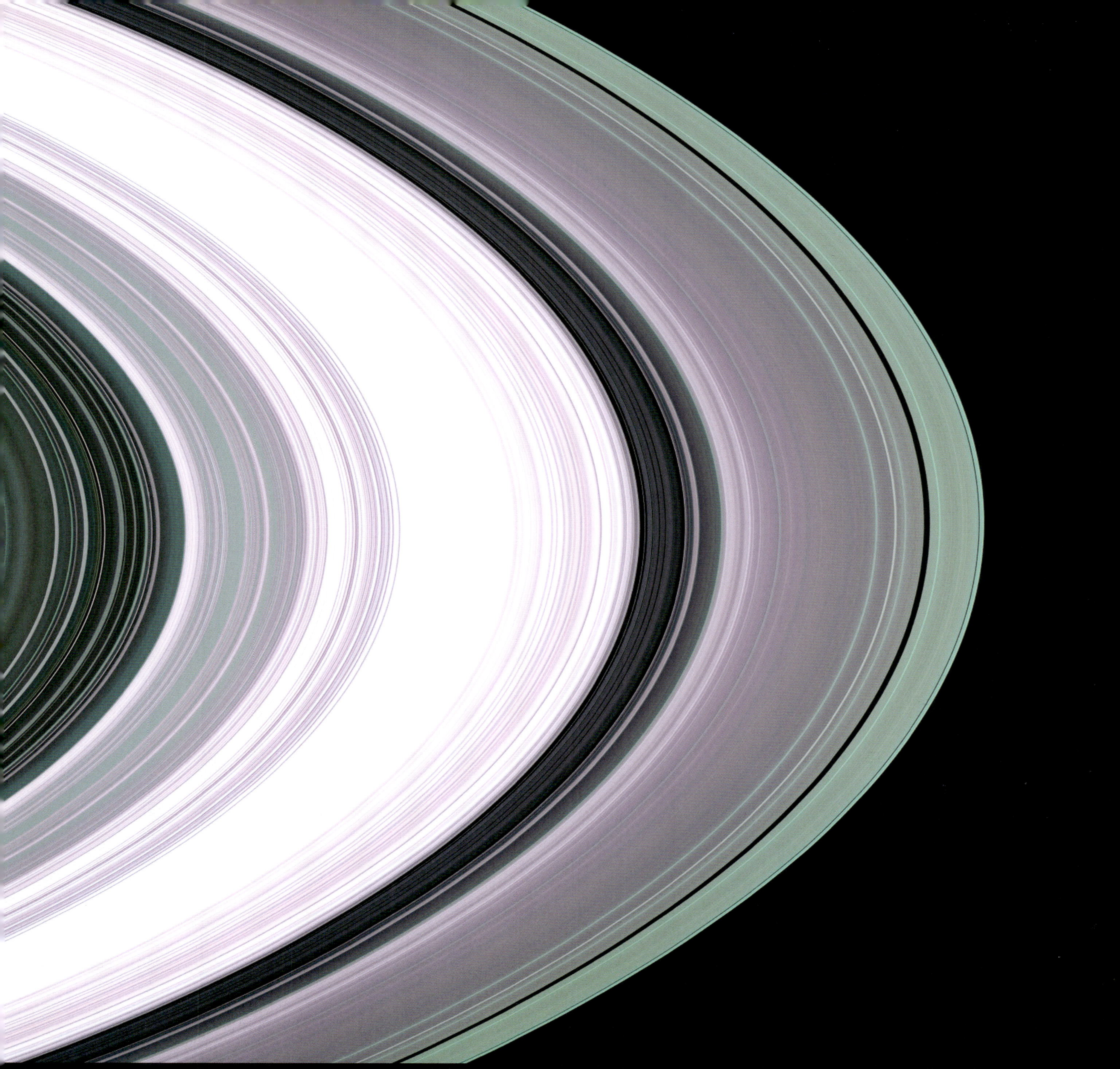

Das Äussere Sonnensystem

Karte des Äusseren Sonnensystems

Jenseits des Mars und hinter dem Asteroidengürtel liegt das Reich des Äußeren Sonnensystems. Jupiter, hier der innerste Planet, ist ungefähr fünf Astronomische Einheiten von der Sonne entfernt, während Pluto bei seiner größten Entfernung zehnmal weiter weg ist. Die Planeten dieser Region unterscheiden sich von den inneren Welten. Die beiden größten, Jupiter und Saturn, sind Gasriesen, flüssige Planeten aus verdichtetem Wasserstoff und Helium. Uranus und Neptun sind Eisriesen mit dichten Atmosphären, die matschige Mäntel aus Eis und Gestein umgeben. Der Pluto ist ein winziger Planet, dessen Bahn innerhalb des Kuiper-Gürtels verläuft, der zehn Millionen kleine Welten aus Fels und Eis enthält. Zuletzt kommt die Oortsche Wolke, die sich bis auf ein Drittel des Weges zum nächsten Stern ausdehnt.

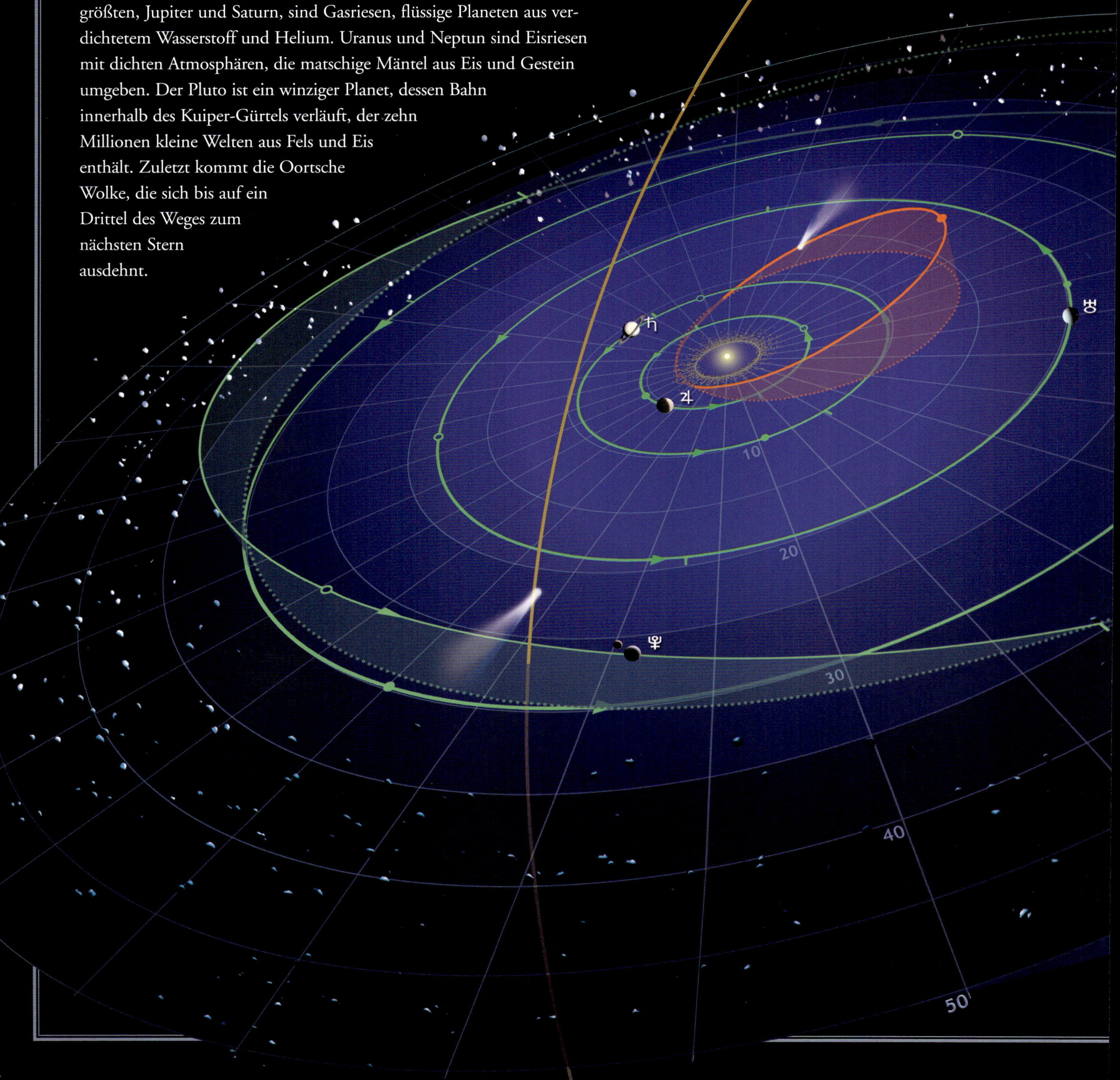

Das äußere Sonnensystem
Diese Karte des Äußeren Sonnensystems reicht bis an den Rand des Kuiper-Gürtels oder 50 AE (die Ringe markieren 5 AE). Die geschlossenen und offenen Kreise auf den Umlaufbahnen zeigen Aphel und Perihel der einzelnen Planeten an. Querstriche markieren die Schnittstellen, an denen eine Umlaufbahn die Ebene der Erdbahn kreuzt. Auch typische lang- und kurzperiodische Kometenbahnen sind eingezeichnet. Die hier gezeigten Planeten und Kometen sind nicht maßstabsgetreu.

Reisende ins Äußere Sonnensystem
Im Jahr 1977 startete die NASA die beiden Voyager-Raumsonden, die unser Verständnis für das Äußere Sonnensystem zutiefst erweitern sollten. Sie flogen beide Richtung Jupiter und Saturn, wo Voyager 1 aus der Ebene des Sonnensystems hinausgelenkt wurde. Voyager 2 behielt den Kurs bei und wurde die erste (und bisher einzige) Raumsonde, die den Uranus (1986) und den Neptun (1989) erreicht und mehr Planeten als jede andere Sonde in der Geschichte besucht hat. Die Voyagersonden senden weiterhin Daten von ihren fernen Aufenthaltsorten, weit hinter der Bahn des Pluto.

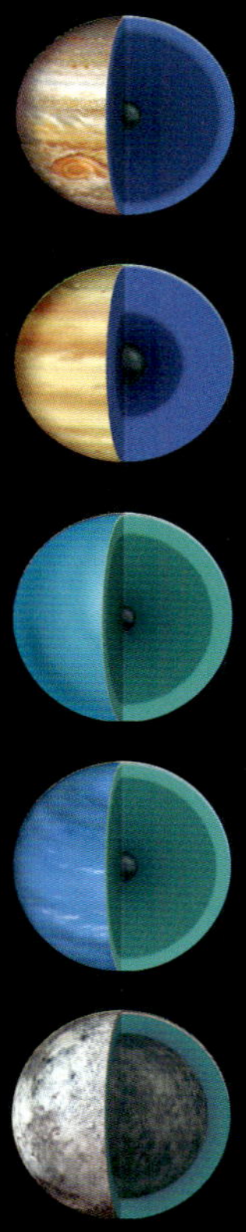

Der Jupiter
Die auffälligsten Merkmale des Jupiter sind seine Größe und seine farbenprächtig gestreifte Atmosphäre, wo manche Stürme jahrhundertelang toben.

Der Saturn
Den Saturn kennt man zu Recht wegen seiner Ringe. Diese schönen Gebilde bestehen aus Trümmern von Eis und Gestein.

Der Uranus
Anders als die restlichen Planeten ist der Uranus zur Seite geneigt. Er besitzt ein dunkles Ringsystem und eine deutlich grüne Atmosphäre.

Der Neptun
Der Neptun ist in seiner Farbe und Zusammensetzung dem Uranus ähnlich, aber seine Atmosphäre ist viel bewegter.

Der Pluto
Der Pluto ist der kleinste und fernste der neun Planeten des Sonnensystems. Man hat seine Oberfläche noch nie im Detail gesehen.

Die Riesen des Sonnensystems
Der größte Planet des Sonnensystems ist Jupiter, denn er ist größer als alle anderen Planeten des Sonnensystems zusammen. Der winzige Pluto ist der einzige äußere Planet, der kein Riese ist und möglicherweise gar nicht zu den Planeten gezählt werden sollte, obwohl er diesen Status aus historischen Gründen bisher beibehalten hat.

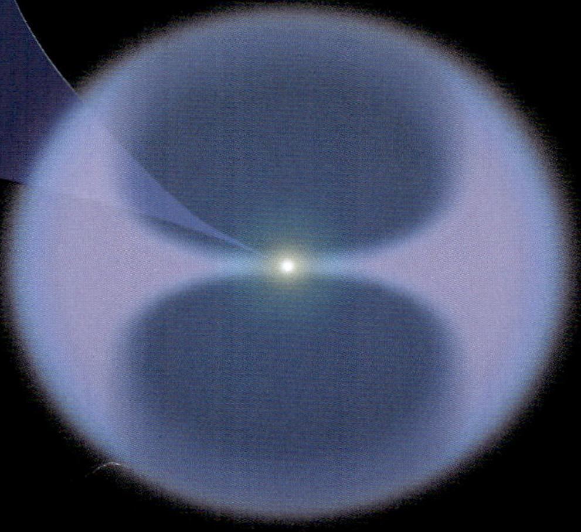

Die Oortsche Wolke
Pluto ist zwar der fernste Planet, aber er markiert nicht die äußere Grenze des Sonnensystems. Die Oortsche Wolke, ein sphärischer Schwarm von eisigen Kometenkernen und Ursprungsort der langperiodischen Kometen des Sonnensystems, erstreckt sich bis zu einer Entfernung von 100.000 AE (1,6 Lichtjahre) von der Sonne.

Der Jupiter

Jenseits der inneren Planeten und der Asteroiden treffen wir auf das Reich der Riesenplaneten und ihren innersten wie auch größten Vertreter, den Jupiter. Er besteht in erster Linie aus Wasserstoff und Helium in hochverdichteter, flüssiger Form und er besitzt keine richtige Oberfäche, doch in der Mitte könnte sich ein fester Kern aus Gestein und Eis befinden. Der Jupiter ist ein farbenprächtiger Ort mit pulsierenden Wirbelstürmen und umgeben von auffälligen Bändern, die von Wolkenformationen gebildet werden, die in nur 9,92 Stunden um den Planeten kreisen und aufgrund ihre großen Geschwindigkeit in die Länge gezogen sind. Am Äquator befindet sich hoch über den Wolken ein Ringsystem, das aber dünn und dunkel ist, sodass man es selbst mit den stärksten irdischen Teleskopen nicht sehen kann. Oft erblickt man den Jupiter am Nachthimmel, denn er scheint heller als jeder andere Planet außer der Venus und sogar heller als der hellste Stern Sirius. Der Planet verfügt über mindestens 63 Monde und es besteht kein Zweifel, dass noch weitere entdeckt werden. Die meisten sind kaum mehr als Gesteinsbrocken, aber die vier Galileischen Monde sind faszinierende kleine Welten.

Der Goliathplanet
Der Jupiter ist der größte aller Planeten mit 11,2fachem Erddurchmesser. Sein Volumen ist so groß, dass alle anderen Planeten des Sonnensystems darin Platz finden würden.

Jupiterdaten	
Entdeckt	Seit der Antike bekannt
Durchschnittlicher Sonnenabstand	778,6 Millionen km; 5,2 AE
Äquatordurchmesser	142.984 km
Rotationsdauer (siderisch)	9,92 h
Masse (Erde = 1)	317,8
Volumen (Erde = 1)	1,321
Gravitation auf Wolkengipfel	2,64 (Erde=1)
Durchschnittliche Dichte	1,3 (Wasser=1)
Entweichgeschwindigkeit	59,5 km/s
Neigungswinkel	3,13°
Sonneneinstrahlung	3–4% der Erde
Albedo (Reflexionsvermögen)	0,52
Anzahl der Monde	≥63

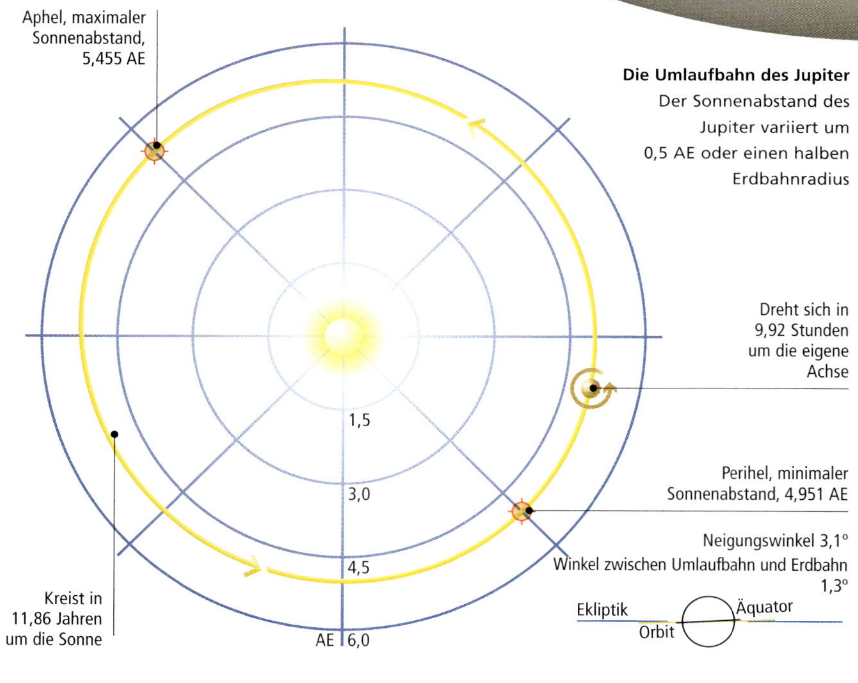

Die Umlaufbahn des Jupiter
Der Sonnenabstand des Jupiter variiert um 0,5 AE oder einen halben Erdbahnradius

Der Aufbau des Jupiter

Seine gewaltige Größe hält den Jupiter nicht davon ab, schneller zu rotieren als jeder andere Planet im Sonnensystem: Ein Tag auf dem Jupiter dauert nur 9,92 Stunden. Deswegen ist der Jupiter sichtlich abgeplattet und sein Durchmesser am Äquator etwa sieben Prozent größer als an den Polen. Tief im inneren Mantel, der zirka 50.000 km dick ist, fließen starke elektrische Ströme, die das Magnetfeld des Planeten lenken, das weitaus stärkste im Sonnensystem. Die Temperatur im Innersten des Jupiter wurde auf 20.000 °C geschätzt und der Druck im Kern beträgt etwa 100 Millionen Atmosphären.

Die echten Farben des Jupiter
Dieses Foto zeigt den Jupiter, wie er im Jahr 1991 vom Hubble-Weltraumteleskop gesehen wurde. Die Farben der Atmosphäre sind nahe an denen, die ein menschlicher Beobachter sehen würde.

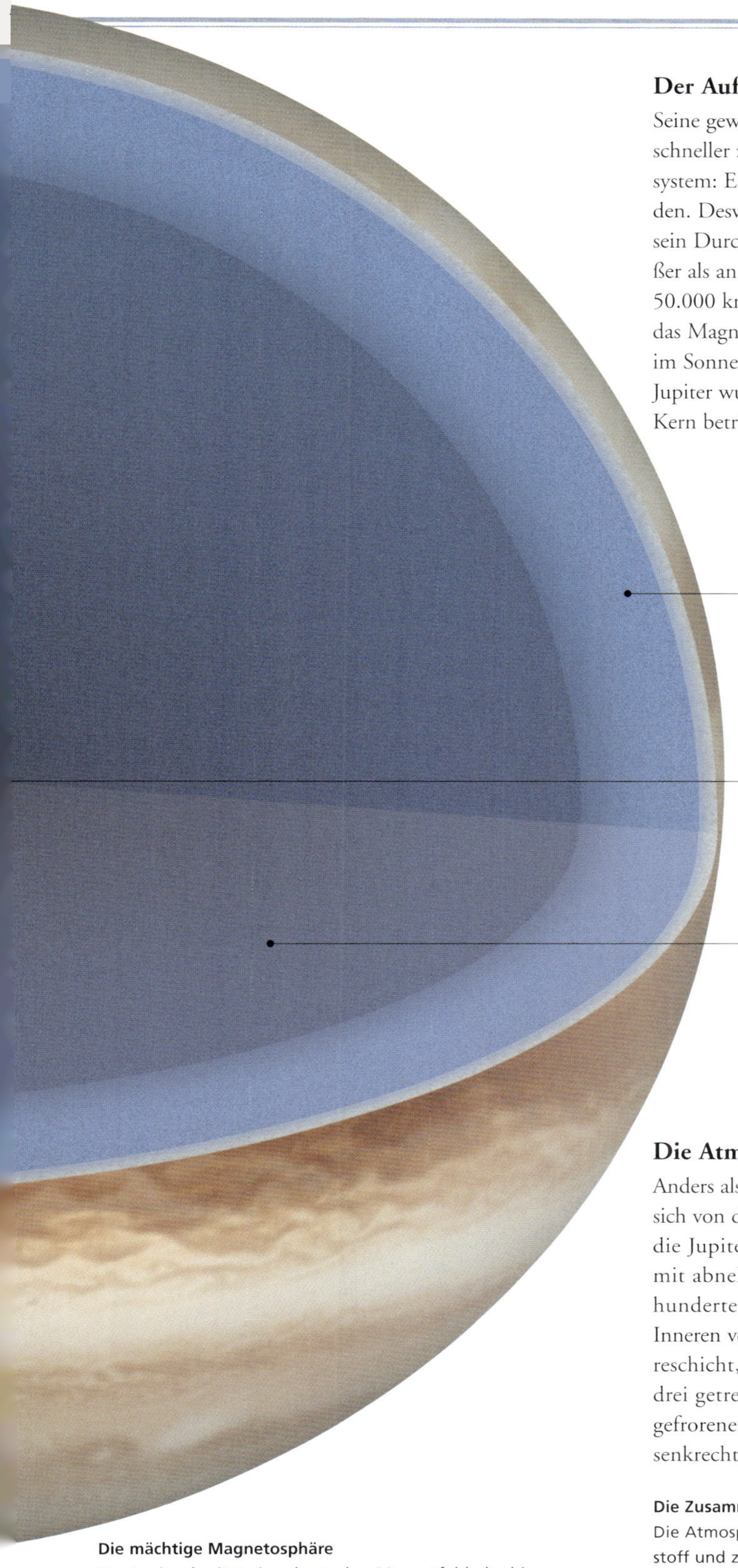

Der äußere Mantel
Ungefähr 1.000 km unterhalb der äußersten Schicht der dünnen Jupiteratmosphäre liegt ein flüssiger, molekularer Wasserstoff- und Heliummantel, der mehr als 10.000 km tief in den Planeten reicht.

Der Kern
Falls der Jupiter einen Kern hat, beträgt dessen Masse wohl mehrere Erdmassen und besteht wahrscheinlich aus Eis und Gestein, die unter enormem Druck stehen.

Der innere Mantel
Mit einer Ausdehnung auf mehr als zwei Drittel des Gesamtradius ist der innere Mantel die größte Schicht. Er ist fast gänzlich aus sehr dichtem, flüssigem und metallischem Wasserstoff aufgebaut, was vermutlich das starke Magnetfeld des Jupiter erklärt.

Die Atmosphäre des Jupiter

Anders als die terrestrischen Planeten, deren Atmosphären sich von den Planetenoberflächen klar abgrenzen, wird die Jupiteratmosphäre (und die aller anderen Riesen) mit abnehmender Höhe immer dichter, ehe sie sich hunderte Kilometer tiefer nahtlos mit dem flüssigen Inneren vermischt. Die stürmische äußerste Atmosphäreschicht, die wir sehen können, teilt sich eigentlich in drei getrennte Wolkenschichten aus Ammoniakeis, gefrorenem Ammoniumhydrosulfid und Wassereis, die senkrecht nur 80 km hoch sind.

Die Zusammensetzung der Atmosphäre
Die Atmosphäre des Jupiter besteht zu 90 Prozent aus Wasserstoff und zu 10 Prozent aus Helium, mit Spuren anderer Verbindungen wie Methan und Ammoniak.

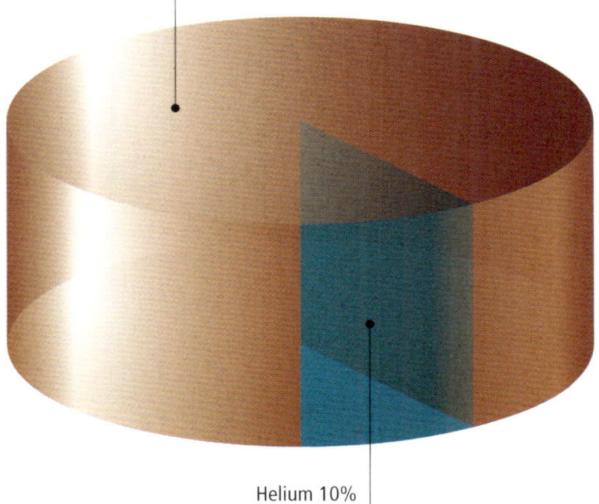

Die mächtige Magnetosphäre
Der Jupiter besitzt ein sehr starkes Magnetfeld, das bis zur Umlaufbahn des Saturn reicht. Diese Abbildung zeigt, wie Elektronenflüsse innerhalb des Feldes (die rosaroten Schleifen) drei der großen Jupitermonde mit Gebieten an den Polen verbinden, wodurch Polarlichter entstehen.

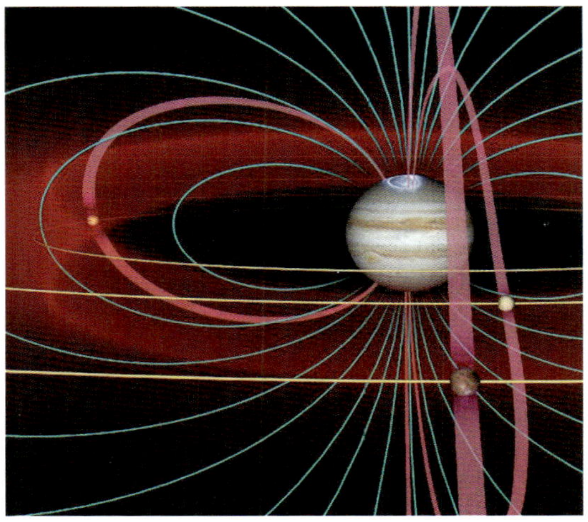

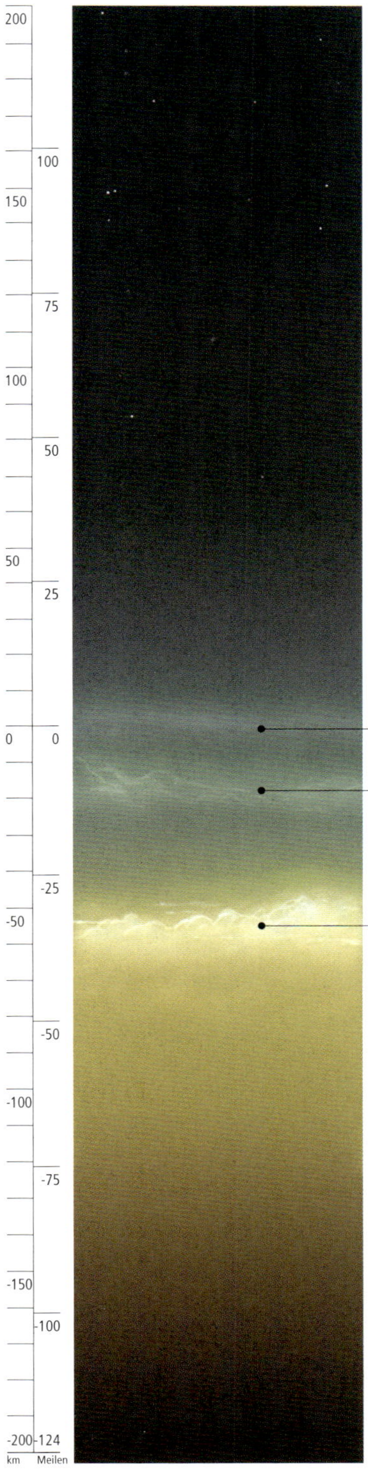

Der Nullpunkt der Skala liegt dort, wo der atmosphärische Druck dem entspricht, der auf der Erde auf Meeresniveau herrscht.

Die Jupiterkarte

Der Jupiter hat wahrscheinlich keine feste Oberfläche, aber die Hauptmerkmale seiner äußeren Atmosphäre sind so langlebig, dass man sie immerhin verzeichnen kann. Im Allgemeinen hat dieser Planet ein gestreiftes Aussehen, eine unmittelbare Folge der schnellen Rotation des Planeten, die seine Wolken parallel zum Äquator in die Länge zieht. Die Streifen selbst entstehen durch die Hitze im Inneren des Jupiter. Gase, die unter hohem Druck stehen, steigen in der Atmosphäre auf, wo sie abkühlen und die helleren Streifen bilden, die man Zonen nennt. Auf ihrem höchsten Punkt verteilen sich die Gase in den Zonen entlang der Breitengrade und sinken wieder. Dadurch werden die dunkleren Streifen gebildet, die unter niedrigerem Druck stehen und als Bänder bezeichnet werden. Druckunterschiede zwischen den Bändern und den Zonen lassen starke Winde und atmosphärische Störungen entstehen, die sich zu gigantischen Stürmen entwickeln, ähnlich den Hurrikans auf der Erde, nur in viel gewaltigeren Ausmaßen.

Irisierende Pollichter (oben)
Die Polarregionen des Jupiter zeigen sich in elektrischem Blau auf diesem ultravioletten Bild des Hubble-Teleskops der Polarlichtaktivitäten des Riesenplaneten. Die auch auf der Erde vorkommenden Polarlichter entstehen, wenn Sonnenteilchen vom Magnetfeld eines Planeten eingefangen werden und die Atmosphäre zum Leuchten anregen.

Ewiger Sturm (rechts)
Diese Nahaufnahme der Jupiteratmosphäre von Voyager 2 zeigt das langlebige Sturmsystem, das als der Große Rote Fleck bekannt ist. Der kleinere weiße Sturm (unten) existiert seit etwa 1940.

Ein Querschnitt durch den Großen Roten Fleck (unten)
Der Große Rote Fleck ist das berühmteste Sturmsystem des Jupiter. Es ist ein Gebiet mit hohem Druck, das sich über die umgebende Atmosphäre erhebt und sich einmal in sieben Tagen im Kreis dreht. Seine rote Farbe stammt von chemischen Reaktionen im Inneren des Sturms. Der Große Rote Fleck war schon im siebzehnten Jahrhundert bekannt und ist groß genug, um drei Erden zu enthalten.

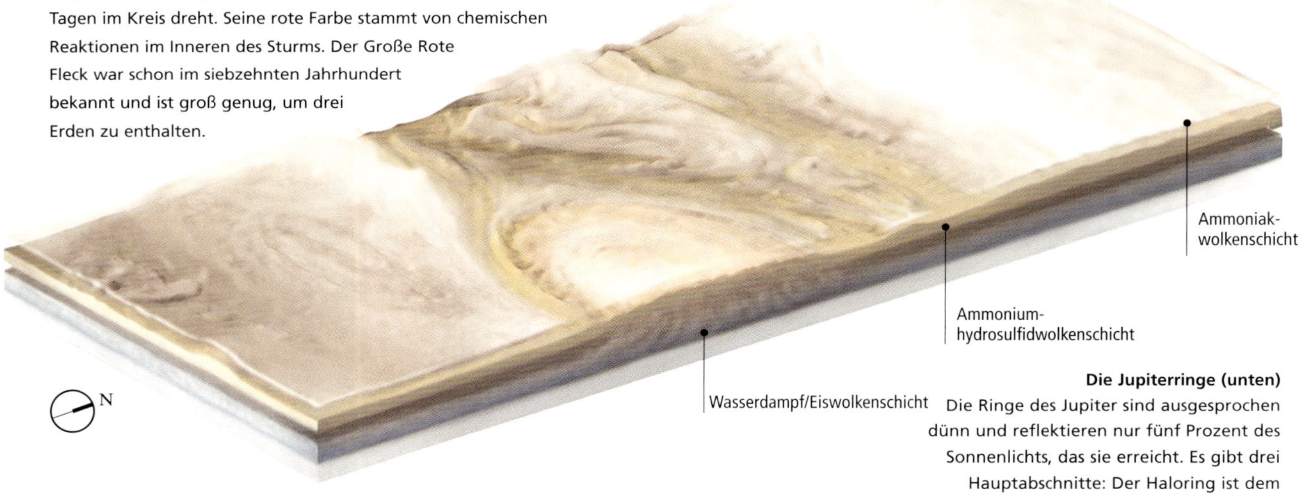

Die Jupiterringe (unten)
Die Ringe des Jupiter sind ausgesprochen dünn und reflektieren nur fünf Prozent des Sonnenlichts, das sie erreicht. Es gibt drei Hauptabschnitte: Der Haloring ist dem Planeten am nächsten, dann folgt der Hauptring und dann kommen noch zwei ausgedehnte, hauchdünne Ringe.

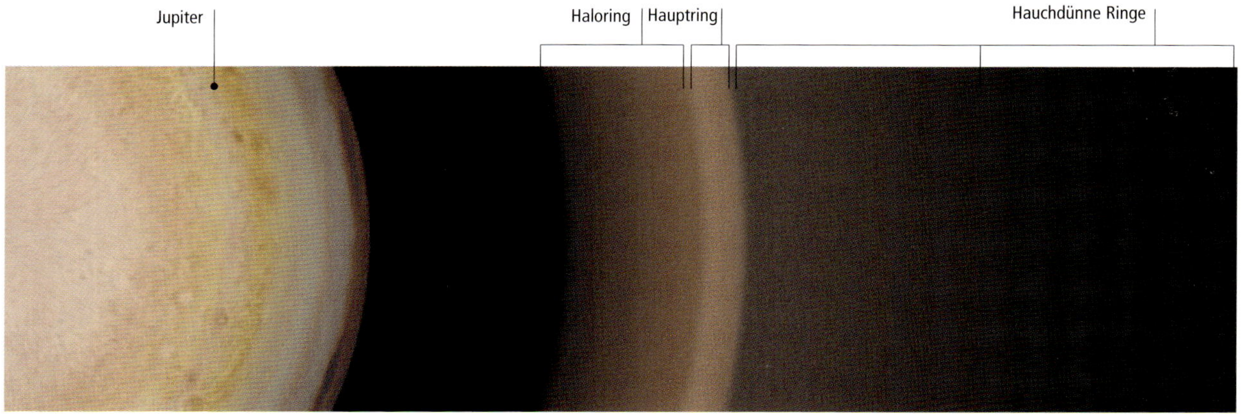

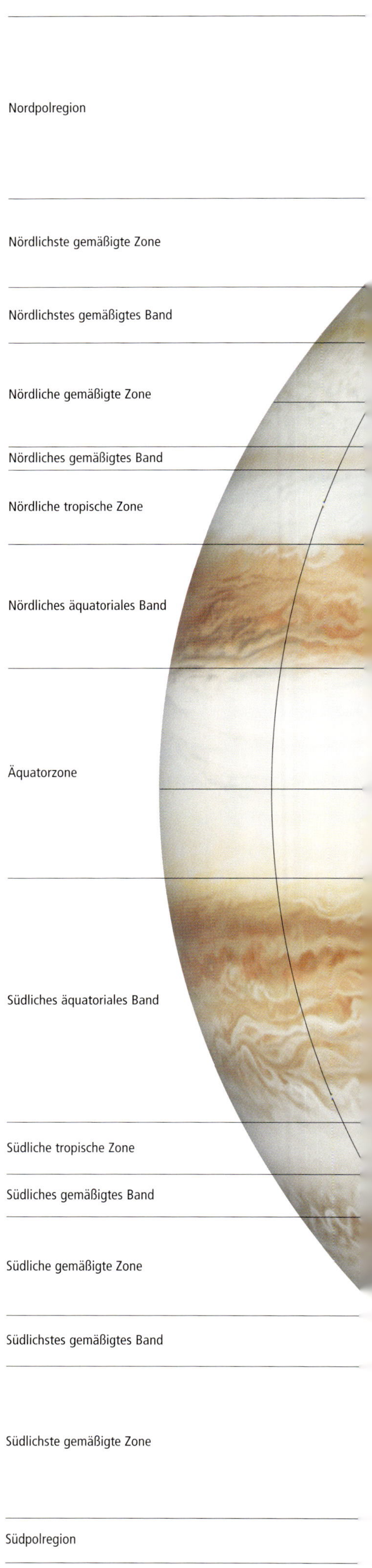

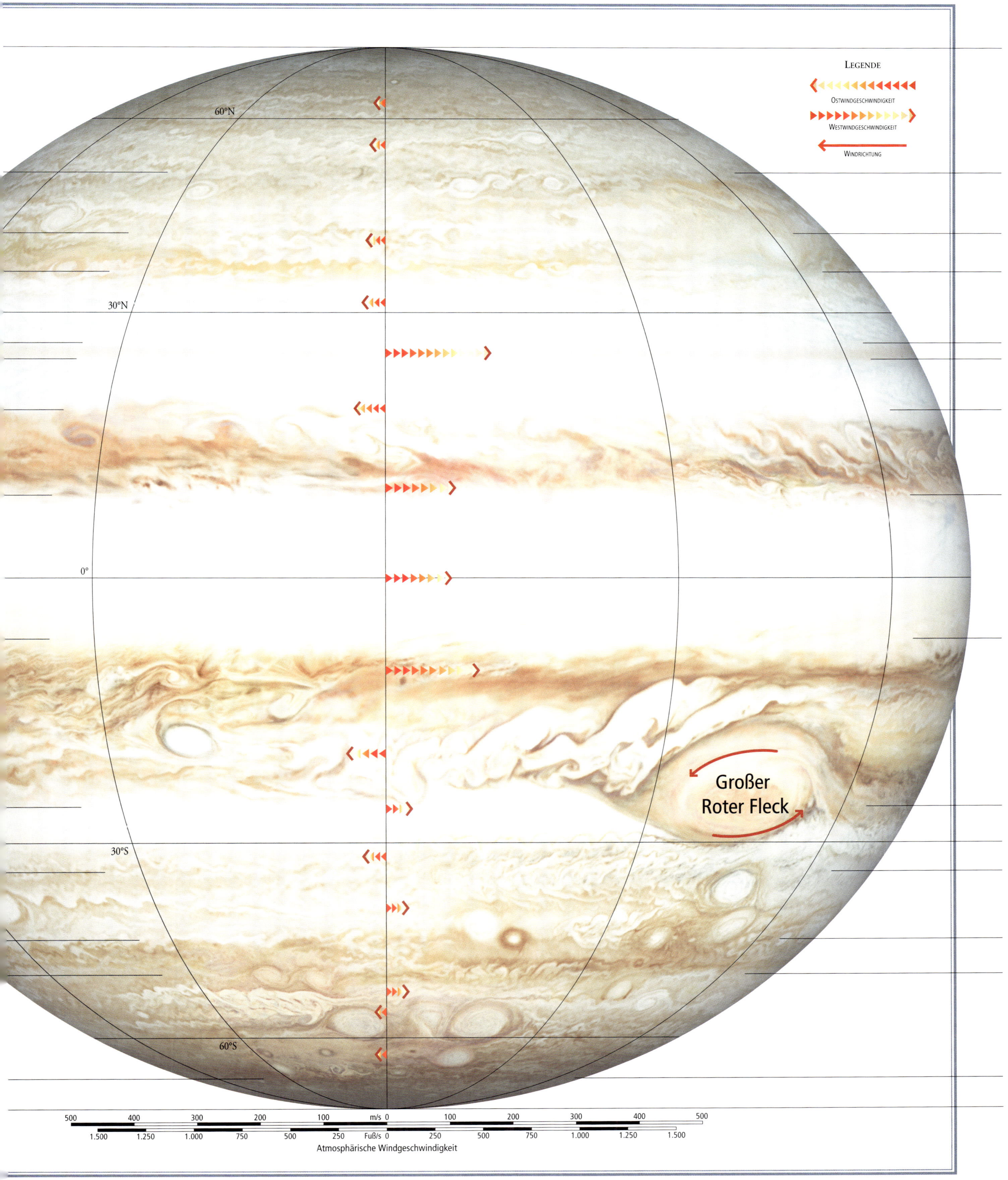

Legende
Ostwindgeschwindigkeit
Westwindgeschwindigkeit
Windrichtung
60°N
30°N
0°
30°S
60°S
Großer Roter Fleck
500 400 300 200 100 m/s 0 100 200 300 400 500
1.500 1.250 1.000 750 500 250 Fuß/s 0 250 500 750 1.000 1.250 1.500
Atmosphärische Windgeschwindigkeit

Die Jupiterforschung

Von der Erde aus kann man den Jupiter als nächsten und größten Gasplaneten gut beobachten. Die Forschung musste jedoch auf die Erfindung des Teleskops und auf Galileo Galilei (1564–1642) warten, der im Jahr 1610 die ersten vier Jupitermonde entdeckte. Ihm zu Ehren nennt man sie die Galileischen Monde. Die Rotationsdauer des Jupiter wurde um das Jahr 1665 vom italienischen Astronomen Giovanni Cassini (1625–1712) gemessen. Dem englischen Wissenschaftler Robert Hooke (1635–1703) wird oft die Entdeckung des Großen Roten Flecks im Jahr 1664 zugeschrieben, aber er hat vielleicht einen anderen, früheren Fleck gefunden. Der Große Rote Fleck wurde im Jahr 1831 erstmals vom deutschen Wissenschaftler Heinrich Schwabe (1789–1875) gezeichnet. Soweit die großen Entdeckungen, doch erst durch Riesenteleskope und die erste unbemannte Jupitermission in den siebziger Jahren des vergangenen Jahrhunderts erfuhren wir mehr über unseren riesigen Nachbarn.

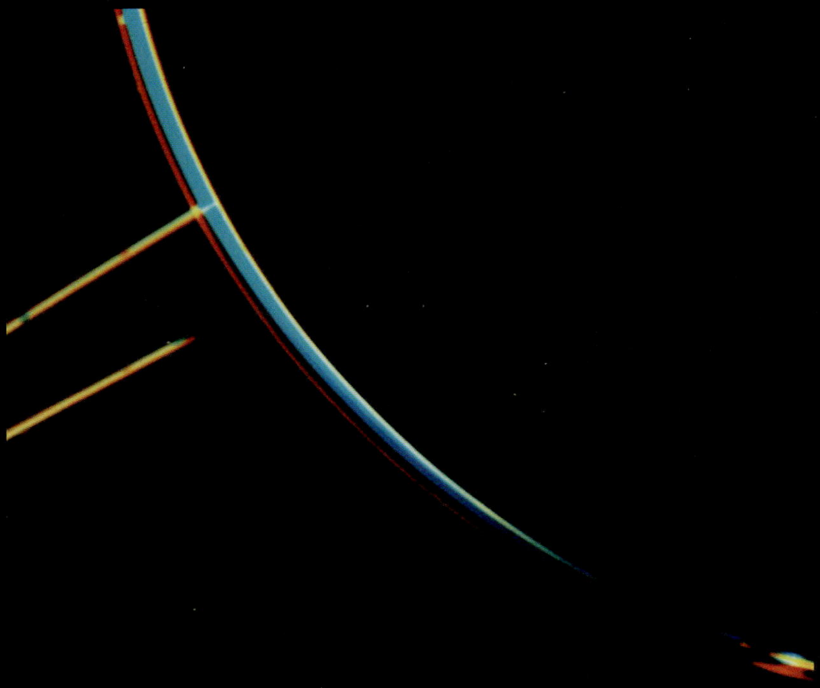

Pioneer und Voyager mit Blick auf den riesenhaften Jupiter

Bis in die Mitte der 1990er Jahre stammten alle genaueren Erkenntnisse über den Jupiter von Pioneer- und Voyager-Missionen. Pioneer 10 und 11 starteten in den Jahren 1972 und 1973 und machten erste Nahaufnahmen von Jupiter und seinen Monden sowie erste Messungen des Magnetfeldes, des Strahlungsgürtels, der Atmosphäre und des Planeteninneren. Voyager 1 und 2 (beide 1977 gestartet) erforschten das Ringsystem und erstellten genaue Karten einiger Monde. Die orangefarbigen Linien auf diesem Bild von Voyager 2 sind die Jupiterringe von der Schattenseite des Planeten aus gesehen.

Die Enthüllung des Großen Roten Flecks (links)
Dieses farbverstärkte Bild vom Großen Roten Fleck stammt aus Daten, die Voyager 1 im März 1979 von ihrem Besuch beim Jupiter zur Erde sandte. Bis zu diesem Zeitpunkt hat man diesen großen Wolkenwirbel noch nie im Detail gesehen.

Schnappschuss von Voyager 2 (rechts)
Voyager 2 erreichte den Jupiter vier Monate nach Voyager 1. Das dunkle Oval in der Mitte dieses Bildes ist ein langanhaltender Sturm im Nördlichen Äquatorialen Band. Rechts unten wirbeln die turbulenten Wolken westlich des Großen Roten Flecks.

Eintauchen in den Jupiter

Als der Komet Shoemaker-Levy 9 im Jahr 1994 in die Atmosphäre des Jupiters einschlug, war das eine gute Gelegenheit, ein solches Ereignis aus relativer Nähe zu beobachten. Weil die über zwanzig Bruchstücke die von der Erde abgewandte Seite des Jupiter trafen, konnte man nur noch die Einschlagsnarben erkennen, nachdem sich die getroffene Halbkugel ins Sichtfeld gedreht hatte (rechtes Bild). Jedes verfügbare Teleskop wurde eingesetzt, um die Auswirkungen zu untersuchen. Eine Woche lang schlugen Bruchstücke Löcher in die Atmosphäre und hinterließen schwarze Flecken, die schon mit Amateurteleskopen zu sehen waren. Die Beobachtungen ermöglichten Wissenschaftlern eine Verbesserung ihrer Modelle der Jupiteratmosphäre.

Auf Kollisionskurs (unten)
Dieses Bild vom Hubble-Weltraumteleskop zeigt den Kometen Shoemaker-Levy 9 zwei Monate vor seinem ersten Einschlag in die Jupiteratmosphäre und etwa zwei Jahre, nachdem der Kern des Kometen bei einem früheren Treffen in viele Einzelteile zerbrochen ist. Der Zug der 20 eisigen Bruchstücke, die man unten sehen kann, erstreckte sich über den dreifachen Erde-Mond-Abstand und war etwa 660 Millionen km von der Erde entfernt, als dieses Bild entstanden ist.

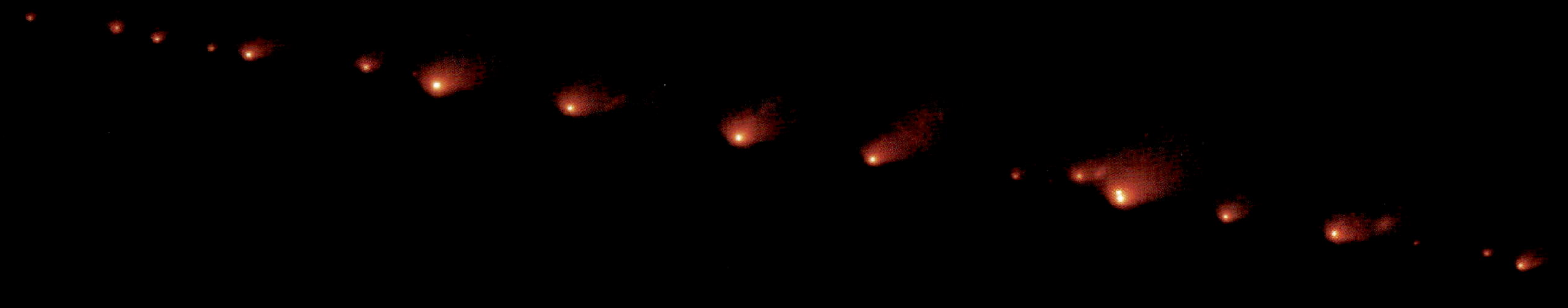

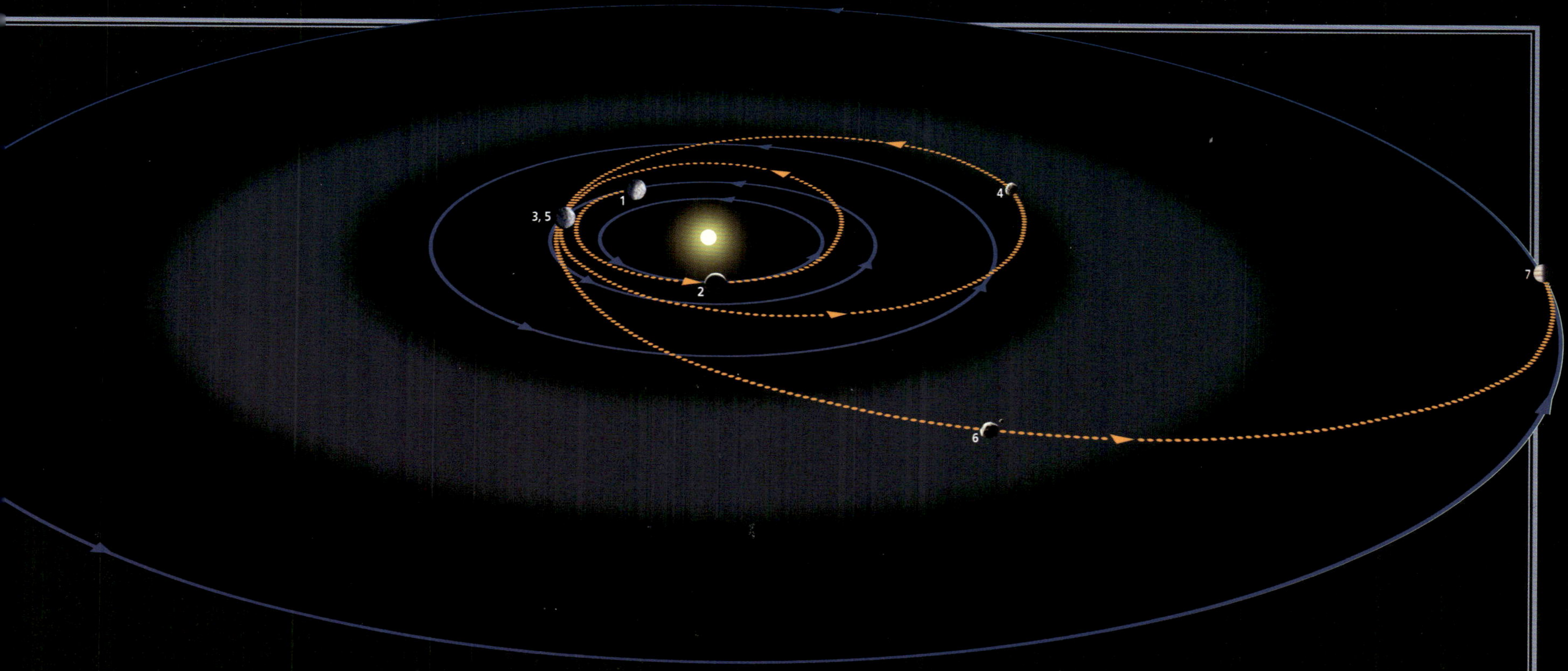

Die Route von Galileo (oben)
Die Galileo-Raumsonde startete am 18. Oktober 1989 (1) und flog im Februar 1990 an der Venus vorbei (2). Im Dezember 1990 passierte sie die Erde (3) und reiste dann zu einem Treffen mit dem Asteroiden (951) Gaspra im Oktober 1991 weiter (4), um im Dezember 1992 zur Erde zurückzukommen (5). Im August 1993 kam Galileo an einem weiteren Asteroiden namens (243) Ida vorbei (6) und erreichte im Dezember 1995 endlich den Jupiter (7).

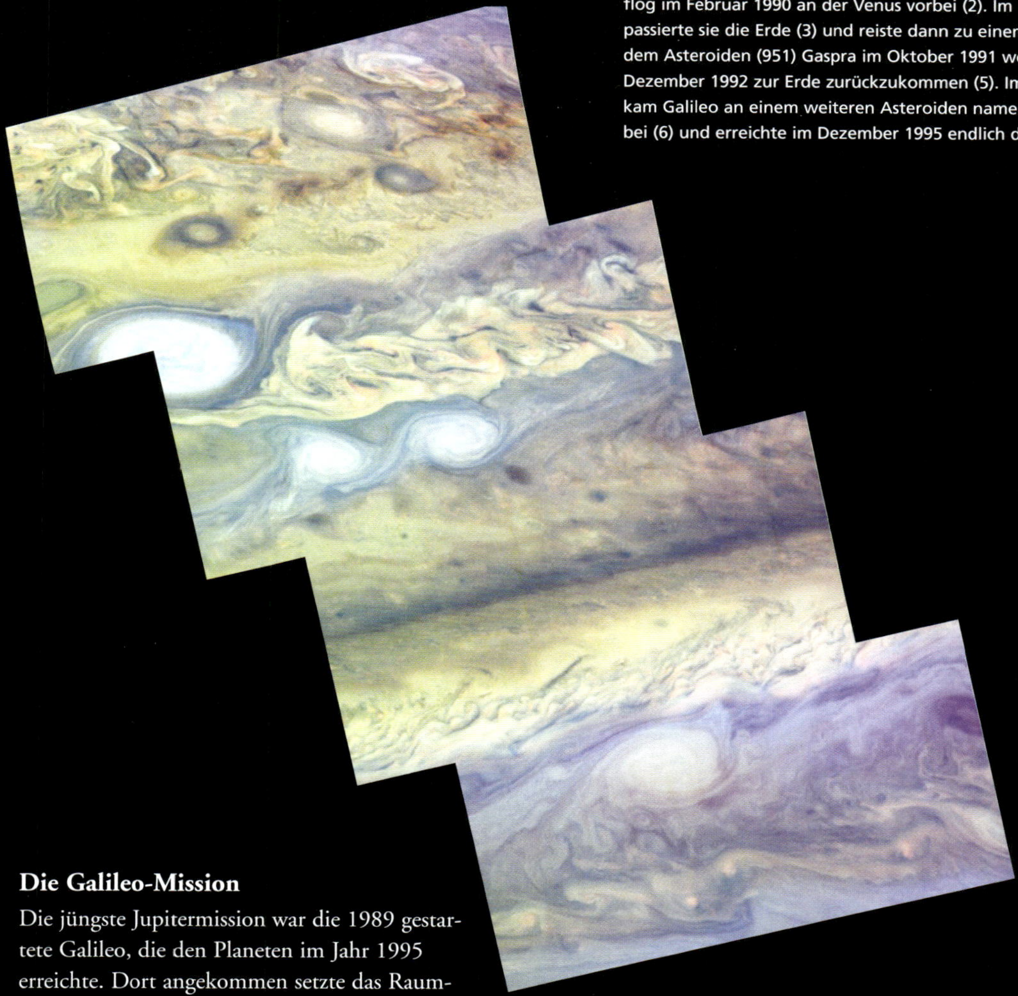

Die Galileo-Mission

Die jüngste Jupitermission war die 1989 gestartete Galileo, die den Planeten im Jahr 1995 erreichte. Dort angekommen setzte das Raumschiff eine Sonde aus, die bei ihrem Abstieg in die Atmosphäre die verschiedenen Gase untersuchte. Das Hauptschiff befand sich acht Jahre lang in einer Umlaufbahn und beobachtete das Wetter und die Monde. Galileo war die erste Raumsonde, die verschiedene Wolkenschichten auf dem Jupiter unterscheiden konnte. Die Farben auf dem oberen Infrarotmosaikbild von Jupiters Nordhalbkugel zeigen Höhe und Dicke der Wolken an.

Der wasserfarbene Jupiter von Cassini

Obwohl das Hauptziel der Cassini-Mission der Saturn und seine Monde sind, hat die Raumsonde auf ihrem Weg auch einen Blick auf den Jupiter geworfen, als sie im Dezember 2000 in einer Entfernung von 9,7 Millionen km an dem Planeten vorbeigeflog. Die Daten der Cassini vervollständigten diejenigen der erfolgreichen Galileo-Mission, die fünf Jahre zuvor den Jupiter erreicht hatte. Von Cassini stammen auch die bisher schönsten Aufnahmen, wie das rechte Bildmosaik zeigt.

Die Jupitermonde

Der Jupiter besitzt mehr Monde als jeder andere Planet, denn wir kennen heute 63, und es besteht kein Zweifel, dass weitere auf ihre Entdeckung warten. Vier davon sind sehr groß, die sogenannten Galileischen Monde Io, Europa, Ganymed und Kallisto, und zählen zu den größten im Sonnensystem. Alle anderen sind viel kleiner, mit Durchmessern von wenigen Kilometern, vielleicht eingefangene Asteroiden oder Kometen, und viele haben noch keine Namen. Aber die Anzahl der bekannten Monde wird sich noch ändern, denn der Jupiter hat das größte Schwerefeld aller Planeten und beeinflusst damit die Bahnen vieler Asteroiden, von denen er einige einfängt. Außerdem ist er der Erde näher als die anderen Riesenplaneten und seine Monde sind deshalb leichter zu entdecken.

Die Galileischen Monde im Vergleich (links)
Die Galileischen Monde stellen vier der sechs größten Monde des Sonnensystems. Unser Mond ist etwas größer als Europa und der Saturnmond Titan ist der zweitgrößte Mond hinter Ganymed.

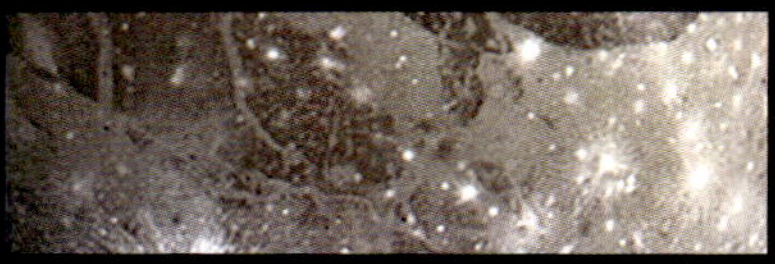

Ganymed
Entdeckt: 1610
Durchmesser: 5.262 km
Durchschnittlicher Bahnradius: 1.070.400 km
Umlaufdauer: 7,15 Erdtage

Kallisto
Entdeckt: 1610
Durchmesser: 4.821 km
Durchschnittlicher Bahnradius: 1.882.700 km
Umlaufdauer: 16,69 Erdtage

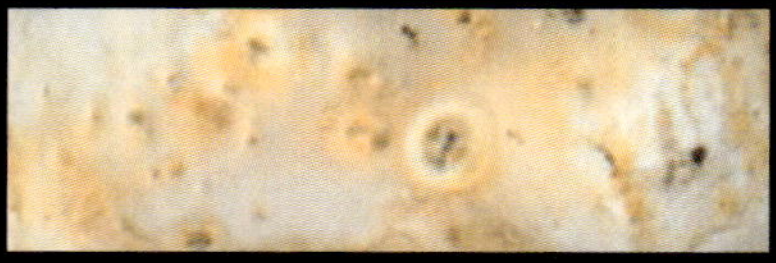

Io
Entdeckt: 1610
Durchmesser: 3.643 km
Durchschnittlicher Bahnradius: 421.600 km
Umlaufdauer: 1,77 Erdtage

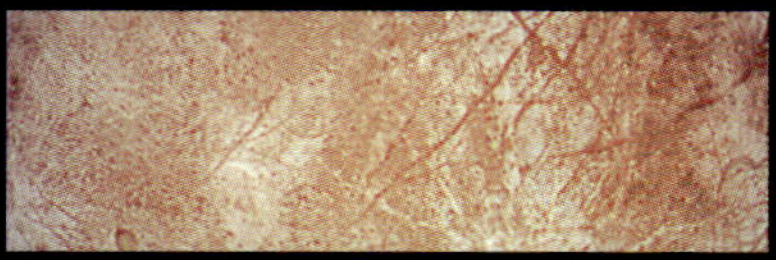

Europa
Entdeckt: 1610
Durchmesser: 3.122 km
Durchschnittlicher Bahnradius: 670.900 km
Umlaufdauer: 3,55 Erdtage

Die Bahnen der Galileischen Monde
Die Galileischen Monde befinden sich in einem Band um den Jupiter in einer Entfernung zwischen 422.000 und 1.880.000 km. Die Monde sind uralt und stammen wahrscheinlich aus der Zeit, als der Planet selbst gebildet wurde.

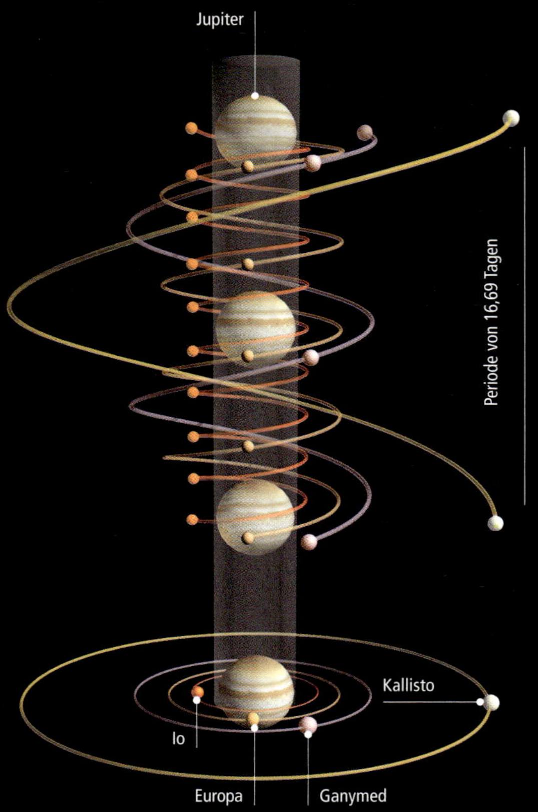

Die zerklüfteten Gipfel von Kallisto (oben)
Diese Galileo-Nahaufnahme eines kleinen Flecks der Oberfläche von Kallisto enthüllt eine einzigartige Landschaft von hellen Türmen aus erodiertem, eisigen Material. Die Türme erreichen Höhen von 100 m. Das abgebildete Gebiet hat einen Durchmesser von 10 km.

Die Klippen von Kallisto (unten)
Der auffällige Abhang auf diesem Bild von Galileo ist Teil eines großen Einschlagsgebildes auf Kallisto mit dem Namen Walhalla. Kallisto ist das am stärksten mit Kratern durchzogene Objekt im Sonnensystem. Das abgebildete Gebiet hat einen Durchmesser von 25 km.

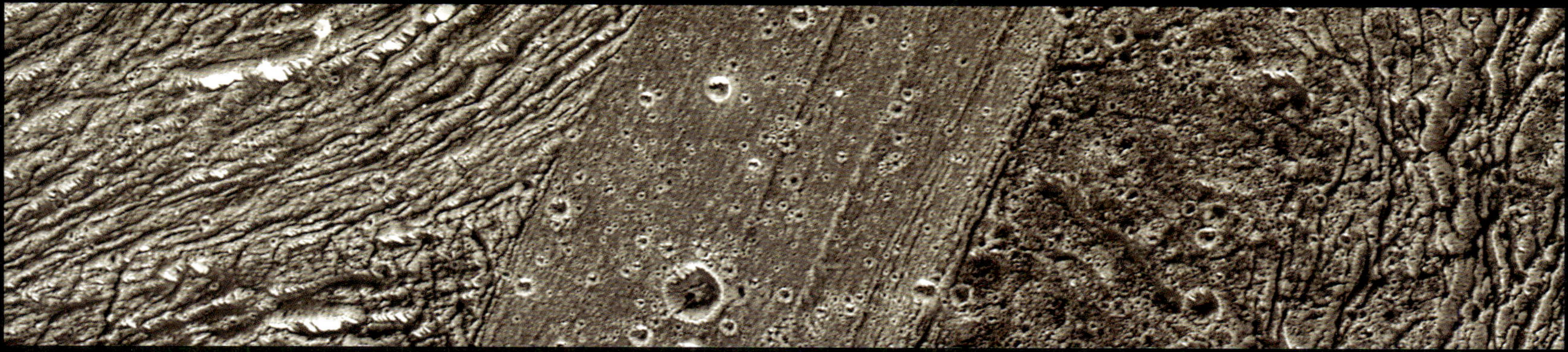

Falten und Furchen auf Ganymed (oben)
Der relativ glatte mittlere Streifen auf der Oberfläche von Ganymed hier auf diesem Bild von Galileo ist der 24 km breite Arbela Sulcus. Solche Gebilde durchschneiden viel ältere Landschaften und zeigen, dass die eisige Kruste von Ganymed in der Vergangenheit tektonisch aktiv gewesen ist.

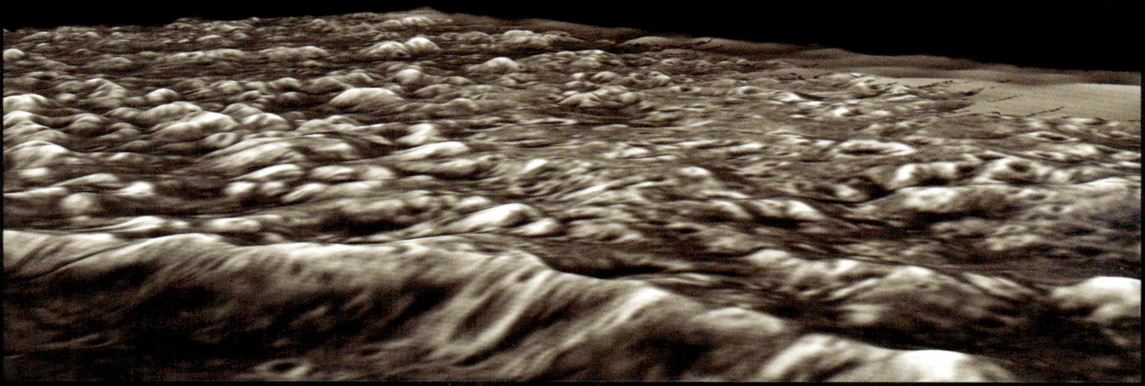

Ganymed (rechts)
Diese computersimulierte Nahansicht der Oberfläche von Ganymed wurde aus Daten der Galileo-Sonde zusammengestellt. Sie enthüllt die für diesen großen Mond typische zerfurchte und mit Kratern übersäte Landschaft.

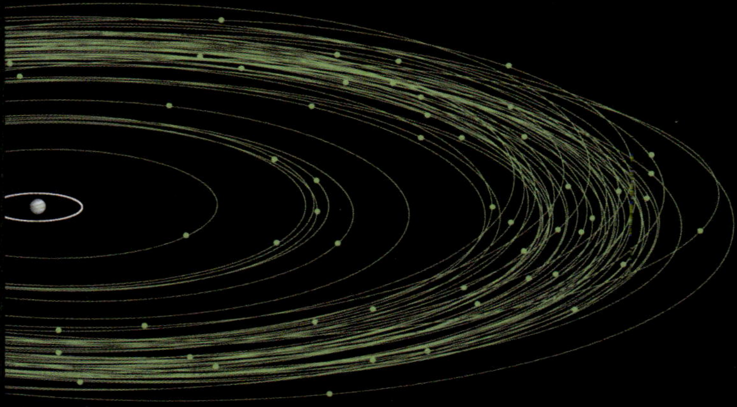

Die Jupitermonde (rechts)
Dieses Diagramm zeigt die Umlaufbahnen aller bekannten Jupitermonde außerhalb der Bahn von Kallisto (weiß gefärbt). Die äußersten Monde umkreisen den Planeten mit ungefähr sechzigfachem Abstand zwischen Erde und Mond. Innerhalb der Bahn von Io findet man vier kleinere Monde, die innersten der Galileischen Monde.

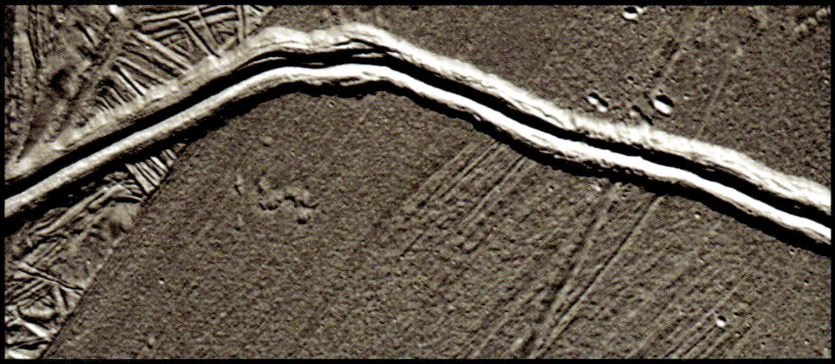

Oberfläche in Bewegung (rechts)
Auf Europa findet man kaum Krater, was auf eine relativ junge und vielleicht noch immer aktive Oberfläche schließen lässt. Die glatte, graue Fläche auf diesem Bild zeigt ein Gebiet, wo die Kruste auseinandergebrochen ist und erneuert wurde. Die dünne, doppelte Gratlinie ist ein Gebilde, das man Flexus nennt und wahrscheinlich durch Faltenbildung in der Kruste entstanden ist.

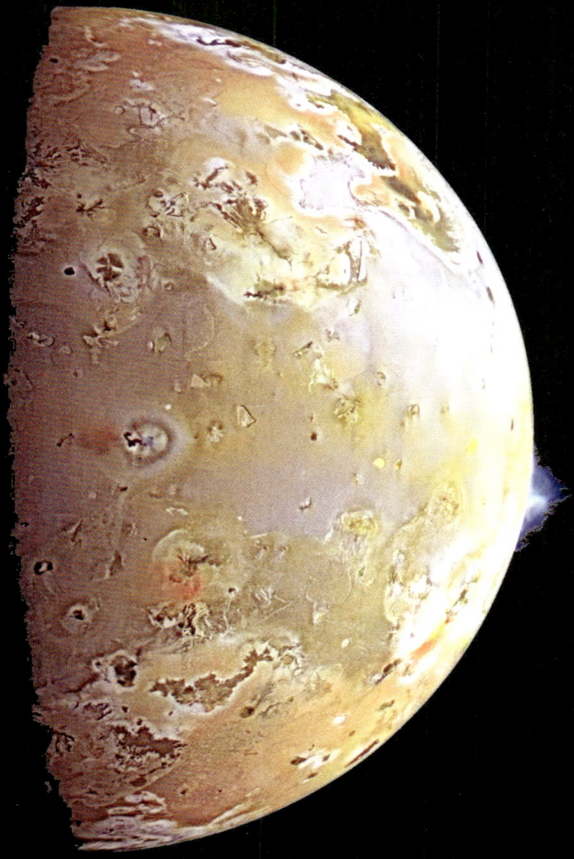

Ein glühender Mond (oben)
Obwohl die Vulkane auf Io zu den heißesten Plätzen im Sonnensystem zählen, ist es andererseits so kalt, dass die Eruptionen des überheißen Gases rasch zu gefrorenen Rauchfahnen aus Schwefeldioxideis werden. Dieses Bild von Galileo zeigt die Rauchfahne eines Vulkanausbruchs, die sich 140 km über die Oberfläche erhebt.

Eine eisige Welt (rechts)
Auf diesem farbverstärkten Bild von Galileo sieht man eine typische Landschaft auf Europa, die einen Durchmesser von etwa 800 km hat. Zahllose gerade, braune Grate, die möglicherweise entstanden sind, als Wasser an die eisige Oberfläche getreten ist, liegen über einer älteren, bläulichen Oberfläche aus fast reinem Wassereis.

KARTEN VON IO UND EUROPA

Io und Europa sind die innersten der vier Galileischen Monde des Jupiter und zählen zu den merkwürdigsten Objekten im Sonnensystem. Der vielfarbene Io wird ständig von der Schwerkraft seines Elternplaneten durchgewalkt und ist der vulkanisch aktivste Körper im Sonnensystem. Er speit eine giftige Mischung aus geschmolzenem und gasförmigem Schwefeldioxid über seine Oberfläche. Europa ist auch diesen Kräften unterworfen und unter seiner eisigen Außenwelt heizt der Sog der Gezeiten einen großen Ozean aus Wasser auf. Bei Vorbeiflügen der Voyager-Sonden in den siebziger Jahren des vergangenen Jahrhunderts und vor kurzem mit der Galileo-Sonde wurde ein Großteil der Oberflächen vermessen.

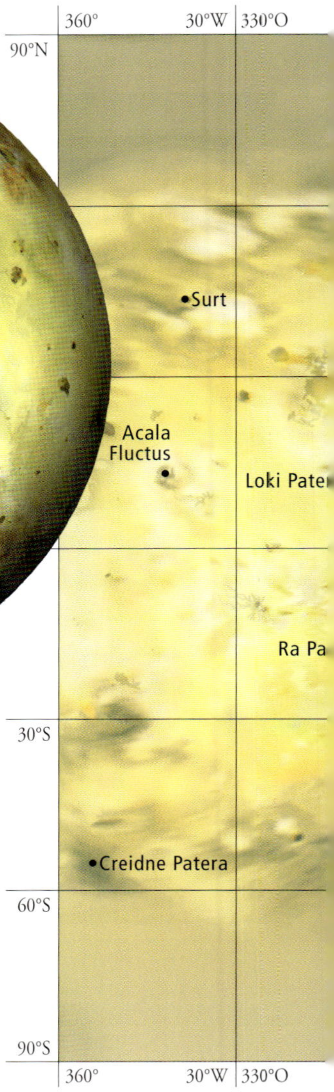

Io (oben und rechts)
Oben sieht man den bunten Jupitermond Io mit dem charakteristischen Vulkan Prometheus links von der Mitte. Seine Oberfläche, auf der rechten Karte abgebildet, ist mit Vulkanen, Lavaströmen und Seen aus flüssigem Schwefel bedeckt.

Europa (unten und rechts)
In der unteren Abbildung rechts von der Mitte zeichnet Asterius Linea ein auffälliges Kreuz auf das Erscheinungsbild von Europa. Rechts befindet sich eine Karte der eisigen Oberfläche dieses Mondes. Manche Gebiete sind braun von Gesteinsmaterial, das aus dem Inneren stammt oder bei Einschlägen mitgeliefert wurde.

Das Ziehen und Drücken eines Ozeans (oben)
Dieses Bild der Oberfläche von Europa stammt vom Galileo-Orbiter. Es ist eines von vielen, die vermuten lassen, dass dieser Mond unter seiner Kruste einen Ozean aus flüssigem Wasser birgt. An manchen Stellen ist die Oberfläche aus Wassereis in Blöcke zerbrochen, die sich, wahrscheinlich von Aktivitäten unter der Oberfläche dazu angetrieben, verschoben und im Kreis gedreht haben. Manche der hier zu sehenden Krustenbrüche sind 3.000 km lang.

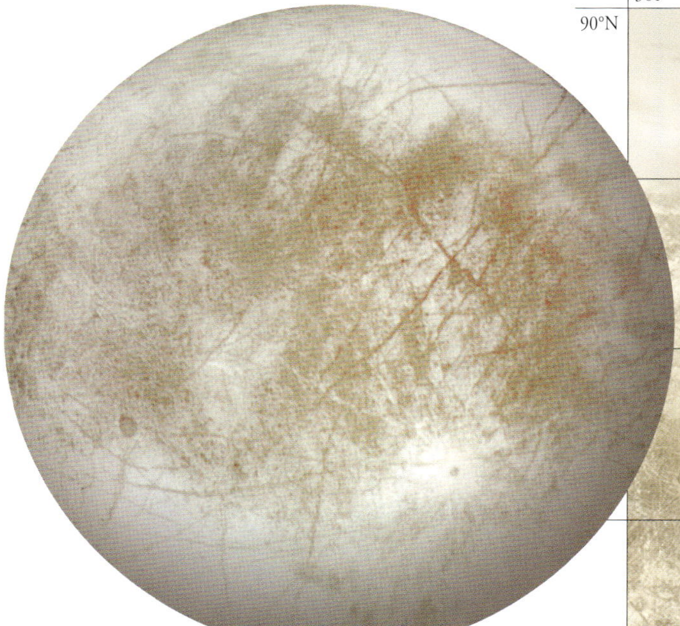

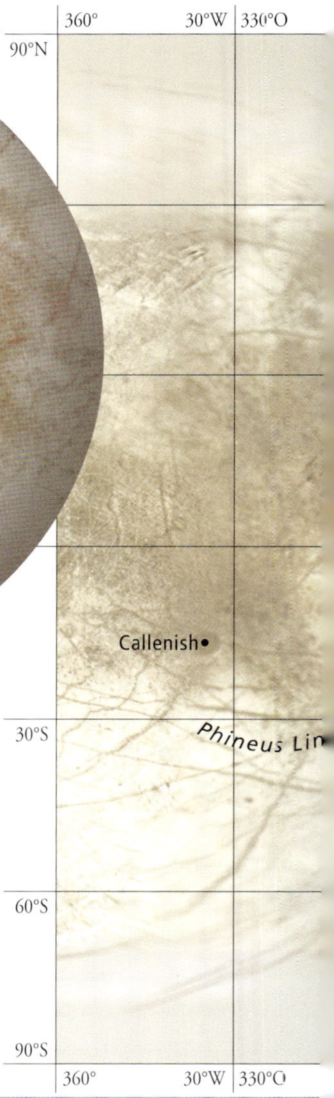

Feuer und Schwefel (links)
Dieses Bild der aktiven Oberfläche von Io, das von der Raumsonde Voyager 1 während ihres Besuchs beim Jupiter im Jahr 1979 gemacht wurde, zeigt Lavaströme und Calderas, vulkanische Krater. Die genaue Zusammensetzung der Oberfläche von Io ist nicht bekannt, aber Schwefel ist zweifellos ein Grundbestandteil. Das Bild umspannt etwa 1.000 km.

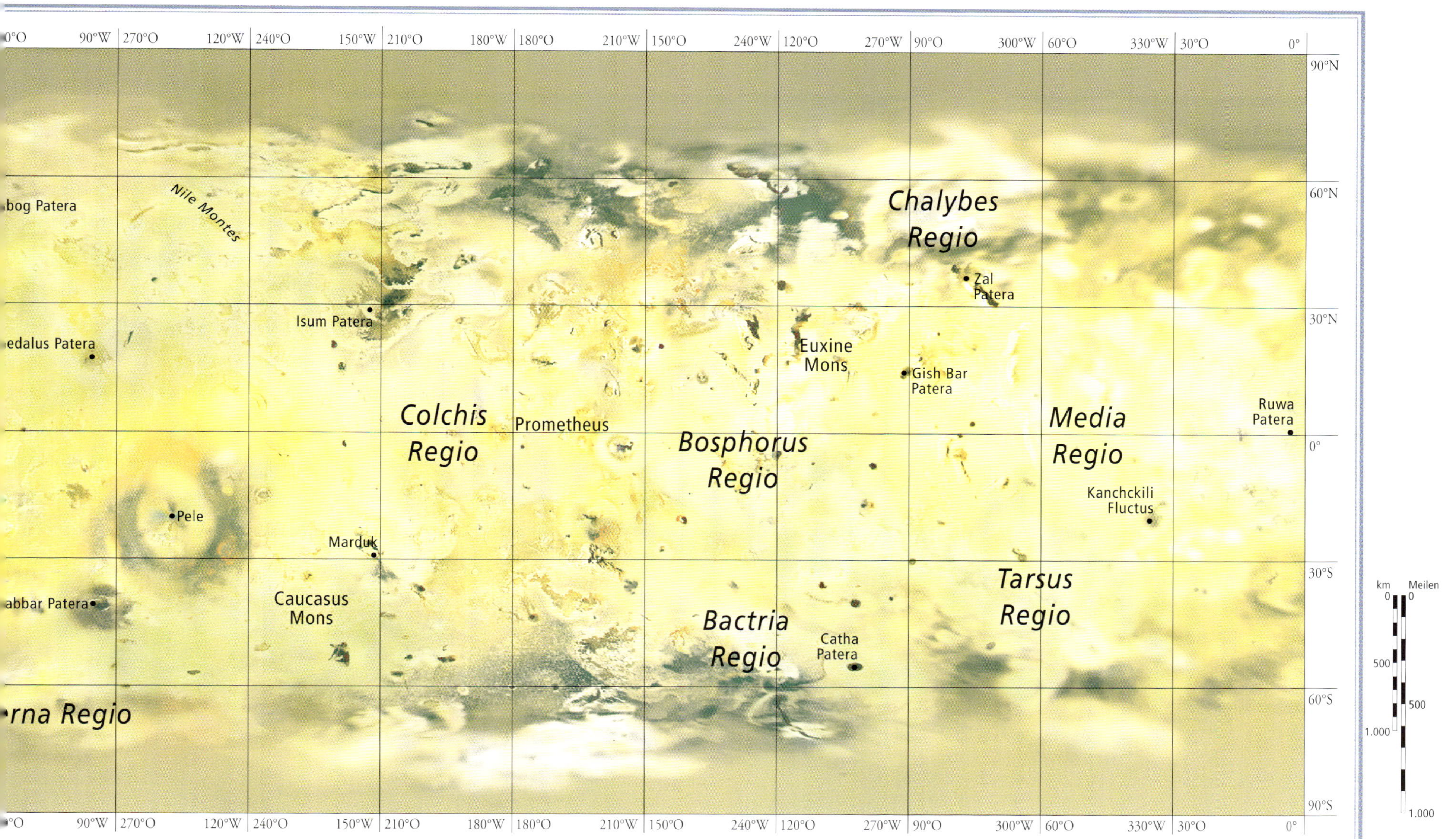

bog Patera
Nile Montes
Chalybes Regio
Zal Patera
Isum Patera
edalus Patera
Euxine Mons
Gish Bar Patera
Colchis Regio
Prometheus
Bosphorus Regio
Media Regio
Ruwa Patera
Kanchckili Fluctus
Pele
Marduk
abbar Patera
Caucasus Mons
Bactria Regio
Catha Patera
Tarsus Regio
rna Regio
km
Meilen
0
500
1.000

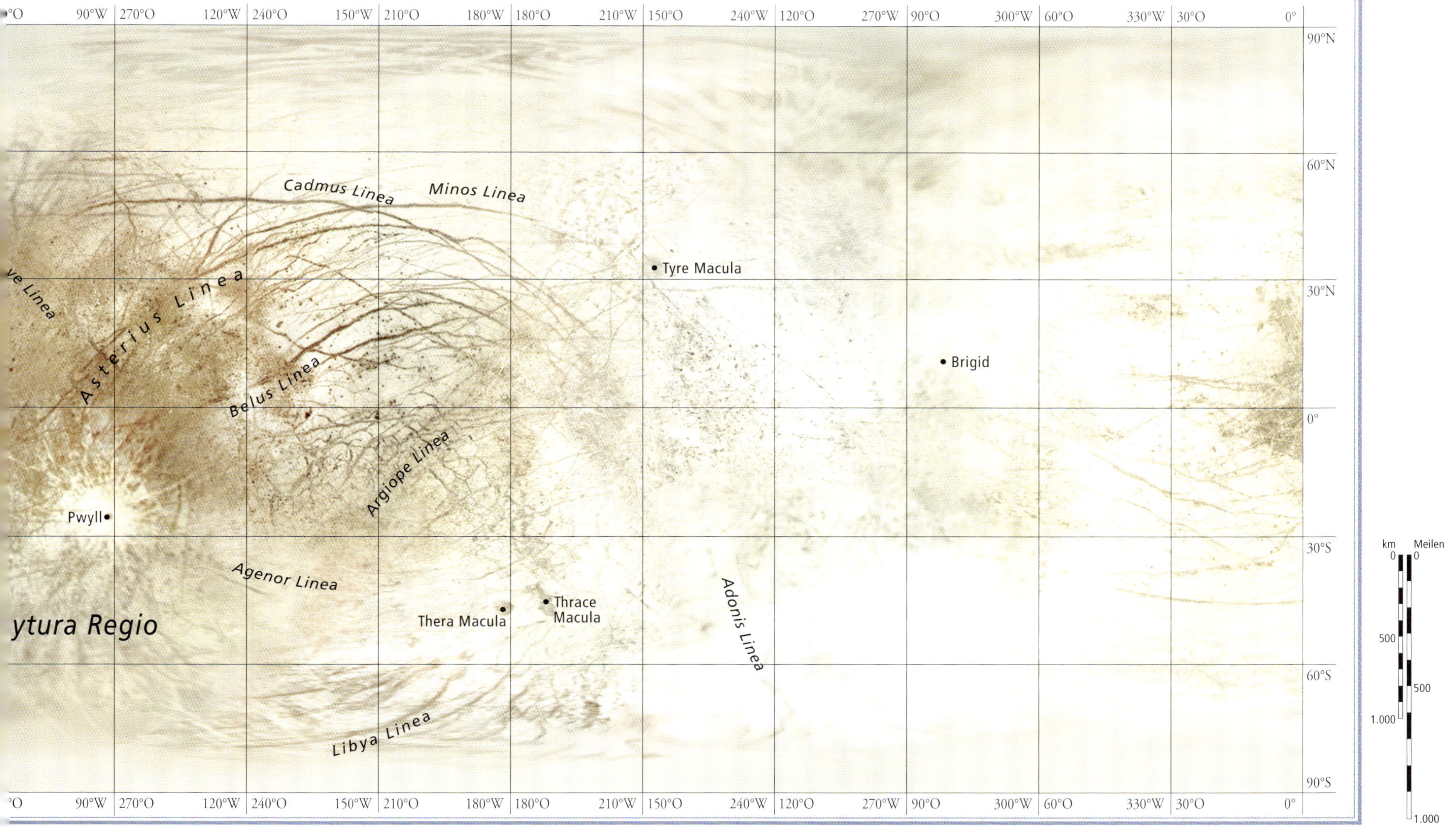

Cadmus Linea
Minos Linea
Tyre Macula
ve Linea
Asterius Linea
Belus Linea
Brigid
Argiope Linea
Pwyll
Agenor Linea
Thrace Macula
Thera Macula
Adonis Linea
ytura Regio
Libya Linea
km
Meilen
0
500
1.000

Der Saturn

Der nächste Planet hinter dem Jupiter ist der zweitgrößte im Sonnensystem. Es ist der von der Sonne annähernd doppelt so weit wie Jupiter oder fast zehnmal so weit wie die Erde entfernte Saturn. Wie Jupiter ist der Saturn ein Gasriese, eine rotierende Kugel aus Wasserstoff und Helium, die an den Polen abgeflacht ist. Sobald man diese Welt durch ein Teleskop gesehen hatte, wurde es offensichtlich, dass sie irgendwie anders war. Der Unterschied besteht natürlich in den wunderschönen Saturnringen. Dieses Ringsystem ist nicht einzigartig, alle vier Riesenplaneten haben eines, aber die Saturnringe sind die weitaus hellsten und breitesten. Die Ringe sind aus zahllosen kleinen Einzelringen zusammengesetzt und bestehen hauptsächlich aus hochreflektierendem Wassereis, was sie so hell und durch ein Teleskop klar sichtbar macht. Den Saturn selbst kann man mit bloßem Auge als einen relativ hellen, gelblichen „Stern" sehen. Mindestens 48 natürliche Satelliten umkreisen ihn, darunter Titan, der einzige bekannte Mond im Sonnensystem mit einer stabilen Atmosphäre.

Der beringte Riese
Der Saturn hat einen über neunmal größeren Durchmesser als die Erde und könnte diese 764-mal in sich fassen.

Saturndaten	
Entdeckt	Seit der Antike bekannt
Durchschnittlicher Sonnenabstand	1.433,5 Millionen km; 9,6 AE
Äquatordurchmesser	120.536 km
Rotationsdauer (siderisch)	10,66 h
Masse (Erde = 1)	95,2
Volumen (Erde = 1)	763,6
Gravitation auf Wolkengipfel	0,92 (Erde = 1)
Durchschnittliche Dichte	0,7 (Wasser = 1)
Entweichgeschwindigkeit	35,5 km/s
Neigungswinkel	26,7°
Sonneneinstrahlung	1% der Erde
Albedo (Reflexionsvermögen)	0,47
Anzahl der Monde	≥48

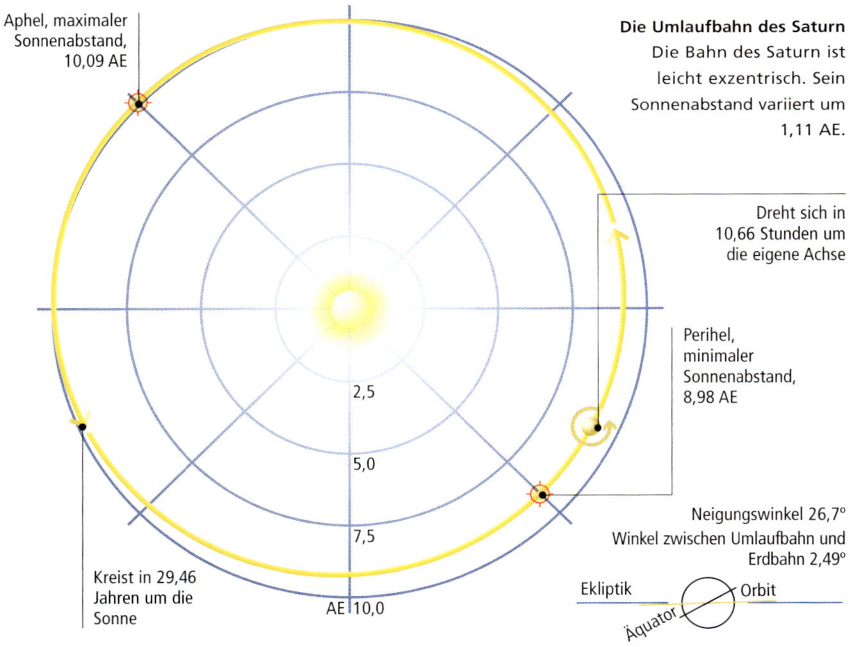

Die Umlaufbahn des Saturn
Die Bahn des Saturn ist leicht exzentrisch. Sein Sonnenabstand variiert um 1,11 AE.

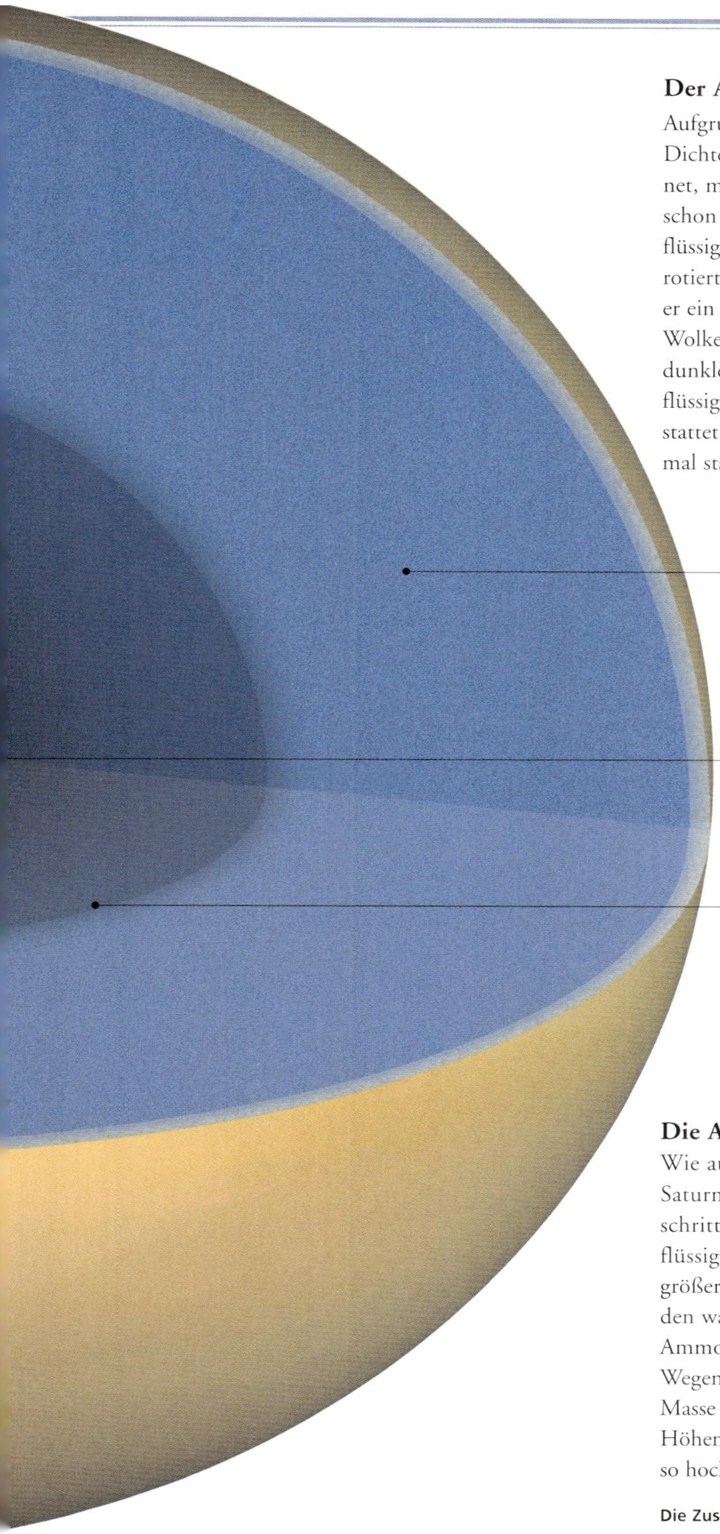

Der Aufbau des Saturn

Aufgrund seiner schnellen Rotation und seiner geringen Dichte ist der Saturn der am stärksten abgeplattete Planet, mit einem prall hervorstehenden Äquator, was schon im Teleskop zu erkennen ist. Der Saturn ist eine flüssige Welt, die am Äquator ein wenig langsamer rotiert als an den Polen und in seiner Erscheinung wirkt er ein wenig wie ein blasser Jupiter. Auf beiden gibt es Wolkenbänder, aber auf dem Saturn sind sie zarter und dunkler, weil sie tiefer in der Atmosphäre liegen. Der flüssige, metallische Wasserstoff im Mantel darunter stattet den Saturn mit einem Magnetfeld aus, das 600-mal stärker ist als dasjenige der Erde.

Der äußere Mantel
Hunderte von Kilometern unter dem äußeren Rand der Saturnatmosphäre lässt der Druckanstieg den gasförmigen Wasserstoff flüssig werden. Dieser flüssige Wasserstoff bildet den äußeren Mantel, der die äußeren 50 Prozent des Planeten einnimmt.

Der Kern
Der Kern des Saturn hat einen Durchmesser von 25.000 km und ist möglicherweise in einen felsigen inneren Kern und eine äußere Schale aus Eis geteilt.

Der innere Mantel
Unter dem äußeren liegt der innere Mantel. Wie auf dem Jupiter besteht er aus flüssigem, metallischem Wasserstoff, aber auf dem Saturn ist er viel kleiner, weil auf dem Saturn, dem kleineren der beiden Planeten, ein geringerer innerer Druck herrscht.

Der stürmische Saturn
Das weiße Band um den Saturnäquator auf diesem Hubble-Bild ist ein planetenweiter Sturm, der im Jahr 1990 monatelang wütete. Etwa alle 30 Jahre gibt es große Stürme auf dem Saturn, aber Stürme von diesem Ausmaß sind selten. Das letzte ähnliche Ereignis wurde im Jahr 1933 beobachtet.

Die Atmosphäre des Saturn

Wie auf dem Jupiter besteht die Atmosphäre des Saturn aus drei Hauptwolkenschichten, die sich schrittweise mit dem darunterliegenden Mantel aus flüssigem Wasserstoff vermischen. Und wie bei seinem größeren Vetter setzen sich diese Wolkenschichten aus den wasserstoffreichen Bestandteilen Ammoniakeis, Ammoniumhydrosulfideis und Wassereis zusammen. Wegen der relativ schwachen Gravitation aufgrund der Masse des Saturn umspannen die Saturnwolken einen Höhendurchmesser von 160 km und sind damit zweimal so hoch wie die des Jupiter.

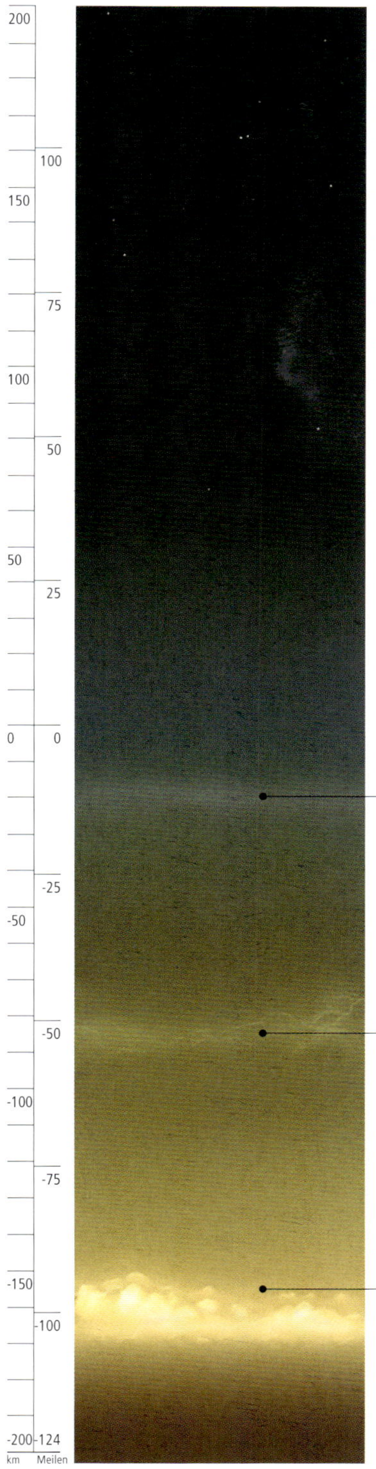

Der Nullpunkt der Skala liegt dort, wo der atmosphärische Druck dem entspricht, der auf dem Meeresniveau der Erde herrscht.

Die Zusammensetzung der Atmosphäre
Ein großer Teil des Saturn, etwa 96 Prozent, besteht aus Wasserstoff. Der Heliumanteil beträgt ungefähr 4 Prozent und Spuren von Methan, Ammoniak und anderen Bestandteilen füllen den verbleibenden Rest auf.

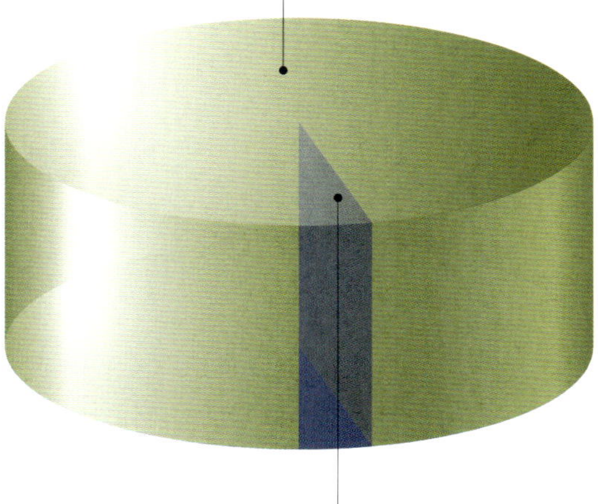

Familienbild
Auf diesem Foto von Voyager 2 aus dem Jahr 1981 türmt sich der Saturn neben drei von seinen Monden auf. Von oben nach unten sind das Tethys (der seinen Schatten auf die Südhalbkugel des Saturn wirft), Dione und Rhea.

Die Saturnkarte

Der Saturn ist in seinem Aussehen dem Jupiter ähnlich, was nicht überaschend ist, denn beide Welten haben eine sehr ähnliche Zusammensetzung. Weil aber der Saturn doppelt so weit von der Sonne entfernt ist wie der Jupiter und deshalb kälter ist, entstehen seine Wolken weiter unten in der Atmosphäre und liegen unter Dunst begraben. Das lässt den Saturn etwas blasser erscheinen als seinen größeren Vetter. Aber es gibt auch Gemeinsamkeiten, am erwähnenswertesten der Rundumaufbau der Saturnatmosphäre, die wie auf dem Jupiter bebändert ist, was auch hier eine Folge der schnellen Rotation ist. Die dunklen Streifen sind Gebiete mit geringem Druck, die Bänder genannt werden, und die helleren, unter höherem Druck stehenden nennt man Zonen. Im Allgemeinen ist die Atmosphäre des Saturn ruhig, es gibt jedoch auch Sturmsysteme, die vor allem auf der Nordhalbkugel in Intervallen von 30 Jahren auftreten, wenn auf dieser Hälfte Sommer ist. Manche dieser Stürme können mehrere Jahre lang andauern und sie erreichen am Äquator Gechwindigkeiten von 500 m/s.

Der Herr der Ringe (oben)
Auf diesem Echtfarbenbild von Cassini werfen die Saturnringe ihre Schatten auf den zarten Schirm des Riesenplaneten. Die Lücke in den Ringen rechts oben ist die 4.800 km breite Cassinische Teilung.

Echt stark (rechts)
Die Saturnringe bestehen aus unzähligen Einzelringen, eine Struktur, die durch den Einfluss der Schwerkräfte der Saturnmonde entsteht. Dieses erstaunliche ultraviolette Bild stammt vom Orbiter Cassini.

Die Anatomie der Atmosphäre (unten)
Ein Schnitt durch die äußere Atmosphäre des Saturn zeigt die Anordnung der drei Wolkenschichten mit einer Schicht aus Ammoniak obenauf, darunter eine aus Ammoniumhydrosulfid und am Grund eine Schicht aus Wassereis und -dampf. Die hellen Regionen, die man Zonen nennt, sind Gebiete hoch oben in der Atmosphäre, die unter hohem Druck stehen. Die dunkleren Gebiete zeigen die tiefer liegenden Bänder.

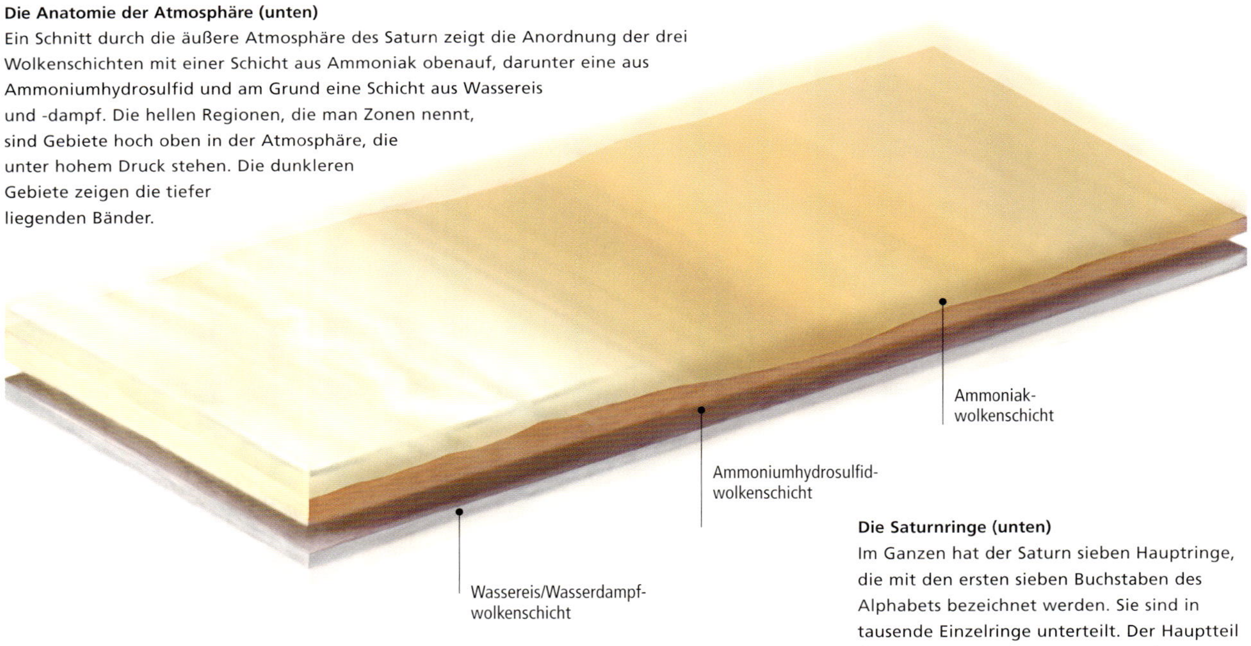

Die Saturnringe (unten)
Im Ganzen hat der Saturn sieben Hauptringe, die mit den ersten sieben Buchstaben des Alphabets bezeichnet werden. Sie sind in tausende Einzelringe unterteilt. Der Hauptteil des Ringsystems umspannt 274.000 km.

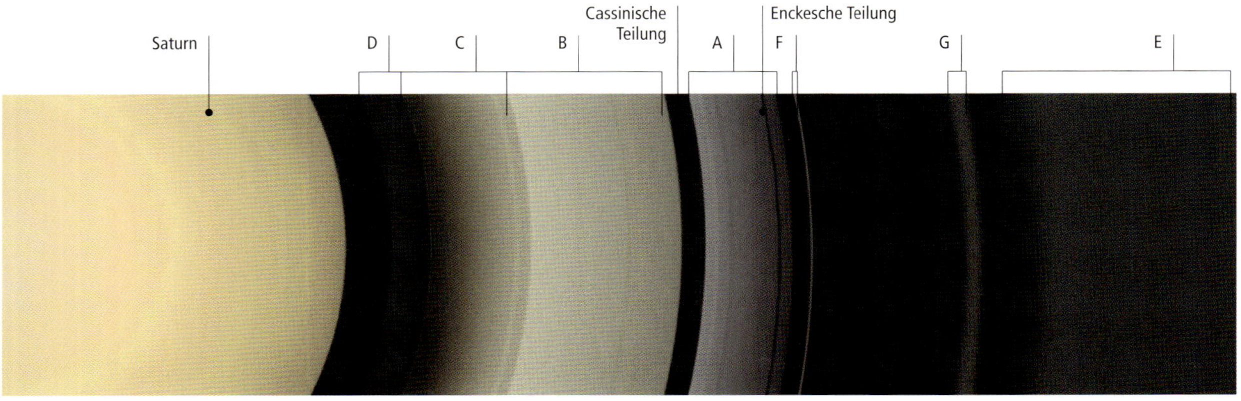

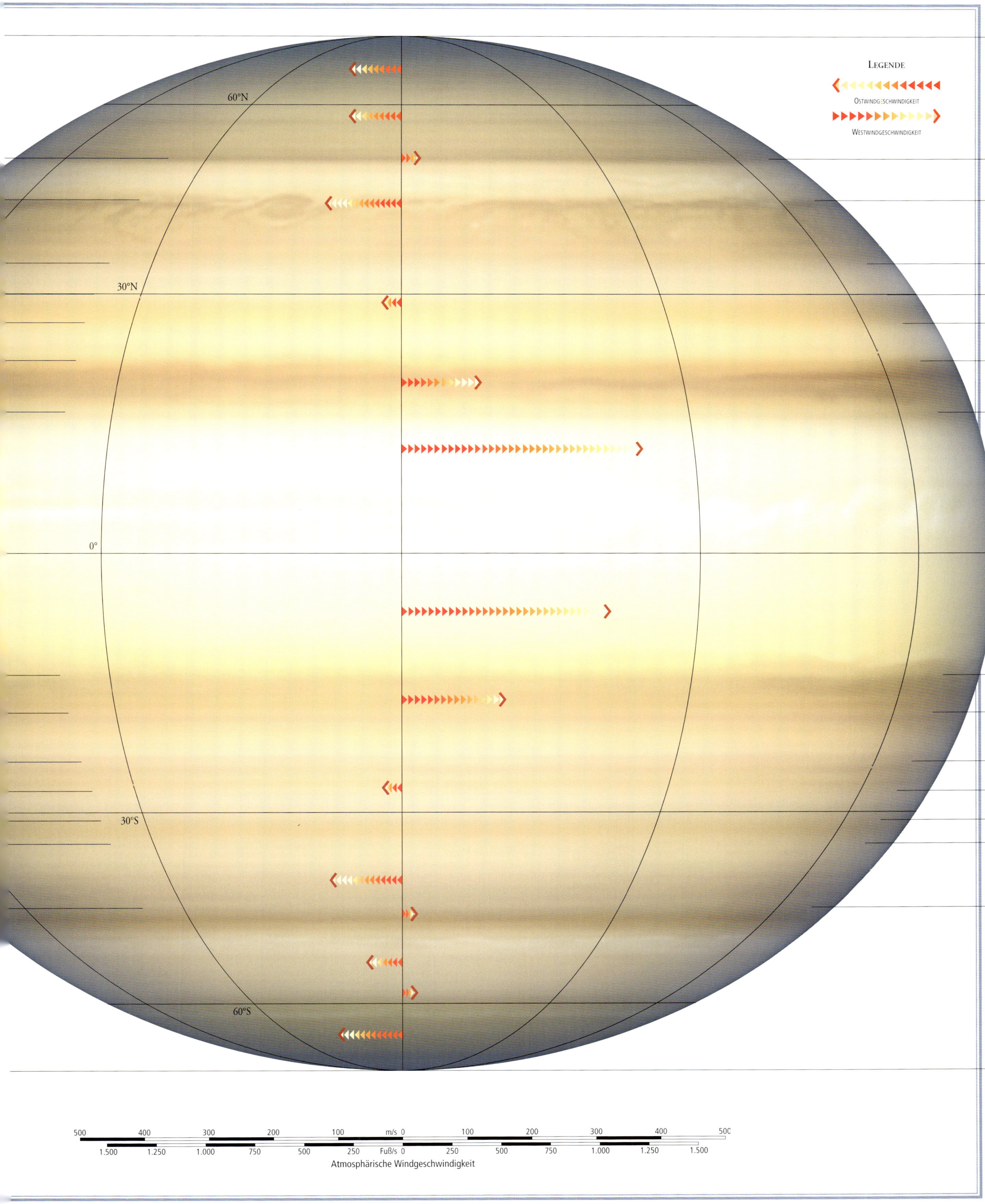
Legende
Ostwindgeschwindigkeit
Westwindgeschwindigkeit
60°N
30°N
0°
30°S
60°S
500 400 300 200 100 m/s 0 100 200 300 400 500
1.500 1.250 1.000 750 500 250 Fuß/s 0 250 500 750 1.000 1.250 1.500
Atmosphärische Windgeschwindigkeit

Die Saturnforschung

Den Saturn kann man mit bloßem Auge sehen und er ist seit Jahrtausenden als der langsamste „Wanderstern" bekannt. Nach der Erfindung des Teleskops wurde offensichtlich, dass der Saturn eine besondere Welt ist. Der italienische Astronom Galileo Galilei (1564–1642) war der Erste, der den Saturn durch ein Teleskop beobachtete. Auf seinen Zeichnungen kann man ein rundes Objekt mit „Griffen" an den Seiten erkennen. Er hat, ohne es zu wissen, die berühmten Ringe entdeckt. Unser ursprüngliches Bild vom Saturn veränderte sich langsam und durch die Anfänge der Raumfahrt lernten wir diese rätselhafte Welt besser kennen, zuerst mit Pioneer 11, dann Voyager 1 und 2 und in der jüngeren Vergangenheit mit der Cassini-Huygens-Mission, benannt nach zwei bedeutenden Wissenschaftlern der frühen Saturnforschung.

Falschfarbenringe (oben)
Dieses Falschfarbenbild von Voyager 2, das in einer Entfernung von 2,7 Millionen km entstanden ist, zeigt die Saturnringe C (blau) und B (gelb). Die Farben weisen auf unterschiedliches Oberflächenmaterial der Trümmer hin, aus denen die Ringe bestehen, und zeigen mindestens 60 helle und dunkle Unterringe in jedem der sichtbaren Ringe.

Eine Saturnskizze von Huygens (unten)
Christiaan Huygens war nicht nur ein ausgezeichneter Wissenschaftler, sondern auch ein Experte im Linsenschleifen und Teleskopbau. Auf dieser Skizze hat er sich überlegt, wie man die Ringe von der Oberfläche des Saturn aus sehen müsste, und dazu notiert, dass sie von den Punkten C, A und D aus nicht zu sehen sind.

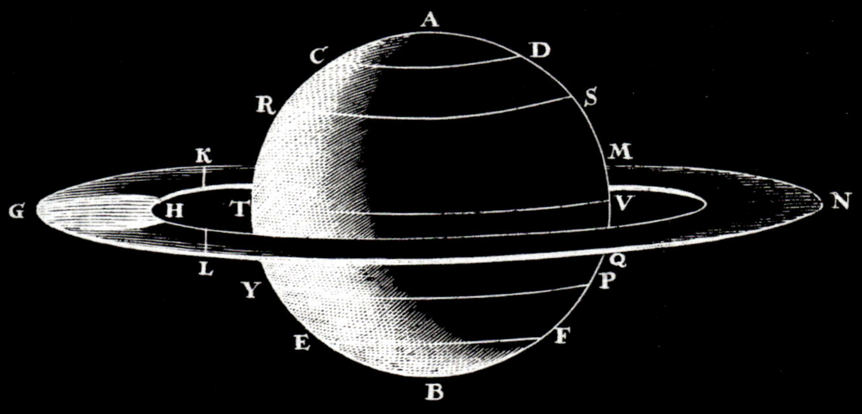

Pioneer und Voyager: der Saturn in Nahaufnahme
Die NASA-Missionen Pioneer und Voyager waren die ersten, die den Saturn, die Ringe und die Monde aus der Nähe erforschten. Im September 1979 erreichte Pioneer 11 als erste Raumsonde den Saturn und flog im Abstand von 21.000 km am Ringplaneten vorbei. Sie entdeckte zwei bis dahin unbekannte Monde sowie den F-Ring und von ihr stammt eine der ersten Nahaufnahmen der Saturnringe (oben). Die Voyagersonden 1 und 2 besuchten den Saturn in den Jahren 1980 und 1981 und trugen viel zu unserem Wissen über die Ringe und vor allem die Monde bei. Das untere Bild von Voyager 1 aus dem Oktober 1980 zeigt, wie die Monde Tethys, Enceladus und Mimas als Pünktchen um einen samtenen Saturn kreisen.

Frühe Beobachtungen

1610 fiel Galileo Galilei durch sein Teleskop blickend die seltsame Form des Saturn auf, doch eine sorgfältige Beschreibung dieses eigenartigen Objektes entstand erst im Jahr 1656, als der Holländer Christiaan Huygens (1629–95), der bereits den Saturnmond Titan entdeckt hatte, erkannte, dass „der Saturn von einem dünnen, flachen Ring umgeben ist, der den Körper nirgendwo berührt". Danach dauerte es weitere 200 Jahre, bis der schottische Wissenschaftler James Clark Maxwell (1831–79) den mathematischen Beweis erbrachte, dass die Saturnringe in einzelne Ringe unterteilt sein müssten. Ein weiterer berühmter Wissenschaftler der frühen Saturnforschung war der in Italien geborene französische Astronom Giovanni Cassini (1625–1712). Er entdeckte die Lücke in den Ringen, die jetzt seinen Namen trägt, und vier weitere Saturnmonde.

Die Ringe in Ultraviolett (oben)
Die Cassini-Sonde hat Strukturen in den Saturnringen mit etwa hundertmal größerer Auflösung gezeigt als Voyager 1 und 2. Dieses Ultraviolettbild zeigt den äußeren Teil des B-Ringes (links) und den inneren Teil des C–Ringes. Blau und Türkis weisen auf Eisteilchen hin, die rote Farbe deutet an, dass das Eis eine hohe Konzentration an Mineralien enthält.

Cassini-Huygens – die Mission zum Ringriesen

Die jüngste Reise zum Saturn wurde gemeinsam von der NASA und der ESA mit der Cassini-Huygens-Mission unternommen. Cassini startete im Jahr 1997 und verbrachte acht Jahre im Weltraum, bevor sie im Juli 2004 den Ringplaneten erreichte. Sobald sie auf ihrer Umlaufbahn war, begann eine vierjährige Erforschung des Planeten und seiner Monde aus nächster Nähe. Am Weihnachtstag 2004 entsandte Cassini eine etwa autogroße Sonde namens Huygens, die auf Saturns größten Mond Titan zusteuerte und am 14. Januar 2005 die dicke Atmosphäre durchdrang und auf der Oberfläche landete.

Porträt in Blau (links)
Dieses Echtfarbenbild von Cassini zeigt den Mond Mimas (links unten) vor der Nordhalbkugel des Saturn. Die Blaufärbung entsteht durch die Streuung kurzer (blauer) Wellenlängen des Sonnenlichts in dieser Höhe. Die dunklen Linien sind die Schatten der Ringe.

Der Flug von Cassini (unten)
Nach ihrem Start im Jahr 1997 (1) flog Cassini im April 1998 an der Venus vorbei (2), im Juli 1999 ein weiteres Mal (3) und wurde dabei jedesmal beschleunigt. Als sie im August 1999 die Erde passierte, erlangte sie eine noch höhere Geschwindigkeit (4), woraufhin sie den Asteroidengürtel durchquerte und im Dezember 2000 den Jupiter erreichte (5). Ihr letztes Ziel war der Saturn, wo sie im Juli 2004 angelangt ist (6).

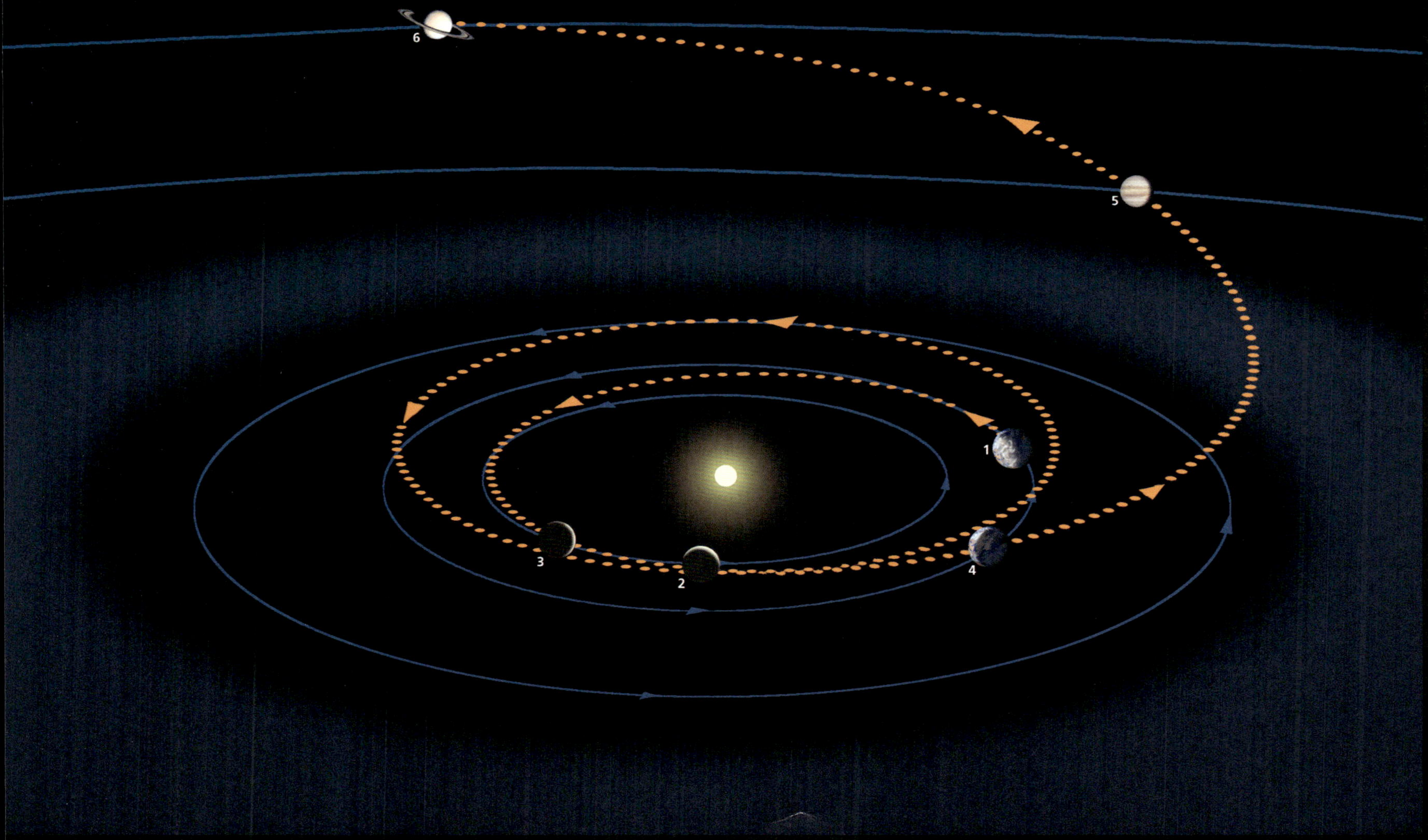

Die Saturnmonde

Der Saturn ist Gastgeber eines großen Gefolges von Monden. Mindestens 48 sind bekannt und werden in drei Gruppen unterteilt. Am weitaus größten ist Titan, der mit einem Durchmesser von 5.150 km lediglich kleiner ist als Jupiters Ganymed, aber deutlich größer als unser Mond. Titan ist der einzige Mond mit einer erwähnenswerten Atmosphäre und er war im Januar 2005 das Ziel der Huygens-Raumsonde. Sechs Saturnmonde zählen zur mittleren Kategorie mit Durchmessern zwischen 400 und 1.500 km. Sie heißen (vom Größten zum Kleinsten) Rhea, Japetus, Dione, Tethys, Enceladus und Mimas. Wie der Titan sind sie groß genug, um durch die Gravitation zu Kugeln geformt zu sein. Die anderen Monde sind klein und unförmig und vielleicht eingefangene Asteroiden mit Durchmessern von wenigen Kilometern.

Mondbahnen

Dieses Diagramm vergleicht die Bahnen von fünf großen Saturnmonden. Von innen nach außen sind dies Tethys (gelb), Dione (orange), Rhea (grün) und Titan (blau). Außerhalb des hier gezeigten Bereichs gibt es noch viele weitere Monde.

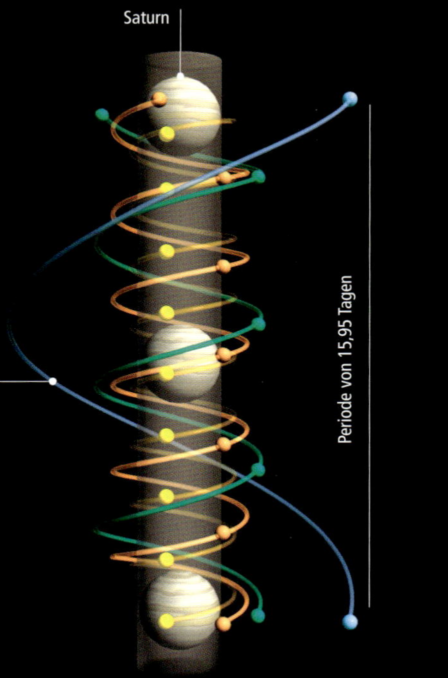

Während Titan einen vollen Umlauf ausführt, kreist Tethys, viel näher beim Saturn gelegen, mehr als achtmal um den Planeten.

Diese vier Monde zählen zu den ersten, die man gefunden hat. Einschließlich Japetus (hier nicht gezeigt) wurden sie im siebzehnten Jahrhundert entdeckt.

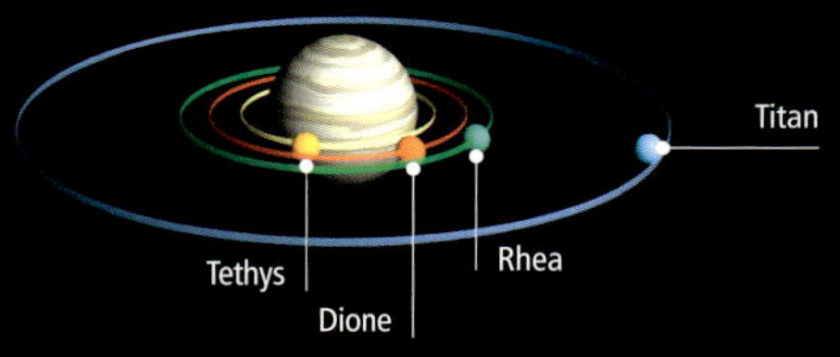

Größenvergleich (unten)

Titan, ganz unten, lässt die anderen sechs großen Saturnmonde wie Zwerge erscheinen. Der zweitgrößte ist Rhea, während Mimas der kleinste in dieser Gruppe ist.

Titan
Entdeckt: 1655
Durchmesser: 5.150 km
Durchschnittlicher Bahnradius: 1.221.830 km
Umlaufdauer: 15,95 Erdtage

Rhea
Entdeckt: 1672
Durchmesser: 1.528 km
Durchschnittlicher Bahnradius: 527.040 km
Umlaufdauer: 4,52 Erdtage

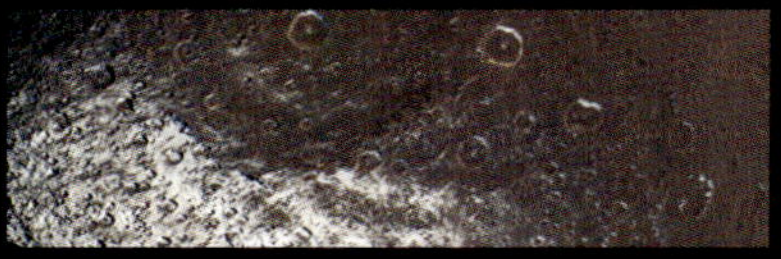

Japetus
Entdeckt: 1671
Durchmesser: 1.436 km
Durchschnittlicher Bahnradius: 3.561.300 km
Umlaufdauer: 79,33 Erdtage

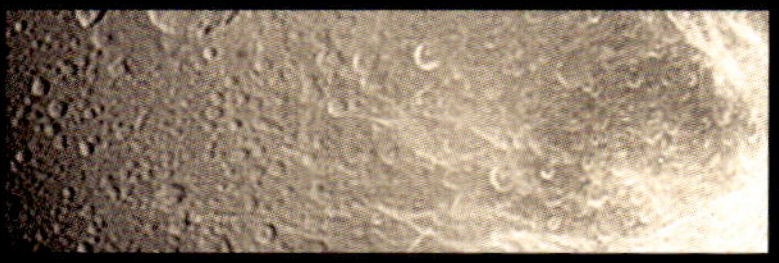

Dione
Entdeckt: 1684
Durchmesser: 1.120 km
Durchschnittlicher Bahnradius: 377.400 km
Umlaufdauer: 2,74 Erdtage

Tethys
Entdeckt: 1684
Durchmesser: 1.060 km
Durchschnittlicher Bahnradius: 294.660 km
Umlaufdauer: 1,89 Erdtage

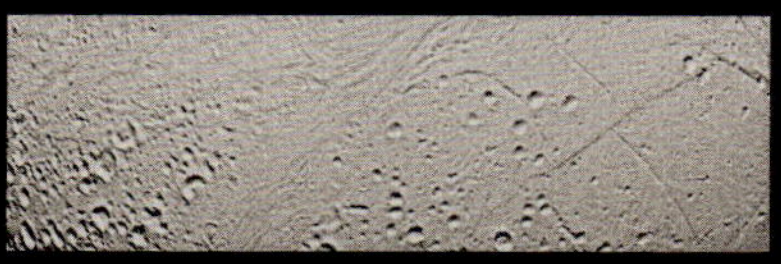

Enceladus
Entdeckt: 1789
Durchmesser: 499 km
Durchschnittlicher Bahnradius: 238.020 km
Umlaufdauer: 1,37 Erdtage

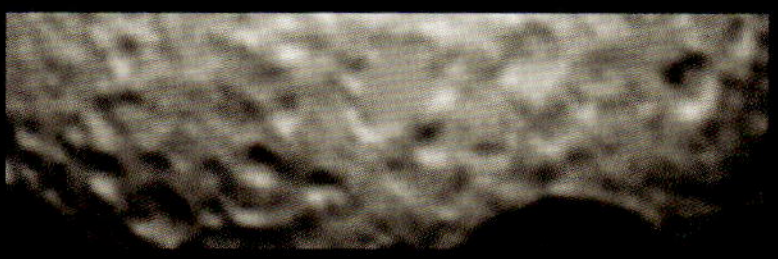

Mimas
Entdeckt: 1789
Durchmesser: 397 km
Durchschnittlicher Bahnradius: 185.520 km
Umlaufdauer: 22,62 h

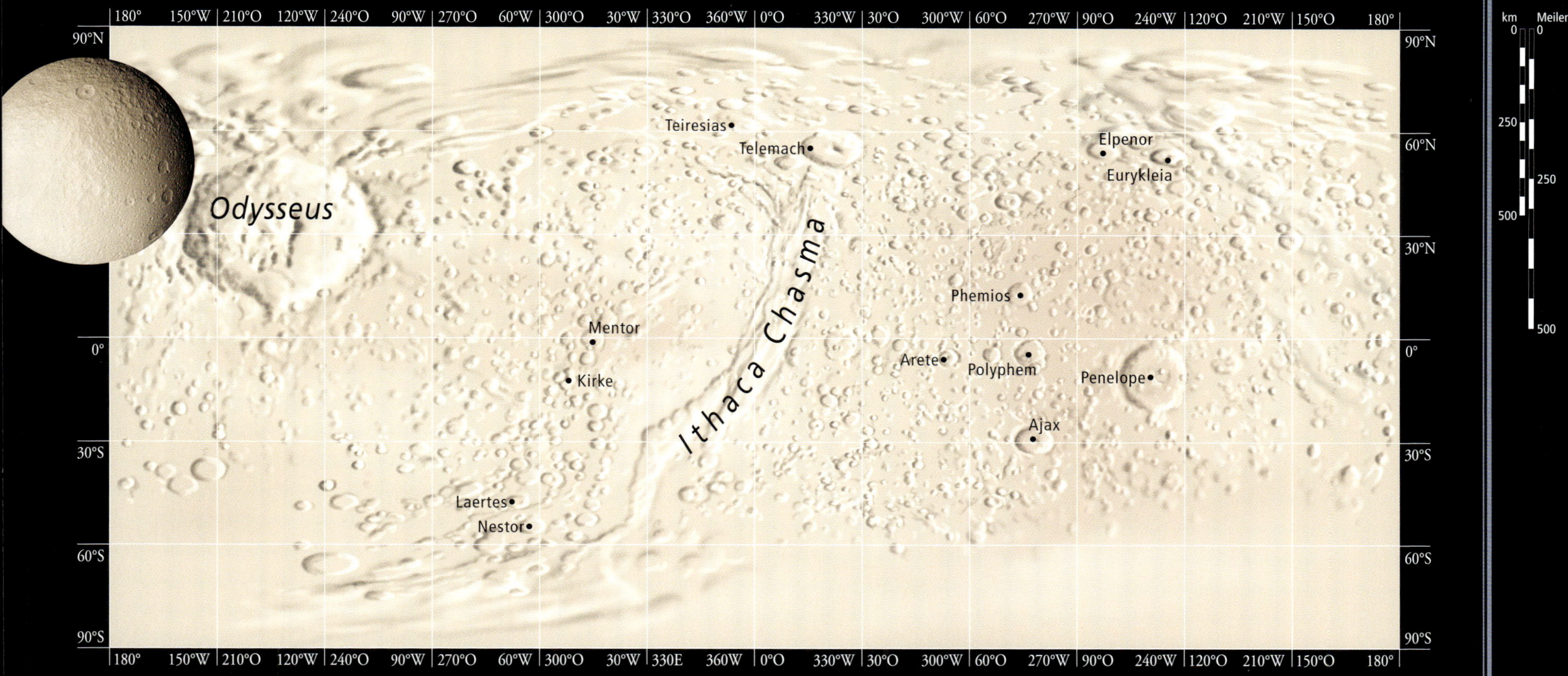

Die Vermessung von Tethys (oben)

Tethys ist der fünftgrößte Saturnmond und hat einen Durchmesser von etwa 1.060 km. Wie die Monde Mimas, Dione und Rhea besteht Tethys möglicherweise zum Großteil aus Wassereis. Die erwähnenswerten Strukturen auf Tethys sind ein gewaltiges Einschlagsbecken mit dem Namen Odysseus und Ithaca Chasma, ein 65 km breites Tal, das vielleicht dadurch entstand, dass ein ursprünglicher Mantel aus Wasser gefroren und unter dem Gewicht der Eismassen eingestürzt ist.

Die Oberfläche von Enceladus (unten)
Enceladus ist ein recht kleiner Mond mit einer großen Bandbreite an Oberflächenmerkmalen. Dieses Mosaik aus Bildern von Cassini zeigt eine zerkraterte Landschaft, die von zahlreichen Spalten durchzogen ist und auf eine lange Geschichte tektonischer Aktivitäten hinweist. Rechts oben sieht man eine jüngere Region mit scharf gezeichneten Graten und Furchen.

Eine Milliarde Kilometer von zu Hause (oben)
Als Huygens auf der Oberfläche des Titan gelandet ist, wurde sie zur ersten Raumsonde, die je auf einer Welt außerhalb des Inneren Sonnensystems aufgesetzt hat. Bevor ihre Batterien leer waren, sandte sie diesen Blick auf die Landschaft des Titan zur Erde. Es scheint, dass die gerundeten, blasenähnlichen Felsen (vielleicht Eisblöcke) von einer fließenden Substanz gebildet wurden.

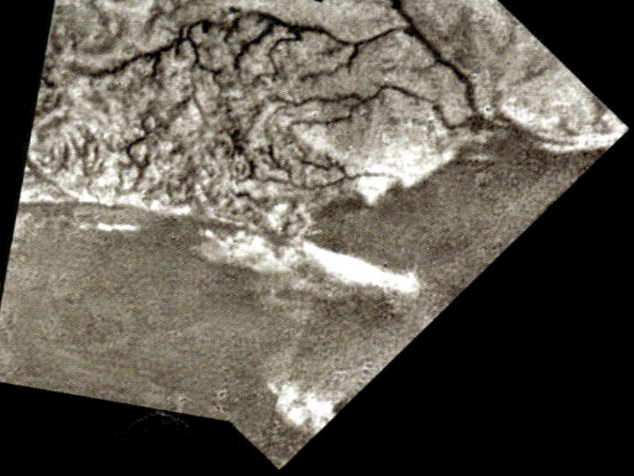

Die Flüsse auf Titan (links)
Diese detaillierten Bilder von der Titanoberfläche stammen von der Raumsonde Huygens und entstanden im Jahr 2005 auf ihrem zweieinhalbstündigen Sinkflug durch die nebelige Atmosphäre des Mondes. Das dunkle Gebiet ist möglicherweise von flüssigen Kohlenwasserstoffen wie Ethan und Methan überflutet. Offensichtlich hat die Flüssigkeit zahlreiche Flüsse in die Landschaft geschnitten und das deltaähnliche Gebiet geschaffen, das am oberen Bildrand zu sehen ist.

Der Uranus

Verlassen wir den Saturn und dringen tiefer ins Weltall, treffen wir auf die nächste Welt, den blassen, blaugrünen Uranus. Er ist mit einem durchschnittlichen Abstand von neunzehn AE beinahe doppelt so weit von der Sonne entfernt wie der Saturn. Wie die beiden Planeten zuvor ist der Uranus eine flüssige Welt, deren Atmosphäre sich reibungslos mit dem Planeteninneren vermischt, doch anders als diese Gasriesen weist er eine relativ hohe Dichte auf, was vermuten lässt, dass sein Inneres aus einem Matsch verschiedener Eismoleküle wie Wasser und Methan und nicht nur aus Wasserstoff besteht. Merkwürdigerweise ist der Neigungswinkel des Uranus so groß, dass der Planet zur Seite hängt. Die Astronomen glauben, dass dies die Folge eines Zusammenstoßes mit einer anderen Welt in der Zeit der Entstehung des Sonnensystems sein könnte. Der Uranus besitzt auch ein Ringsystem, aber anders als die glänzenden Saturnringe bestehen die Ringe des Uranus, elf an der Zahl, aus einzelnen, in Ruß gehüllten Gesteins- und Eistrümmern und sie sind deshalb sehr dunkel. Mindestens 27 natürliche Monde kreisen um den Planeten, aber nur fünf sind größer als 470 km im Durchmesser. Obwohl man den Uranus bei klaren Bedingungen am dunklen Nachthimmel mit bloßem Auge sehen könnte, wurde er bis zum Jahr 1781 nicht als Planet erkannt.

Der blaue Riese
Uranus, der genau den vierfachen Erdumfang hat, wird auch oft der Eisriese genannt. Mit seiner Größe liegt er genau zwischen den terrestrischen Planeten und den Gasriesen.

Uranusdaten	
Entdeckt	13. März 1781 von Wilhelm Herschel
Durchschnittlicher Sonnenabstand	2.872,5 Millionen km; 19,3 AE
Durchmesser am Äquator	51.118 km
Rotationsdauer (siderisch)	17,24 h
Masse (Erde = 1)	14,5
Volumen (Erde = 1)	63,1
Gravitation auf Wolkengipfeln	0,86 (Erde = 1)
Durchschnittliche Dichte	1,3 (Wasser = 1)
Entweichgeschwindigkeit	21,3 km/s
Neigungswinkel	97,8°
Sonneneinstrahlung	0,2–0,3% von der Erde
Albedo (Reflexionsvermögen)	0,66
Anzahl der Monde	≥27

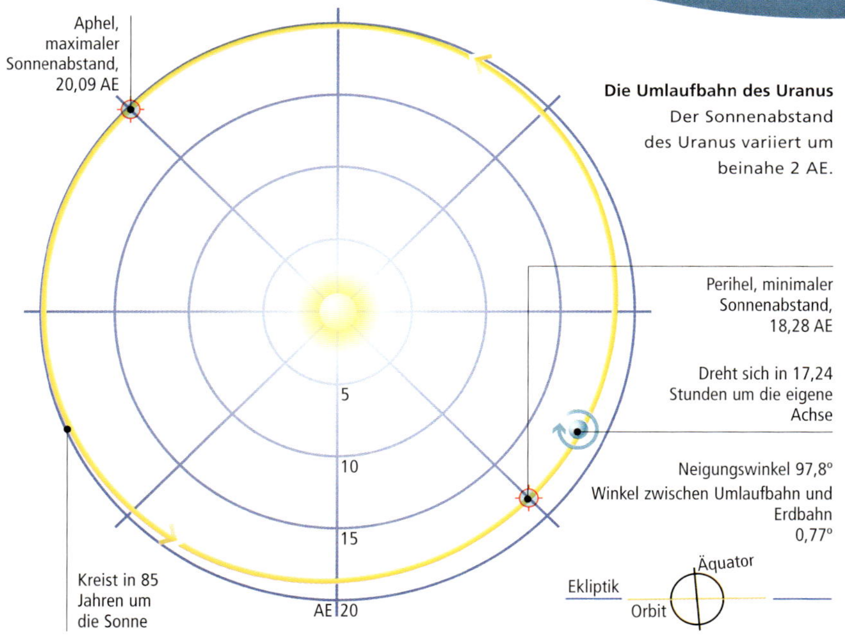

Die Umlaufbahn des Uranus
Der Sonnenabstand des Uranus variiert um beinahe 2 AE.

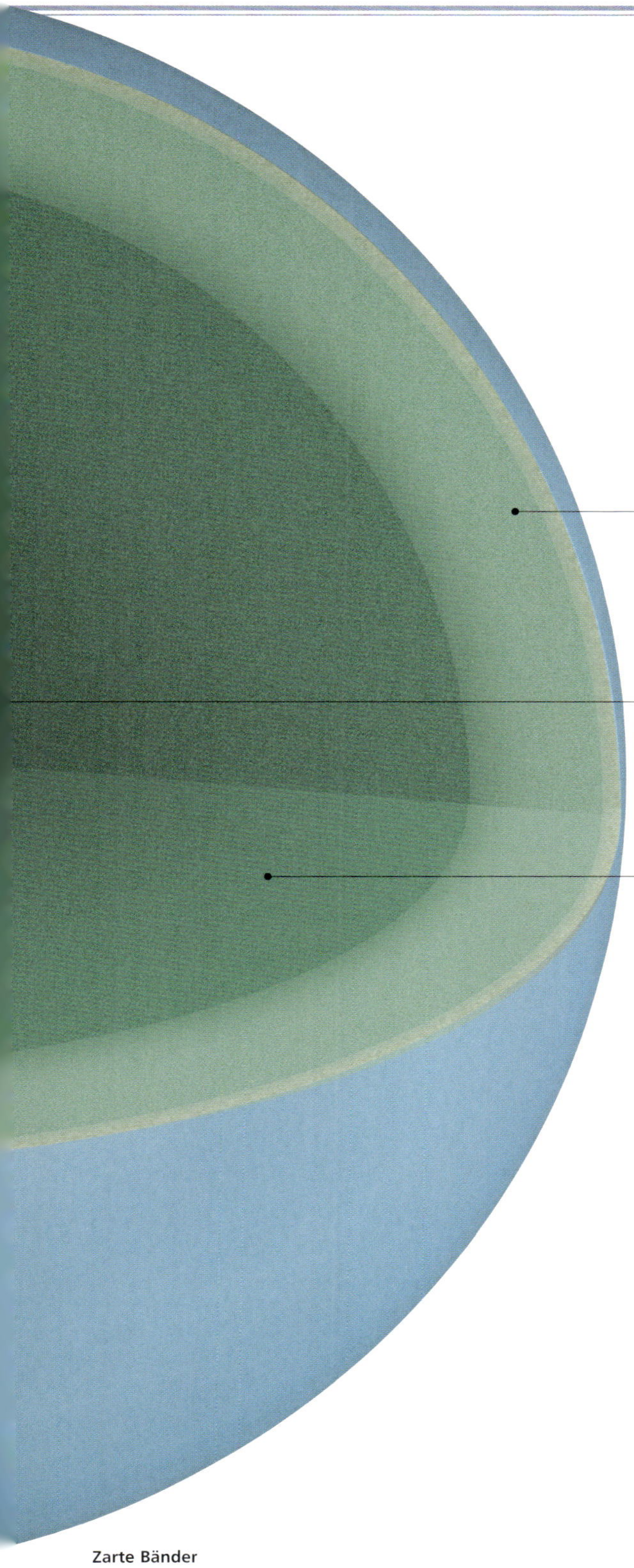

Der Aufbau des Uranus

Der Uranus weist im Vergleich zu Jupiter und Saturn eine relativ hohe Dichte auf. Wasserstoff ist sicher vorhanden, aber nur 15 Prozent der Masse des Planeten bestehen aus diesem Element in seiner reinen Form, während es beim Jupiter 80 Prozent sind. Der restliche Wasserstoff des Uranus ist in schwereren Verbindungen wie Wasser, Methan und Ammoniak im inneren Mantel des Planeten eingeschlossen. Im Mantel entsteht ein gewaltiges Magnetfeld, das 50-mal stärker ist als auf der Erde und dessen Zentrum nicht auf der Achse des Planeten liegt.

Der äußere Mantel
Unter der Gasatmosphäre des Uranus liegt ein Mantel aus flüssigem Wasserstoff und anderen Elementen. Er reicht bis in eine Tiefe von 9.600 km.

Der Kern
Im Inneren des Uranus gibt es möglicherweise einen Kern aus Gestein und Eis, mit einer etwas größeren Masse als der Erdkern.

Der innere Mantel
Unter dem äußeren Mantel liegt eine matschige Schicht gefrorener Verbindungen aus Wasser, Methan und Ammoniak. Diese Schicht ist möglicherweise die Ursache für das Magnetfeld des Planeten.

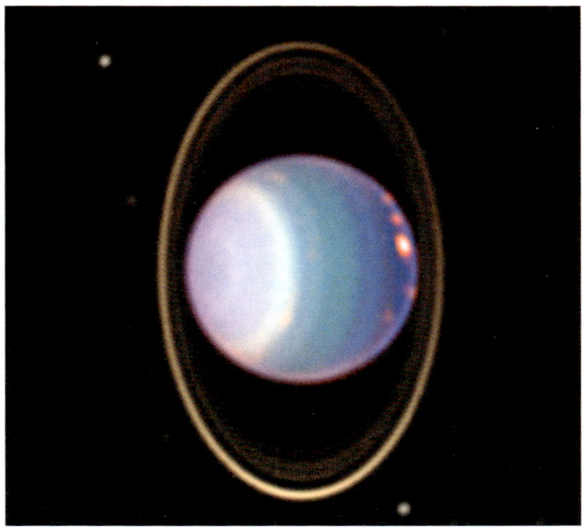

Das System des Uranus
Auf diesem Infrarotbild vom Hubble-Weltraumteleskop sieht man den Uranus, sein Ringsystem und einige seiner 27 bekannten Monde. Die roten Flecken zeigen Wolken in großer Höhe.

Die Atmosphäre des Uranus

In der Atmosphäre des Uranus finden sich keine Wolkenbänder, die für Jupiter und Saturn typisch sind, aber es gibt Anzeichen dafür, dass die Atmosphäre aktiver wird und Bänder entstehen, wenn der jahrzehntelange Sommer auf der Nordhalbkugel zu Ende geht. Voyager 2 hat nur eine Wolkenschicht aus Methan auf dem Uranus entdeckt. Sie war tief unten in der Atmosphäre, wo die Temperatur etwa 85 °C beträgt. In den oberen Atmosphäreschichten fällt sie auf frostige –220 °C, zu kalt für eine Wolkenbildung, doch unterhalb der Methanschicht sollten theoretisch Wolken aus Ammoniak, Ammoniumhydrosulfidkristallen und Wassereis liegen.

Die Zusammensetzung der Atmosphäre
Die Uranusatmosphäre weist im Vergleich zu Jupiter und Saturn viel höhere Werte von Methan auf. Methan absorbiert rotes Licht und ist für die blaugrüne Farbe des Planeten verantwortlich.

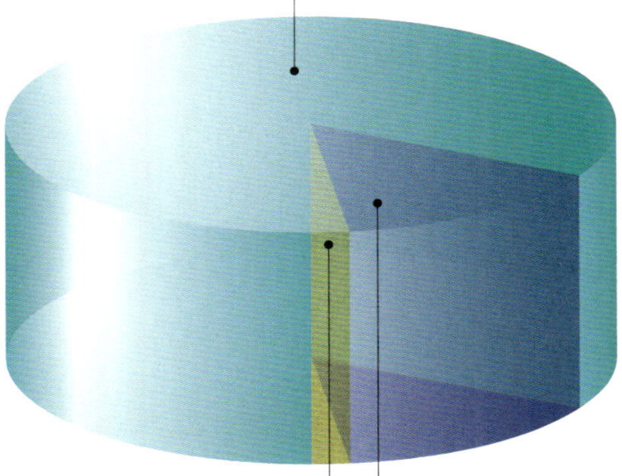

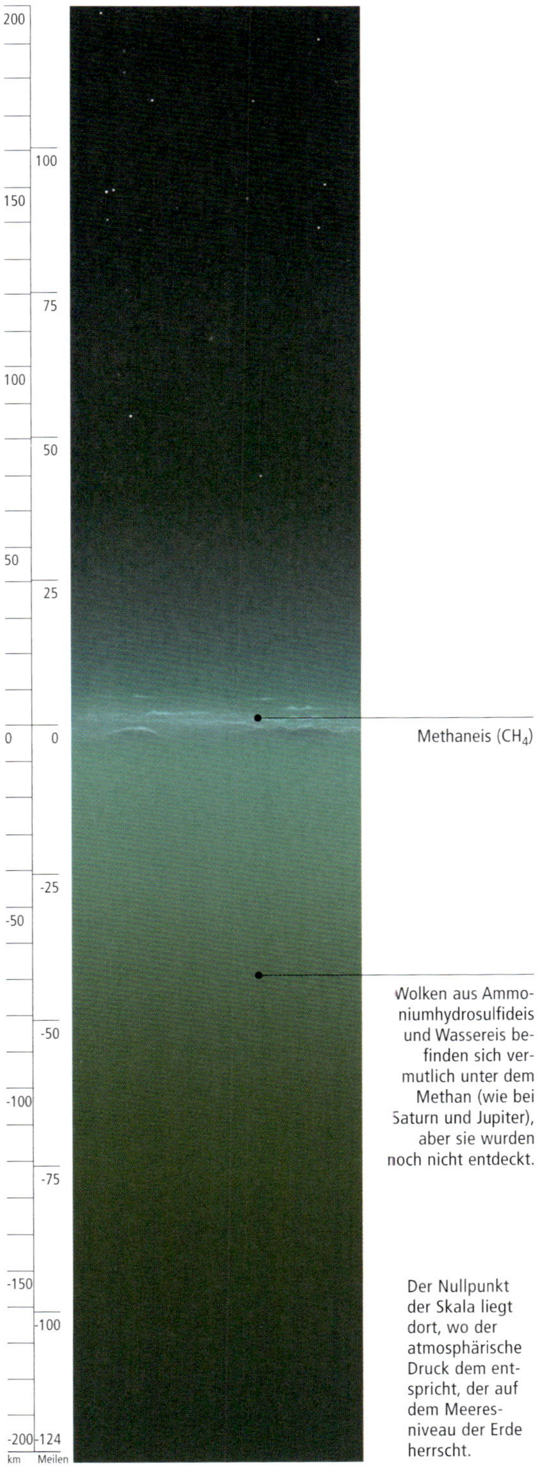

Zarte Bänder
Im sichtbaren Spektrum kann man kaum Einzelheiten in der Uranusatmosphäre unterscheiden. Dennoch lässt dieses kontrastverstärkte Falschfarbenfoto, das bei einem Vorbeiflug von Voyager 2 im Jahr 1986 entstanden ist, zarte Bänder in der Atmosphäre erkennen.

Die Uranuskarte

Auf den ersten Blick scheint der Uranus keine besonderen Merkmale aufzuweisen, aber er hat eine aktive Atmosphäre, man braucht nur die richtigen Instrumente, um sie sehen und vermessen zu können. Im Infrarotlicht erscheinen dunkle Gürtel, helle Zonen, ein Ringsystem und Stürme wie auf Saturn und Jupiter. Mit speziellen Teleskopen erkennt man in mittleren Breiten stürmische Winde mit Geschwindigkeiten von bis zu 160 m/s. Die atmosphärischen Besonderheiten bleiben jedoch im Dunst verborgen, weil Uranus über keine innere Wärmequelle verfügt, extrem kalt ist und die Wolken tief unten in der Atmosphäre kondensieren, wo man sie nicht beobachten kann. Doch die Geheimnisse des Uranus sind nicht nur atmosphärischer Natur. Der Eisriese hat eines der ungewöhnlichsten Magnetfelder, das etwa 50-mal größer ist als das der Erde und 60° von der Rotationsachse des Planeten versetzt ist.

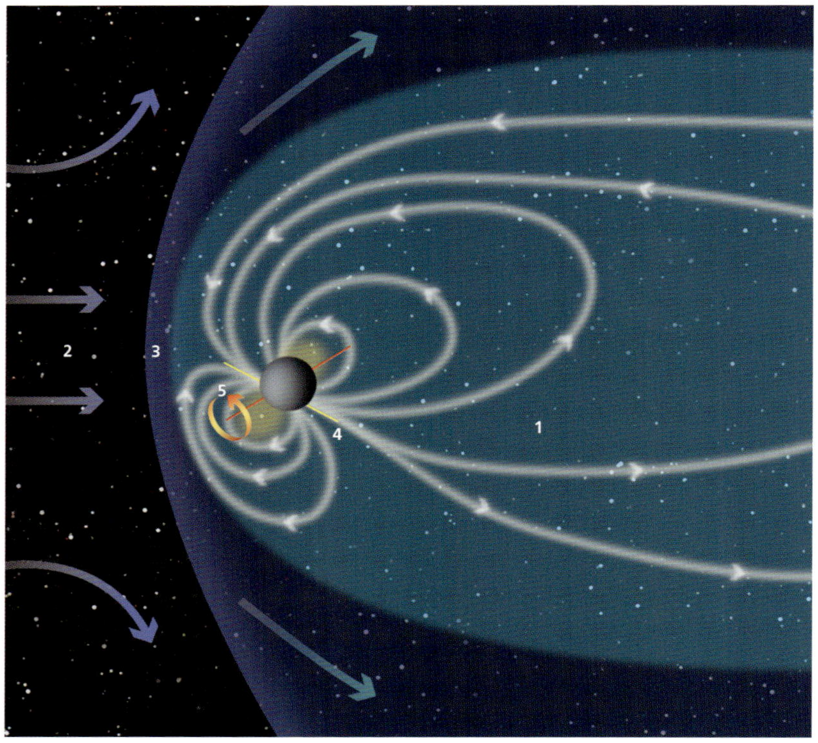

Ein magnetisches Geheimnis (oben)
Der Uranus hat ein 50-mal stärkeres Magnetfeld als die Erde. Anders als das Magnetfeld unseres Planeten, das mehr oder weniger im Kern zentriert und nur wenig zur Rotationsachse hin geneigt ist, ist das Feld des Uranus von seiner Mitte versetzt und überhaupt nicht mit der Achse verbunden. Man kennt den Grund für diese Anomalie nicht, aber möglicherweise ist die Ursache für das Uranusmagnetfeld im matschigen Mantel zu finden und nicht im Kern. Die obere Illustration zeigt das Magnetfeld des Uranus (1), das den Sonnenwind beugt (2) und dabei eine Bugstoßwelle erzeugt (3). Man sieht, dass sich der magnetische Pol des Uranus (4) weder in der Nähe des geographischen Pols noch nahe an der Rotationsachse befindet (5).

Ein Blick auf beide Seiten (oben rechts und links)
Diese nahinfraroten Fotos vom Uranus wurden nicht vom Weltraum, sondern von der Erde aus aufgenommen, mithilfe eines bildschärfenden optischen Systems auf einem der beiden Keck-Teleskope auf Hawaii. Sie entstanden im Abstand eines halben Uranus-tages und zeigen die beiden gegenüberliegenden Seiten des Planeten. Infrarotbilder wie diese dienen dazu, die Ringe (hier in rot zu sehen) wie auch hell leuchtende Wolkengebilde sichtbar zu machen. Zum Beispiel kann man auf dem rechten Foto klar die weiße Wolke eines Sturmsystems auf der Nordhalbkugel erkennen.

Die Ringe im Detail (unten)
Als sich Voyager 2 in 236.000 km Entfernung vom Uranus und im Schatten des Planeten befand, entstand diese 96 Sekunden lang belichtete Aufnahme vom Ringsystem. Der Winkel des Schusses ermöglichte den Wissenschaftlern zu beobachten, dass ein ständiger Austausch von Material über das ganze System hinweg stattfindet, das aus vielen kleinen Einzelringen zusammengesetzt ist. Wahrscheinlich besteht das Ringmaterial aus feinen, in Staub gehüllten Eispartikeln mit Durchmessern von weniger als einem Meter. Die kurzen, weißen Streifen auf dem Bild sind die Spuren der Hintergrundsterne.

Das Ringsystem des Uranus (links)
Die elf Uranusringe sind durchwegs schmal, mit Ausnahme des innersten Ringes, der nicht unterbrochen und sehr breit ist. Die sieben äußeren Ringe sind mit den Buchstaben des griechischen Alphabets bezeichnet. Alle Ringe sind dunkel und bestehen aus Eispartikeln, die höchstwahrscheinlich in organische Verbindungen gehüllt sind.

Die Südhalbkugel des Uranus

Wegen der einzigartigen Achsenneigung des Uranus gibt es unterschiedliche Meinungen darüber, welcher der Nord- und welcher der Südpol ist. Die hier gezeigte Karte nimmt eine prograde Planetenrotation an, weshalb der Südpol links eingezeichnet ist. Die Südhalbkugel wird oft von Sturmsystemen heimgesucht. Diese Stürme sind eine Folge der Wolken aus Methan, die sich parallel zum Äquator bilden. Solche Wolken sind schwer zu sehen, weil sie tief unten in der Atmosphäre kondensieren.

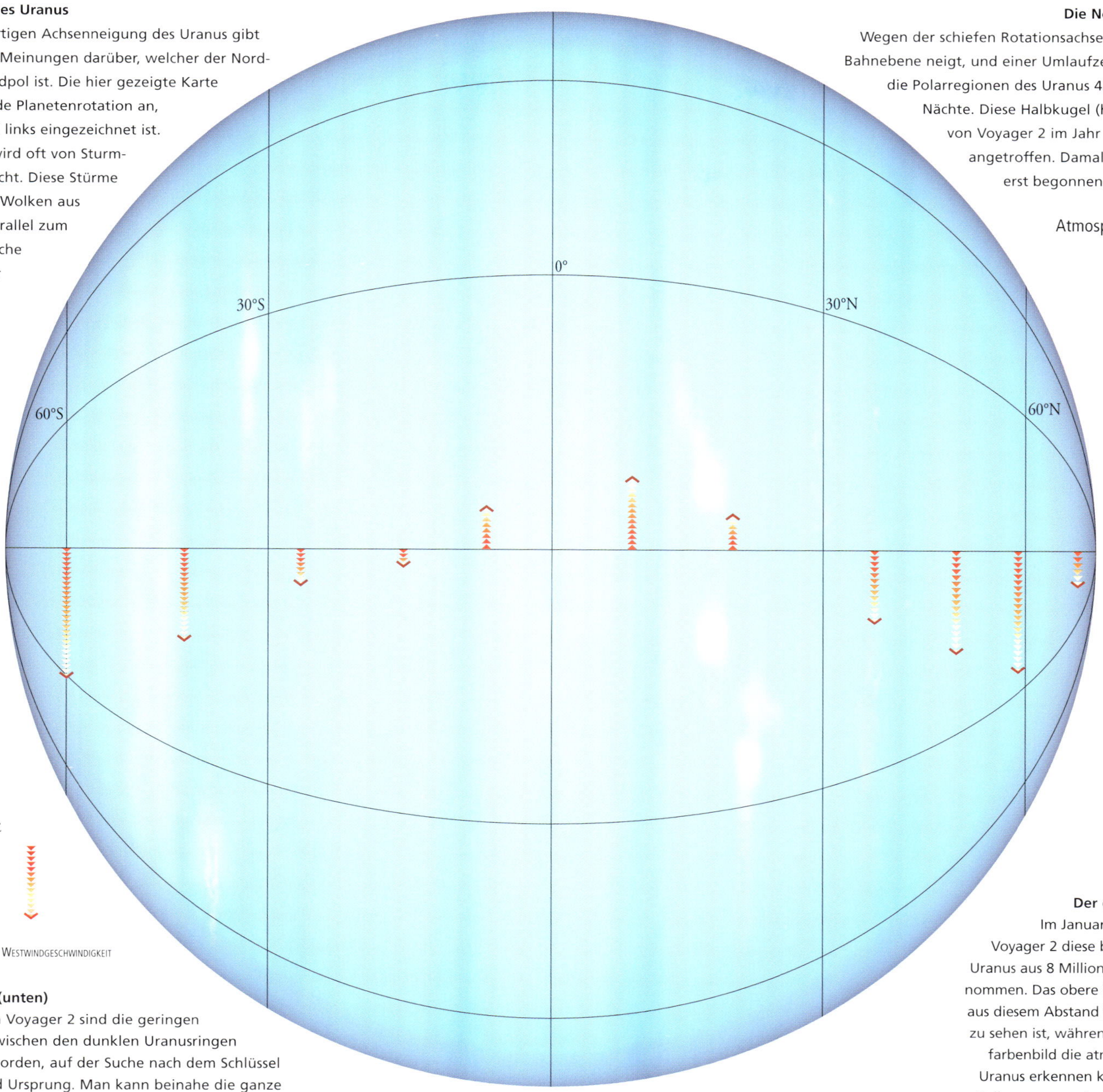

Die Nordhalbkugel des Uranus

Wegen der schiefen Rotationsachse, die sich fast parallel zur Bahnebene neigt, und einer Umlaufzeit von 85 Jahren erleben die Polarregionen des Uranus 42,5 Jahre lange Tage und Nächte. Diese Halbkugel (hier die nördliche) wurde von Voyager 2 im Jahr 1986 mit Blick zur Sonne angetroffen. Damals hat der lange Tag eben erst begonnen, der im Jahr 2027 endet.

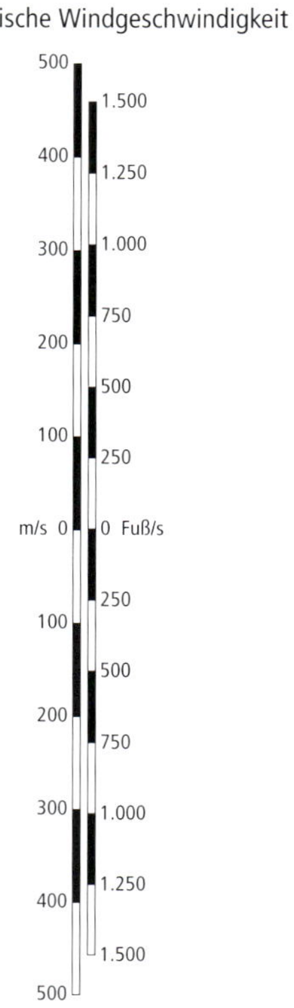

Die farbigen Ringe (unten)

Auf diesem Bild von Voyager 2 sind die geringen Farbunterschiede zwischen den dunklen Uranusringen deutlich verstärkt worden, auf der Suche nach dem Schlüssel für deren Natur und Ursprung. Man kann beinahe die ganze Ringbreite sehen, vom diffusen 1986-U2R-Ring oben bis zum hellen Epsilon-Ring unten.

Der enthüllte Uranus (unten)

Im Januar 1986 hat die Raumsonde Voyager 2 diese beiden Fotos des Planeten Uranus aus 8 Millionen km Entfernung aufgenommen. Das obere Bild zeigt, wie der Uranus aus diesem Abstand für das menschliche Auge zu sehen ist, während man im unteren Falschfarbenbild die atmosphärische Struktur des Uranus erkennen kann, möglicherweise eine Polkappe aus nebeligem Dunst, südliche und nördliche Sturmsysteme und äquatoriale Bänder.

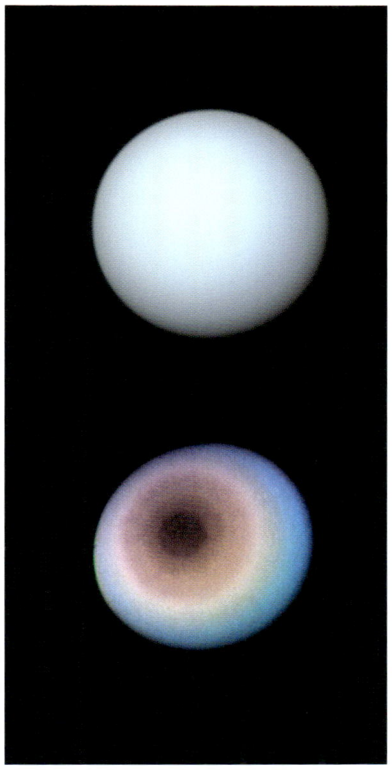

Die Uranusmonde

Der Uranus hat mindestens 27 Monde. Die fünf größten nennt man die klassischen Monde, die zwischen 1787 und 1948 entdeckt wurden. Sie heißen Titania, Oberon, Umbriel, Ariel und Miranda. Weil der Uranus so weit entfernt ist, wurden bis zum Jahr 1986, als ein Vorbeiflug von Voyager 2 die Zahl auf fünfzehn erhöhte, keine weiteren Monde gefunden. Sie sind, wie auch alle anderen seither entdeckten, kaum mehr als Scherben aus Stein und Eis und haben Durchmesser von einigen dutzend Kilometern oder weniger. Selbst die klassischen Monde sind eher klein – Titania, der größte, ist nicht einmal halb so groß im Durchmesser wie der Erdmond. Die Uranusmonde tragen die Namen von Charakteren aus den Werken von William Shakespeare und Alexander Pope.

Die Uranusmonde im Vergleich
Auf dieser Skala sind die fünf größten Monde des Uranus abgebildet. In ihren Ausmaßen kann man sie mit den mittelgroßen Saturnmonden Enceladus und Rhea vergleichen.

Die Mondbahnen
Das Diagramm zeigt einen Gößenvergleich der fünf klassischen Uranusmonde. Manche der verbleibenden 22 Monde (nicht gezeigt) sind näher beim Uranus als Miranda, während andere hingegen viel weiter entfernt kreisen als Oberon, wie zum Beispiel Sycorax, der 21-mal weiter weg ist.

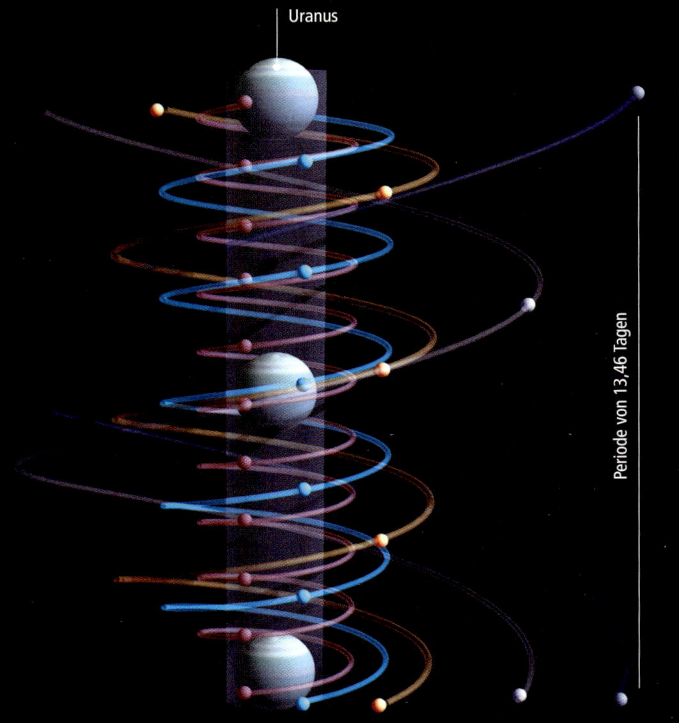

Titania
Entdeckt: 1787
Durchmesser: 1.578 km
Durchschnittlicher Bahnradius: 435.910 km
Umlaufdauer: 8,71 Erdtage

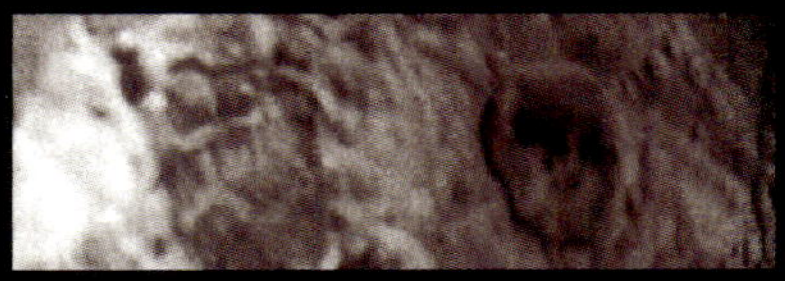

Oberon
Entdeckt: 1787
Durchmesser: 1.523 km
Durchschnittlicher Bahnradius: 583.520 km
Umlaufdauer: 13,46 Erdtage

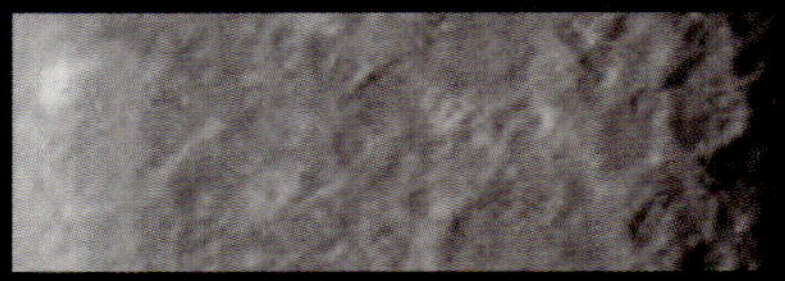

Umbriel
Entdeckt: 1851
Durchmesser: 1.169 km
Durchschnittlicher Bahnradius: 266.300 km
Umlaufdauer: 4,14 Ertage

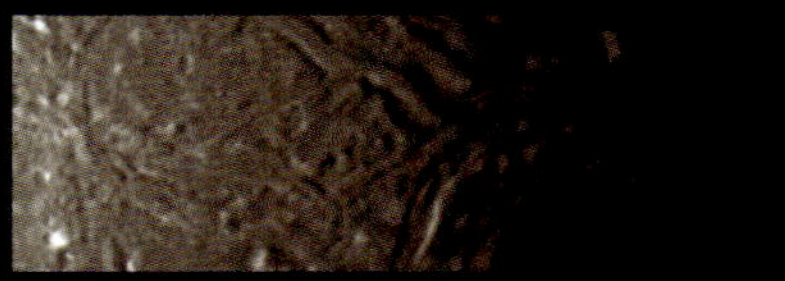

Ariel
Entdeckt: 1851
Durchmesser: 1.158 km
Durchschnittlicher Bahnradius: 191.020 km
Umlaufdauer: 2,52 Erdtage

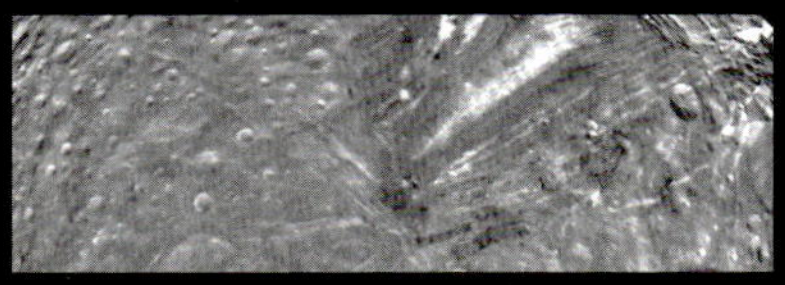

Miranda
Entdeckt: 1948
Durchmesser: 472 km
Durchschnittlicher Bahnradius: 129.390 km
Umlaufdauer: 1,41 Erdtage

Eine Karte von Miranda

Der Uranusmond Miranda, dessen Oberfläche wir auf dieser Karte sehen, weist eine der seltsamsten Landschaften im Sonnensystem auf. An manchen Stellen liegen zwei oder mehrere höchst unterschiedliche Landschaftsformen nebeneinander, mit scharfen Grenzen dazwischen. Das mag eine Folge davon sein, dass die innere Hitze des Mondes zu der Zeit erschöpft war, als schweres Gesteinsmaterial zu sinken begann und leichteres, gefrorenes Material an die Oberfläche gelangte. Eine andere Erklärung ist, dass sich Miranda, nachdem er auf irgendeine Art zerschmettert worden ist, auf seiner Bahn wieder zusammenfügte.

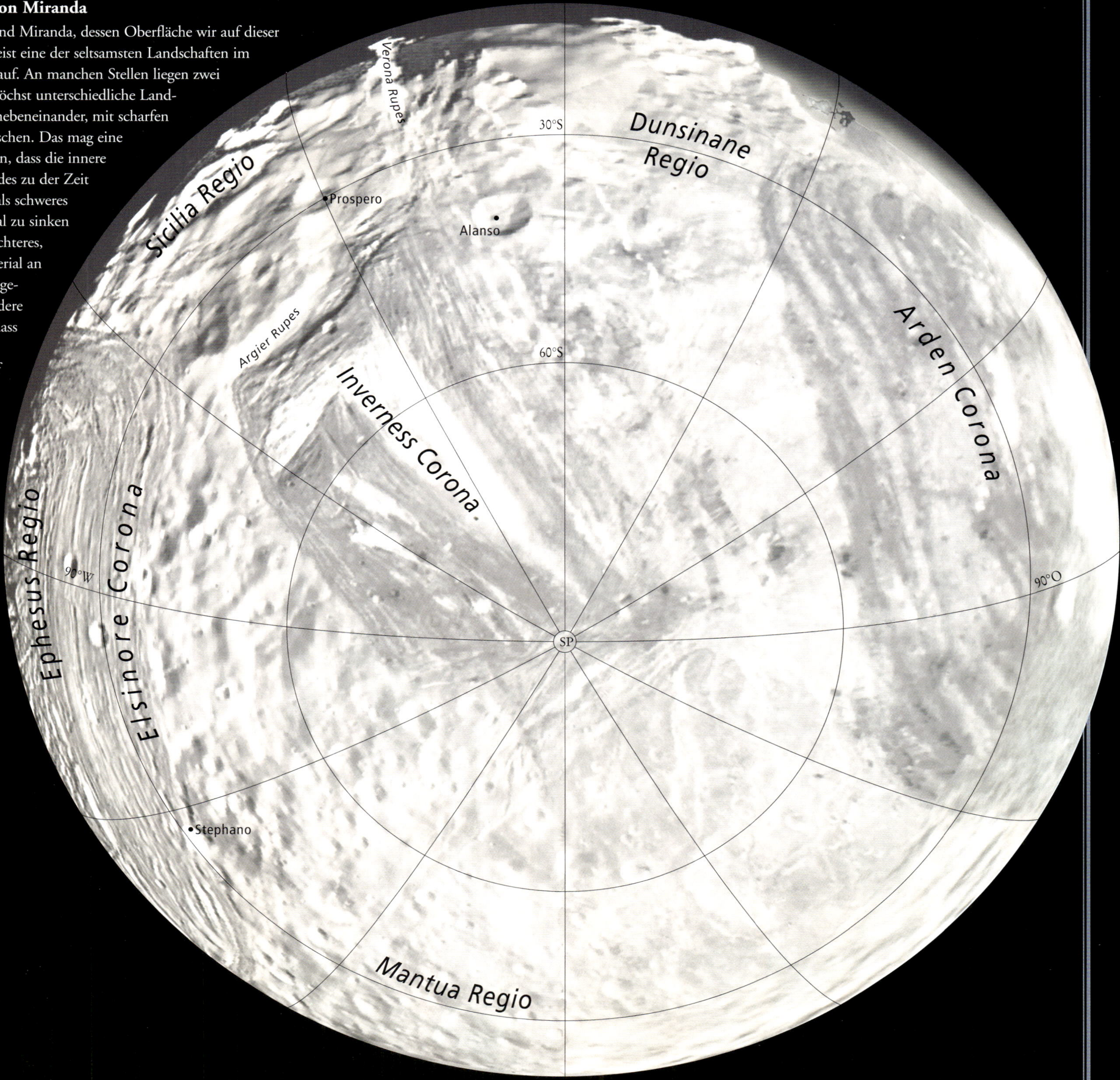

Die Tektonik und ihre Bewegungen (unten)
Die Oberfläche von Ariel ist von ausgedehnten Rissen und Spalten durchzogen. Planetenwissenschaftler vermuten, dass sie durch tektonische Aktivitäten entstanden sind. In jüngerer Vergangenheit haben sich diese Risse teils mit gefrorenen Ablagerungen gefüllt, aber ihre Zusammensetzung ist ungewiss.

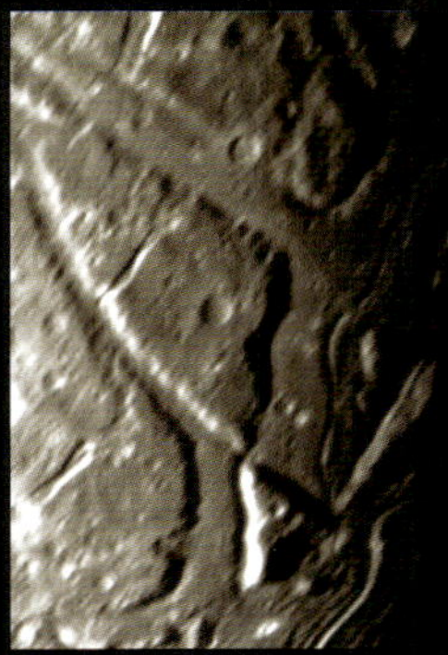

Eine Flickenwelt (unten)
Dieses Foto von Miranda, dem kleinsten der Hauptmonde des Uranus, wurde im Januar 1986 von Voyager 2 aus einer Entfernung von nur 31.000 km aufgenommen. Das linke Gebiet ist stark zerkratert und muss deshalb älter sein als die zerfurchte Region unmittelbar rechts davon. Miranda ist siebenmal kleiner als der Erdmond und ist nicht ganz rund.

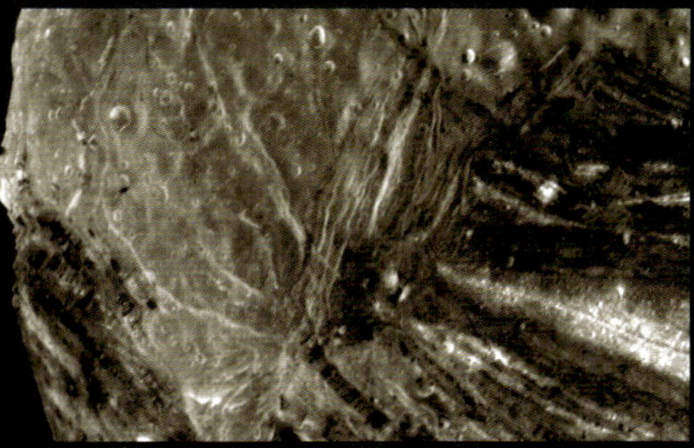

Die höchste Klippe des Sonnensystems (unten)
Obwohl er ein eher winziger Mond ist, kann sich Miranda der höchsten bekannten Klippe im Sonnensystem rühmen. Auf diesem Bild von Voyager 2 sieht man rechts von der Mitte Verona Rupes (18,5° S/12° W), mit einer Höhe von etwa 20 km, zehnmal höher als die Wände des Grand Canyon.

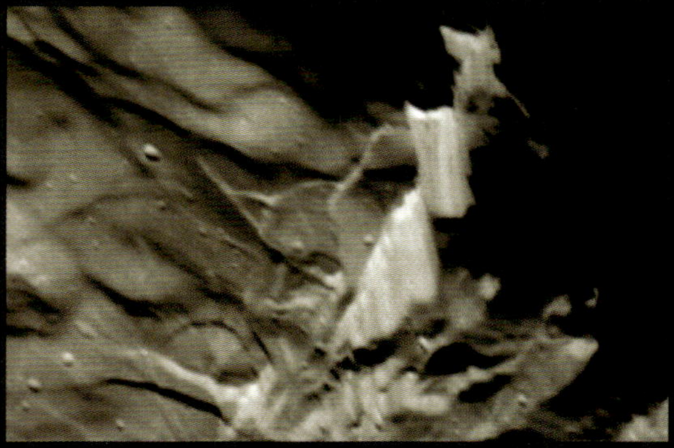

Der Neptun

Der Neptun ist der letzte Außenposten und der fernste der vier Riesenplaneten des Sonnensystems. Wenn der Pluto auf seinem exzentrischen Pfad ins Innere der Neptunbahn gelangt, was zuletzt zwischen 1979 und 1999 der Fall war, wird der Neptun sogar zum fernsten aller Planeten und ist dann mehr als 30-mal weiter von der Sonne weg als die Erde. So weit draußen scheint eine 900-mal blassere Sonne als auf der Erde, aber trotz dieses düsteren und winterlichen Aufenthaltsortes ist der Neptun ein auffällig aktiver Planet. Bedenkt man, wie sehr sich Neptun und Uranus in Umfang und Aufbau ähneln, dann ist es überaschend, wie unterschiedlich ihr Erscheinungsbild ist. Denn während unsere kurzen Blicke auf Uranus eine bleiche und relativ merkmalslose Welt gezeigt haben, ist der Neptun ein schönes, eisblaues Juwel, das von Wolkenbändern umgeben ist, die zwar nicht so auffällig sind wie beim Jupiter, aber dennoch nicht zu übersehen sind. Der Planet wird von gewaltigen Stürmen heimgesucht und hat auch ein Ringsystem, nur ist es sehr dunkel, denn die Bruchstücke, aus denen die Ringe bestehen, sind in dunkle organische Verbindungen gehüllt. Wie alle Riesenwelten verfügt der Neptun über mehrere Monde, mindestens dreizehn an der Zahl. Der Neptun, den man mit einem Fernglas als blaugrünen Punkt sehen kann, wurde 1846 entdeckt, obwohl man seine Existenz schon Jahre zuvor aufgrund von Unregelmäßigkeiten in der Uranusbahn vorausgesagt hatte.

Der blaue Koloss
Der Neptun (links) ist ein weiterer Eisriese, der nur einen Bruchteil kleiner ist als der Uranus, aber immer noch 3,9-mal so groß wie die Erde (rechts).

Neptundaten	
Entdeckt	23. Sept. 1846 von Johann Galle
Durchschnittlicher Sonnenabstand	4.509 Millionen km; 30 AE
Äquatordurchmesser	49.528 km
Rotationsdauer	16,11 h
Masse (Erde = 1)	17,1
Volumen (Erde = 1)	57,7
Gravitation auf Wolkengipfeln	1,2 (Erde = 1)
Durchschnittliche Dichte	1,6 (Wasser = 1)
Entweichgeschwindigkeit	23,5 km/s
Neigungswinkel	28,3°
Sonneneinstrahlung	0,1% der Erde
Albedo (Reflexionsvermögen)	0,62
Anzahl der Monde	13

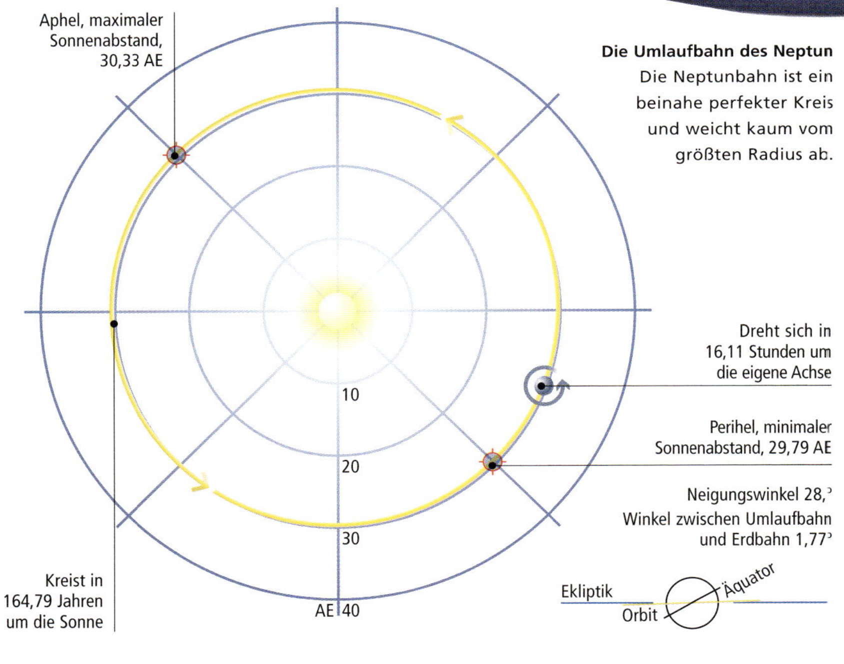

Die Umlaufbahn des Neptun
Die Neptunbahn ist ein beinahe perfekter Kreis und weicht kaum vom größten Radius ab.

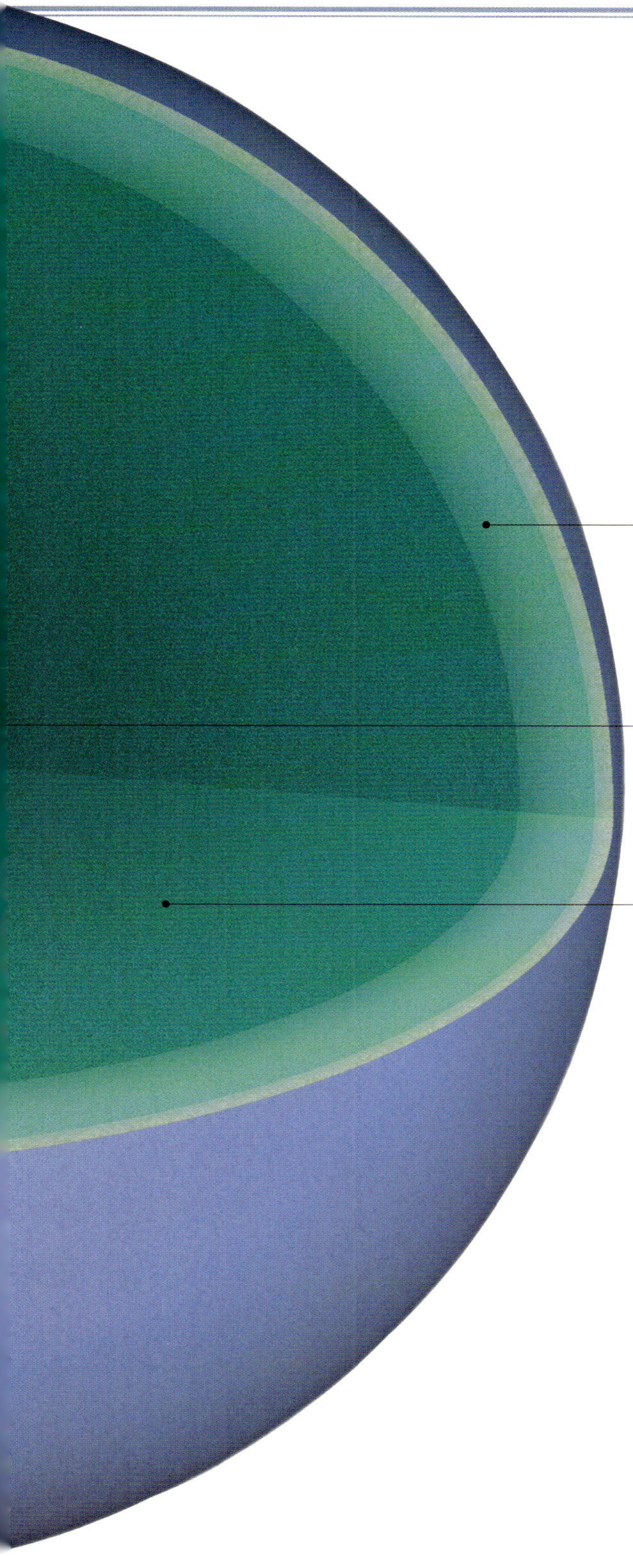

Der Aufbau des Neptun

Das Innere des Neptun sieht möglicherweise so aus wie dasjenige des Uranus, nur mit einem deutlichen Unterschied: Der Neptun besitzt eine innere Wärmequelle, die ihn wärmer hält, als es seine Entfernung von der Sonne sonst zulassen würde. Die Hitze entsteht wahrscheinlich durch einen Prozess, den man Differentiation nennt: Während dichtere Materialien in Richtung des Planetenkerns fallen und dabei leichteres Material nach oben drücken, wird ein Teil der Bewegungsenergie in Wärmeenergie verwandelt. Der Neptun besitzt auch ein Magnetfeld, das im Inneren etwa 25-mal stärker ist als das Erdmagnetfeld.

Der äußere Mantel
Unterhalb der Atmosphäre des Neptun liegt ein Mantel aus Wasserstoff und anderen Verbindungen in eiskalter, flüssiger Form, ähnlich der entsprechenden Schicht auf dem Uranus.

Der Kern
Der Neptun hat möglicherweise einen inneren Kern aus Gestein, der von einer Schale aus Eis eingehüllt wird, vielleicht sind Eis und Gestein aber auch vermischt.

Der innere Mantel
Unter dem Mantel besteht der Großteil des Planeten, wie auf dem Uranus, aus einer matschigen Mischung, die reich an Wasser, Methan und Ammoniak ist.

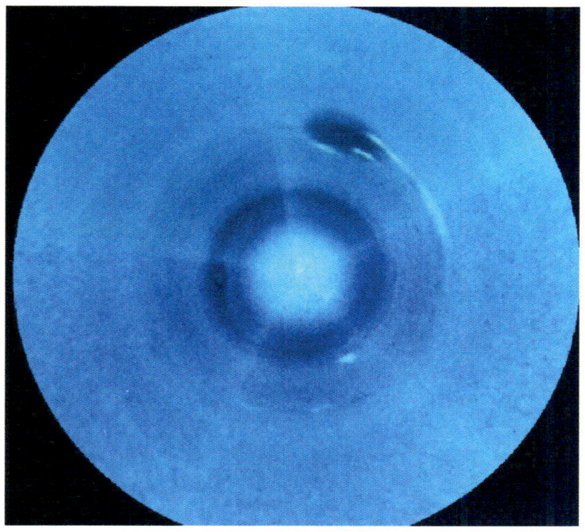

Kurzlebige Stürme
Die Aufnahmen des Neptun von Voyager 2 enthüllten Wolkenbänder und viele verschiedene Sturmsysteme, wie den Großen Dunklen Fleck, den man auf der oberen Hälfte dieses Bildes der Polarregion sieht. Nach dem Jahr 1989, als diese Aufnahme entstand, ist dieser gewaltige Sturm verschwunden.

Die Atmosphäre des Neptun

Obwohl er viel weiter weg ist von der Sonne als der Uranus, weist der Neptun eine deutlich dynamischere Atmosphäre auf. Seine Wolken sollten in geringer Höhe kondensieren und sich im Dunst verlieren, wie auf dem Uranus, aber eine innere Wärmequelle hält seine Atmosphäre stürmisch und bewegt. Die Wolken bestehen aus Methaneiskristallen und vielleicht gibt es weiter unten zusätzliche Schichten aus Ammoniak-, Ammoniumhydrosulfid- und Wassereis.

Die Zusammensetzung der Atmosphäre
Ein Großteil der Atmosphäre des Neptun besteht aus Wasserstoff. Der Heliumanteil liegt bei 18 Prozent und der Rest besteht aus Methan. Im Grunde ist das dieselbe Zusammensetzung wie auf dem Uranus, nur enthält die Neptunatmosphäre mehr Methan.

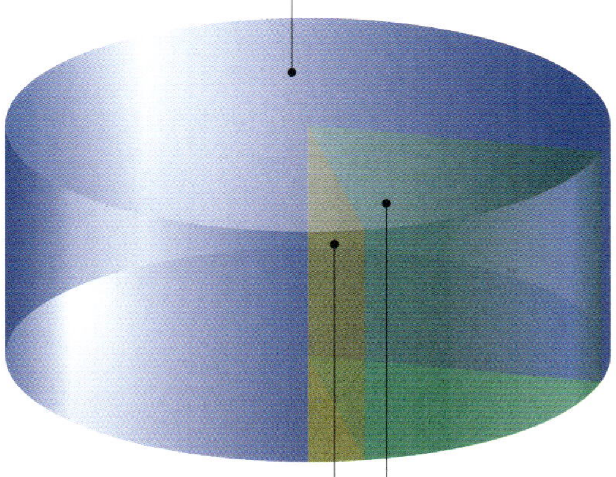

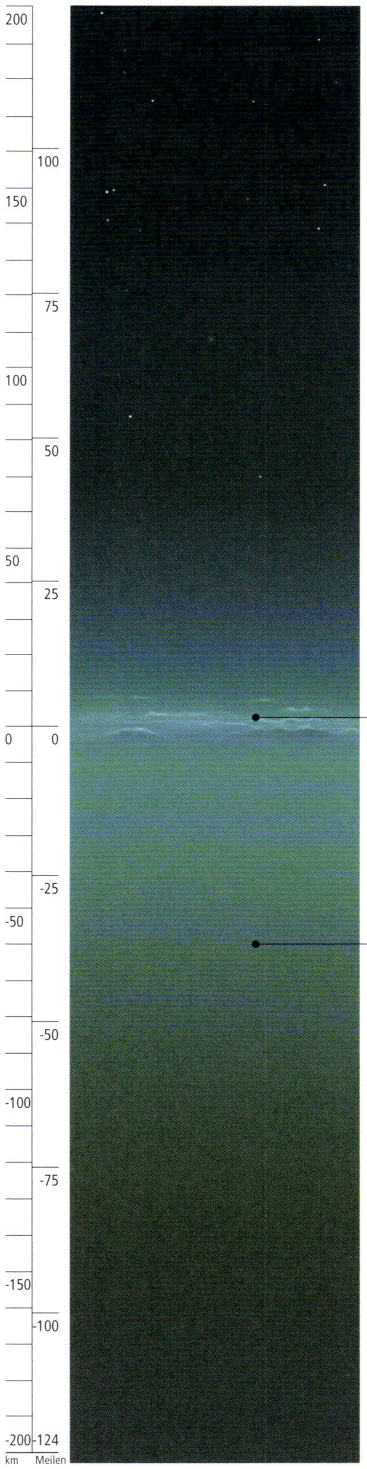

Ein letzter Schuss
Dieses Falschfarbenbild von Neptun ist eine der letzten Aufnahmen von dieser Welt, die Voyager 2 aus geringer Entfernung gemacht hat, bevor die Raumsonde ihre endlose Reise in den interstellaren Raum begann.

Die Neptunkarte

Die Wissenschaftler der Voyager-Mission waren überrascht vom Aussehen des Neptun, als die Raumsonde Voyager 2 im Jahr 1989 an dem Planeten vorbeiflog. Keiner hatte erwartet, in der Atmosphäre so viele Einzelheiten erkennen zu können, denn der Uranus hatte der Voyager-Sonde drei Jahre zuvor ein kahles Gesicht gezeigt und man hatte erwartet, dass der Neptun, der noch weiter von der Sonne entfernt und deshalb deutlich kälter ist, genauso oder noch inaktiver sein müsste. Tatsächlich aber weist er alle Kennzeichen eines energiegeladenen Riesen auf: Wolkenbänder und Zonen, Wirbelstürme und die rasendsten Winde im ganzen Sonnensystem, die in manchen Regionen mit Geschwindigkeiten bis zu 670 m/s wüten, jedoch weniger langlebig sind als auf dem Jupiter. Einige Gebilde, die von Voyager 2 entdeckt wurden, sind wieder verschwunden und neue entstanden. Zirrusähnliche Wolken zeichnen weiße Streifen auf die Oberfläche.

Gekippter Magnetismus (oben)
Wie die anderen Riesen besitzt auch der Neptun ein ansehnliches Magnetfeld, das etwa 25-mal so stark ist wie das Erdmagnetfeld. Aber wie beim Uranus ist das Feld des Neptun stark von seiner Rotationsachse weggeneigt und das Zentrum liegt außerhalb des Kerns. Die Ursache dieser Anomalie ist unbekannt. Auf der oberen Illustration beugt das Magnetfeld des Neptun (1) den Sonnenwind (2) und erzeugt eine Bugstoßfront (3). Es ist bemerkenswert, wie weit die Rotationsachse (4) und die Magnetachse (5) voneinander abweichen.

Ähnlichkeit mit dem Erdhimmel (oben)
Diese erstaunliche Aufnahme von Voyager 2 zeigt zirrusähnliche Wolkenformationen hoch in der Atmosphäre des Neptun, die ihre Schatten auf die darunterliegenden Schichten werfen.

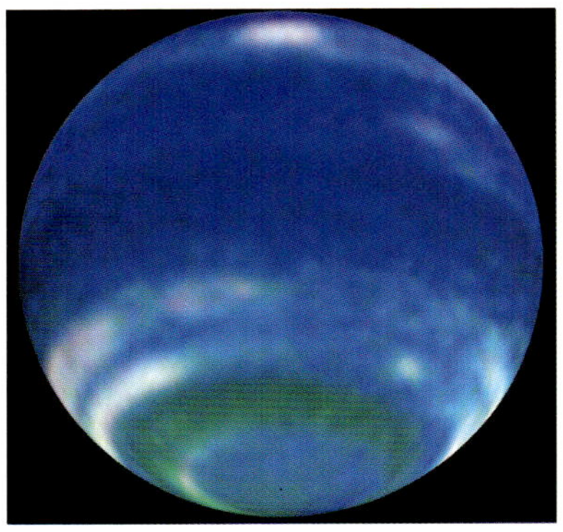

Frühling auf dem Neptun (oben)
Als das Hubble-Weltraumteleskop im Jahr 2002 dieses Bild des Neptun einfing, war der Südpol des Planeten der Sonne viel näher zugewandt als während des Besuchs von Voyager 2. Dieser Wechsel der Jahreszeiten erklärt möglicherweise, warum weiße Wolkenbänder auf der Südhalbkugel des Neptun in den letzten Jahren immer häufiger auftreten.

Stürme, die verschwinden (oben)
Im Jahr 1989 entstand dieses Voyager-Bild vom Großen Dunklen Fleck des Neptun, der von Wolken umgeben war. Obwohl er im Aufbau dem langlebigen Großen Roten Fleck auf Jupiter ähnelte, war der Fleck im Jahr 1994 verschwunden.

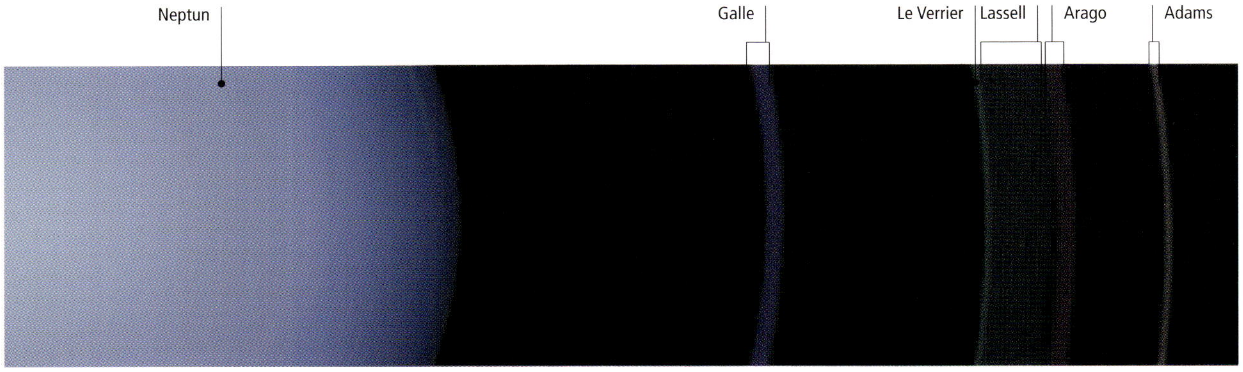

Der bebänderte Neptun
Wie Jupiter und Saturn weist auch der Neptun abwechselnd helle Zonen und dunkle Bänder auf. Diese Bänder und Zonen zeigen Gebiete mit atmosphärischen Turbulenzen, die vielleicht eine Folge der Wärmequelle im Inneren des Neptun sind. Die Ursache dieser Wärmequelle ist bis jetzt noch unbekannt.

Heftige Winde
Die wilden Westwinde des Neptun sind am Äquator am stärksten, wo sie Geschwindigkeiten von mehr als 450 m/s erreichen. In den höheren Breiten legen sie sich, um nahe an den Polen zu Ostwinden zu werden.

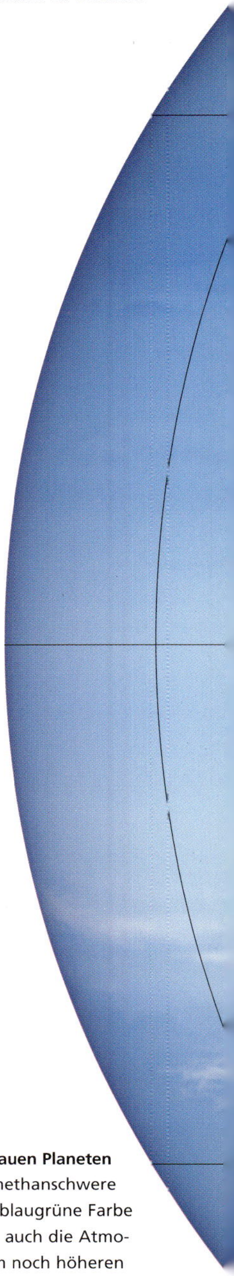

Weiße Wolken über einem blauen Planeten
Auf dieselbe Weise wie die methanschwere Uranusatmosphäre für seine blaugrüne Farbe verantwortlich ist, absorbiert auch die Atmosphäre des Neptun, mit ihrem noch höheren Anteil an Methan, die roten Wellenlängen des Lichts und reflektiert die blauen. Deswegen zeigt der Planet ein tiefblaues Erscheinungsbild. Etwa 50–100 km oberhalb der Wolkendecke ziehen die für den Neptun charakteristischen weißen Wolkenstreifen über den Planeten und verändern so täglich sein Gesicht. Sie bestehen höchstwahrscheinlich aus Methaneiskristallen. Durch die schnelle Rotation des Planeten entstehen die Wolken parallel zum Äquator.

Die Neptunringe (links)
Der Neptun hat fünf bekannte Ringe, die alle dunkel sind, wie die des Uranus. Sie bestehen möglicherweise aus eisigen Felsblöcken, die mit kohlenstoffhaltigen Substanzen angereichert sind. Die Ringe tragen die Namen von fünf Wissenschaftlern, deren Arbeiten unser Wissen über den Neptun beeinflusst haben.

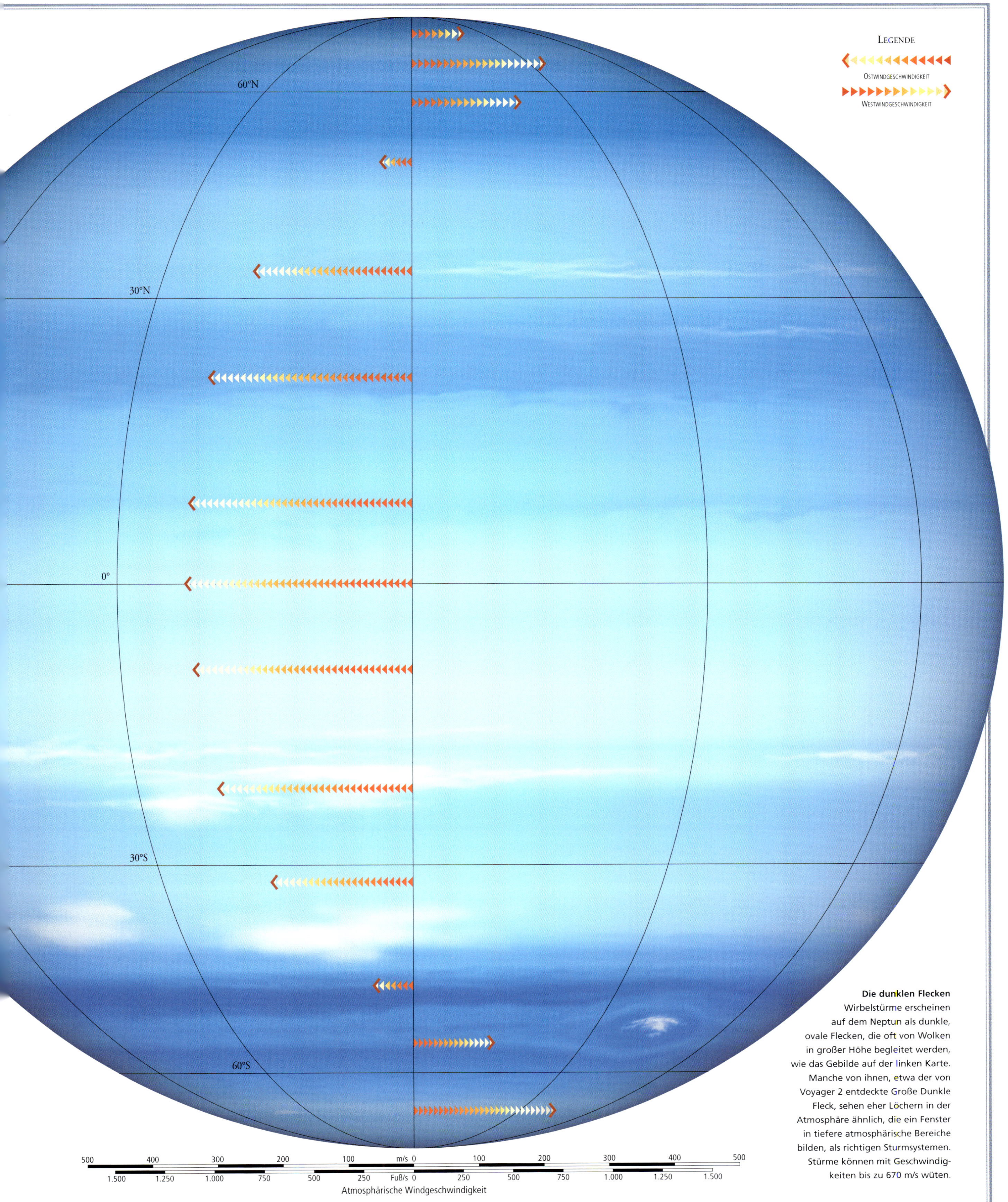

Die dunklen Flecken Wirbelstürme erscheinen auf dem Neptun als dunkle, ovale Flecken, die oft von Wolken in großer Höhe begleitet werden, wie das Gebilde auf der linken Karte. Manche von ihnen, etwa der von Voyager 2 entdeckte Große Dunkle Fleck, sehen eher Löchern in der Atmosphäre ähnlich, die ein Fenster in tiefere atmosphärische Bereiche bilden, als richtigen Sturmsystemen. Stürme können mit Geschwindigkeiten bis zu 670 m/s wüten.

Die Neptunmonde

Der Neptun wird von dreizehn Monden umkreist. Er hat weniger Begleiter als die anderen Gas- und Eisriesen, aber die geringere Anzahl mag darauf zurückzuführen sein, dass die anderen Planeten näher bei der Erde und ihre Monde deshalb leichter zu finden sind. Im Jahr 1846 war der mächtige Triton der erste Neptunmond, der entdeckt wurde, nur wenige Wochen nach der Entdeckung des Neptun. Nereide kam 1949 zum Vorschein. Nereide ist der drittgrößte Mond, obwohl er nur ein Achtel der Größe von Triton erreicht. Die Raumsonde Voyager 2 erhöhte im Jahr 1989 die Zahl auf acht. Seither wurden 2002 vier Monde und 2003 einer entdeckt, die bis jetzt noch keine Namen erhalten haben.

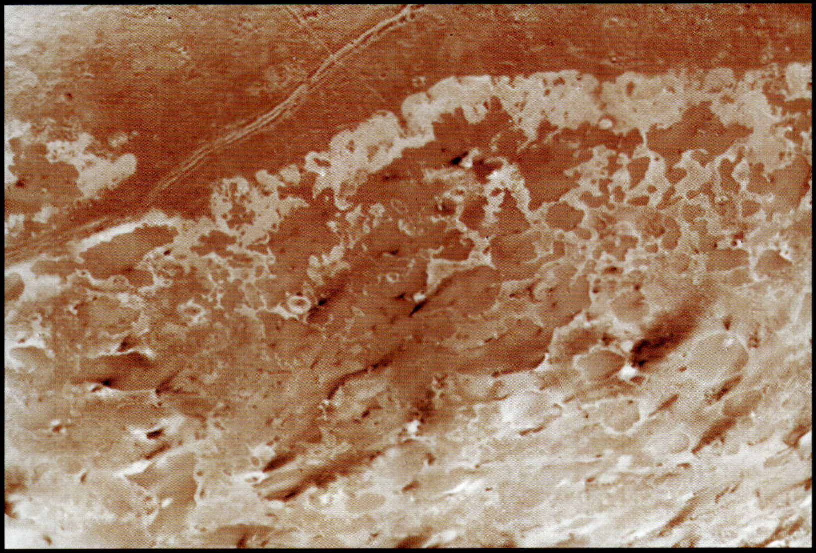

Eisige Geysire (oben)
Dieses Foto von Triton stammt von Voyager 2 und zeigt eine auffällig aktive Oberfläche, wenn man bedenkt, dass die Oberflächentemperatur -235 °C beträgt, was diesen Mond zum kältesten im Sonnensystem gemessenen Objekt macht. Die dunklen Streifen sind Ablagerungen von Stickstoffraureif um aktive Geysire.

Größenvergleich (unten)
Triton ist der einzige große Mond des Neptun. Mit einem Durchmesser von 2.707 km ist er der siebtgrößte Mond im Sonnensystem. Nereide, Larissa und Proteus haben nur einen Bruchteil des Umfangs von Triton. Alle anderen sind noch viel kleiner.

Die Mondbahnen
Dieses Diagramm zeigt die Bahnen dreier großer Neptunmonde: Larissa, Proteus, und Triton. Wenn man die anderen Monde miteinbezieht, dann hat das gesamte Neptunsystem einen gewaltigen Radius von 46,7 Millionen km oder fast einem Drittel des Radius der Erdumlaufbahn.

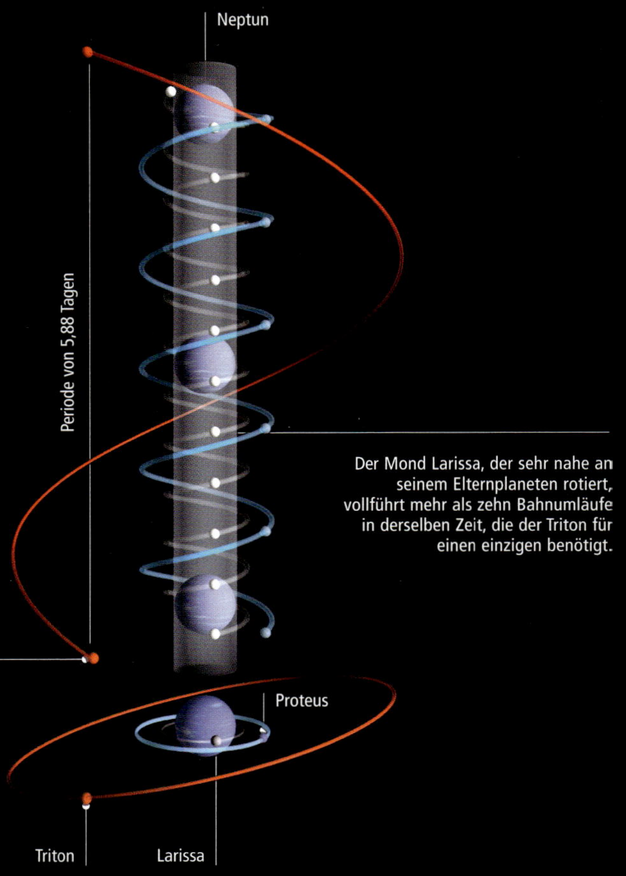

Die exzentrische Bahn der Nereide (unten)
Die Bahn von Nereide ist weiter in die Länge gestreckt als die Umlaufbahn jedes anderen Mondes und der Abstand zum Planeten schwankt zwischen 1,3 und 9,5 Millionen km. Wie Triton ist auch dieser Mond wahrscheinlich ein eingefangenes Objekt aus dem Kuipergürtel.

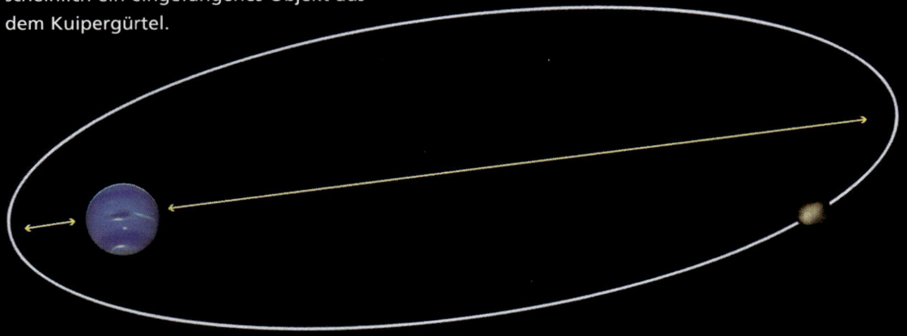

Triton
Entdeckt: 1846
Durchmesser: 2.707 km
Durchschnittlicher Bahnradius: 354.760 km
Umlaufdauer: 5,88 Erdtage

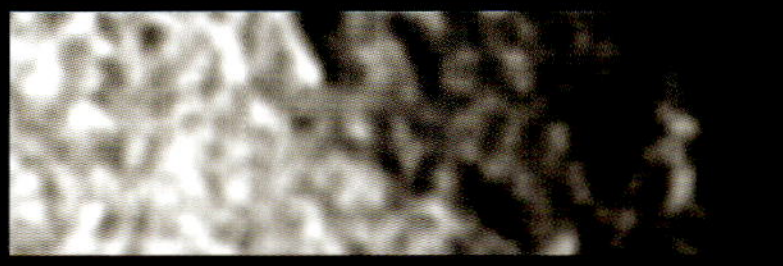

Proteus
Entdeckt: 1989
Durchmesser: 420 km
Durchschnittlicher Bahnradius: 117.647 km
Umlaufdauer: 1,12 Erdtage

Nereide
Entdeckt: 1949
Durchmesser: 340 km
Durchschnittlicher Bahnradius: 5.513.400 km
Umlaufdauer: 360,14 Erdtage

Larissa
Entdeckt: 1989
Durchmesser: 196 km
Durchschnittlicher Bahnradius: 73.548 km
Umlaufdauer: 13,31 h

Eine Karte von Triton

Die einzigen Bilder von der Oberfläche des Triton stammen von der Voyager-Mission. Obwohl viele von ausgezeichneter Qualität sind, konnte die Raumsonde bei ihrem Vorbeiflug nur etwa die Hälfte der Oberfläche fotografieren, die Nordpolregion gar nicht. Die Oberfläche des Triton ist bizarr, speziell die „Cantaloupe" genannte Landschaftsform aus gefrorenem Stickstoff und Methan, die man nur auf demTriton findet, so etwa das Gebiet Monad Regio.

Die Skala gilt für Breite 30° S / Länge 0°

km 0 250 500 – Meilen 0 250 500

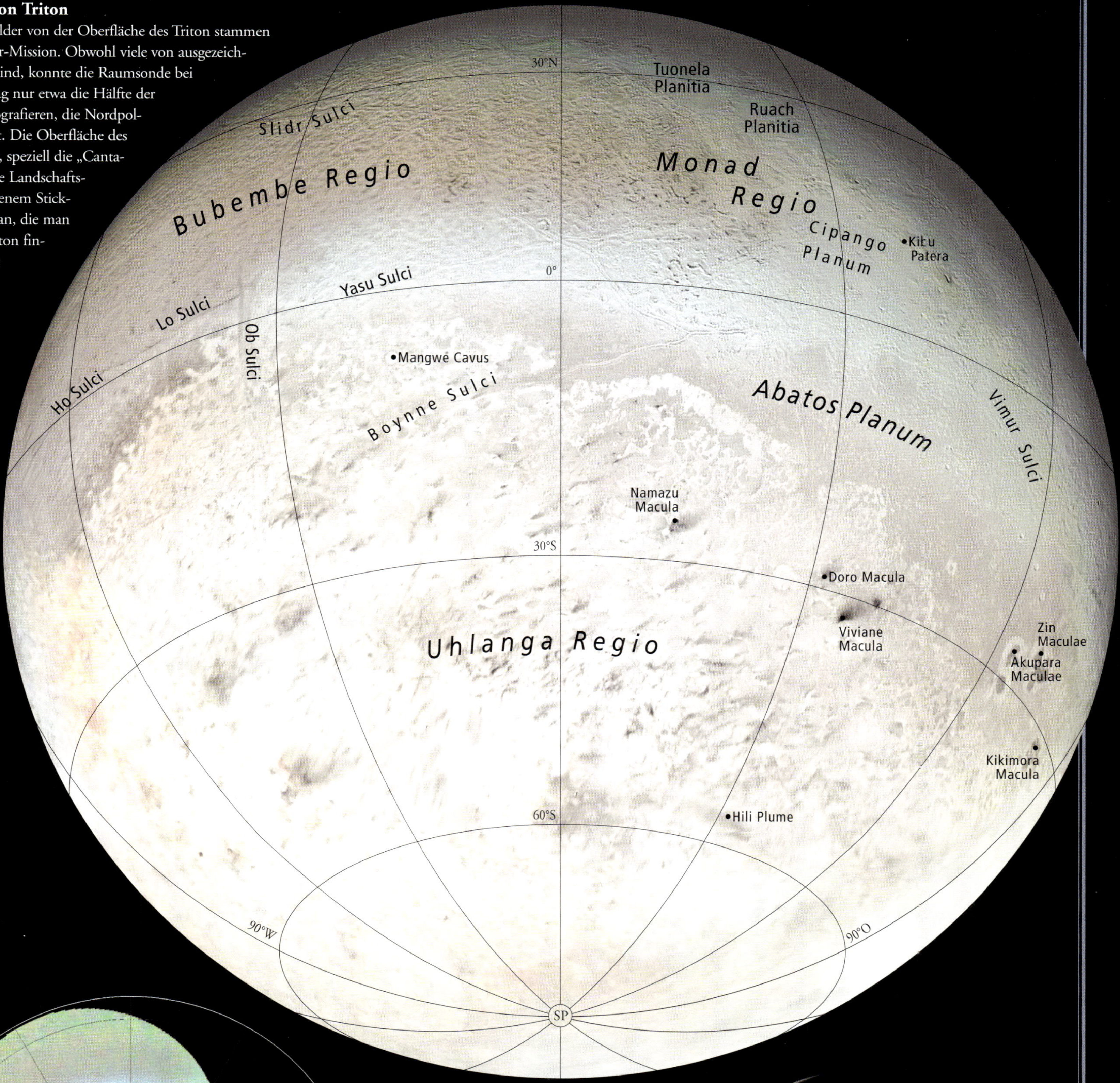

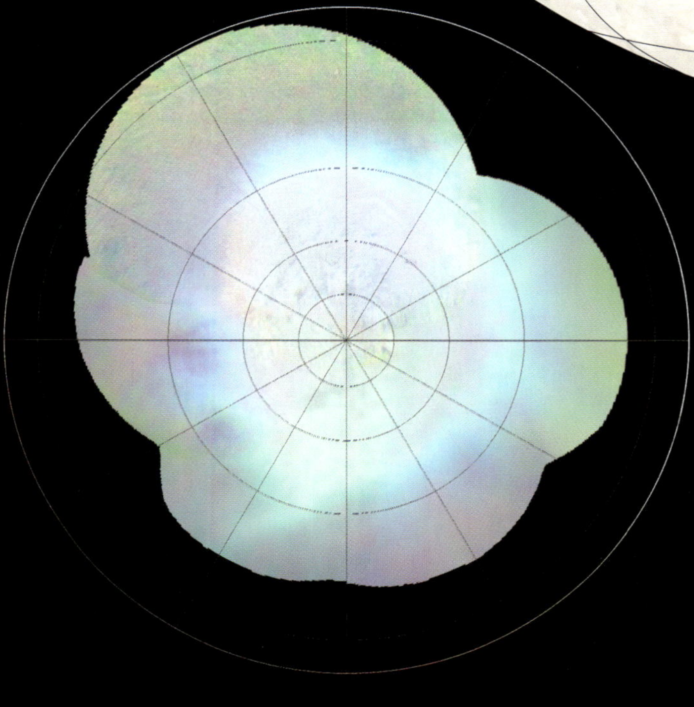

Der Südpol des Triton (links)

Diese Bildmontage von Voyager 2 zeigt den Südpol des Triton und enthüllt eine Kappe aus gefrorenem Stickstoff und Methan, die sich bis auf zehn Grad nördlich des Äquators erstreckt. Möglicherweise bestehen die von der Kappe ausgehenden Strahlen aus frischem Schnee oder Raureif, der von Winden in der dünnen Atmosphäre des Triton verweht wird.

Vom Rand des Sonnensystems (rechts)

Voyager 2 hielt dieses Bild von Neptun und Triton, nach dessen größter Annäherung an den Neptun und in wachsener Phase, fest. Es war unter den letzten Planetenbildern, die während des Voyager-Programms entstanden sind.

Pluto und Charon

Der letzte Planet im Sonnensystem ist Pluto und er ist eine sonderbare Welt: sehr klein (beträchtlich kleiner als der Merkur), seine Umlaufbahn ist stärker in die Länge gestreckt und geneigt als die eines jeden anderen Planeten und seine Zusammensetzung aus Gestein mit einem hohen Anteil an Eis ist einzigartig. Pluto ist weder ein terrestrischer noch ein Riesenplanet und steht als eine Klasse für sich, doch es gibt hunderte Objekte, die eine vergleichbare Zusammensetzung und (von denen einige) ähnliche Ausmaße aufweisen: die Objekte aus dem Kuipergürtel – eisige, steinige, asteroidenähnliche Welten, die man hinter der Bahn des Neptun gefunden hat. Hätte man den Pluto erst im vergangenen Jahrzehnt entdeckt, so würde man ihn heute für das größte Objekt aus dem Kuipergürtel halten, aber aus historischen Gründen behält er den Status eines Planeten bei. Im Jahr 1978 fand man an seiner Seite einen großen Mond, etwa halb so groß wie der Planet selbst, der später Charon genannt wurde. Diese beiden kleinen Welten umkreisen einander in 6,39 Tagen und zeigen einander immer dasselbe Gesicht wie unser Mond der Erde.

Miniwelten
Der Pluto (hier links mit Charon) weist nur 18 Prozent des Erdumfangs auf und sein Durchmesser beträgt nur 67 Prozent des Monddurchmessers.

Plutodaten	
Entdeckt	18. Februar 1930 von Clyde Tombaugh
Durchschnittlicher Sonnenabstand	5.906,4 Millionen km); 39,9 AE
Durchmesser	2.390 km
Rotationsdauer (siderisch)	6,39 Erdtage
Masse (Erde = 1)	0,002
Volumen (Erde = 1)	0,006
Oberflächengravitation	0,06 (Erde = 1)
Durchschnittliche Dichte	1,75 (Wasser = 1)
Entweichgeschwindigkeit	1,2 km/s
Neigungswinkel	122,5°
Durchschnittstemperatur	–223 °C
Sonneneinstrahlung	0,04–0,1% der Erde
Albedo (Reflexionsvermögen)	0,5
Anzahl der Monde	1 (Charon)

Charondaten	
Entdeckt	22. Juni 1978 von James Christy
Äquatordurchschnitt	1.186 km
Durchschnittsabstand zu Pluto	19.600 km
Rotationsdauer (siderisch)	6,39 Erdtage
Umlaufdauer	6,39 Erdtage

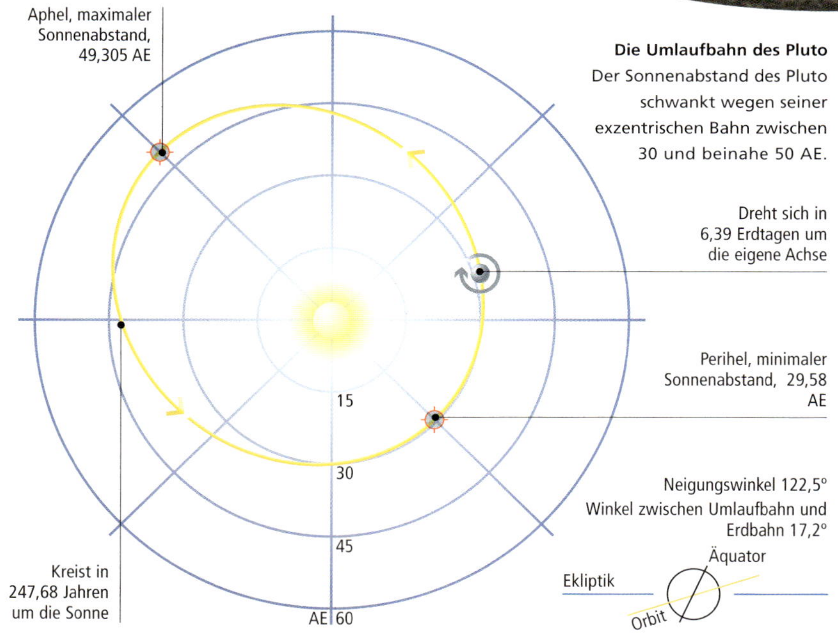

Die Umlaufbahn des Pluto
Der Sonnenabstand des Pluto schwankt wegen seiner exzentrischen Bahn zwischen 30 und beinahe 50 AE.

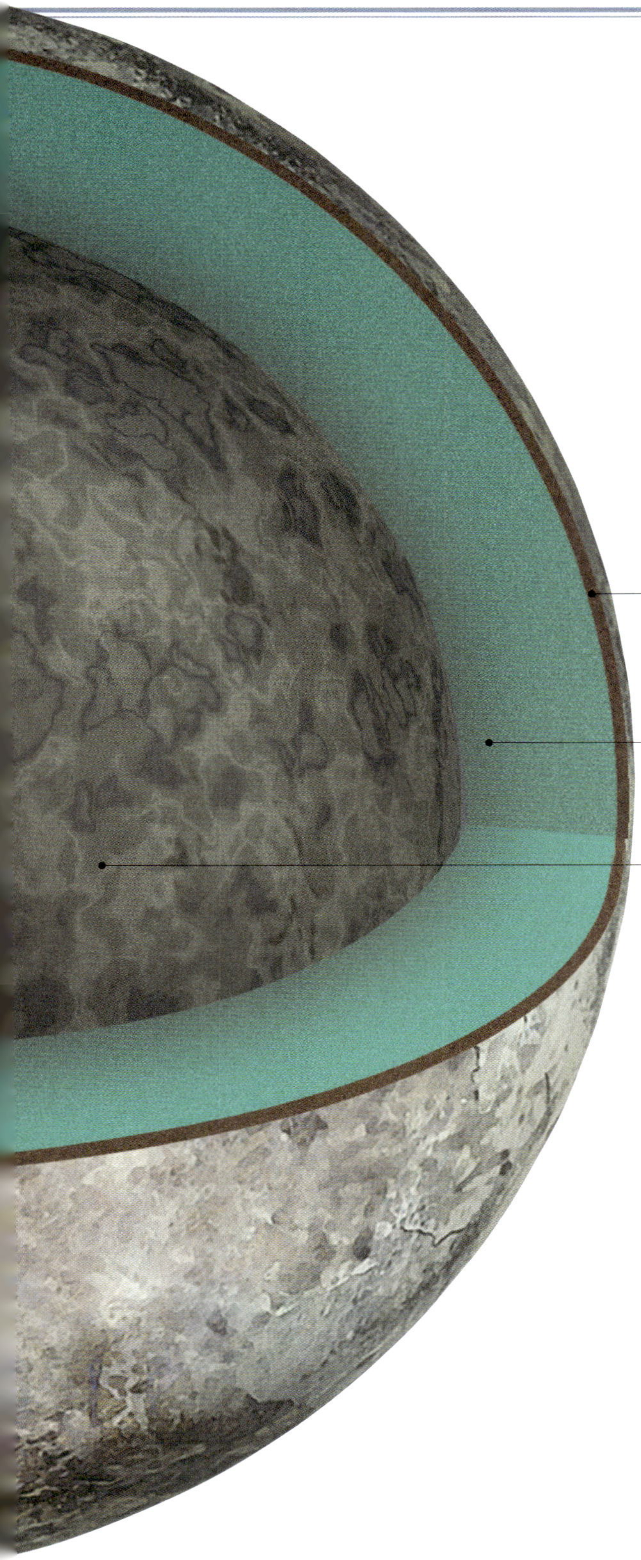

Der Aufbau von Pluto und Charon

Obwohl das Äußere des Pluto eisig und gefroren ist, weist seine hohe Dichte darauf hin, dass er eine große Menge Gestein birgt. Da noch keine Raumsonde diese Welt besucht hat, weiß man nur wenig über sie. Jüngsten Schätzungen zufolge besteht diese Welt zu 70 Prozent aus Gestein und der Rest aus Eis. Viele Astronomen vermuten, dass Pluto dem größten Neptunmond Triton ähnlich ist. Charon hat eine geringere Dichte als Pluto, was auf einen höheren Anteil an Eis hinweist. Vielleicht verbirgt Charon unter seiner Oberfläche aufgrund der Wärme, die durch unterirdische Bewegungen entsteht, einen Ozean. Der Dichteunterschied weist darauf hin, dass die beiden Welten unabhängig voneinander entstanden sind. Messungen der Albedo zeigen, dass die Plutooberfläche großteils von Stickstoffeis bedeckt ist, während man auf Charon hauptsächlich Wassereis findet.

Die Kruste
Die Ausdehnung der Kruste des Pluto ist unbekannt. Man glaubt, dass sie von Eisflecken aus Stickstoff, Wasser, Methan und Ethan bedeckt ist. Es gibt auch dunkle Gebiete, die vielleicht organische Substanzen bergen.

Der Mantel
Der Mantel des Pluto ist wahrscheinlich reich an verschiedenen Arten von Eis und enthält hohe Mengen an gefrorenem Wasser.

Der Kern
Unterhalb des Mantels liegt ein fester Kern, der einen Großteil des Plutoinneren einnimmt. Dieser besteht vielleicht zum Großteil aus steinigen Silikatmaterialien.

Neue Horizonte
Zwar war noch keine Raumsonde auf dem Pluto, aber wenn die NASA mit ihrem Raumschiff New Horizons erfolgreich ist, wird sich das bald ändern. Hier sieht man, wie ein Künstler die Sonde auf ihrer Mission sieht, in deren Verlauf Pluto und Charon bis ins Detail vermessen und ihre Atmosphärer untersucht werden sollen. New Horizons soll den Pluto im Jahr 2015 erreichen.

Doppelplaneten
Auf diesem Hubble-Foto sind der Pluto (lin<s) und Charon (rechts) nur 0,6 Bogensekunden voneinander entfernt, das entspricht ungefähr einer kleinen Münze in 2,8 km Entfernung.

Die Atmosphären von Pluto und Charon

Der Pluto besitzt eine Atmosphäre, aber diese dünne Hülle aus Stickstoff, Methan und Kohlenmonoxid steht an der Oberfläche unter einem Druck, der nur ein Zehnmillionstel des Druckes auf der Erde beträgt. Das entspricht dem Druck in 80 km über der Erdoberfläche, in der oberen Mesosphäre, wo die Meteoriten verglühen. Die Atmosphäre des Pluto reicht ungefähr 600 km weit in den Weltraum und verändert sich ständig. Wenn sich der Planet auf seiner elliptischen Bahn von der Sonne wegbewegt, dann friert seine Atmosphäre und fällt als Schnee auf die Oberfläche. Es ist ungewiss, ob auch Charon eine Atmosphäre besitzt, doch manche Wissenschaftler meinen, dass sich Charon und Pluto so nahe sind, dass sie atmosphärische Teilchen austauschen.

Der Pluto in Farbe
Dies ist das klarste Bild, das wir derzeit von der Oberfläche des Pluto haben. Offensichtlich ist der Planet braun, mit einem dunklen Band unbekannter Zusammensetzung und Herkunft, das sich beidseitig um den Äquator windet.

Die Zusammensetzung der Atmosphäre
Die Erkenntnisse über die atmosphärische Zusammensetzung des Pluto stammen von Beobachtungen, die gemacht wurden, als der Planet vor einem genügend hellen Stern vorüberwanderte.

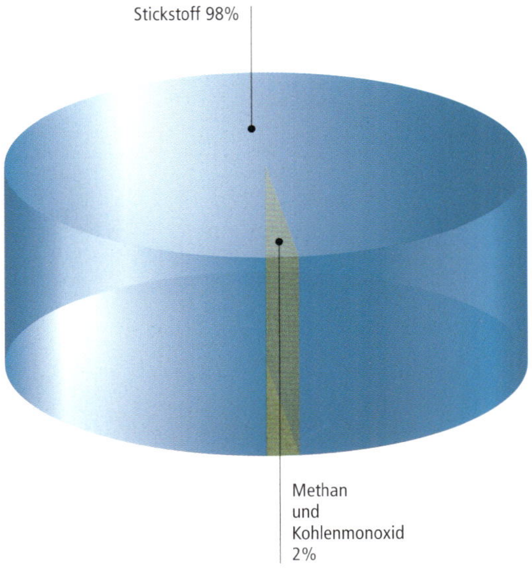

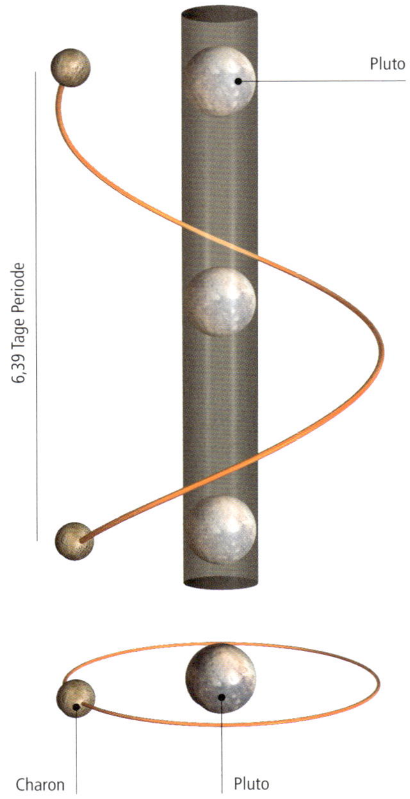

Die Umlaufbahnen von Charon and Pluto
Ein Tag auf dem Pluto sowie die Rotations- und die Umlaufperiode des Charon dauern alle gleich lang: 6,39 Erdtage. Vom Pluto aus gesehen würde der Charon immer dasselbe Gesicht zeigen und immer an derselben Stelle am Himmel stehen.

Der Kuipergürtel

Im Jahr 1992 entdeckten zwei Astronomen ein unbekanntes eisiges Objekt mit einem Durchmesser von 200 km, das in einer Entfernung zwischen 40,9 und 47,0 AE und mit einer Periode von 296 Jahren um die Sonne kreist. Es erhielt den Namen 1992 QB1. Seither hat man hinter der Bahn des Neptun hunderte ähnliche Objekte gefunden und das war der Beweis für die Existenz des Kuipergürtels, eines lange vorhergesagten Gürtels mit eisigen Überresten aus der Zeit der Planetenentstehung um den Rand unseres Sonnensystems. Der Kuipergürtel enthält zwischen zehn Millionen und einer Milliarde tiefgefrorener Objekte. Die meisten befinden sich auf stabilen Bahnen hinter dem Reich der Planeten, doch immer wieder wird eines von der Schwerkraft der äußeren Planeten ins Innere des Sonnensystems gelenkt und zu einem kurzperiodischen Kometen. Astronomen entdeckten bei 50 AE die unerwartet scharfe äußere Grenze des Gürtels.

Im Inneren eines Kometen (oben)
Ein Komet ist ein lockeres, uneinheitliches Paket aus Eis und Staub. Wenn er sich der Sonne nähert, durchdringt das Sonnenlicht die Eisschicht der Oberfläche und diese verwandelt sich vom festen direkt in den gasförmigen Zustand. Gas und Staub strömen in den Weltraum und bilden den Kometenschweif.

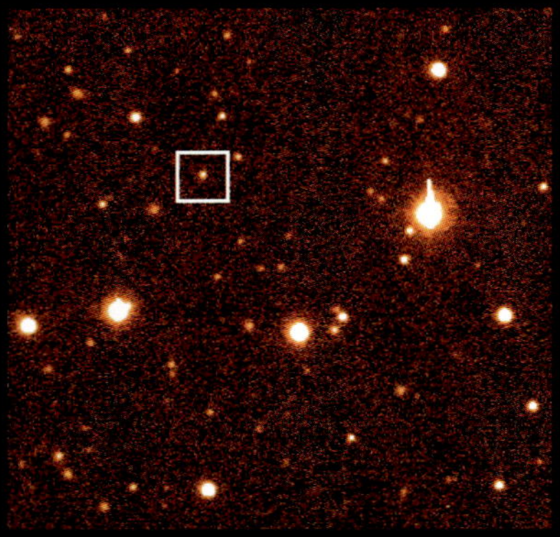

Weit geschleuderte Fünkchen (links)
Die Kuipergürtel-Objekte (KGO) sind so weit entfernt und so klein und dunkel, dass man noch keines genauer untersuchen konnte. Dieses Bild zeigt ein KGO mit dem Namen 2004 DW (im weißen Viereck) und ist eines der besten Fotos von einem KGO, das wir haben.

Ferner Riese (unten)
Eines der größten bisher entdeckten Objekte aus dem Kuipergürtel ist Quaoar (khwa-war ausgesprochen), hier von einem Künstler dargestellt. Quaoar scheint halb so groß zu sein wie Pluto, sein Durchmesser ist in etwa gleich groß wie jener des Plutomonds Charon.

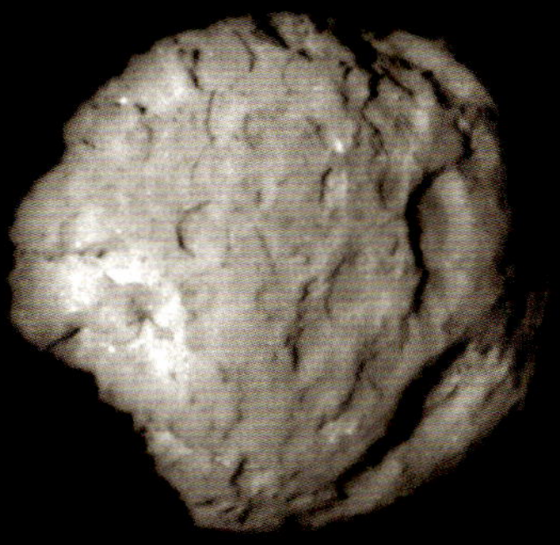

Schmutziger Schneeball (oben)
Der Komet Wild 2, den man hier sieht, war das Ziel der Raumsonde Stardust der NASA, die am 2. Januar 2004 an ihm vorübergeflogen ist und Staub aus der Koma sammelte. Dies ist eines der klarsten Fotos, die wir von einem Kometenkern haben.

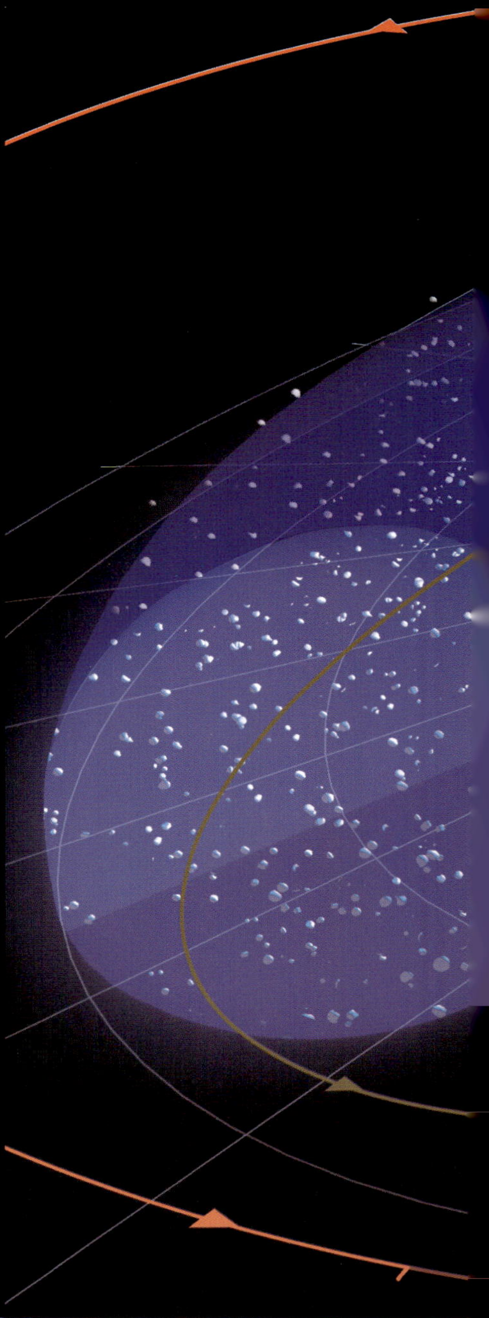

Die Klassifikation der Kometen (rechts)
Kometen werden nach Bahnlänge und Neigungswinkel unterteilt. Kurzperiodische Kometen werden in zwei Untergruppen geteilt: Jupiter-Typ und Halley-Typ. Kometen vom Jupiter-Typ haben Perioden von weniger als zwanzig Jahren und einen geringen Neigungswinkel zur Ebene des Sonnensystems. Sie haben durchschnittlich kleinere Bahnradien als der Jupiter oder beinahe gleiche, sodass viele in ihren Bahnen von diesem Planeten beeinflusst werden. Halley-typische Kometen haben Perioden, die von 20 bis 200 Jahren reichen. Langperiodische Kometen umkreisen die Sonne mit Perioden zwischen 200 und mehreren Millionen Jahren. Sie (und vielleicht auch die vom Halley-Typ) stammen aus der Oortschen Wolke und nähern sich aus allen Richtungen.

Eine Karte vom Kuipergürtel (unten)
Der Kuipergürtel, der sich zwischen 30 und 50 AE erstreckt, hat drei Arten von Bewohnern. Die klassischen KGO (gelb) befinden sich in einer Zone zwischen 40 und 50 AE. Die resonanten Objekte (blau) haben Bahnen, die auf den Neptun abgestimmt sind. Zuletzt gibt es noch die verstreuten KGO (rot), die stark geneigt sind. Jedes Objekt kreuzt die Ekliptik an Bahnknotenpunkten, die auf der unteren Karte als Häkchen auf den Bahnen dargestellt sind.

Einige repräsentative Kometen

Jupiter-typ. Kometen	Periode	Perihelabstand	Zuletzt gesehen
Encke	3,30 Jahre	0,340 AE	2003
Wild 2	6,39 Jahre	1,583 AE	2003
Borrelly	6,86 Jahre	1,358 AE	2001
Halley-typ. Kometen			
Tempel-Tuttle	32,91 Jahre	0,982 AE	1998
Crommelin	27,9 Jahre	0,743 AE	1984
Halley	76,1 Jahre	0,587 AE	1986
Langperiod. Kometen			
Hale-Bopp	2.320 Jahre	1,315 AE	1997
Hyakutake	72.000 Jahre	0,230 AE	1996

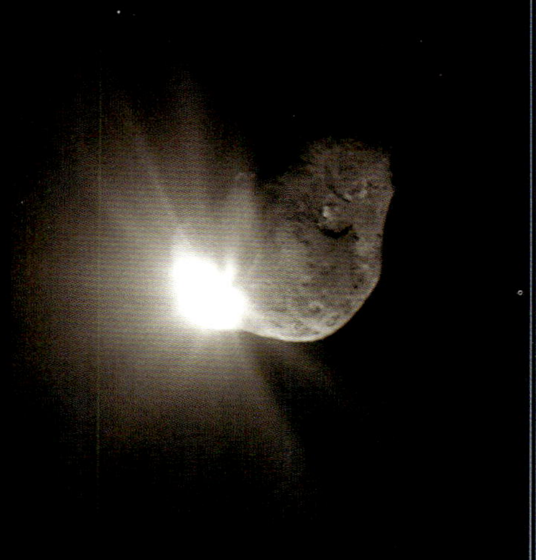

Tiefer Einschlag (oben)
Am 4. Juli 2005 wurde der Kern des kurzperiodischen Kometen Tempel 1 von einem Einschlagssegment der Deep-Impact-Raumsonde der NASA mit einer Geschwindigkeit von mehreren Kilometern pro Sekunde getroffen. Die vorüberfliegende Sonde hat 67 Sekunden nach dem Einschlag dieses Bild geschossen, das eine von der Sonne beleuchtete Rauchwolke aus feinkörnigem Auswurfsmaterial zeigt. Analysen des Einschlags haben Aufschlüsse über die innere Zusammensetzung des Kometen ergeben.

Legende

- ♃ Jupiter
- ♆ Neptun
- ♇ Pluto
- Planetenbahn
- Aphel
- Perihel
- Klassische KGO-Bahn
- Resonante KGO-Bahn
- Verstreute KGO-Bahn
- Klassische KGO-Bahnknoten
- Resonante KGO-Bahnknoten
- Verstreute KGO-Bahnknoten
- Planeten-Bahnknoten

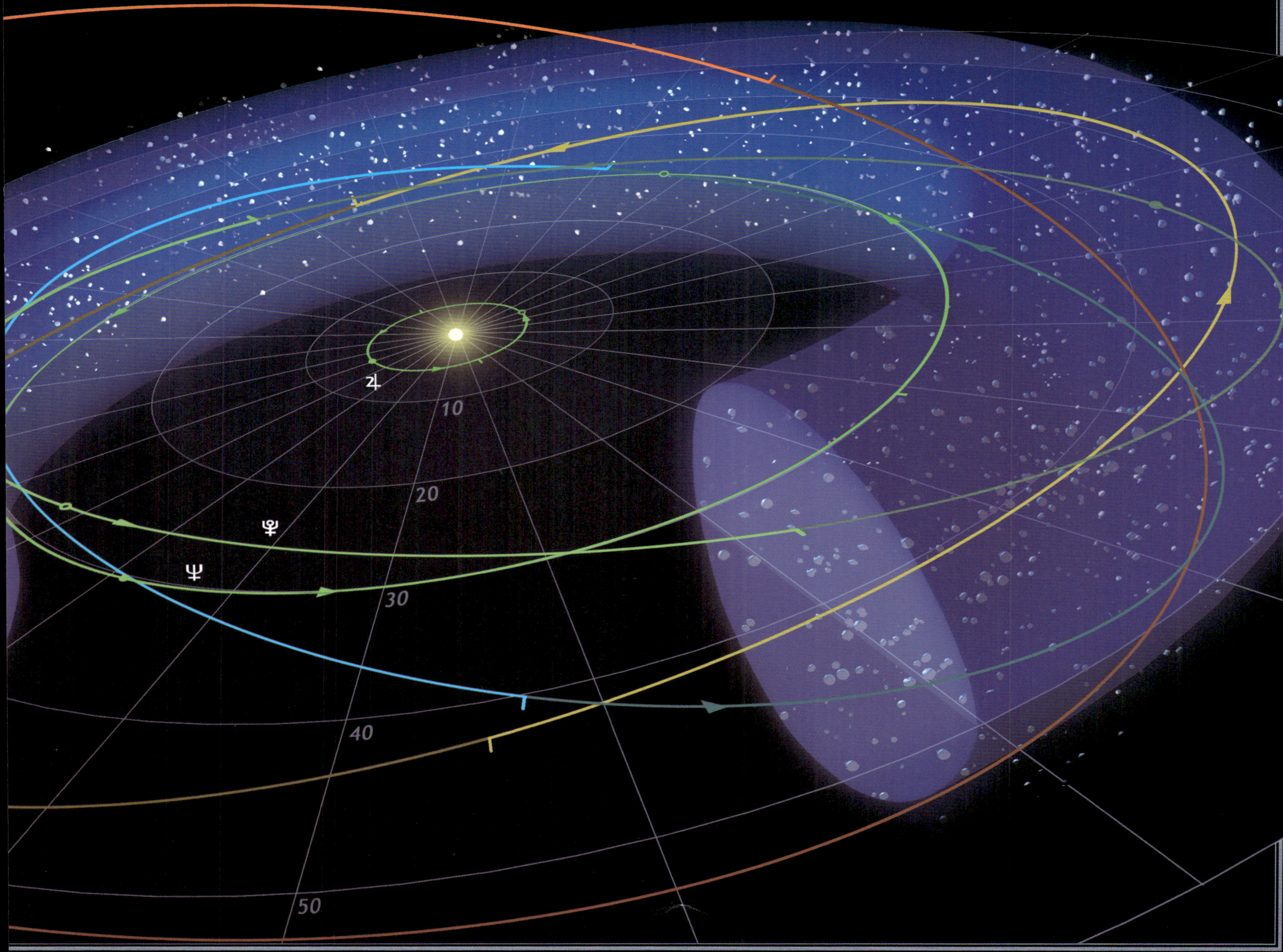

Hinter dem Kuipergürtel

Über hundert Astronomische Einheiten von unserem Stern entfernt und hinter einer Schale, die man Heliopause nennt, befindet sich der Rand des interstellaren Raumes, aber nicht die Grenze des Reiches der Sonne, denn die ist noch tausendmal ferner. Hier scheint die Sonne auf einen kugelförmigen Halo aus Trillionen von eisigen Trümmern, die sogenannte Oortsche Wolke. Wie ihre Verwandten aus dem Kuipergürtel sind die Bewohner der Oort'schen Wolke potenzielle Kometenkerne, doch während der Kuipergürtel der Geburtsort kurzperiodischer Kometen ist, stammen die langperiodischen Kometen aus der Oortschen Wolke. Sedna (rechts abgebildet) kommt aus dem Inneren der OortschenWolke, wurde 2003 entdeckt und erreicht etwa zwei Drittel der Größe des Pluto, die meisten dieser Objekte sind jedoch viel kleiner.

Karte der Oortschen Wolke (rechts unten)
Die Oortsche Wolke ist annähernd kugelförmig und nur durch die Gezeitenkräfte vom Kern der Milchstraße leicht in die Länge gezogen. Sie hat einen Durchmesser von ungefähr 200.000 AE.

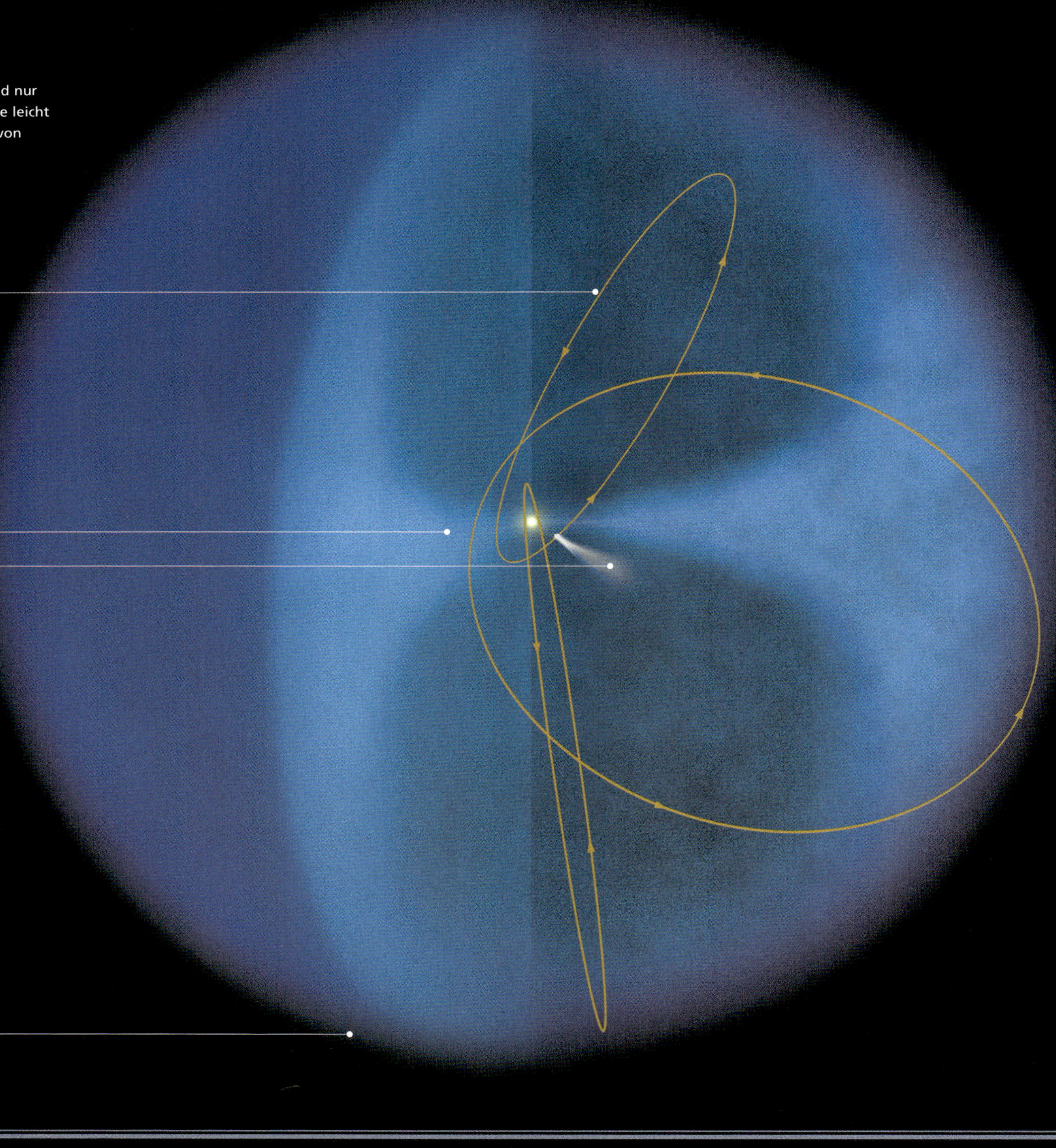

Anders als kurzperiodische Kometen, deren Bahnen einigermaßen mit der Ebene des Sonnensystems übereinstimmen, können die Kometen aus der Oortschen Wolke aus allen Richtungen kommen.

Die innere Oortsche Wolke ist möglicherweise flacher, weil sie näher bei der Sonne liegt, und vermischt sich mit dem äußeren Rand des Kuipergürtels.

Wir können einen Kometen nur sehen, wenn er sich dem inneren Sonnensystem nähert (viel näher als hier gezeigt) und einen langen Schweif bildet. Dieser Komet ist nicht maßstabsgetreu abgebildet.

Der äußere Rand der Oortschen Wolke erstreckt sich wahrscheinlich über ein Drittel der Entfernung zum nächsten Stern.

Die Heliosphäre

Das Sonnensystem wird von der Heliosphäre eingehüllt, einer Blase, die durch den ständigen Fluss geladener Sonnenteilchen ins interstellare Medium entsteht. Ihre innere Grenze, wo der Sonnenwind allmählich vom interstellaren Medium abgebremst wird, nennt man Randschockzone (1). An ihrer äußeren Grenze, wo der Druck des interstellaren Mediums den Druck des Sonnenwindes ausgleicht, liegt die Heliopause (2). Die Heliosphäre bewegt sich durch das interstellare Medium, wodurch am vorderen Rand eine Zone mit Turbulenzen entsteht. Diesen Effekt nennt man Bugstoß (3) – er entspricht der Welle vor einem Boot, das durchs Wasser fährt. Voyager 1 (die längere der beiden orangefarbigen Flugbahnen) hat die Randschockzone im Dezember 2004 überquert, als die Raumsonde etwa 94 AE von der Sonne entfernt war.

Ein Fernteilnehmer (oben)
Der Komet Hale-Bopp, der 1997 beobachtet wurde, war einer der hellsten Kometen im zwanzigsten Jahrhundert. Er war mit bloßem Auge 18 Monate lang zu sehen. Er ist ein langperiodischer Komet mit einer Bahnperiode von 2.320 Jahren und kommt aus der Oortschen Wolke. Dieses Foto zeigt seine beiden Schweife: einen weißen Schweif aus Staub und einen Schweif aus glühendem ionisierten Gas.

In einer Koma (rechts)
Der Komet Hyakutake, der im Jahr 1996 vom gleichnamigen japanischen Astronomen entdeckt wurde, ist ein langperiodischer Komet. Bei seinem letzten Besuch wurde seine Periode durch die Gravitation der Riesenplaneten von 15.000 auf 72.000 Jahre verlängert. Dieses Hubble-Bild zeigt die Koma des Kometen in Nahaufnahme. Der abgelichtete Bereich hat einen Durchmesser von etwa 14.000 km.

Das Leben des Sonnensystems

Wie auf der rechten Abbildung zu sehen ist, hat unser Sonnensystem mit einer dunklen Wolke aus interstellarem Gas und Staub, einer sogenannten Molekülwolke (1), begonnen. Wolkenwirbel führten zu einem Gravitationskollaps und im Verlauf von zwei Millionen Jahren verformte sie sich zu einer Scheibe (2). Das Material in der Scheibe bildete feste Klumpen, sogenannte Planetesimale (3), die sich zu mondgroßen Planetoiden verbanden.(4). Das Sonnensystem war damit nach 30 bis 50 Millionen Jahren gebildet (5) und in der folgenden Periode ging ein heftiger Trümmerregen auf die Planeten nieder, der mehr als eine Milliarde Jahre andauerte (siehe unten). Das Sonnensystem hat sich seit Milliarden von Jahren kaum verändert, doch dieser Gleichgewichtszustand wird nicht ewig bestehen. In etwa fünf Milliarden Jahren wird die Sonne, nachdem ihr Wasserstoffvorrat verbraucht ist, zu einem Roten Riesen werden und die inneren Planeten verschlingen (6). Darauf wird sie ihre äußeren Schichten abwerfen und einen Planetarischen Nebel erschaffen (7). Übrig bleiben ein Weißer Zwerg und die restlichen Planeten (8).

3
4
5
8

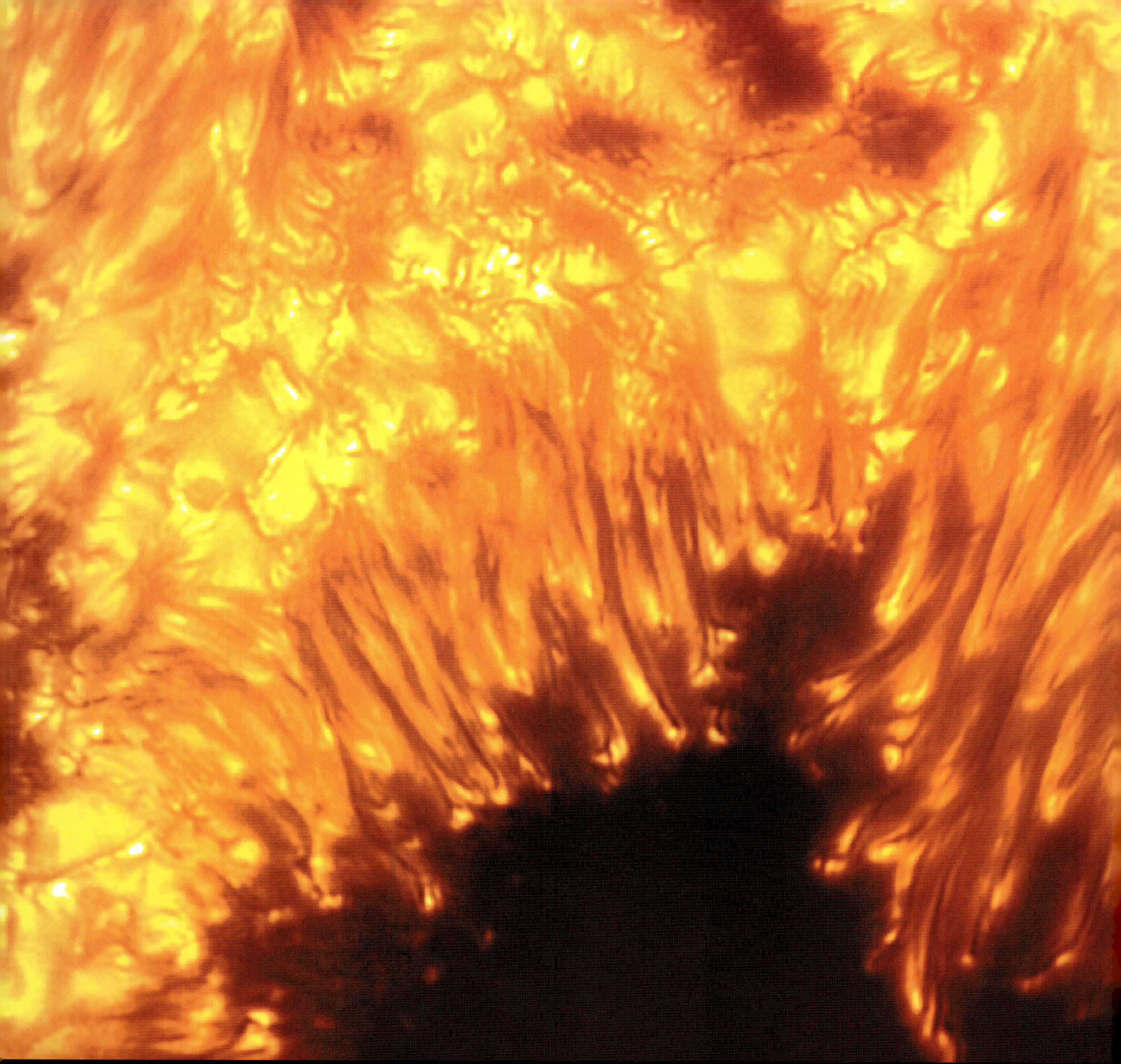

Dieses erstaunliche Bild des Schwedischen Sonnenteleskops zeigt den Aufbau der Sonnenoberfläche in der Nähe eines Sonnenflecks. Das dunkle Gebiet dahinter ist die Umbra, die von der helleren Penumbra umringt ist, und weiter außerhalb die solare Granulation. Das abgebildete Gebiet hat einen Durchmesser von ungefähr 30 000 km.

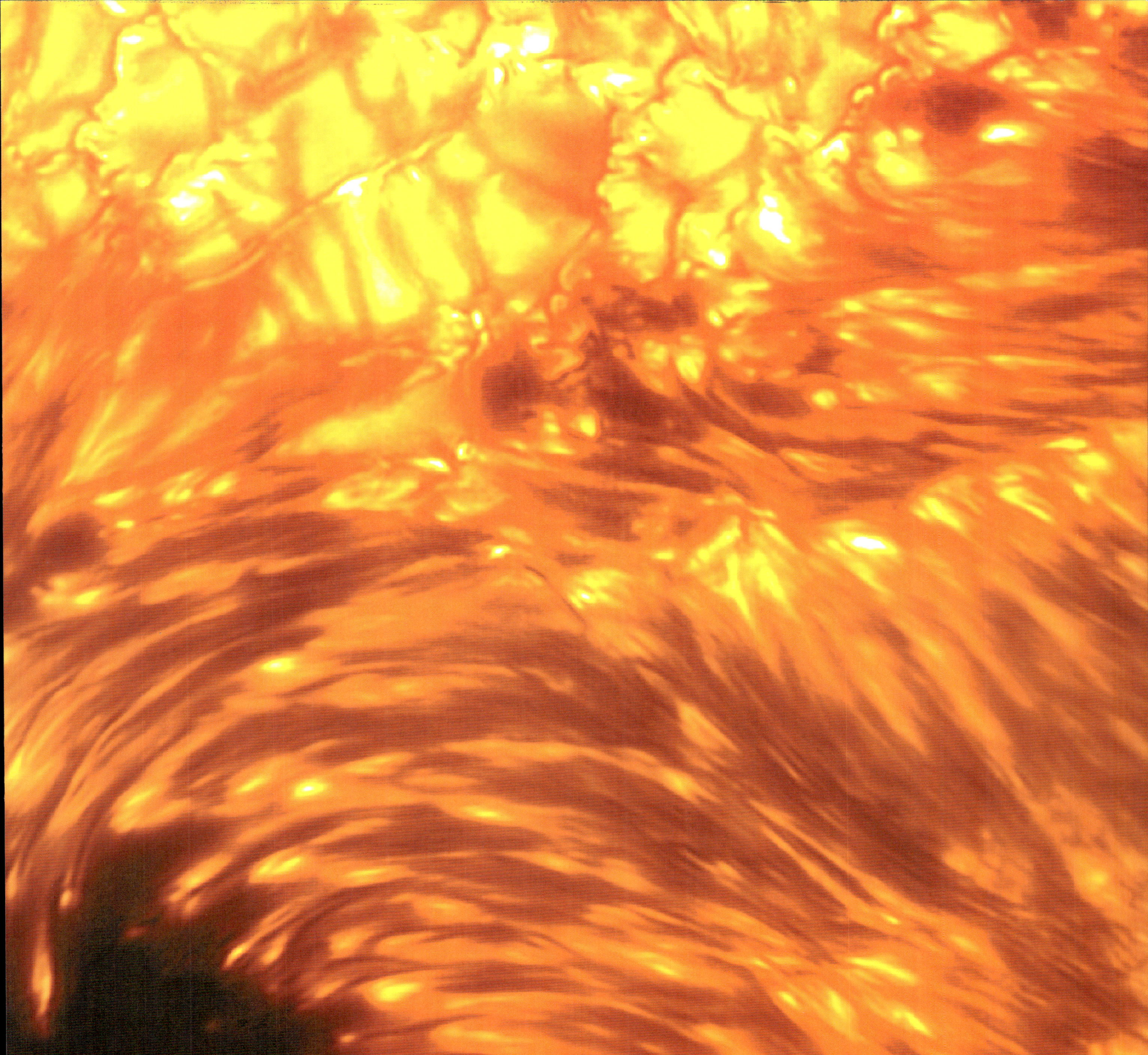

Die Nächsten Sterne

Die Karte der nächsten Sterne

Die Position unserer Sonne im Universum zeichnet nichts Besonderes aus. Sie befindet sich auf etwa zwei Drittel des Weges zum Zentrum der Milchstraße, wo eine gemäßigte Sternendichte herrscht. In einem Bereich von 24 Lichtjahren um die Sonne gibt es 20 Sternsysteme mit insgesamt 30 Sternen. Mehr als die Hälfte bilden Paare oder Dreiergruppen. All diese Sterne, die Sonne eingeschlossen, bewegen sich auf einer riesigen Bahn mit einer Periode von 250 Millionen Jahren um das Zentrum der Milchstraße. Die meisten unserer Nachbarsterne sind Rote Zwerge, ungefähr halb so groß wie die Sonne und etwas kälter. Die rechte Karte zeigt, wie sie vom Sonnensystem aus gesehen verteilt sind. Die geraden Linien sind die 24 Stunden der Rektaszension, während die konzentrischen Kreise Entfernungen in Lichtjahren anzeigen. Man kann auch die Oortsche Wolke sehen, die von der Gravitation des galaktischen Zentrums, das 26.000 Lichtjahre weiter in Richtung der roten Linien auf dem kleineren Diagramm liegt, in die Länge gezogen wird.

Unsere nächsten Nachbarsterne

	System	Sterne	Entf. (LJ)	Sb H	Abs H	Farbe	Spektrum
1	Einzel	Die Sonne	--	–26,8	4,85	Gelb	G2V
2	Dreier	Proxima Centauri	4,22	11,10	15,53	Rot	M5,5V
		α Centauri A	4,39	–0,01	4,38	Gelb	G2V
		α Centauri B	4,39	1,35	5,70	Orange	K1V
3	Einzel	Barnard's Star	5,98	9,54	13,22	Rot	M3,8V
4	Einzel	Wolf 359	7,78	13,46	16,55	Rot	M6,5V
5	Einzel	Lalande 21185	8,26	7,48	10,44	Rot	M2V
6	Doppel	Sirius A	8,55	–1,46	1,47	Blauweiß	A1V
		Sirius B	8,55	8,44	11,34	Weiß	DA2
7	Doppel	Luyten 726-8A	8,73	12,56	15,40	Rot	M5,5V
		Luyten 726-8B	8,73	12,52	15,85	Rot	M5,6V
8	Einzel	Ross 154	9,45	10,45	13,07	Rot	M3,6V
9	Einzel	Ross 248	10,32	12,27	14,79	Rot	M5,5V
10	Einzel	ε Eridani	10,50	3,73	6,19	Orange	K2V
11	Einzel	Ross 128	10,94	11,11	13,51	Rot	M4,5V
12	Dreier	Luyten 789-6 A	11,27	13,32	15,64	Rot	M5-M7V
		Luyten 789-6 B	11,27	13,27	15,58	Rot	
		Luyten 789-6 C	11,27	14,03	16,34	Rot	
13	Doppel	Procyon A	11,38	0,38	2,66	Weiß	F5IV-V
		Procyon B	11,38	10,70	12,98	Weiß	DA
14	Doppel	61 Cygni A	11,40	5,21	7,49	Orange	K5V
		61 Cygni B	11,40	6,03	8,31	Orange	K7 V
15	Doppel	Gliese 725 A	11,44	8,90	11,16	Rot	M3,0V
		Gliese 725 B	11,44	9,69	11,95	Rot	M3,5V
16	Doppel	Groombridge 34 A	11,57	8,07	10,32	Rot	M2V
		Groombridge 34 B	11,57	11,06	11,06	Rot	M3,5V
17	Einzel	Lacaille 9352	11,73	7,34	9,75	Rot	M2V
18	Einzel	ε Indus	11,80	4,69	6,89	Orange	K3V
19	Einzel	τ Cetus	11,81	3,50	5,68	Gelb	G8V
20	Einzel	G 051-015	11,83	14,81	16,98	Rot	M6,5V

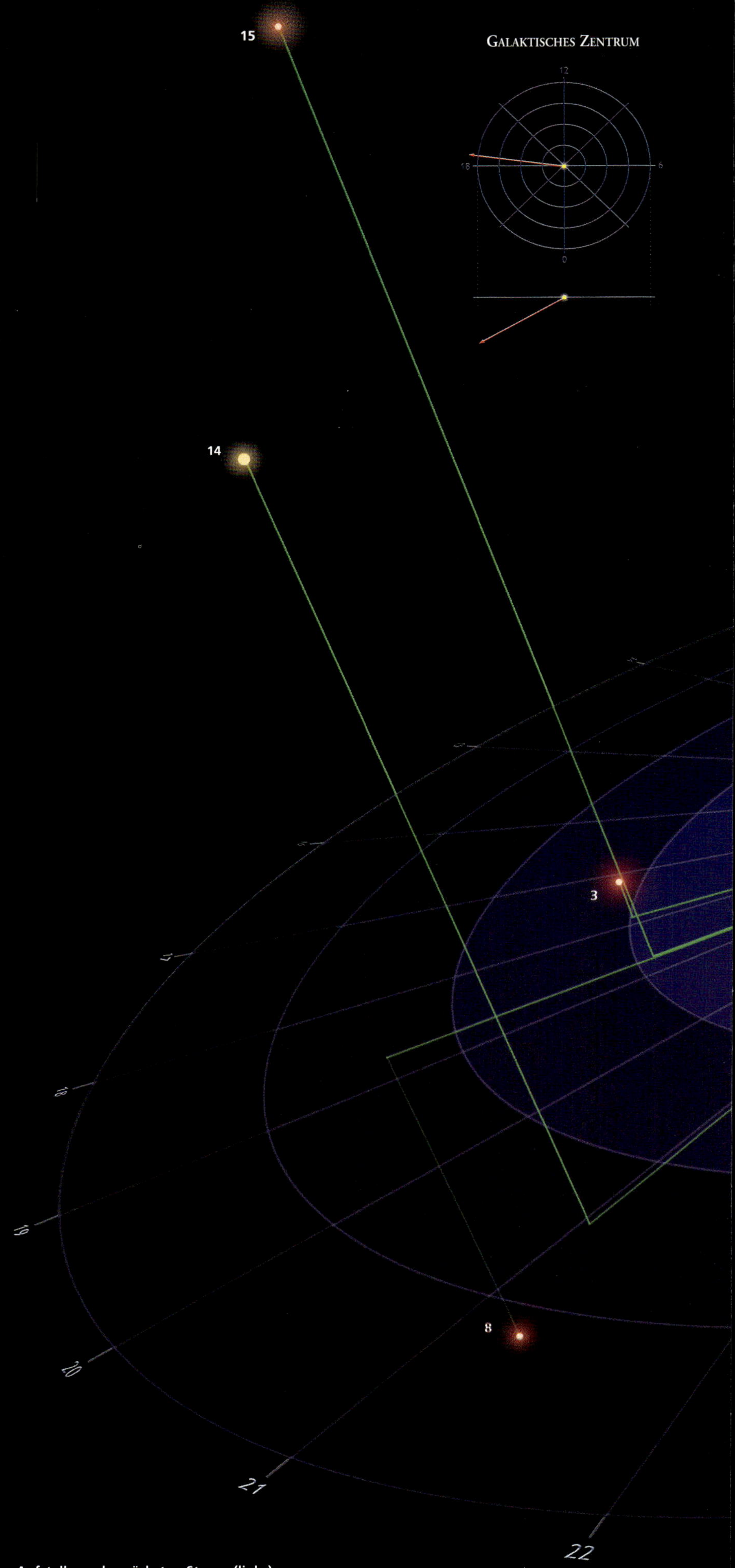

Aufstellung der nächsten Sterne (links)
Diese Tabelle listet die 20 nächsten Sternsyteme (30 Sterne) innerhalb von 12 Lichtjahren um die Sonne auf. Hier gibt es zwölf Einzelsterne, sechs Doppel- und zwei Dreisternsysteme. Die meisten sind Hauptreihensterne, die ihre Energie aus der „Verbrennung" von Wasserstoff gewinnen, während zwei von ihnen (Sirius B und Procyon B) sehr dichte, kleine sterbende Sterne sind, sogenannte Weiße Zwerge. Die scheinbare Helligkeit (Sb H) eines jeden Sterns ist ebenso eingetragen wie die absolute Helligkeit (Abs H), eine Maßzahl für die Helligkeit eines Sterns, unabhängig von seinem Abstand zur Erde. Das Spektrum eines Sterns bezieht sich auf seine Farbe und seine Temperatur.

Ein Blick von Alpha Centauri (rechts)
Diese Illustration veranschaulicht, wie unsere Sonne vom Alpha-Centauri-Sternsystem aussehen könnte. Alpha Centauri A und B sind die beiden hellen Doppelsterne links oben. Im Abstand von etwa 13.000 AE wird das Paar von dem Roten Zwerg Proxima Centauri (wir sehen ihn darunter aufleuchten) umkreist. Proxima Centauri ist nach der Sonne unser nähester Stern. Die Oortsche Wolke (blau) umschließt die Sonne (hier grün gefärbt) und unser Sonnensystem.

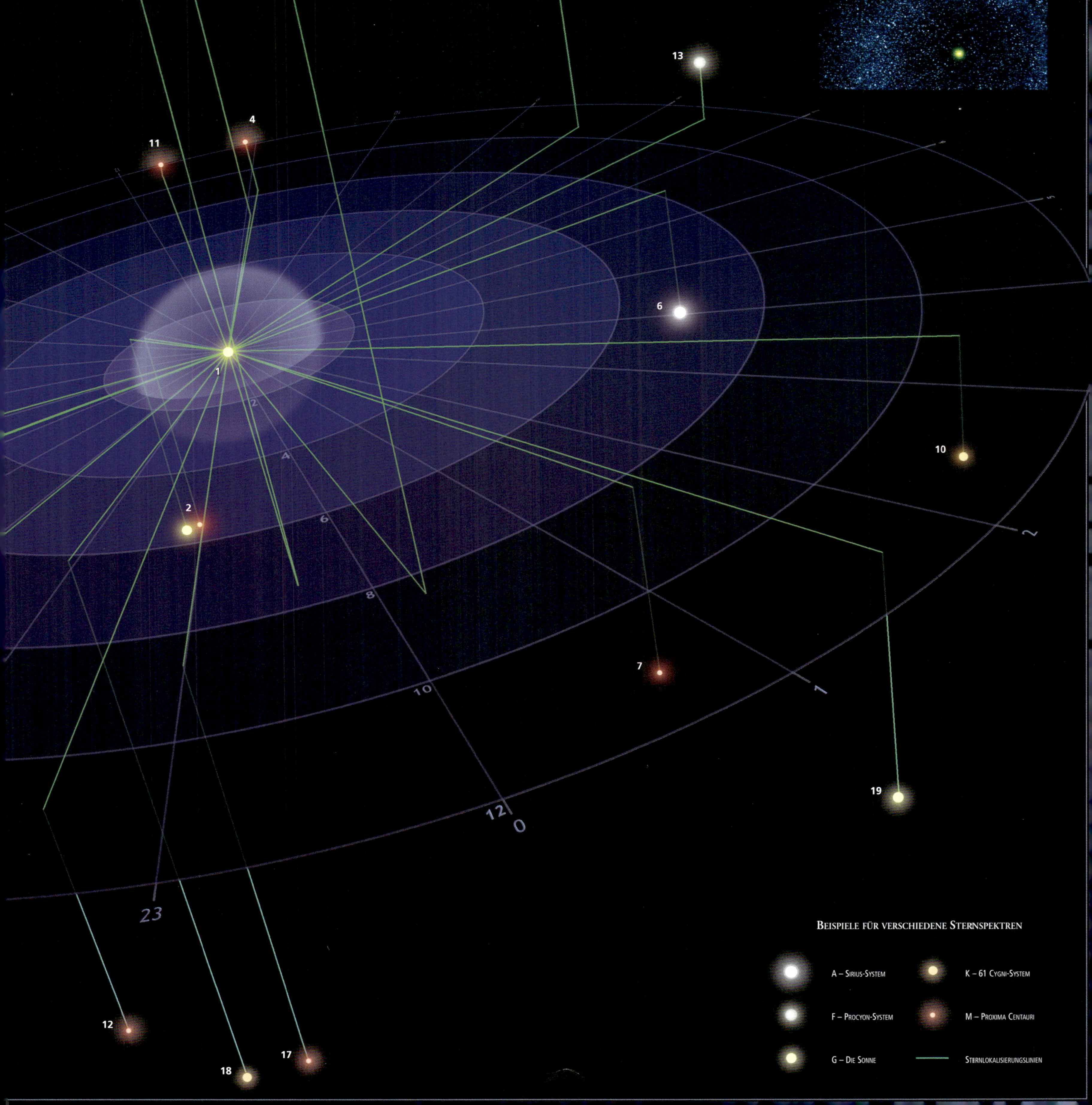

Die Sonne

Die Sonne ist ein Stern, um den die Erde und die anderen Planeten des Sonnensystems kreisen. Wie jeder Stern ist sie ein glühender Ball aus Plasma, ein gasförmiger Zustand der Materie, in welchem die Atome ionisiert sind und einige oder alle ihre Elektronen verloren haben. Es gibt keine feste Oberfläche. Das Licht und die Wärme, die für uns so selbstverständlich sind, entstehen im Kern, wo Wasserstoff in einer Kette thermonuklearer Reaktionen in Helium umgewandelt wird. Das lässt die Sonne nicht nur scheinen, sondern verursacht einen gewaltigen Druck, der die nach innen gerichtete Gravitationskraft genau ausgleicht und den Stern damit auf einem recht konstanten Radius hält. Diesen Zustand nennt man hydrostatisches Gleichgewicht und Sterne verbringen den Großteil ihres Lebens in diesem Zustand: „auf der Hauptreihe“. Unsere Sonne betreibt ihre kosmische Alchemie seit 4,6 Milliarden Jahren und verarbeitet in jeder Sekunde 600 Millionen Tonnen Wasserstoff. Aber es gibt keinen Grund zur Beunruhigung, denn es ist im Kern noch genug Wasserstoff vorhanden, um die Sonne für weitere fünf Milliarden Jahre gleichmäßig scheinen zu lassen.

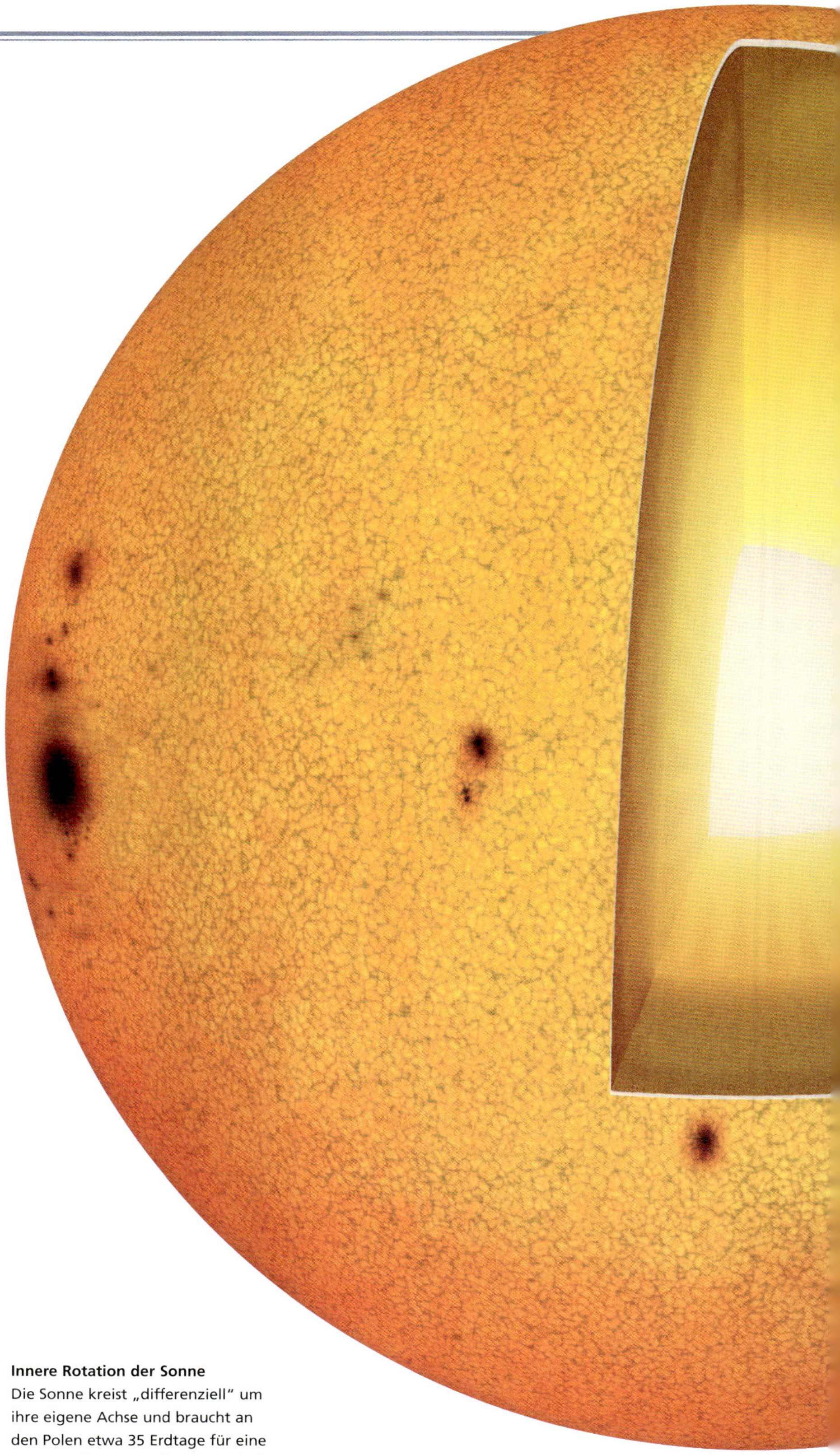

Größenvergleich
Die Sonne hat einen 9,7-mal größeren Durchmesser als der Jupiter (hier links von der Sonne zu sehen), der wiederum einen 11,7-mal größeren Umfang hat als die Erde. Manche der großen Sonnenflecken sind größer als unser ganzer Planet.

Innere Rotation der Sonne
Die Sonne kreist „differenziell“ um ihre eigene Achse und braucht an den Polen etwa 35 Erdtage für eine ganze Drehung, am Äquator jedoch nur 25. Dieses Diagramm zeigt, wie die Rotationsgeschwindigkeit mit der Tiefe und den Sonnenbreitengraden variiert.

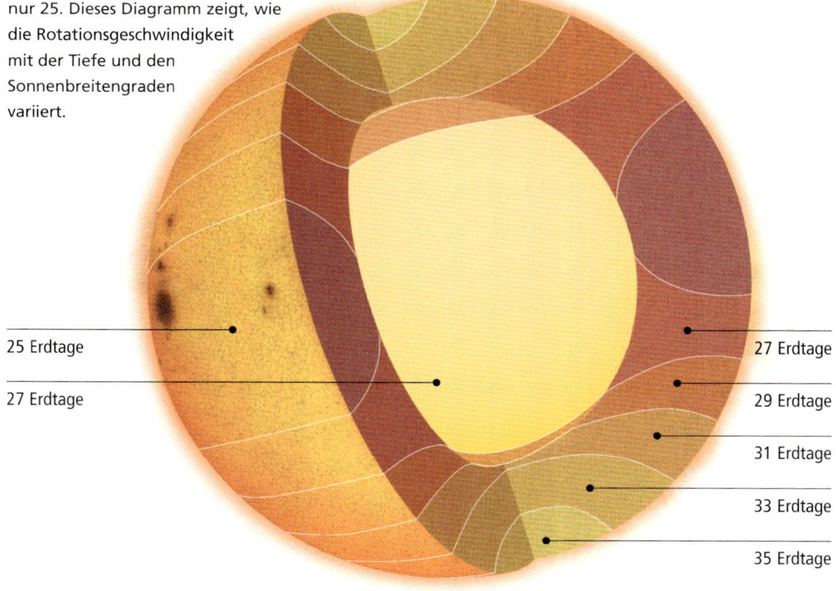

Sonnendaten	
Entdeckt	Seit der Antike bekannt
Durchmesser	1.392.000 km
Rotationsdauer am Äquator	25,38 Erdtage
Masse (Erde = 1)	333.000
Volumen (Erde = 1)	1.304.000
Oberflächengravitation (Erde = 1)	28
Durchschnittliche Dichte (Wasser = 1)	1,4
Entweichgeschwindigkeit	617,7 km/s
Geschw. in Bezug auf nächste Sterne	19,4 km/s
Oberflächentemperatur	5.500 °C
Temperatur im Kern	15.500.000 °C

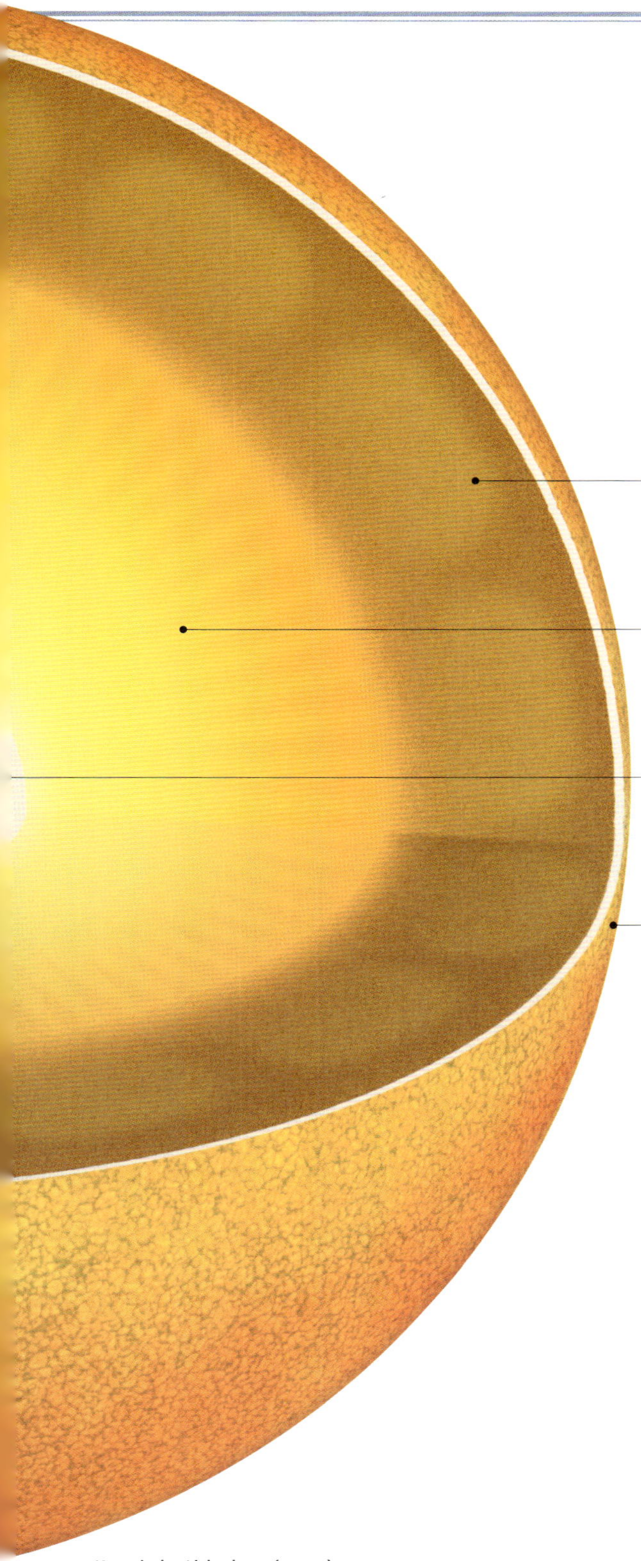

Der Aufbau der Sonne

Wie bei den anderen Sternen ähnlicher Masse und Temperatur besteht das Innere der Sonne aus einem Kern, einer strahlenden Zone und einer Konvektionszone. Der Kern nimmt die innersten 20 Prozent des Sonnenradius ein und seine Dichte übersteigt im Zentrum etwa 150-mal diejenige von Wasser. Die Strahlungszone erstreckt sich über 70 Prozent des Sonnenradius. Die äußersten 30 Prozent bilden die Konvektionszone. Hier dringt das von der darunterliegenden Strahlungszone aufgeheizte Gas in gigantischen Konvektionszellen an die Oberfläche, breitet sich aus, kühlt ab und sinkt wieder, ähnlich dem kochenden Wasser in einem Topf.

Konvektionszone
In dieser Zone wird Energie durch Konvektion an die Oberfläche gebracht, derselbe Vorgang, der warme Luft über kalter aufsteigen lässt.

Strahlungszone
Die Strahlungszone ist die Region, wo die Energie vom Strahlungsfluss, der im Kern entsteht, nach außen befördert wird.

Der Kern
Der Kern ist die treibende Kraft der Sonne, wo Wasserstoffatomkerne aufeinander prallen und dabei zu Helium werden. Hier erreichen die Temperaturen etwa 15.500.000 °C.

Photosphäre
Die Photosphäre stellt die sichtbare Erscheinung der Sonne dar, wo Sonnenflecken und Sonnengranulation beobachtet werden. Die Temperatur liegt hier bei etwa 5.500 °C.

Die inneren Bewegungen der Sonne

Das Innere der Sonne ist ein riesiger Atomreaktor, der jene Energie liefert, die der Stern braucht, um der drückenden Schwerkraft entgegenzuwirken. Reaktionen zwischen den Protonen im Kern lassen eine hohe Energiemenge in Form von Gammastrahlen und Neutrinos entstehen. Die flüchtigen Neutrinos können schnell genug entkommen, aber das Innere der Sonne ist so dicht, dass die Gammastrahlen nur schwer in den Weltraum entweichen können. Sie prallen im dichten Gas des Sonneninneren mit Ionen zusammen, von denen sie absorbiert und in geänderter Richtung wieder ausgestoßen werden. Deshalb kann es mehr als eine Million Jahre dauern, bis die ursprünglichen Gammastrahlen durch die Sonne hindurchgelangen, wobei sie in kleinere Pakete von Strahlung mit niedrigerer Energie geteilt werden, die wir mit unseren Augen sehen können.

Kosmische Lichtshow (unten)
Polarlichter sind Lichterscheinungen an den Polen eines Planeten, die von Sonnenteilchen verursacht werden, die mit den Gasen in der Atmosphäre reagieren. Auf der Erde kennt man diese Phänomene als Süd- und Nordlichter. Es gibt sie auch auf dem Jupiter, dem Saturn, dem Uranus und dem Neptun.

Die Bestandteile der Sonne
Die Masse der Sonne besteht zu 71 Prozent aus Wasserstoff, zu 27 Prozent aus Helium und zu 2 Prozent aus anderen Elementen, unter ihnen so bekannte Substanzen wie Kohlenstoff, Sauerstoff, Stickstoff und Eisen.

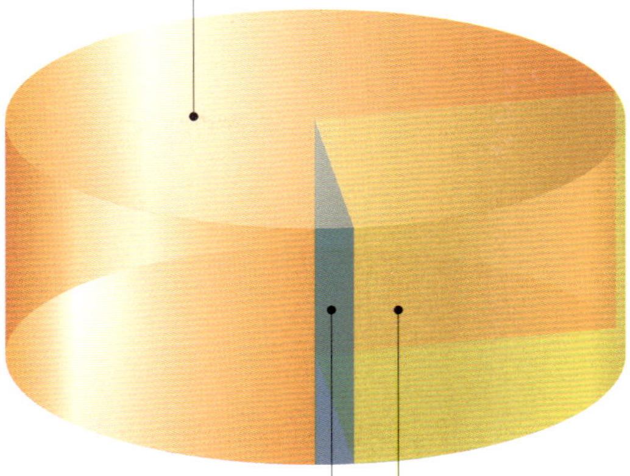

Proton-Proton-Kette

In ihrem Kern verwandelt die Sonne Wasserstoff- in Heliumkerne in einer thermonuklearen Reaktion, die man Proton-Proton-Kette nennt und die unten abgebildet ist. Wasserstoff ist das einfachste Atom. Gewöhnlich besteht es aus einem Paar von Teilchen, die Proton (gelb gezeichnet) und Elektron genannt werden. Im Sonnenkern wird der Wasserstoff ionisiert, das bedeutet, dass er seine Elektronen verliert, und die Kettenreaktion erfolgt nur mit den Protonen, woher die Reaktion ihren Namen erhalten hat. Zuerst stoßen zwei Protonen aufeinander. Dabei wandelt sich eines von beiden in ein Neutron (blau) um und stößt als Nebenprodukte ein Positron (rot) und ein Neutrino (grün) aus. Daraus entsteht der Kern eines Deuteriumatoms, auch schwerer Wasserstoff genannt (1). Nun verbindet sich der Deuteriumkern mit einem zusätzlichen Proton und sendet bei diesem Vorgang einen Gammastrahl aus (gelbe Welle). Dadurch entsteht ein sogenannter Helium-3-Kern (2). Zuletzt verschmelzen zwei der Helium-3-Kerne und stoßen zwei weitere Protonen aus, die dann gewöhnliches Helium bilden (3).

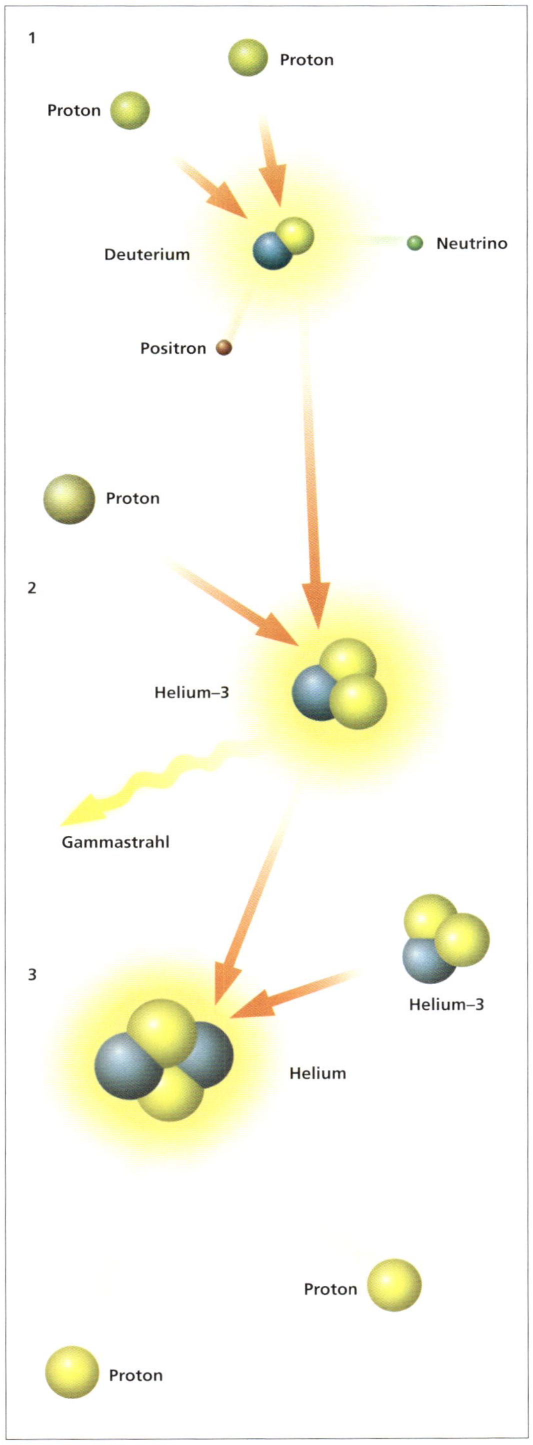

Die Oberflächen-merkmale der Sonne

Genaugenommen besitzt die Sonne gar keine Oberfläche, denn sie ist eine Kugel aus ionisiertem Gas. Trotzdem scheint es einen scharfen „Rand“ zu geben, den die Astronomen Photosphäre nennen, was wörtlich „Lichtkugel“ bedeutet. Als der italienische Astronom Galileo Galilei (1564–1642) die Photosphäre zum ersten Mal durch sein Teleskop beobachtete, war er sehr bestürzt, nicht die reine, makellose Scheibe zu finden, die er erwartet hatte. Neben den Flecken, die er entdeckte, kennen wir heute weitere bemerkenswerte Details der Photosphäre und der darunterliegenden Chromosphäre oder „Farbkugel“ mit Phänomenen wie der Granulation, den Fackeln und strahlenähnliche Spikulen, die der Oberfläche der Sonne ihr beobachtetes Aussehen geben.

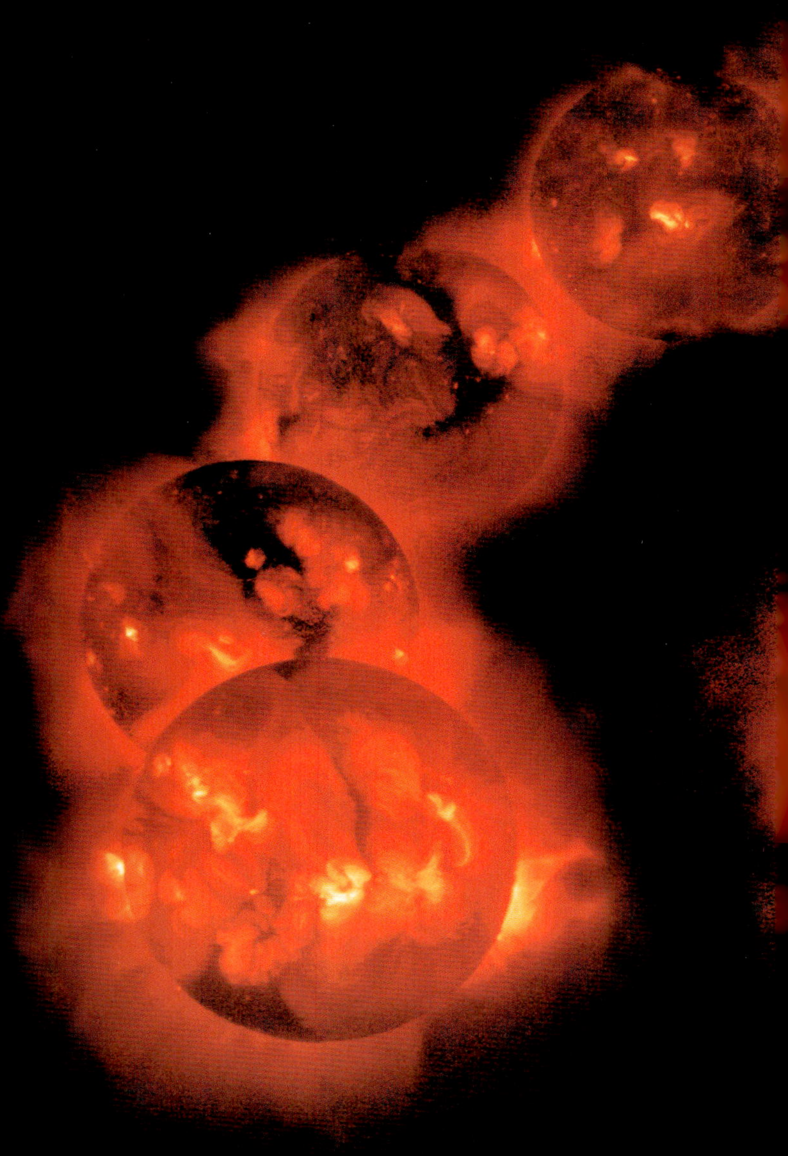

Die Sonnenflecken und der Sonnenzyklus

Sonnenflecken sind Regionen, wo das Magnetfeld der Sonne so stark ist, dass es den Energiefluss behindert und die Oberfläche dadurch etwas kälter und dunkler wird. In der Mitte eines typischen Flecks befindet sich die dunkelste Region, die Umbra, die etwa 1.600 °C kälter ist als die restliche Photosphäre. In der größeren Penumbra ist die Temperatur etwa 1.100 °C höher, aber es ist immer noch kälter als in der Photosphäre. Die Anzahl der Sonnenflecken verändert sich, wie man heute weiß, in einem etwa elfjährigen Zyklus. Beim Minimum des Zyklus gibt es nur wenige oder gar keine Flecken, aber die Zahl kann beim Sonnenmaximum auf über hundert steigen.

Der Sonnenzyklus (oben)

Diese Bildfolge zeigt deutlich die Entwicklung des Sonnenzyklus von 1991 (links im Vordergrund), als die Sonne am Höhepunkt ihres Zyklus war, bis ins Jahr 1999, etwa ein Jahr vor dem nächsten Sonnenmaximum (rechts im Vordegrund). Wie erwartet waren die mittleren 1990er Jahre eine Periode mit geringer Sonnenaktivität. Diese Bilder stammen vom japanischen Yohkoh-Satelliten und wurden in gleichmäßigen Zeitabständen von einem Röntgenteleskop aufgenommen. Die hellen Regionen sind hochmagnetisch.

Schnitt durch einen Sonnenfleck (oben)

Sonnenflecken sind nicht flach, sondern eher Einbuchtungen, ähnlich geformt wie Untertassen. Die etwas helleren Fibrillen der Penumbra fließen abwärts, wo sie sich mit der dunklen Region in der Mitte, der Umbra, vermischen. Diese Vertiefungen können Durchmesser von 80.500 km haben. Sie treten gewöhnlich in entgegengesetzt gepolten Paaren oder Gruppen auf, die von magnetischen Feldlinien verbunden gemeinsam über die Sonnenoberfläche wandern.

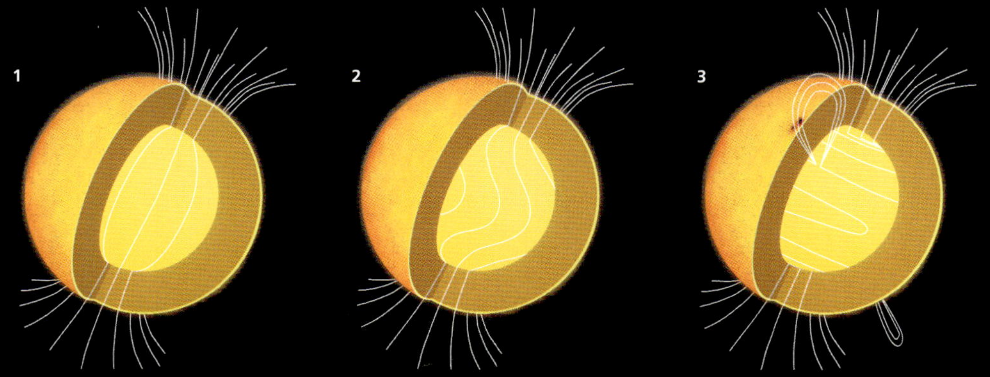

Die Ursachen des Sonnenzyklus (links)

Am Anfang eines Sonnenzyklus ist das innere Magnetfeld der Sonne zwischen den Polen ausgerichtet (1). Wegen der differenziellen Rotation der Sonne dreht sich das Magnetfeld am Äquator schneller als an den Polen (2). Manchmal werden die Magnetlinien verdreht und gebogen und brechen aus der Oberfläche hervor, um Sonnenflecken, Schleifen und Fackeln zu bilden (3).

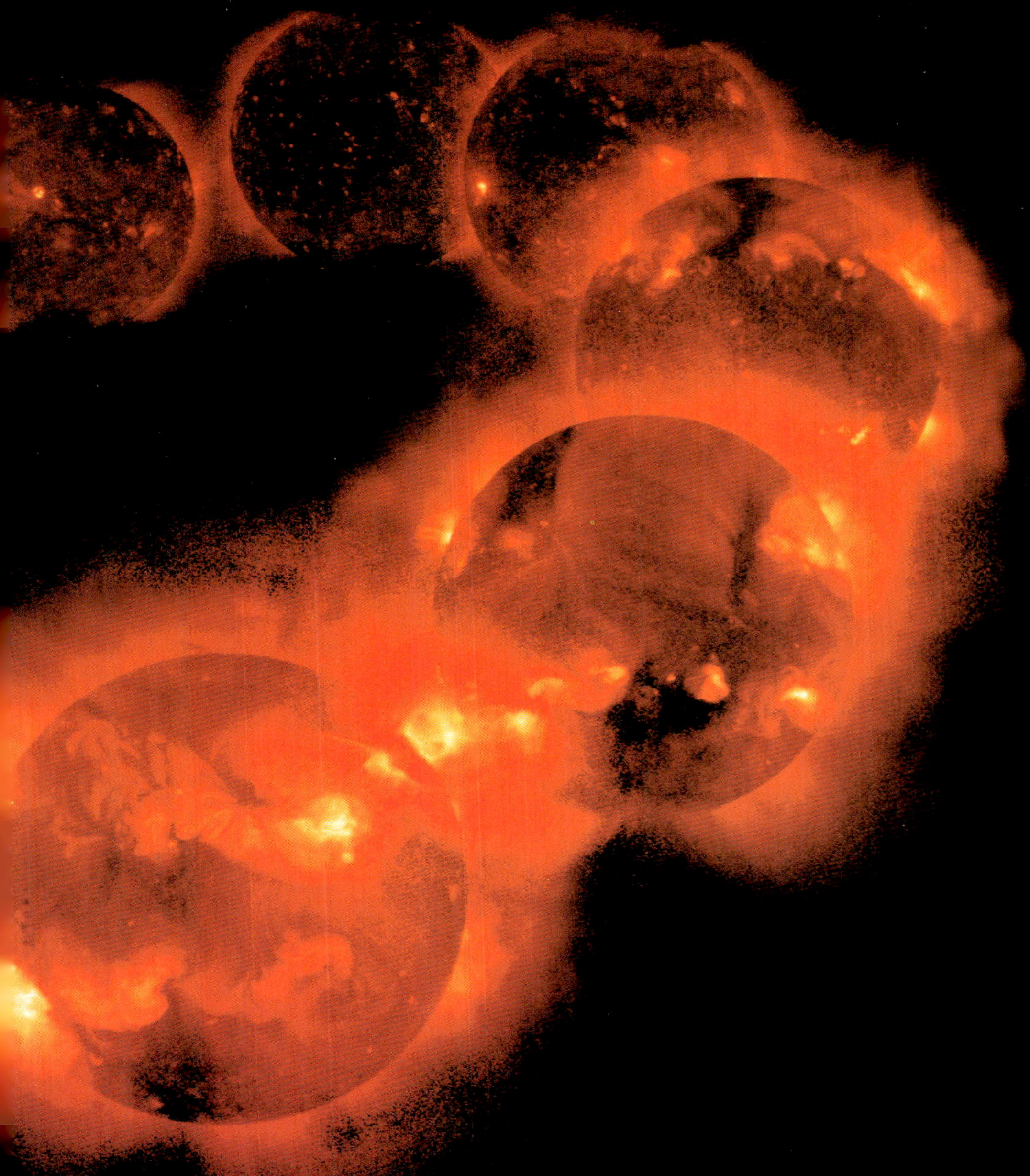

Spikulen

An manchen Stellen gleicht die Sonnenoberfläche einer Wiese, die sich im Wind bewegt. Dieser Effekt entsteht durch Spikulen, das sind Gassäulen, die gewöhnlich in Gruppen auftreten und etwa alle fünf Minuten mit 30 km/s aus der Photosphäre in die untere Chromosphäre schießen. Sie können eine maximale Höhe von 9.000 km erreichen und verlöschen nach etwa fünfzehn Minuten wieder. Man vermutet, dass sie durch Schallwellen entstehen. Das untere Falschfarbenbild stammt vom Schwedischen Sonnenteleskop auf der Insel La Palma.

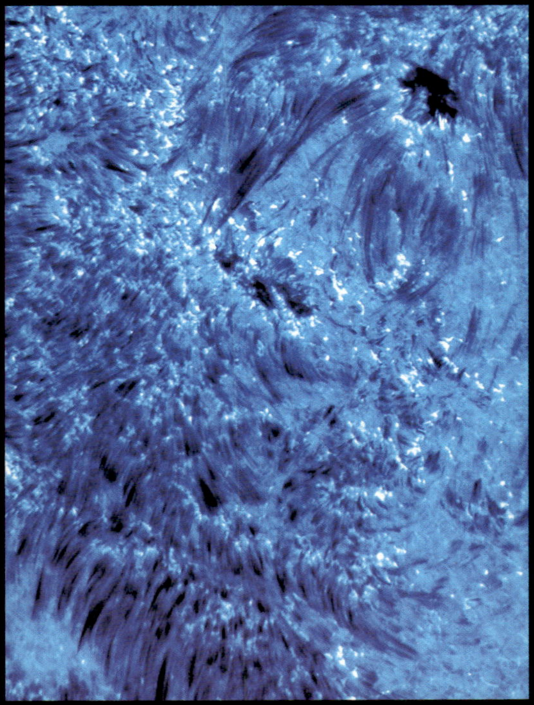

Granulen und Fackeln

In der Nahaufnahme zeigt die Sonnenoberfläche eine feinkörnige Struktur, die Sonnengranulation. Auf dem unteren Bild vom Schwedischen Sonnenteleskop ist dieser Effekt gut zu sehen. Die Körnchen haben Durchmesser von etwa 1.000 km und sind von kälteren „intergranularen Gassen" umgeben. Die solare Granulation entsteht durch heißes Gas, das aus dem Inneren in gigantischen Konvektionszellen hervorbricht, sich ausbreitet und abkühlt. Die Lebensdauer der Körnchen beträgt zwanzig Minuten. Auf dem Foto sieht man Fackeln, kleine, helle Punkte nahe den Sonnenflecken, die man noch Wochen und Monate, nachdem die Flecken verschwunden sind, sehen kann.

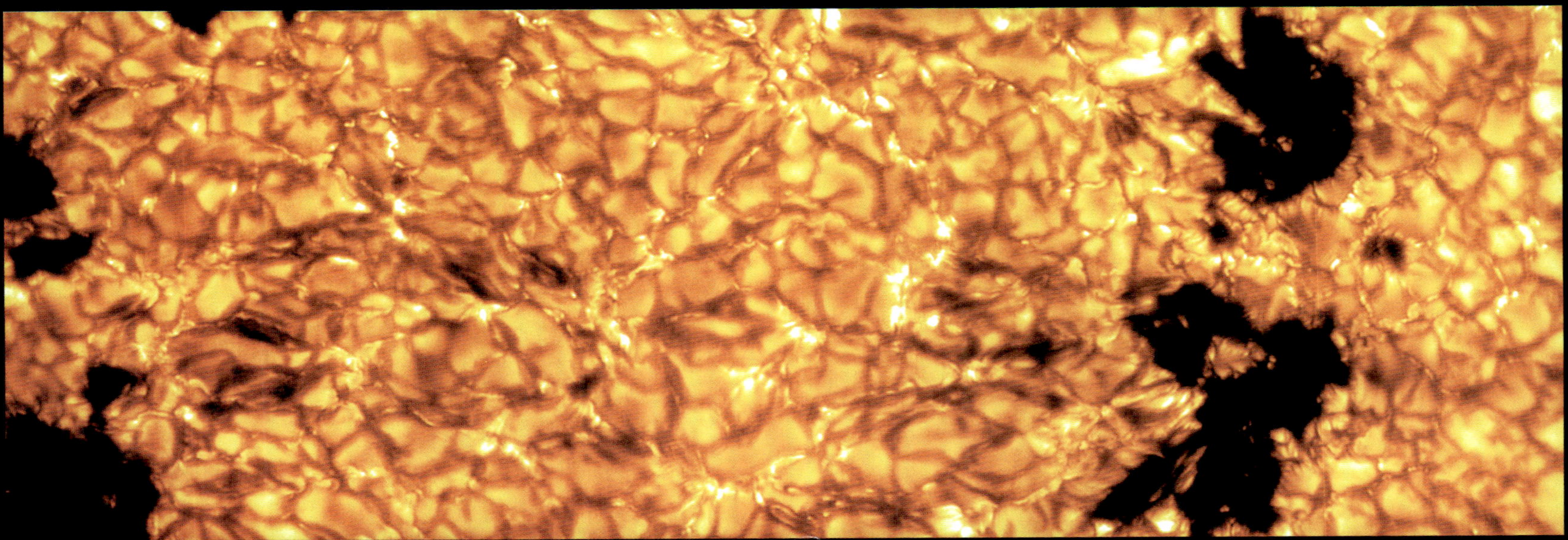

Die Sonnenatmosphäre

Die Sonne ist ein hoch aktives Objekt. Obwohl sie das Leben eines stabilen Sterns führt und ihr Energieausstoß relativ geringe Schwankungen aufweist, kann man ständig Eruptionen in der turbulenten Atmosphäre der Sonne beobachten. Die Atmosphäre teilt sich in Regionen unterschiedlicher Dichte und Temperatur. Die Chromosphäre ist die untere Schicht, die bis zu 9.000 km über die Photosphäre reicht und die Heimat der flammenden Gaszungen ist, die man Spikulen nennt. Über der Chromosphäre befindet sich die viel ausgedehntere äußere Atmosphäre, die sogenannte Korona, ein dünner Schleier aus Plasma mit Temperaturen bis zu 2.000.000 °C. Die Korona ist das Gebiet mit den meisten Aktivitäten in Form von Sonneneruptionen, Protuberanzen und koronalen Masseneruptionen. Die Korona vermischt sich mit dem Sonnenwind, einem Ausfluss von Gas und Partikeln, der bis an den äußeren Rand des Sonnensystems reicht.

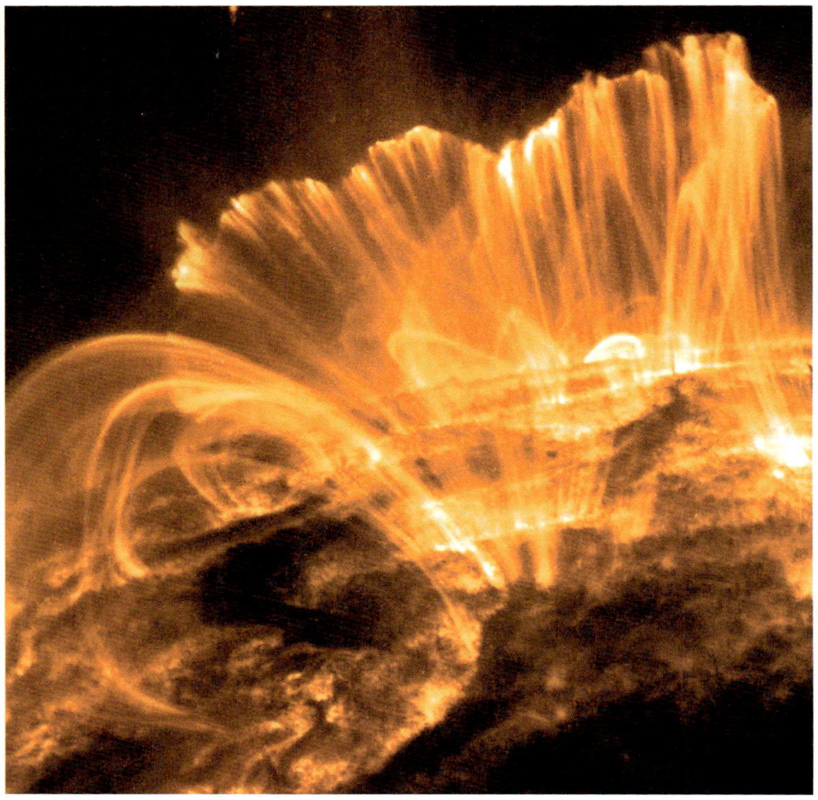

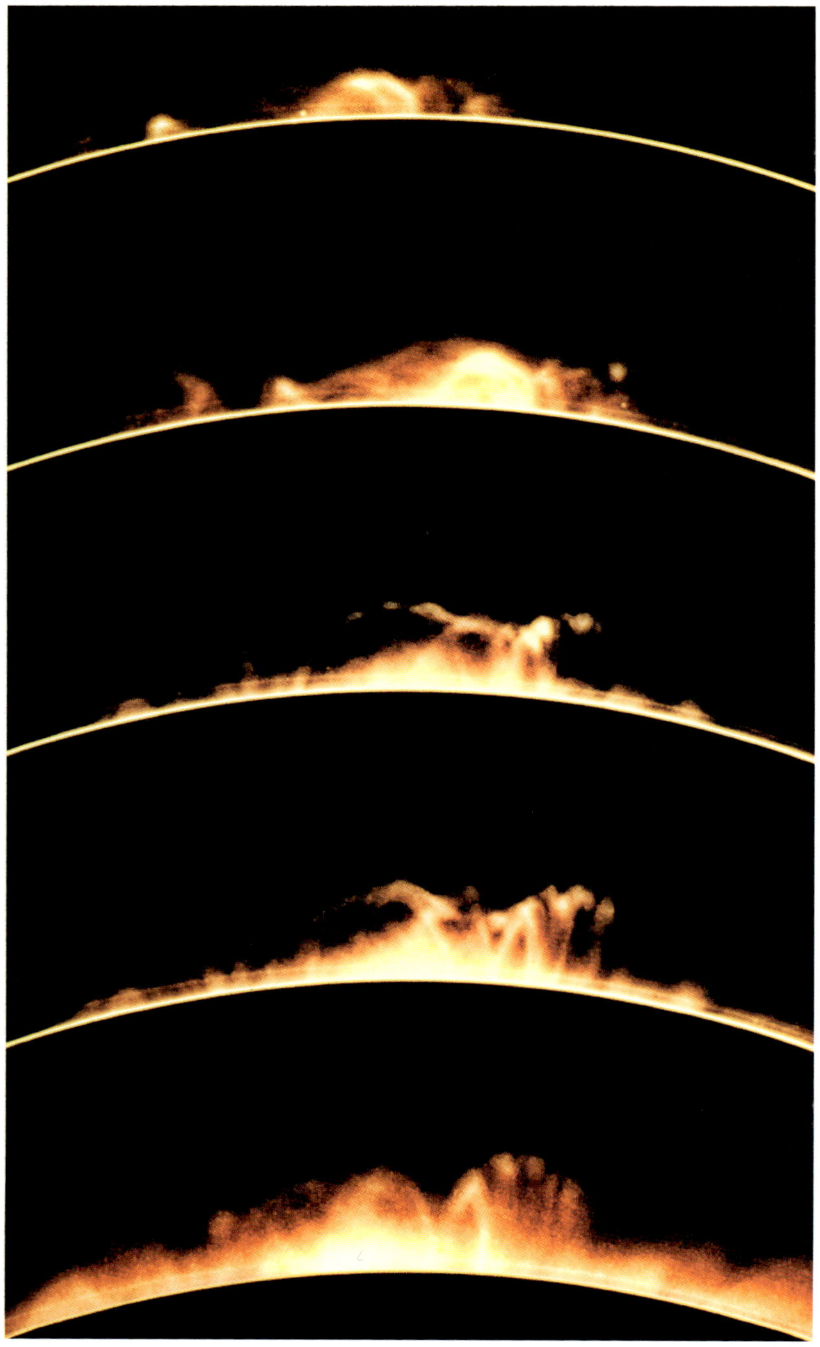

Koronabögen (oben)
Dieses Bild von TRACE (Transition Region and Coronal Explorer) zeigt Koronabögen, ins Sonnenmagnetfeld eingebundene Gasströme, die sich in hohen Bögen über die Photosphäre spannen.

Aufflackern (links)
Links sieht man eine innerhalb von acht Stunden entstandene Folge von Aufnahmen einer solaren Fackeleruption. Manche dieser Gasausbrüche reichen weit in die Sonnenkorona hinein.

Eine Sonnenprotuberanz (unten)
Auf der Aufnahme vom Satellitenobservatorium SOHO sieht man eine gewaltige Sonnenprotuberanz mit einer Wolke aus geladenem Gas, die von der Sonne in den Weltraum hinausgeschleudert wird. Das Falschfarbenbild wurde im Ultraviolettbereich des elektromagnetischen Spektrums aufgenommen und weist auf eine Temperatur von etwa 60.000 °C im Inneren der Protuberanz hin, was im Vergleich zu der umgebenden Korona relativ kühl ist.

Sonnenfackeln, Protuberanzen und Bögen

Sonnenfackeln, Protuberanzen und Koronabögen sind Manifestationen des Magnetismus unseres Sterns. Sonnenfackeln sind gewaltige Energieausbrüche in den „aktiven Regionen" der Sonne, die in Verbindung mit Sonnenflecken auftreten und gewöhnlich eine Stunde lang andauern. Sie senden über einen großen Frequenzbereich Strahlung aus und Ionen mit siebzigprozentiger Lichtgeschwindigkeit. Protuberanzen sind bogenähnliche Strukturen in der Korona und kühler als diese. Gegen die helle Sonnenscheibe betrachtet erscheinen sie als dunkle Filamente. Koronabögen sind Gasschleifen in der Korona, die zwei aktive Regionen der Sonnenoberfläche verbinden und den magnetischen Feldlinien folgen.

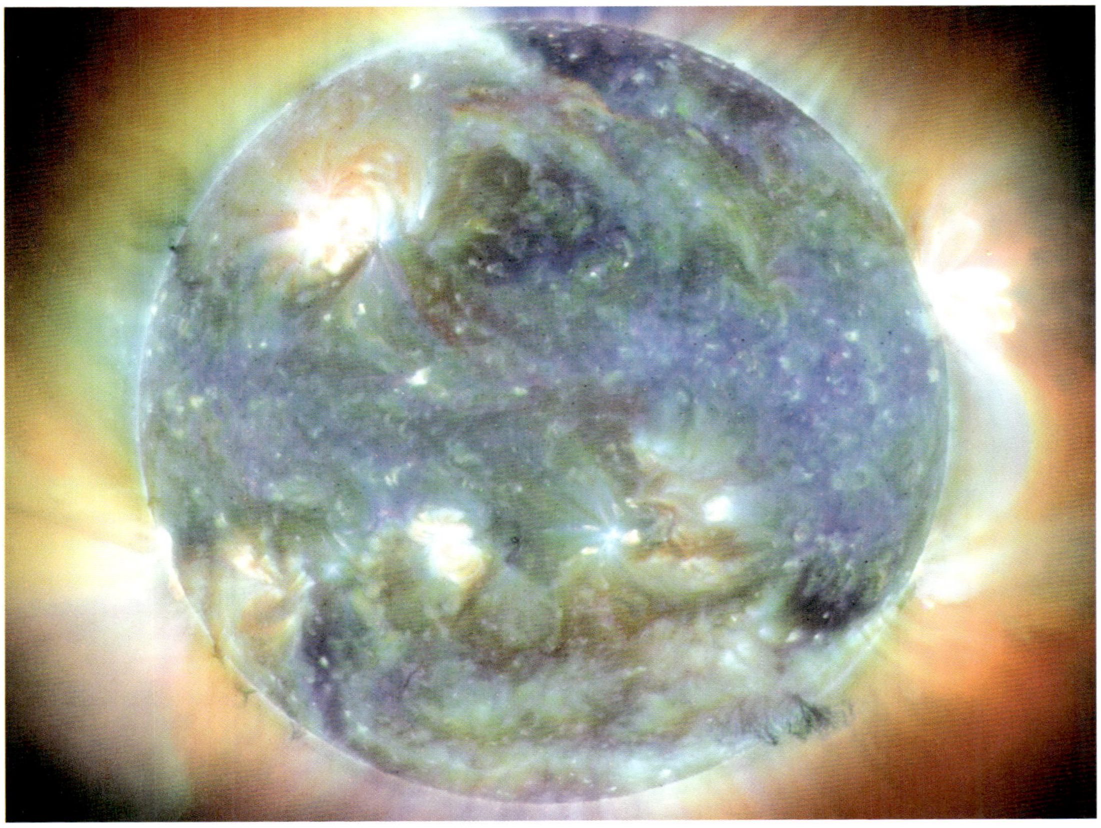

Die Korona

Die Korona wird von der äußersten Region der Sonnenatmosphäre gebildet, die sich einige Sonnenradien weit in den Raum erstreckt. Normalerweise kann man sie nicht sehen, weil sie von der viel helleren Sonnenscheibe überstrahlt wird. Aber die Korona zeigt sich im Verlauf einer Sonnenfinsternis und ihre Bögen und Protuberanzen kommen zum Vorschein. Das linke Bild zeigt die Korona im ultravioletten Licht. Die Farben weisen auf verschiedene Temperaturen hin: 1.000.000 °C (blau), 1.500.000 °C (grün) und 2.000.000 °C (rot), weit höhere Temperaturen als in der Chromosphäre und Photosphäre.

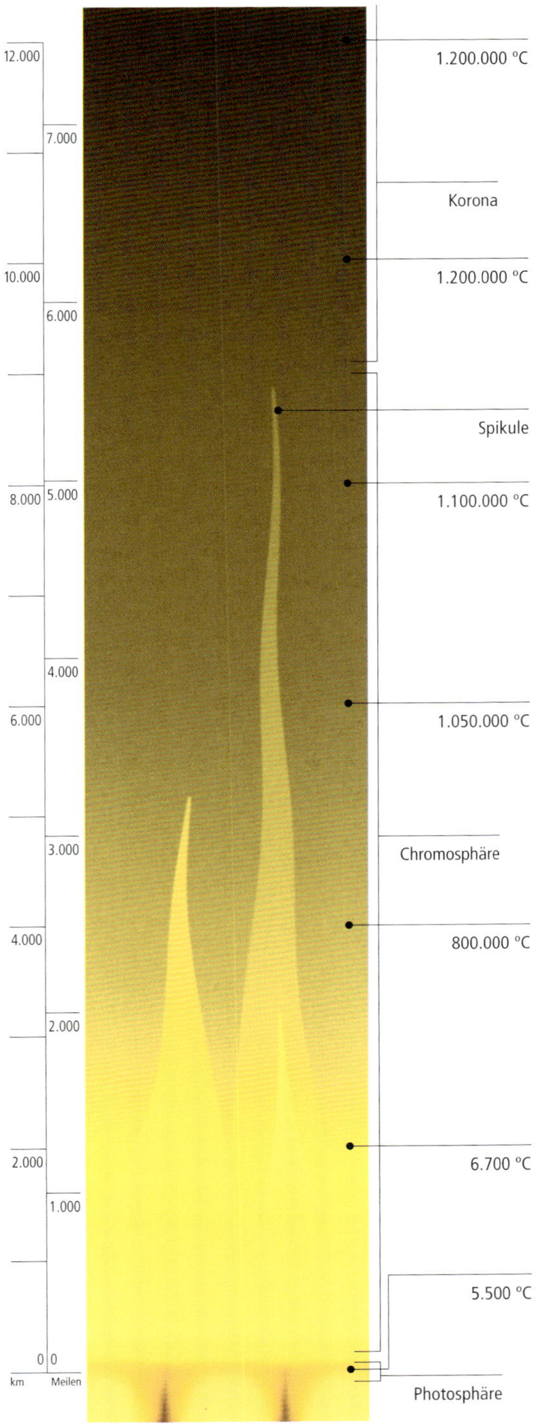

Die Chromosphäre

Die unteren Schichten der Sonnenatmosphäre bilden die Chromosphäre. Sie liegt zwischen der Photosphäre und der Korona und ist ungefähr 9.000 km stark. In der unteren Chromosphäre herrschen Temperaturen wie in der Photosphäre, aber oberhalb von 2.500 km steigen sie sprunghaft an und klettern innerhalb weniger tausend Kilometer auf koronaähnliche Werte.

Koronale Masseneruptionen

Koronale Masseneruptionen (KME) sind plötzliche Ausstöße riesiger Mengen an Material aus der Sonnenkorona, die mehrere Stunden anhalten können und in einem nicht genau bekannten Zusammenhang mit den Sonnenfackeln stehen. Während einer KME werden etwa 100 Milliarden Tonnen Plasma mit Geschwindigkeiten zwischen 10 und 1.000 km/s ausgeworfen, was zwar viel langsamer als bei einer Fackeleruption, aber schon aufgrund der gewaltigen Masse ein besonderes Ereignis ist. Die Energie einer KME reicht an diejenige einer Fackeleruption heran und beide Phänomene stören oft Nachrichtensatelliten in der Erdumlaufbahn.

Eine Sonneneruption (oben)
Auf diesem Bild vom SOHO-Raumschiff reicht eine koronale Masseneruption, eine breite Blase aus geladenen Teilchen, die von der Sonnenatmosphäre ausgespuckt wurden, tief in den Weltraum. Der weiße Kreis zeigt Größe und Position der Sonne an.

1

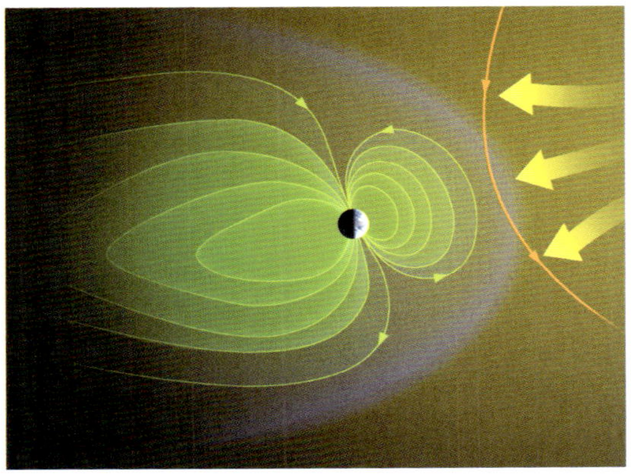

2

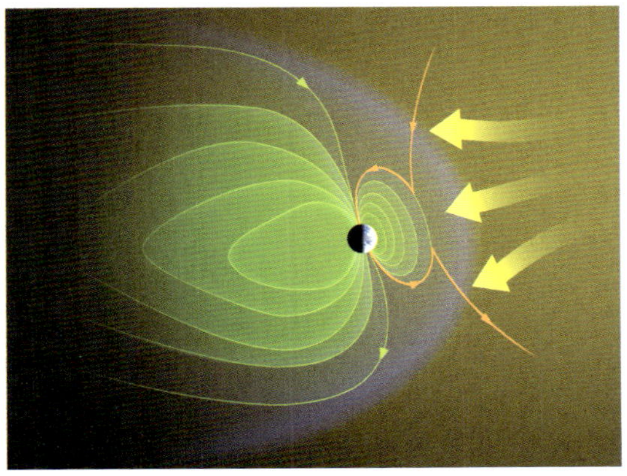

3

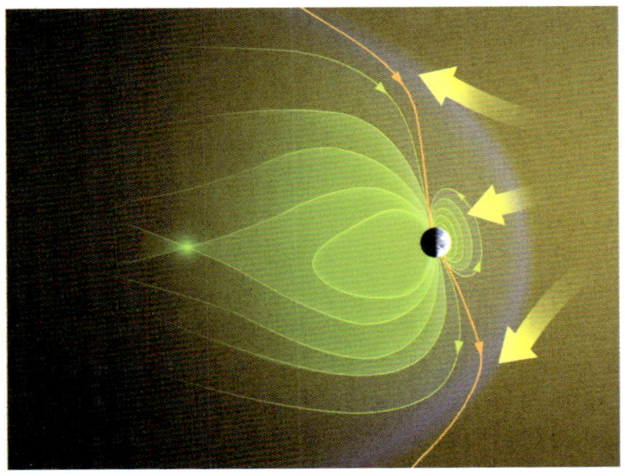

Die Erde wird getroffen (links)
Während sie sich der Erde (1) nähert, drückt eine koronale Masseneruption (KME) unser schützendes Magnetfeld (2) zusammen, wodurch Satelliten gefährlicher Sonnenstrahlung ausgesetzt werden. Wenn die Richtung des Magnetfelds der KME entgegengesetzt gepolt ist wie das unseres Planeten, können sich magnetische Feldlinien auf der Schattenseite der Erde kreuzen, was gewaltige Ströme in die Atmosphäre unseres Planeten lenkt (3) und noch schlimmere Folgen haben kann.

Die Erforschung der Sonne

Die Sonne ist so sehr Teil unseres täglichen Lebens, dass wir leicht vergessen, wie abhängig wir von ihr sind. Sicher erkannten unsere Vorfahren ihre Bedeutung, denn viele Kulturen bemühten sich sehr darum, die Bewegungen der Sonne im Jahreslauf zu studieren. Das Zeitalter der modernen Sonnenwissenschaft begann, als Galilei, Kepler und Kopernikus beobachteten, dass die Sonne und nicht die Erde in der Mitte unseres Sonnensystems liegt. Das helle Sonnenlicht gibt uns Leben, aber es ist auch das größte Hindernis bei der Sonnenbeobachtung. Anders als unsere Vorväter sind wir nicht länger auf rudimentäre Werkzeuge angewiesen. Heute erforschen Sonnenastronomen das Licht und das Magnetfeld der Sonne vom Weltraum aus und mit einzigartigen Turmteleskopen, die hoch über den turbulenten, bodennahen Luftschichten errichtet wurden.

Die enthüllte Atmosphäre (unten)
Bis zur Entwicklung des Koronagraphen konnte die aktive Atmosphäre der Sonne (Chromosphäre und Korona) nur bei einer Sonnenfinsternis beobachtet werden, wenn die helle Sonnenscheibe über längere Zeit hinweg vom Mond bedeckt wird. Unten sieht man die Sonnenfinsternis vom August 1999.

Ein Schacht aus Gold (rechts)
An bestimmten Tagen dringt ein senkrechter Sonnenstrahl durch einen von Menschen erschaffenen Schacht in eine Höhle in Mexiko, die man als das Sonnenobservatorium von Xochicalco kennt und zwischen 700 und 1000 vor Christus erbaut wurde.

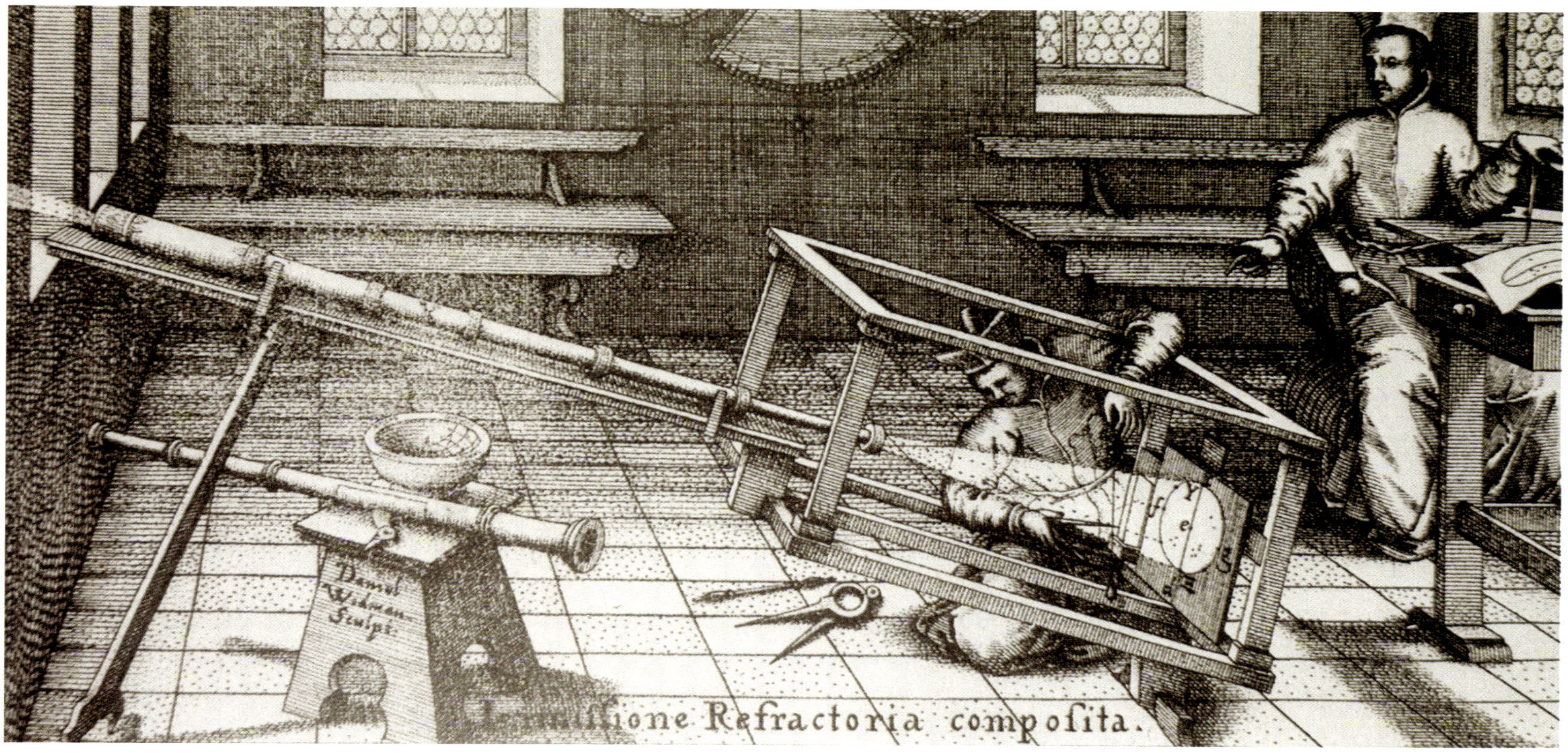

Das Studium der Sonnenflecken (oben)
Obwohl der italienische Astronom Galileo Galilei (1564–1642) im Jahr 1611 die ersten Sonnenbeobachtungen mit einem Teleskop durchführte, haben die beiden Deutschen Christoph Scheiner (1557–1650) und Johannes Fabrizius (1587–1615) ihre Studien im selben Jahr begonnen. Diese Skizze zeigt Scheiner und seinen Assistenten, wie sie 1611 die Sonnenscheibe vermessen. Scheiner dachte ursprünglich, dass die Flecken dunkle Objekte seien, die an der Sonne vorbeifliegen.

Das Echo des Sonnenwindes (unten)
Spektakuläre Polarlichter, wie das hier unten, und Kometenschweife, die immer von der Sonne wegweisen, sind die sichtbarsten Manifestationen des Sonnenwinds. Aber erst in den fünfziger Jahren des zwanzigsten Jahrhunderts wurde seine Existenz vom amerikanischen Astrophysiker Eugene Parker (geboren 1927) bewiesen. Seine Theorien wurden ein Jahrzehnt später durch direkte Satellitenbeobachtungen bestätigt.

Stichproben von der Sonne (links)
Die im Jahr 2001 gestartete Genesis-Mission der NASA hatte das kühne Ziel, Teilchen aus dem Sonnenwind einzusammeln und sie unversehrt zur Erde zurückzubringen. Nach einer Bruchlandung in der Wüste von Utah im Jahr 2004 konnten die Wissenschafter einen Teil der kostbaren Fracht retten, die in dünnen Scheiben aus hochreinem Silizium, Gold und Saphir verpackt war.

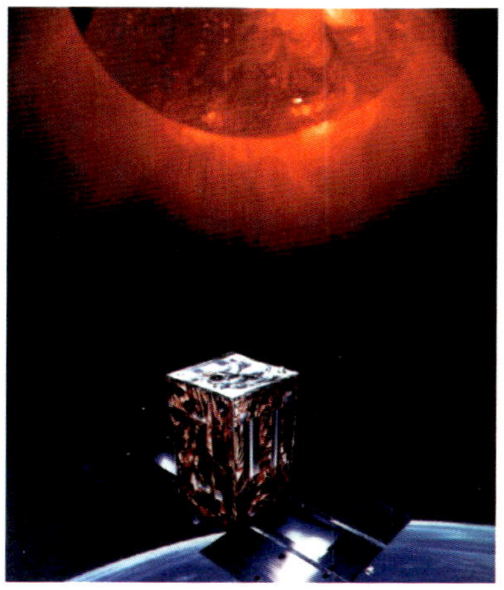

Ein Blick auf die Korona (links)
Der Yohkoh-Satellit war eine gemeinsame Mission zur Sonnenbeobachtung von japanischen, amerikanischen und britischen Wissenschaftlern. Yohkoh startete im Jahr 1991 mit dem Ziel, die Korona und die Sonneneruptionen zu untersuchen, und hat über zehn Jahre lang neue Erkenntnisse über die Sonnenaktivitäten erbracht.

Das SOHO-Observatorium (rechts)
Das gemeinsame ESA–NASA Sonnenobservatorium mit dem Namen SOHO startete im Dezember 1995, um 1,5 Millionen km von der Erde entfernt die Sonne zu beobachten, wo es einen ungetrübten Blick auf diesen Stern werfen konnte.

Die Messung der Entfernungen der Sterne

Bis vor etwa 500 Jahren nahm man allgemein an, dass die Sterne auf einer gewaltigen „Himmelskugel“ befestigt wären, alle mit demselben Abstand zur Erde, die im Mittelpunkt dieser Kugel liegt. Doch die revolutionären Gedanken von Nikolaus Kopernikus versetzten uns im sechzehnten Jahrhundert erstmals in die Lage, zu verstehen, dass die Erde um die Sonne kreist und diese nur einer von zahllosen Sternen ist, die über den ganzen Weltraum verstreut sind, und ferner, als der menschliche Verstand begreifen kann. Das bedeutet jedoch nicht, dass wir nicht wissen, wie weit sie weg sind. Wir kennen den Abstand zur Sonne und zu den nächsten Sternen relativ genau, aber die Entfernungsmessung von Sternen, die weiter weg sind, ist eine sehr schwierige und ungenaue Wissenschaft.

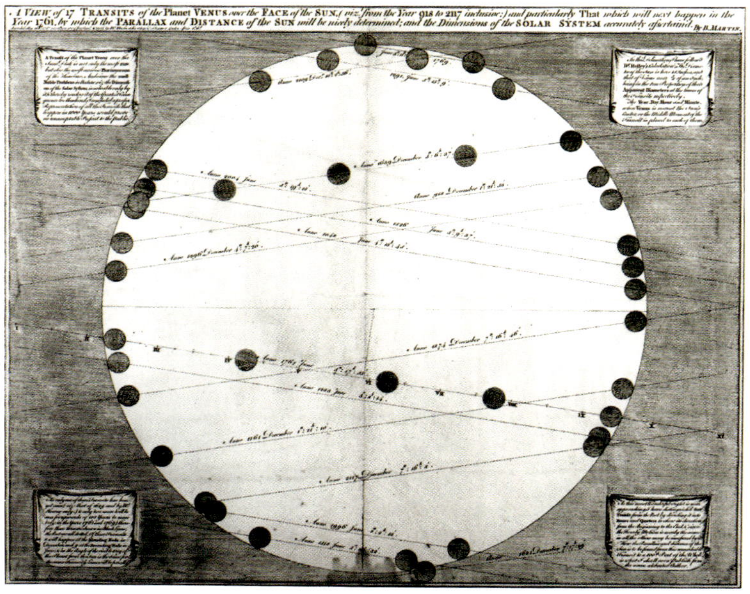

Eine Karte von den Venusdurchgängen (oben)
Die Venusdurchgänge vor der Sonnenscheibe waren für die großen Seemächte des achtzehnten Jahrhunderts von besonderem Interesse, denn eine exakte Messung der Astronomischen Einheit bedeutete eine genauere Navigation für ihre Flotten. Dieser Druck, der im Jahr 1757 in London veröffentlich wurde, zeigt die Bahnen von siebzehn Venusdurchgängen vom Jahr 918 bis ins Jahr 2117.

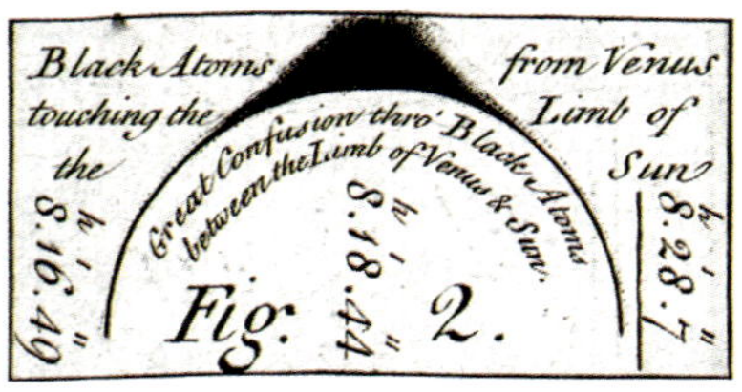

Der „Schwarze-Tropfen-Effekt“ (oben)
Weil es in der Erdatmosphäre zu Turbulenzen kommt, erscheint der Rand der Venus, wenn sie an der Sonne vorübergeht, zu einem „schwarzen Tropfen“ gestreckt. Dieser Effekt, hier in einer Illustration des Venusdurchgangs im Jahr 1761, zeigt, dass es fast unmöglich ist, die präzisen Zeiten zu messen.

Ein Durchgang der Venus (unten)
Während eines Venusdurchgangs, wie dem unten gezeigten, ist die genaue Position des Planeten zur Sonnenscheibe wegen des Parallaxeneffekts vom Beobachtungsort auf der Erde abhängig. Wichtige Ereignisse eines solchen Durchgangs, wie der Moment, wo die Venus erstmals die Sonne berührt, werden von zwei verschiedenen Breitengraden aus zeitlich genau gemessen. Wenn man nun diese beiden Messungen vergleicht, kann man die Entfernung der Venus mit Hilfe der Trigonometrie berechnen. Kennt man diese Entfernung, so kann man daraus den Abstand zwischen Erde und Sonne (1 Astronomische Einheit) und andere Entfernungen innerhalb unseres Sonnensystems ableiten.

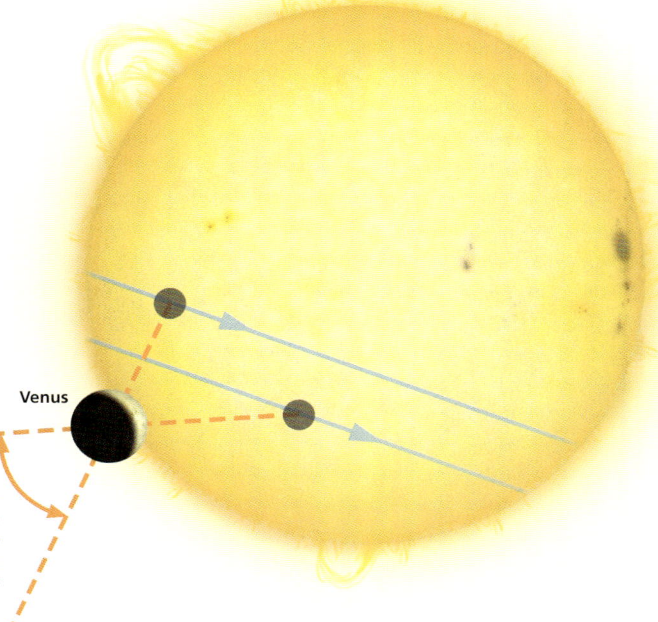

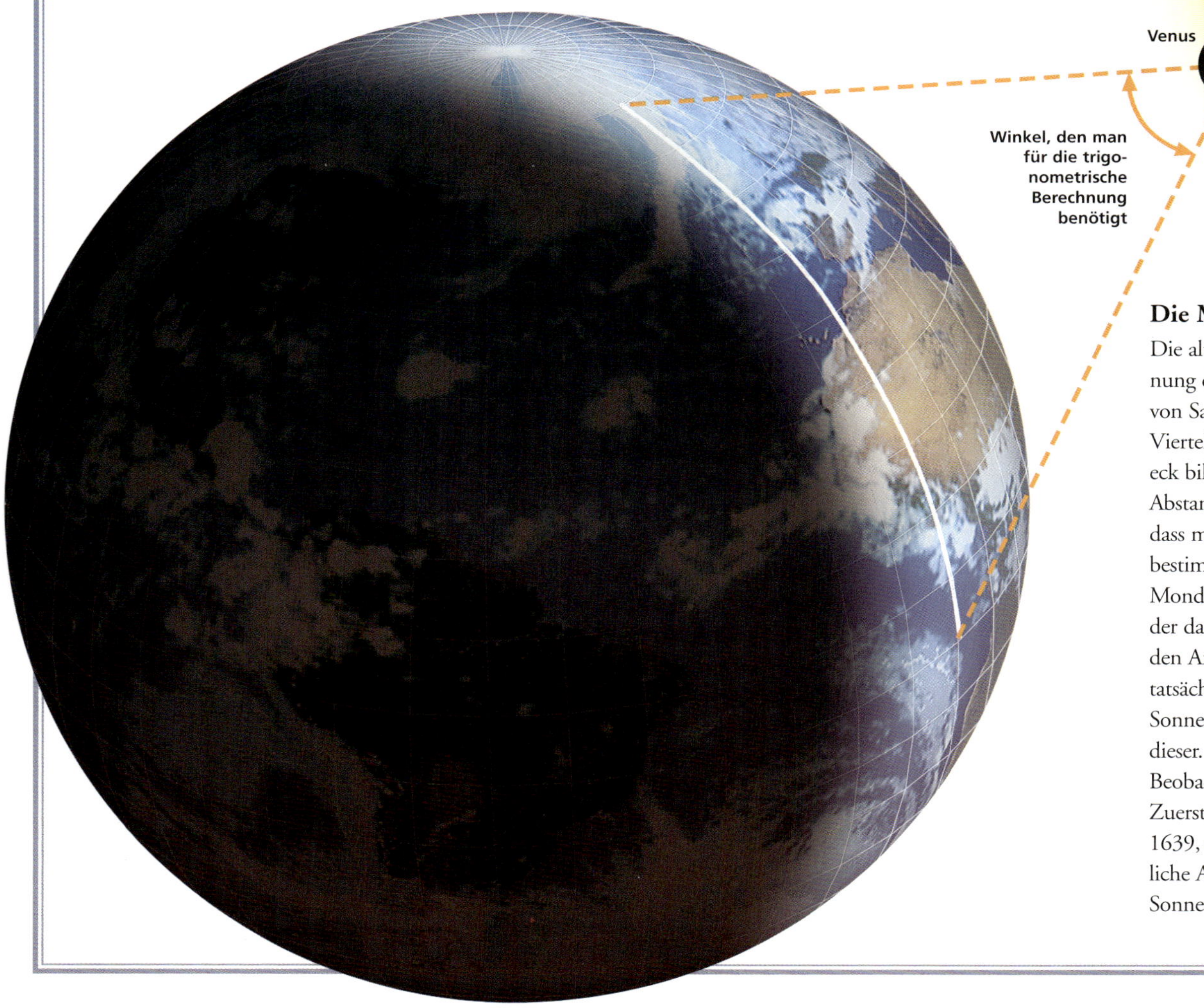

Die Messung der Astronomischen Einheit

Die alten Griechen waren die Ersten, die versucht haben, die Entfernung der Sonne zu messen (Astronomische Einheit, AE). Aristarch von Samos (um 320–250 v. Chr.) bemerkte, dass der Mond in seiner Viertelphase mit der Sonne und der Erde ein rechtwinkeliges Dreieck bildet. Da er kurz zuvor im Verlauf einer Mondfinsternis den Abstand des Mondes von der Erde berechnet hatte, wusste Aristarch, dass man mit einfacher Trigonometrie die Astronomische Einheit bestimmen kann, wenn man den Winkel zwischen Sonne und Mond misst. Leider war eine genaue Messung dieses Winkels mit der damaligen Technologie nicht möglich. Dennoch zeigte der Wert, den Aristarch mit dem 20fachen Erde-Mond-Abstand ermittelte (der tatsächliche Wert ist der 389fache Erde-Mond-Abstand), dass die Sonne viel weiter entfernt ist als der Mond und weitaus größer ist als dieser. Im 17. Jahrhundert erkannte man, dass die AE auch durch Beobachtungen bei einem Venusdurchgang gemessen werden kann. Zuerst versuchte das Jeremiah Horrocks (um 1618–41) im Jahr 1639, aber der „Schwarze-Tropfen-Effekt“ machte die genaue zeitliche Abstimmung sehr schwierig. Heute werden Entfernungen im Sonnensystem mit Satellitentelemetrie und Radar gemessen.

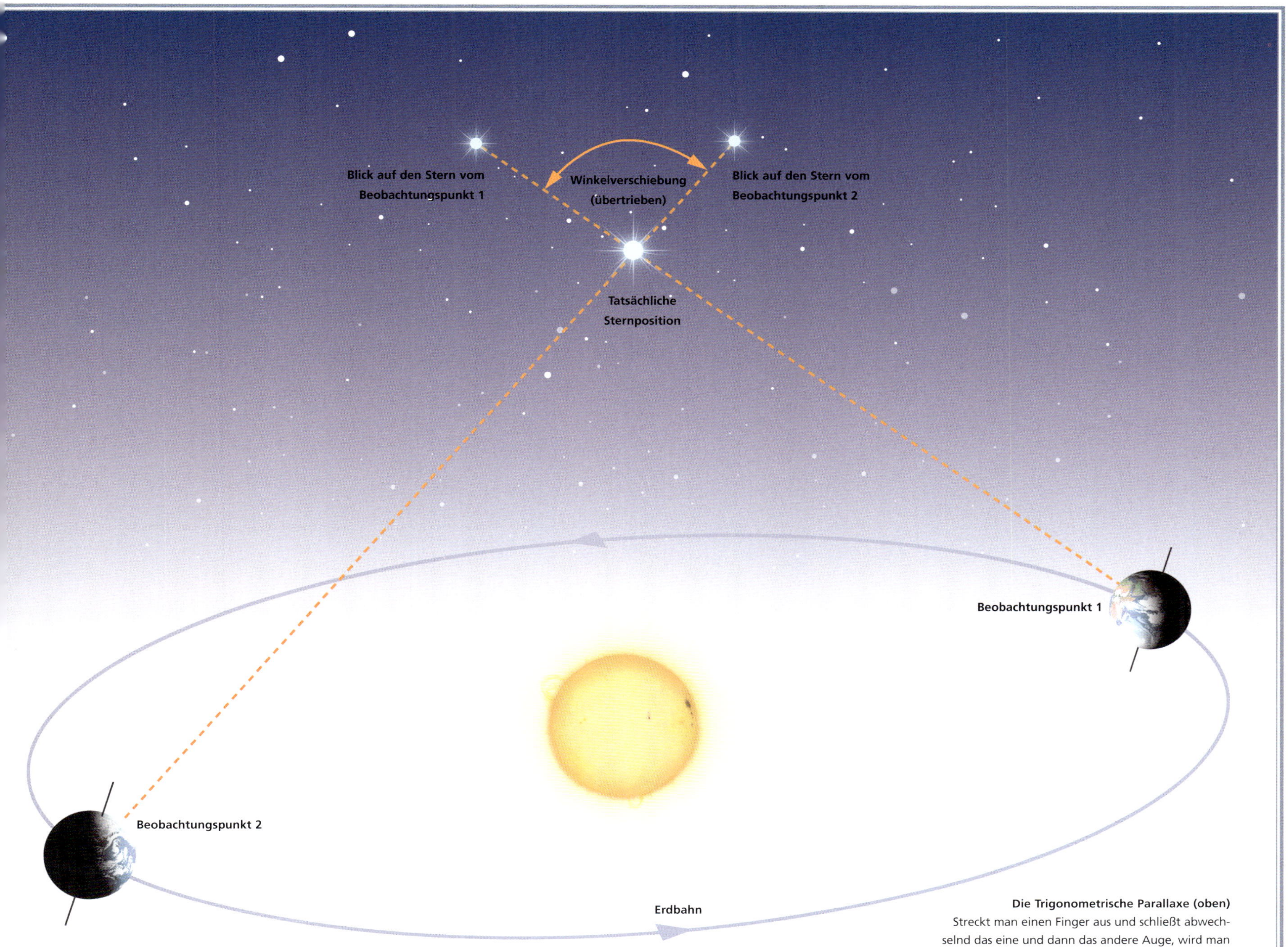

Die Trigonometrische Parallaxe (oben)
Streckt man einen Finger aus und schließt abwechselnd das eine und dann das andere Auge, wird man feststellen, dass sich der Finger in Bezug auf die Objekte im Hintergrund verschiebt. Dieser Effekt, den man Parallaxe nennt, entsteht daraus, dass jedes Auge den Finger von einem unterschiedlichen Punkt aus sieht. Ähnliches geschieht, wenn man die Position eines nahen Sternes in Bezug auf seine weiter entfernten Nachbarn bestimmt und ihn sechs Monate später wieder beobachtet, wenn sich die Erde auf der gegenüberliegenden Seite ihrer Bahn befindet: Auch der Stern hat sich scheinbar verschoben. Kann man die Abweichung der Winkel genau messen, dann kann man auch eine relativ genaue Bestimmung der Entfernung eines Sternes durch trigonometrische Berechnungen durchführen, weil der Erde-Sonne-Abstand bekannt ist.

Die Katalogisierung der Sterne (links)
Der europäische Satellit Hipparcos (links) startete im Jahr 1989 und trägt den Namen des griechischen Philosophen Hipparch von Nicea, der als Erster die Sterne katalogisiert hat. Hipparcos hat mit Hilfe der Parallaxe die Abstände von etwa 100.000 Sternen genauer berechnet als jemals zuvor. Die GAIA-Mission, die im Jahr 2010 starten soll, wird uns exaktere Parallaxenmessungen bringen, die hundertmal weiter reichen als die von Hipparcos.

Die Messung der Entfernungen der Sterne

Bei Sternen innerhalb weniger hundert Lichtjahre kann man die Entfernung mit der trigonometrischen Parallaxe messen, der sichtbaren Verschiebung eines nahen Sterns in Bezug auf die fernen Hintergrundsterne, wenn man ihn von zwei verschiedenen Punkten der Erdbahn beobachtet. Friedrich Wilhelm Bessel (1784–1846) war der Erste, der 1838 diese Methode benutzte, um die Entfernung des Sterns 61 Cygni zu ermitteln. Seine Berechnungen liegen nahe an den modernen Messungen. Bei fernen Sternen verlassen sich die Astronomen auf eine Reihe von Standardsternen mit bekannter Helligkeit. Wenn man weiß, wie hell ein Stern ist (seine Leuchtkraft), kann man den Wert mit der scheinbaren Helligkeit am Himmel vergleichen und daraus seine Distanz ableiten. Menschen machen das täglich, wenn sie die Entfernung eines Autos an der Helligkeit der Scheinwerfer abschätzen. Die wichtigsten Standardsterne sind die Veränderlichen Cepheiden, deren Helligkeit mit einer Periode schwankt, die genau auf ihre Leuchtkraft abgestimmt ist. Misst man diese Periode, kann man die Leuchtkraft des Sterns bestimmen.

Die Einteilung der Sterne

Die Astronomen teilen die Sterne nach ihrer Temperatur und Leuchtkraft ein. Das Klassifikationssystem besteht aus den zwei Hauptelementen Spektraltyp und Leuchtkraftklasse. Der Spektraltyp wird mit einem Buchstaben und einer Zahl bezeichnet, die auf Oberflächentemperatur und somit Farbe eines Sterns hinweisen. Die heißesten Sterne von blauweißer Farbe gehören zum Typ O. Danach kommen, immer kälter werdend, die Spektraltypen B, A, F, G, K und M. Sterne der Typen R, N und S ähneln den Typen K und M, weisen aber etwas andere Zusammensetzungen auf. Die Zahlen reichen von 0 (am heißesten) bis 9 (am kältesten) und bilden die zehn Unterklassen der sieben Hauptgruppen. Die Leuchtkraftklasse wird mit einer römischen Zahl von I bis V angegeben: Klasse I, die Überriesen, mit der größten Leuchtkraft; Klasse II sind Helle Riesen; Klasse III sind Riesen; Klasse IV sind Unterriesen und die Sterne der Klasse V nennt man Zwerge. Die Abbildung rechts vergleicht die relativen Größen von sechs bekannten Sternen verschiedener Spektraltypen. Unsere nächsten Sterne gehören hauptsächlich zum Typ M und zur Leuchtkraftklasse V.

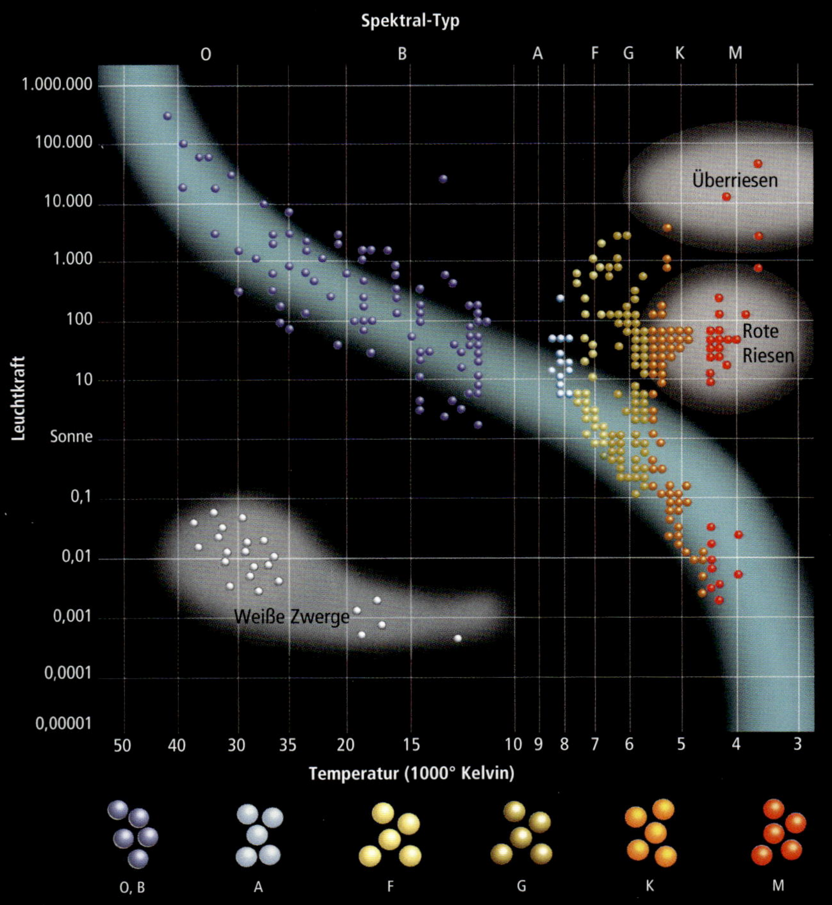

Das Hertzsprung-Russell-Diagramm

Wenn man Sterne einteilt, indem man ihre Farbe oder Temperatur ihrer Leuchtkraft gegenüberstellt, wie in dem oberen Hertzsprung-Russell-Diagramm, so entsteht ein Muster. Von links oben (heiß und mit großer Leuchtkraft) nach rechts unten (kühl und schwach leuchtend) erstreckt sich eine Kurve, die man die Hauptreihe nennt und auf der die meisten Sterne liegen. Diese Sterne nennt man Zwerge (Leuchtkraftklasse V) und sie leuchten, indem sie im Kern Wasserstoff in Helium verwandeln. Während ihrer Entwicklung kühlen Sterne ab und wandern im Diagramm nach rechts, wo die Riesen und Überriesen zu finden sind. Weiße Zwerge, die bloßen Kerne einst sonnenähnlicher Sterne, befinden sich links unten.

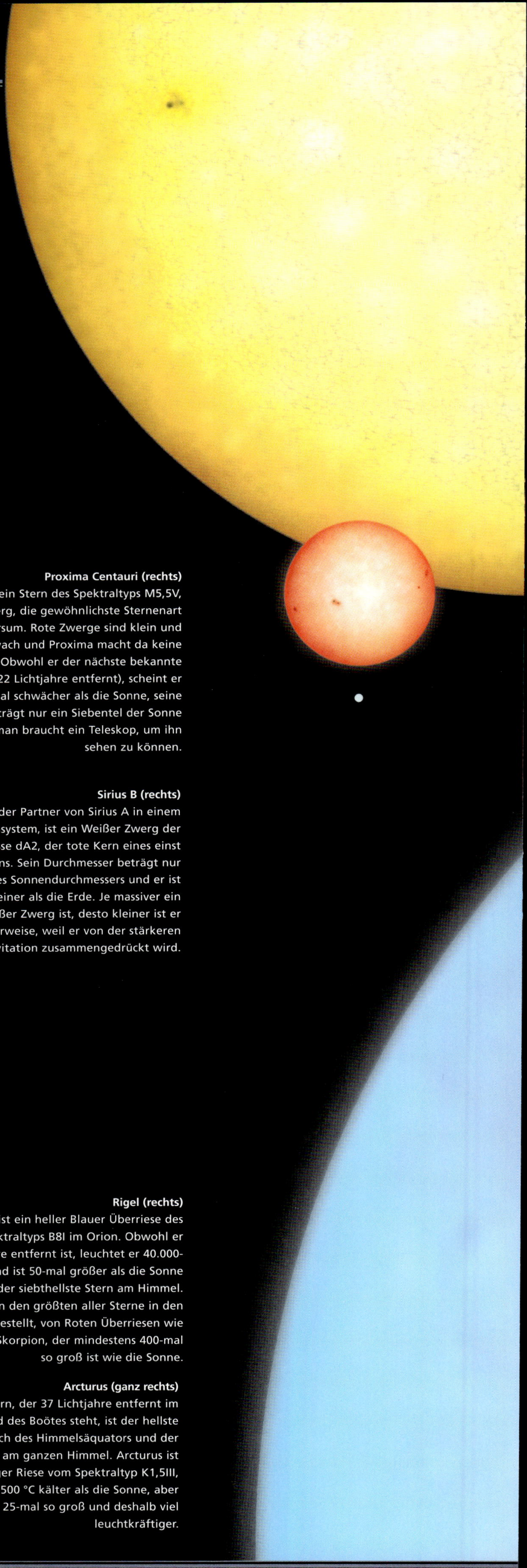

Proxima Centauri (rechts)
Proxima ist ein Stern des Spektraltyps M5,5V, ein Roter Zwerg, die gewöhnlichste Sternenart im Universum. Rote Zwerge sind klein und leuchten schwach und Proxima macht da keine Ausnahme. Obwohl er der nächste bekannte Stern ist (4,22 Lichtjahre entfernt), scheint er 20.000-mal schwächer als die Sonne, seine Größe beträgt nur ein Siebentel der Sonne und man braucht ein Teleskop, um ihn sehen zu können.

Sirius B (rechts)
Sirius B, der Partner von Sirius A in einem Doppelsternsystem, ist ein Weißer Zwerg der Spektralklasse dA2, der tote Kern eines einst größeren Sterns. Sein Durchmesser beträgt nur 0,8 Prozent des Sonnendurchmessers und er ist damit kleiner als die Erde. Je massiver ein Weißer Zwerg ist, desto kleiner ist er seltsamerweise, weil er von der stärkeren Gravitation zusammengedrückt wird.

Rigel (rechts)
Rigel ist ein heller Blauer Überriese des Spektraltyps B8I im Orion. Obwohl er 770 Lichtjahre entfernt ist, leuchtet er 40.000-mal stärker und ist 50-mal größer als die Sonne und somit der siebthellste Stern am Himmel. Rigel wird von den größten aller Sterne in den Schatten gestellt, von Roten Überriesen wie Antares im Skorpion, der mindestens 400-mal so groß ist wie die Sonne.

Arcturus (ganz rechts)
Dieser Stern, der 37 Lichtjahre entfernt im Sternbild des Boötes steht, ist der hellste nördlich des Himmelsäquators und der vierthellste am ganzen Himmel. Arcturus ist ein oranger Riese vom Spektraltyp K1,5III, ungefähr 1.500 °C kälter als die Sonne, aber 25-mal so groß und deshalb viel leuchtkräftiger.

Die Sonne (unten und links)
Die Sonne ist ein mittelgroßer Gelber Zwerg der Spektralklasse G2V, mit einer Oberflächentemperatur von etwa 5.500 °C.

Sirius A (unten)
Sirius, von der Erde gesehen der hellste Stern am Himmel, ist eigentlich ein Doppelsternsystem. Der hellere der beiden, den man als Sirius A kennt, ist ein A1V-Zwergstern, was bedeutet, dass er blauweiß ist und eine Oberflächentemperatur von etwa 10.000 °C aufweist. Er ist ca. 1,7-mal so groß wie die Sonne.

Doppel- und Mehrfachsysteme

Einzelsterne wie die Sonne sind in der Minderzahl. Etwa sechzig Prozent aller sonnenähnlichen Sterne sind in Systeme gebunden, in denen zwei oder mehrere Sterne um ein gemeinsames Massenzentrum kreisen. Doppelsterne kommen am häufigsten vor, Dreiersysteme seltener und so weiter. Viele der bekannten Sterne sind eigentlich Doppel- oder Mehrfachsysteme, wie die nahen Sterne Alpha Centauri, Procyon, Sirius und Castor, der aus sechs Sternen besteht und 52 Lichtjahre entfernt im Sternbild der Zwillinge liegt. Mehrfachsysteme können entstehen, wenn Einzelsterne einander sehr nahe kommen, aber normalerweise sind sie weit voneinander entfernt und solche zufälligen Treffen sind selten. Die meisten Mehrfachsterne werden schon als solche geboren.

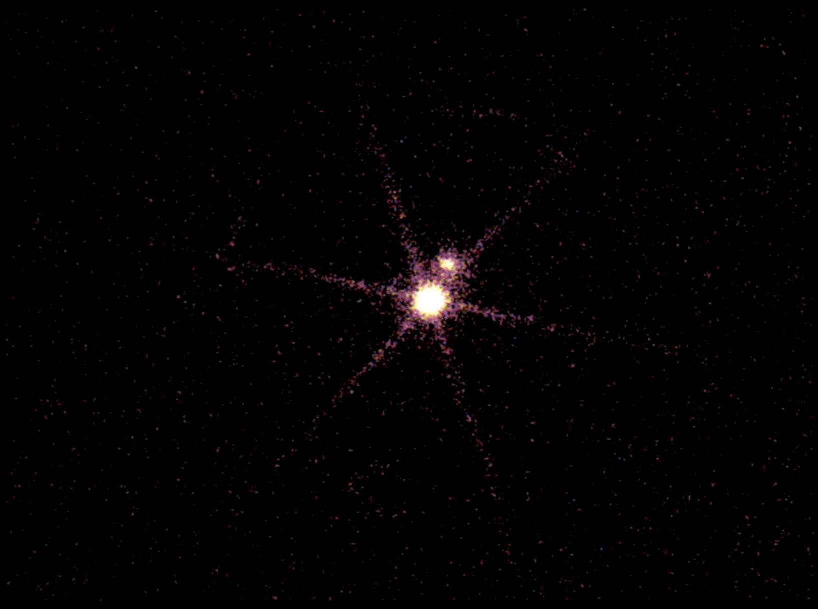

Zwei nahe Doppelsterne (oben und links)
Das obere Foto zeigt den Sirius. Er ist der hellste Stern am Himmel und eigentlich ein Doppelsystem aus einem blauweißen Stern und einem viel kleineren und dichteren Weißen Zwerg. Dieses Falschfarbenbild stammt vom Chandra-Röntgenteleskop. Links sieht man zwei Sterne in Alpha Centauri, dem sonnennächsten Sternsystem. Die beiden Sterne Alpha Centauri A und B gehören zur selben Klasse wie die Sonne und umkreisen einander einmal in 80 Jahren. Proxima Centauri, der dritte Stern in diesem System, umrundet dieses Paar mit einer Periode von 0,5 bis 2 Millionen Jahren und ist deshalb vielleicht gar nicht an das System gebunden.

Die Bewegungen der Doppel- und Mehrfachsysteme

Rechts ist eine Reihe von Diagrammen mit den Bahnbewegungen von Doppel- und Mehrfachsystemen. In einem Doppelsystem bewegen sich beide Sterne auf elliptischen Bahnen um ein gemeinsames Zentrum (der grüne Punkt). Sie bewegen sich so, dass die Linie, die sie verbindet, immer durch diesen Punkt führt, obwohl sich ihr Abstand periodisch verändert (1). Doppelsterne können auch kreisförmigere Bahnen haben (2). Auf dem zweiten Bild von unten sieht man ein hierarchisches Dreiersystem (3), wo ein äußerer Stern (gelb) um ein inneres Paar kreist, als wären die beiden ein Einzelstern, da sie nah beieinander sind. Unten ist ein Vierersystem (4) mit zwei Paaren, die einander umkreisen, während die Einzelpaare abwechselnd um ihren eigenen Massenmittelpunkt kreisen.

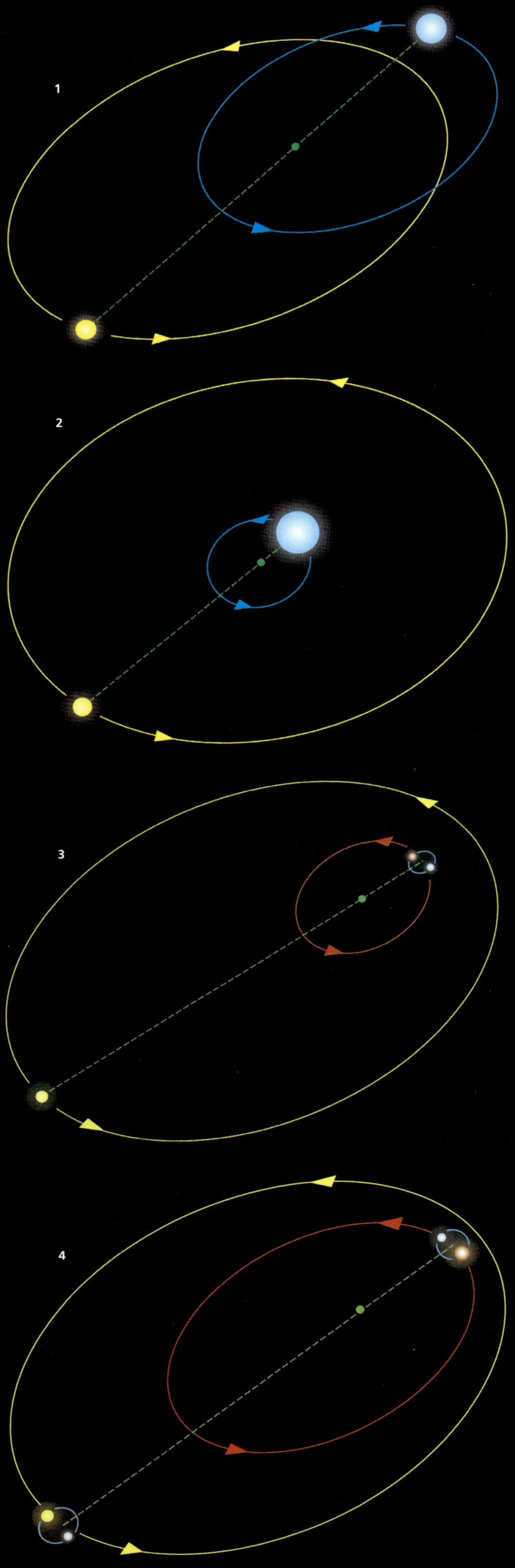

Proxima Centauri (oben)
Proxima Centauri ist ein Roter Zwerg, der viel schwächer leuchtet als die Sonne und auch nur einen Bruchteil ihres Umfangs hat. Dieses Bild eines Künstlers zeigt Proxima Centauri im Vordergrund mit einem hypothetischen nahen Planeten. Links außerhalb des Bildes liegen Alpha Centauri A und B, ein nahes Doppelsystem, um das Proxima Centauri vielleicht kreist.

Interagierender Doppelstern (rechts)
In manchen Doppelsystemen liegen die Einzelsterne so nah beieinander, dass sie aufeinander einwirken. Kataklysmische Veränderliche Sterne, wie der hier gezeigte, sind ein Beispiel für die Interaktion von Doppelsternen. Der größere Stern ist ein Roter Zwerg, der andere ein sehr dichter Weißer Zwerg, dessen Gravitation seinen Partner in eine ovale Form streckt. Der Weiße Zwerg stiehlt Materie von seinem Kameraden und bildet daraus eine sogenannte Akkretionsscheibe.

Neue Planetensysteme

Vor zehn Jahren wurde eine der großen Fragen der Astronomen, nämlich „gibt es Planeten außerhalb des Sonnensystems?“, beantwortet. Die Antwort ist nicht nur „ja“, sondern das Tempo, mit dem weitere Planeten gefunden werden, steigt mit dem Fortschritt der Technologie ständig an. Heute scheinen Planeten um sonnenähnliche Sterne die Regel zu sein und nicht die Ausnahme. Seit 1995 haben Astronomen über hundert „extrasolare“ Planetensysteme entdeckt. Die Gesamtzahl dieser Welten erreicht nun fast 200 und einige Sterne bergen mehr als einen Planeten. Jetzt fragt man sich, ob solche Systeme typisch sind und ob es auf irgendeinem dieser Planeten Leben gibt, aber diese Fragen bleiben nach wie vor unbeantwortet.

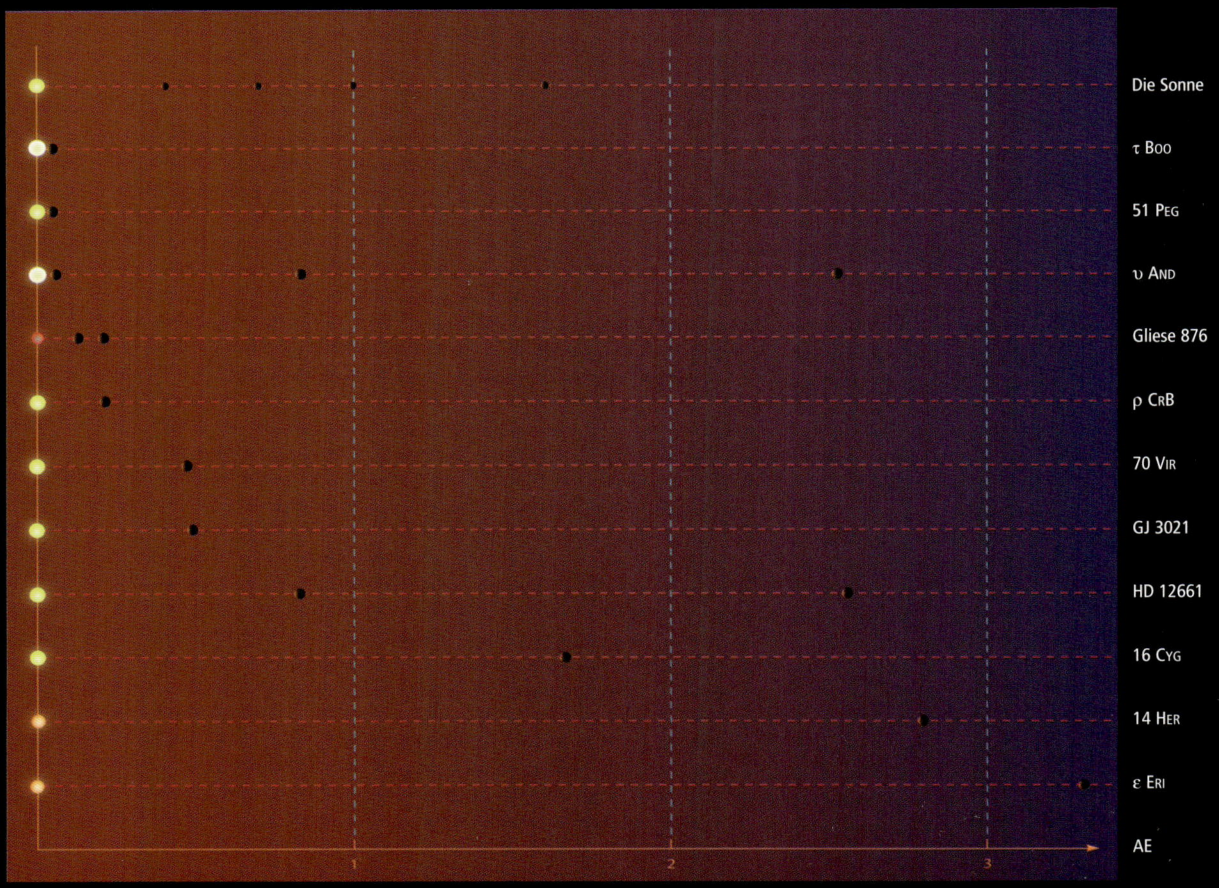

Extrasolarer Planet (links oben)
Dieses Foto der europäischen Südsternwarte (ESO) von 2004 war das erste direkte Bild eines extrasolaren Planeten. Der Planet (rot) kreist um einen immer schwächer leuchtenden Stern, den Braunen Zwerg 2M1207 (blau). Der Planet (mit der fünffachen Jupitermasse) ist beinahe doppelt so weit von seinem Elternplaneten entfernt wie der Neptun von der Sonne.

Asteroiden (oben)
Unser Sonnensystem ist nicht das einzige mit einem Asteroidengürtel. Das Spitzer-Weltraumteleskop hat Hinweise auf einen ähnlichen, aber viel größeren Gürtel um einen Stern namens HD 69830 gefunden, 41 Lichtjahre entfernt im Sternbild Puppis. Dieses Bild eines Künstlers zeigt den Gürtel, wie er von einem Planeten nahe außerhalb des Gürtels aussehen könnte.

Extrasolare Systeme (links)
Dieses Diagramm vergleicht das Sonnensystem (oben) mit elf extrasolaren Planetensystemen mit Durchmessern bis zu 3,3 AE. Beinahe alle bekannten Exoplaneten sind Riesen wie Jupiter. Während solche Planeten in unserem Sonnensystem außerhalb von 5 AE kreisen, befinden sich die Riesen in diesen neuen Systemen auf nahen Umlaufbahnen, oft viel näher als der Merkur der Sonne ist. Das offensichtliche Fehlen kleinerer Welten oder großer Welten mit fernen Bahnen ist trügerisch. Vielleicht haben wir diese Planeten einfach noch nicht gefunden, weil die derzeitigen Aufspürmethoden nur auf massige Planeten auf nahen Umlaufbahnen reagieren.

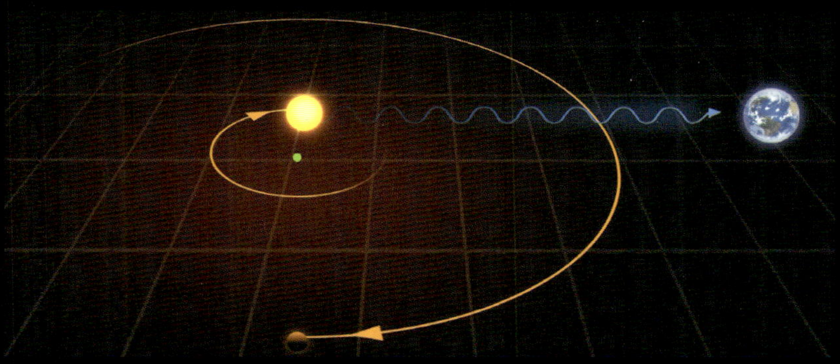

Planetenjagd

Astronomen finden Planeten nicht auf direktem Weg, sondern durch die Auswirkungen auf ihre Elternplaneten. Weil der Planet und der Stern um ein gemeinsames Massenzentrum kreisen (oben und unten als grüner Punkt), bewegt sich der Planet auf einer weiten Ellipse, während der Stern eine viel kleinere Bewegung ausführt (hier übertrieben dargestellt). Wenn die Bahnebene des Planetensystems mit der Kante in Richtung Erde weist, bewegt sich der Planet weg und der Stern nähert sich. Das Licht des Sterns wird blauverschoben, mit kürzeren Wellenlängen (oben). Eine halbe Umlaufbahn später entfernt sich der Stern und sein Licht wird rotverschoben (unten). Schwankungen zwischen rot- und blauverschobenen Zuständen lassen auf die Anwesenheit eines Planeten schließen.

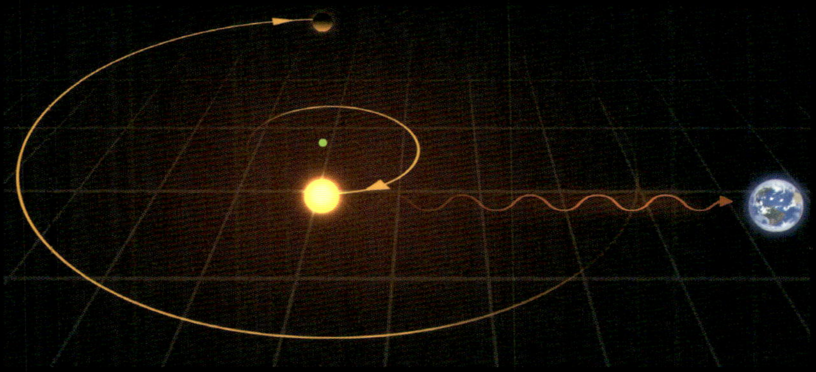

Die Suche nach erdähnlichen Welten

Der Terrestrial Planet Finder (TPF) der NASA und Darwin von der ESA sind zwei Missionen, die nach extrasolaren Planeten suchen sollen. Die Ziele dieser Missionen sind verwegen: Man will nicht nur Planeten finden, die nicht größer sind als die Erde, sondern auch deren Atmosphären nach Anzeichen von Gasen durchsuchen, die auf Leben hindeuten. Die Darwin-Mission stellt eine Flotte von sechs Satellitenteleskopen, jedes mit einem Durchmesser von mindestens 1,5 m, die mit einem zentralen Teil und einem weiteren Satelliten in Verbindung stehen, wie oben abgebildet. Mit einer Technik namens Interferometrie kann man die Signale der Teleskope verbinden und ein einzelnes, scharfes Bild mit noch nie dagewesener Auflösung erzeugen. Diese Methode wird auch dazu dienen, das grelle Licht eines Sterns abzuschirmen, damit das schwache Glimmen eines jeden Planeten zum Vorschein kommt. Aber weder Darwin noch TPF werden vor 2015 starten.

Extrasolarer Riese (links)
16 Cygni B ist ein oranger Stern, ähnlich wie die Sonne. Er war einer der ersten Sterne, von denen man wusste, dass sie die Heimat eines Planeten sind. Der Planet, der etwa die 1,5fache Masse des Jupiter hat, kreist in 798,9 Erdtagen und einer Entfernung von nur 1,67 AE um 16 Cygni B. Der Planet wird auf diesem Bild eines Künstlers als blauer Gasriese dargestellt und man sieht auch einen nahen hypothetischen Mond. Der Elternstern 16 Cygni B (weiter links unten) ist Teil eines Doppelsystems. Sein ferner Partner (mehr als 700 AE entfernt) ist links über ihm zu sehen.

Welten entstehen (unten)
Astronomen entdecken nicht nur Planeten um andere Sterne, sondern auch Planetensysteme in ihrer Entstehung. Diese Abbildung zeigt eine Scheibe aus Staub, die einen überraschend geringmassigen, braunen Zwergstern umkreist, der mit dem Spitzer-Weltraumteleskop entdeckt wurde. In der Scheibe ist vielleicht genug Masse, um einen Gasriesen und einige steinige, erdgroße Planeten zu formen.

Die Erforschung der Sterne

Unser Wissen über die Sterne hat sich enorm erweitert, seit der italienische Philosoph Giordano Bruno (1548–1600) auf dem Scheiterhaufen verbrannt wurde, weil er meinte, dass die Sonne nur ein naher Stern sei. Erst im 19. Jahrhundert wurde diese Aussage durch die Entwicklung von Techniken wie der Spektroskopie und der Parallaxenmessung für stellare Entfernungen bestätigt. Weil die Sonne kosmisch gesehen so nahe ist, haben wir viel über die Sterne erfahren, indem wir einfach unseren eigenen Stern genauer betrachtet haben. Aus der Beobachtung von Sternen, ein jeder in einer anderen Phase seiner Entwicklung, haben Astronomen deren Lebens-zyklen rekonstruiert und damit auch das eventuelle Schicksal unserer Sonne und des Sonnensystems kennen gelernt. Heute wissen wir, woraus Sterne bestehen, wie heiß sie sind, und wir kennen ihre Bahnen im Weltraum. Aber wie uns die jüngsten Entdeckungen von Braunen Zwergen und extrasolaren Planeten zeigen, bleiben noch viele Geheimnisse ungelöst.

Die Astronomie der Ägypter (unten)
Für die alten Ägypter war die Astronomie sehr wichtig, aber sie war mehr eine Religion als eine Wissenschaft. Das Sternbild des Orion repräsentierte zum Beispiel Osiris, den Totengott. Dieses Bild auf einem Mumien-sarkophag zeigt die Gottheit Shu (den Gott der Lüfte), der seine Tochter Nuit (die Himmelsgöttin) von der Erde trennt.

Die Astronomie der Babylonier (rechts)
Diese babylonische Tontafel ist mit etwa 500 v. Chr. datiert und mit Inschriften versehen, welche die Bewegungen der Sterne und Planeten beschreiben. Die Babylonier waren begeisterte Astronomen und Astrologen, die gelernt hatten, Sonnen- und Mondfinsternisse vorherzusagen. Sie erfanden die Winkelgrade, die immer noch zur Messung von Winkelabständen verwendet werden, und hinterließen uns ein effizientes Zahlensystem.

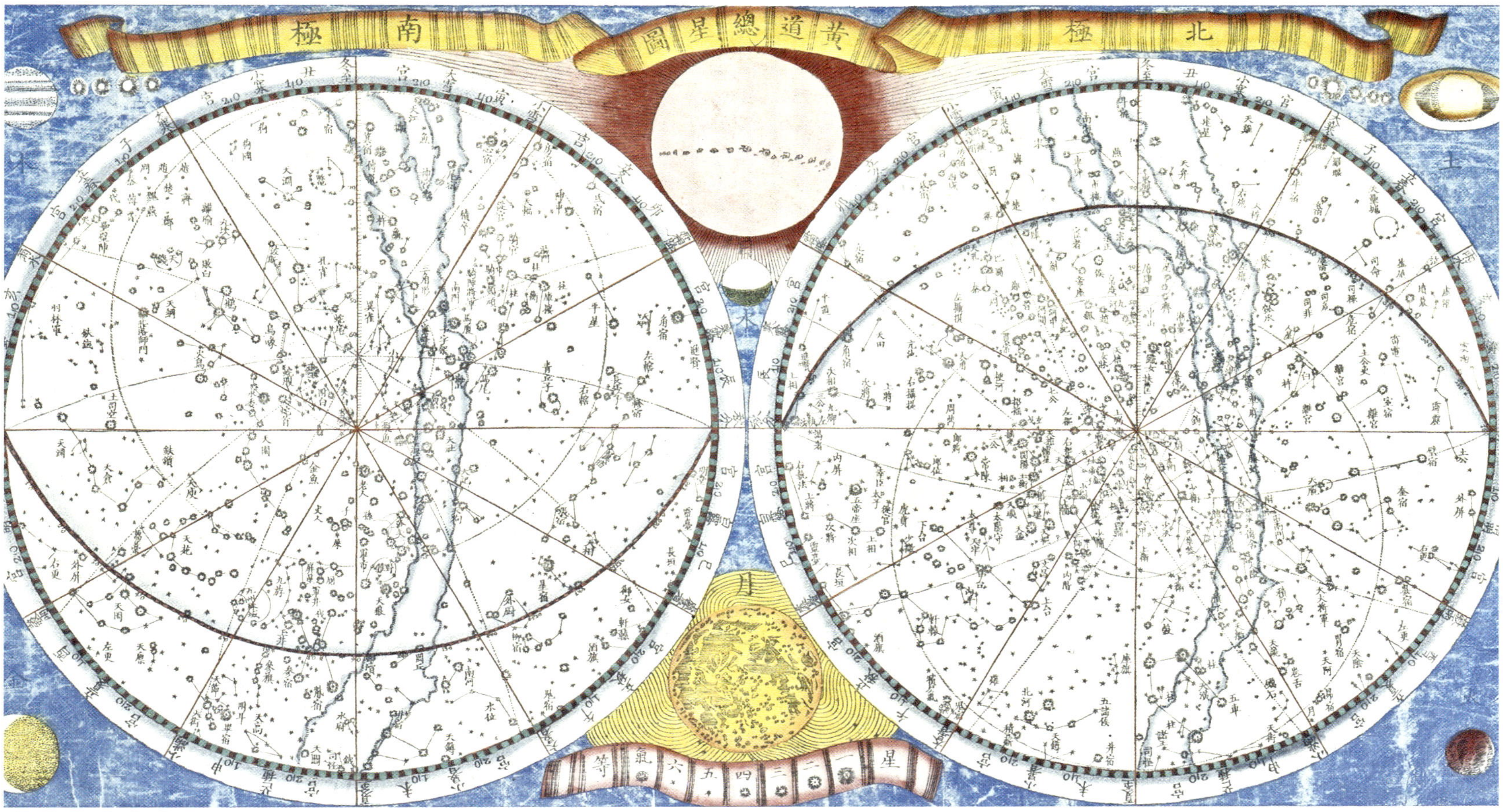

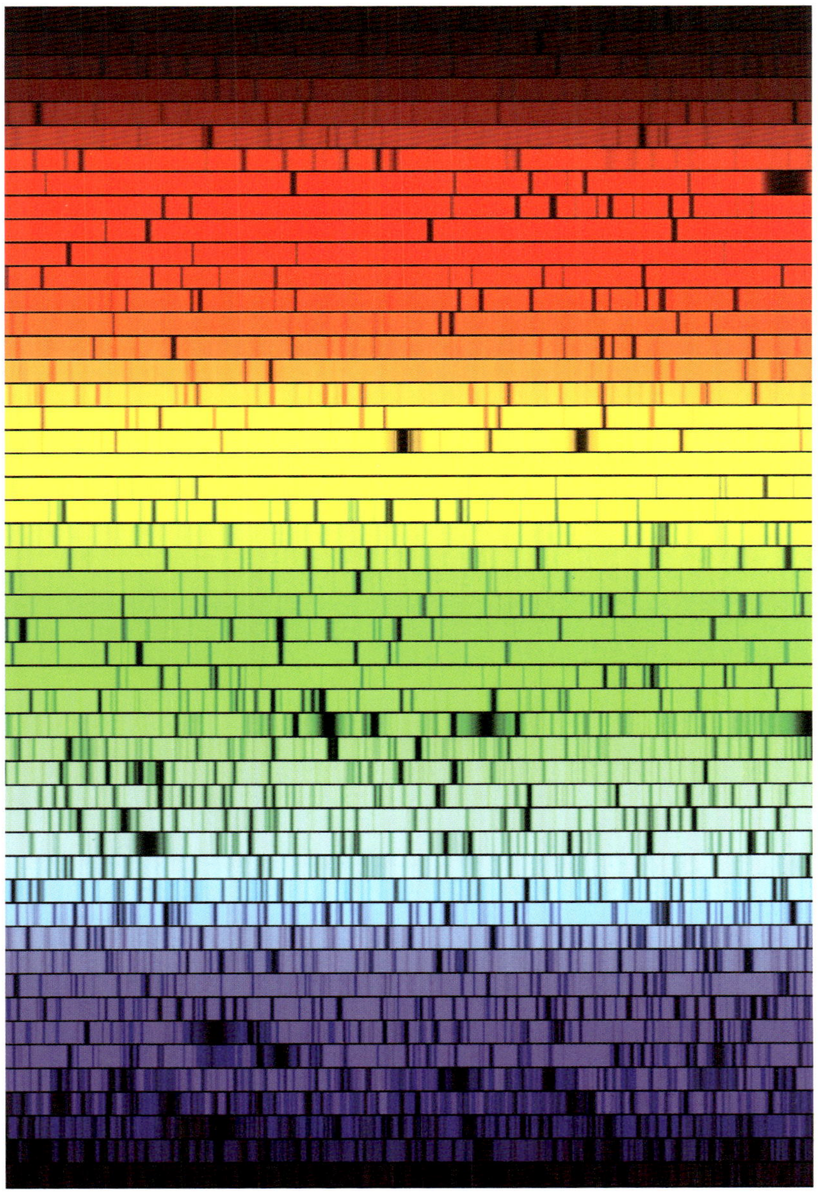

Die Spektroskopie

In den 1860er Jahren machte die Astronomie durch die Entwicklung der Spektroskopie einen großen Schritt vorwärts. Das Licht eines Sterns wird durch eine Art Rastergitter geschickt und das Spektrum kommt zum Vorschein, das die Lichtintensität als Funktion der Wellenlänge zeigt. Interessanterweise sieht man neben einem Regenbogen an Farben auch dunkle Linien, wie auf dem linken Bild des Spektrums von Arcturus. Jeder Satz von Linien weist auf ein bestimmtes Atom hin: Wasserstofflinien erscheinen bei gewissen Wellenlängen, Heliumlinien bei anderen und so weiter. So sagt uns die Spektroskopie, woraus die Sterne bestehen. Des Weiteren gibt sie Auskunft über die Geschwindigkeiten der Sterne in Bezug auf unser Sonnensystem.

Dopplertomographie (unten)
Seit den achtziger Jahren des 20. Jahrhunderts haben Astronomen den Oberflächen dieser Sterne ein Aussehen gegeben, indem sie eine Technik einsetzten, die man Dopplertomographie nennt und die den verschiedenen bildgebenden Techniken ähnelt, welche Mediziner benutzen, um in den Körper hineinzuschauen.

Chinesische Himmelskugeln (oben)
Die Chinesen sind seit altersher begeisterte Astronomen. Wahrscheinlich haben sie die Sonnenflecken lange vor dem derzeit angenommenen Datum 1611 entdeckt und ihre Aufzeichnungen der Supernova von 1054, aus der der Krabbennebel (M1) entstanden ist, sind bekannt. Diese Karte aus dem achtzehnten Jahrhundert zeigt 1.464 Sterne in 283 Sternbildern.

Becklin-Neugebauer-Objekt (oben)
Weil man viele astronomische Objekte nur im Infrarotlicht sehen kann, ist es nötig, so weit wie möglich außerhalb der Atmosphäre zu gelangen, um genaue Beobachtungen machen zu können. Dieses Bild vom Hubble-Weltraumteleskop zeigt das Becklin-Neugebauer-Objekt, einen massereichen Stern und eine pulsierende Quelle von Infrarotstrahlung tief drinnen im Orionnebel. Im Jahr 1966 war dies die erste große Entdeckung der Infrarotastronomie.

Die Himmelsbeobachtung

Soweit wir in die Geschichte zurückblicken, haben Menschen den Himmel beobachtet, aber seit der italienische Astronom Galileo Galilei (1564–1642) vor 400 Jahren sein Teleskop auf den Himmel gerichtet hat, haben sich die Dinge beschleunigt. Das Teleskop wurde zum wichtigsten Werkzeug der Astronomen und entwickelte sich rasch weiter. Heutige Teleskope sind Ungetüme und die derzeitigen Rekordhalter sind die Keck-Teleskope auf Hawaii mit Durchmessern von 10 m. Im vergangenen Jahrhundert gesellten sich zu den optischen Teleskopen neue Instrumente, die das Weltall im Radio- und Mikrowellenbereich abtasten. Wir haben gelernt, Teleskope in den Weltraum zu befördern, wodurch neue Zweige der Astronomie entstanden sind, die Untersuchungen in Bereichen des elektromagnetischen Spektrums (Infrarot-, Ultraviolett- und Röntgenstrahlung) durchführen, die wegen der Absorption der Atmosphäre vom Boden aus nicht möglich sind.

Das Teleskop des Galileo (oben)
Die Beobachtungen des italienischen Astronomen Galileo Galilei haben die Macht des Teleskops gezeigt und das Fachgebiet revolutioniert. Auf diesem Bild sieht man ihn (rechts vom Teleskop) bei einer Vorführung seines Instruments in Venedig.

Das Auge auf den Himmel gerichtet (links)
Optische Teleskope sind im Laufe der Jahrhunderte immer größer geworden, da die Suche nach immer stärkerer Vergrößerung und höherer Lichtempfindlichkeit intensiviert wurde. Auf dem Gipfel des Mauna Kea, Hawaii, stehen in einer Höhe von 4.200 m zwei der zahlreichen Teleskope der Insel, das Kanada-Frankreich-Hawaii-Teleskop (auf diesem Bild links) und das Gemini-Nord-Teleskop (rechts). Hunderte Teleskope wie diese stehen rund um den Globus, ihre „Augen" auf den Himmel gerichtet, und blicken immer tiefer ins Weltall.

Radioteleskope
Die Radioastronomie begann in den 1930er Jahren, als der amerikanische Ingenieur Karl Jansky (1905–50) ein „Rauschen" im Radiobereich entdeckte, das aus der Richtung des Sternbilds Schütze nahe beim Zentrum der Milchstraße stammte. Viele astronomische Objekte senden solche Strahlen aus und Radioteleskope sind heute ein wichtiges Werkzeug für die Astronomie. Sie haben zwei Vorteile: Man muss nicht auf die Nacht warten und die Wolken sind kein Hindernis, denn Radiowellen aus dem Weltraum erreichen uns zu jeder Zeit und bei jedem Wetter. Radioteleskope sind viel größer als optische Teleskope, weil größere Wellenlängen zur Maximierung der Auflösung auch größere Durchmesser erfordern. Das rechte Foto zeigt die Radioteleskope des Very Large Array in New Mexico.

Berühmtes Weltraumteleskop (oben)
Das Hubble-Weltraumteleskop startete 1990 und ist heute das berühmteste Teleskop der Welt. Es umkreist die Erde in 570 km Höhe und führt Beobachtungen im sichtbaren, ultravioletten und nahinfraroten Licht durch. Hubble hat uns sehr dabei geholfen, die Vorgänge im Universum besser zu verstehen. Hier sieht man einen Astronauten, der im Zuge der STS-82-Mission im Februar 1997 eine Wartung am Teleskop vornimmt.

Weltraumteleskope

Der beste Weg, den Himmel zu sehen, ist, dort zu sein, hoch über dem störenden Einfluss der Erdatmosphäre. In vielen Fällen ist das sogar der einzige Weg, denn unsere Atmosphäre lässt zwar sichtbares Licht durch, ist jedoch für ultraviolettes Licht, Röntgenstrahlen und den Großteil des Infrarotlichts undurchlässig. Obwohl viele Menschen das Hubble-Weltraumteleskop kennen (rechts ein Hubble-Bild vom Roten Überriesen V838 Monocerotis, dessen Lichtblitz das interstellare Medium beleuchtet), ist es nur eines von mehreren Observatorien, die über einen breiten Bereich des Spektrums die Tiefen des Weltraums erforschen.

Der Trifid-Nebel (M 20 oder NGC 6514) ist ein Emissionsnebel, eine leuchtende Wolke aus Gas und Staub, in welcher Sterne geboren werden, und liegt innerhalb der Lokalen Nachbarschaft. Das helle Zentrum dieses Nebels ist der Brutkasten neugeborener Sterne, die nur 100.000 Jahre alt sind.

Die Lokale Nachbarschaft

Karte der Lokalen Nachbarschaft

Im vorigen Kapitel betrachteten wir die wenigen dutzend Sterne in der Umgebung der Sonne. Nun werden wir unseren Blick auf einen Radius von 5.000 Lichtjahren um unser Sonnensystem ausdehnen. Das ist immer noch ein Bruchteil der Milchstraße, die mehr als zehnmal so groß ist, aber innerhalb dieser Region, die man die Lokale Nachbarschaft nennt, findet man himmlische Schätze im Überfluss. Hier gibt es wie überall in unserer Galaxie riesige Wolken aus Gas und Staub, sogenannte Molekülwolken, in denen sich gigantische stellare Säuglingsstationen befinden, welche die großartigen Nebel und das Interstellare Medium von hinten beleuchten und die galaktischen Arme der Milchstraße mit schillernden Farben umgeben. Doch wo Sterne geboren werden, dort sterben sie auch. Supernovas und Planetarische Nebel künden vom Ende des Lebenszyklus eines Sterns: Zurück bleiben Weiße Zwerge, Neutronensterne, Pulsare und Schwarze Löcher.

Neugeborene Sterne
Dieses Falschfarbenbild zeigt die Nahaufnahme eines Haufens neugeborener Sterne im Orion-Nebel. Diese Sterne, die etwa 1.500 Lichtjahre entfernt im Sternbild Orion liegen, beleuchten die Wolke aus Gas und Staub, aus der sie entstanden sind. Die rosa Farbe ist ein gewaltiger Gasausfluss von einem neu entstehenden Stern im Hintergrund.

Eine gasgefüllte Sanduhr
Dieses 2.000 Lichtjahre entfernte Objekt wird mit dem Namen Sharpless 106 (Sh2-106) bezeichnet. Es enthält einen etwa 100.000 Jahre jungen Stern, der von einem Nebel aus Auswurfsmaterial umgeben ist.

Die Lokale Nachbarschaft
Hier ist die Lokale Nachbarschaft abgebildet, eine Region mit einem Durchmesser von ungefähr 10.000 Lichtjahren Länge und 3.000 Lichtjahren Breite. In diesem Maßstab hätte die gesamte Galaxie einen Durchmesser von etwa 4,5 m. Haufen und Nebel sind größer dargestellt und die Scheibe wurde in der Darstellung abgeflacht. Teilabschnitte des nächsten galaktischen Spiralarms ziehen sich in drei deutlichen Bändern mit dem lokalen Orion-Arm in der Mitte über die Karte. Das Gas in den Armen hat die Struktur von Schweizer Käse und ist mit Blasen gefüllt, die durch Sternexplosionen im Interstellaren Medium entstehen.

Legende
3228 Haufen
6999 Nebel

Der Sagittarius-Arm
Das ist der innerste Hauptarm, der fast die gesamte Galaxie umschließt.

Der Orion-Arm
Er wird auch der Lokale Arm genannt und umfasst die Region unseres Sonnensystems.

Der Perseus-Arm
Dieses helle, ausgefranste Band bildet den äußeren Hauptarm der Milchstraße.

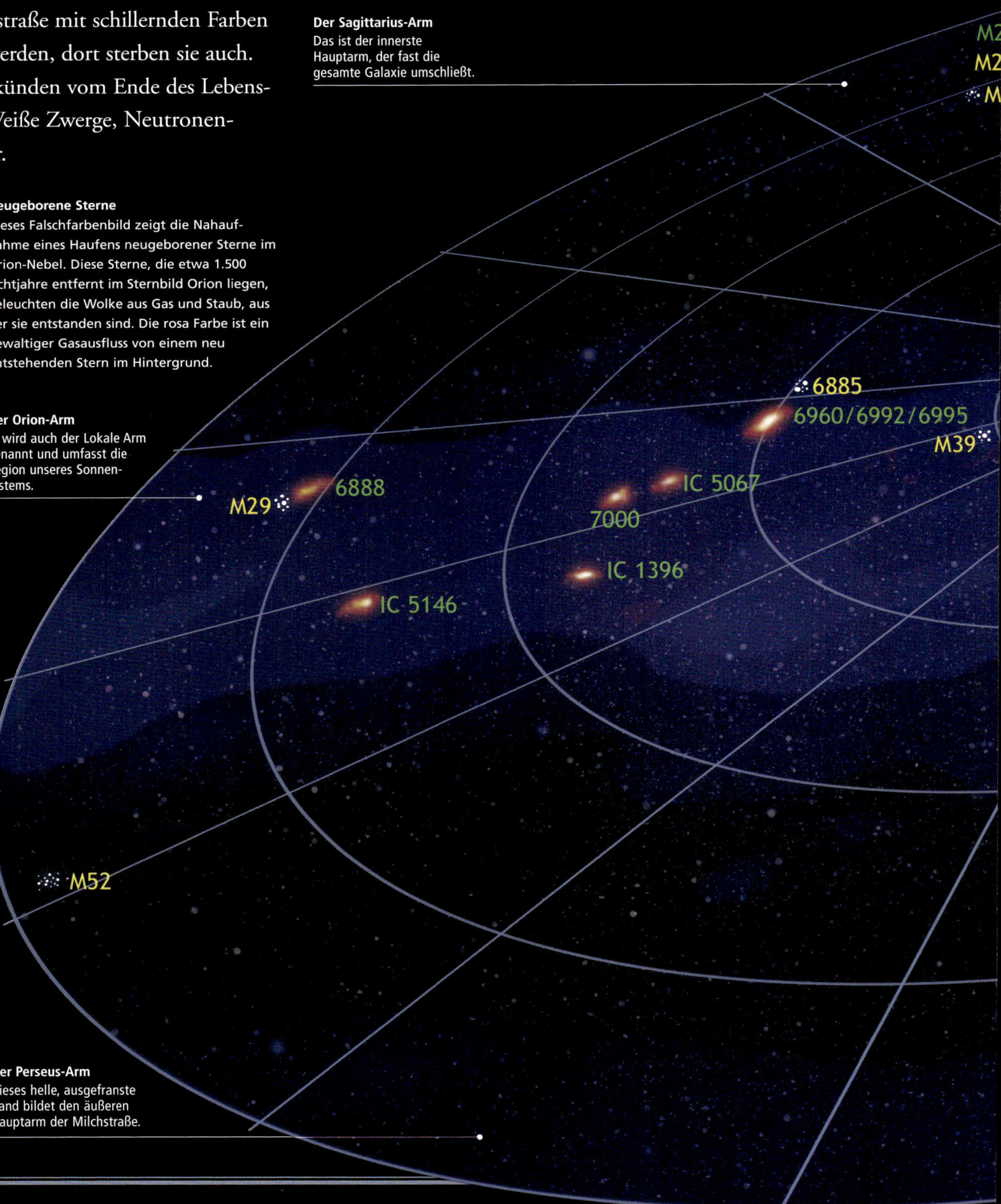

Loops und Blasen
Diese interstellaren Blasen oder „Loops“ entstehen durch Supernovae und Wind von heißen, jungen Sternen.

Der Kohlensack-Nebel
Seine dichten Molekülwolken verdunkeln das Licht der Hintergrundsterne.

Eine juwelenbehangene Blase
Dieser alte Supernovarest enthält Barnards-Loop und den juwelenbehangenen Orion-Komplex.

Merkmale der Lokalen Nachbarschaft
Diese Region birgt bemerkenswerte Haufen und Nebel. Jahrhundertelang blickten wir auf diese Schönheiten und gaben ihnen einfallsreiche Namen, lange vor der Erstellung eines offiziellen Kataloges. Die rechte Tabelle listet einige der eindrucksvollsten Strukturen in der Lokalen Nachbarschaft auf, die auch auf der unteren Karte eingezeichnet sind.

Merkmale der Lokalen Nachbarschaft		
Name	Auch bekannt als	Sternbild
M 44	Krippe, Praesepe, NGC 2632	Cancer
NGC 6888	Crescent-Nebel	Cygnus
M 8	Lagunen-Nebel, NGC 6523	Sagittarius
NGC 7000	Nordamerika-Nebel	Cygnus
M 42	Orion-Nebel, NGC 1976	Orion
M 45	Plejaden	Taurus
M 20	Trifid-Nebel, NGC 6514	Sagittarius
NGC 6960, 6992, 6995	Schleier-Nebel	Cygnus

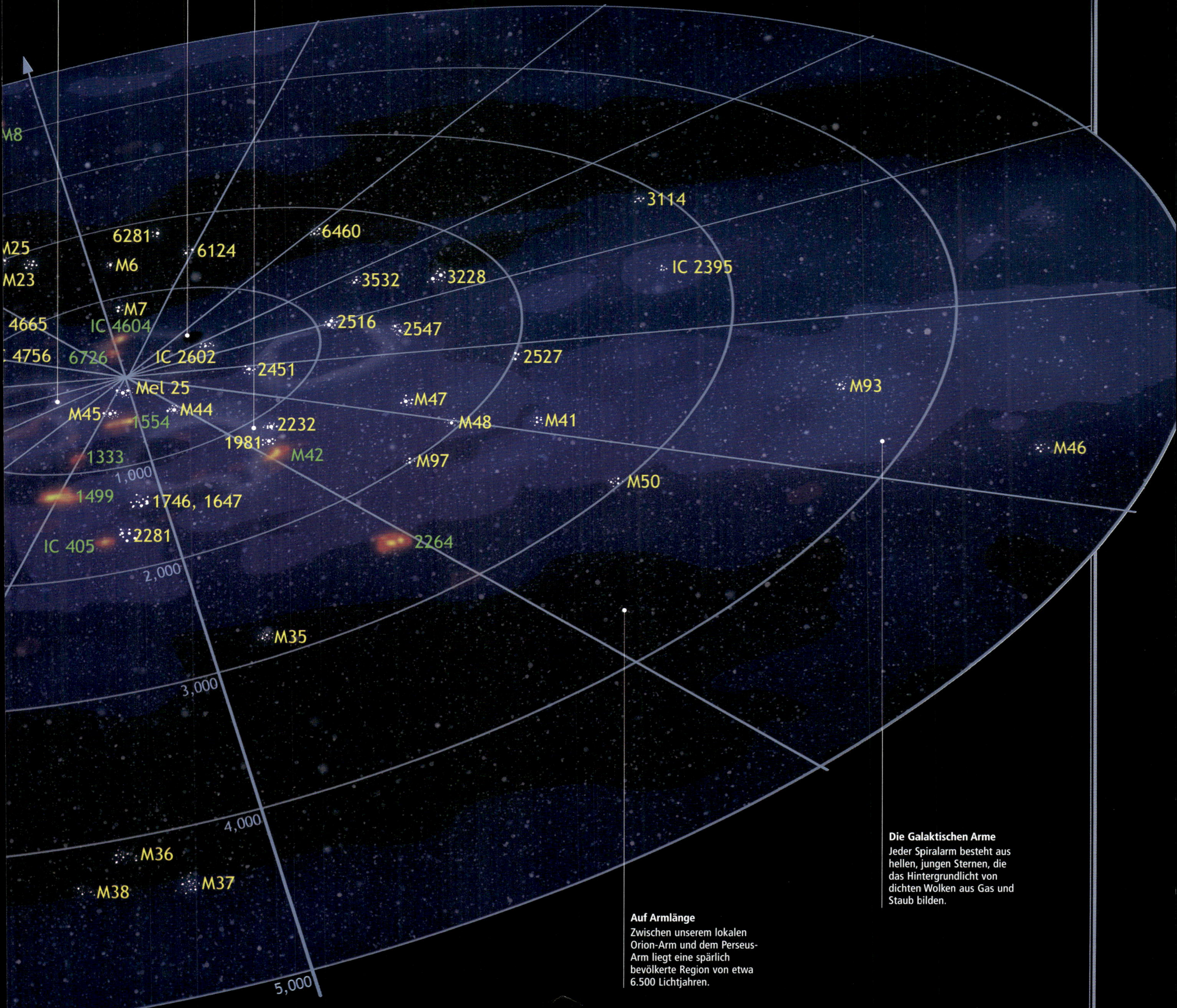

Die Galaktischen Arme
Jeder Spiralarm besteht aus hellen, jungen Sternen, die das Hintergrundlicht von dichten Wolken aus Gas und Staub bilden.

Auf Armlänge
Zwischen unserem lokalen Orion-Arm und dem Perseus-Arm liegt eine spärlich bevölkerte Region von etwa 6.500 Lichtjahren.

Das Interstellare Medium

Wir stellen uns den Weltraum als unendliche, leere Weite vor, die hie und da mit einem Stern versehen ist, doch diese scheinbare Leere enthält eine geringe, aber messbare Menge an Material, das sogenannte Interstellare Medium (ISM). Das ISM ist der Stoff, aus dem Sterne entstehen und zu dem sie wieder werden. Seine Masse entspricht etwa einem Zehntel der sichtbaren Masse unserer Galaxie und den Großteil dieses Materials findet man in einer 300 Lichtjahre dünnen Schicht innerhalb der viel dickeren Sternenscheibe um das Galaktische Zentrum. Mehr als 90 Prozent der Gesamtmasse des ISM bestehen aus Gas, hauptsächlich Wasserstoff, jedoch auch signifikante Mengen an Helium. Den Rest bildet der Staub aus winzigen Kohlenstoff- und Siliziumteilchen sowie anderen Verbindungen. Das ISM ist meist nur an der Absorption des Sternenlichts zu erkennen, die das Rot der Emissionsnebel und das tiefe Schwarz der dunklen Nebel enthüllt.

Die Lokale Blase (oben)
Unsere Sonne (in der Mitte) liegt in einer Region des Weltraums, die relativ frei ist von Interstellarem Medium. Diese Leere, die als die Lokale Blase bekannt ist, hat einen Durchmesser von einigen hundert Lichtjahren und wurde vor etwa 1–2 Millionen Jahren gebildet, als ein Stern in der Nähe der Sonne explodierte. Wie ein Schneepflug gruben die Schockwellen dieser Explosion ein Loch ins umgebende Interstellare Medium.

Weltraumstaub (rechts)
Einige Teilchen der Gas- und Staubwolke, aus der unser Sonnensystem entstanden ist, haben diesen Vorgang überlebt und wurden im Inneren von Meteoriten gespeichert. Indem sie diese winzigen „präsolaren Körnchen" untersuchen, können Wissenschaftler viel über den Inhalt des ISM und lang erloschene Sterne erfahren, aus deren Resten es besteht. Man fand Kohlenstoff, aber auch verschiedene Mineralien, die das Alter der Sonne zurückdatieren.

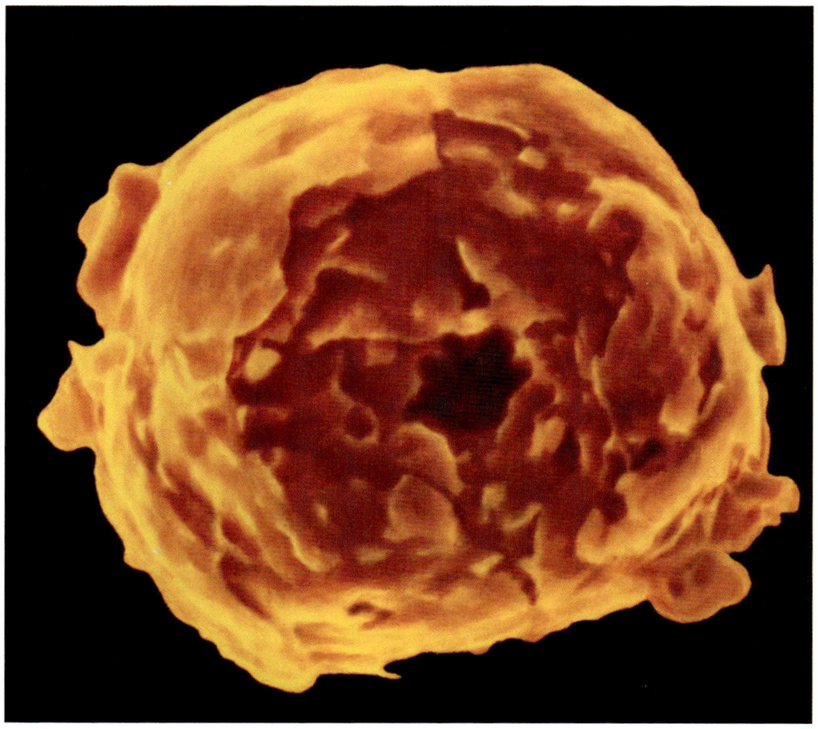

Interstellarer Staub

Ein bis zehn Prozent der Masse des Interstellaren Mediums werden von winzigen Staubteilchen gebildet. Sie entstehen in den äußeren Atmosphären der Roten Riesensterne und bei Supernovaexplosionen. Ihre genaue Zusammensetzung ist nicht bekannt, aber möglicherweise enthalten sie Silikate und kohlenstoffhaltige Verbindungen wie Graphit. Die interstellaren Staubkörnchen sind sehr klein (zwischen 10 und 100 Nanometer) und sehr spärlich über die Galaxie verstreut. Dennoch absorbieren sie einen großen Teil des Sternenlichts, weshalb Wolken aus interstellarem Staub vor dem Hintergrund von Sternen und hellen Nebeln oft dunkel und fest erscheinen. Auch ohne hellen Hintergrund sind Staubwolken leicht zu sehen, weil das absorbierte Sternenlicht den Staub aufheizt und dabei Emissionen im Infrarotbereich aussendet. Man kann aus der Polarisation des Sternenlichts, das ihn durchdringt, auf die Anwesenheit dieses kosmischen Staubs schließen, selbst wenn man ihn nicht sehen kann.

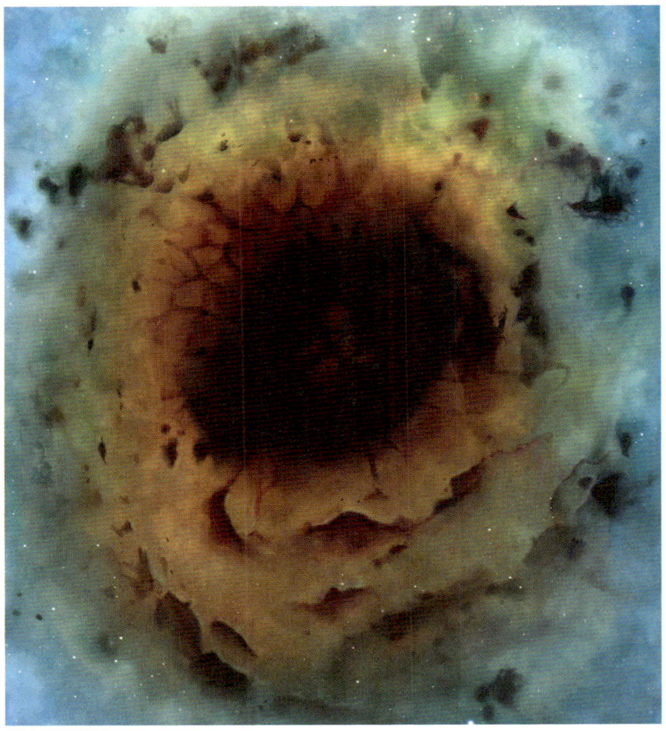

Zirruswirbel (oben)
Diese Wolkenfetzen aus Wasserstoffgas, die mit interstellaren Staubkörnchen geladen sind, kennt man als infrarote Zirruswolken. Über alle Teile des Himmels hinweg erscheinen diese Filamente als zirrusähnliche Wolkenwirbel und man entdeckt sie im Infrarotbereich, weil die Staubteilchen im kühleren Wasserstoff von der ultravioletten Strahlung benachbarter Sterne aufgeheizt werden.

Geschäftige Tröpfchen (links)
Manche Gaswolken sind vergleichsweise klein. Diese Abbildung zeigt einen kleinen Tropfen aus Gas und dunklem Staub, eine Globule oder Bok-Globule, nach dem Astronomen, der sie zuerst beobachtet hat. Wie ihr Name schon andeuted, sind Globulen gewöhnlich relativ kugelförmig. Ihre Durchmesser sind nicht größer als ein Lichtjahr, können aber noch kleiner sein und zeigen einen Sternentstehungsprozess.

Gewundene Staubwolken (rechts)
Der dunkle Schlangen-Nebel (Barnard 72) im Sternbild Ophiuchus besteht aus mehreren staubreichen interstellaren Wolken mit einem Durchmesser von vier Lichtjahren.

Molekülwolken

Ungefähr die Hälfte des interstellaren Materials der Milchstraße besteht in Form von Molekülwolken in den verschiedensten Größen, von Globulen mit weniger als einem Lichtjahr Durchmesser bis zu den Riesenmolekülwolken, die hundertmal größer sind und Material für Millionen von Sternen bergen. Wie ihr Name schon sagt sind diese Wolken reich an Molekülen. Das häufigste Molekül (etwa drei Viertel der Masse einer typischen Molekülwolke) ist molekularer Wasserstoff oder H_2, in welchem die Wasserstoffatome zu Paaren gebunden sind. Ein Viertel der Masse besteht aus einzelnen Helium- und Wasserstoffatomen. Vereinzelt findet man auch komplexere Moleküle wie Ammoniak. Eisige Temperaturen um –250 °C begünstigen die Entstehung und das Überleben der Moleküle. Molekülwolken enthalten auch signifikante Mengen an interstellarem Staub, der das Sternenlicht absorbiert, weshalb sie meist dunkel und nur dann zu sehen sind, wenn sie das Licht ferner Sterne reflektieren oder von Sternen in ihrem Inneren beleuchtet werden.

HII-Regionen

Einzelne Abschnitte dunkler Molekülwolken zeigen sich oft als helle, schimmernde Nebel, die von Sternen erleuchtet sind, die im Inneren der Wolken entstehen. Man nennt diese glitzernden Flecken HII (H-Zwei)-Regionen. HII ist ionisierter Wasserstoff, nicht zu verwechseln mit H_2 oder molekularem Wasserstoff. Gewöhnlicher Wasserstoff besteht aus einem Proton und einem Elektron, aber in ionisiertem Wasserstoff fehlt das Elektron und das Proton steht allein. HII-Regionen bilden sich dort, wo neue Sterne entstehen, und sobald sich diese neuen Sterne „einschalten", beginnen sie damit, energiereiche ultraviolette Strahlung auszusenden, welche die Umgebung ionisiert und zum Leuchten bringt. Die bekannteste HII-Region ist wahrscheinlich der Orion-Nebel (M 42).

Ionisierungsquellen (unten)
Dieses Bild zeigt den hellen, jungen Stern S Monocerotis im Weihnachtsbaum-Haufen (NGC 2264), der die interstellaren Wolken in der Umgebung ionisiert. S Mon ist der helle Stern in der linken oberen Ecke. Wo sie vom ultravioletten Sternenlicht aufgeheizt werden, leuchten die Wolken rot und bilden eine HII-Region. Die blaue Farbe stammt vom Staub in den Wolken, der das Sternenlicht reflektiert.

Das Licht von Orion (rechts unten)
Dieses Foto entstand im Infrarotbereich und wurde vom UK-Infrarot-Teleskop auf Mauna Kea (Hawaii) aufgenommen und zeigt den berühmten Orion-Nebel (M 42) im gleichnamigen Sternbild. Die helle Region, die wir als Orion-Nebel kennen, ist Teil eines viel größeren Gebildes, denn er befindet sich am Rande einer weitaus größeren, aber auch viel dunkleren Riesenmolekülwolke.

Die Riesen der Galaxie

Molekülwolken nehmen oft gewaltige Ausmaße an und die sogenannten Riesenmolekülwolken verdienen wirklich diesen Namen. In unserer Galaxie befinden sich etwa 3.000 dieser gigantischen Formationen und sie bilden ihre größten Objekte. Riesenmolekülwolken haben gewöhnlich Durchmesser von 100 bis 150 Lichtjahren, aber sie können auch doppelt so groß sein und unglaubliche zehn Millionen Sonnenmassen enthalten, genug Material für Millionen von Sternen. Sie sind tausendmal dichter als andere interstellare Wolken und lichtundurchlässig, weil sie eine große Menge an Staub enthalten. Die nächste Riesenmolekülwolke ist eine ausgedehnte Wolke aus Gas und Staub, die einen großen Teil des Sternbilds Orion einhüllt. Der berühmte Orion-Nebel (M 42) ist nur der jüngste Sternentstehungsort in dieser Wolke.

Der Omega-Nebel (großes Bild)
Der Omega-Nebel (auch als M 17 oder Schwanen-Nebel bekannt) ist 5.000 Lichtjahre vom Sonnensystem entfernt. Der helle Abschnitt ist eine von jungen Sternen beleuchtete HII-Region. Die dunkleren Teile auf der rechten Seite sind voll von interstellarem Staub, der die Sterne dahinter verdunkelt und eine schwarze Leinwand für das glühende Gas des Nebels bietet. M 17 ist mit einer viel größeren Riesenmolekülwolke verbunden.

Der Dunkle Fluss (oben)
Der helle, orangefarbige Stern links von der Mitte ist Antares im Sternbild Skorpion, dessen Glanz eine umgebende Staubwolke erhellt. Darüber sieht man einen dunklen „Fluss" aus Staub und Gas, der sich zum rechten Rand des Bildes erstreckt und ein Teil des weitaus größeren sogenannten „Dunklen Flusses" ist.

Der Pfeifen-Nebel (links)
Dieses Foto zeigt die dunkle Wolke aus Gas und Staub, die Pfeifen-Nebel (LDN 1773) heißt und sich im Sternbild Ophiuchus befindet. Der Pfeifen-Nebel ist etwa 100 Lichtjahre lang und erstreckt sich über mehrere Grade. Er zählt zu den größten dunklen Wolken am Himmel und ist Teil des „Großen Flusses".

Sternentstehung

Die Sternentstehung ist ein Wunder der Natur und in astronomischen Zeitbegriffen benötigt sie nur einen Augenblick. Die Geburt der Sonne dauerte 30 bis 50 Millionen Jahre, aber massereichere Sterne entwickeln sich viel schneller. Molekülwolken stellen das Material zur Verfügung und die Gravitation die Antriebskraft. Ein dichter Knoten aus interstellarem Gas und Staub, der wegen seiner größeren Masse stärkeren Gravitationswirkungen ausgesetzt ist als die Umgebung, fällt in sich zusammen, heizt sich immer weiter auf und nach Millionen von Jahren bricht ein neuer Stern hervor. Einige Molekülwolken sind so groß, dass sie ganze Sternhaufen auf einmal gebären, während kleine Teile dieser Wolken, die man Globulen nennt, nur einen Stern nähren oder bei geringer Masse gar keinen.

Strahlenkollision (unten)
Herbig-Haro-Objekte sind Emissionsnebel mit jungen Sternen. Wenn ein Stern entsteht, schleudert er oft einen Strahl aus geladenen Teilchen ins All und wo dieser Strahl auf das Interstellare Medium trifft, leuchtet er auf und bildet Streifen, wie auf diesem Bild von HH 34 im Sternbild Orion.

Vom Sterntod zur Sterngeburt (rechts)
Die Sternentstehung wird oft von einer Supernova ausgelöst. Am Ende seines Lebens explodiert ein Roter Riese (1) in einer Supernova und sendet Schockwellen ins Interstellare Medium (2). Sie verdichten das Gas und es kommt zu einem Gravitationskollaps (3). Daraus entsteht eine Sterngeburtsstation wie Henize 206 (4).

1

2

3

4

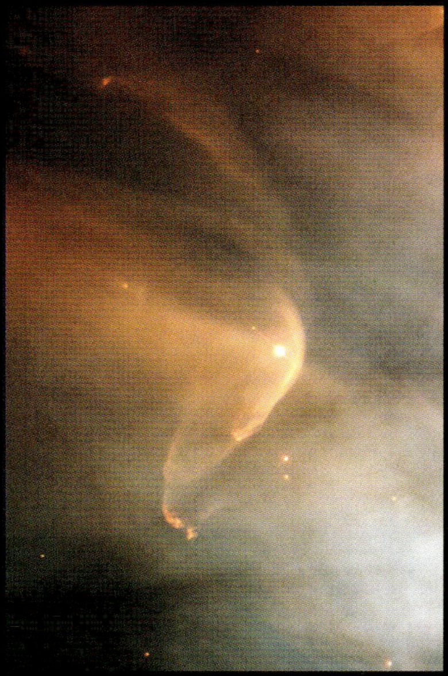

Eine feurige Geburt (oben und unten)
Junge Sterne entstehen oft auf dramatische Weise. Das obere Bild von LL Orionis in einer Bugstoßfront zeigt dieses interstellare Erwachen. Auf dem unteren Bild ist ein weiteres zu sehen. Es zeigt Gaswolken, die von dem Herbig-Haro-Objekt HH 32 ausgeworfen wurden und im Licht aufgeheizter Wasserstoff- (grün) und Schwefelatome (blau) leuchten.

Sterngeburt 1: ein Protostern (oben)
Interstellare Wolken sind nicht gleichmäßig dicht und enthalten „Knoten" oder „Kerne", die etwas dichter und trüber sind. Diese Regionen üben eine stärkere Gravitationsanziehung aus und bei den richtigen Bedingungen saugen sie das umgebende Material ein und lösen einen langsamen Kollaps aus. Der Knoten verdichtet sich weiter, wobei seine Gravitation zunimmt und mehr Material anzieht. Nach ungefähr einer Million Jahren bildet sich aus dem Kern ein Sternkokon, den man Globule (oder Dunkelwolke) nennt, ein dicker, dunkler und annähernd kugelförmiger Tropfen mit einem Durchmesser von ungefähr 60.000 AE. Im Inneren der Globule befindet sich eine heiße Masse von der Größe unseres Sonnensystems, die sich dreht und dabei starke Infrarotstrahlung aussendet und als Protostern bezeichnet wird. Die obere Abbildung zeigt einen Protostern in einer späten Entwicklungsphase: Er ist jetzt heiß genug, um sichtbares Licht auszustrahlen.

Sterngeburt 2: ein Proplyd (links)
Weiterhin wird Material ins Zentrum der Globule gezogen, wodurch es immer flacher wird – wie durch die Luft wirbelnder Pizzateig. Etwa 100.000 Jahre nach der Entstehung des Protosterns ist sein Durchmesser auf 1 AE geschrumpft und die Globule ist von einem riesigen, aufgeblasenen Pfannkuchen aus Gas und Staub umgeben, den man Protoplanetarische Scheibe oder Proplyd nennt, mit einem Durchmesser von über 100 AE. Wahrscheinlich sind diese Proplyden neugeborene Planetensysteme und aus dem Gas und Staub entstehen vielleicht Planeten, die den Stern im Zentrum umkreisen. Es sind starke Infrarotquellen mit heißen Kernen, die auskühlen und an den Rändern dünner werden.

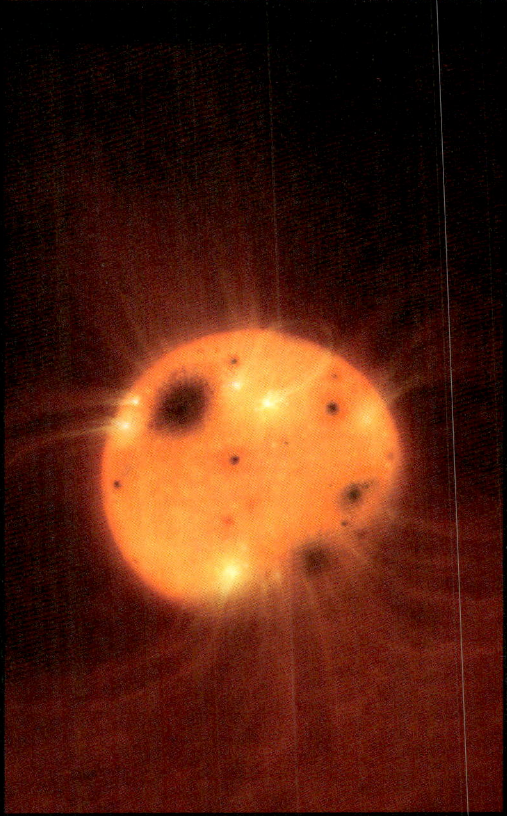

Sterngeburt 3: T-Tauri-Stern (links)
Nach einer weiteren Million Jahren wird der Protostern, der auf einige Sonnendurchmesser geschrumpft ist, zu einem T-Tauri-Stern. Dieser dreht sich sehr schnell und hat ein ungeheuer starkes Magnetfeld. Während ein T-Tauri-Stern rotiert, zieht sein starkes Magnetfeld das nahe Gas an und saugt es entlang der magnetischen Feldlinien ein, wodurch gewaltige Fackeleruptionen entstehen, die das Kennzeichen dieser Sterne sind. Durch die starken magnetischen Aktivitäten entstehen auch große Flecken, die weit größer sind als die Sonnenflecken.

Sterngeburt 4: Bipolarer Molekülausfluss (rechts)
Der T-Tauri-Stern schnappt nach dem Gas der umgebenden Scheibe und schleudert es nach außen. Das ausgeworfene Material kann die Ebene der Scheibe nicht verlassen, wird senkrecht entlang der Rotationsachse des Sterns abgelenkt und bildet zwei Säulen aus Teilchenstrahlen, den sogenannten Bipolaren Molekularen Ausfluss. Wo diese Strahlensäulen auf das umgebende interstellare Gas treffen, lassen sie dieses aufleuchten und bilden helle Nebel, die man Herbig-Haro-Objekte nennt. Diese Ausflussphase der Sternentstehung dauert nur etwa 10.000 Jahre und der T-Tauri-Stern braucht mehrere zehn Millionen Jahre ständiger Kontraktion, ehe er dazu in der Lage ist, in seinem Kern Wasserstoff zu verschmelzen, und das Kleinkindalter eines Sterns beginnen kann.

Die Sternfabrik im Orion

Ungefähr 1.500 Lichtjahre entfernt im Sternbild Orion liegt eine der größten bekannten Sternfabriken. Der berühmteste Abschnitt dieses gigantischen Gebildes ist der Orion-Nebel (M 42). M 42 ist der hellste aller Nebel und sogar von einer Stadt aus mit bloßem Auge zu sehen. In seinem staubigen Inneren befinden sich Sterne und Planetensysteme im Entstehungsprozess. Die relative Nähe dieser stellaren Säuglingsstation lieferte den Astronomen Hinweise darüber, wie gewaltige Gaswolken in sich zusammenbrechen und neue Sterne bilden. Wir werfen jetzt einen Blick auf den Orion-Nebel und seine Umgebung, um Zeugen des Wunders der Sterngeburt zu werden.

Der Orion: mehr als das Auge sehen kann

Der Orion-Nebel ist eigentlich Teil eines viel größeren Molekülwolkenkomplexes, den man Orion-Komplex nennt, mit dichten Zonen aus interstellarem Gas und Staub, die reich an Wasserstoffmolekülen sind. Die einzelnen Wolken in diesem Komplex sind etwa 1.500 Lichtjahre entfernt und haben Durchmesser von 100 Lichtjahren und die Masse von 100.000 Sonnen. Das obere Bild zeigt das Sternbild Orion im Infrarotlicht. Die ganze Region ist mit Gas und Staub gefüllt, aber in dem hellen Fleck unter der Mitte kann man deutlich den Orion-Nebel erkennen. Das rechte Foto zeigt den Orion und seine Umgebung in sichtbaren Wellenlängen. Der rosa Bogen links vom Gürtel des Orion ist die expandierende Schale aus Material einer längst vergangenen Supernovaexplosion, die man Barnards-Loop nennt. Das weiße Rechteck markiert die Region, die auf dem großen Bild vom Schwert des Orion zu sehen ist.

Das Orion-Trapez (unten)
Inmitten des Orion-Nebels befindet sich eine Ansammlung von etwa tausend neugeborenen Sternen, jeder ungefähr eine Million Jahre alt. Auf diesem Infrarotbild der europäischen Südsternwarte kann man viele dieser Sternkinder sehen. Die vier hellen Sterne nahe der Mitte bilden das Trapez.

Neue Planetensysteme (unten)
Dieses Hubble-Bild der Region neben dem Trapez zeigt mit großer Warscheinlichkeit die Entstehung von Planetensystemen tief im Herzen des Orion-Nebels. Man nennt diese Gebilde Proplyds, eine Kurzform für protoplanetarische Scheiben. Es sind die kleinen Kleckse, die hauptsächlich auf der linken Bildhälfte zu sehen sind.

Proplyds in der Nahaufnahme (unten)
Auf dieser Nahaufnahme eines Gebietes, das weniger als 0,14 Lichtjahre umspannt, sieht man vier junge Sterne im Orion-Nebel. Die beiden hellen Scheiben in der Mitte sind von nahen Sternen beleuchtete Proplyds. Der dunkle Punkt ist auch ein Proplyd, aber außerhalb der Reichweite des Sternenlichts. Proplyds werden nach einer gewissen Zeit neue Planetensysteme bilden.

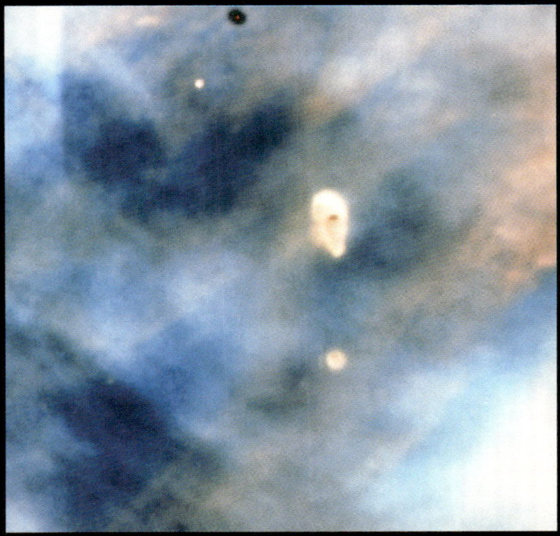

Das Schwert des Orion

Das Schwert des Orion hat seinen Namen von seiner Position direkt unter den drei Sternen, die den Gürtel des Orion bilden. Diese Nahaufnahme zeigt unten den Orion-Nebel (M 42) und M 43, den Nebel de Mairans, die durch eine dunkle Gasse aus Gas und Staub getrennt sind. Die südliche und hellste Hälfte von M 42 umgibt den Stern Theta Orionis, der ein System aus mehreren Sternen ist und das Trapez genannt wird. Das weiße Quadrat markiert die Region um das Trapez, die man auf dem linken oberen Bild in der Vergrößerung sehen kann. Der Orion-Nebel hat einen Durchmesser von ungefähr 20 Lichtjahren und bedeckt einen Ausschnitt am Himmel, der etwa viermal so groß ist wie die volle Mondscheibe. Er enthält genug Material, um hunderte Sonnen zu erschaffen. Das obere Bild zeigt einen angrenzenden blauen Gaswolkenkomplex mit Teilen, die unter NGC 1973, 1975 und 1977 katalogisiert sind.

Offene Sternhaufen

Die riesigen Molekülwolken, in denen Sterne geboren werden, sind manchmal so groß, dass sie ganze Gruppen von Sternen auf einmal ausspucken, die man Offene Sternhaufen nennt. In unserer Lokalen Nachbarschaft und den angrenzenden Bereichen unserer Galaxie findet man etwa 1.000 Offene Haufen, die sich wie die Molekülwolken um die Spiralarme der Milchstraße winden. Manche bestehen aus wenigen Dutzend Sternen und haben Durchmesser von einigen Lichtjahren, andere sind jedoch viel beeindruckender und ihre Sterne viele hunderte Male enger zusammengepfercht als die Sterne in der Nachbarschaft der Sonne. Die meisten Offenen Haufen werden nur einige hundert Millionen Jahre alt, denn auf ihre Reise durch die Galaxie werden ihre Sterne von der Gravitation anderer Sterne und Gaswolken angezogen und so einer nach dem anderen dem Haufen entrissen.

Juwelen der Natur (links)
Dieser Haufen mit etwa 100 Sternen wird wegen der auffälligen Vielfarbigkeit seiner Hauptmitglieder Schmuckkästchen genannt. Er wird auch als NGC 4755 oder Kappa Crucis bezeichnet, hat einen Durchmesser von 20 Lichtjahren und befindet sich 7.500 Lichtjahre entfernt im Sternbild Crux, dem Kreuz des Südens.

Der Weihnachtsbaum-Haufen (rechts)
Der Haufen trägt diesen Namen wegen seiner Ähnlichkeit mit einem Weihnachtsbaum. Der Baum, hier auf seiner Seite liegend, trägt den Stern V427 Mon als Krone. Links zeigt der Kegel-Nebel auf die Spitze des Baums.

Kurzlebige Verbindungen

Manche Sterne bilden Gruppen mit losen Strukturen, sogenannte Sternassoziationen. Anders als Haufen sind diese Gruppen nicht durch starke Gravitationskräfte gebunden und werden innerhalb von zehn Millionen Jahren von den Gezeitenkräften vorüberziehender Sterne und Gaswolken zerrissen. Sternassoziationen bestehen aus Dutzenden sehr heißer, junger Sterne und verteilen sich entlang der Spiralarme der Galaxie. Gruppen mit Sternen großer Masse und vom Spektraltyp O oder B heißen OB-Assoziationen. Gruppen mit Sternen mittlerer oder geringer Masse sind R- oder T-Assoziationen.

Sharpless 140 (oben)
Dieses Infrarotbild des Spitzer-Weltraumteleskops zeigt einen Sternhaufen und den Nebel, aus dem er entstanden ist. Die Wolke Sharpless 140 liegt 3.000 Lichtjahre entfernt im Sternbild Cepheus und in ihrer Mitte befindet sich ein kleiner Haufen heißer Sterne (die helle Region auf diesem Bild). Die Bogenform zeigt den äußeren Rand der Wolke, die von einem Stern außerhalb des Bildes beleuchtet wird.

Der Elefantenrüssel-Nebel (rechts)
Die Ansammlung von interstellarem Gas und Staub auf diesem Bild des Kanada-Frankreich-Hawaii-Teleskops kennt man als Elefantenrüssel-Nebel oder IC 1396. Er ist ein Geburtsort von Sternen und birgt einen kleinen Haufen neugeborener Sterne.

M 35 (NGC 2168), Trumpler-Klassifikation: III 3 r

Schmetterlings-Haufen (M 6), Trumpler-Klassifikation: II 3 m

Die Plejaden (M 45), Trumpler-Klassifikation: II 3 r n

NGC 2516, Trumpler-Klassifikation: I 3 r

Die Klassifikation der Offenen Haufen

Astronomen teilen gerne Dinge ein und für Sternhaufen verwenden sie die sogenannte Trumpler-Klassifikation (nach dem gleichnamigen Astronomen), die aus drei Parametern besteht: einer römischen Ziffer (I bis IV), die den Grad der Konzentration anzeigt, wobei I die dichteste ist. Danach kommt eine Zahl (1 bis 3), die den Helligkeitsgrad der Sterne bezeichnet, wobei 1 die niedrigste ist. Dann kommt ein Buchstabe, der den „Reichtum" des Haufens oder die Anzahl seiner Mitglieder angibt: p für poor (arm), m für moderate (mäßig) und r für rich (reich). Wenn der Haufen mit einem Nebel verbunden ist, wird das Suffix n angehängt. Auf dieser Seite sieht man M 35, den Schmetterlings-Haufen, NGC 2516 und die Plejaden mit ihrer Trumpler-Klassifikation.

Veränderliche Sterne

Obwohl die Sterne konstant und unveränderlich erscheinen, weisen doch viele zeitliche Schwankungen der Lichtintensität auf. Optische Veränderliche Sterne ändern ihre Helligkeit wegen ihrer Rotation oder Bahnbewegung, wie zum Beispiel die sogenannten Bedeckungs-Veränderlichen. Sterne, die ihre eigentliche Leuchtkraft verändern nennt man Physische Veränderliche. Manchmal schwankt die Helligkeit eines Physischen Veränderlichen Sterns periodisch wie bei Mira-Sternen, den Cepheiden und RR-Lyrae-Sternen, aber oft ist diese Schwankung aperiodisch und unvorhersagbar, als ob der betreffende Stern aufgrund von Eruptionen oder anderen Aktivitäten plötzlich heller scheinen würde. Auf den unteren Falschfarbenbildern ist die Helligkeitsschwankung eines Veränderlichen Cepheiden zu sehen (der Punkt in der Mitte).

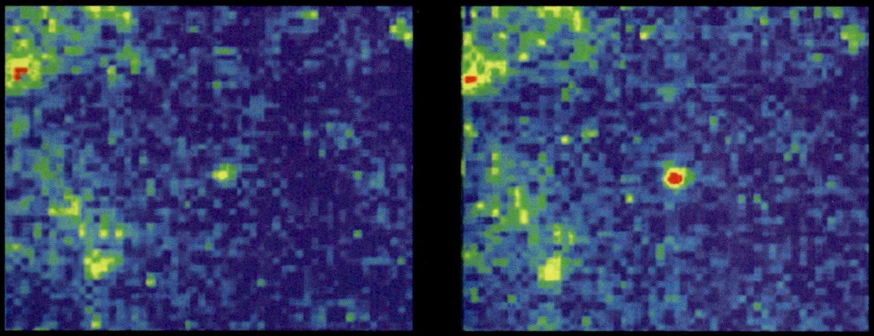

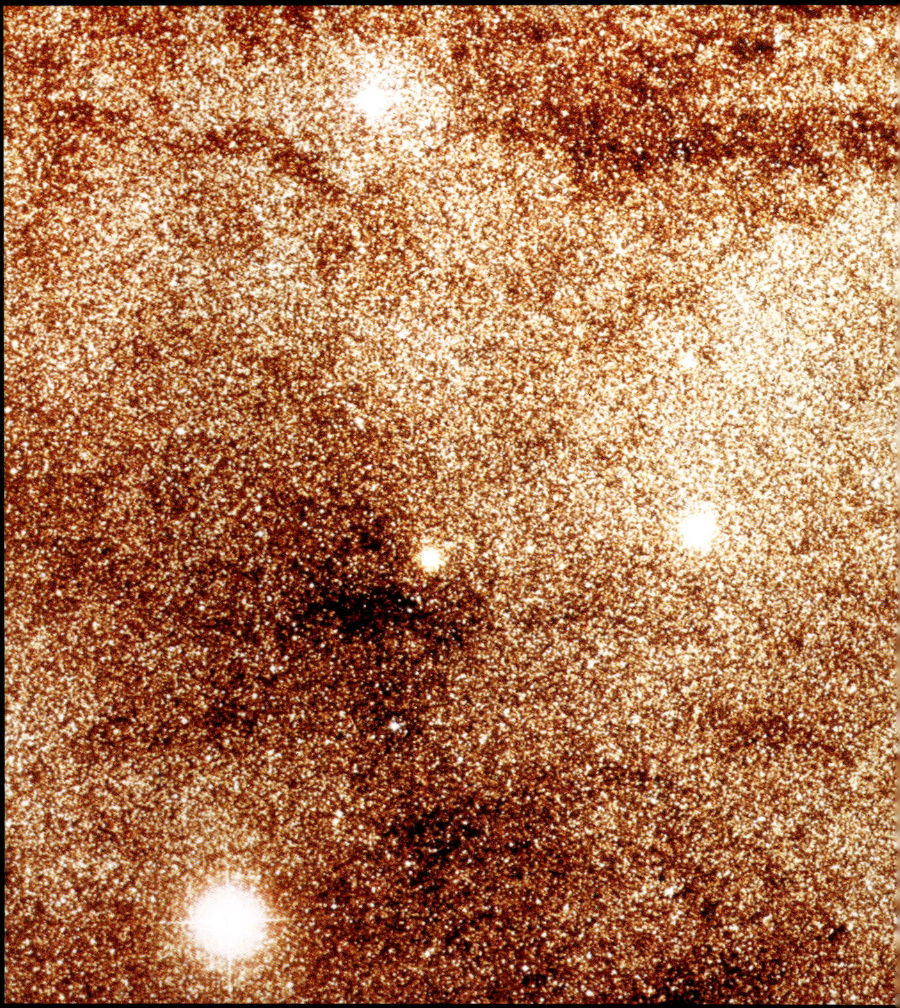

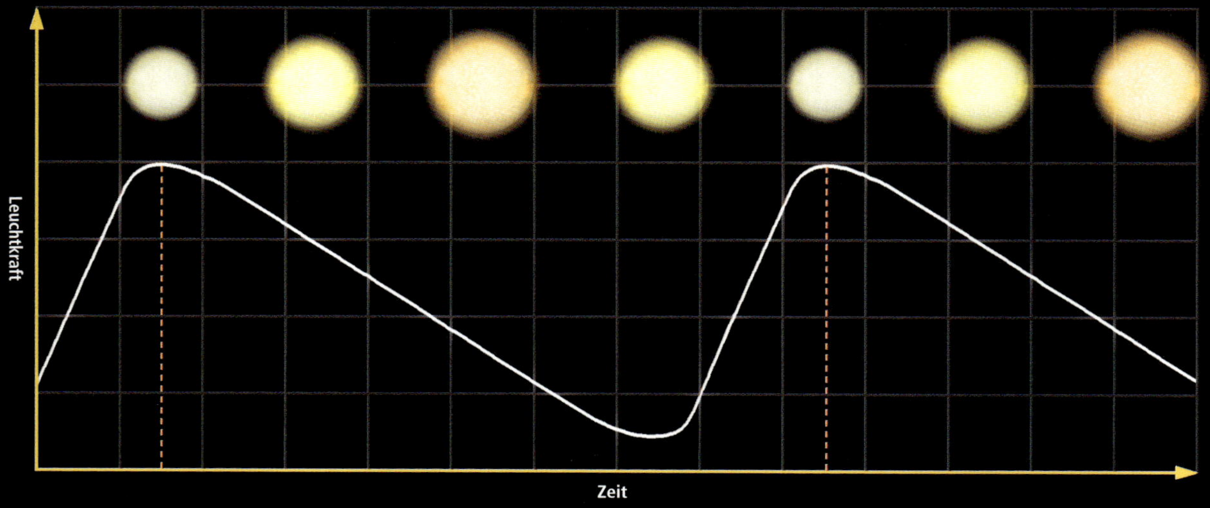

Die Cepheiden
Die Veränderlichen Cepheiden sind nach ihrem Prototypen Delta Cephei im Sternbild Cepheus benannt. Es sind Überriesen, die sich ausdehnen und zusammenziehen, wobei sie ihre Leuchtkraft verändern. Das linke Diagramm zeigt, wie die Schwankung der Durchmesser einer Veränderung der Helligkeit und Farbe entspricht. Die Periode, in der ein Stern seine absolute Helligkeit ändert, kann man leicht messen, indem man ihn mehrere Tage lang beobachtet. Astronomen vergleichen dann die bekannte absolute Helligkeit mit der scheinbaren Helligkeit und können daraus die Entfernung ermitteln.

Bedeckungs-Doppelsterne
Einige Sterne mit variierender Lichtintensität zählen nicht zu den Physischen Veränderlichen, wie zum Beispiel die sogenannten Bedeckungs-Doppelsterne. Wie der Mond manchmal die Sonne verdeckt, können auch zwei Sterne in einem Doppelsystem aneinander vorüberziehen und ihren Lichtpegel dadurch periodisch senken. Prototypische Bedeckungs-Doppelsterne (Bedeckungs-Veränderliche) sind Algol (Beta (β) Persei), Beta (β) Lyrae und W Ursae Maioris. Auf der rechten Abbildung kann man W Ursae Maioris sehen, einen Bedeckungs-Doppelstern aus zwei sonnenähnlichen Sternen.

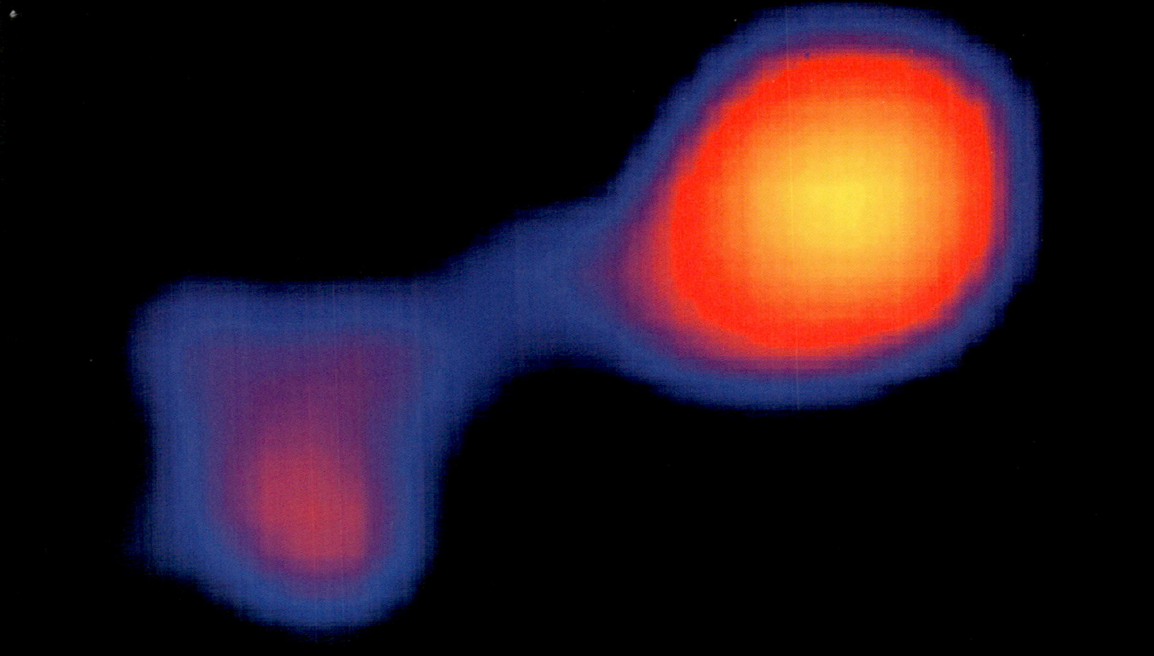

Mira-Veränderliche

Mira-Sterne sind die häufigsten Veränderlichen Sterne: Rote Riesen oder Überriesen, deren sichtbarer Lichtausstoß um einen Faktor von mehreren tausend schwankt. Sie sind nach dem Prototypen Mira (Omikron (o) Ceti) benannt (auf dem oberen und dem rechten Bild der Stern ganz rechts). Die Größe und Instabilität von Mira lassen den Sternenwind aus seiner äußeren Atmosphäre strömen. Das Gas sammelt sich um seinen Begleitstern Mira B (links).

Ein Leuchtfeuer inmitten einer Masse von Sternen (oben)
In einer stark bevölkerten Region der Milchstraße liegt inmitten dicker Sternwolken der Veränderliche Cepheide W Sagittarii (der helle Stern links oben). Dieses Leuchtfeuer eines sterbenden Sterns pulsiert zwischen Größenklasse 4,3 und 5,1 innerhalb von 7,59 Tagen. Das Veränderungsmuster lässt darauf schließen, dass er etwa 1.500 Lichtjahre entfernt ist. In diesem Fall wäre die Leuchtkraft von W Sagittarii 2.500-mal höher als die der Sonne.

Die fernen Cepheiden (unten)
Dieses Bild des Hubble-Weltraumteleskops zeigt die Spiralgalaxie NGC 4603 und 36 Veränderliche Cepheidensterne, deren Pulsierungsraten darauf hindeuten, dass die Galaxie ungefähr 108 Millionen Lichtjahre entfernt ist. Ihre Distanz wurde im Zuge der Hubble-Beobachtungen der Veränderlichen Cepheiden ermittelt, die den Wissenschaftlern neue Werte zur Schätzung der Größe und der Expansion des Universums lieferten.

RR-Lyrae-Sterne

Eine weitere Gruppe von Veränderlichen Sternen sind die RR-Lyrae-Sterne. Wie die Cepheiden sind sie weißgelbe Riesen und werden als kosmische Maßstäbe verwendet. Die meisten RR-Lyrae-Sterne weisen dieselbe absolute Größe auf und deshalb können Astronomen leicht ihre relativen Entfernungen ermitteln, indem sie zwei dieser Sterne vergleichen. RR-Lyrae-Sterne leuchten schwächer als die Cepheiden und können nur zur Bestimmung mittlerer Distanzen verwendet werden. Unten ist der Kugelhaufen M 3 im Sternbild Canes Venatici zu sehen, dessen hohe Population an RR-Lyrae-Sternen (blau) den Astronomren geholfen hat, seine Entfernung mit 33.900 Lichtjahren zu bestimmen.

Sternentwicklung

Wie die Lebewesen auf der Erde werden Sterne geboren, verändern sich mit dem Alter und sterben. Es gibt im Weltall so viele Sterne in unterschiedlichen Entwicklungsphasen, dass die Astronomen den Alterungsprozess eines Sterns nachvollziehen können. Wie rechts zu sehen ist, entwickeln sich Sterne unterschiedlich, abhängig von ihrer ursprünglichen Masse. Die meisten verbringen 90 Prozent ihres Lebens auf der Hauptreihe und verbrennen Wasserstoff. Sterne mit geringer Masse, wie unsere Sonne, werden innerhalb von zehn Milliarden Jahren langsam kleiner, ehe sie die Hauptreihe verlassen und zu einem Roten Riesen anschwellen. Massereiche Sterne (links) haben ihren Brennstoff schnell verbraucht und werden innerhalb weniger Millionen Jahre zu Roten Überriesen. Sterne mit sehr kleiner Masse heißen Rote Zwerge (oberste Spur) und leuchten Billionen Jahre, bevor sie langsam verblassen.

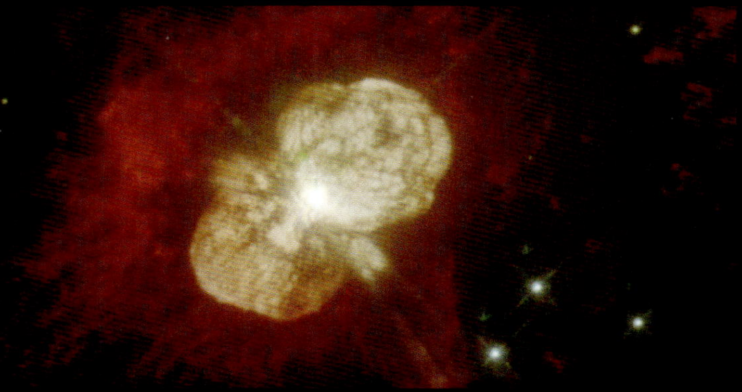

Ein tickender Überriese (oben)
Eta (ε) Carinae, hier vom Hubble-Teleskop eingefangen, ist ein massereicher Stern (höchstwahrscheinlich ein Doppelstern), der im Jahr 1843 plötzlich hell aufloderte, um hinter Sirius zum zweithellsten Stern am Himmel zu werden. Er ist phänomenale fünf Millionen Mal heller als die Sonne und dazu bestimmt, als Supernova zu explodieren.

Beteigeuze (unten)
Diese Serie computersimulierter Bilder der Oberfläche des Roten Überriesen Beteigeuze sagt die schnellen Veränderungen der Oberfläche aus hellen Flecken und gigantischen Konvektionszellen im Laufe weniger Tage voraus. Beteigeuze ist der einzige Stern neben der Sonne, dessen Oberfäche direkt fotografiert werden kann.

Der Gegenspieler des Mars (oben)
Dieses Foto zeigt den Roten Überriesen Antares (Mitte), den „Gegenspieler des Mars", im Sternbild Skorpion. Antares scheint ungefähr 10.000-mal heller als die Sonne. Würde man ihn ins Zentrum unseres Sonnensystems setzen, dann würde er bis hinter die Bahn des gleichnamigen Planeten reichen.

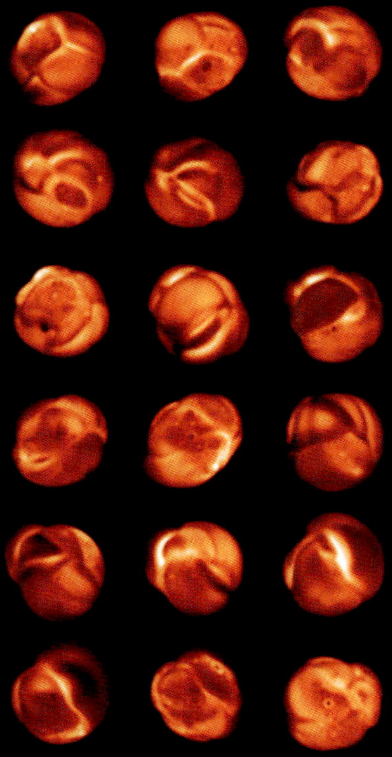

Sterntod: Sterne mit geringer Masse

Sterne mit geringer Masse verändern sich langsam und es dauert Milliarden von Jahren, bis ihr Wasserstoffvorat verbraucht ist und sie zu Roten Riesen anschwellen. Ein Teil des verbleibenden Wasserstoffs verbrennt am äußeren Rand des Kerns, aber im Inneren wird der Druck so hoch, dass der Stern damit beginnt, Helium zu verschmelzen. Dieser Zustand hält so lange an, bis alles Helium verbraucht ist und der Stern seine äußeren Schichten in sensationellen Gaswolken auswirft, die man Planetarische Nebel nennt. Diese Gaswolken haben nichts mit Planeten zu tun, sondern heißen so wegen der winzigen Scheibenform, wie man sie durch kleine Teleskope sieht. Von innen beleuchtet von dem sterbenden Stern, der jetzt ein Weißer Zwerg ist, dauern diese überwältigenden, aber kurzen Todeskämpfe etwa 50.000 Jahre an. Das Gas verflüchtigt sich und der Weiße Zwerg, dessen Brennstoff verbraucht ist, kühlt aus und verblasst.

Das Auge des Drachen (unten)
Der auffällige Planetarische Nebel im Sternbild Draco, der Katzenauge (NGC 6543) heißt, trägt diesen Namen wegen der Form seiner Mitte, die auf diesem Falschfarbenbild blau erscheint. Der zarte, dünne, gashaltige Halo, den man hier sieht, spannt sich über ein Gebiet von 3 Lichtjahren.

Weltraumkäfer (rechts)
Dieses sensationelle Hubble-Bild zeigt dynamische Gasausflüsse von einem sterbenden Stern im Skorpion, einen Planetarischen Nebel voller umherwirbelnder Gassäulen, den man den Käfer-Nebel (NGC 6302) nennt.

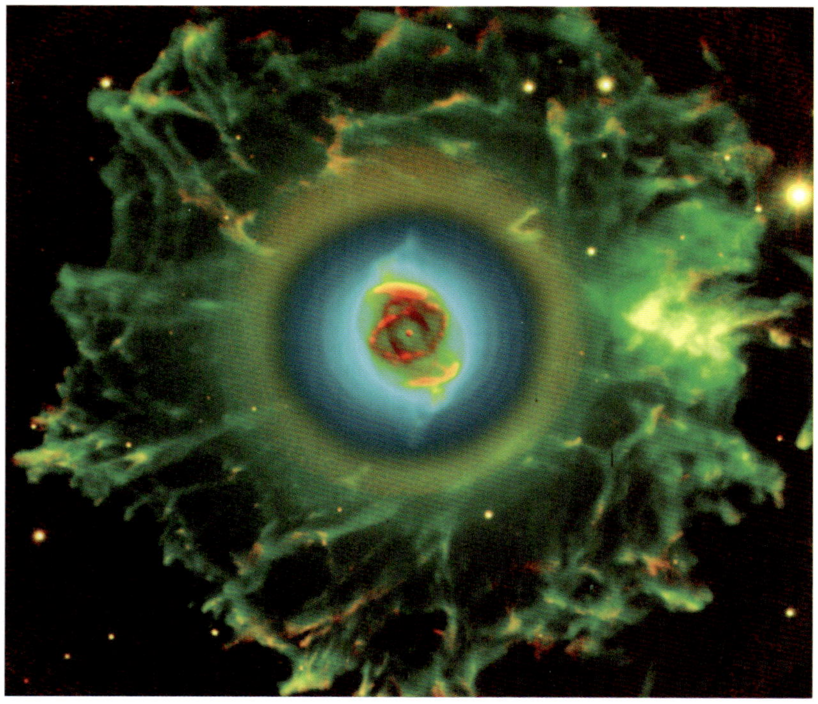

Ein Protoplanetarischer Nebel (links)
Dieses Foto zeigt einen Protoplanetarischen Nebel, der in 1.000 Jahren zu einem planetarischen Nebel wird. Die blaue Ausbuchtung ist eine Schale aus expandierendem Gas, die von dem einstigen Stern ausgeworfen wurde und leuchtet, wo sie auf das Interstellare Medium trifft.

Eine kosmische Ameise (rechts)
Dies ist das klassische Beispiel eines Bipolaren Planetarischen Nebels: Der sterbende Stern hat nicht nur eine einzige kugelförmige Schale aus Gas ausgeworfen, sondern hat zwei säulenähnliche Ausbuchtungen. Durch seine seltsame Form verdient er den Namen Ameisen-Nebel.

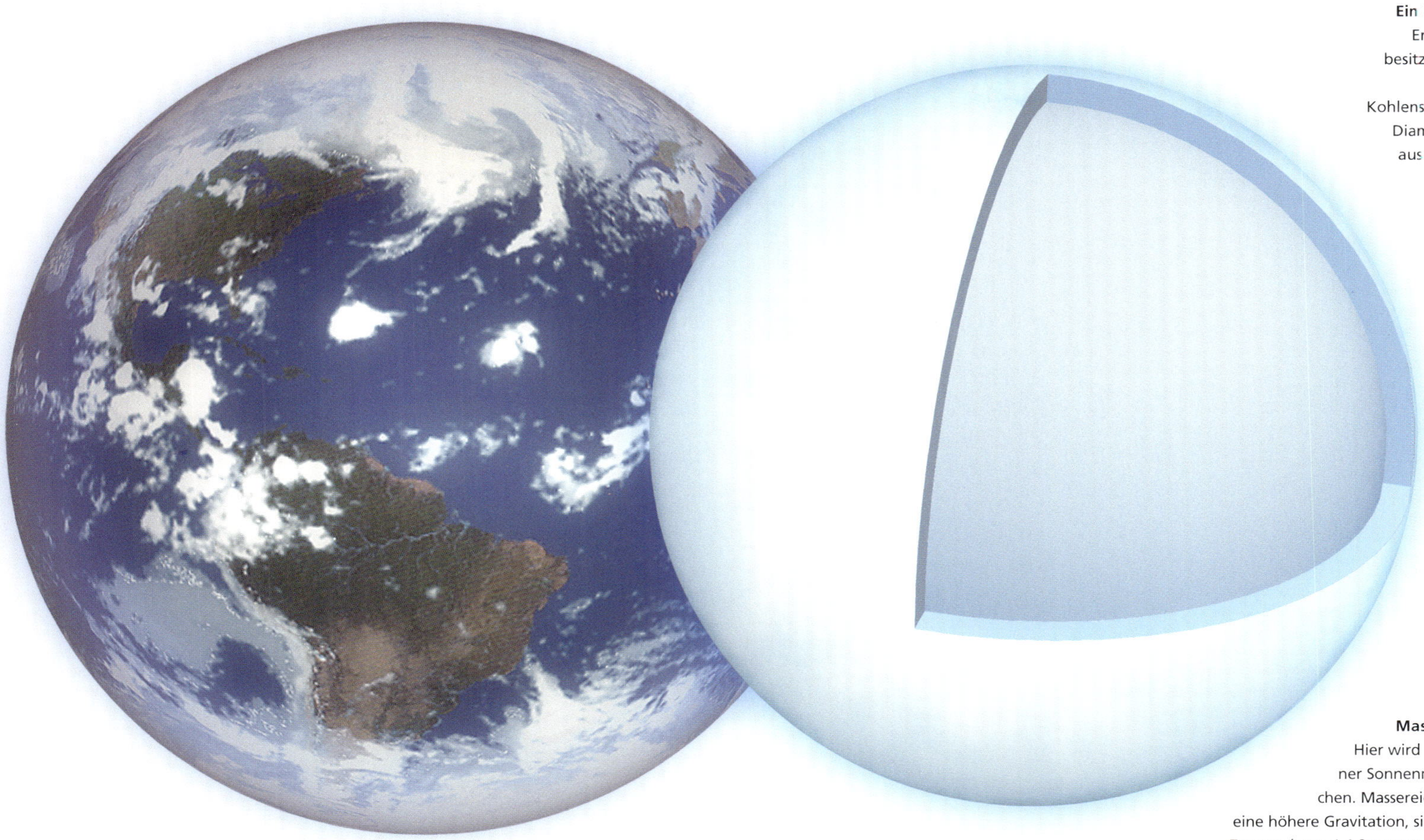

Ein Kern aus Diamant (links) Erwachsene Weiße Zwerge besitzen möglicherweise einen Kern aus kristallisiertem Kohlenstoff, wie ein gigantischer Diamant, der von einer Hülle aus Wasserstoff und Helium umgeben ist.

Massereiche Zwerge (links) Hier wird ein Weißer Zwerg von einer Sonnenmasse mit der Erde verglichen. Massereiche Weiße Zwerge haben eine höhere Gravitation, sind aber kleiner als Weiße Zwerge (max. 1,4 Sonnenmassen), denn bei höheren Massen bricht der Stern in sich zusammen und wird zu einem Neutronenstern oder einem Schwarzen Loch.

Protoplanetarische Nebel (oben und links) Oben sieht man den Bumerang-Nebel, 5.000 Lichtjahre entfernt im Sternbild Centaurus, der Gas mit einer Geschwindigkeit von 600.000 km/h ausstößt. Links sieht man den ähnlich geformten Roten-Rechtecks-Nebel. In beiden Fällen sind die Sterne im Zentrum wahrscheinlich von Ringen aus Staub umgeben, welche die Auswurfsschalen des Sterns davon abhalten, sich kugelförmig auszubreiten, und das Gas zu Kegeln entlang der Drehachse zusammenzwängen.

Sterntod: Massereiche Sterne

Massereiche Sterne sterben in einer spektakulären kosmischen Lichtshow, einer sogenannten Supernova. Nachdem ein sterbender Stern zu einem Überriesen geworden ist, größer und heller als die Roten Riesen, die das Ende von Sternen kleinerer Masse darstellen, kommt ein Punkt, an welchem er seinen Brennstoff aufgebraucht hat. Im Bruchteil einer Sekunde fällt er in sich zusammen, erdrückt von seiner eigenen Gravitation. Schockwellen aus dem schrumpfenden Kern zerreißen die äußere Hülle, begleitet von einer Flut von Neutrinos und starker Strahlung. Oft werden ganze Galaxien von Supernovas überstrahlt, einem Aufflackern von vielleicht hundert Sekunden mit dem Licht hunderter Milliarden Sterne. Doch indem sie zerstören, dienen Supernovas einem höheren Zweck und füllen das Interstellare Medium für kommende Sterngenerationen wieder auf.

Die schwer zu fangenden Neutrinos (oben)
Neutrinos, Nebenprodukte einer Supernova, sind schwer aufzuspüren. Die Detektoren bestehen aus einem riesigen Wasserbecken (wie hier das japanische Super-Kamiokande). Auf ihrem Weg durch das Wasser stoßen einige Neutrinos mit den Molekülen der Flüssigkeit zusammen und hinterlassen winzige Mengen an Strahlung.

Lichtshows (rechts und Mitte)
In seinen letzten Augenblicken wird ein massereicher Stern destabilisiert und seine äußeren Schichten werden in einem strahlenden Todeskampf weggesprengt, den man Supernova nennt (in der Mitte). Was von diesen Explosionen übrigbleibt, sind Gasnebel wie der Vela-Supernovarest (rechts) und entweder ein Neutronenstern oder ein Schwarzes Loch.

Der Kern eines Roten Überriesen (unten)
Sterne mit über achtfacher Sonnenmasse sammeln innere Schichten an, indem sie die Asche früherer Generationen aufnehmen. Im Stadium eines Roten Überriesen sind die einzelnen Schichten aus Eisen (7), Silizium (6), Sauerstoff (5), Neon (4), Kohlenstoff (3), Helium (2) und Wasserstoff (1) zusammengepresst. Der Kern ist nur wenig größer als die Erde, doch der Stern dehnt sich über mehrere AE aus. Während die meisten Elemente beim Verbrennen Energie abgeben und damit den Stern gegen die Gravitation stützen, ist das bei Eisen nicht der Fall. Hat sich genug Eisen angesammelt, fällt der Kern im Bruchteil einer Sekunde in sich zusammen, Schockwellen erschüttern den Stern und er explodiert in einer Supernova.

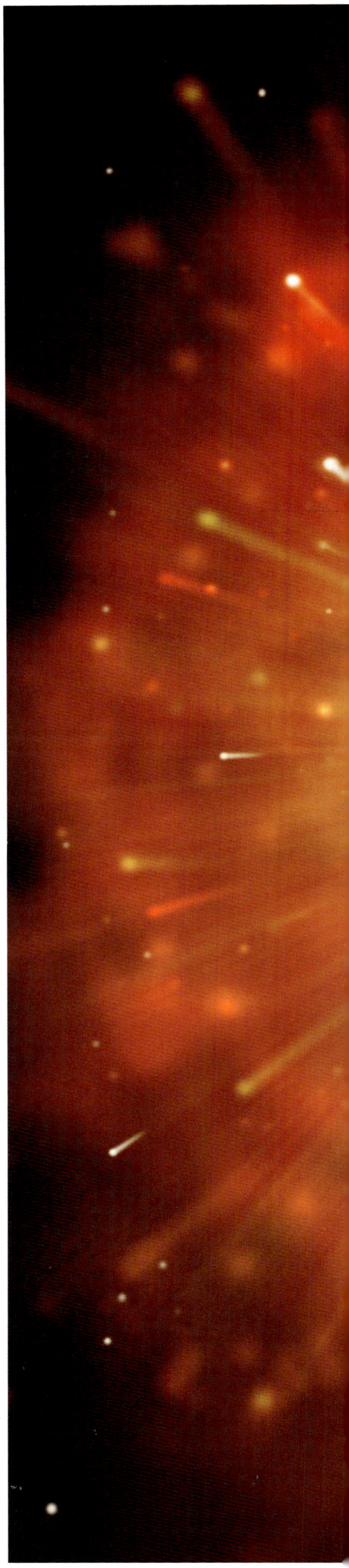

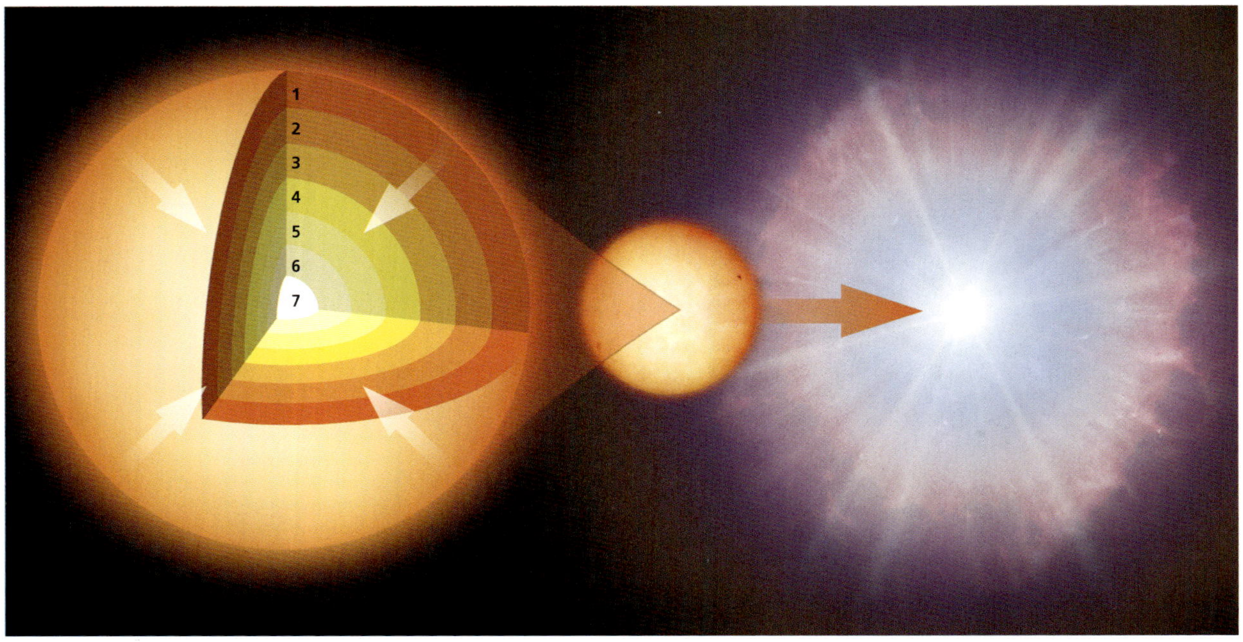

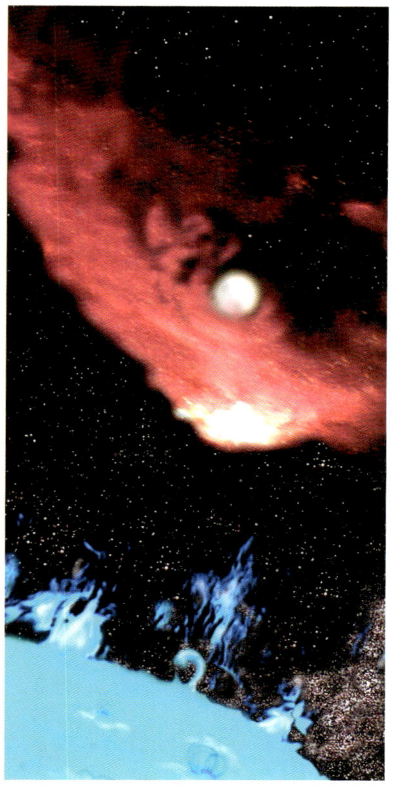

Sterngiganten
Einige wenige Sterne sind so masse- und energiereich, dass sie sich sprichwörtlich selbst zerreißen. Dies sind die Wolf-Rayet (WR)-Sterne, benannt nach den beiden französischen Astronomen, die sie 1867 entdeckten. WR-Sterne sind Blaue Überriesen vom Spektraltyp W, ähnlich den massereichen Sternen des Typs O. Jeder hat genug Material in sich, um 50 oder mehr Sonnen zu erschaffen, und eine Temperatur von 25.000 bis 50.000 °C an der Oberfläche. Diese Sterne sind so hell, dass ihre eigene Strahlungsenergie die äußeren Wasserstoffschichten wegsprengt und ihr Leben damit deutlich verkürzt. Der Massenverlust macht sich als starker Sternenwind bemerkbar, ein Gasausfluss, der die Oberfläche des Sterns mit einer Geschwindigkeit von 2.000 km/s verlässt und den Stern unter einer Schale aus Bruchstücken begräbt, etwa wie bei einem Planetarischen Nebel. Das untere Infrarotbild zeigt einen WR-Stern, der wie ein Schlauch wirkt, der Staub ins All spritzt, während er sich dreht und dabei ein Spiralmuster erzeugt. Das Bild oben zeigt einen WR-Stern (blau) in einem Doppelsystem, dessen Material eine leuchtende Bugstoßfront (rot) formt, der sich um seinen stellaren Partner schlingt.

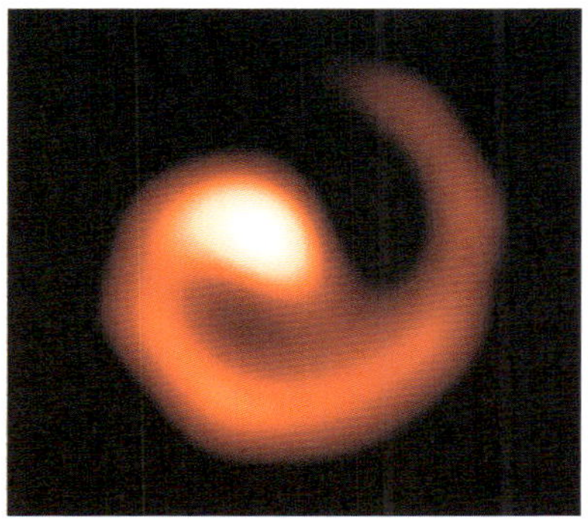

Sternenreste

Wenn ein einzelner massereicher Stern in einer Supernova explodiert und die gashaltigen Filamente eines Supernovarests zurücklässt, dann steht die Bühne frei für eine exotische Wissenschaft, denn abhängig von der Masse des ursprünglichen Sterns entsteht entweder ein Neutronenstern oder ein Schwarzes Loch. Ein Neutronenstern ist eigentlich kein Stern mehr, sondern eine heiße, hochmagnetische Kugel aus subatomaren Teilchen, die man Neutronen nennt. Neutronensterne sind die dichtesten bekannten Objekte und nicht größer als eine Stadt. Ein murmelgroßes Stück eines solchen Sterns würde so viel wiegen wie ein Berg aus festem Gestein. Schwarze Löcher sind noch seltsamer, denn es sind Reste von Sternen, deren Masse sich durch die Gravitation auf einen Punkt zusammengezogen hat. Sie heißen Schwarze Löcher, weil sie Regionen im Weltall darstellen, aus der nichts entkommen kann, nicht einmal das Licht.

Strahl (oben)
Manche Schwarze Löcher haben ein wahrlich phänomenales Ausmaß. Die Elliptische Galaxie M 87 verbirgt in ihrem Inneren vermutlich ein sehr massereiches Schwarzes Loch mit etwa zwei Milliarden Sonnenmassen. Dieses Hubble-Bild zeigt einen Strahl subatomarer Teilchen, der aus der Galaxie herausgeschossen wird, auf unbekannte Art angetrieben vom Schwarzen Loch in der Mitte.

Leuchtende Reste von Sternen (rechts)
Diese netzähnliche Membran aus leuchtendem Gas, bekannt unter dem Namen IC 443, ist ein Supernovarest, der vor etwa 8.000 Jahren in unserer Milchstraße zurückgelassen wurde. Supernovareste können hunderttausende Jahre lang sichtbar bleiben, denn ihre Lebenszeit hängt von der Menge an Material ab, das der Stern bei seiner letzten Explosion ausgeworfen hat.

Die Schwarzen Löcher

Schwarze Löcher sind die rätselhaftesten Objekte in der Astrophysik. Man glaubt, dass sie aus stellaren Kernen gebildet werden, die noch immer mehr als etwa drei Sonnenmassen an Material enthalten, nachdem ihnen der Brennstoff ausgegangen und der Großteil des Sterns explodiert ist. Mit einer solchen Masse an Materie und ohne eine zentrale Kraft, die nach außen drückt, kann keine bekannte Kraft den Stern davor bewahren, auf einen einzigen Punkt zusammenzuschrumpfen. Er wird gänzlich von seiner eigenen Gravitation verschluckt und zu einem Schwarzen Loch. Schwarze Löcher senden kein Licht aus, überhaupt keine Art von Strahlung. Dennoch sind sich die Astronomen sicher, indirekt einige Schwarze Löcher gefunden zu haben, gewöhnlich in Doppelsystemen, wo man sehen kann, wie sie Material aus ihren glücklosen Begleitern ziehen. Der Blaue Überriese Cygnus X-1 kreist wahrscheinlich um ein Schwarzes Loch.

Wolf-Rayet-Stern – die letzten Stunden (1)

Geburt eines Schwarzen Lochs (links und unten) Einem Wolf-Rayet-Stern beginnt Stunden vor seinem Ende (1) im Kern der Brennstoff auszugehen (2). Ohne die Energie, die seine Masse stützt, bricht der Kern in sich zusammen und wird zu einem Schwarzen Loch (3). Die äußeren Schichten des Sterns werden zu einer flachen Scheibe verformt und vom Schwarzen Loch gierig eingesaugt, doch an den Polen kann eine geringe Energiemenge entkommen, die von der Rotation des neu entstandenen Schwarzen Lochs (4) angetrieben wird. Das Material durchstößt die Oberfläche des Sterns und wird ins Weltall geschleudert (5). Zusammenstöße zwischen diesen mächtigen Sterntrümmern lassen einen energiereichen Strahl aus Teilchen und Strahlung entstehen, was man auf der Erde als Ausbruch von Gammastrahlen sehen kann (6).

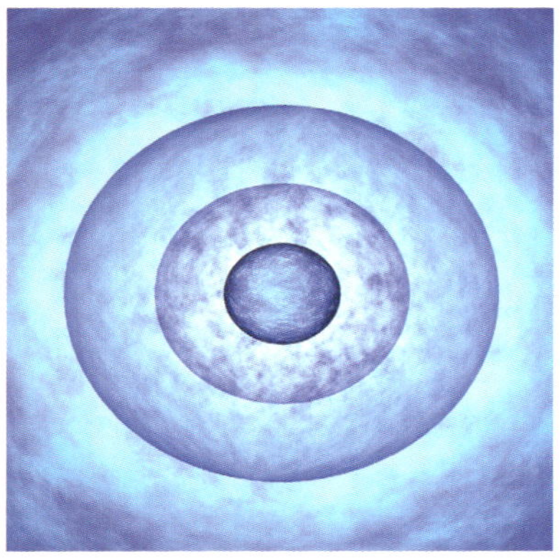

Der Brennstoff wird knapp (2)

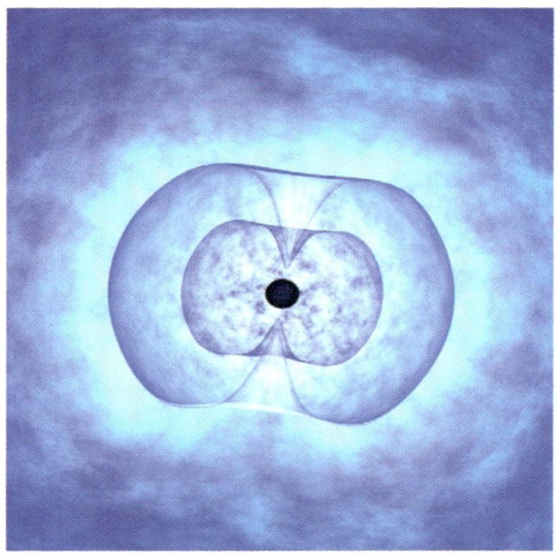

Zusammenbruch des Kerns und Entstehung (3)

Dem Schwarzen Loch entkommen (4)

Der Strahl durchstößt die Oberfläche des Sterns (5)

Ausbruch von Gammastrahlen (6)

Neutronensterne

Die meisten Riesensterne enden nicht als Schwarze Löcher. Nachdem sie in einer Supernova explodiert sind, bilden die Überreste des Kerns eine feste Kugel von 1,4 bis 3 Sonnenmassen, die aus subatomaren Teilchen, Neutronen, besteht. Diese „Sternenasche“ nennt man Neutronenstern. Neutronensterne (siehe unten) sind sehr kompakt: Ein Teelöffel wiegt eine unglaubliche Milliarde Tonnen.

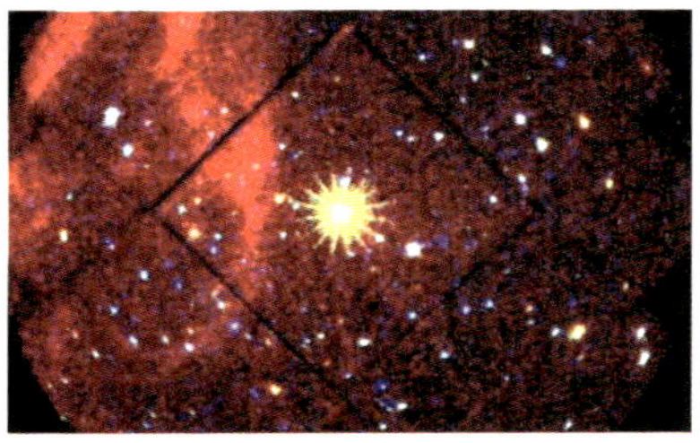

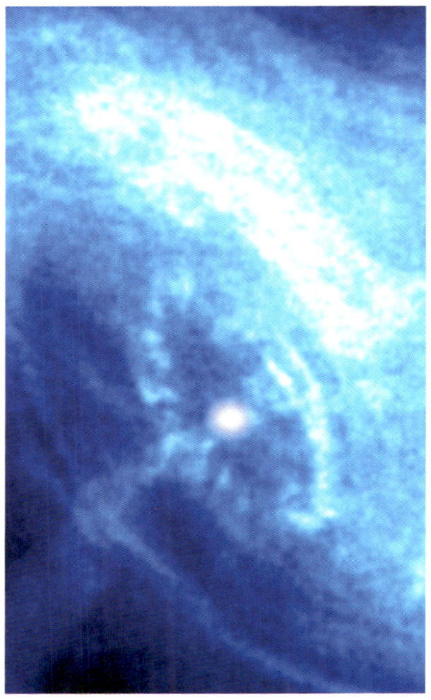

Pulsare

Neutronensterne drehen sich nach ihrer Entstehung sehr schnell und diese Rotation hat in den sechziger Jahren des 20. Jahrhunderts zu ihrer Entdeckung geführt. Manche Neutronensterne senden Radiowellen und energiereiche Strahlung von ihren Magnetpolen aus. Durch die Rotation drehen sich diese Strahlen wie kosmische Leuchttürme. Wenn die Erde in den Bereich eines solchen Strahls gerät, sieht man die Radioemission mit präziser Regelmäßigkeit auf- und abblinken. Man nennt diese Neutronensterne Pulsare – eine unzutreffende Bezeichnung, weil es sich nicht um ein Pulsieren handelt, sondern um eine Rotation, aber der Name ist geblieben. Die linke Chandra-Aufnahme zeigt den 6.300 Lichtjahre entfernten Pulsar im Herzen des Krabben-Nebels im Sternbild Taurus.

Der Himmel erstrahlt auf diesem Infrarotbild der Milchstraßengalaxie im Glanz von zehn Millionen Sternen. Der Kern der Galaxie, in dem sich vermutlich ein sehr massereiches Schwarzes Loch befindet, liegt auf dem Bild links unten. Hier sowie entlang der galaktischen Ebene erscheint das Licht der Sterne gerötet, weil es von dickem Staub gestreut wird.

Die Milchstrasse

Karte der Milchstrasse

Wenn wir von der Lokalen Nachbarschaft um den Faktor zehn ins Weltall hinauszoomen, zeigt sich die wahre Natur unserer Heimat im außergalaktischen Raum: die Milchstraße, eine scheibenförmige Insel aus 200 Milliarden Sternen mit einem Durchmesser von mindestens 100.000 Lichtjahren. Unser Sonnensystem liegt in der dicksten Stelle, etwa 25.000 Lichtjahre vom Zentrum der Scheibe entfernt. Würden wir uns oberhalb der Galaktischen Ebene und an der Seite der Scheibe befinden, so würde die Milchstraße etwa aussehen wie auf der unteren Abbildung. Das Zentrum wird von einer 15.000 Lichtjahre breiten Verdickung aus Sternen beherrscht, die sich zu einer Scheibe verengt. Die Spiralarme sind voll mit interstellarem Gas und Staub und Geburtsstätten von Sternen und deshalb gewöhnlich von jungen blauen Sternen bevölkert. Die zentrale Verdickung ist älter und hat die charakteristische gelborange Farbe voll entwickelter Sterne.

Die Milchstraße (unten und rechts)
In dunklen Nächten kann man wie auf dem rechten Foto ein breites Sternenband sehen, das den Himmel kreuzt. Wir sehen dieses Band, weil wir mittendrin sind und auf eine gigantische Scheibe aus Sternen blicken, eine Spiralgalaxie. Es ist nicht einfach, die Spiralarme unserer Galaxie zu vermessen. Astronomen müssen den Himmel im Radiowellenbereich durchforsten. Die Geschwindigkeiten der Gaswolken, die um das Zentrum kreisen, werden durch spektroskopische Untersuchungen der von ihnen ausgesandten Radiowellen gemessen. Die Geschwindigkeit einer bestimmten Wolke legt ihren Platz in der Galaxie fest und die Astronomen entwickeln daraus Modelle des Spiralmusters. Die untere Karte zeigt die Arme an der Seite der zentralen Verdickung, durch deren Mitte ein Strahl aus Sternen führt.

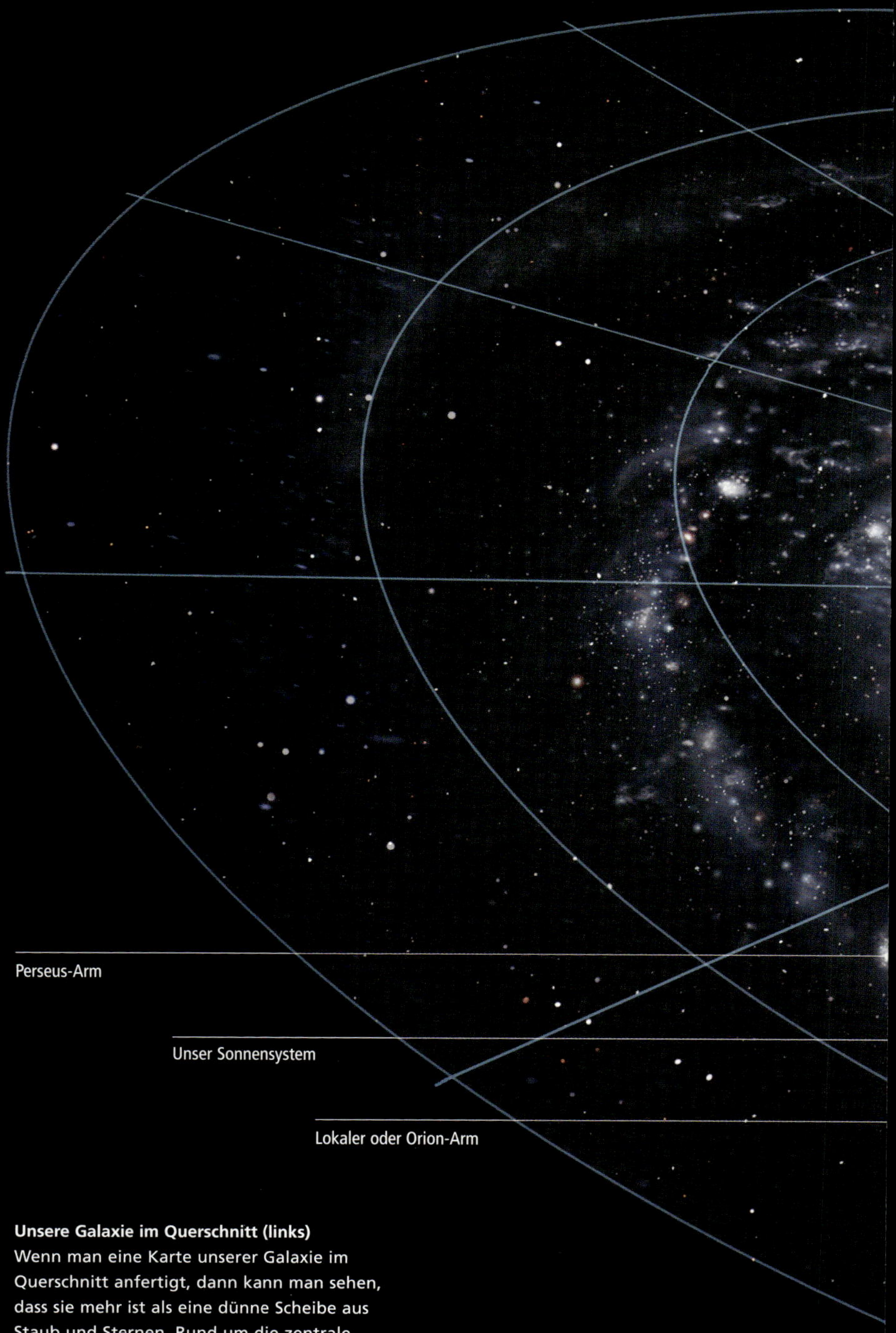

Unsere Galaxie im Querschnitt (links)
Wenn man eine Karte unserer Galaxie im Querschnitt anfertigt, dann kann man sehen, dass sie mehr ist als eine dünne Scheibe aus Staub und Sternen. Rund um die zentrale Verdickung befindet sich ein weites, kugelförmiges Gebiet, das als Galaktischer Halo bezeichnet wird. Hier liegt das Reich dichter Sternenwolken, sogenannter Kugelhaufen, die um und durch die Ebene der Milchstraße kreisen.

Die Galaxie im Garten (rechts)
Die Milchstraße hat ihren Namen von dem schwachen Band „milchigen" Lichts, das sich in dunklen Nächten über den Nachthimmel zieht. Dieses Foto zeigt den Himmel um das Sternbild Schütze (Sagittarius). In dieser Richtung ist die Milchstraße besonders hell, weil sie ins Zentrum der Galaxis weist. Sie würde noch viel heller sein, wenn sie nicht von Schleiern aus Staub verdunkelt wäre.

Die Scheibe

Wie viele andere Spiralgalaxien hat die Scheibe der Milchstraße eine bläuliche Farbe, denn ihre Spiralarme sind von blauen, jungen Sternen bevölkert. Die Vorherrschaft junger Sterne erklärt sich aus der hohen Konzentration von interstellarem Gas und Staub in der Scheibe, dem Rohmaterial für neue Sterne. Doch der Auslöser für die Entstehung vieler Sterne sowie für die Spiralmuster sind die sogenannten Dichtewellen: Zonen mit erhöhtem Druck, die langsamer um die Galaxie kreisen als die Sterne auf ihren Bahnen. Die Sterne bleiben nur eine Zeit lang Teil eines Spiralarms und verlassen ihn dann wie Autos, die auf einer verkehrsreichen Straße in eine Fahrbahnverengung geraten und diese wieder verlassen. Die hellsten Sterne sind aus einer Dichtewelle entstanden und sterben, ohne einen weiten Weg zurückzulegen, und die Spiralarme sind von Spuren dieser stellaren Leuchtfeuer durchzogen.

Eine leuchtende Scheibe (rechts)
Dieses Infrarotbild des ganzen Himmels zeigt die Milchstraße und hat das Licht von über einer halben Milliarde von Sternen eingefangen. Die dunkle Gasse, die durch die Mitte führt, besteht aus interstellarem Gas und Staub. Rechts unten sind die Magellanschen Wolken.

Ein Zwilling der Milchstraße (links)
Die Astronomen zählen Galaxien wie die Milchstraße zu den Spiralgalaxien, ähnlich der hier abgebildeten Galaxie M 83. Wie bei unserer Galaxie führt ein dickes, balkenähnliches Gebilde aus alten Sternen durch die Mitte, an deren Enden die Spiralarme sind.

Radiokontinuum (408 MHz)

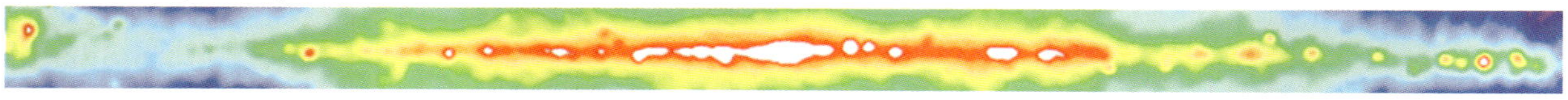

Atomarer Wasserstoff

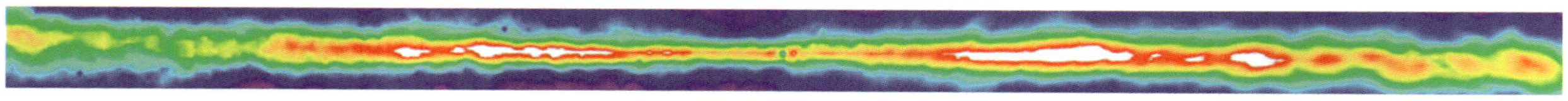

Radiokontinuum (2,5 GHz)

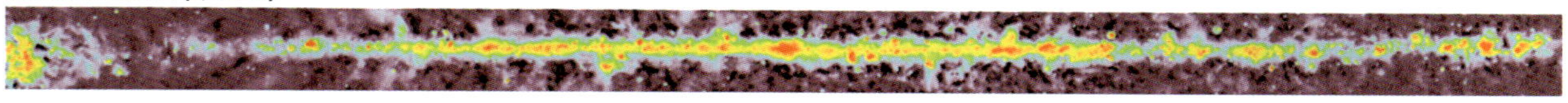

Molekularer Wasserstoff

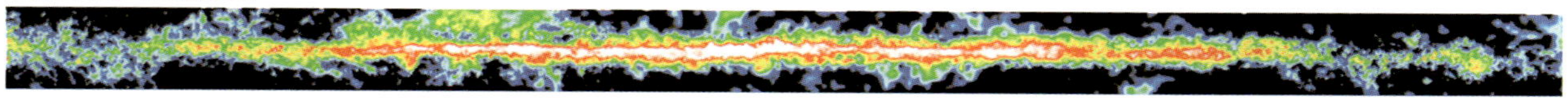

Infrarot

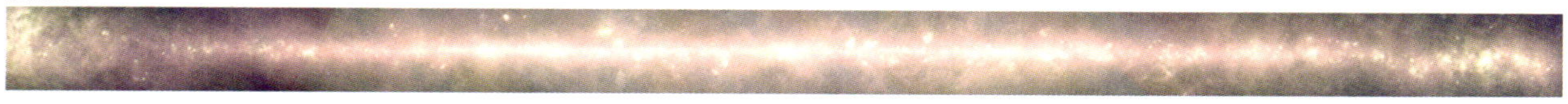

Mittlerer Infrarotbereich

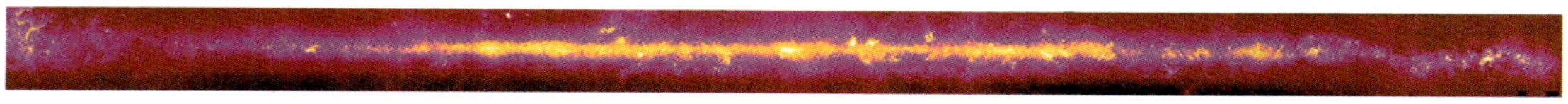

Nahinfrarot

Optische Wellenlängen

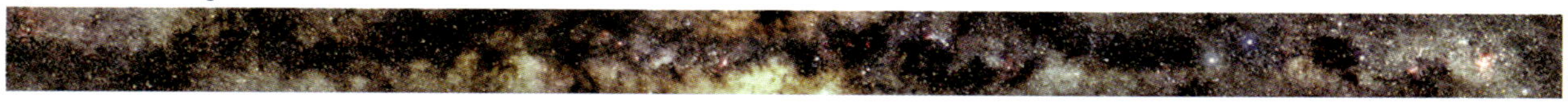

Röntgenstrahlen

Gammastrahlen

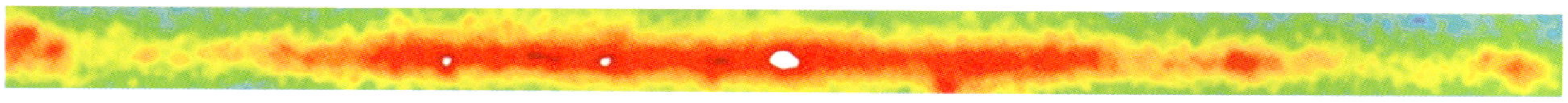

Die Beobachtung der Milchstraße

Zwar können wir die Spiralstrukturen entfernter Galaxien deutlich erkennen, aber es ist sehr schwierig, den Aufbau der Milchstraße zu bestimmen, weil wir uns mittendrin befinden. Es ist so, als würde man versuchen, die Größe des Waldes zu bestimmen, während man zwischen den Bäumen steht. Aber die Astronomen haben das gesamte elektromagnetische Spektrum zur Verfügung. Die linke Bilderreihe zeigt die Scheibe unserer Galaxie in verschiedenen Wellenlängen, die uns ein Bild unserer galaktischen Heimat verschaffen. Radiowellen sind teilweise in der Lage, die Spuren von heißem, ionisiertem Gas und energiereichen Elektronen zu verfolgen, die sich durch das Interstellare Medium bewegen und oft mit Supernovaexplosionen in Verbindung stehen. Infrarotbeobachtungen ermöglichen uns das Aufspüren von Wärmestrahlung und auch, durch Staubwolken „hindurchzublicken“. Strahlung von Neutronensternen und Schwarzen Löchern kann man am besten im Röntgen- und Gammastrahlenbereich des elektromagnetischen Spektrums erkennen.

Ein Leuchtfeuer im Staub (unten)
Das ist ein Blick ins Zentrum der Milchstraße, in die Region des Tierkreiszeichens Skorpion, dessen heller, oranger Stern Antares rechts oberhalb der Mitte erstrahlt.

Geburtsstationen (links und unten)
Die Scheibe der Milchstraße ist voller Nebel und Staubwolken. Links blicken wir in den Schmetterlings-Nebel (IC 1318), der 1.500 Lichtjahre entfernt im Sternbild Cygnus ist. Das rote Licht stammt vom Wasserstoff, der bei der Absorption des nahen Sternenlichts aufleuchtet (wie der Stern Sadr [γ Cygni] links oben), während die dunklen Gassen von Filamenten aus interstellarem Staub gebildet werden. Unten ist ein Strang aus Nebeln im Sternbild Sagittarius, von denen der rote Lagunen-Nebel (M 8) in der Mitte am hellsten ist.

Das Zentrum der Galaxie

Das Zentrum der Milchstraße ist der Mittelpunkt, um den sich der Rest der Galaxie dreht. Es ist eine dichte, annähernd runde Kugel, die großteils mit voll entwickelten und uralten roten Sternen gefüllt ist. Durch die Mitte verläuft mit großer Wahrscheinlichkeit ein etwa 5.000 Lichtjahre breiter und mindestens 20.000 Lichtjahre langer Balken, der zum inneren Rand eines weiten Kreises aus Sternen führt, den man Molekularen Ring nennt. Bei „normalen" optischen Wellenlängen kann man den Kern nicht beobachten und er bleibt hinter 25.000 Lichtjahren aus Gas und interstellarem Staub verborgen. Aber auf anderen Wellenlängen kann man ins Herz der Galaxie hineinschauen und etwas über seinen Inhalt erfahren. Rechts sieht man eine künstlerische Darstellung des Bogen-Haufens, einer riesigen Ansammlung von rund 20.000 Sternen nahe beim Zentrum. Einige dieser Sterne haben mehr als hundert Sonnenmassen.

Ein Sternenfriedhof (oben)
Diese Röntgenaufnahme zeigt einen Himmelsausschnitt von etwa drei Grad und enthüllt Weiße Zwerge, Schwarze Löcher und Neutronensterne in der Nähe des Galaktischen Kerns, der innerhalb des weißen Flecks in der Mitte liegt.

Ein infraroter Kern (unten)
Im Infrarotbereich leuchten der Kern und die Scheibe der Milchstraße hell, wie auf diesem Bild mit hoher Auflösung zu sehen ist. Das abgebildete Gebiet hat einen Durchmesser von etwa 500 Lichtjahren.

Die Enthüllung des Galaktischen Zentrums

Von der Erde aus gesehen erscheint das Zentrum der Milchstraße hinter Tausenden von Lichtjahren aus Staub und Gas verborgen. Dennoch machten Astronomen große Fortschritte beim Studium dieser äußerst dichten und aktiven Region. Erste Anzeichen darauf, dass sich im Zentrum der Galaxie irgendetwas Ungewöhnliches befindet, lieferte der Anfang der Radioastronomie im Jahr 1932 mit der Entdeckung einer starken Radioquelle im Sternbild Sagittarius, die seither das primäre Ziel von Radioteleskopen ist. In jüngster Zeit haben Röntgen- und Gammastrahlenmessungen im Weltraum weitere Geheimnisse des rätselhaften Kerns gelöst. Durch eine groß angelegte Untersuchung von 30 Millionen Sternen des Spitzer-Infrarotteleskops, die im Jahr 2005 abgeschlossen wurde, können sich Astronomen endlich eine Vorstellung vom Aufbau der innergalaktischen Regionen machen.

Sagittarius A

Im Zentrum der Milchstraße befindet sich eine starke Radioquelle namens Sagittarius A (Sgr A). Auf einem Durchmesser von 50 Lichtjahren wird diese Region von noch viel längeren Filamenten aus Gas durchzogen, die in magnetische Feldlinien gezwungen sind, die hunderte Lichtjahre weit reichen. Im Inneren von Sagittarius A liegt ein kompakter zentraler Kern namens Sagittarius A* („A-Stern"), der das physische Zentrum der Milchstraße anzeigt. Sagittarius A* hat einen Durchmesser von etwa 120 AE und ist mit 3,7 Millionen Sonnenmassen an Material vollgestopft, sendet aber nur sehr wenig Strahlung aus. Sagittarius A* ist höchstwahrscheinlich ein massereiches Schwarzes Loch, eine etwas kleinere Version derjenigen, die man im Herzen aktiver Galaxien entdeckt hat.

Der enthüllte Kern (unten)
Dieses Bild vom Very Large Array zeigt das Zentrum der Milchstraße. Der helle gelbe Glanz ist Sagittarius A*. Die schwächeren Emissionen in seiner Nähe kommen aus aktiven Regionen der Sternentstehung und von einigen Supernovaresten. Das gezeigte Gebiet hat einen Durchmesser von etwa 12.000 Lichtjahren.

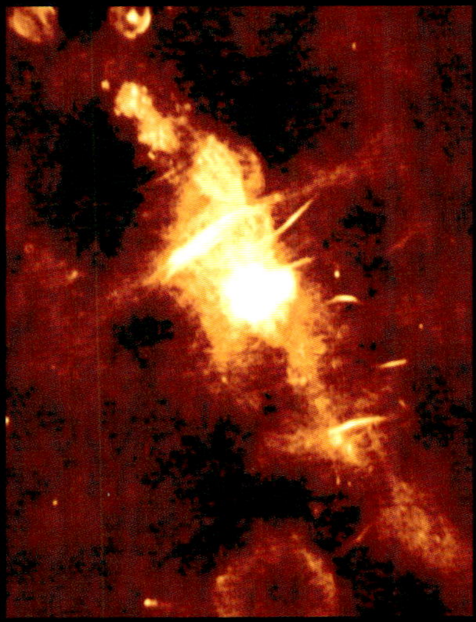

Ein Blick ins Herz der Galaxis (oben)
Dieses Bild des Hubble-Weltraumteleskops zeigt die Sternenwolke im Sternbild Sagittarius, eine Schatztruhe mit sehr alten Sternen nahe am Herzen der Milchstraße. Einige der roten Sterne zählen zu den ältesten der Galaxie. Aus ihrer Beobachtung hoffen die Wissenschaftler etwas über die Geschichte unserer Galaxie zu erfahren.

Kugelsternhaufen

Die meisten Sternen der Milchstraße führen ein Leben im Inneren der Scheibe oder im Kern, doch weitere hundert Millionen kreisen in sogenannten Kugelsternhaufen um die Galaxie. Kugelhaufen sind, wie ihr Name schon sagt, annähernd kugelförmige Sternverbände, die gewöhnlich Durchmesser zwischen 100 und 300 Lichtjahren haben und zwischen einigen Zehntausend und wenigen Millionen Sternen beinhalten. Fast alle diese Sterne sind alt und haben zehn Milliarden Jahre überlebt. Kugelhaufen kreisen auf sehr elliptischen Bahnen, die stark zur Galaktischen Ebene geneigt sind, um die Milchstraße und ihre Bahnen führen durch diese Ebene hindurch. Unsere Milchstraße birgt geschätzte 150 bis 200 Kugelhaufen, aber es gibt sie nicht nur in unserer Galaxie, man hat sie auch bei anderen entdeckt, sowohl bei elliptischen als auch bei Spiralgalaxien.

Nahe Blaue Streuner (links)
Der zweitnächste Kugelhaufen heißt NGC 6397 und ist 7.200 Lichtjahre von der Sonne entfernt. Die extreme Nähe der Sterne in seinem Kern hat zur Bildung vieler Blauer Streunersterne und anderer Kuriositäten geführt, wie vermutete Neutronensterne, die um einen Roten Riesen kreisen.

Omega Centauri (oben)
Omega Centauri, der 16.000 Lichtjahre entfernt im Sternbild Centaurus liegt, ist der größte und hellste Kugelhaufen der Milchstraße. Er besteht aus über einer Million Sterne und misst vom einen Ende zum anderen 600 Lichtjahre. Dies ist ein Foto vom anglo-australischen Teleskop in Echtfarben.

Die Suche nach dem Unsichtbaren (unten)
Das Hubble-Weltraumteleskop forschte innerhalb des Kugelhaufens M 22 nach Objekten mit kleiner Masse, die vielleicht einen Teil der „fehlenden Masse“ der Milchstraße bilden. Auf der Abbildung unten blickte Hubble durch den Haufen hindurch, um mit Hilfe des Gravitationslinseneffekts nach Aufhellungen der Hintergrundsterne zu suchen.

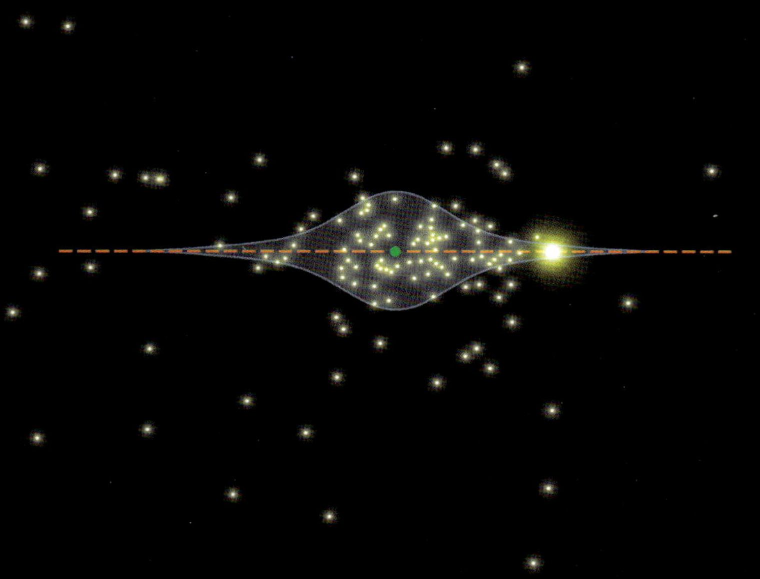

Die Vermessung eines Kugelhaufens

Das obere Diagramm zeigt die Verteilung der meisten Kugelhaufen der Milchstraße. Viele befinden sich auf Bahnen, die weit über die Galaktische Ebene hinausreichen, was eine Folge der Entwicklung der Milchstraße sein kann. Man glaubt, dass sich Kugelhaufen aus einzelnen Wolken aus Gas und Staub verdichteten und dann von der Milchstraße eingefangen wurden. Den Beweis dafür liefert das Alter der Sterne in den Kugelhaufen. Diese stellaren Altenwohnheime enthalten einige der ältesten Sterne der Milchstraße, manche sind sogar älter als die Galaxie selbst. Doch viele dieser Haufen bergen auch jüngere Sterne, die Blauen Streuner. Sie bilden sich möglicherweise, wenn zwei rote Sterne mit geringer Masse innerhalb des Haufens zusammenprallen, oder als Folge der Interaktionen zweier nahe aneinander vorbeiwandernder Sterne. In den dreißiger Jahren des 20. Jahrhunderts schätzten die Astronomen die Position unserer Sonne in der Milchstraße (rechts auf der oberen Abbildung, nicht maßstabsgetreu), indem sie die Verteilung der Kugelhaufen innerhalb der Galaxie ermittelten.

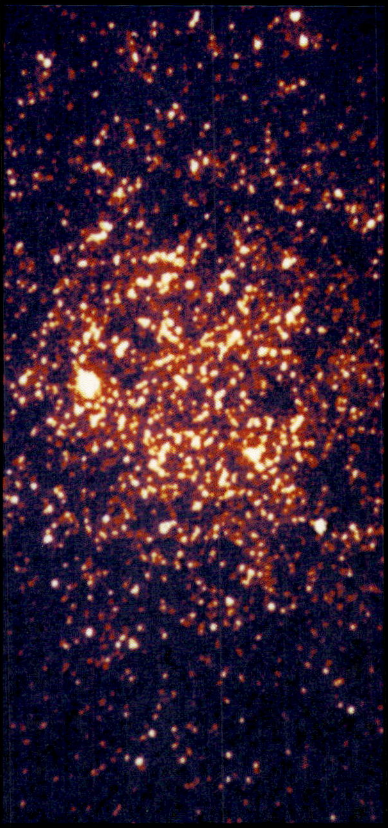

Omega Centauri in ultraviolett (links)
Dieses Ultraviolettbild von Omega Centauri entstand während einer Mission des Space Shuttle im Jahr 1990. Es war das erste klare Bild von Omega Centauri auf diesen Wellenlängen. Viele der Sterne hier kann man auf optischen Bildern, die von der Erde aus gemacht wurden, nicht sehen.

Verlorene Planeten in M 22 (rechts)
Dieses Foto des Herzens von M 22 stammt aus den Untersuchungen, die Hubble 1999 unternommen hat. Dabei entdeckte Hubble mit Hilfe des Gravitationslinseneffekts Objekte mit etwa 80facher Erdmasse, die vielleicht Planeten sein könnten und sich innerhalb des Haufens um ihre Elternsterne drehen.

Eine Sternenkugel (links)
Der hier abgebildete Kugelhaufen M 3 liegt etwa 100.000 Lichtjahre entfernt im Sternbild Canes Venatici. Diese riesenhafte Kugel aus einer halben Million Sternen, die einen Durchmesser von 150 Lichtjahren hat, kann man mit einem Fernglas sehen.

Kugelige Außerirdische? (rechts)
M 13, den man auch Herkules-Kugelhaufen nennt, ist der auffälligste Kugelhaufen der nördlichen Himmelshalbkugel. Im Jahr 1974 wurde M 13 zum Ziel einer der ersten Radiobotschaften an intelligente außerirdische Lebensformen. Wir müssen mindestens 30.000 Jahre auf eine Antwort warten.

Der Halo und die Dunkle Materie

Wir stellen uns unsere Galaxie größtenteils als flache Scheibe vor, denn so sieht sie, wie andere Spiralgalaxien, in unseren Augen aus. Die Milchstraße ist jedoch mehr als das. Sie befindet sich inmitten eines ausgedehnten „Halo", der aus zwei deutlich unterschiedlichen Teilen besteht. Der innere oder sichtbare Halo reicht 65.000 Lichtjahre aus der galaktischen Verdickung hinaus. Hier liegt das Reich der Kugelhaufen, die auf stark geneigten elliptischen Bahnen um unsere Galaxie schwärmen. Darüber hinaus erstreckt sich ein dunklerer, massereicher Halo, die sogenannte Galaktische Korona. Sie besteht aus unsichtbarer „Dunkler Materie" und extrem heißem Gas mit Temperaturen von mehreren Millionen Grad. Die Korona reicht 200.000 bis 300.000 Lichtjahre ins All, das ist etwa ein Zehntel der Entfernung zur Andromeda-Galaxie.

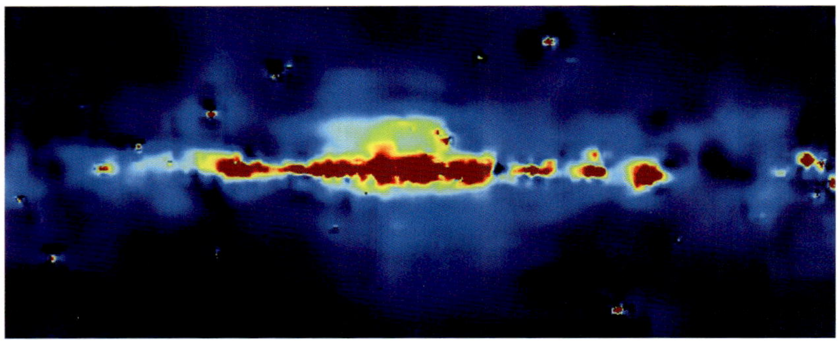

Ein Gammastrahlenhalo (oben)
Der Halo der Milchstraße ist eine auffällige Gammastrahlenquelle. Dieser Blick über den ganzen Himmel entstand im Gammawellenbereich und enthüllt die Ausdehnung und Position des Halo (blau) ober- und unterhalb der Galaktischen Ebene.

Andere Halos (unten)
Unsere Milchstraße ist nicht die einzige Spiralgalaxie mit einem Halo. Dieses Bild zeigt ein ähnliches Gebilde rund um die Galaxie NGC 4613. Man sieht den Halo blau im Röntgenwellenbereich, während der orange Teil die darunterliegende Galaxie in optischen Wellenlängen zeigt.

Der Halo
Die obere Abbildung zeigt die Milchstraße (Mitte) und ihren inneren sichtbaren Halo, der einen Radius von etwa 65.000 Lichtjahren hat. Der innere Halo ist ein bewegter Ort mit Kugelhaufen, die auf sehr exzentrischen Bahnen um die Galaxie schwärmen, aber er ist noch mehr. Erst kürzlich fanden Astronomen eine winzige Elliptische Galaxie namens Sagittarius-Zwerggalaxie (SagZG) (1), die innerhalb der Magellanschen Wolken um die Milchstraße wandert. Während ihrer Reise auf stark geneigter Bahn wird ein großer Schweif von Sternen durch die Gravitation der Milchstraße aus SagZG herausgewunden und bildet den Sagittarius-Strom (2). Die inneren Regionen des Halo sind auch die Heimat von Galaktischen Fontänen (3) und Hochgeschwindigkeitswolken (4). Letztere sind aus Wasserstoffgas und wandern oberhalb der Galaktischen Ebene umher, schneller als die darunterliegende Galaxie selbst. Ihr Ursprung ist unbekannt, aber vielleicht gibt es einen Zusammenhang mit den Galaktischen Fontänen. Diese wirken als Ventile für das heiße, ionisierte Gas, das entsteht, wenn in einem kleinen Teil der Galaktischen Scheibe mehrere Supernovae zugleich explodieren und riesige Blasen aus expandierendem Gas zehntausende Lichtjahre weit in den Halo senden, wo das Gas abkühlt und als „Galaktischer Regen" in die Scheibe zurückfällt.

Die Dunkle Materie

Beobachtungen ergaben, dass die Rotationsgeschwindigkeit der Milchstraße von der Mitte weg mit dem Radius abnimmt, dann aber relativ konstant bleibt. Das ist auch bei anderen Scheibengalaxien so, obwohl man sich das von einer Scheibe aus Sternen und Staub nicht erwarten würde. Die einzige Erklärung dafür ist, dass es inmitten aller Galaxien eine Menge Material geben muss, das wir nicht sehen können und das die Rotation beeinflusst. Man nennt dieses Material „Dunkle Materie" – es soll mindestens zehnmal so schwer sein wie gewöhnliche Materie. Ein Teil dieser Dunklen Materie besteht vielleicht aus ganz gewöhnlichem Material, das kaum oder gar kein Licht aussendet, wie Schwarze Löcher, Braune Zwerge oder MACHOs, möglicherweise aber auch aus Teilchen, die nur schwach auf gewöhnliche Materie einwirken, wie zum Beispiel Neutrinos.

Außergalaktische MACHOs (oben)
Das ist eine simulierte Darstellung von MACHOs (Massive Compact Halo Objects), die in den Galaktischen Halo eingebettet sind. Diese hypothetischen Formen von Dunkler Materie bestehen aus gewöhnlicher Materie, die keine oder kaum Strahlung aussendet, aber deutlich zur Masse der Galaxie beiträgt.

Eine Falle für Dunkle Materie (links unten)
Dieser geheimnisvoll aussehende Apparat ist ein Detektor für Dunkle Materie, der tief unter der Erde im englischen Yorkshire steht. Er dient dazu, flüchtige dunkle Materieteilchen zu finden, die auf gewöhnliche Atome einwirken.

Ein nicht greifbares Feld (unten)
Dieses Röntgenbild zeigt eine heiße Gaswolke inmitten eines Galaxienhaufens. Die Anwesenheit dieser Wolke ist ein Hinweis auf das Vorhandensein von Dunkler Materie, weil die beobachtbare Materie nicht diese Menge an Gas enthalten könnte.

Die Andromeda-Galaxie (M 31) ist die größte Galaxie in der Lokalen Gruppe, dem Galaxienhaufen, in dem sich unsere Milchstraße befindet. Diese sprühende Spirale aus Sternen, die man mit bloßem Auge als diffuse Wolke sehen kann, wurde zum ersten Mal im Jahr 905 n. Chr. erwähnt. Auf diesem Bild kann man auch zwei Satellitengalaxien von M 31 erkennen, M 32 und M 110.

Die Lokale Gruppe

Karte der Lokalen Gruppe

Die Lokale Gruppe ist der Name des kleinen Galaxienhaufens, zu dem die Milchstraße gehört. Dieser Tropfen aus Sterninseln umfasst einen Raum von 6 bis 8 Millionen Lichtjahren Durchmesser und enthält ungefähr 40 Einzelgalaxien mit einer Gesamtmasse von 2 Billionen Sonnen. Ihre größten Mitglieder sind die Andromeda-Galaxie (M 31), die Milchstraße und die Triangulum-Galaxie (M 33). Andromeda und vor allem die Milchstraße beherrschen den Haufen und möglicherweise werden diese Galaxien einmal die ganze Gruppe zu einer Supergalaxie zusammenziehen. Doch die meisten Mitglieder der Lokalen Gruppe sind klein und schimmern schwach. Darunter gibt es Irreguläre Galaxien wie die Magellanschen Wolken und Elliptische Zwerggalaxien, die im Universum am häufigsten vorkommen. Elliptische Zwerggalaxien sind so klein und leuchtschwach, dass man sie hinter Andromeda kaum erkennen kann. Deshalb war eine präzise Messung des Umfangs der Lokalen Gruppe bisher sehr schwierig.

Galaxien innerhalb von 3 Millionen Lichtjahren Entfernung

	Name	Galaxientyp	Entf. (10^6 LJ)
1	Die Milchsraße	Spiralgalaxie	--
2	Sagittarius-Zwerggalaxie	Elliptische Zwerggalaxie	0,09
3	Große Magellansche Wolke	Irreguläre Galaxie	0,18
4	Kleine Magellansche Wolke	Irreguläre Galaxie	0,21
5	Ursa-Minor-Zwerggalaxie	Kugelförmige Zwerggalaxie	0,24
6	Draco-Zwerggalaxie	Kugelförmige Zwerggalaxie	0,28
7	Sculptor-Zwerggalaxie	Kugelförmige Zwerggalaxie	0,30
8	Sextans-Zwerggalaxie	Kugelförmige Zwerggalaxie	0,32
9	Carina-Zwerggalaxie	Kugelförmige Zwerggalaxie	0,36
10	Fornax-Zwerggalaxie	Kugelförmige Zwerggalaxie	0,50
11	Leo II (Leo B)	Kugelförmige Zwerggalaxie	0,75
12	Leo I	Kugelförmige Zwerggalaxie	0,90
13	Phoenix-Zwerggalaxie	Irreguläre Zweggalaxie	1,6
14	Barnards Galaxie (NGC 6822)	Irreguläre Galaxie	1,8
15	NGC 185	Elliptische Zwerggalaxie	2,3
16	NGC 147	Elliptische Zwerggalaxie	2,4
17	Leo A (Leo III)	Irreguläre Galaxie	2,5
18	Andromeda VII (Cassiopeia-Zwergg.)	Kugelförmige Zwerggalaxie	2,6
19	Andromeda VIII	Kugelförmige Zwerggalaxie	2,7
20	Cetus-Zwerggalaxie	Kugelförmige Zwerggalaxie	2,8
21	Andromeda VI (Pegasus II)	Kugelförmige Zwerggalaxie	2,8
22	Andromeda III	Kugelförmige Zwerggalaxie	2,9
23	M 110 (NGC 205)	Elliptische Zwerggalaxie	2,9
24	M 32 (NGC 221)	Kugelförmige Zwerggalaxie	2,9
25	Andromeda-Galaxie (M 31)	Spiralgalaxie	2,9
26	Andromeda I	Kugelförmige Zwerggalaxie	2,9
27	IC 1613	Irreguläre Galaxie	2,9
28	Andromeda V	Kugelförmige Zwerggalaxie	2,9
29	Andromeda II	Kugelförmige Zwerggalaxie	2,9
30	Pisces-Zwerggalaxie (LGS 3)	Irreguläre Zwerggalaxie	3,0
31	Feuerrad-Galaxie (M 33)	Spiralgalaxie	3,0
32	Pegasus-Zwerggalaxie	Irreguläre Galaxie	3,0

Die Lokale Gruppe
Die untere Karte zeigt die Lokale Gruppe in einem Radius von 3 Millionen Lichtjahren um die Milchstraße. Insgesamt sind 32 Galaxien eingezeichnet, obwohl die Lokale Gruppe weiter draußen noch andere enthält und eine, die zu nahe bei der Milchstraße liegt, um sie deutlich zu zeigen. Die Gesamtzahl der Galaxien beträgt 40 oder mehr. Die Karte zeigt, wie die Milchstraße und M 31 den Haufen beherrschen. Beide sind von ihren Satellitengalaxien umgeben, wie die Große Magellansche Wolke (ein Teil davon ist rechts abgebildet). Nur die drei Spiralgalaxien (die Milchstraße, M 31 und M 33) sind maßstabsgetreu abgebildet. Die anderen sind zur Veranschaulichung stark vergrößert. Die nächsten Galaxien außerhalb der Lokalen Gruppe sind ungefähr zehn Millionen Lichtjahre entfernt.

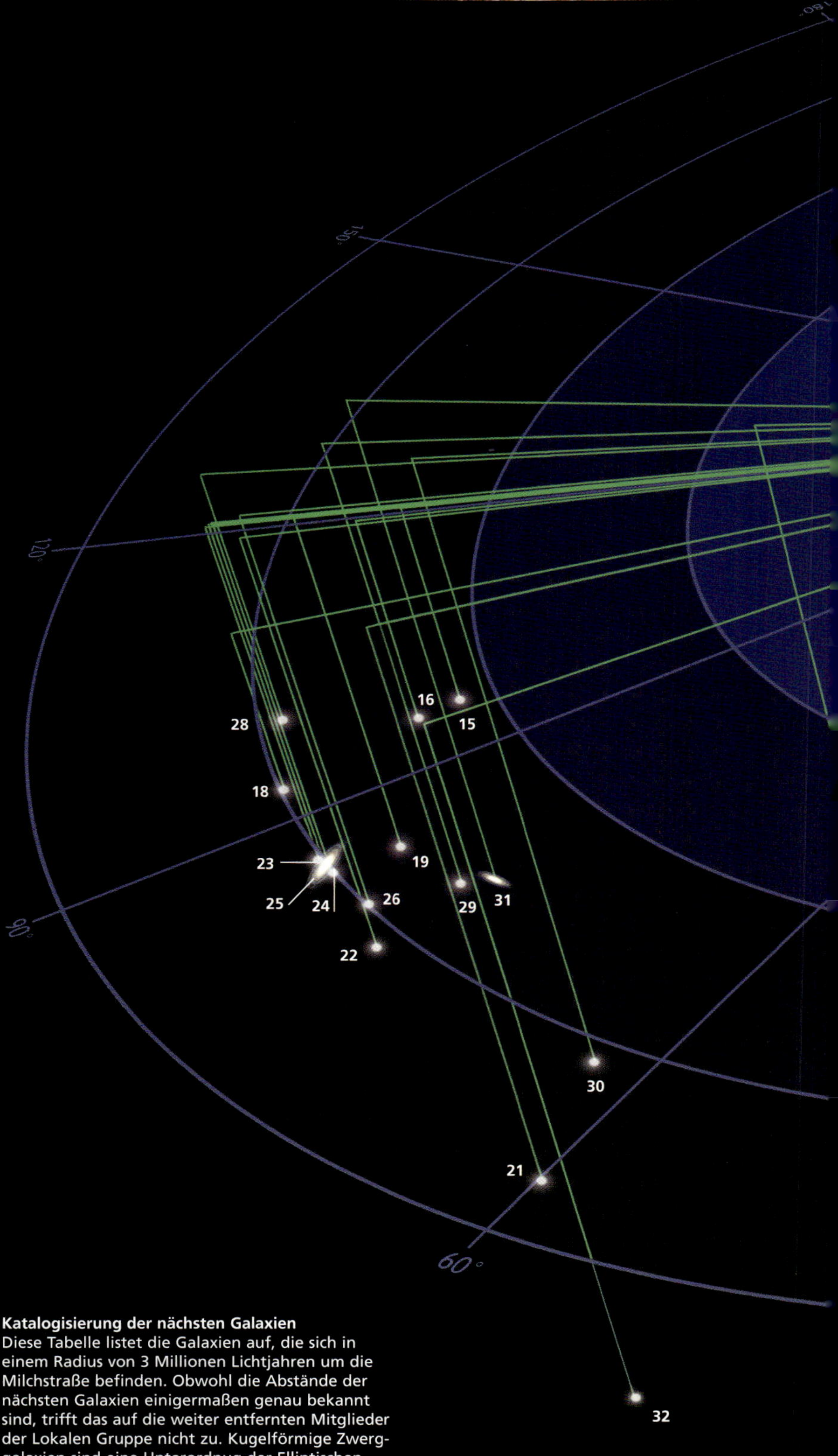

Katalogisierung der nächsten Galaxien
Diese Tabelle listet die Galaxien auf, die sich in einem Radius von 3 Millionen Lichtjahren um die Milchstraße befinden. Obwohl die Abstände der nächsten Galaxien einigermaßen genau bekannt sind, trifft das auf die weiter entfernten Mitglieder der Lokalen Gruppe nicht zu. Kugelförmige Zwerggalaxien sind eine Unterordnug der Elliptischen Zwerggalaxien und unterscheiden sich durch eine geringere Leuchtkraft.

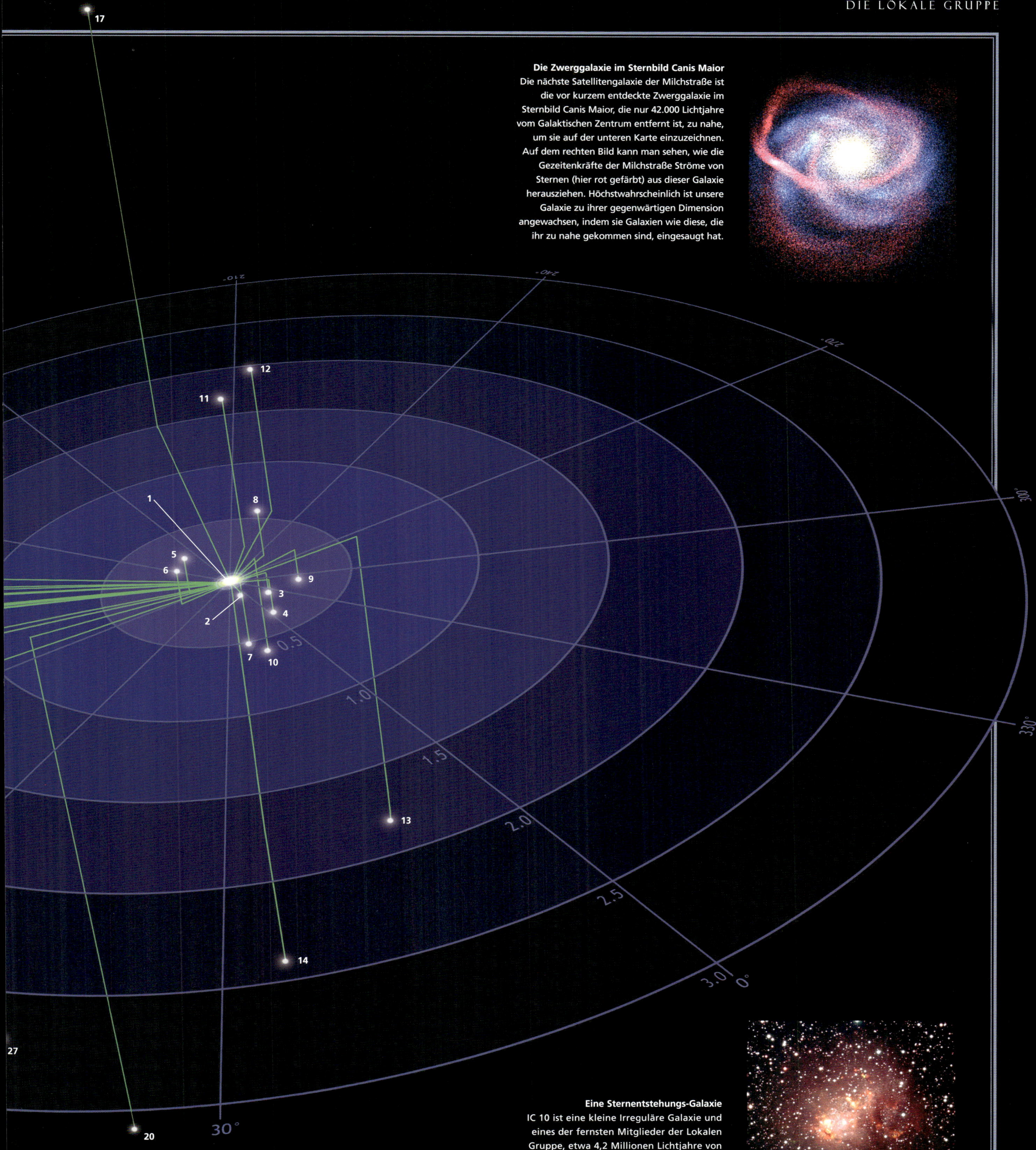

Die Zwerggalaxie im Sternbild Canis Maior
Die nächste Satellitengalaxie der Milchstraße ist die vor kurzem entdeckte Zwerggalaxie im Sternbild Canis Maior, die nur 42.000 Lichtjahre vom Galaktischen Zentrum entfernt ist, zu nahe, um sie auf der unteren Karte einzuzeichnen. Auf dem rechten Bild kann man sehen, wie die Gezeitenkräfte der Milchstraße Ströme von Sternen (hier rot gefärbt) aus dieser Galaxie herausziehen. Höchstwahrscheinlich ist unsere Galaxie zu ihrer gegenwärtigen Dimension angewachsen, indem sie Galaxien wie diese, die ihr zu nahe gekommen sind, eingesaugt hat.

Eine Sternentstehungs-Galaxie
IC 10 ist eine kleine Irreguläre Galaxie und eines der fernsten Mitglieder der Lokalen Gruppe, etwa 4,2 Millionen Lichtjahre von der Milchstraße entfernt. Man kennt sie als eine Galaxie, in der die Anzahl an neu entstehenden Sternen außergewöhnlich hoch ist. Die Astronomen sind nicht sicher, welche Kraft diese Aktivitäten ausgelöst haben könnte.

Begleitgalaxien

Wie die Gravitation die Erde auf ihrer Bahn um die Sonne hält, so bindet sie auch kleine Satellitengalaxien an die Milchstraße. Die Große Magellansche Wolke (GMW) und ihre kompaktere Begleiterin, die Kleine Magellansche Wolke (KMW), sind unregelmäßig geformte kleine Galaxien und die größten Satelliten unserer Galaxie. Auf der Südhalbkugel kann man sie als Nebelchen sehen, die etwas neben der Milchstraße stehen. Die GMW ist mit einer Entfernung von 160.000 Lichtjahren die Nähere der beiden und hat einen Durchmesser von etwa 20.000 Lichtjahren. Die KMW ist nicht halb so groß und ungefähr 40.000 Lichtjahre weiter entfernt. Es gibt noch elf weitere Satellitengalaxien, von denen einige erst kürzlich entdeckt wurden, weil sie hinter den interstellaren Staubwolken der Milchstraße versteckt sind. Die beiden nächsten sind die Zwerggalaxie im Sternbild Canis Maior und die Elliptische Zwerggalaxie im Schützen (Sagittarius).

Galaktische Kumpanen (links oben und links)
Diese beiden Fotos zeigen die GMW (links oben) und die KMW (links) in optischen oder sichtbaren Wellenlängen. Der rosa Schimmer rechts in der GMW ist der gewaltige Tarantel-Nebel (rechts oben). Das strahlende Gestirn im unteren Bild ist der Kugelhaufen 47 Tucanae. Mit einer Entfernung von 15.000 Lichtjahren ist er viel näher als die KMW, die hinter ihm liegt.

Sternenkinder in der KMW (rechts)
Dieses Bild des Hubble-Weltraumteleskops zeigt einen Sternenhaufen namens NGC 346 in der KMW. Einige Sterne, die Hubble über die dunklen Gassen aus Staub verstreut entdeckte, sind sehr jung und haben noch nicht damit begonnen, in ihren Kernen bei thermonuklearen Reaktionen Wasserstoff in Helium zu verwandeln. Fragmentarische Galaxien wie die Magellanschen Wolken ähneln den Galaxien, die das frühe Universum bevölkerten, weswegen die Sterngeburt in ihrem Inneren für Astronomen und Kosmologen interessant ist.

Eintauchen in die Tarantel (rechts und ganz rechts)
Der Tarantel-Nebel NGC 2070 (rechts) ist eine riesige Sternfabrik in der GMW mit einem Durchmesser von mehr als 800 Lichtjahren. Würde er sich dort befinden, wo der nahe Orion-Nebel liegt, dann würde er ein Viertel des Himmels bedecken und bei Tageslicht zu sehen sein. Das rechte Bild zeigt Hodge 301, einen Sternhaufen im Tarantel-Nebel. Viele der massereichsten Sterne des Haufens sind bereits als Supernova explodiert und haben das Gas in der Umgebung zu Filamenten verdichtet, wie auf dem oberen Bildteil zu sehen ist.

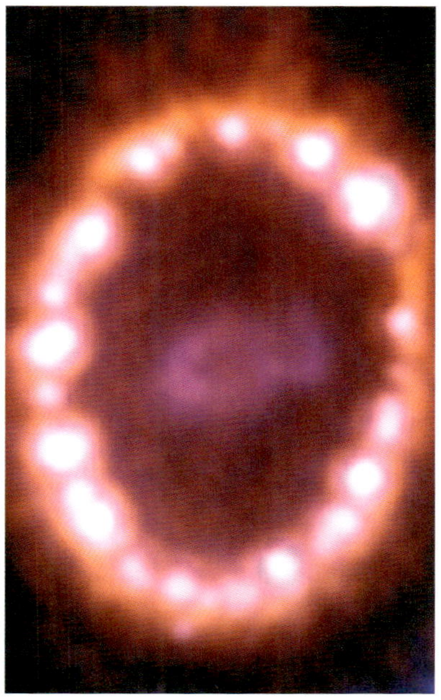

Der Magellansche Strom (oben)
In den siebziger Jahren des 20. Jahrhunderts entdeckte man, dass die GMW und die KMW in ein diffuses Band aus Wasserstoff eingebettet sind, das sich über 120 Grad des Himmels zieht und nahe am Südpol der Milchstraße vorbeiführt. Das ist der Magellansche Strom, der oben mit seinem vorderen Arm rechts von den Wolken abgebildet ist. Vielleicht besteht er aus Material, das vor etwa 200 Millionen Jahren durch Wechselwirkungen der Gezeitenkräfte aus den Wolken oder der Milchstraße (oder allen dreien) herausgerissen wurde.

Ein Ring aus Feuer (links)
1987 ereignete sich in der GMW die hellste Supernova der letzten 400 Jahre, als ein Stern mit zwanzigfacher Sonnenmasse explodierte. Dieses Foto von SN 1987A, wie die Supernova offiziell genannt wurde, entstand sechzehn Jahre später. Man kann klar einen Ring aus Gas mit einem Durchmesser von einem Lichtjahr erkennen, der von den Explosionswellen der Supernova auf mehrere Millionen Grad erhitzt wird.

Spiralgalaxien

Spiralen sind die schönsten und am leichtesten zu erkennenden Galaxienformen, obwohl sie weniger als ein Drittel der bisher entdeckten Galaxien ausmachen. Spiralgalaxien bestehen aus einer flachen Scheibe mit einer zentralen Verdickung, doch die auffälligsten Merkmale sind die spektakulären Spiralarme. Sie entstehen durch Druckwellen, die sich über die Scheibe einer Galaxie ausbreiten, das Gas kondensieren lassen und damit die Sternentstehung einleiten. Innerhalb der Scheiben verläuft ein ständiger Prozess von Sterngeburt und Sterntod und die Galaxien sind mit Wolken aus interstellarem Gas und Staub übersät, in denen neue Sterne entstehen. Die jüngeren Sterne in den Armen und der Scheibe geben diesen Regionen ihre blaue Farbe, während die älteren Sterne in der zentralen Verdickung und den Kugelhaufen mit zunehmendem Alter immer gelber werden.

Vollendete Spiralen (oben und nächste Seite)
Die Triangulum-Galaxie oder M 33 (oben) ist eine der drei Spiralgalaxien der Lokalen Gruppe, aber sie ist nur halb so groß wie die Milchstraße. Dieses Foto zeigt M 33 von einem großen Teleskop auf der Erde eingefangen. Auf der gegenüberliegenden Seite kann man die größere und weit prächtigere Spiralgalaxie M 51 sehen, die man aus ersichtlichen Gründen auch Whirlpool-Galaxie nennt. Sie ist etwa 25 Millionen Lichtjahre entfernt und liegt nicht in der Lokalen Gruppe, aber sie ist ein wunderschönes Beispiel einer Spiralgalaxie.

Die Klassifikaton der Spiralgalaxien

Die Astronomen teilen Spiralgalaxien nach dem Umfang der zentralen Verdickung und dem Grad der Windungen ihrer Spiralarme ein. Eng gewundene Spiralgalaxien mit großen Kernen zählen zur Klasse Sa. Sind die Arme offener, dann ist es eine Galaxie der Klasse Sb. Sc steht für Galaxien mit kleinen Kernen und eher losen Spiralarmen. Einige Spiralgalaxien haben einen dicken zentralen Balken aus Sternen, der durch den Kern verläuft. Sie werden Balkenspiralgalaxien genannt und mit SBa, SBb oder SBc klassifiziert. Oben sind Beispiele für gewöhnliche Spiralgalaxien und Balkenspiralgalaxien zu sehen (NGC 4622, Klasse Sb links; NGC 1300, Klasse SBb in der Mitte). Manche Galaxien zeigen keine Spiralstruktur, obwohl sie scheibenförmig sind. Sie heißen Spindelförmige Galaxien und werden mit S0 bezeichnet wie rechts oben NGC 2787.

Die Whirlpool-Geburtsstation (rechts)
Diese Nahaufnahme von der Whirlpool-Galaxie (M 51) zeigt einen Detailabschnitt der Spiralarme. Regionen, in denen Sterne entstehen, erscheinen auf diesem Bild rot. In der Whirlpool-Galaxie werden viele neue Sterne geboren, weil sie mit der viel kleineren Galaxie NGC 5195 in Wechselwirkung steht, die seit einigen hundert Millionen Jahren wiederholt nahe an ihr vorübergleitet. Die Gravitationswirkung dieses Eindringlings hat das interstellare Gas und den Staub mit der Zeit verdichtet und damit die Sternentstehung eingeleitet.

Eine Spiralgalaxie und ihr Begleiter (links)
Auf diesem Foto sieht man eine Spiralgalaxie (NGC 1532 im Sternbild Eridanus) beinahe von der Kante. Wie in unserer Milchstraße ist die galaktische Scheibe mit lichtabsorbierenden Gassen von Staubwolken durchzogen. NGC 1532 ist in ein Gravitationstauziehen mit der kleineren Irregulären Galaxie NGC 1531 (links oben) verstrickt. Die beiden Galaxien beeinflussen einander auf dieselbe Art, wie die Milchstraße auf die Große Magellansche Wolke einwirkt. Während sich die beiden Galaxien umkreisen, ziehen sie Ströme von Sternen und Gas aus ihrem Nachbarn und verteilen diese im intergalaktischen Raum.

Eine staubige Spirale (rechts)
Bodes Galaxie (M 81) ist eine auffällig wohlgeformte Spiralgalaxie und liegt zwölf Millionen Lichtjahre entfernt im Sternbild Ursa Maior. Nach ihr ist der an die Lokale Gruppe angrenzende Galaxienhaufen benannt, die M 81-Gruppe, zu der sie gehört. Dieses Infrarotbild zeigt die großzügige Verteilung von Staub und Gas über die Spiralarme der Galaxie in Rot.

ELLIPTISCHE UND IRREGULÄRE GALAXIEN

Die meisten Mitglieder der Lokalen Gruppe sind Elliptische oder Irreguläre Galaxien. Elliptische Galaxien sind mit etwa 60 Prozent die häufigste Art im Universum und Irreguläre Galaxien stellen ungefähr zehn Prozent. In der Lokalen Gruppe findet man sehr kleine Beispiele solcher Galaxien, die man Elliptische oder Irreguläre Zwerggalaxien nennt. Sie haben Durchmesser von wenigen Tausend Lichtjahren und enthalten oft kaum mehr Sterne als die Kugelhaufen. Elliptische Galaxien bilden ein Rotationsellipsoid, während Irreguläre keine erkennbare Struktur aufweisen. Wie in den Spiralgalaxien gibt es in Irregulären Galaxien junge und alte Sterne sowie Sterngeburtsstationen, während die Elliptischen von alten roten Sternen bevölkert sind. Die größten bekannten Galaxien mit Trillionen von Sternen sind die sogenannten Elliptischen Riesengalaxien, die jedoch in der Lokalen Gruppe nicht vertreten sind.

Die Begleiter von Andromeda (oben)
Die Andromeda-Galaxie ist reich an Satellitengalaxien. Zwei der größten sind M 110 (oben) und M 32 (unten). Beide sind Elliptische Zwerggalaxien mit Durchmessern von einigen Tausend Lichtjahren. M 110 wird oft auch als Kugelförmige Zwerggalaxie bezeichnet, ähnlich einer Elliptischen, aber mit einer lockereren Konzentration.

Barnards Galaxie im Schützen (rechts)
Barnards Galaxie (NGC 6822) ist eine Irreguläre Zwerggalaxie in der Lokalen Gruppe mit einem bescheidenen Aufgebot von etwa zehn Millionen Sternen. Wie andere dieser Art verfügt Barnards Galaxie über mehrere Schauplätze aktiver Sternentstehung und Nebelblasen, die hier rosa gefärbt sind und vom stellaren Wind heißer Wolf-Rayet-Sterne aufgeblasen werden.

Eine Supernova in Aktion (oben)
Die Irreguläre Zwerggalaxie NGC 1569 liegt sieben Millionen Lichtjahre entfernt im Sternbild Camelopardalis und damit außerhalb der Lokalen Gruppe. Dieses Röntgenbild zeigt Blasen aus Gas, die von Supernovaexplosionen im Inneren der Galaxie aufgeheizt werden.

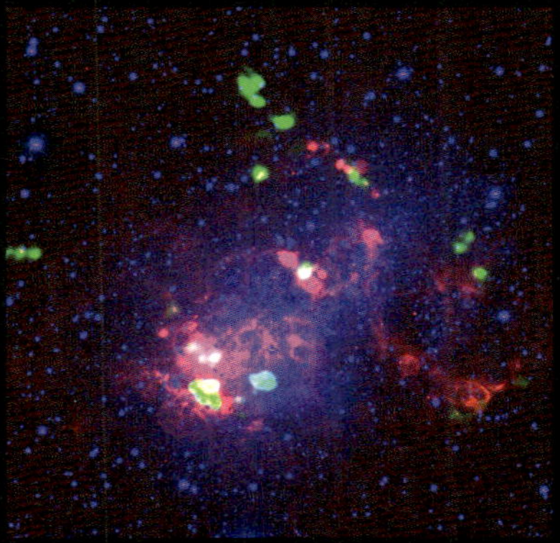

Irreguläres Gas (oben)
Das ist ein aus Radio- und optischen Daten erstelltes Bild des irregulären Mitglieds IC 10 aus der Lokalen Gruppe. Das optische Bild ist blau, während ionisierter Wasserstoff rot und Kohlenmonoxid grün gefärbt sind. So sieht man, dass die Verteilung von Gas in Irregulären Galaxien noch unregelmäßiger ist als vermutet.

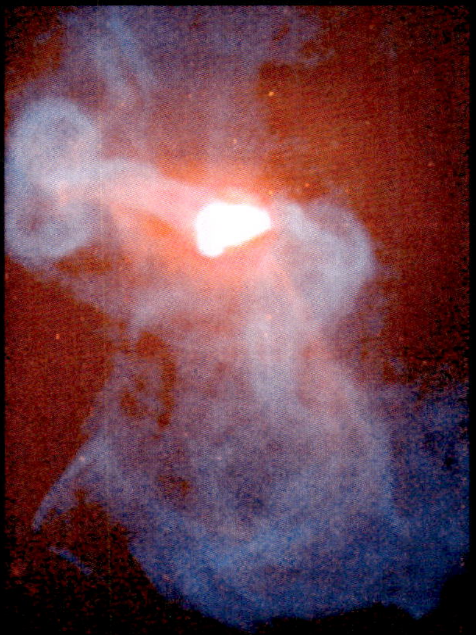

Eine Sternzerkleinerungsmaschine (oben)
M 87 im Sternbild Virgo ist eine der größten bekannten Elliptischen Riesengalaxien. In ihrem Inneren vermutet man ein massereiches Schwarzes Loch mit 2,6 Milliarden Sonnenmassen, das zu nahe gekommene Sterne einsaugt. Dieses aus Röntgen- und Radiowellen erstellte Bild zeigt Strahlensäulen subatomarer Teilchen aus dem Kern der Galaxie, die in den Weltraum ragen.

Wechselwirkende Galaxien

Während die Sterne in den Galaxien ausnahmslos mehrere zehn Millionen Sterndurchmesser voneinander entfernt sind, haben Galaxien in den dichtesten Haufen Abstände von nur zehn oder zwanzig Galaxiendurchmessern. Galaxien in einem Haufen kann man mit Kugeln auf einem Billardtisch vergleichen, die Sterne sind jedoch wie einzelne Sandkörner, die über mehrere dutzend Kilometer verstreut sind. Deshalb kommt es zwischen Galaxien regelmäßig zu Wechselwirkungen, die eine Hauptrolle bei der Entstehung von Galaxien und Galaxienhaufen spielen. Die Milchstraße nähert sich der Andromeda-Galaxie und man erwartet, dass die beiden zu einem einzigen größeren Gebilde verschmelzen werden, das dann die Lokale Gruppe beherrschen wird.

Ein Sternenrad (links)
Diese rätselhafte Galaxie kennt man als Hoags Objekt, nach dem Astronomen, der sie im Jahr 1950 entdeckte. Es ist eine Ringgalaxie mit hellem Kern, der von einem Ring aus vergleichsweise jungen Sternen umgeben ist. Sie liegt 600 Millionen Lichtjahre entfernt im Sternbild Fornax. Ringgalaxien entstehen, wenn eine kleine Galaxie genau durch den Kern einer Spiralgalaxie wandert und dabei Schockwellen aussendet, die neue Sterne entfachen. Hoags Objekt zeigt seltsamerweise keine anderen Anzeichen einer Kollision und die Ringstruktur ist vielleicht der Überrest einer Galaxie, die zu nahe gekommen ist.

Verschmelzende Galaxien

Je tiefer wir in den Weltraum schauen, desto weiter blicken wir in der Zeit zurück, denn das Licht von fernen Objekten hat eine gewisse Zeit gebraucht, um uns zu erreichen. Die Astronomen beobachteten, dass Spiralgalaxien immer häufiger werden, je weiter sie zurückblicken, während im nahen Universum die Elliptischen Galaxien vorherrschen. Warum ist das so? Vielleicht haben sich im Laufe der Zeit immer mehr Spiralgalaxien vermischt und Elliptische Galaxien gebildet. Das erklärt nicht nur, warum Spiralgalaxien jetzt in der Minderzahl sind, sondern wahrscheinlich auch das Fehlen von interstellarem Gas in Elliptischen Galaxien, denn wenn Galaxien zusammenstoßen, wird Gas herausgerissen und bleibt im intergalaktischen Raum zurück. Elliptische Galaxien sind jedoch nicht die einzigen Nachkommen verschmolzener Galaxien, sondern es gibt noch viele andere seltsame Formen.

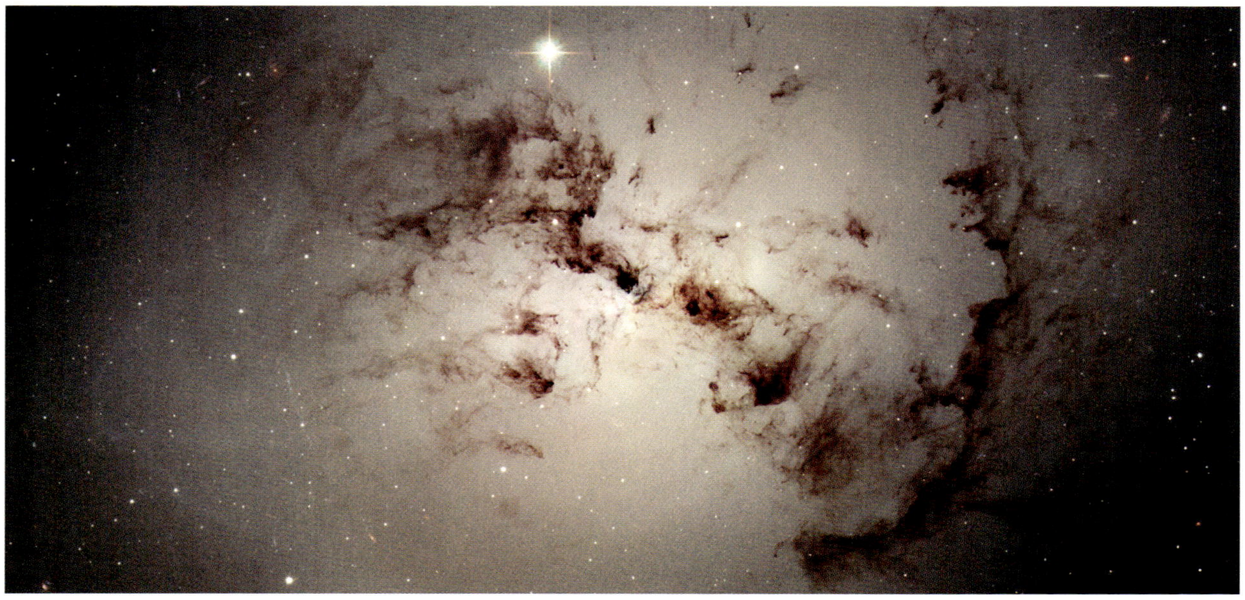

Galaktischer Kannibalismus

Galaktischen Kannibalismus nennt man den Vorgang, wenn eine kleinere Galaxie von einer größeren geschluckt wird. Meist findet man keine Spur von der kleineren Galaxie, aber manchmal bleiben Anzeichen zurück. NGC 1316, 53 Millionen Lichtjahre entfernt im Fornax-Galaxienhaufen und links zu sehen, ist eine Galaxie, die dadurch gewachsen ist, dass sie andere verschluckt hat. Elliptische Riesengalaxien sind gewöhnlich frei von interstellarem Gas und Staub, doch diese nicht. Man glaubt, dass das dünne Material, das in dunkle Filamente und Schlaufen gewunden überall in der Galaxie zu sehen ist, die Reste einer oder mehrerer Spiralgalaxien sind, die in den vergangenen 100 Millionen Jahren von NGC 1316 eingesaugt wurden.

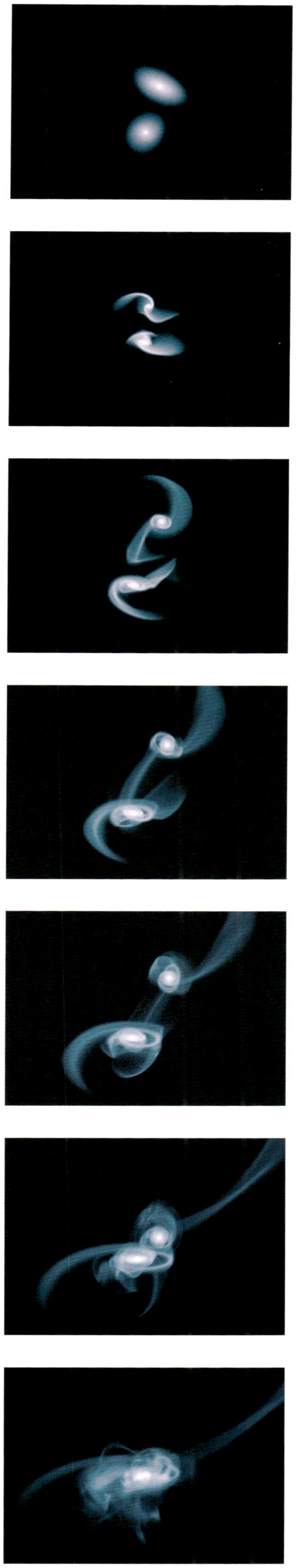

Sanfte Wellen im kosmischen Teich (oben)
Die rechte Galaxie (AM 0644-741) findet man im kleinen südlichen Sternbild Volans. Sie war vielleicht einmal eine gewöhnliche Spiralgalaxie, aber irgendwann in ferner Vergangenheit ist eine kleinere Galaxie (die nicht auf dem Bild ist) frontal auf AM 0644-741 geprallt und durch sie hindurchgetaucht, wobei eine Schockwelle ausgesandt wurde, die den blauen Sternentstehungsring bildete.

Galaktische Entwirrung (rechts)
Galaxien müssen nicht zusammenstoßen, um einander zu beeinflussen. Das ist die Galaxie UGC 10214, besser bekannt als die Kaulquappen-Galaxie. Hier hat eine nahe Begegnung mit einer Nachbargalaxie einen langen Strom von Sternen und Gas aus der Kaulquappe herausgezogen und über den außergalaktischen Raum versprüht. Diesen „Schweif" kann man 280.000 Lichtjahre weit verfolgen. Die Kaulquappe liegt 420 Millionen Lichtjahre entfernt im Sternbild Draco (Drache).

Die Zukunft der Milchstraße

Der Abstand zwischen der Milchstraße und den Andromeda-Galaxien verringert sich mit etwa 500.000 km pro Stunde und in etwa drei Milliarden Jahren werden die Galaxien aufeinander prallen. Die rechte Bildfolge zeigt eine Computersimulation dieses Gravitationstanzes, der nach einer Milliarde Jahren mit der Geburt einer neuen Elliptischen Galaxie enden wird. Auf der Erde wird Andromeda am Nachthimmel immer größer werden, bis die vertrauten Sterne der Milchstraße von einem zweiten Sternenbogen durchschnitten werden. Dann erwartet die Sonne und ihre Planeten eines von zwei Schicksalen: in den außergalaktischen Raum geschleudert oder in die neue Galaxie hineingezogen zu werden.

Dieses Bild, das aus umfangreichen Hubble-Beobachtungen stammt, ist eine einzigartige „Massenkarte", auf der die Verteilung des Materials in einem 4,5 Milliarden Lichtjahre entfernten Galaxienhaufen zu sehen ist. Jeder der hellen, rötlichen Tropfen stellt eine Galaxie dar, die durch die Gravitationswirkung der normalerweise unsichtbaren Dunklen Materie, die hier blau dargestellt ist, an den Haufen gebunden ist.

DAS UNIVERSU DER GALAXIE

Karte des Universums

Bisher haben wir in diesem Buch das Universum von unserem Heimatplaneten bis hinaus zu der Galaxiengruppe betrachtet, zu der die Milchstraße gehört. Nun machen wir einen letzten Schritt und blicken auf den Kosmos in seiner Gesamtheit. Einige Protogalaxien sind über zehn Milliarden Lichtjahre entfernt, was darauf hindeutet, dass das sichtbare Universum mindestens doppelt so groß ist. In diesem Kapitel werfen wir einen Blick auf das Universum im großen Maßstab, um Galaxienhaufen, Superhaufen, den bedrohlich tönenden kosmischen Leeren Raum, junge aktive Galaxien und Quasare, die an den Rand des sichtbaren Raumes gedrängt sind, zu entdecken. Wenn wir tief ins Weltall blicken, schauen wir weit in die Vergangenheit und werden Zeugen der Nachwirkungen des Urknalls. Wir werden jetzt die bisherige und mögliche zukünftige Entwicklung des Universums beleuchten.

Das Universum der Superhaufen (unten)
Das Universum in großem Maßstab zu zeichnen, ist eine Herausforderung, weil die notwendigen Messungen schwer auszuführen sind. Diese Karte zeigt die Verteilung des Materials bis zu einer Milliarde Lichtjahre Entfernung von der Milchstraße (Mitte) und ist eher veranschaulichend als genau. In diesem schwindelerregenden Maßstab, der etwa ein Vierzehntel des Umfangs des sichtbaren Universums beträgt, wird die „Verklumpung" des Kosmos offensichtlich. Einzelne Galaxien sind verschwunden und durch riesige Strukturen ersetzt, die Durchmesser von hunderten Millionen Lichtjahren haben und Superhaufen genannt werden, kosmische Schwärme aus zehntausenden Galaxien und tausenden Billionen Sternen. Die konzentrischen Kreise markieren je 200 Millionen Lichtjahre Entfernung von der Milchstraße.

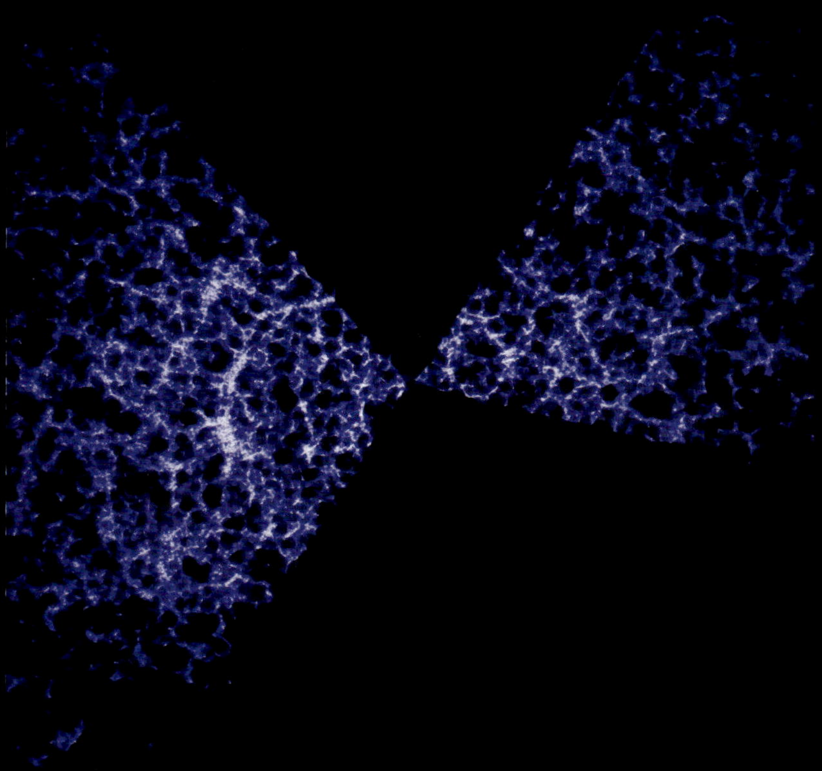

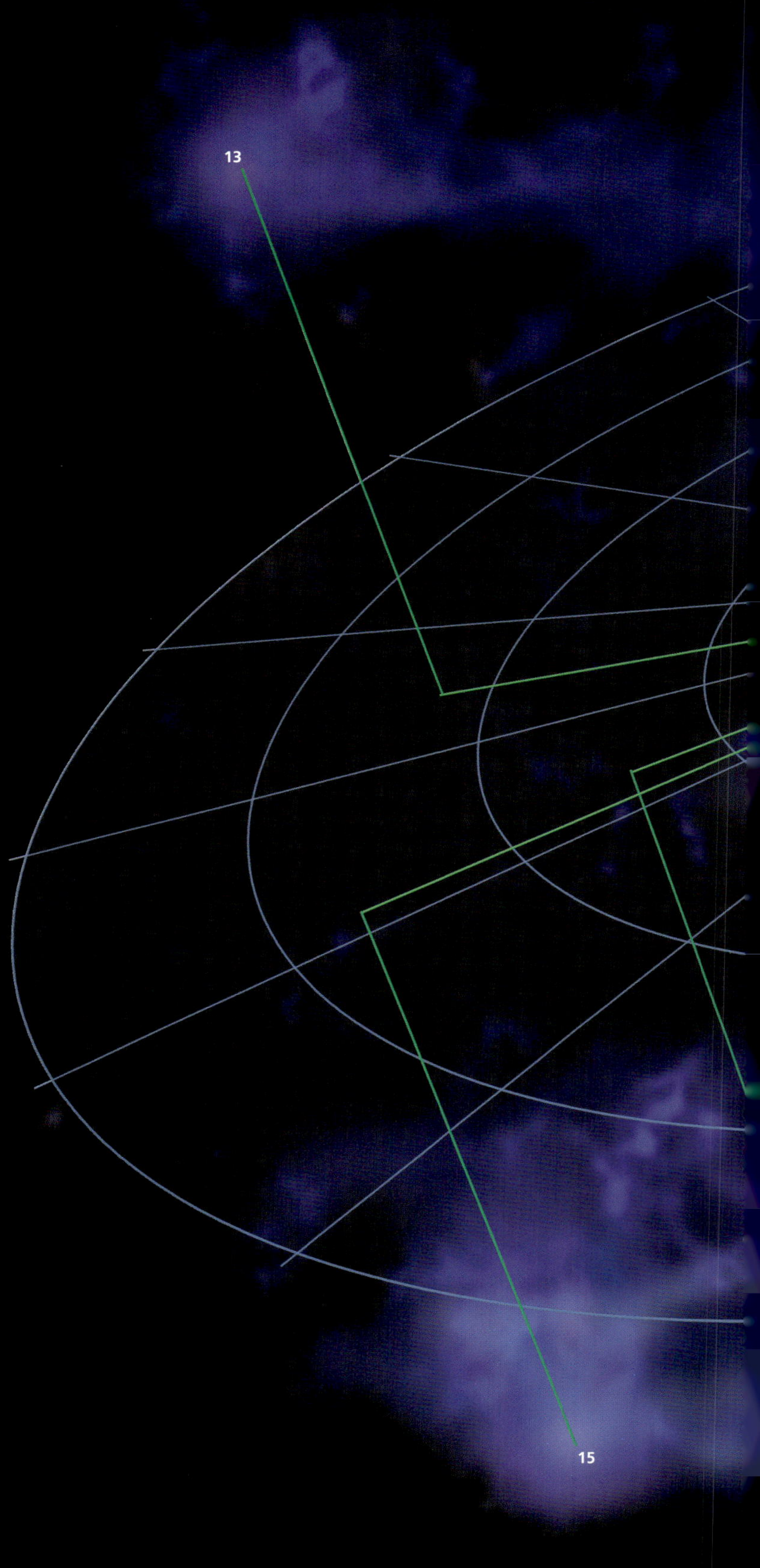

Vermessung des Universums (oben und links)
Der Sloan Digital Sky Survey ist ein ehrgeiziges Projekt, das ein Viertel des Himmels mit hoher Auflösung beobachtet, die Positionen von 100 Millionen Himmelsobjekten aufzeichnet und die Entfernungen von etwa einer Million Galaxien und 100.000 Quasaren misst, die zu den entferntesten bekannten Objekten zählen. Das Ziel dieses Projekts ist die Erstellung einer detaillierten Karte der dreidimensionalen Verteilung der Materie bis an den Rand des sichtbaren Universums. Das obere Bild zeigt einen Ausschnitt des Universums, der aus den bisher gewonnenen Daten rekonstruiert wurde. Links kann man das Vermessungsteleskop in New Mexico sehen.

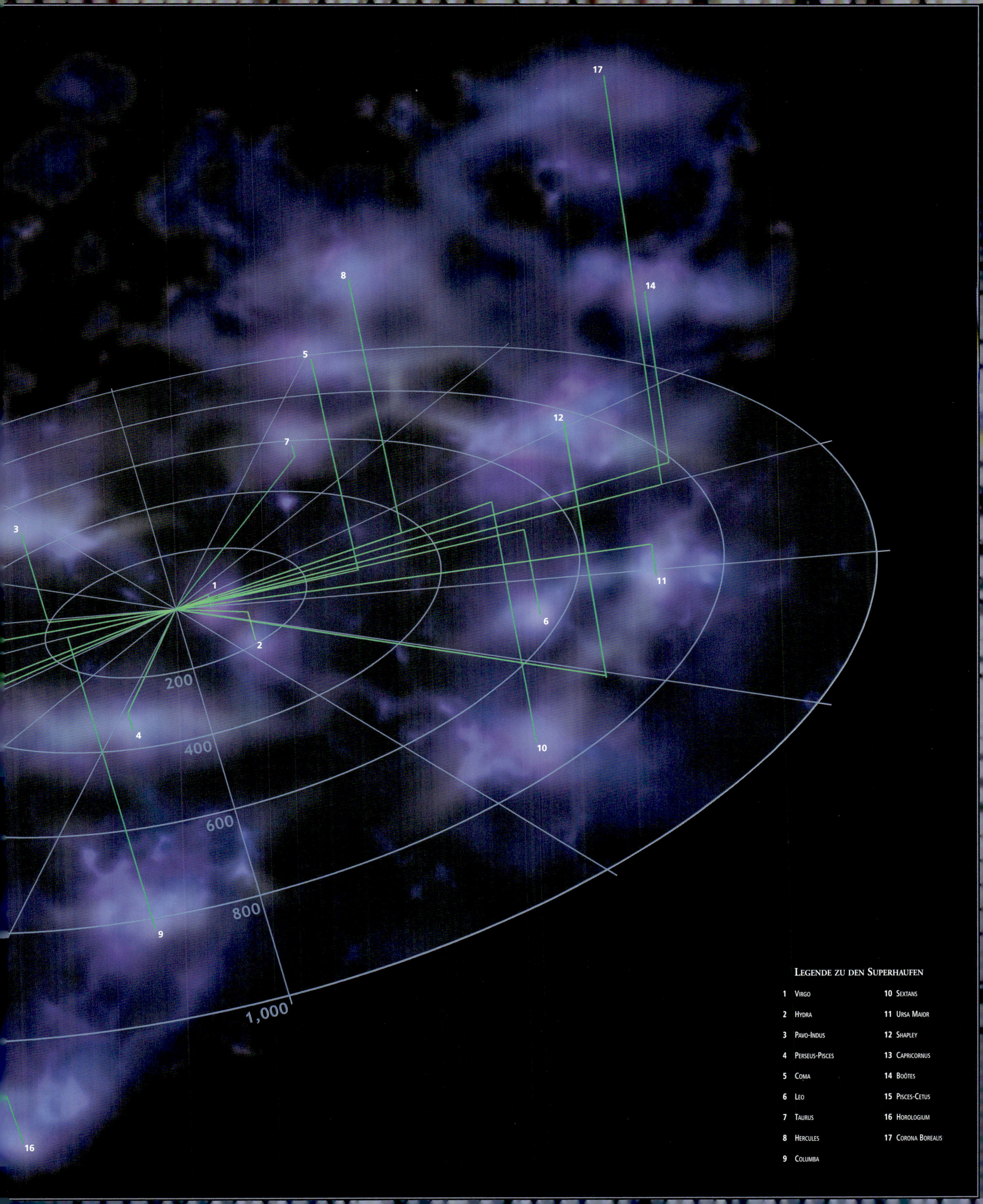

17
8
14
5
12
7
3
1
11
6
2
200
4
400
10
600
800
9
1,000
16
LEGENDE ZU DEN SUPERHAUFEN
1 VIRGO
2 HYDRA
3 PAVO-INDUS
4 PERSEUS-PISCES
5 COMA
6 LEO
7 TAURUS
8 HERCULES
9 COLUMBA
10 SEXTANS
11 URSA MAIOR
12 SHAPLEY
13 CAPRICORNUS
14 BOÖTES
15 PISCES-CETUS
16 HOROLOGIUM
17 CORONA BOREALIS

Die Expansion des Universums

In den zwanziger Jahren des 20. Jahrhunderts machten die Astronomen zwei sehr aufregende Entdeckungen. Die erste war, dass das Universum viel größer ist, als sie es sich ausgemalt hatten. Was einst als „Spiralnebel" bezeichnet wurde, wie die Whirlpool-Galaxie (M 51), entpuppte sich jetzt als vollständige Galaxie ähnlich der unseren. Eine noch größere Überraschung tauchte etwa zur selben Zeit auf: Der Kosmos, den man früher als statisch und unveränderlich angesehen hatte, dehnt sich aus und nimmt die Milchstraße und alle anderen Galaxien mit auf seine Reise. Das war auch der erste beobachtete Beweis dafür, dass das Universum einmal einen Anfang hatte. Heute ist die Expansion des Universums eine weitverbreitete Tatsache und man glaubt sogar, wie wir später sehen werden, dass diese Expansion sich beschleunigt und das Universum nach allen Richtungen vor uns davonläuft.

Rotverschiebung und Expansion

Nachdem der amerikanische Astronom Edwin Hubble (1889–1953) die Spektren von über zwanzig Galaxien untersucht hatte, bemerkte er, dass sie sich von uns wegbewegen. Das Spektrum einer Galaxie wie das eines Sterns enthält dunkle Linien, die den Astronomen Hinweise auf die Elemente liefern, aus denen die Galaxie besteht. Aber diese Spektrallinien waren nicht dort, wo Hubble sie vermutete. Als er die Spektren dieser Galaxien mit einem Standardspektrum verglich, wurde klar, dass die Linien rotverschoben waren, was bedeutet, dass sich die Galaxien wegbewegen, denn wenn sich das Weltall ausdehnt, wird das Licht in längere (rotverschobene) Wellenlängen gestreckt, was man Kosmologische Rotverschiebung nennt. Hubble beobachtete auch, dass sich eine Galaxie umso schneller wegzubewegen schien, je weiter sie entfernt war. Diese Beziehung zwischen Entfernung und Rotverschiebung nennt man Hubblesches Gesetz und sie ist der entscheidende Beweis für das Modell des expandierenden Universums.

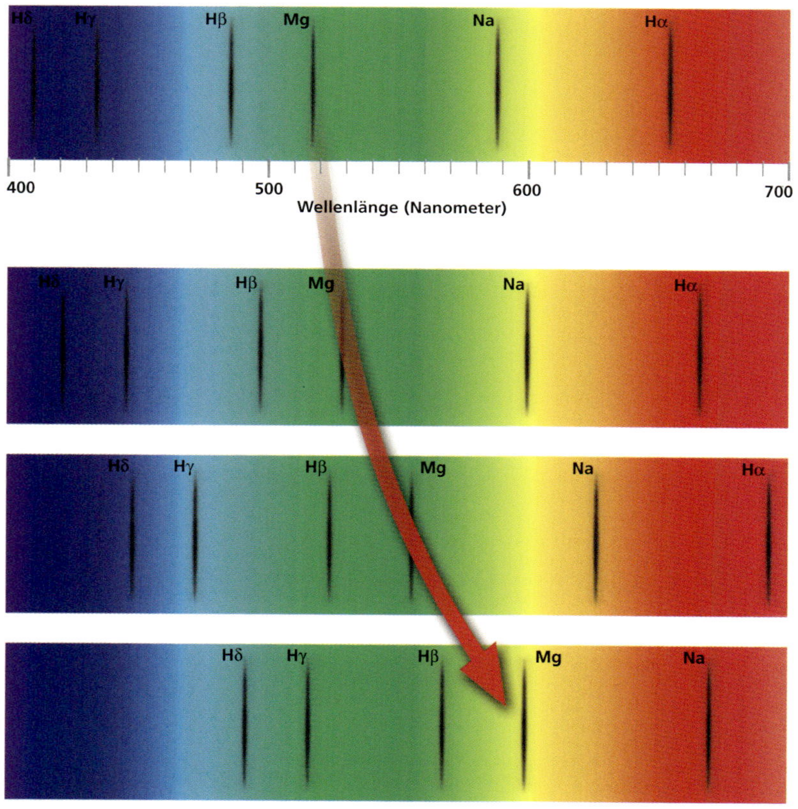

Galaktische Entfernungen (oben)
Diese Abbildung zeigt die Veränderungen in Spektren von Galaxien in Bezug auf ihre Verteilung im Weltall. Die nahen Galaxien im Vordergrund erscheinen normal. Aber das Licht ferner Galaxien ist rotverschoben, wie ihre Farben zeigen. Dieses Phänomen ist als Kosmologische Rotverschiebung bekannt und die Wellenlängen des ganzen elektromagnetischen Spektrums werden als Folge der Expansion in die Länge gezogen, nicht nur das sichtbare Licht.

Die Kosmologische Rotverschiebung (links)
Das obere Spektrum auf dieser Abbildung zeigt die Verteilung einiger Spektrallinien einer nahen Quelle. Diese Linien sind Fingerabdrücke der verschiedenen Elemente innerhalb der Lichtquelle. Darunter sind Spektren unterschiedlich entfernter Galaxien: die nächsten oben und die fernsten unten, wie durch die Galaxiesymbole rechts von den Spektren angezeigt ist. Die Spektren zeigen, wie sich die Spektrallinien mit zunehmender Entfernung rotverschieben.

Die Messung der Expansion

Seit sie über die Erkenntnis gestaunt haben, dass sich das Universum ausdehnt, waren die Kosmologen darum bemüht, eine Zahl festzulegen, die man Hubble-Konstante nennt. Diese Zahl beschreibt die Geschwindigkeit der Expansion und bedeutet einen entscheidenden Schritt vorwärts bei der Altersbestimmung des Universums. Zur Ermittlung einer genauen Hubble-Konstante benötigt man Standardsterne, um die Beobachtungen der Kosmologischen Rotverschiebung zu eichen, wie zum Beispiel die Veränderlichen Cepheiden, deren Schwankungen einfache Entfernungsmessungen ermöglichen. Mit dieser Methode wurde für die Galaxie M 100 (unten abgebildet) eine Entfernung von 60 Millionen Lichtjahren ermittelt, aber für weiter entfernte Galaxien benötigt man hellere „Standardkerzen" wie Supernovae vom Typ 1a. Diese Supernovae haben alle die gleiche Maximalhelligkeit, so kann man ihre Entfernung recht einfach ermitteln. Eine weitere Methode ist, die Fluktuation der Helligkeit der Pixel eines Digitalbildes zu vergleichen: Je weiter eine Galaxie entfernt ist, desto sanfter erscheint ihr Licht. Diese Methode funktioniert am besten bei Elliptischen Galaxien.

Die Kosmische Expansion (unten)
Obwohl sich das Universum ausdehnt, bleibt die Größe der Galaxien konstant. Der Abstand zwischen ihnen erhöht sich mit einer Rate, die von der ursprünglichen Entfernung abhängt. Galaxien dehnen sich nicht aus, weil ihre Gravitation stärker ist als die Kraft der Expansion. Die Wellenlängen des Lichts werden durch die Expansion zum roten Ende des sichtbaren Spektrums hin und darüber hinaus in die Länge gezogen.

Ein fernes Aufflackern (rechts)
1994 flackerte ein Stern in den Außenregionen der Galaxie NGC 4526 auf und wurde zu einer Supernova vom Typ 1a (links unten). Diese Supernovae haben alle dieselbe maximale Helligkeit und sind deshalb wertvolle Markierungspunkte für die Expansionsrate und die Geometrie des Universums.

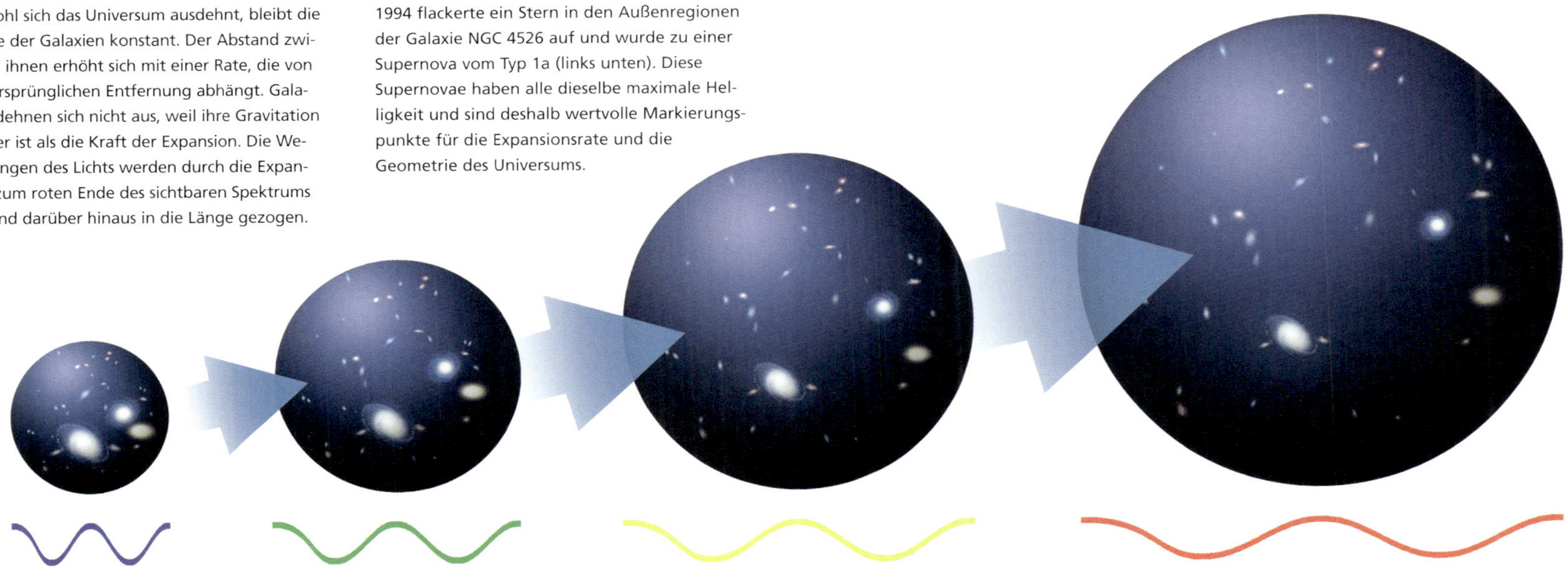

Galaxienhaufen

So wie sich Sterne zu Haufen und Galaxien zusammenschließen, so neigen auch ganze Galaxien dazu, sich zu sogenannten Galaxienhaufen zu vereinigen. Diese Haufen sind die größten durch die Gravitation verbundenen Strukturen im Universum und manche sind fast so alt wie das Universum selbst. Astronomen teilen die Haufen nach ihrer Dichte und der Anzahl ihrer Mitglieder ein. Die Lokale Gruppe mit der Milchstraße ist ein kleiner Haufen mit nur wenigen Dutzend Mitgliedern, aber es gibt auch sehr mitgliederreiche Strukturen mit Durchmessern von mehreren zehn Millionen Lichtjahren und tausenden Galaxien wie der Virgo- und Coma-Haufen.

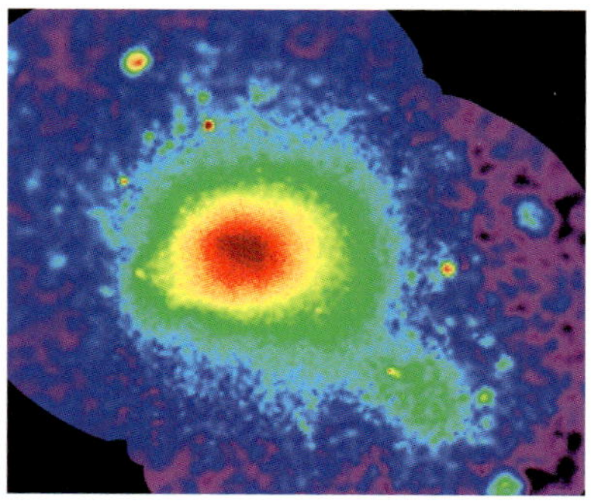

Der Coma-Haufen (links oben)
Der Coma-Haufen (Abell 1656), der nach seiner Position im nördlichen Sternbild Coma Berenices (Haar der Berenike) benannt ist, ist ein großer Galaxienhaufen mit 3.000 Mitgliedern, die sich zum Zentrum hin versammeln. Der Haufen ist 300 Millionen Lichtjahre entfernt und hat einen Durchmesser von etwa 20 Millionen Lichtjahren.

Coma-Kollision (oben)
Dieses Bild vom Röntgen-Satelliten-Observatorium ROSAT zeigt den Coma-Haufen und seinen zentralen Kern (rot und gelb), der sich mit einer kleineren Ansammlung von Galaxien vermischt (grüner Bereich rechts unten).

Ein Riese an der Türschwelle (links)
Ein weiterer großer Galaxienhaufen ist der Virgo-Haufen im gleichnamigen Sternbild. Er enthält etwa 2.000 Galaxien in einem Durchmesser von neun Millionen Lichtjahren und ist der nächste massereiche Haufen, nur 60 Millionen Lichtjahre von der Milchstraße entfernt. In der Mitte dieses Fotos sieht man M 87, eine riesige Elliptische Galaxie, die wahrscheinlich den Haufen beherrscht. Einige von den Galaxien im Virgo-Haufen kann man schon mit Amateurteleskopen sehen.

Haufen von Dunkler Materie

Das Vorhandensein großer Mengen an „Dunkler Materie" scheint sowohl die Erklärung für die Bewegungen der einzelnen Galaxien als auch für die Existenz der Galaxienhaufen zu sein. Der Schweizer Astrophysiker Fritz Zwicky (1898–1974) fand 1933 heraus, dass die Bahnbewegungen im Coma-Haufen auf eine Gesamtmasse hindeuten, die viel zu gering ist, um den Haufen zusammenzuhalten. Ohne die Gravitationswirkung der Dunklen Materie würden sich die einzelnen Galaxien losreißen und der Haufen würde sich schnell auflösen. Diese Dunkle Materie wurde noch nie direkt beobachtet, aber sie ist möglicherweise in mehreren Formen im Universum vorhanden. Braune Zwerge und Schwarze Löcher sind Kandidaten für einen Teil der Masse, aber der Hauptanteil muss aus so exotischen Teilchen wie schwach wechselwirkenden, massereichen Partikeln bestehen.

Ein galaktisches Vergrößerungsglas (oben)
Der Galaxienhaufen Abell 2218 liegt im Sternbild Draco. Mit etwa zwei Milliarden Lichtjahren ist er außergewöhnlich weit weg, aber die seltsamen Lichtbögen, die scheinbar innerhalb des Haufens liegen, sind verzerrte Galaxien, die mindestens fünfmal ferner sind und ohne Abell 2218 unsichtbar wären. Die Gravitation dieses Haufens verzerrt und verstärkt das Licht dieser Hintergrundgalaxien wie eine gigantische, kosmische Vergrößerungslinse, die sie in ihren Brennpunkt zieht und dabei die vielfältigen Bögen entstehen lässt. Dieses Phänomen heißt „Gravitationslinseneffekt" und wurde von Einsteins Allgemeiner Relativitätstheorie vorausgesagt.

Ein ferner Riese (rechts oben)
Dieses Bild zeigt den jungen, massereichen Galaxienhaufen RDCS 1252.9-2927. Der malvenfarbige Fleck ist extrem heißes Gas aus dem Inneren eines Haufens, das vom Chandra-Satelliten entdeckt wurde. Die sichtbaren Emissionen werden rot, gelb und grün gezeigt und stammen vom Very-Large-Teleskop. Dieser Haufen ist so weit entfernt, dass wir ihn so sehen, wie er zu der Zeit ausgesehen hat, als das Universum fünf Milliarden Jahre alt war. Der Vermischungsprozess, der wahrscheinlich für die Haufenbildung entscheidend ist, braucht viel Zeit. Bis vor kurzem hätte man nicht gedacht, dass massereiche Galaxienhaufen schon so früh entstanden sind.

Ein jüngst entstandener Haufen (rechts)
Dieses Falschfarben-Infrarotbild des Galaxienhaufens 1ES 0657-558 im Sternbild Carina stammt vom Very-Large-Teleskop in Chile. Dieser Haufen ist eine starke Röntgenquelle und asymmetrisch verteilt, was darauf hindeutet, dass er erst vor kurzem entstanden ist. Der Bogen rechts oben ist eine ferne Galaxie, die dem Gravitationslinseneffekt des jungen Haufens ausgesetzt ist.

Aktive Galaxien

Die Galaxien haben verschiedene Formen und Größen und manche sind außergewöhnlich. Diese „aktiven Galaxien“ senden hohe Energiemengen im gesamten elektromagnetischen Spektrum aus. Abhängig von der Galaxienart kann das im sichtbaren Licht, Infrarot-, Radiowellen-,Ultraviolett-, Röntgen- oder Gammastrahlenbereich geschehen. Aktive Galaxien sind Radiogalaxien, Quasare, Blasare und Seyfert-Galaxien. Oft schleudern sie Plasmasäulen von Millionen Lichtjahren ins Weltall. Wie diese Säulen entstehen, weiß man nicht genau, doch man ist sich einig, dass alle Aktiven Galaxien von demselben zentralen Motor angetrieben werden: einem sehr massereichen Schwarzen Loch mit Millionen oder vielleicht sogar Milliarden Sonnenmassen. Diese Schwarzen Löcher liegen inmitten riesiger Scheiben aus zerstückelten Sternen und anderer Materie (rechts) und diese Scheiben sind von einem gashaltigen Ring umgeben (unten). Solche Strukturen nennt man Aktive Galaktische Kerne (AGK).

Radiogalaxien

Die Radioastronomie entdeckte, dass einige Galaxien außerordentlich starke Radioquellen sind. In vielen Fällen sind diese Quellen kompakt und bedecken ein Gebiet, das der sichtbaren Größe der Galaxie auf dem unteren Bild entspricht. Bei diesen ausgedehnten Quellen kommen die Radiowellen aus weiten Strecken im Raum, die viel größer sind als die Galaxien selbst. In einer ausgedehnten Radioquelle dringen Säulen aus geladenen Teilchen aus dem darunterliegenden AGK. Diese Säulen stoßen mit dem Gas zusammen, das die Galaxie umgibt und Intrahaufen-Medium genannt wird. Sie bilden lappenförmige Kammern mit energetisiertem Gas, die weitaus größer sind als die Galaxie. Diese Kammern bestehen aus magnetisierten Teilchen und sind starke Radioquellen.

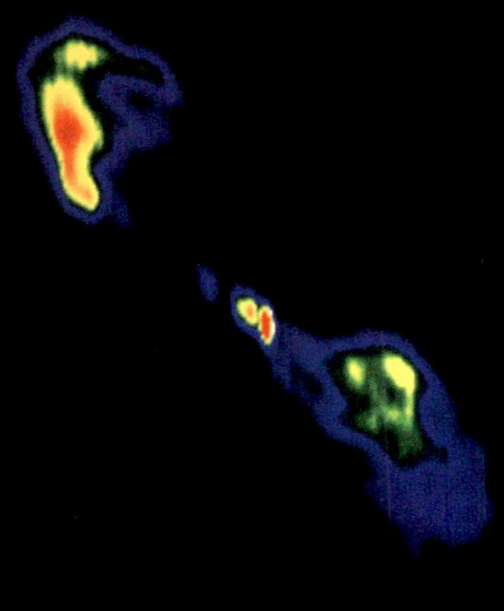

Centaurus A (ganz oben, oben und links)
Centaurus A ist eine elf Millionen Lichtjahre entfernte Radiogalaxie. Ganz oben ist sie im sichtbaren Licht abgebildet. Man sieht, dass Centaurus A die Folge einer Kollision zwischen einer Elliptischen und einer Spiralgalaxie (von der die dunklen Gassen aus Staub stammen) ist. Oben ist die Galaxie in einer Aufnahme des Chandra-Röntgensatelliten zu sehen. Sie zeigt eine Strahlensäule, die aus dem Kern kommt. Die anderen hellen Quellen sind Doppelsysteme, in denen ein Neutronenstern oder ein Schwarzes Loch Materie aus einem nahen Begleitstern zieht. Links ein Radiobild der Galaxie: Die sichtbare Galaxie ist klein im Vergleich zu den beiden eine Million Lichtjahre langen Lappen aus heißem Gas auf beiden Seiten.

Das Vereinheitlichende Modell

Die Astronomen meinen, dass Blasare, Quasare und Radioquellen nur aufgrund ihrer Ausrichtung im Weltall scheinbar unterschiedlich sind. Diesem Vereinheitlichenden Modell zufolge haben alle Aktiven Galaxien genau dieselben Zutaten: einen Aktiven Galaktischen Kern, der von einem massereichen Schwarzen Loch gespeist wird, einen Umhang aus Gas und Säulen aus Teilchenstrahlung. Wenn die Galaxie so ausgerichtet ist, dass wir von der Erde aus genau am Strahl entlangblicken, dann nennen wir diese Galaxie einen Blasar (1). Sehen wir die Galaxie von der Seite, dann beobachten wir einen Quasar (2). Wenn wir fast senkrecht auf die Strahlensäulen schauen, sehen wir eine Radiogalaxie (3).

Ein Schwarzes Loch auf der Waage (links)
Dieses bemerkenswerte Hubble-Bild zeigt einen Whirlpool aus Gas und Staub in der Mitte der Elliptischen Galaxie NGC 4261 im Virgo-Haufen. Die Scheibe ist möglicherweise der Rest einer kleineren Galaxie, die in den Kern von NGC 4261 gefallen ist und vom Schwarzen Loch im Inneren verschluckt wurde. Indem sie die Geschwindigkeit des Gases gemessen haben, das um das Schwarze Loch herumwirbelt, konnten Astronomen seine Masse auf 1,2 Milliarden Sonnenmassen schätzen.

Quasare

Quasare sind die rätselhaftesten aller aktiven Galaxien. Der Name ist eine Abkürzung für „quasi-stellare Objekte“ und wurde ihnen von ihren Entdeckern gegeben, weil sie beinahe aussehen wie Sterne. Der Grund für diese Ähnlichkeit ist, dass Quasare als die hellsten Objekte im Universum gewöhnlich mehrere Milliarden Lichtjahre entfernt sind, so weit, dass sie wie Sterne als einzelner Lichtpunkt zu sehen sind. Nur sehr massereiche Schwarze Löcher sind dazu in der Lage, die Energie für diese enorm leuchtkräftigen Objekte zu liefern. Quasare scheinen vor etwa zehn Milliarden Jahren weit verbreitet gewesen zu sein, aber in unserer Nähe findet man keine.

Superhaufen und Leerer Raum

Wir haben gesehen, wie sich Galaxien zu Haufen mit oft mehreren tausend Mitgliedern vereinen, doch die Vorliebe des Universums für Kameradschaft endet hier noch nicht, denn auf dem Größten aller Maßstäbe drängen sich ganze Galaxiengruppen zu unvorstellbaren „Haufen von Haufen" zusammen, sogenannten Superhaufen. Wenn ein so großer Teil der Materie des Universums auf diese Art konzentriert ist, dann muss es Regionen zwischen den Superhaufen geben, die im Vergleich dazu ziemlich leer sind und als Kosmischer Leerer Raum bezeichnet werden. Diese Gebiete sind annähernd kugelförmig mit Durchmessern von 200 Millionen Lichtjahren und die durchschnittliche Dichte dieses Leeren Raums beträgt etwa ein Zehntel der Dichte des restlichen Universums.

Galaxien in Hülle und Fülle (rechts)
Dieses Bild des gesamten Himmels wurde von einer Datenbank mit über 1,6 Millionen Galaxien erstellt. Es stammt vom 2-Micron All-Sky Survey (2MASS) und zeigt die Verteilung der Materie im Universum in einem Filamentmuster.

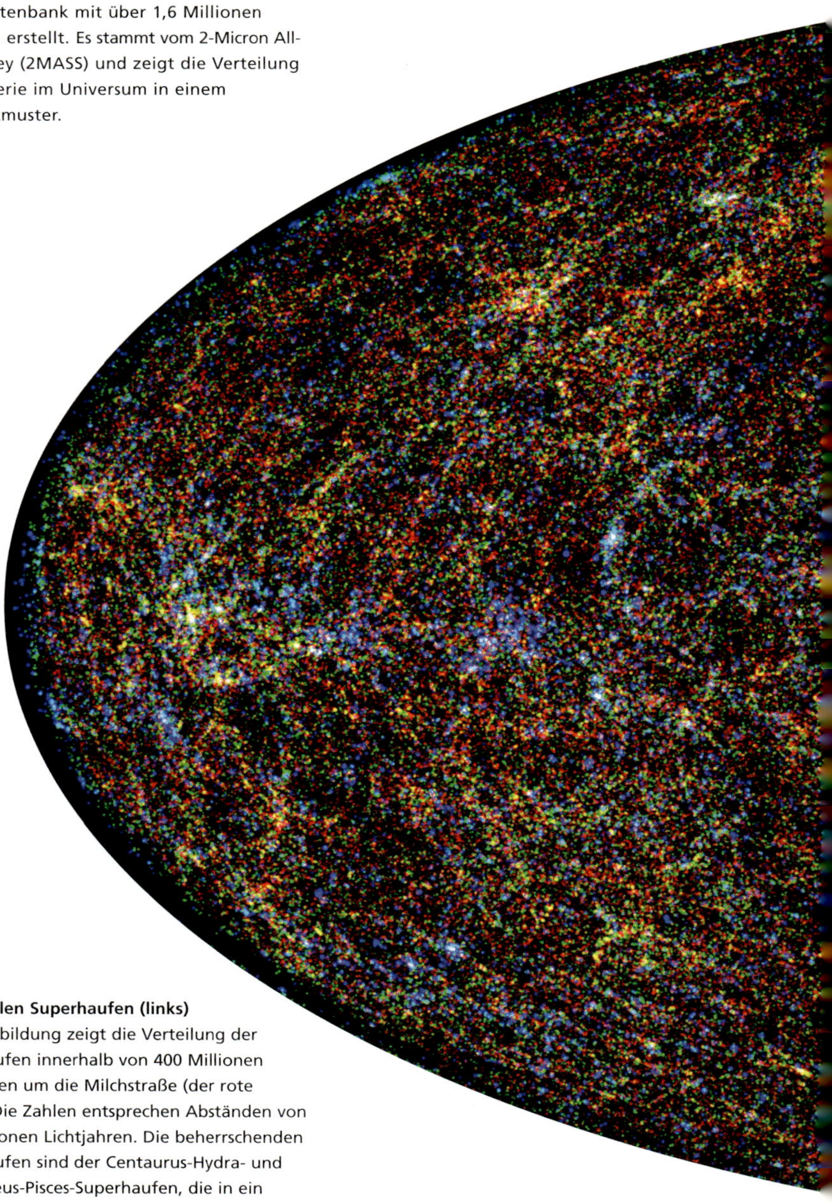

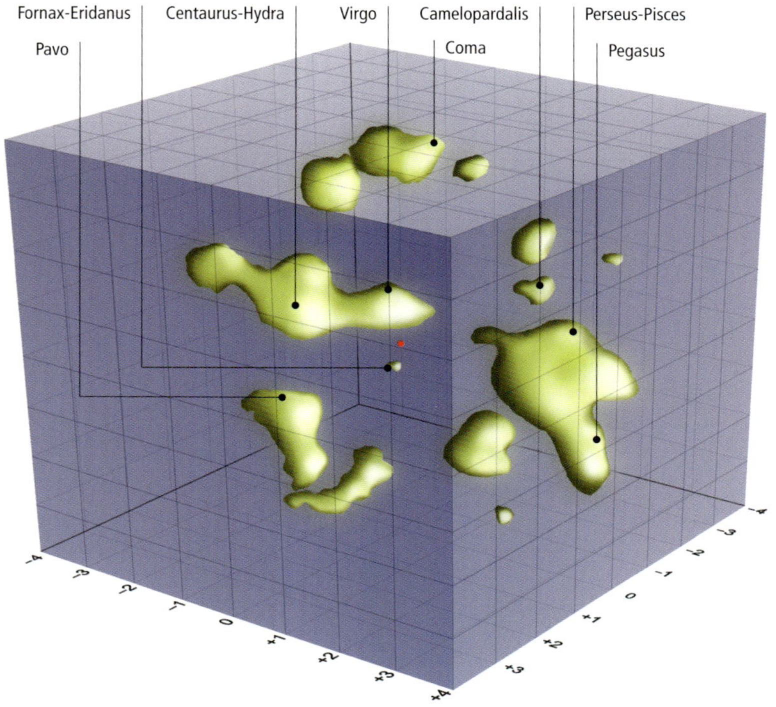

Die Lokalen Superhaufen (links)
Diese Abbildung zeigt die Verteilung der Superhaufen innerhalb von 400 Millionen Lichtjahren um die Milchstraße (der rote Punkt). Die Zahlen entsprechen Abständen von 100 Millionen Lichtjahren. Die beherrschenden Superhaufen sind der Centaurus-Hydra- und der Perseus-Pisces-Superhaufen, die in ein Gravitationstauziehen verstrickt sind.

Der „Große Attraktor" (links unten)
Dieses Bild zeigt eine Region des Himmels voll von Galaxien, die zum Haufen Abell 3627 gehören, Man glaubt, dass der „Große Attraktor" (eine vermutete massereiche Konzentration von Galaxien) in diesem Ausschnitt des Himmels liegt und die Milchstraße sowie andere Galaxien anzieht.

Filamente und Leerer Raum (unten)
Dieses Bild vom Max-Planck-Institut für Astrophysik ist eine Computersimulation der Materieverteilung innerhalb des Lokalen Universums. Solche Simulationen stimmen gut mit den beobachteten Strukturen überein. Man kann deutlich dunkle Leere Räume erkennen, die von langen, filamentartigen Superhaufen begrenzt sind.

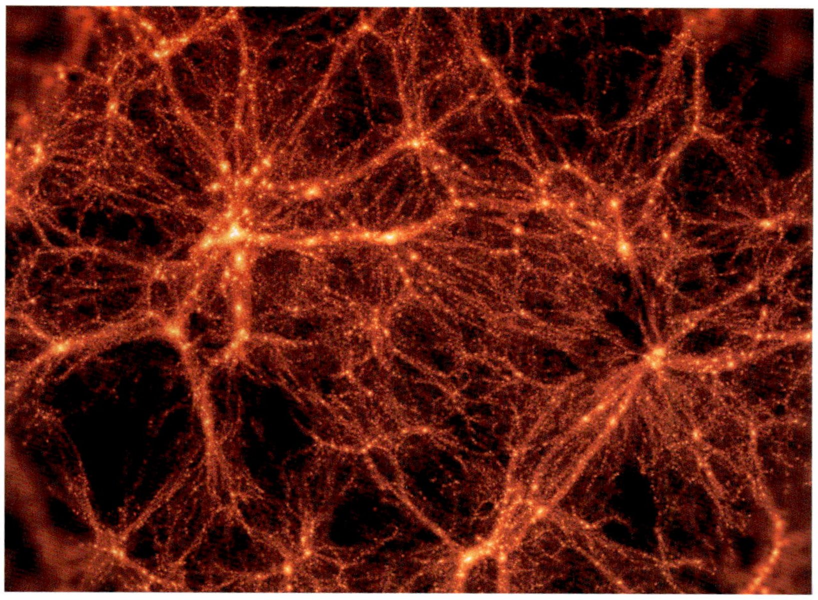

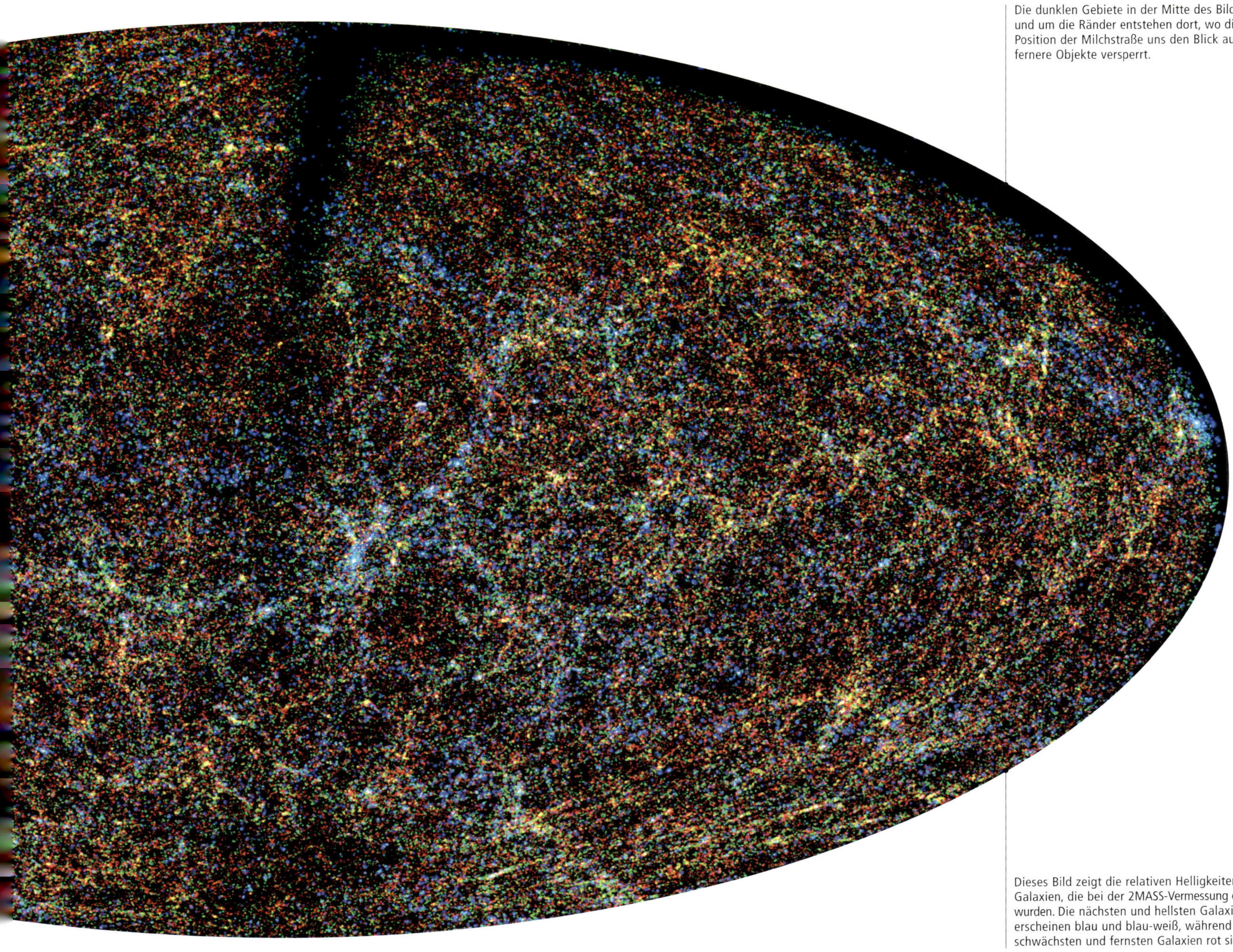

Die dunklen Gebiete in der Mitte des Bildes und um die Ränder entstehen dort, wo die Position der Milchstraße uns den Blick auf fernere Objekte versperrt.

Dieses Bild zeigt die relativen Helligkeiten der Galaxien, die bei der 2MASS-Vermessung erstellt wurden. Die nächsten und hellsten Galaxien erscheinen blau und blau-weiß, während die schwächsten und fernsten Galaxien rot sind.

Die Vermessung des Universums

In den vergangenen Jahrzehnten widmeten sich Forschungsgruppen der Vermessung der größten Strukturen im Universum, indem sie die Rotverschiebungen von Tausenden oder sogar Millionen Galaxien analysierten und ihre Positionen im Weltall bestimmten. Die rechte Abbildung zeigt, wie eine solche Vermessung vor sich geht (die 2dFGRS-Vermessung des Anglo-Australischen Observatoriums). Meist werden kleine Himmelsausschnitte vermessen, aber oft werden zwei Vermessungen in entgegengesetzten Richtungen unternommen, um die Annahme zu untersuchen, dass das Universum nach allen Richtungen hin gleich aussieht. Eine weitere Möglichkeit, eine Vorstellung von der Struktur des Universums zu bekommen, ist die Erstellung von Computermodellen: Ein leistungsfähiger Computer wird mit Daten gefüttert, die eine anfängliche Verteilung der Materie und eine Reihe physikalischer Gesetze enthalten. Dann lässt der Computer das Szenario in der Zeit forwärts laufen, um zu sehen, wie sich die Verteilung der Materie „entwickelt".

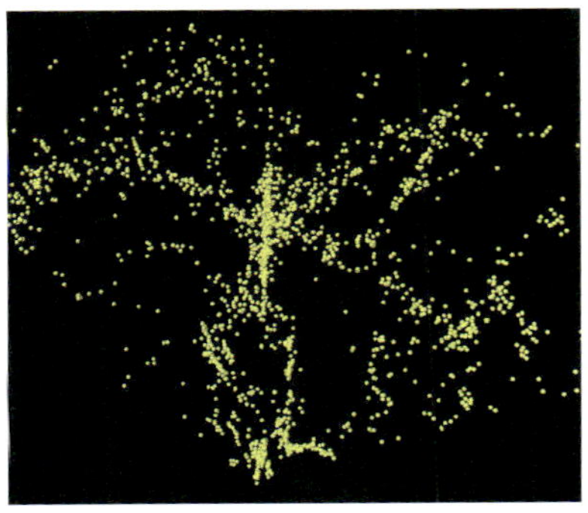

Der Universums-Mensch (links)
Diese Verteilung von Galaxienhaufen wird verniedlichend das „Streichholzmännchen" genannt, weil es einer menschlichen Figur ähnelt. Das Bild stammt vom ersten Versuch einer Vermessung der großräumigen Struktur der Materie im All (Center for Astrophysics Redshift Survey), die im Jahr 1982 abgeschlossen wurde. Diese Vermessungen führten auch zur Entdeckung der „Großen Mauer", ein 600 Millionen Lichtjahre langer und 250 Millionen Lichtjahre breiter Vorhang aus Galaxien, der die größte Struktur im Universum bildet.

Die Kosmische Hintergrundstrahlung

1965 vernahmen die beiden Physiker Arno Penzias und Robert Wilson mit einer empfindlichen Radioantenne zufällig ein Rauschen aus allen Himmelsrichtungen. Sie staunten über ein Phänomen, das schon lange theoretisch vorhergesagt worden war. Das „Rauschen“ stammt von der Kosmischen Hintergrundstrahlung (KHS) oder dem Kosmischen Mikrowellenhintergrund, einem Meer von Strahlung im Mikrowellenbereich. Sie stammt aus der Zeit 380.000 Jahre nach dem Urknall, als im Universum Temperaturen wie auf der Sonne herrschten. Seit damals hat die Expansion des Universums die Wellenlängen der Strahlung von optischen zu Mikrowellen gestreckt und sie ist auf 2,73 °C über dem absoluten Nullpunkt abgekühlt.

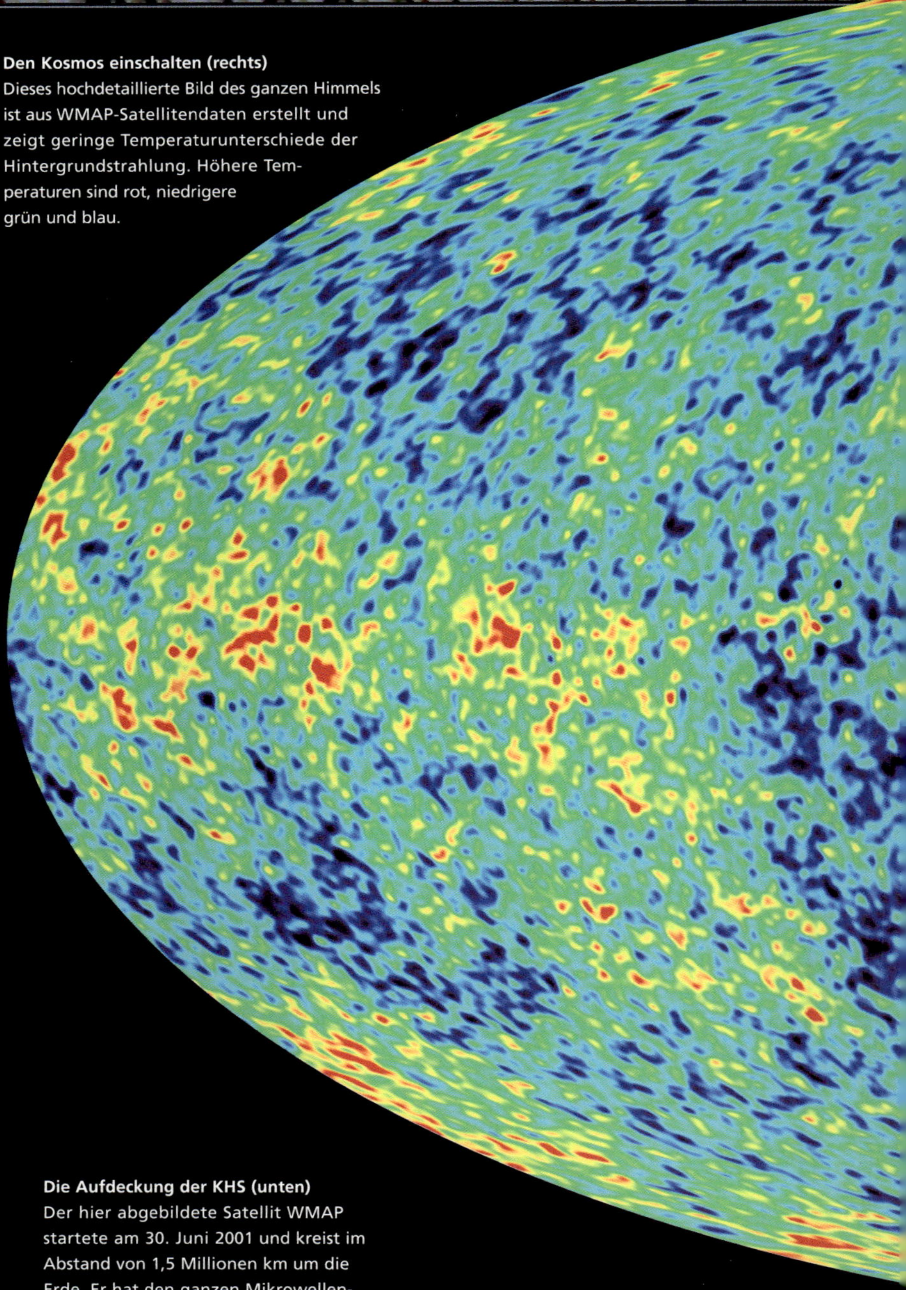

Den Kosmos einschalten (rechts)
Dieses hochdetaillierte Bild des ganzen Himmels ist aus WMAP-Satellitendaten erstellt und zeigt geringe Temperaturunterschiede der Hintergrundstrahlung. Höhere Temperaturen sind rot, niedrigere grün und blau.

Die Evolution des Kosmos
Im Jahr 1992 machte der NASA-Satellit COBE eine bahnbrechende Entdeckung: Die Temperatur der Hintergrundstrahlung schwankt um den winzigen Betrag von einem Hunderttausendstel (wie von der Urknall-Theorie vorhergesagt). Diese winzigen Temperaturunterschiede wurden von der jüngsten NASA-Mission Wilkinson Microwave Anisotropy Probe (WMAP) aufgezeichnet, die Schwankungen von Zehnmillionstel Grad messen kann, die vermutlich von leichten Dichteschwankungen der Materie in den Kindertagen des Universums stammen. Die linke Bildfolge veranschaulicht, wie diese kleinen Unterschiede zu der galaxienreichen Filamentstruktur geführt haben, die wir heute im Kosmos sehen können.

Die Aufdeckung der KHS (unten)
Der hier abgebildete Satellit WMAP startete am 30. Juni 2001 und kreist im Abstand von 1,5 Millionen km um die Erde. Er hat den ganzen Mikrowellenhimmel vermessen, aber mit einer viel höheren Auflösung als zuvor COBE. Die bisher erhaltenen Daten über das junge Universum scheinen die Hypothese vom Urknall zu bekräftigen.

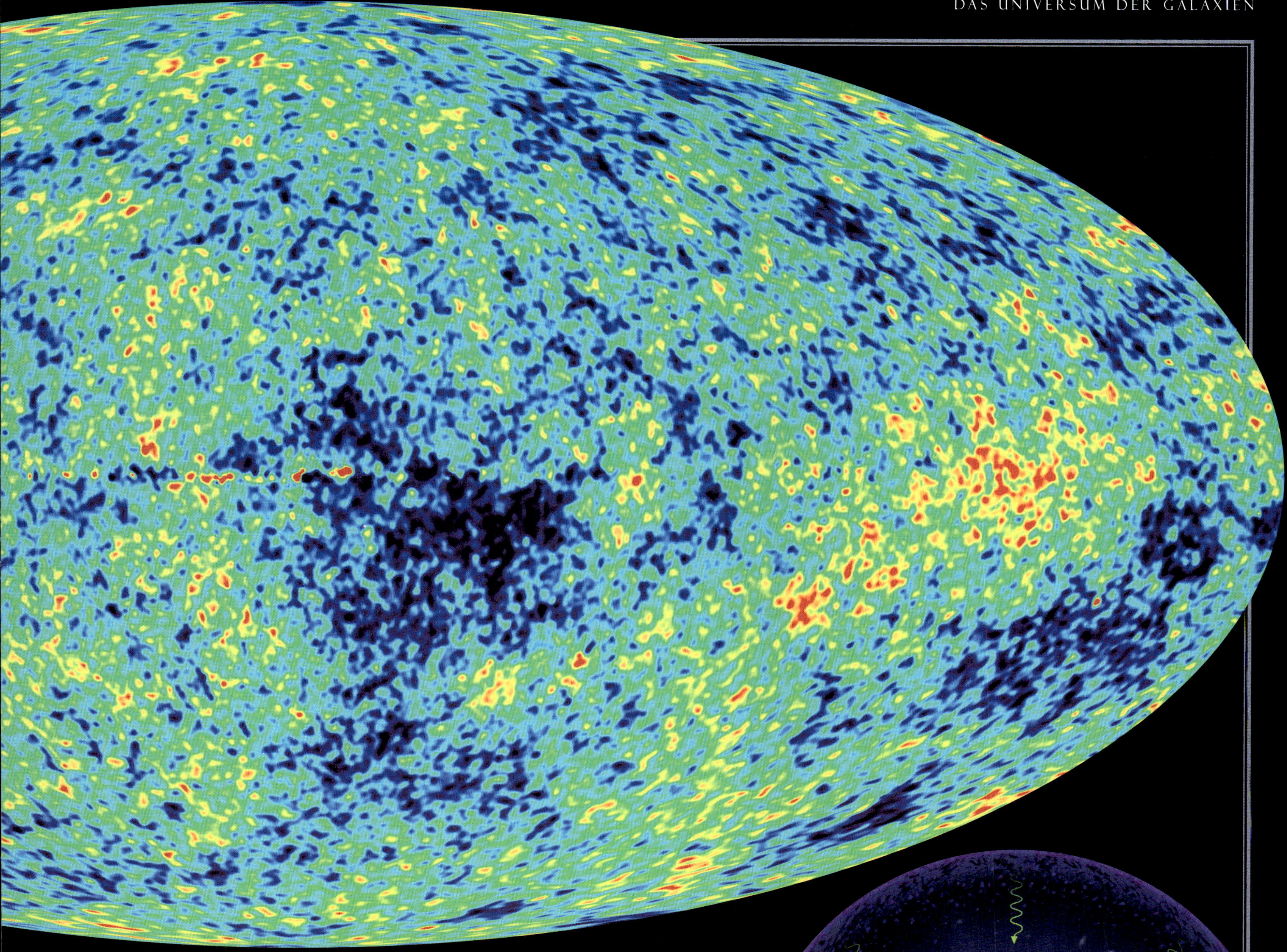

Der Kosmische Lichthorizont

Mit immer längeren Belichtungszeiten untersuchen die Astronomen immer blassere und fernere Objekte. Weil die Lichtgeschwindigkeit begrenzt ist, sehen wir ferne Strukturen nicht, wie sie jetzt sind, sondern wie sie vor Milliarden von Jahren ausgesehen haben, als das Licht sie verlassen hat. Das Licht der fernsten Protogalaxien hat über dreizehn Milliarden Jahre gebraucht, um uns zu erreichen. Wir können jedoch nicht unbegrenzt weit zurückblicken. Im frühen Universum mussten die Elektronen und Protonen sich erst zu Atomen verbinden und das Universum war von einem Nebel aus Licht und Teilchen getrübt. Nach einer heute mit 380.000 Jahren berechneten Zeit entstanden die ersten Atome, Photonen wurden frei und begannen durch den Weltraum zu reisen. Bis zu dieser Zeit können wir zurückschauen. Der „Kosmische Lichthorizont" (rechts) ist eine Kugel mit der Erde im Mittelpunkt und einem Radius von 13,7 Milliarden Lichtjahren. Die beiden Satelliten COBE und WMAP haben sie „abgehört".

Eine kosmische Zeitmaschine (links)
Diese Abbildung zeigt das Satellitenobservatorium WMAP, das in Raum und Zeit zurückblickt und den Kosmischen Lichthorizont am linken Ende des Spektrums abtastet. Das ist etwa so, als würde man ein Foto vom Tag der Geburt einer bereits achtzigjährigen Person machen.

Der Urknall und die ersten drei Minuten

Im vergangenen Jahrhundert erkannte man, dass sich das Universum ausdehnt und es einst eine Zeit gegeben haben muss, als der gesamte Kosmos in einem einzigen Punkt konzentriert war. Aus Gründen, die wir vielleicht nie ganz verstehen werden, breitete sich dieses anfängliche kosmische Samenkorn bei einem plötzlichen Ereignis aus, das man den Urknall nennt. Alle Dinge, die wir um uns sehen, von den subatomaren Teilchen bis zu den Galaxien, entstanden aus dem Material, das vor 13,7 Milliarden Jahren von diesem Feuerball der Schöpfung ausgespuckt wurde. Nur drei Minuten nach der Zeit Null waren die Temperaturen so weit gesunken, dass die Elektronen und Protonen nach Kollisionen aneinander haften blieben und die ersten Wasserstoff- und Heliumkerne bildeten.

Eine Blasenkammer (oben)
Um die Teilchenarten zu studieren, die in den ersten Augenblicken des Universums entstanden sind, lassen die Teilchenphysiker in gigantischen Teilchenbeschleunigern Partikel mit nahezu Lichtgeschwindigkeit aufeinander prallen. Dieses Falschfarbenbild zeigt die Spuren geladener Teilchen in einer sehr heißen Flüssigkeit im Inneren einer sogenannten „Blasenkammer“. Ein Magnetfeld streckt die Teilchen zu den charakteristischen Spiralen.

Der Teilchenzoo (rechts)
Die Anzahl und die Vielfalt der Teilchen, die beim Urknall entstanden sind, sind atemberaubend. Grundsätzlich gibt es zwei Familien von Elementarteilchen (Teilchen, die nicht aus anderen zusammengesetzt sind). Das sind Leptonen (zu denen auch die Elektronen zählen) und Quarks. Protonen und Neutronen sind keine Elementarteilchen, denn sie bestehen aus Quarks. Alle Teilchen haben möglicherweise Antimaterie-Gegenstücke, aber Antimaterie ist heute selten.

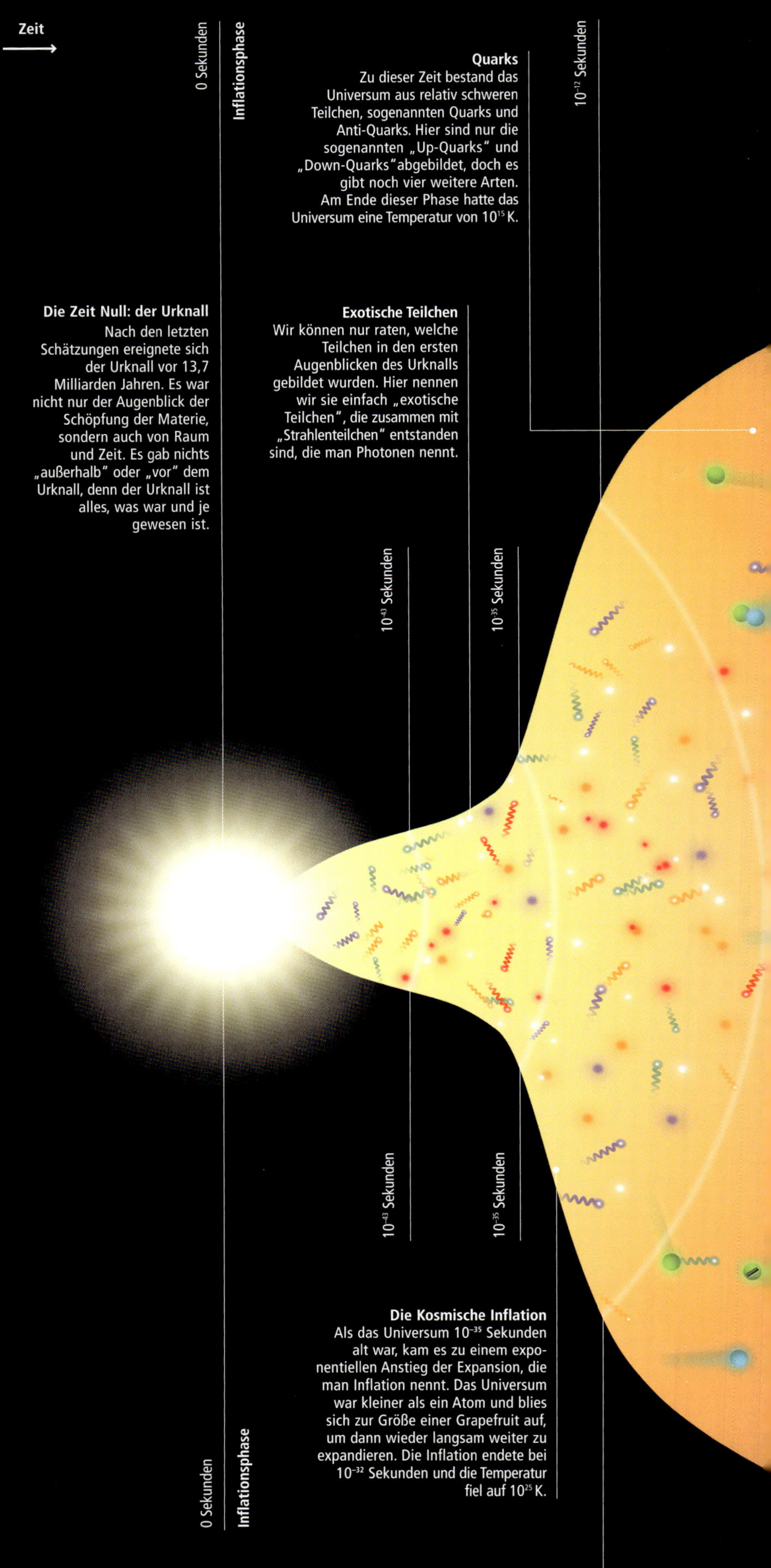

Die Zeit Null: der Urknall
Nach den letzten Schätzungen ereignete sich der Urknall vor 13,7 Milliarden Jahren. Es war nicht nur der Augenblick der Schöpfung der Materie, sondern auch von Raum und Zeit. Es gab nichts „außerhalb“ oder „vor“ dem Urknall, denn der Urknall ist alles, was war und je gewesen ist.

Exotische Teilchen
Wir können nur raten, welche Teilchen in den ersten Augenblicken des Urknalls gebildet wurden. Hier nennen wir sie einfach „exotische Teilchen“, die zusammen mit „Strahlenteilchen“ entstanden sind, die man Photonen nennt.

Quarks
Zu dieser Zeit bestand das Universum aus relativ schweren Teilchen, sogenannten Quarks und Anti-Quarks. Hier sind nur die sogenannten „Up-Quarks“ und „Down-Quarks“ abgebildet, doch es gibt noch vier weitere Arten. Am Ende dieser Phase hatte das Universum eine Temperatur von 10^{15} K.

Die Kosmische Inflation
Als das Universum 10^{-35} Sekunden alt war, kam es zu einem exponentiellen Anstieg der Expansion, die man Inflation nennt. Das Universum war kleiner als ein Atom und blies sich zur Größe einer Grapefruit auf, um dann wieder langsam weiter zu expandieren. Die Inflation endete bei 10^{-32} Sekunden und die Temperatur fiel auf 10^{25} K.

Legende

- Exotische Teilchen
- Up-Quark
- Anti-Up-Quark
- Down-Quark
- Anti-Down-Quark
- Strahlung
- Elektron
- Anti-Elektron (Positron)
- Proton (Wasserstoffkern)
- Anti-Proton
- Neutron
- Anti-Neutron
- Deuteriumkern
- Heliumkern
- Lithiumkern

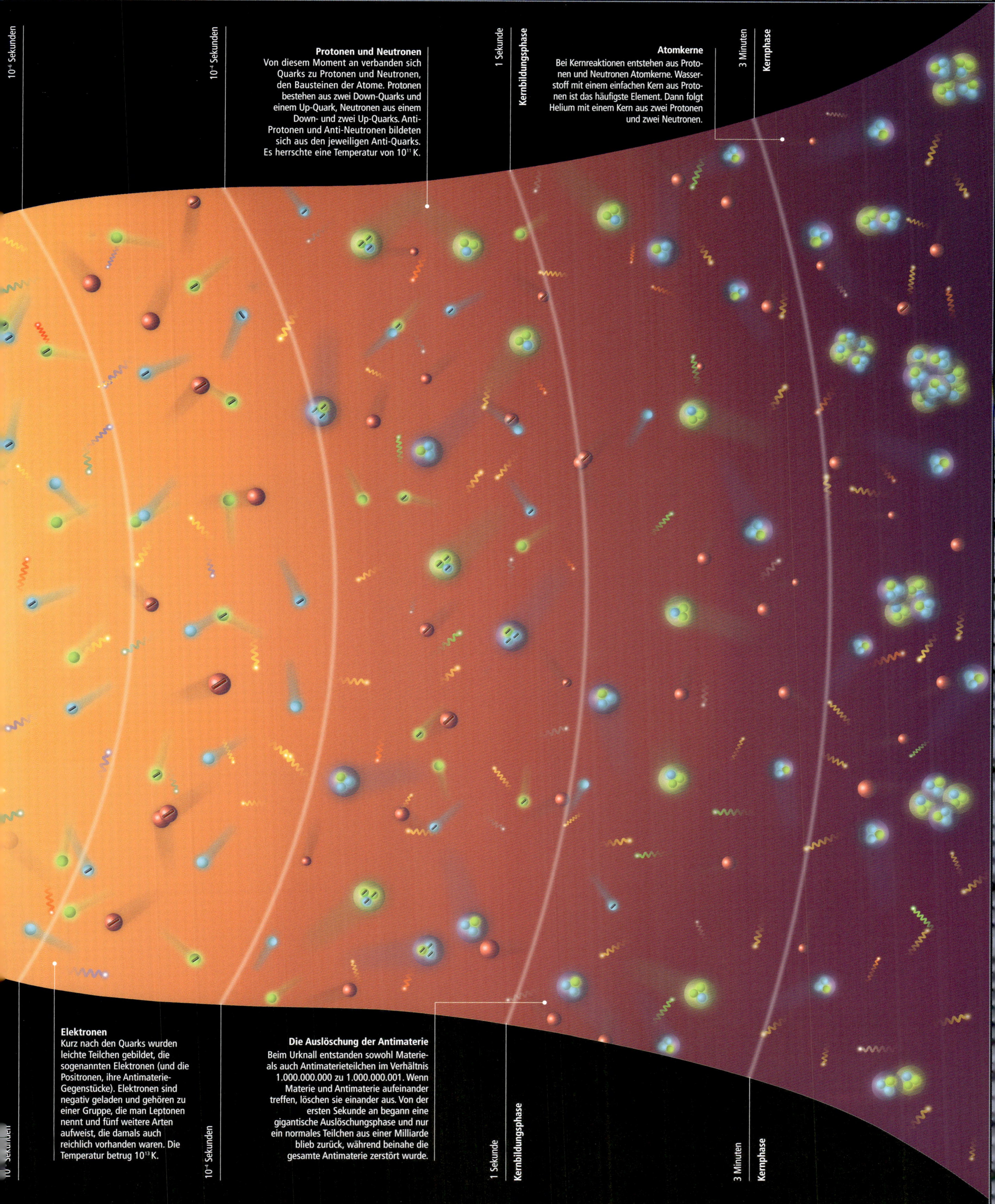

Protonen und Neutronen
Von diesem Moment an verbanden sich Quarks zu Protonen und Neutronen, den Bausteinen der Atome. Protonen bestehen aus zwei Down-Quarks und einem Up-Quark, Neutronen aus einem Down- und zwei Up-Quarks. Anti-Protonen und Anti-Neutronen bildeten sich aus den jeweiligen Anti-Quarks. Es herrschte eine Temperatur von 10^{11} K.

Atomkerne
Bei Kernreaktionen entstehen aus Protonen und Neutronen Atomkerne. Wasserstoff mit einem einfachen Kern aus Protonen ist das häufigste Element. Dann folgt Helium mit einem Kern aus zwei Protonen und zwei Neutronen.

Elektronen
Kurz nach den Quarks wurden leichte Teilchen gebildet, die sogenannten Elektronen (und die Positronen, ihre Antimaterie-Gegenstücke). Elektronen sind negativ geladen und gehören zu einer Gruppe, die man Leptonen nennt und fünf weitere Arten aufweist, die damals auch reichlich vorhanden waren. Die Temperatur betrug 10^{13} K.

Die Auslöschung der Antimaterie
Beim Urknall entstanden sowohl Materie- als auch Antimaterieteilchen im Verhältnis 1.000.000.000 zu 1.000.000.001. Wenn Materie und Antimaterie aufeinander treffen, löschen sie einander aus. Von der ersten Sekunde an begann eine gigantische Auslöschungsphase und nur ein normales Teilchen aus einer Milliarde blieb zurück, während beinahe die gesamte Antimaterie zerstört wurde.

10⁻⁶ Sekunden
10⁻⁴ Sekunden
1 Sekunde
Kernbildungsphase
3 Minuten
Kernphase

Eine kurze Geschichte des Universums

Die Astronomen haben eine recht gute Vorstellung davon, wie sich der Inhalt des Universums mit der Zeit veränderte, denn sie können buchstäblich in der Zeit zurückblicken. Mächtige Teleskope und lange Belichtungszeiten (wie die Hubble Deep Fields mit tagelangen Belichtungszeiten) enthüllen äußerst lichtschwache ferne Objekte. Weil ferne Objekte älter sind und ihr Licht länger braucht, um uns zu erreichen, eröffnen uns diese tiefen Belichtungen noch nie dagewesene Bilder des Kosmos in seiner Kindheit. Heute glauben wir, dass die ersten sogenannten Protogalaxien zusammen mit den ersten Sternen etwa 200 bis 600 Millionen Jahre nach dem Urknall entstanden sind. Die rechte Abbildung zeigt die Entwicklung des Universums von seiner Geburt bis zum heutigen Tag.

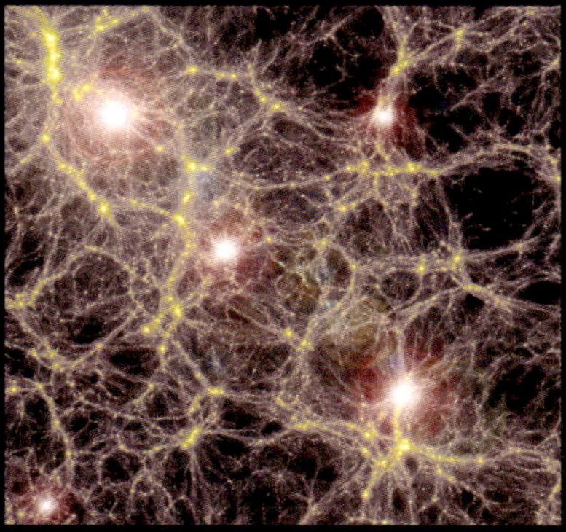

Die Saat einer Supernova (rechts)
Dieses Bild zeigt eine Computersimulation von protogalaktischen Filamenten im Universum, etwa 200 Millionen Jahre nach dem Urknall. Zu dieser Zeit erbebte das Universum von Supernova-explosionen, die das Ende der ersten Sterngeneration anzeigten. Diese kurzlebigen, massereichen Sterne waren die ersten, die Elemente wie Kohlenstoff, Sauerstoff und Eisen hervorbrachten, und ihr explosiver Tod verstreute Material ins Weltall, aus dem die folgenden Sterngenerationen entstanden sind.

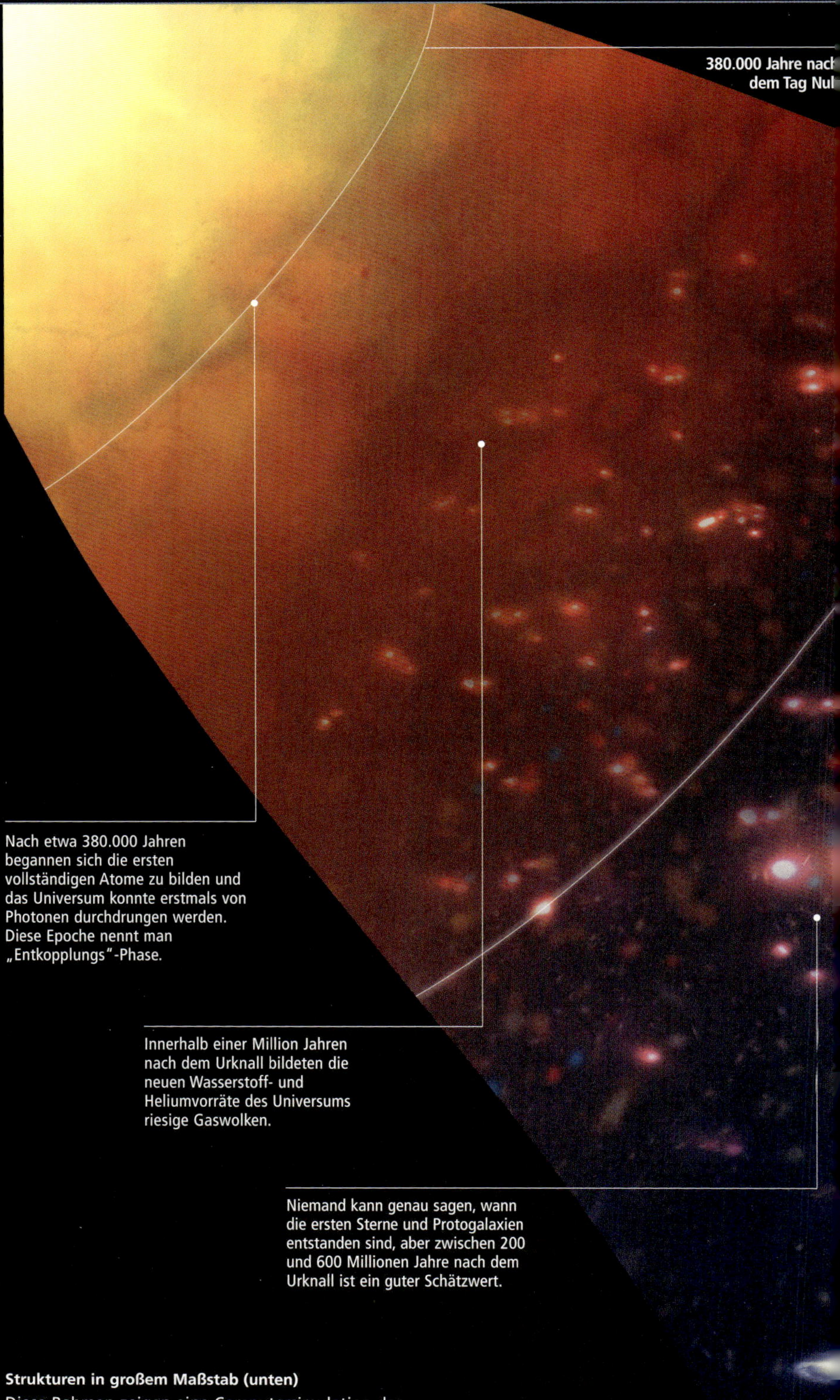

Nach etwa 380.000 Jahren begannen sich die ersten vollständigen Atome zu bilden und das Universum konnte erstmals von Photonen durchdrungen werden. Diese Epoche nennt man „Entkopplungs"-Phase.

Innerhalb einer Million Jahren nach dem Urknall bildeten die neuen Wasserstoff- und Heliumvorräte des Universums riesige Gaswolken.

Niemand kann genau sagen, wann die ersten Sterne und Protogalaxien entstanden sind, aber zwischen 200 und 600 Millionen Jahre nach dem Urknall ist ein guter Schätzwert.

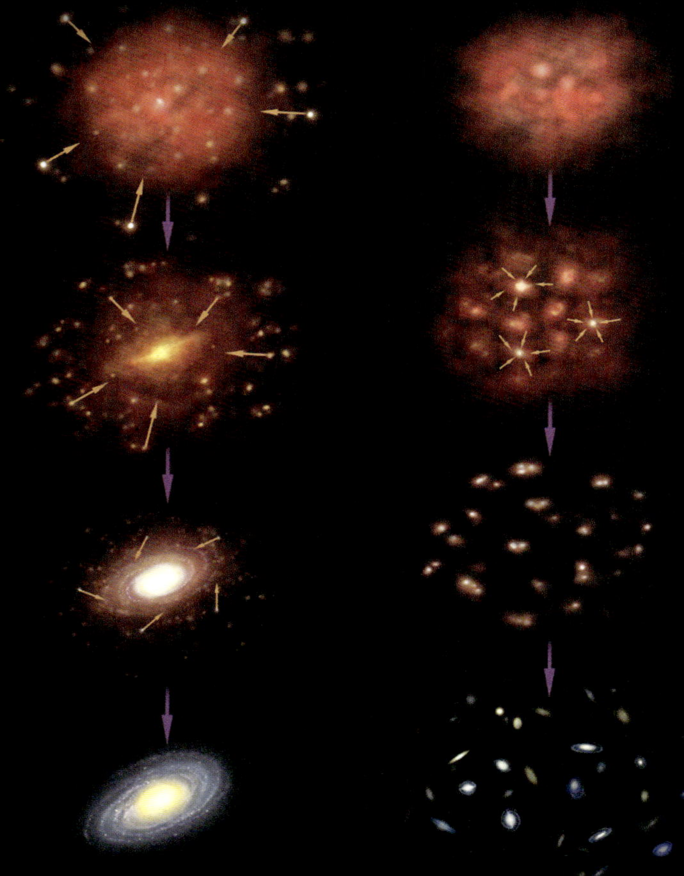

Strukturen in großem Maßstab (unten)
Diese Rahmen zeigen eine Computersimulation der Entwicklung des Universums aus einem anfänglich gleichmäßigen Gasnebel (links) zu den filamentartigen Strukturen, die wir heute beobachten (rechts).

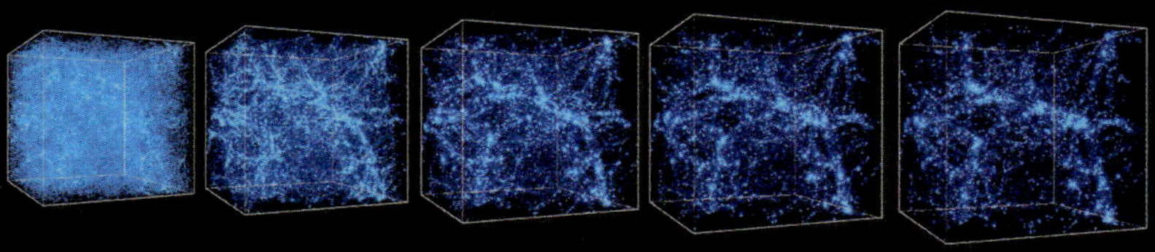

Die Geburt der Galaxien

Es gibt zwei Theorien über die Entstehung der Galaxien, die beide links veranschaulicht werden. Die erste ist das „Bottom-Up"-Szenario (linke Bildfolge). Das frühe Universum war mit relativ kleinen Gaswolken gefüllt. In diesen Wolken bildeten sich Sterne, wurden zu gigantischen Kugelhaufen mit immer größeren Massen, aus denen schließlich die ersten Galaxien entstanden. Es waren Elliptische Galaxien und, wo zwei oder mehrere aufeinander einwirkten, auch Spiralgalaxien. Die andere Erklärung ist das Fragmentations- oder „Top-Down"-Szenario (rechte Bildfolge). Es setzt voraus, dass die ursprünglichen Gaswolken viel größer waren als Galaxien. Sie brachen durch Gravitationswirbel schrittweise auseinander und verdichteten sich zu einzelnen Galaxien. Wenn sich die Wolke schnell genug drehte, wurde sie zu einer Spiralgalaxie, ansonsten zu einer Elliptischen.

300 Millionen Jahre nach dem Tag Null
Das Tempo der Galaxienbildung verlangsamte sich schrittweise. Die Galaxien verschmolzen zu größeren Strukturen. Höchstwahrscheinlich entstand auch unsere Milchstraße in dieser Epoche.
Neun Milliarden Jahre nach dem Tag Null
Der heutige Tag, ungefähr 13,7 Milliarden Jahre nach dem Urknall: Das Universum verändert und entwickelt sich mit dem Alter weiter.
Das Sonnensystem ist vor etwa 4,6 Milliarden Jahren entstanden, also circa 9,3 Milliarden Jahre nach dem Urknall.
Der heutige Tag: 13,7 Milliarden Jahre nach dem Tag Null

Die Zukunft des Universums

Das Universum hat grob gesprochen zwei mögliche Zukunftsaussichten: Es wird entweder in sich zusammenfallen oder sich in alle Ewigkeit ausdehnen. Bis vor kurzem glaubten die Kosmologen, dass die Menge an sichtbarer und Dunkler Materie das Ergebnis bestimmen wird, denn falls es eine kritische Materiedichte gibt, würde die Gravitation die Expansion des Universums verlangsamen und erst in der Unendlichkeit beenden. Bei zu viel Materie würde sich die Expansion vielleicht umkehren, bei zu wenig zwar langsamer werden, aber endlos weitergehen. Doch es scheint, dass nicht Materie allein die Zukunft des Universums bestimmt, denn jüngste Entdeckungen lassen vermuten, dass sich das Universum wegen der abstoßenden Wirkung der „Dunklen Energie" immer schneller ausbreitet.

1

2

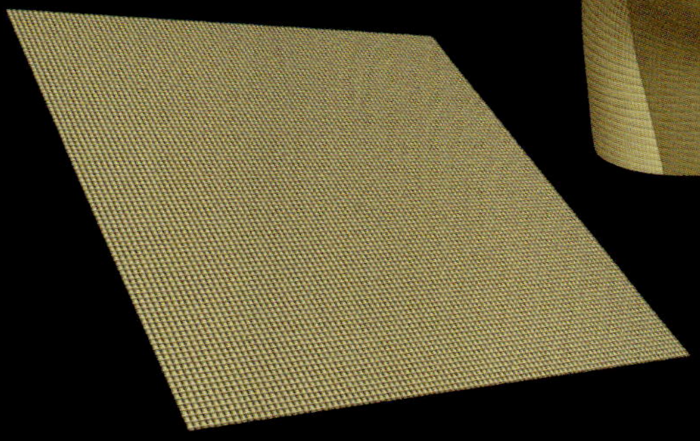

3

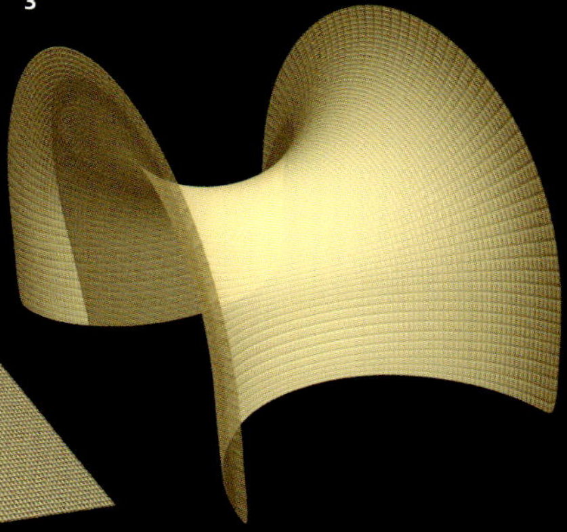

Die Geometrie des Raumes (links und unten)
Diese Modelle der zweidimensionalen Krümmung werden dazu benutzt, die Krümmung oder Geometrie des Universums in drei Dimensionen zu veranschaulichen. Ein geschlossenes Universum kann mit einer Kugeloberfläche gleichgesetzt werden: endlich in der Ausdehnung, aber unbegrenzt. Man spricht von einer positiven Krümmung (1). Ein flaches Universum ist wie eine Ebene mit unendlicher Ausdehnung (2). Und ein offenes Universum hat auch eine unendliche Ausdehnung, aber eine negative Krümmung. Es sieht etwa so aus wie ein Sattel (3).

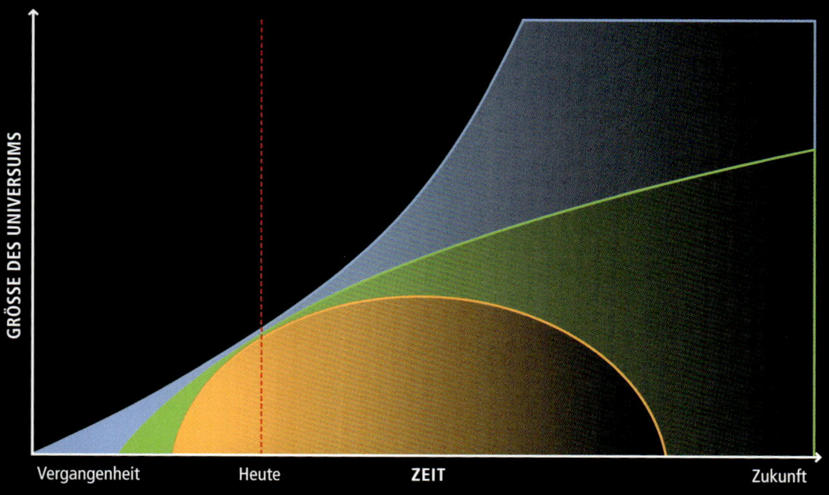

Die Zukunft verfolgen (links)
Die grüne Linie zeigt die Zukunft eines Universums mit kritischer Dichte. Die orange Linie zeigt das Schicksal eines Universums mit zu viel Materie. Das bevorzugte Modell ist das beschleunigend expandierende Universum mit der blauen Linie.

Die Anziehungskraft der Dunklen Energie

1998 machten Astronomen beim Versuch, die Hubble-Konstante zu ermitteln, eine verblüffende Entdeckung: Die Expansion des Universums beschleunigt sich. Diese Erkenntnis zwang die Kosmologen, ihr Verständnis für die Zukunft des Universums zu überdenken. Eine Art Massen-Energie, die sogenannte „Dunkle Energie", die zwar Dichte aufweist, aber wie eine Anti-Gravitation oder abstoßende Kraft wirkt, wurde vorausgesetzt, um die beschleunigte Expansion zu erklären. Dunkle Energie, so glaubt man, erfüllt etwa 73 Prozent des Kosmos (in der unteren Abbildung zu sehen).

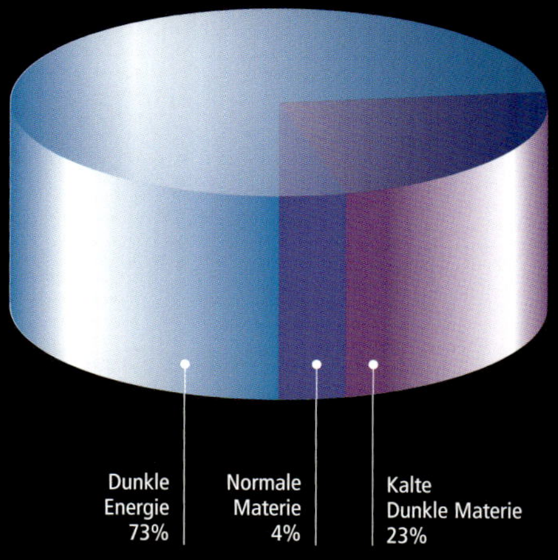

Eine Vielzahl von Universen

Manche Theoretiker vermuten, dass wir in einem „Multiversum" oder „Metaversum" leben, von dem unseres nur ein Kosmos unter unendlich vielen wäre (links). Obwohl sie scheinbar aus dem Reich der Science Fiction stammen, basieren diese Theorien auf aktuellen mathematischen Grundlagen und physikalischen Gesetzen. Mehrere hypothetische Multiversen sind möglich, zum Beispiel Blasen aus dem „Schaum" eines Elternuniversums, die kleine Universen bilden, Wurmlöcher in der Raum-Zeit oder verlängerte Universen wie unseres. Verschiedene quantenmechanische Erklärungen erlauben „Paralleluniversen", die entweder identisch sind oder andere physikalische Gesetze haben. Trotzdem können diese Universen, wie auch immer, miteinander kommunizieren.

Das Beschleunigende Universum (rechts)
Diese Diagramme zeigen drei mögliche Zukunftsaussichten des Universums. Dies ist das bevorzugte Modell: ein Beschleunigendes Universum. Es wird sich ewig ausdehnen, und zwar mit zunehmender Geschwindigkeit. Alle Galaxien bis auf die nächsten werden sich immer weiter entfernen und möglicherweise untergehen, wenn alle Teilchen zerfallen sind.

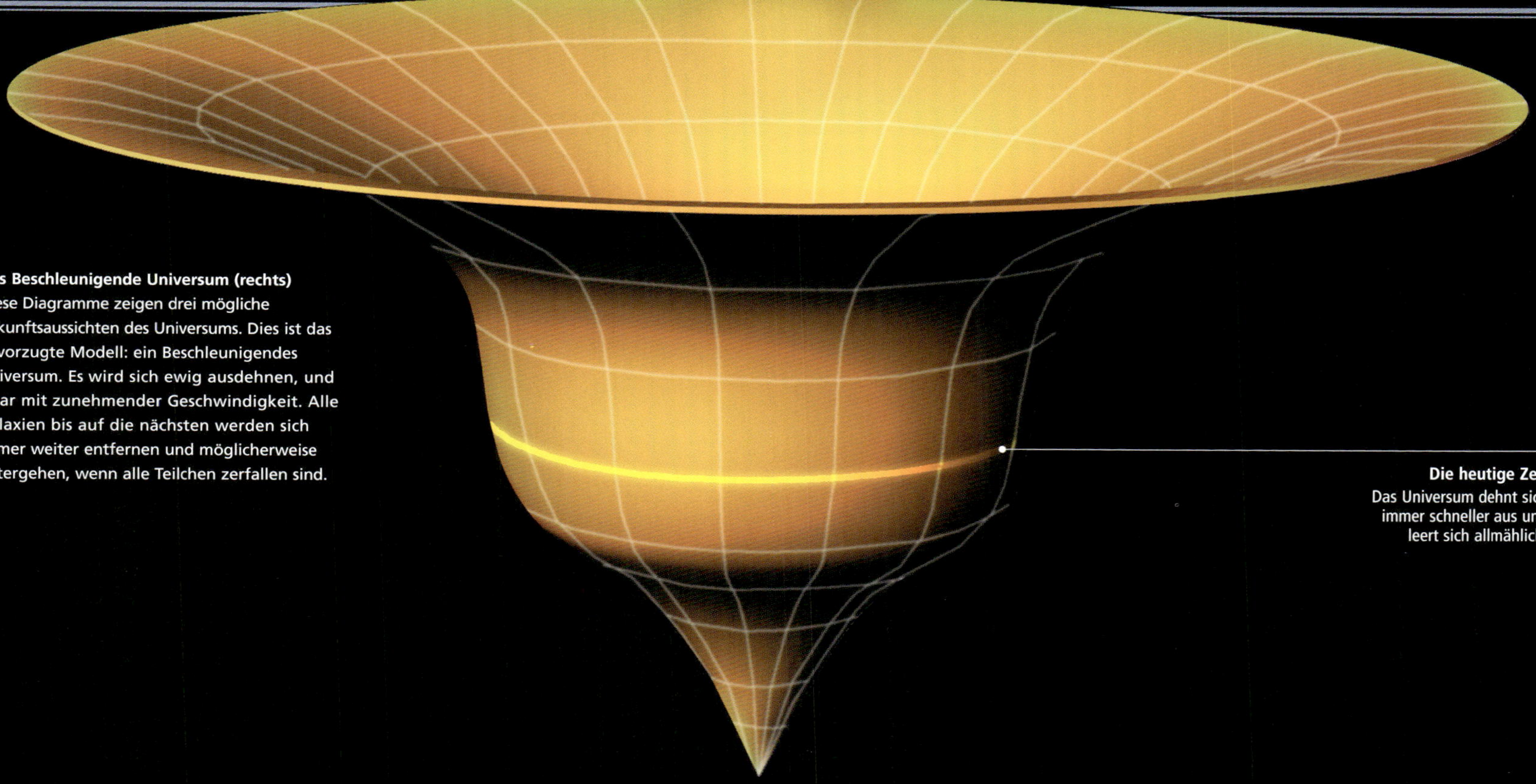

Der Große Riss (rechts)
Manche Kosmologen vermuten, dass die immer schnellere Expansion des Universums eines Tages die Gravitation überwältigen wird und das Universum mit einem „Großen Riss" endet, der die Galaxien, Sterne und vielleicht die gesamte Materie zerreißen wird.

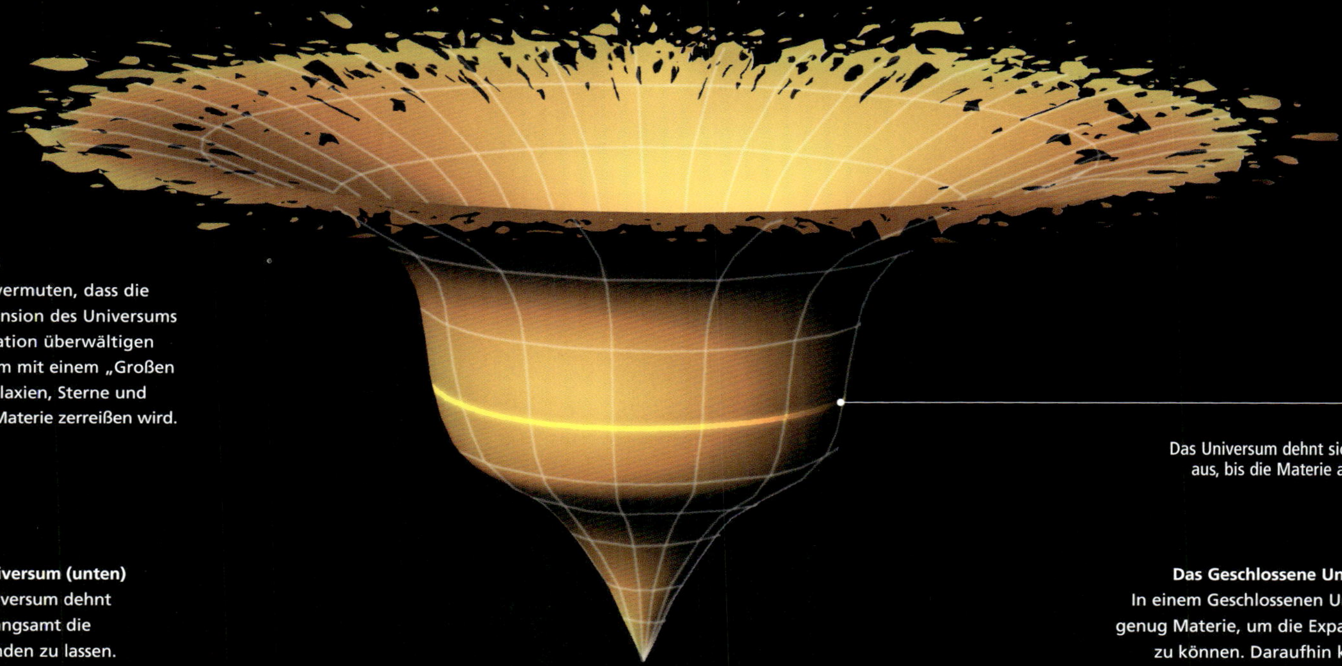

Das Asymptotische Universum (unten)
Ein Asymptotisches Universum dehnt sich ewig aus und verlangsamt die Zeit, ohne sie jemals enden zu lassen.

Das Geschlossene Universum (unten)
In einem Geschlossenen Universum gibt es genug Materie, um die Expansion aufhalten zu können. Daraufhin kollabiert es und fällt in den Urzustand zurück.

Dieses langbelichtete Foto enthüllt die kreisförmige Bewegung heller Sterne um den Himmelsnordpol. Während der Belichtung hinterließ ein in großer Höhe fliegendes Flugzeug eine Lichtspur, die sich von links nach rechts über das Bild zieht.

Die Himmelskarten

Den Nachthimmel kennenlernen

Verwenden Sie diese Seiten, um sich damit vertraut zu machen, wie Himmelsobjekte verzeichnet werden, wie sie sich bewegen, während sich die Erde dreht, und wie sie sich über lange Zeit verändern. Die Größenklassenskala hilft zu verstehen, wie hell verschiedene Objekte am Himmel erscheinen.

Die Präzession

Die Rotationsachse der Erde ist nicht im Raum fixiert, sondern wackelt wie ein sich drehender Spielzeugkreisel und streicht dabei über einen kegelförmigen Ausschnitt des Raumes. Eine einzige Umdrehung dauert 25.800 Jahre. Dieses Phänomen heißt Präzession und bedeutet, dass sich der Anblick unserer Sterne mit der Zeit ändert. Zur Zeit markiert der Polarstern den Himmelsnordpol, aber zur Zeit der alten Ägypter stand war es Thuban im Sternbild Draco.

Die Himmelskugel

Vor langer Zeit erkannten wir, dass es über der Erde keine Himmelskugel gibt, doch zur Bestimmung der Position von Himmelsobjekten ist sie noch immer nützlich. Die Astronomen legen die Position von Sternen und anderen Himmelsobjekten durch die Himmelskoordinaten Rektaszension und Deklination auf dieser Kugel fest, die den vertrauteren Längen- und Breitengraden auf der Erde entsprechen.

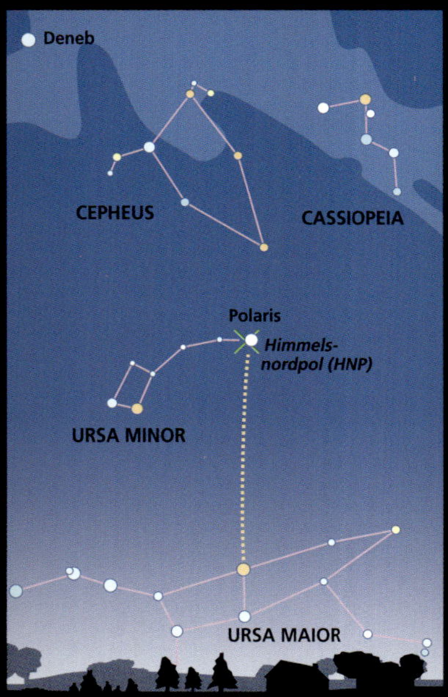

NORD

Den Norden finden

Der Polarstern Polaris ist leicht zu finden: Man sucht zuerst das berühmte Sternmuster im Großen Bären (Ursa Maior), das man den „Großen Wagen" nennt. Dann denkt man sich eine Linie zwischen den beiden Sternen am Ende des Kastens, verlängert sie um das Fünffache und kommt zu Polaris, dem hellsten Stern im Kleinen Bären (Ursa Minor).

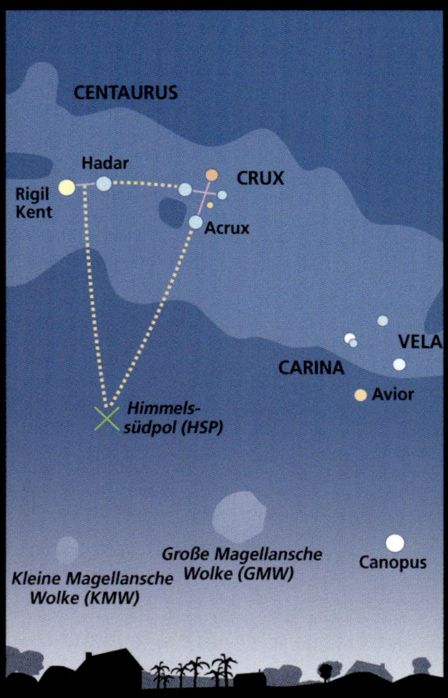

SÜD

Den Süden finden

Um den Himmelssüdpol zu lokalisieren, verlängt man die lange Achse von Crux, dem Kreuz des Südens, viereinhalbmal. Man gelangt zu einem Punkt, wo die ursprüngliche Linie von einer anderen durchschnitten wird, welche die beiden hellen Sterne Rigil Kent und Hadar verbindet. Der Schnittpunkt dieser Linien markiert den Himmelssüdpol.

Die relative Bewegung der Sterne

Abhängig vom Beobachtungspunkt auf der Erde beschreiben die Sterne unterschiedliche Bewegungen. Am Äquator gehen sie genau im Osten auf und im Westen unter. Bewegt man sich vom Äquator weg, dann gehen die Sterne in einem bestimmten Winkel zum Horizont auf und unter und manche bleiben ständig dem Blick verborgen. An den Polen gehen sie weder auf noch unter, sondern bewegen sich seitwärts den Himmel entlang, während sich die Erde dreht.

Äquator

Mittlere Breiten

Nord/Südpol

Die Größenklassenskala

Je höher die Größenklasse eines Objektes ist, desto schwächer leuchtet es. Die Skala ist logarithmisch. Jeder Unterschied von eins entspricht einer Veränderung der Helligkeit um einen Faktor 2,5.

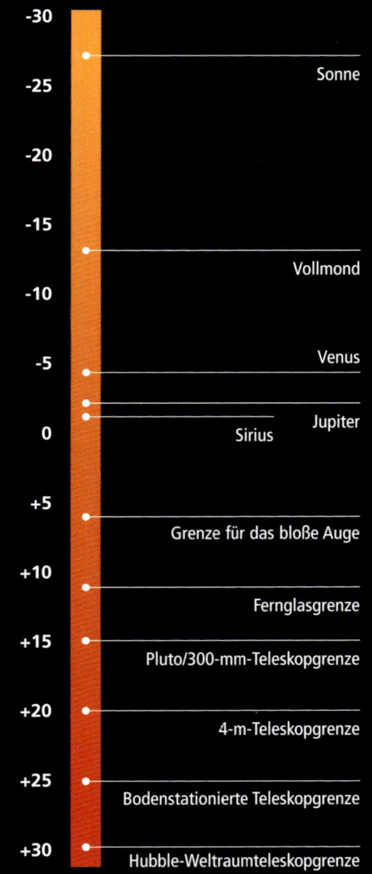

Das Kleine Griechische Alphabet

alpha	α
beta	β
gamma	γ
delta	δ
epsilon	ε
zeta	ζ
eta	η
theta	ϑ
iota	ι
kappa	κ
lambda	λ
mü	μ
nü	ν
xi	ξ
omikron	ο
pi	π
rho	ρ
sigma	σ
tau	τ
ypsilon	υ
phi	φ
chi	χ
psi	ψ
omega	ω

Die Sterne

Die Hauptsterne jedes Sternbilds sind gewöhnlich mit einem griechischen Kleinbuchstaben versehen, nach dem Helligkeitsgrad mit α (alpha) beginnend. Diese Bezeichnungen wurden im Jahr 1603 vom deutschen Astronomen Johann Bayer (1572–1625) in seinem Sternenatlas veröffentlicht, den man auch als die Bayer-Briefe kennt. Die hellsten und auffälligsten Sterne werden meist mit Namen bezeichnet, die oft aus dem Arabischen stammen, so ist zum Beispiel Alpha Orionis, der „Alpha des Orion", besser bekannt unter dem Namen Beteigeuze. Flamsteed-Zahlen benutzt man für blassere Sterne. Sie tauchten zuerst in der französischen Ausgabe des Sternenkatalogs des englischen Astronomen John Flamsteed (1646–1719) auf, dessen Zahlen den Sternen eines Sternbildes von West nach Ost zugeordnet sind. Veränderliche Sterne haben gewöhnlich zusätzlich einen oder eine Kombination aus zwei lateinischen Großbuchstaben von R bis Z gefolgt vom Namen des Sternbilds.

In diesem Atlas verwendete Abkürzungen für Nicht-Stellare-Objekte

Präfix	Typ	Astronom, Werk oder Observatorium
(keines)	Verschiedene	*New General Catalogue* (NGC)
Cr	Offene Haufen	Per Collinder (1890–1974)
IC	Verschiedene	*Index Catalogue* (IC)
K	Offene Haufen	Ivan King (geboren 1927)
M	Verschiedene	Charles Messier (1730–1817)
St	Offene Haufen	Jürgen Stock (1923–2004)
Tr	Offene Haufen	Robert J. Trumpler (1886–1956)
U	Galaxie	*Uppsala General Catalogue* (UGC)
Mel	Offene Haufen	Philibert Melotte (1880–1961)
PK	Planetarischer Nebel	Lubos Perek (geb. 1919) & Lubos Kohoutek (geb. 1935)

Nicht-stellare Objekte

Viele verschiedene Systeme wurden entwickelt, um Himmelsobjekte zu katalogisieren. Die besser bekannten sind zum Beispiel der *New General Catalogue* (NGC), der *Index Catalogue* (IC) sowie der Messier-Katalog (M) von Nebeln, Sternhaufen und Galaxien. Auf den folgenden Karten werden Zahlen aus dem *New General Catalogue* ohne Präfix verwendet, während Messier-Objektzahlen und die Zahlen aus dem *Index Catalogue* die Präfixe M und IC haben.

Hier findet sich die Beschreibung der Höhepunkte der hellsten Sterne und Sternbilder am Nachthimmel der betreffenden Jahreszeit.

Die Milchstraße wird durch einen blauen Lichtstrom angezeigt, der sich über den Himmel zieht.

Diese Tabellen zeigen die Zeiten und Daten, zu denen man den Himmel der jeweiligen Jahreszeit sehen kann.

Die Karte zeigt die Positionen von Sternen für Beobachter zwischen 10° und 15° nördlicher und südlicher Breite von der hier angezeigten Position zur abgebildeten Jahreszeit.

Die wirkliche Sternenfarbe wird mit diesem Schlüssel angezeigt.

Deep-Sky-Objekte werden mit diesem Schlüssel identifiziert.

Die Sterngrößen entsprechen ihrer sichtbaren Größe, der Helligkeit der Sterne von der Erde aus gesehen.

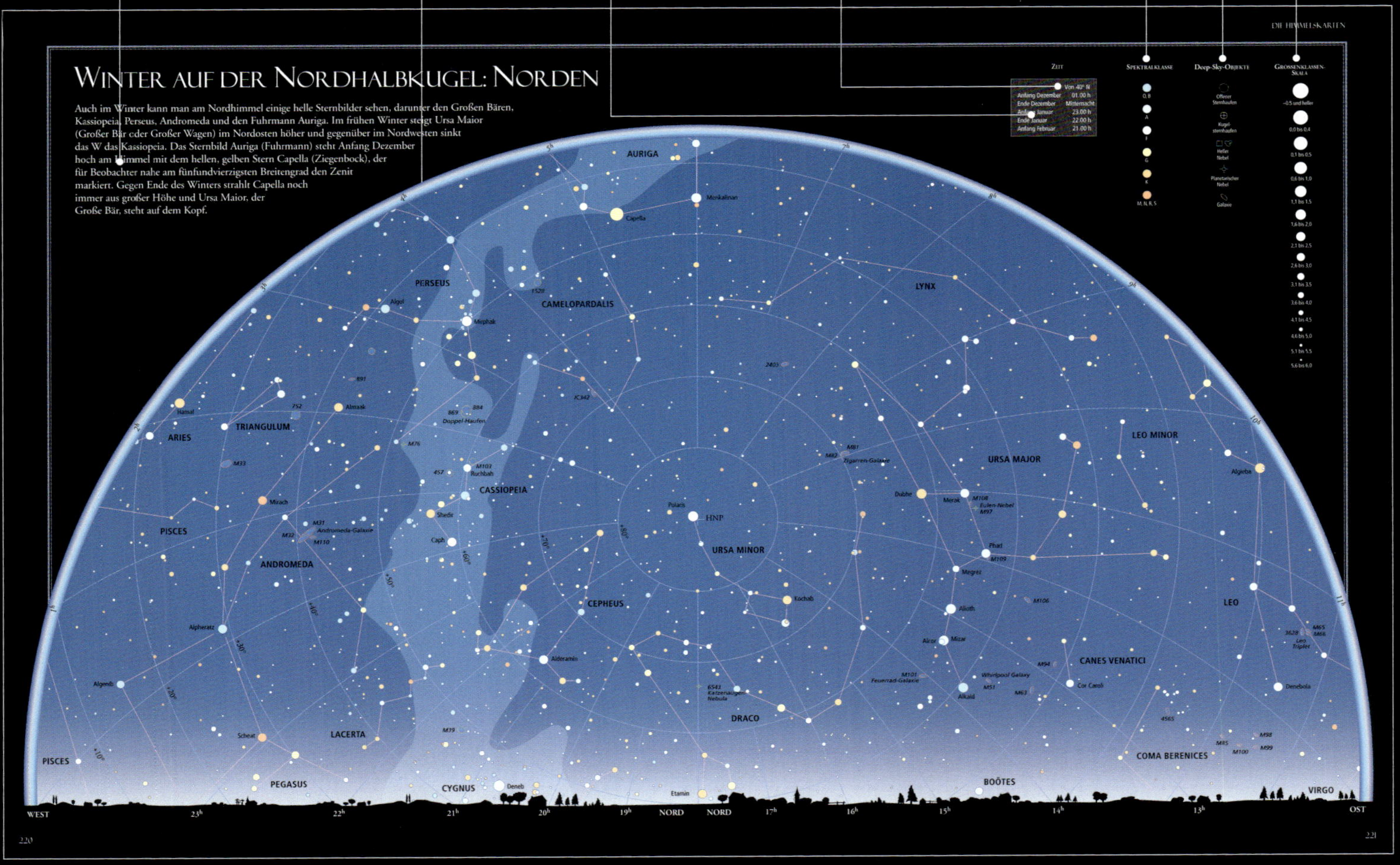

Frühling auf der Nordhalbkugel: Norden

In den Frühlingsmonaten hat das Sternbild Ursa Maior (Großer Bär) einen guten Platz am Himmel. Im März erscheint es senkrecht zum Horizont mit der umgekehrten Deichsel des Wagens geradewegs auf Boötes gerichtet. Mit der Entfaltung der Jahreszeit steigt Ursa Maior höher und erreicht Anfang Mai den höchsten Punkt nahe am Zenit (abhängig vom Breitengrad). Im Frühjahr ist auch die hellgelbe Capella im Sternbild Auriga gut zu sehen sowie das dicke Band der Milchstraße, aber beide sinken gegen den nordwestlichen Horizont, wenn sich der Sommer nähert.

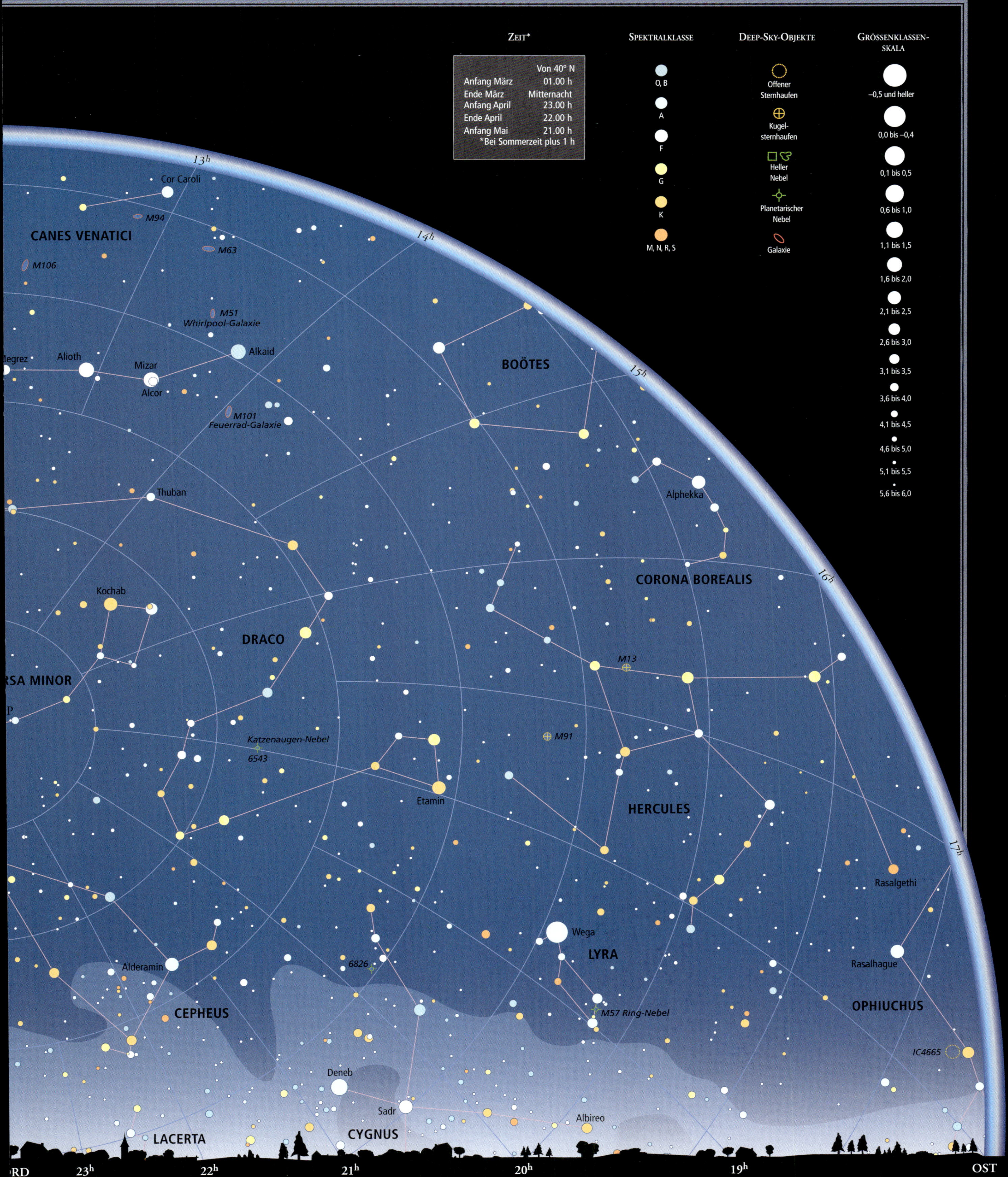

Zeit*
Von 40° N
Anfang März 01.00 h
Ende März Mitternacht
Anfang April 23.00 h
Ende April 22.00 h
Anfang Mai 21.00 h
*Bei Sommerzeit plus 1 h
Spektralklasse
O, B
A
F
G
K
M, N, R, S
Deep-Sky-Objekte
Offener Sternhaufen
Kugelsternhaufen
Heller Nebel
Planetarischer Nebel
Galaxie
Grössenklassen-Skala
–0,5 und heller
0,0 bis –0,4
0,1 bis 0,5
0,6 bis 1,0
1,1 bis 1,5
1,6 bis 2,0
2,1 bis 2,5
2,6 bis 3,0
3,1 bis 3,5
3,6 bis 4,0
4,1 bis 4,5
4,6 bis 5,0
5,1 bis 5,5
5,6 bis 6,0
13h
14h
15h
16h
17h
Cor Caroli
M94
CANES VENATICI
M63
M106
M51
Whirlpool-Galaxie
Megrez
Alioth
Mizar
Alcor
Alkaid
M101
Feuerrad-Galaxie
BOÖTES
Alphekka
Thuban
CORONA BOREALIS
Kochab
DRACO
URSA MINOR
M13
Katzenaugen-Nebel
6543
M91
Etamin
HERCULES
Rasalgethi
Wega
LYRA
6826
Alderamin
Rasalhague
CEPHEUS
M57 Ring-Nebel
OPHIUCHUS
IC4665
Deneb
Sadr
Albireo
LACERTA
CYGNUS
NORD
23h
22h
21h
20h
19h
OST

Frühling auf der Nordhalbkugel: Süden

Der Frühling liegt in der Luft und der südliche Himmel ist von vielen hellen Sternen und Sternbildern übersät. Der hellste von allen ist hoch im Südosten Arcturus, der „Wächter des Bären“. Auch Virgo (Jungfrau) sticht mit ihrem hellsten Stern Spica hervor. Leo (Löwe) wandert kühn von Ost nach West über die Himmelskugel, seine Vordertatze wird vom hellen blauen Stern Regulus und der Schwanz von Denebola markiert. Der Stern zweiter Größe Alphard im Sternbild Hydra (Wasserschlange) und Procyon in Canis Minor (Kleiner Hund) sind gut sichtbar. Für Besitzer eines Teleskops ist das die beste Jahreszeit, um im Virgo-Haufen auf Galaxienjagd zu gehen.

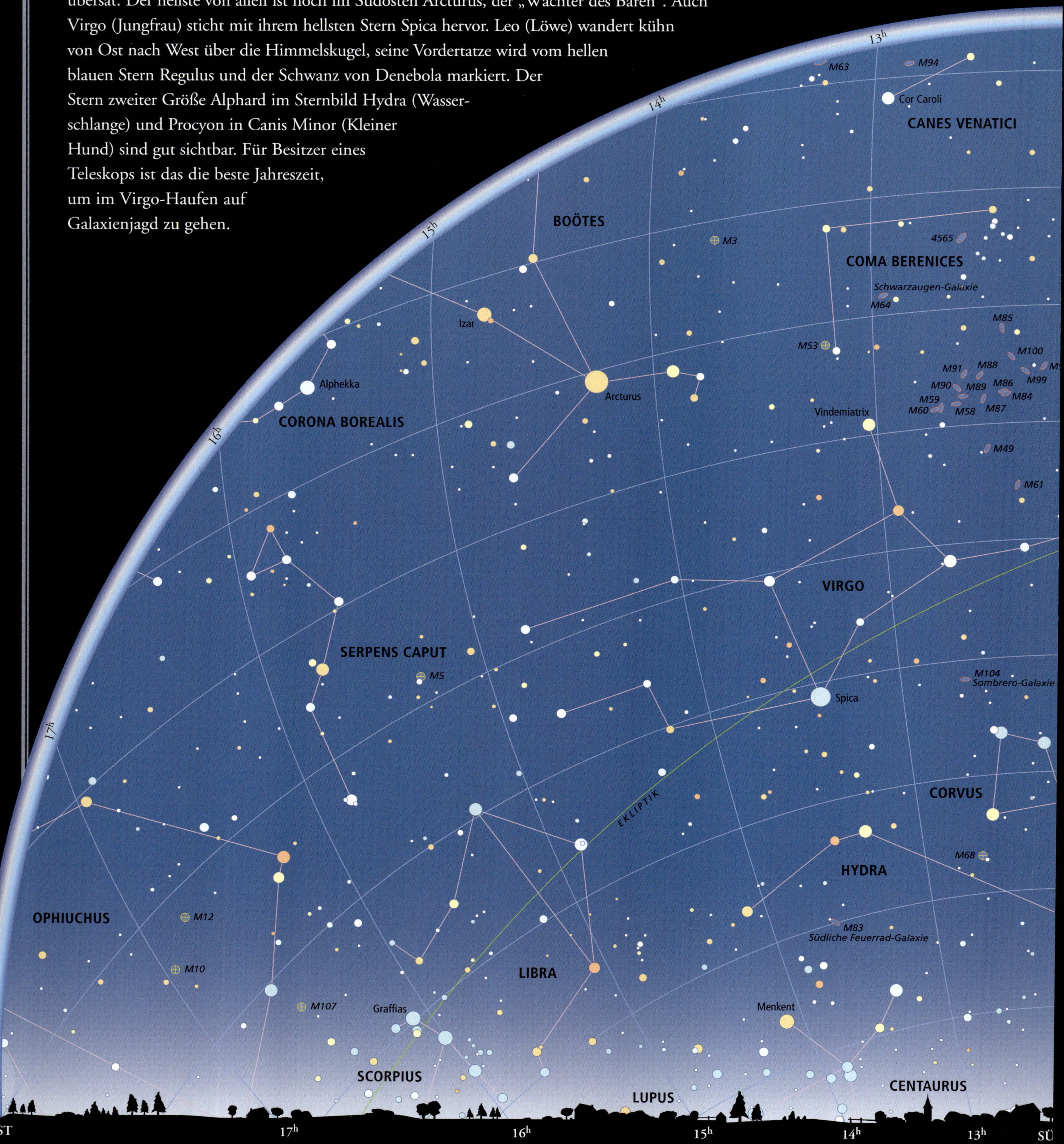

Zeit*

	Von 40° N
Anfang März	01.00 h
Ende März	Mitternacht
Anfang April	23.00 h
Ende April	22.00 h
Anfang Mai	21.00 h

*Bei Sommerzeit plus 1 h

Spektralklasse

O, B
A
F
G
K
M, N, R, S

Deep-Sky-Objekte

Offener Sternhaufen
Kugelsternhaufen
Heller Nebel
Planetarischer Nebel
Galaxie

Grössenklassen-Skala

–0,5 und heller
0,0 bis –0,4
0,1 bis 0,5
0,6 bis 1,0
1,1 bis 1,5
1,6 bis 2,0
2,1 bis 2,5
2,6 bis 3,0
3,1 bis 3,5
3,6 bis 4,0
4,1 bis 4,5
4,6 bis 5,0
5,1 bis 5,5
5,6 bis 6,0

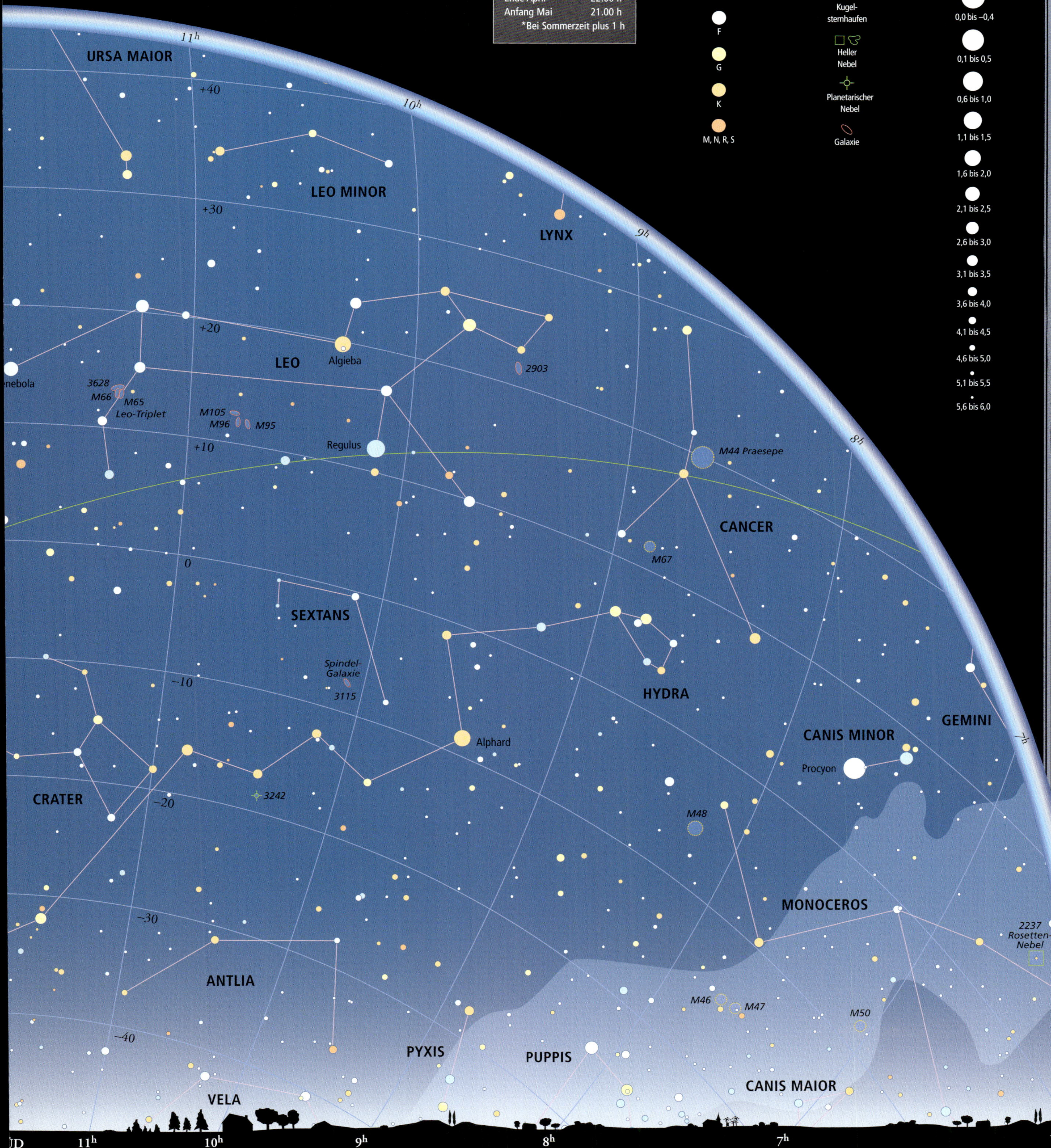

Sommer auf der Nordhalbkugel: Norden

Wenn der Frühling zum Sommer wird, steht der auf den Kopf gestellte Große Bär (Ursa Maior) noch immer unverkennbar hoch am Himmel. Weiter unten neigt sich das auffällige W der Cassiopeia gegen den nördlichen Horizont und steigt mit fortschreitendem Sommer im Osten wieder auf. Anfang August steht Cassiopeia hoch am Himmel, etwas zur Seite geneigt und in die Milchstraße gebettet, die jetzt senkrecht vom nordöstlichen Horizont aufsteigt und Perseus mit sich nimmt. Zum Ende des Sommers hin steht Ursa Maior noch immer hoch im Nordwesten, vor allem für Beobachter in höheren nördlichen Breiten.

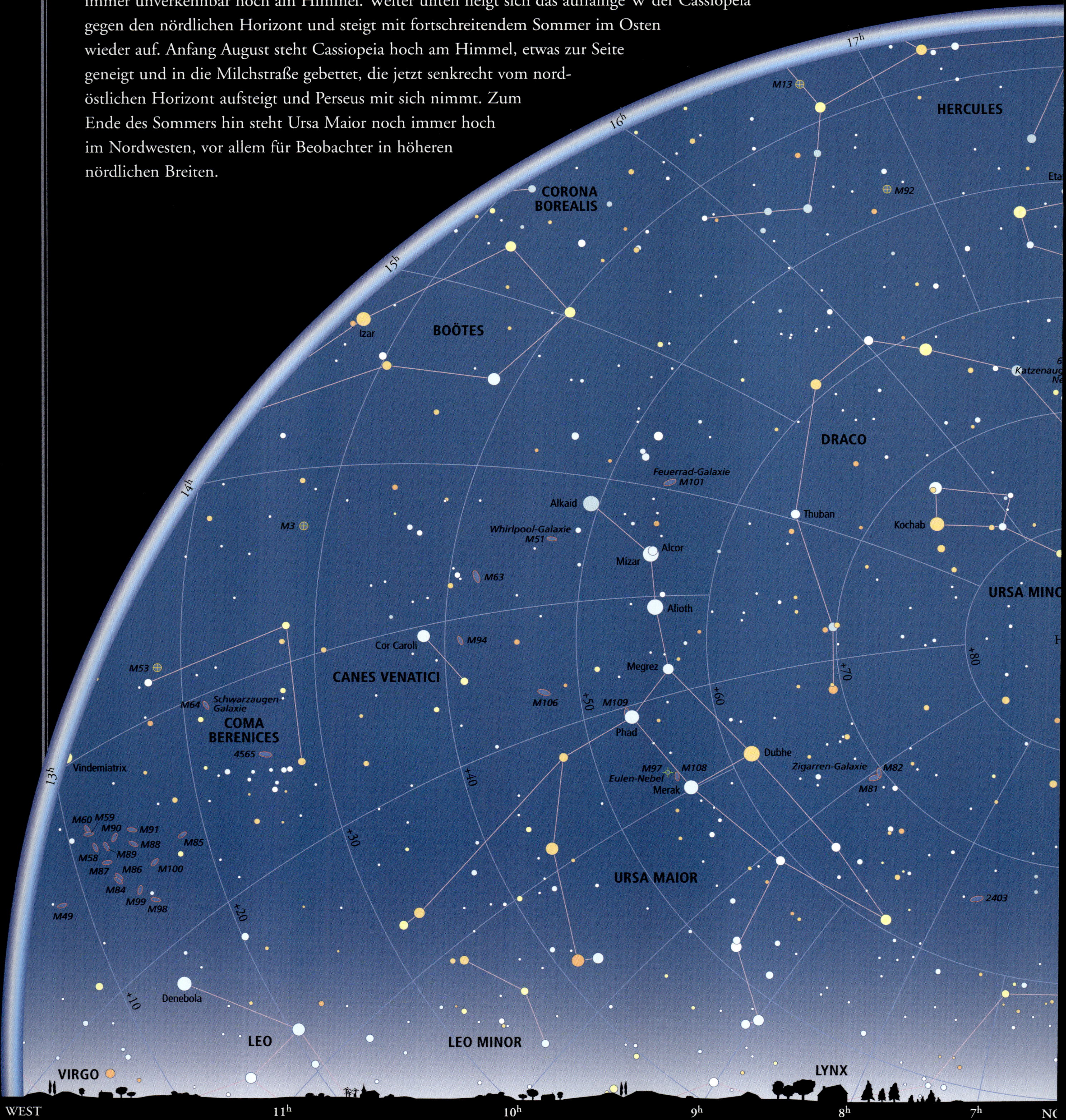

Zeit*
Von 40° N
Anfang Juni 01.00 h
Ende Juni Mitternacht
Anfang Juli 23.00 h
Anfang Juli 22.00 h
Anfang August 21.00 h
*Bei Sommerzeit plus 1 h
Spektralklasse
O, B
A
F
G
K
M, N, R, S
Deep-Sky-Objekte
Offener Sternhaufen
Kugelsternhaufen
Heller Nebel
Planetarischer Nebel
Galaxie
Grössenklassen-Skala
–0,5 und heller
0,0 bis –0,4
0,1 bis 0,5
0,6 bis 1,0
1,1 bis 1,5
1,6 bis 2,0
2,1 bis 2,5
2,6 bis 3,0
3,1 bis 3,5
3,6 bis 4,0
4,1 bis 4,5
4,6 bis 5,0
5,1 bis 5,5
5,6 bis 6,0
19h
20h
21h
22h
23h
Wega
LYRA
CYGNUS
Sadr
6960
Schleier-Nebel
6992, 6995
6826
Deneb
7000
Nordamerika-Nebel
7026
M39
Alderamin
LACERTA
CEPHEUS
laris
CASSIOPEIA
Caph
Shedir
Scheat
Markab
Ruchbah
M103
457
CAMELOPARDALIS
PEGASUS
IC342
M110
Andromeda-Galaxie
M31
M32
Alpheratz
M76
884
869
Doppel-Haufen
Mirach
Algenib
PERSEUS
Almaak
ANDROMEDA
Mirphak
PISCES
PISCES
TRIANGULUM
ORD
5h
4h
3h
2h
1h
OST

Sommer auf der Nordhalbkugel: Süden

Wenn der Sommer beginnt, ist Arcturus im Sternbild Boötes (Rinderhirte) der beherrschende Stern am Südhimmel. Mit fortschreitender Jahreszeit wandert er langsam westwärts. Ein in den Sommermonaten sehr helles Sternbild ist Scorpius (Skorpion) mit dem feuerroten Antares, aber er ist nur in niederen Breiten gut zu sehen, denn sonst verschwindet er im Dunst über dem Horizont. Der Sommer ist natürlich auch die Zeit des Sommerdreiecks, das von den drei Sternen Wega im Sternbild Lyra (Leier), Atair in Aquila (Adler) und Deneb in Cygnus (Schwan) gebildet wird. Dieses Sternmuster steht zu dieser Zeit hoch am Sommerhimmel der Nordhalbkugel.

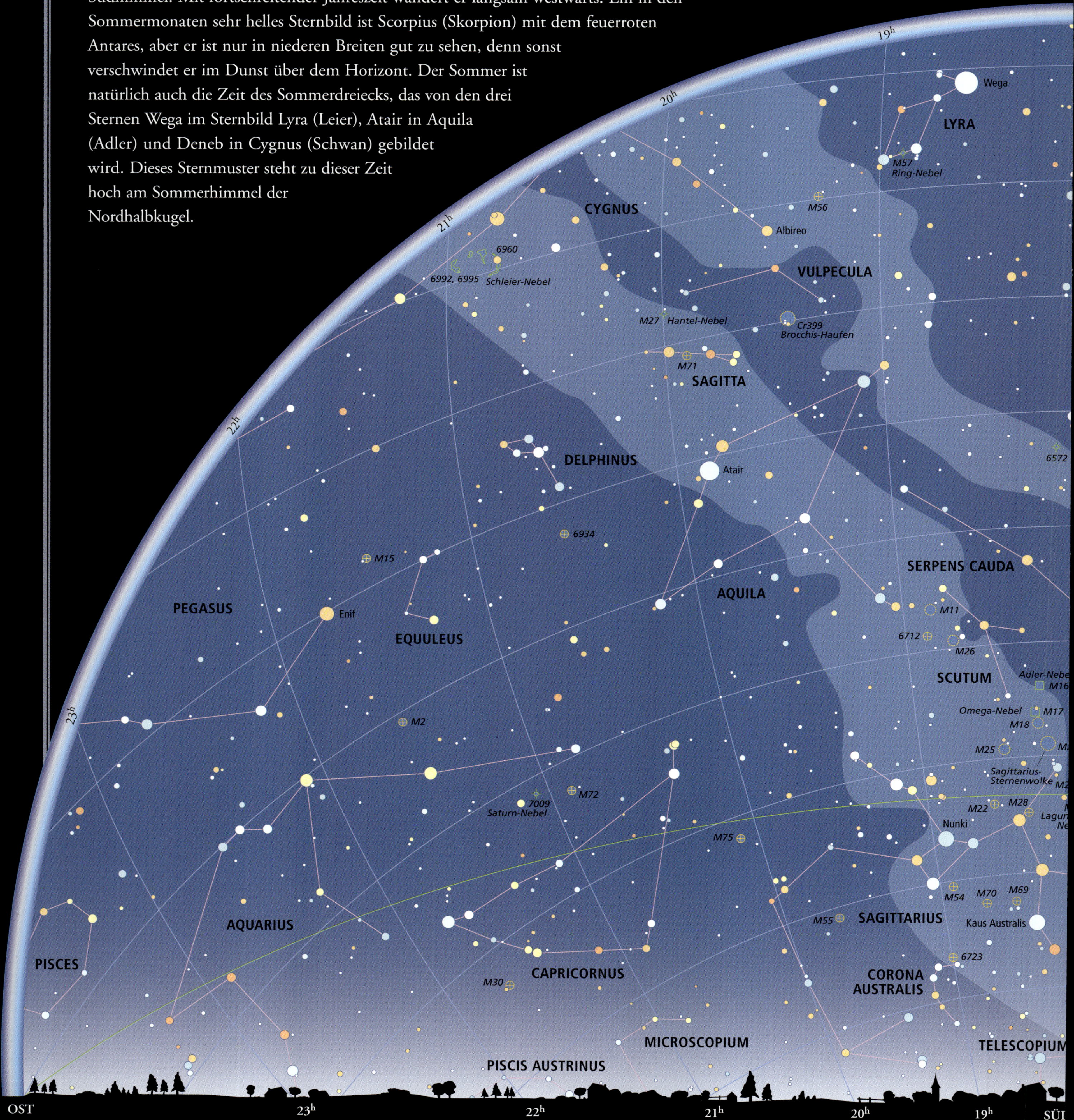

ZEIT*
Von 40° N
Anfang Juni 01.00 h
Ende Juni Mitternacht
Anfang Juli 23.00 h
Ende Juli 22.00 h
Anfang August 21.00 h
*Bei Sommerzeit plus 1 h
SPEKTRALKLASSE
O, B
A
F
G
K
M, N, R, S
DEEP-SKY-OBJEKTE
Offener Sternhaufen
Kugel-sternhaufen
Heller Nebel
Planetarischer Nebel
Galaxie
GRÖSSENKLASSEN-SKALA
–0,5 und heller
0,0 bis –0,4
0,1 bis 0,5
0,6 bis 1,0
1,1 bis 1,5
1,6 bis 2,0
2,1 bis 2,5
2,6 bis 3,0
3,1 bis 3,5
3,6 bis 4,0
4,1 bis 4,5
4,6 bis 5,0
5,1 bis 5,5
5,6 bis 6,0
HERCULES
CORONA BOREALIS
Alphekka
BOÖTES
Izar
Arcturus
Rasalgethi
Rasalhague
OPHIUCHUS
IC4665
SERPENS CAPUT
M92
M13
M14
M12
M10
M5
M107
M9
M19
M80
M62
M4
M6
M7
Sabik
Graffias
Antares
LIBRA
VIRGO
Vindemiatrix
Spica
SCORPIUS
Shaula
6231
5986
LUPUS
HYDRA
EKLIPTIK
17h
16h
15h
14h
13h
+40
+30
+20
+10
0
–10
–20
–30
–40
ÜD
WEST

Herbst auf der Nordhalbkugel: Norden

Auf der Nordhalbkugel steht der Große Bär (Ursa Maior), den man auch den Großen Wagen nennt, im Herbst tief am nördlichen Horizont und hoch über ihm Cassiopeia, jetzt ein M am Himmel bildend, auf der anderen Seite des Polarsterns Polaris. Die Milchstraße teilt den Himmel vom Nordosten über den Zenit bis zum südwestlichen Horizont. Mit dem nahenden Winter sinkt das Sommerdreieck Wega, Deneb und Atair im Sternbild Adler (auf der folgenden Karte) immer tiefer und Wega verschwindet irgendwann im November hinter dem nordwestlichen Horizont. In der Mitte des Herbstes strahlen die Gemini-Zwillinge Castor und Pollux im Nordosten, gefolgt von Capella im Sternbild Auriga (Fuhrmann).

Zeit*
Von 40° N
Anfang September 01.00 h
Ende September Mitternacht
Anfang Oktober 23.00 h
Ende Oktober 22.00 h
Anfang November 21.00 h
*Bei Sommerzeit plus 1 h
Spektralklasse
O, B
A
F
G
K
M, N, R, S
Deep-Sky-Objekte
Offener Sternhaufen
Kugelsternhaufen
Heller Nebel
Planetarischer Nebel
Galaxie
Grössenklassen-Skala
–0,5 und heller
0,0 bis –0,4
0,1 bis 0,5
0,6 bis 1,0
1,1 bis 1,5
1,6 bis 2,0
2,1 bis 2,5
2,6 bis 3,0
3,1 bis 3,5
3,6 bis 4,0
4,1 bis 4,5
4,6 bis 5,0
5,1 bis 5,5
5,6 bis 6,0
ANDROMEDA
M32
M110
M31
Andromeda-Galaxie
Mirach
Almaak
752
891
TRIANGULUM
Shedir
M76
M34
457
Ruchbah
M103
869
884
Doppel-Haufen
Algol
CASSIOPEIA
PERSEUS
Mirphak
M45
Plejaden
IC342
1528
Hyaden
Aldebaran
CAMELOPARDALIS
Capella
AURIGA
M38
M36
Alnath
Menkalinan
2403
M37
M1
Krabben-Nebel
TAURUS
Zigarren-Galaxie M82
M81
EKLIPTIK
M35
Bellatrix
Dubhe
LYNX
ORION
GEMINI
Merak
Castor
Beteigeuze
URSA MAIOR
Alhena
Pollux
ORD
11h
10h
9h
8h
7h
OST
1h
2h
3h
4h
5h

Herbst auf der Nordhalbkugel: Süden

Wenden wir unseren Blick nach Süden, so erblicken wir hoch über unseren Köpfen das Pegasusquadrat. Der Sommer ist vorbei und mit ihm ist auch das Sommerdreieck verschwunden, nur Atair im Sternbild Aquila (Adler) bleibt als Erinnerung. Jetzt stehen in südlicher Richtung keine strahlenden Sternbilder am Himmel, nur einige helle bis mittelhelle Sterne sind übriggeblieben, wie tief am Horizont Fomalhaut, das „Maul des Fisches", im Sternbild Piscis Austrinus (Südlicher Fisch), Deneb Kaitos im Sternbild Cetus (Walfisch) sowie Hamal im Sternbild Aries (Widder) und weiter gegen Südosten Aldebaran im Sternbild Taurus (Stier). Der Winter kommt näher und Taurus strahlt immer auffälliger an der Seite der glitzernden Sternhaufen der Plejaden und Hyaden.

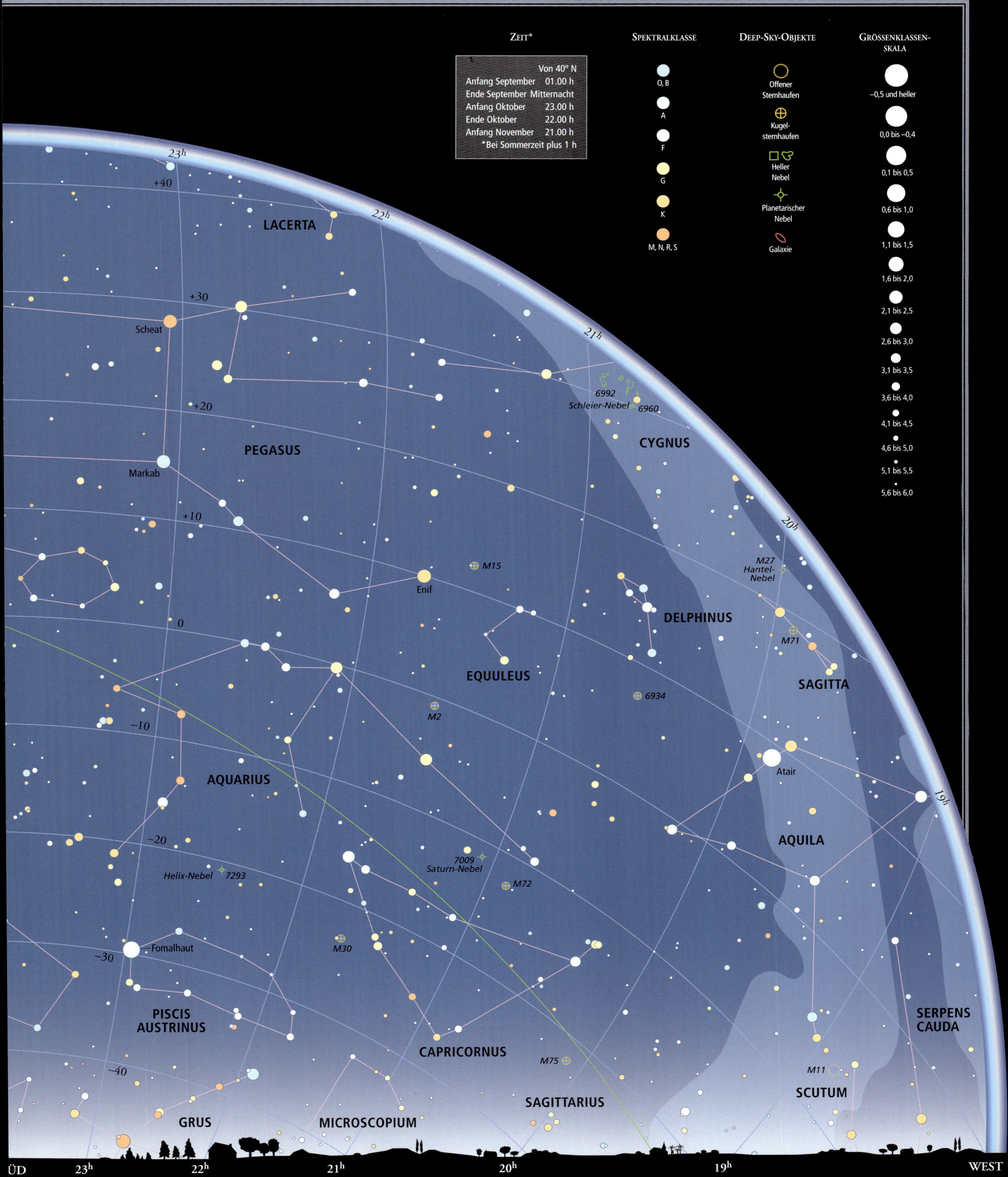
ZEIT*
Von 40° N
Anfang September 01.00 h
Ende September Mitternacht
Anfang Oktober 23.00 h
Ende Oktober 22.00 h
Anfang November 21.00 h
*Bei Sommerzeit plus 1 h
SPEKTRALKLASSE
O, B
A
F
G
K
M, N, R, S
DEEP-SKY-OBJEKTE
Offener Sternhaufen
Kugel-sternhaufen
Heller Nebel
Planetarischer Nebel
Galaxie
GRÖSSENKLASSEN-SKALA
–0,5 und heller
0,0 bis –0,4
0,1 bis 0,5
0,6 bis 1,0
1,1 bis 1,5
1,6 bis 2,0
2,1 bis 2,5
2,6 bis 3,0
3,1 bis 3,5
3,6 bis 4,0
4,1 bis 4,5
4,6 bis 5,0
5,1 bis 5,5
5,6 bis 6,0
LACERTA
Scheat
PEGASUS
Markab
Enif
M15
6992
Schleier-Nebel
6960
CYGNUS
M27
Hantel-Nebel
DELPHINUS
M71
EQUULEUS
SAGITTA
6934
M2
AQUARIUS
Atair
AQUILA
7009
Saturn-Nebel
M72
Helix-Nebel
7293
M30
Fomalhaut
PISCIS AUSTRINUS
CAPRICORNUS
M75
M11
SCUTUM
SERPENS CAUDA
SAGITTARIUS
GRUS
MICROSCOPIUM
ÜD
WEST

Winter auf der Nordhalbkugel: Norden

Auch im Winter kann man am Nordhimmel einige helle Sternbilder sehen, darunter den Großen Bären, Cassiopeia, Perseus, Andromeda und den Fuhrmann Auriga. Im frühen Winter steigt Ursa Maior (Goßer Bär oder Großer Wagen) im Nordosten höher und gegenüber im Nordwesten sinkt das W der Cassiopeia. Das Sternbild Auriga (Fuhrmann) steht Anfang Dezember hoch am Himmel mit dem hellen, gelben Stern Capella (Ziegenbock), der für Beobachter nahe am fünfundvierzigsten Breitengrad den Zenit markiert. Gegen Ende des Winters strahlt Capella noch immer aus großer Höhe und Ursa Maior, der Große Bär, steht auf dem Kopf.

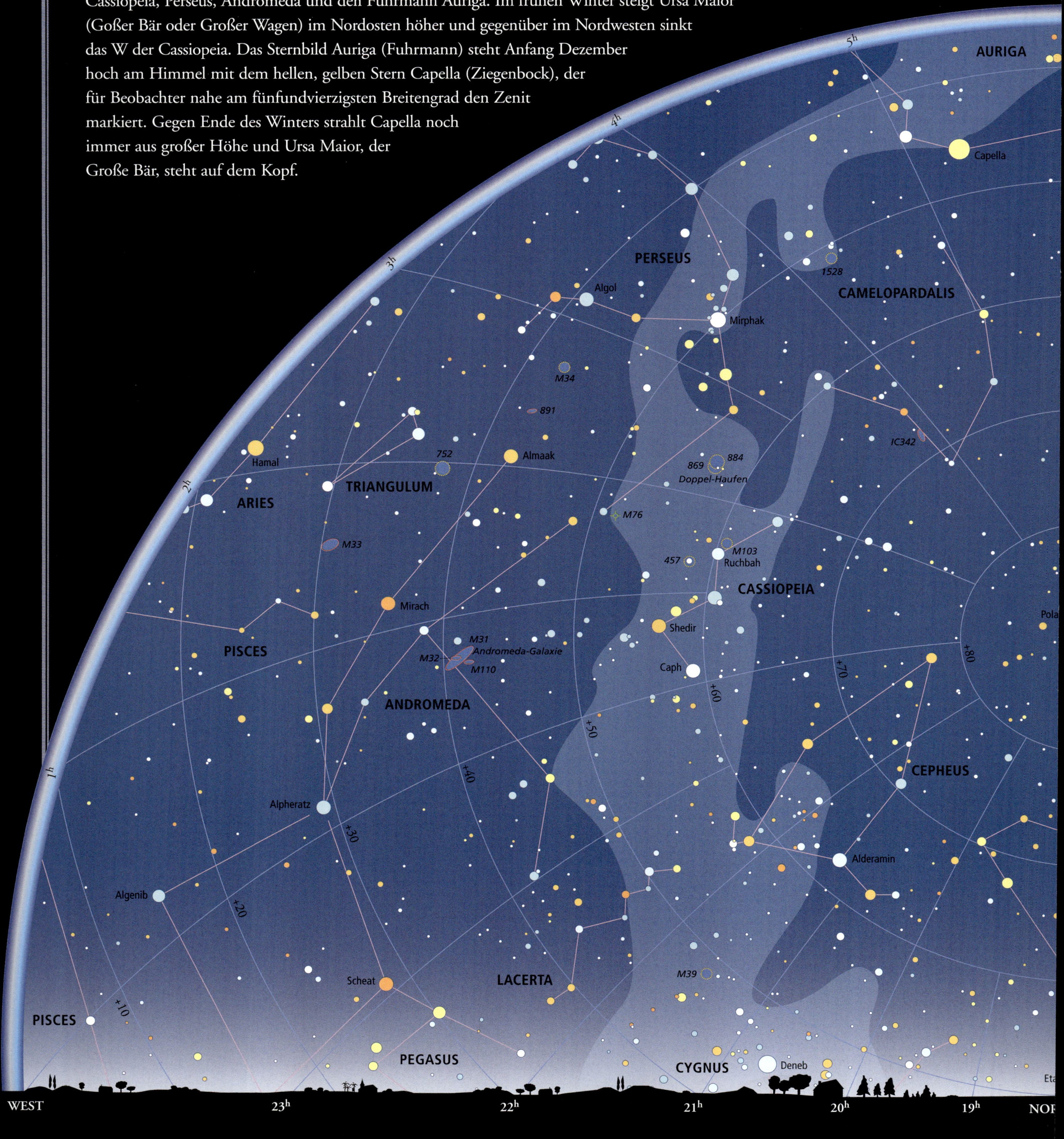

Zeit
Von 40° N
Anfang Dezember 01.00 h
Ende Dezember Mitternacht
Anfang Januar 23.00 h
Ende Januar 22.00 h
Anfang Februar 21.00 h
Spektralklasse
O, B
A
F
G
K
M, N, R, S
Deep-Sky-Objekte
Offener Sternhaufen
Kugel-sternhaufen
Heller Nebel
Planetarischer Nebel
Galaxie
Grössenklassen-skala
–0,5 und heller
0,0 bis –0,4
0,1 bis 0,5
0,6 bis 1,0
1,1 bis 1,5
1,6 bis 2,0
2,1 bis 2,5
2,6 bis 3,0
3,1 bis 3,5
3,6 bis 4,0
4,1 bis 4,5
4,6 bis 5,0
5,1 bis 5,5
5,6 bis 6,0
7h
8h
9h
10h
11h
enkalinan
LYNX
2403
M81
M82
Zigarren-Galaxie
URSA MAIOR
LEO MINOR
Algieba
Dubhe
Merak
M108
Eulen-Nebel
M97
NP
URSA MINOR
Phad
M109
Megrez
Kochab
M106
Alioth
LEO
Thuban
Alcor
Mizar
3628
M65
M66
Leo-Triplet
M94
CANES VENATICI
M101
Feurrad-Galaxie
Whirlpool-Galaxie
M51
M63
Cor Caroli
Alkaid
Denebola
DRACO
4565
M98
M85
M99
M100
COMA BERENICES
BOÖTES
VIRGO
ORD
17h
16h
15h
14h
13h
OST

Winter auf der Nordhalbkugel: Süden

Die nördliche Hälfte des Winterhimmels bietet zwar viele berühmte Sternbilder, aber der Süden ist weitaus prächtiger. Hier erstrahlt der ganze Himmel vom Licht heller Sterne: Beteigeuze und Rigel im Orion; Aldebaran und die Plejaden im Sternbild Taurus (Stier); Sirius im Sternbild Canis Maior (Großer Hund); Procyon im Canis Minor (Kleiner Hund) und Castor und Pollux, die beiden Zwillinge (Gemini) im gleichnamigen Sternbild. Auch die Milchstraße zeigt sich die ganze Jahreszeit hindurch von ihrer schönsten Seite. Im Osten kann man Leo (Löwe) mit seinem hellen Stern Regulus und gegen Ende des Winters das gewundene Sternbild der Hydra (Wasserschlange) mit dem hellen Alphard sehen.

ZEIT
Von 40° N
Anfang Dezember 01.00 h
Ende Dezember Mitternacht
Anfang Januar 23.00 h
Ende Januar 22.00 h
Anfang Februar 21.00 h
SPEKTRALKLASSE
O, B
A
F
G
K
M, N, R, S
DEEP-SKY-OBJEKTE
Offener Sternhaufen
Kugelsternhaufen
Heller Nebel
Planetarischer Nebel
Galaxie
GRÖSSENKLASSEN-SKALA
–0,5 und heller
0,0 bis –0,4
0,1 bis 0,5
0,6 bis 1,0
1,1 bis 1,5
1,6 bis 2,0
2,1 bis 2,5
2,6 bis 3,0
3,1 bis 3,5
3,6 bis 4,0
4,1 bis 4,5
4,6 bis 5,0
5,1 bis 5,5
5,6 bis 6,0
AURIGA
M38
M36
M37
Alnath
Krabben-Nebel M1
PERSEUS
M45 Plejaden
Aldebaran
Hyaden
ORION
TAURUS
EKLIPTIK
ARIES
Hamal
Beteigeuze
Bellatrix
Alnilam
Mintaka
Alnitak
M43, M42 Orion-Nebel
Saiph
Rigel
Menkar
M74
M77
LEPUS
PISCES
Mira
ERIDANUS
M79
CETUS
Phact
CAELUM
FORNAX
1851
LUMBA
HOROLOGIUM
+40
+30
+20
+10
0
–10
–20
–30
–40
5h
4h
3h
2h
1h
SÜD
WEST

Frühling auf der Südhalbkugel: Norden

Wenn auf der Südhalbkugel der Frühling beginnt, kann man im Norden deutlich Atair erkennen, den hellsten Stern im Sternbild Aquila (Adler). Das Sommerdreieck der Nordhalbkugel, das von Atair, Wega im Sternbild Lyra (Leier, hier nicht zu sehen) und Deneb im Sternbild Cygnus (Schwan) gebildet wird, ist zu Beginn des Frühlings auch von der Südhalbkugel aus zu sehen. Gegen Ende des Frühjahrs befindet sich die Milchstraße tief am Horizont, Pegasus und Andromeda leuchten im Norden in mittleren Höhen und das Sternbild Taurus (Stier) steht deutlich sichtbar im Nordosten neben dem Sternhaufen der Plejaden.

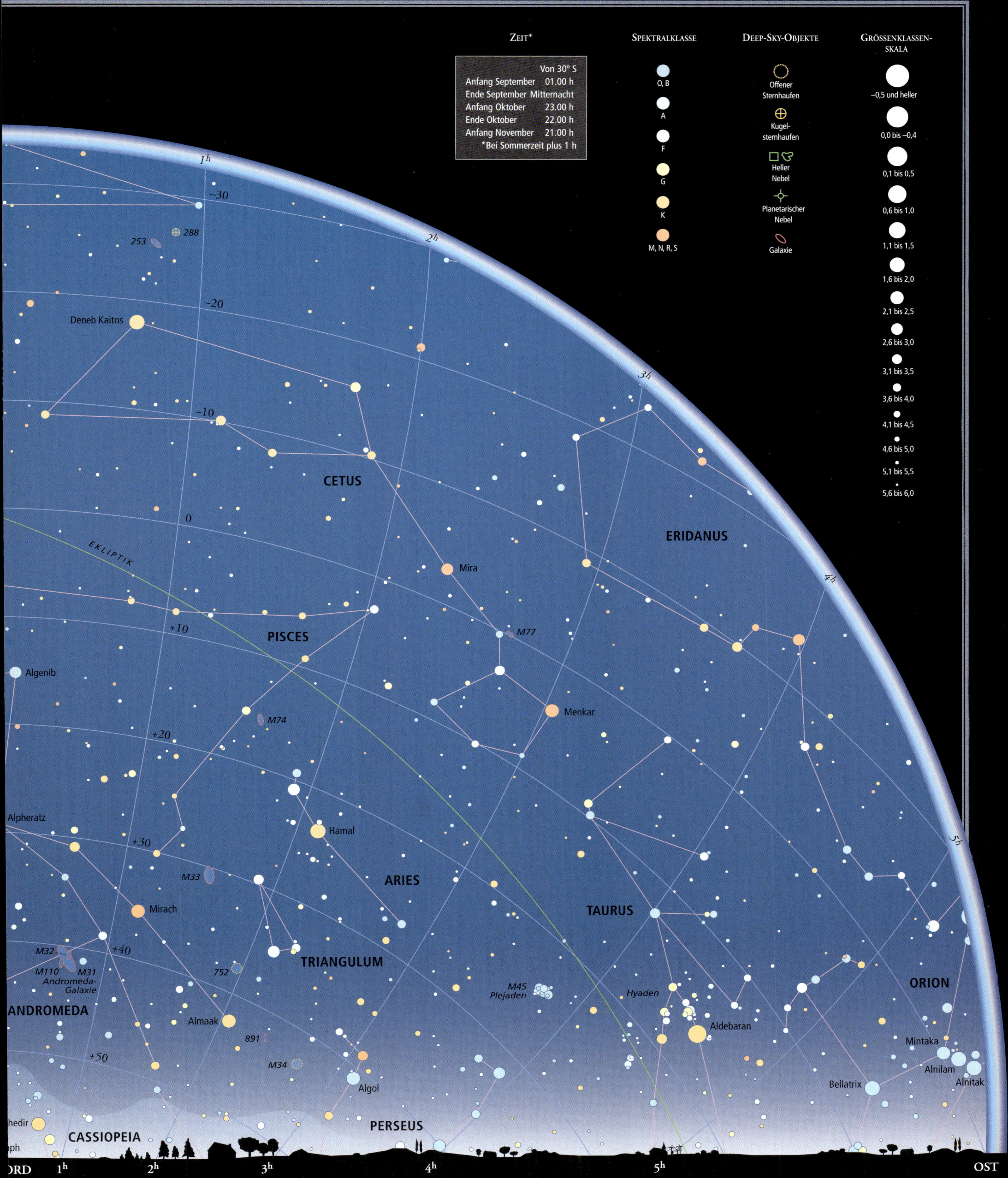

Zeit*
Von 30° S
Anfang September 01.00 h
Ende September Mitternacht
Anfang Oktober 23.00 h
Ende Oktober 22.00 h
Anfang November 21.00 h
*Bei Sommerzeit plus 1 h
Spektralklasse
O, B
A
F
G
K
M, N, R, S
Deep-Sky-Objekte
Offener Sternhaufen
Kugelsternhaufen
Heller Nebel
Planetarischer Nebel
Galaxie
Grössenklassen-Skala
–0,5 und heller
0,0 bis –0,4
0,1 bis 0,5
0,6 bis 1,0
1,1 bis 1,5
1,6 bis 2,0
2,1 bis 2,5
2,6 bis 3,0
3,1 bis 3,5
3,6 bis 4,0
4,1 bis 4,5
4,6 bis 5,0
5,1 bis 5,5
5,6 bis 6,0
CETUS
ERIDANUS
PISCES
ARIES
TAURUS
TRIANGULUM
ANDROMEDA
ORION
CASSIOPEIA
PERSEUS
EKLIPTIK
Deneb Kaitos
Mira
Menkar
Algenib
Alpheratz
Hamal
Mirach
Almaak
Algol
Aldebaran
Bellatrix
Mintaka
Alnilam
Alnitak
hedir
aph
M77
M74
M33
M32
M110
M31
Andromeda-Galaxie
752
891
M34
M45
Plejaden
Hyaden
253
288
–30
–20
–10
0
+10
+20
+30
+40
+50
ORD
OST

Frühling auf der Südhalbkugel: Süden

Es lohnt sich zwar, im Frühling nach Norden zu blicken, im Süden lernt man jedoch zu dieser Jahreszeit die wahren Wunder des Himmels kennen. Die Magellanschen Wolken sind den ganzen Frühling hindurch gut zu sehen. Von Anfang an fällt die Milchstraße ins Auge und auch die für den Süden typischen Sternbilder Centaurus und Crux (Kreuz des Südens) sind deutlich sichtbar. Aber wenn der Frühling seinem Ende zu geht, verlieren sich die Milchstraße, das Kreuz des Südens und Centaurus im Dunst des südlichen Horizonts und Canopus im Sternbild Carina (Schiffskiel), Achernar im Eridanus und Fomalhaut in Piscis Austrinus (Südlicher Fisch) bleiben als die auffälligsten südlichen Sterne zurück.

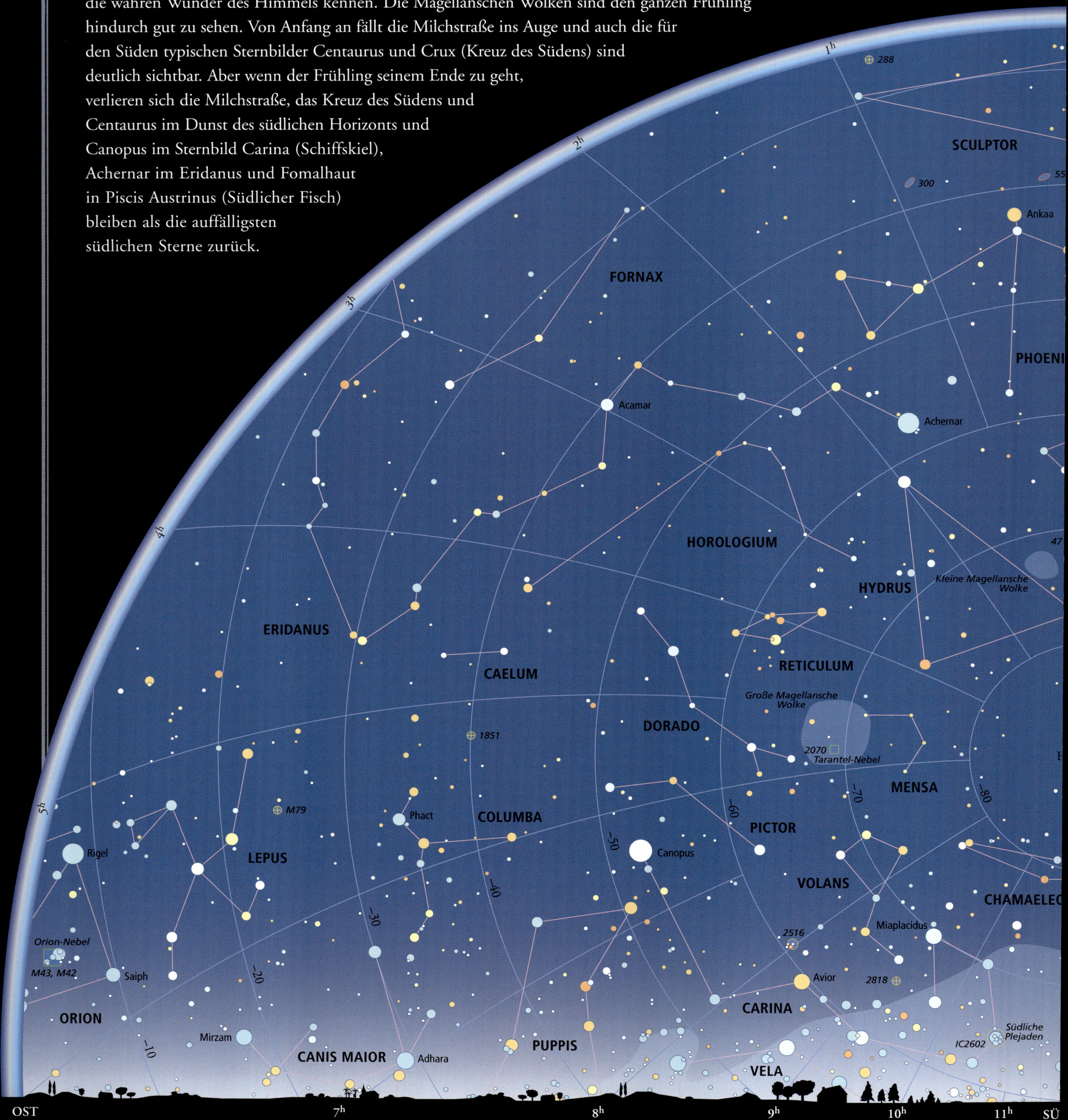

Zeit*
Von 30° S
Anfang September 01.01 h
Ende September Mitternacht
Anfang Oktober 23.00 h
Ende Oktober 22.00 h
Anfang November 21.00 h
*Bei Sommerzeit plus 1 h
Spektralklasse
O, B
A
F
G
K
M, N, R, S
Deep-Sky-Objekte
Offener Sternhaufen
Kugelsternhaufen
Heller Nebel
Planetarischer Nebel
Galaxie
Grössenklassen-skala
–0,5 und heller
0,0 bis –0,4
0,1 bis 0,5
0,6 bis 1,0
1,1 bis 1,5
1,6 bis 2,0
2,1 bis 2,5
2,6 bis 3,0
3,1 bis 3,5
3,6 bis 4,0
4,1 bis 4,5
4,6 bis 5,0
5,1 bis 5,5
5,6 bis 6,0
23h
22h
21h
20h
19h
Fomalhaut
PISCIS AUSTRINUS
M30
Alnair
GRUS
MICROSCOPIUM
CAPRICORNUS
TUCANA
INDUS
M75
Pfauenstern
M55
EKLIPTIK
PAVO
6744
6752
6723
CORONA AUSTRALIS
OCTANS
TELESCOPIUM
M54
Nunki
M70
SAGITTARIUS
M69
M22
6541
6712
APUS
6362
Kaus Australis
Atria
M25
6397
M28
M26
M11
ARA
6388
M7
M18
M17
Omega-Nebel
M8
Lagunen-Nebel
M21
M24
Sagittarius-Sternenwolke
M16
Adler-Nebel
TRIANGULUM AUSTRALE
6025
Shaula
M20
Trifid-Nebel
6087
M6
SCUTUM
4833
SCORPIUS
M23
6231
SERPENS CAUDA
USCA
Rigil Kent
CIRCINUS
NORMA
OPHIUCHUS
Kohlensack-Nebel
Hadar
CRUX
CENTAURUS
LUPUS
ÜD
13h
14h
15h
16h
17h
WEST

Sommer auf der Südhalbkugel: Norden

Wenn man in den Sommernächten nach Norden blickt, ist der Himmel voll von glitzernden hellen Sternbildern. Taurus (Stier), Auriga (Fuhrmann) und Orion (Jäger) dringen Mitte Dezember von Nordosten her vor. Im Januar steht Orion hoch am Himmel, östlich von ihm Procyon im Sternbild Canis Minor (Kleiner Hund) und weiter oben Sirius in Canis Maior (Großer Hund). Die Milchstraße ist den ganzen Sommer lang deutlich zu sehen. Mit dem nahenden Sommerende kann man auch Regulus im Löwen und das Sternbild Gemini (Zwillinge) sehen, aber sie bleiben tief unten am Horizont.

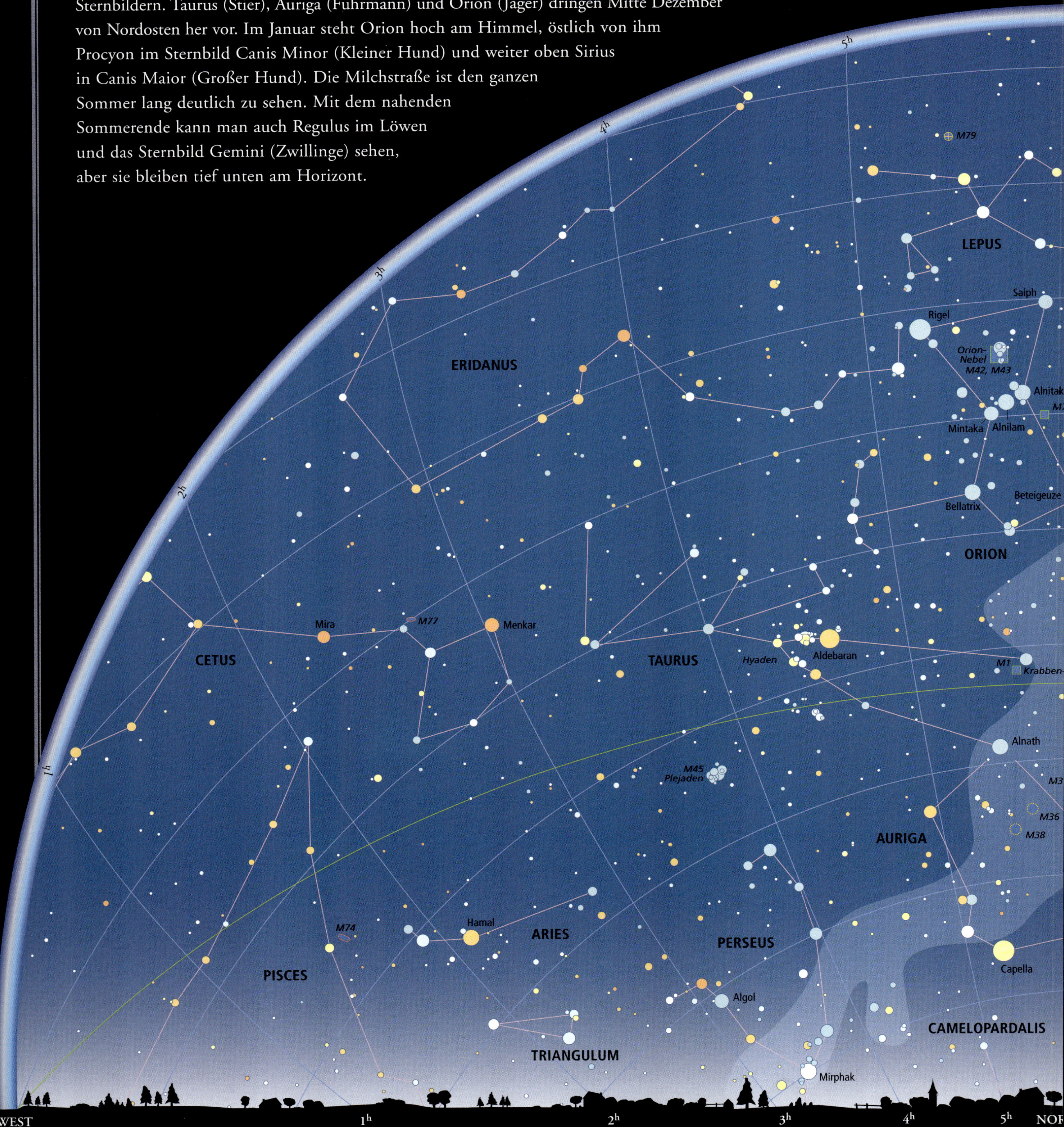

Zeit*

	Von 30° S
Anfang Dezember	01.00 h
Ende Dezember	Mitternacht
Anfang Januar	23.00h
Ende Januar	21.00 h
Anfang Februar	21.00 h

*Bei Sommerzeit plus 1 h

Spektralklasse

O, B
A
F
G
K
M, N, R, S

Deep-Sky-Objekte

Offener Sternhaufen
Kugelsternhaufen
Heller Nebel
Planetarischer Nebel
Galaxie

Grössenklassen-Skala

–0,5 und heller
0,0 bis –0,4
0,1 bis 0,5
0,6 bis 1,0
1,1 bis 1,5
1,6 bis 2,0
2,1 bis 2,5
2,6 bis 3,0
3,1 bis 3,5
3,6 bis 4,0
4,1 bis 4,5
4,6 bis 5,0
5,1 bis 5,5
5,6 bis 6,0

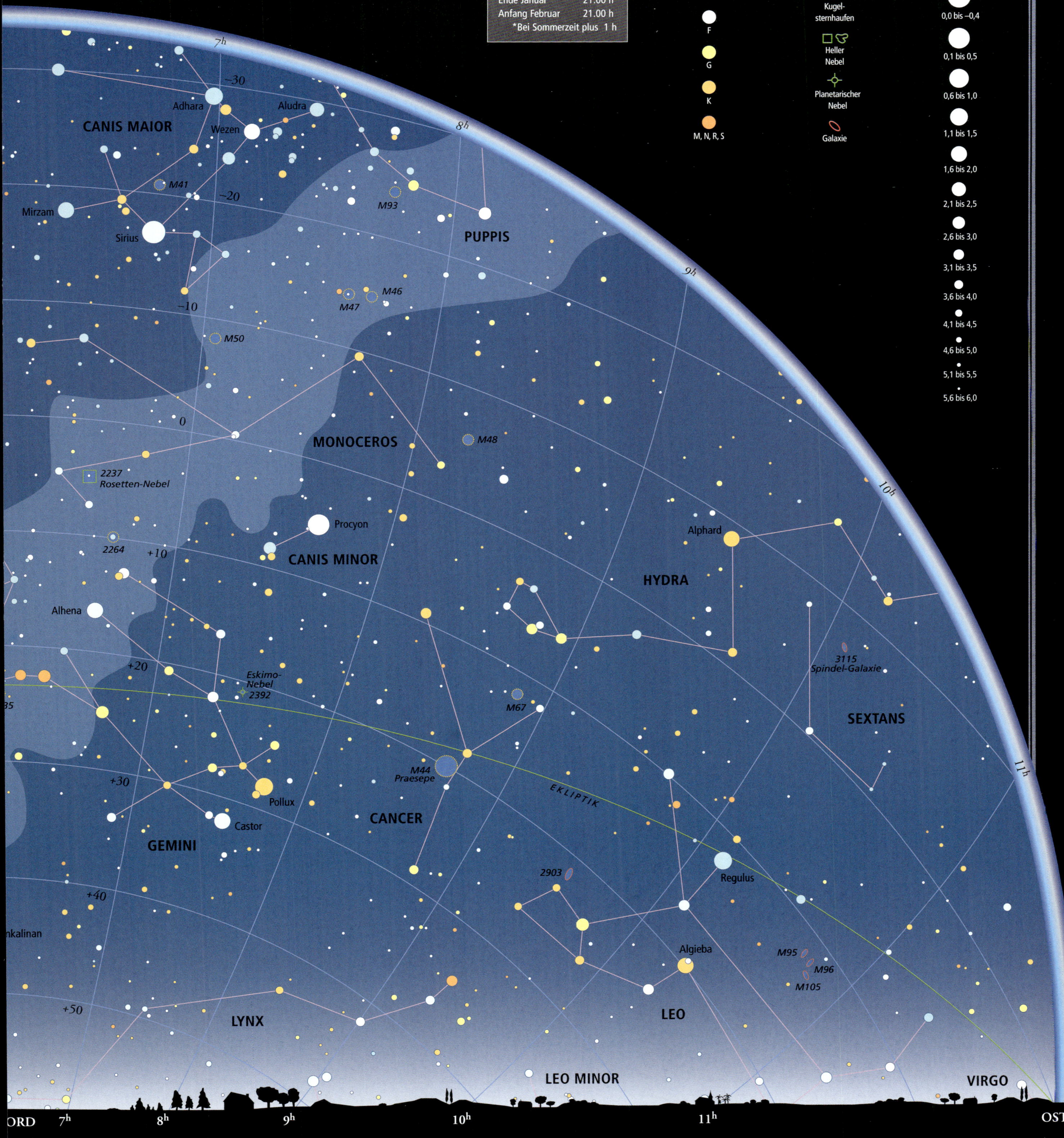

SOMMER AUF DER SÜDHALBKUGEL: SÜDEN

Im Frühsommer ziehen im Süden Canopus im Sternbild Carina (Schiffskiel) und Achernar im Eridanus die Aufmerksamkeit auf sich, während Canis Maior (Großer Hund) und Puppis (Achterdeck) im Südosten aufsteigen und auch die Magellanschen Wolken sich hoch am Himmel befinden. Die Wochen vergehen und noch einmal beginnt sich die Milchstraße von Südosten her zu erheben und sie bringt das Kreuz des Südens (Crux) sowie die glänzenden Sterne Rigil Kent und Hadar (Alpha und Beta Centauri) mit sich. Wenn der Sommer zu Ende geht, schneidet die Milchstraße den Himmel entzwei, taucht von Südsüdost her auf, ergießt sich bis nahe an den Zenit und fließt wieder hinunter, um hinter dem nordwestlichen Horizont zu verschwinden.

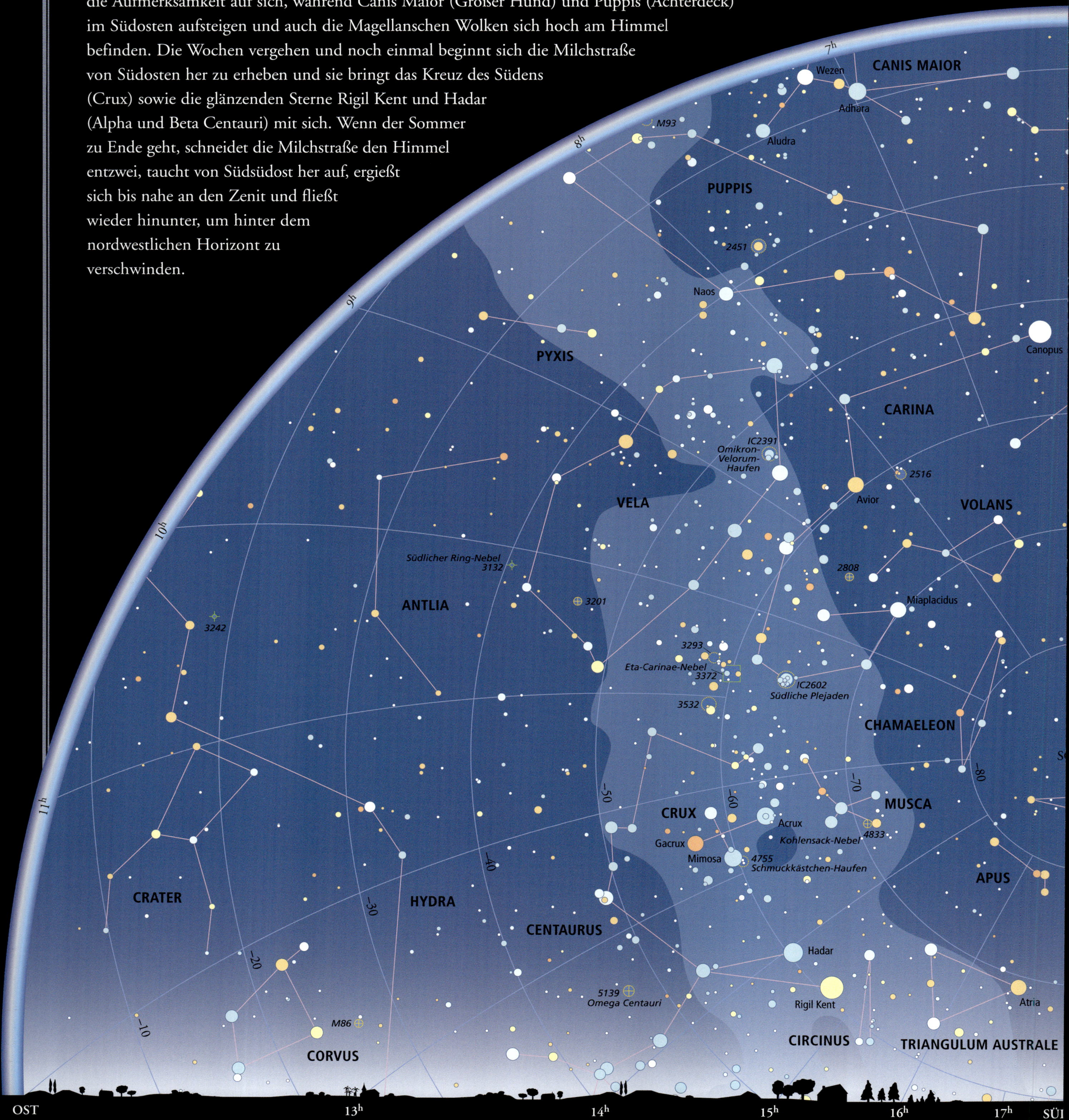

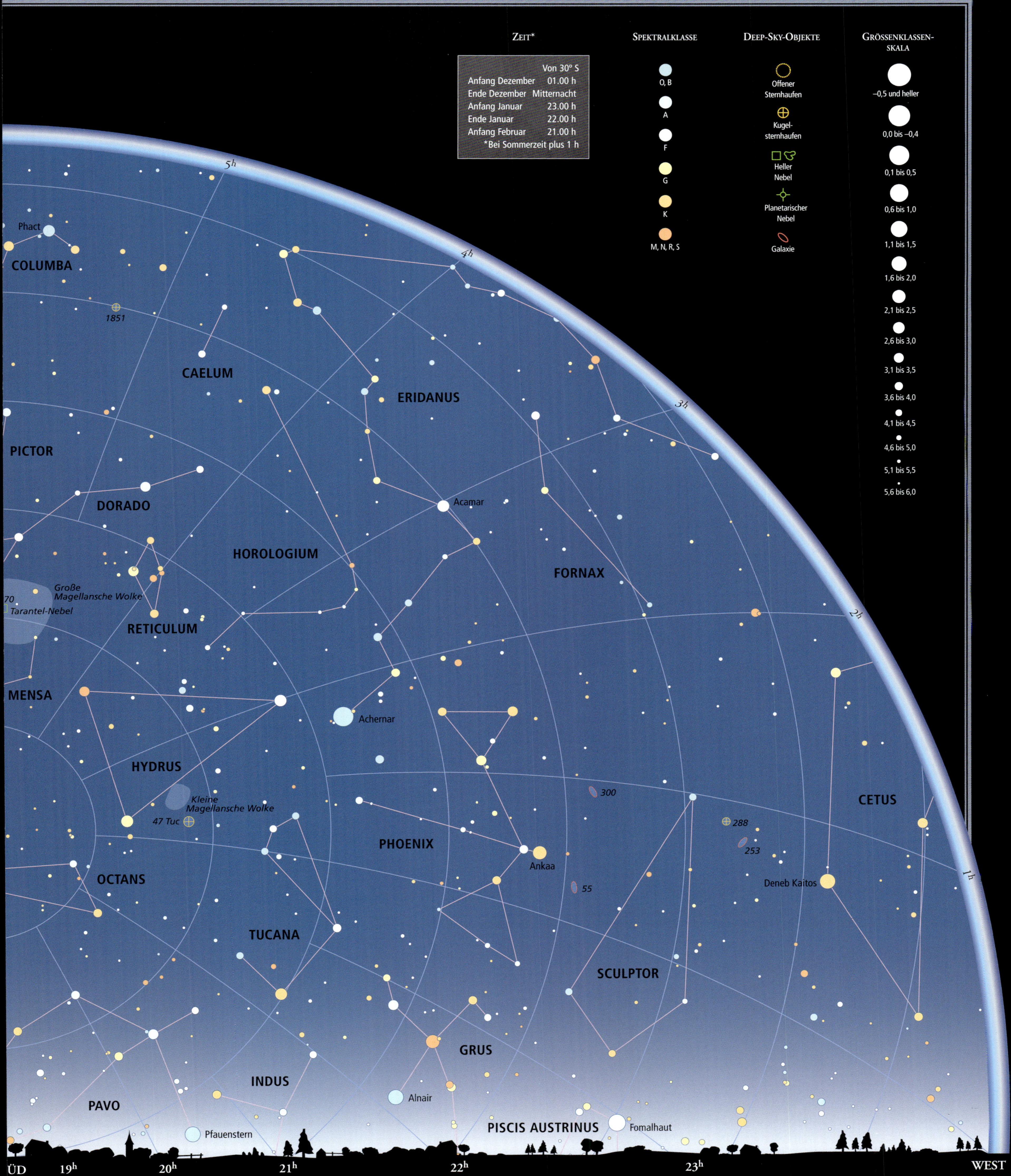

Zeit*
Von 30° S
Anfang Dezember 01.00 h
Ende Dezember Mitternacht
Anfang Januar 23.00 h
Ende Januar 22.00 h
Anfang Februar 21.00 h
*Bei Sommerzeit plus 1 h
Spektralklasse
O, B
A
F
G
K
M, N, R, S
Deep-Sky-Objekte
Offener Sternhaufen
Kugelsternhaufen
Heller Nebel
Planetarischer Nebel
Galaxie
Grössenklassen-Skala
–0,5 und heller
0,0 bis –0,4
0,1 bis 0,5
0,6 bis 1,0
1,1 bis 1,5
1,6 bis 2,0
2,1 bis 2,5
2,6 bis 3,0
3,1 bis 3,5
3,6 bis 4,0
4,1 bis 4,5
4,6 bis 5,0
5,1 bis 5,5
5,6 bis 6,0
5h
4h
3h
2h
1h
Phact
COLUMBA
1851
CAELUM
ERIDANUS
PICTOR
DORADO
Acamar
HOROLOGIUM
FORNAX
Große Magellansche Wolke
70
Tarantel-Nebel
RETICULUM
MENSA
Achernar
HYDRUS
Kleine Magellansche Wolke
47 Tuc
300
288
253
CETUS
PHOENIX
Ankaa
55
Deneb Kaitos
OCTANS
TUCANA
SCULPTOR
GRUS
INDUS
Alnair
PAVO
Pfauenstern
PISCIS AUSTRINUS
Fomalhaut
ÜD
19h
20h
21h
22h
23h
WEST

Herbst auf der Südhalbkugel: Norden

Wenn die hellen Sternbilder des Sommers im Westen versunken sind, erscheint der Herbsthimmel in nördlicher Richtung nicht besonders blendend, doch man findet noch immer einige wenige helle Sterne. Erwähnenswert sind der orangefarbige Arcturus im Rinderhirten Boötes, Spica im Sternbild Virgo (Jungfrau), Regulus im Löwen und Procyon im Sternbild Canis Minor (Kleiner Hund). Arcturus erreicht seinen höchsten Punkt im Mai zu der Zeit, wenn Leo (Löwe) im Nordwesten sinkt und Herkules im Nordosten aufsteigt. Das ist eine gute Zeit, um auf Galaxienjagd zu gehen, denn der gigantische Virgo-Galaxienhaufen ist von März bis Mai gut zu sehen.

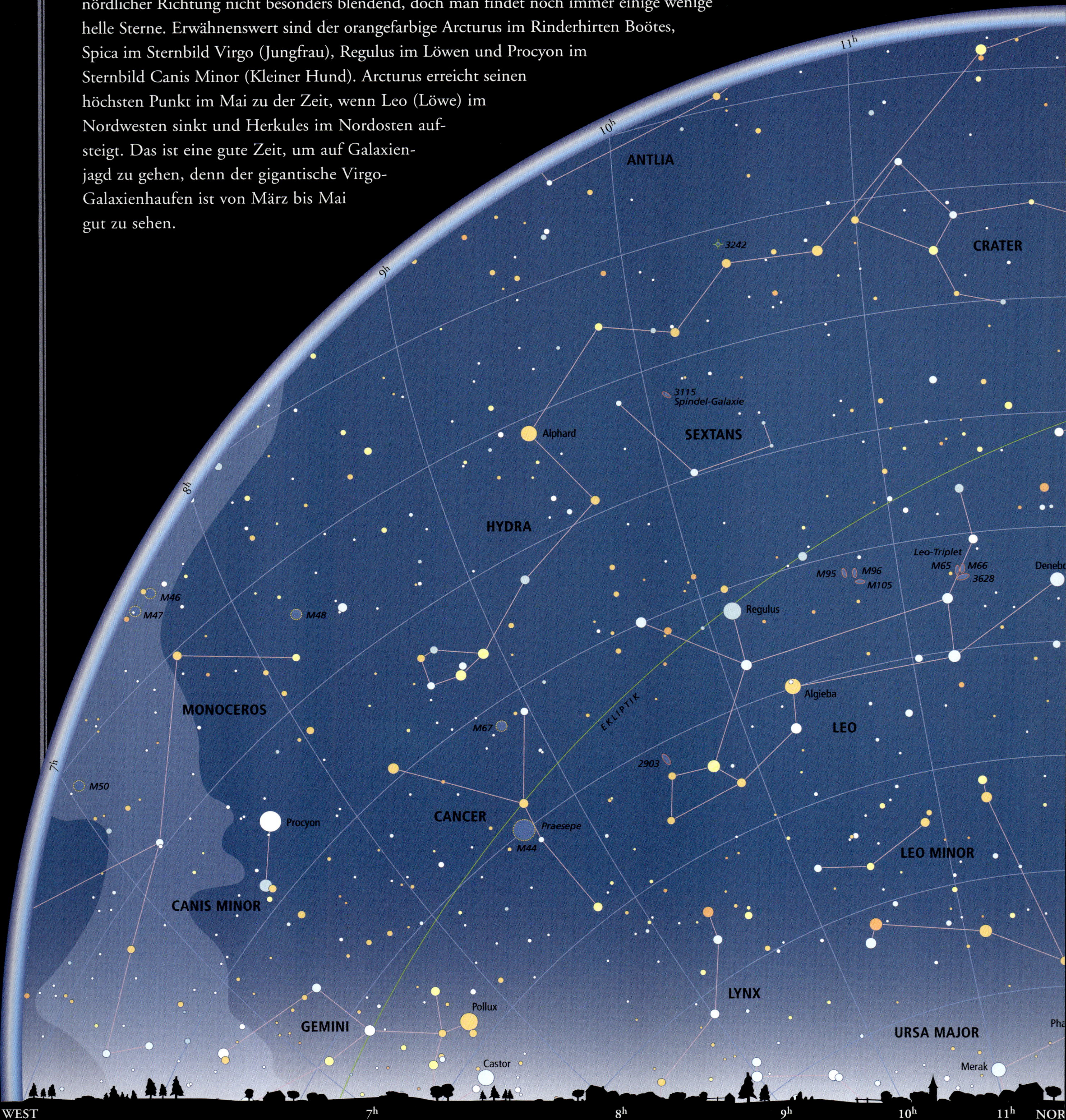

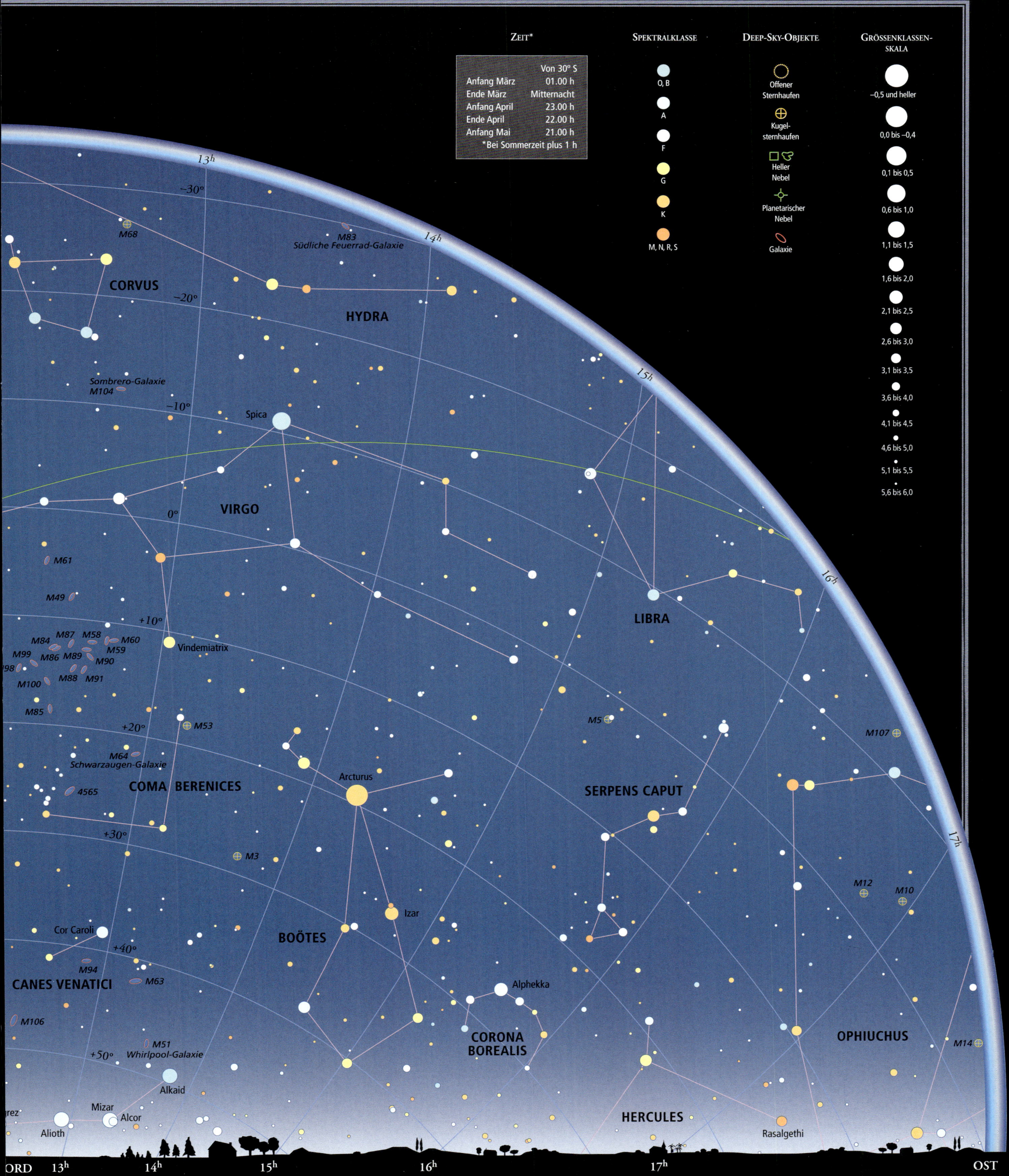
Zeit*
Von 30° S
Anfang März 01.00 h
Ende März Mitternacht
Anfang April 23.00 h
Ende April 22.00 h
Anfang Mai 21.00 h
*Bei Sommerzeit plus 1 h
Spektralklasse
O, B
A
F
G
K
M, N, R, S
Deep-Sky-Objekte
Offener Sternhaufen
Kugel-sternhaufen
Heller Nebel
Planetarischer Nebel
Galaxie
Grössenklassen-Skala
–0,5 und heller
0,0 bis –0,4
0,1 bis 0,5
0,6 bis 1,0
1,1 bis 1,5
1,6 bis 2,0
2,1 bis 2,5
2,6 bis 3,0
3,1 bis 3,5
3,6 bis 4,0
4,1 bis 4,5
4,6 bis 5,0
5,1 bis 5,5
5,6 bis 6,0
CORVUS
HYDRA
VIRGO
LIBRA
COMA BERENICES
SERPENS CAPUT
BOÖTES
CANES VENATICI
CORONA BOREALIS
OPHIUCHUS
HERCULES
M68
M83
Südliche Feuerrad-Galaxie
Sombrero-Galaxie
M104
Spica
M61
M49
M84
M87
M58
M60
M59
M99
M86
M89
M90
M88
M91
M100
M85
Vindemiatrix
M53
M64
Schwarzaugen-Galaxie
4565
Arcturus
M5
M107
M3
Izar
Cor Caroli
M94
M63
M106
M51
Whirlpool-Galaxie
Alkaid
Mizar
Alcor
Alioth
Alphekka
M12
M10
M14
Rasalgethi
–30°
–20°
–10°
0°
+10°
+20°
+30°
+40°
+50°
13h
14h
15h
16h
17h
ORD
OST

Herbst auf der Südhalbkugel: Süden

Im Vergleich zu dem matten Licht in nördlicher Richtung bietet der Süden den Anblick einer himmlischen Schatztruhe. Hier beherrscht die Milchstraße den Himmel, die sich wie ein sternenbestückter Regenbogen über den Himmel zieht. Darunter schweben die Magellanschen Wolken nahe über dem Horizont. Carina, Centaurus und Crux, das wunderschöne Kreuz des Südens, das im April seinen höchsten Punkt erreicht, sind die ganze Jahreszeit über gut zu sehen. Man kann das Kreuz des Südens leicht mit dem Falschen Kreuz verwechseln, dessen senkrechter Balken bei Avior im Sternbild Carina endet, der im Herbst auch zu sehen ist. Ein weiterer bemerkenswerter Stern ist der rot schimmernde Antares im Sternbild Scorpius (Skorpion), den man im Südosten finden kann.

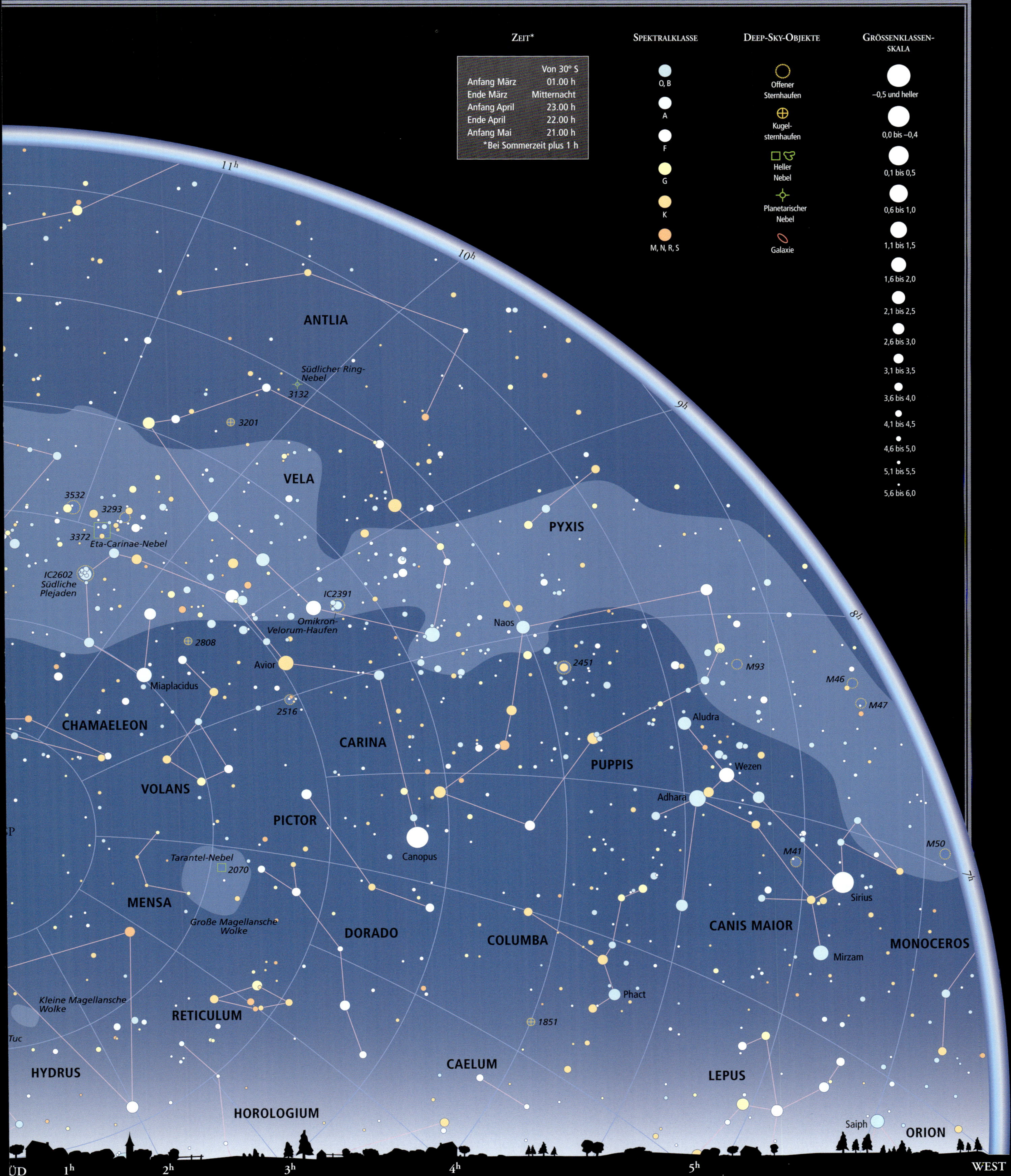
Zeit*
Von 30° S
Anfang März 01.00 h
Ende März Mitternacht
Anfang April 23.00 h
Ende April 22.00 h
Anfang Mai 21.00 h
*Bei Sommerzeit plus 1 h
Spektralklasse
O, B
A
F
G
K
M, N, R, S
Deep-Sky-Objekte
Offener Sternhaufen
Kugelsternhaufen
Heller Nebel
Planetarischer Nebel
Galaxie
Grössenklassen-Skala
–0,5 und heller
0,0 bis –0,4
0,1 bis 0,5
0,6 bis 1,0
1,1 bis 1,5
1,6 bis 2,0
2,1 bis 2,5
2,6 bis 3,0
3,1 bis 3,5
3,6 bis 4,0
4,1 bis 4,5
4,6 bis 5,0
5,1 bis 5,5
5,6 bis 6,0
11h
10h
9h
8h
7h
ANTLIA
Südlicher Ring-Nebel
3132
3201
VELA
PYXIS
3532
3293
3372
Eta-Carinae-Nebel
IC2602 Südliche Plejaden
IC2391
Omikron-Velorum-Haufen
Naos
2808
Avior
2451
M93
M46
M47
Miaplacidus
2516
CHAMAELEON
CARINA
Aludra
PUPPIS
Wezen
VOLANS
Adhara
PICTOR
Canopus
M41
M50
Sirius
Tarantel-Nebel
2070
MENSA
Große Magellansche Wolke
DORADO
COLUMBA
CANIS MAIOR
Mirzam
MONOCEROS
Kleine Magellansche Wolke
RETICULUM
Phact
1851
Tuc
HYDRUS
CAELUM
LEPUS
HOROLOGIUM
Saiph
ORION
ÜD
1h
2h
3h
4h
5h
WEST

Winter auf der Südhalbkugel: Norden

Zu Winterbeginn stehen in nördlicher Richtung Boötes (Rinderhirte) und Virgo (Jungfrau) hoch und ihre hellen Sterne Arcturus und Spica regieren den Himmel. Mit fortschreitender Jahreszeit treiben sie westwärts, während die Sternbilder Scorpius (Skorpion) und Sagittarius (Schütze) hoch hinaufwandern und ihre Positionen übernehmen. Wenn man sich nicht zu weit südlich befindet, dann verdoppelt sich das Sommerdreieck der Nordhalbkugel, das von Wega im Sternbild Lyra (Leier), Deneb im Schwan (Cygnus) und Atair im Sternbild Aquila (Adler) gebildet wird, durch das Winterdreieck des Südens, das sich über die strahlende Milchstraße spannt. Mit dem Ende des Winters verschwinden diese auffälligen Sterne wieder und der eher schwach leuchtende Pegasus nimmt ihren Platz im Norden ein.

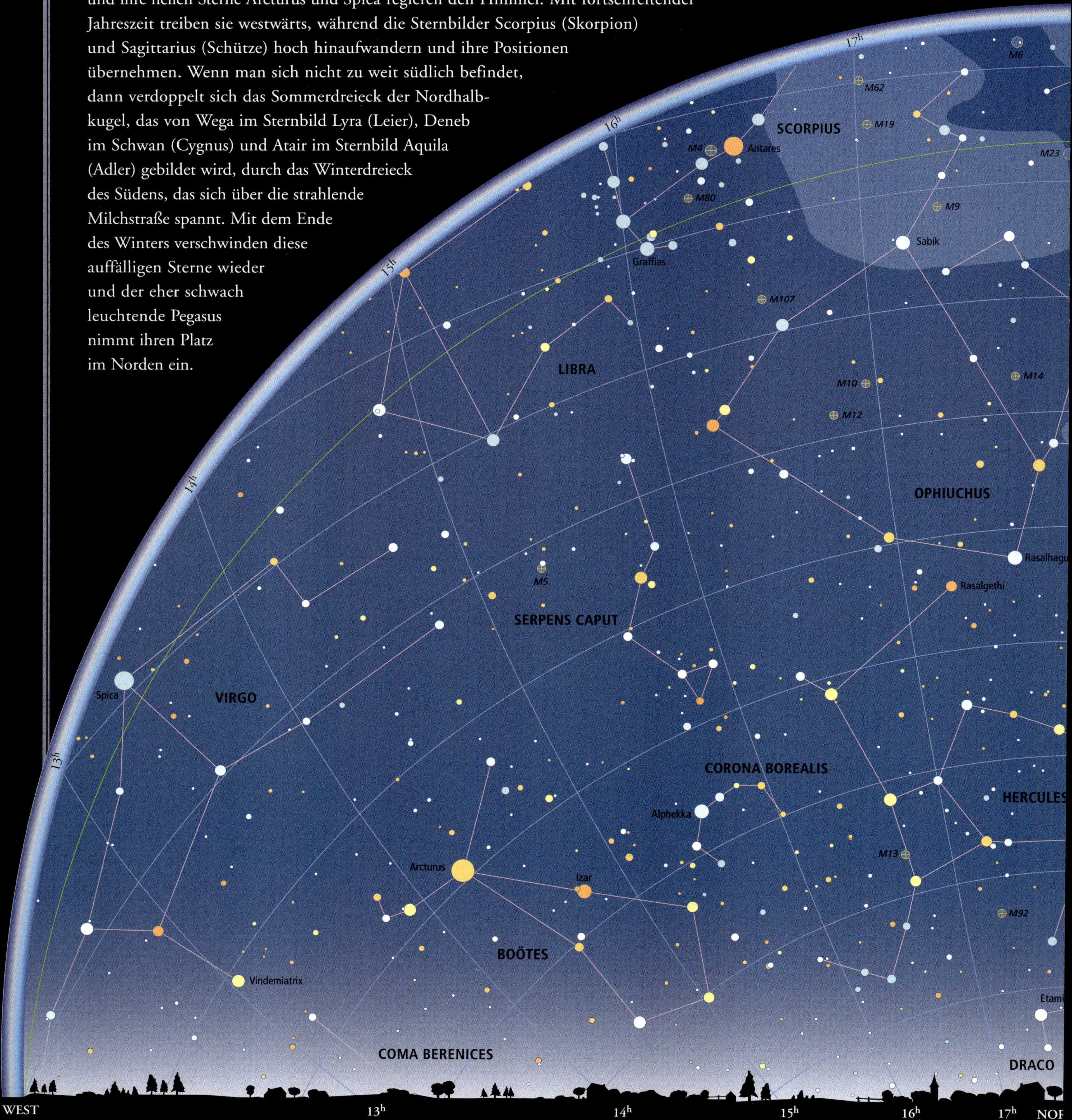

Zeit
Von 30° S
Anfang Juni 01.00 h
Ende Juni Mitternacht
Anfang Juli 23.00 h
Ende Juli 22.00 h
Anfang August 21.00 h
Spektralklasse
O, B
A
F
G
K
M, N, R, S
Deep-Sky-Objekte
Offener Sternhaufen
Kugel-sternhaufen
Heller Nebel
Planetarischer Nebel
Galaxie
Grössenklassen-Skala
–0,5 und heller
0,0 bis –0,4
0,1 bis 0,5
0,6 bis 1,0
1,1 bis 1,5
1,6 bis 2,0
2,1 bis 2,5
2,6 bis 3,0
3,1 bis 3,5
3,6 bis 4,0
4,1 bis 4,5
4,6 bis 5,0
5,1 bis 5,5
5,6 bis 6,0
SAGITTARIUS
M69
M70
M54
M55
M28
M22
Nunki
Lagunen-Nebel
M21
M20
M25
M24
M18
M17
Omega-Nebel
M16
Adler-Nebel
M75
EKLIPTIK
SCUTUM
CAPRICORNUS
M72
Saturn-Nebel
7009
SERPENS CAUDA
6572
AQUILA
Atair
6934
M2
Brocchis-Haufen
Cr399
M71
SAGITTA
VULPECULA
M27
Hantel-Nebel
DELPHINUS
EQUULEUS
AQUARIUS
Albireo
Enif
M15
Ring-Nebel
M57
M56
LYRA
Wega
6960
Schleier-Nebel
6992,6995
M29
CYGNUS
Deneb
PEGASUS
Markab
PISCES
19h
20h
21h
22h
23h
–30
–20
–10
0
+10
+20
+30
+40
+50
ORD
OST

Winter auf der Südhalbkugel: Süden

Auf der Südhalbkugel kann man zu Winterbeginn die beiden Magellanschen Wolken tief über dem südlichen Horizont sehen. Carina, der Schiffskiel, steht tief im Südwesten, aber das Kreuz des Südens (Crux) und Centaurus behaupten immer noch stolz ihre Plätze. Später sinken beide gegen Südwesten, während die Magellanschen Wolken höher wandern und den Himmelssüdpol umgeben. Gegen Ende des Winters ist Carina hinter dem Horizont verschwunden (abhängig vom Breitengrad) und das Kreuz des Südens befindet sich knapp darüber. Centaurus steht noch etwas höher und Achernar im Sternbild Eridanus (Fluss Eridanus) leuchtet auffallend hell im Südosten.

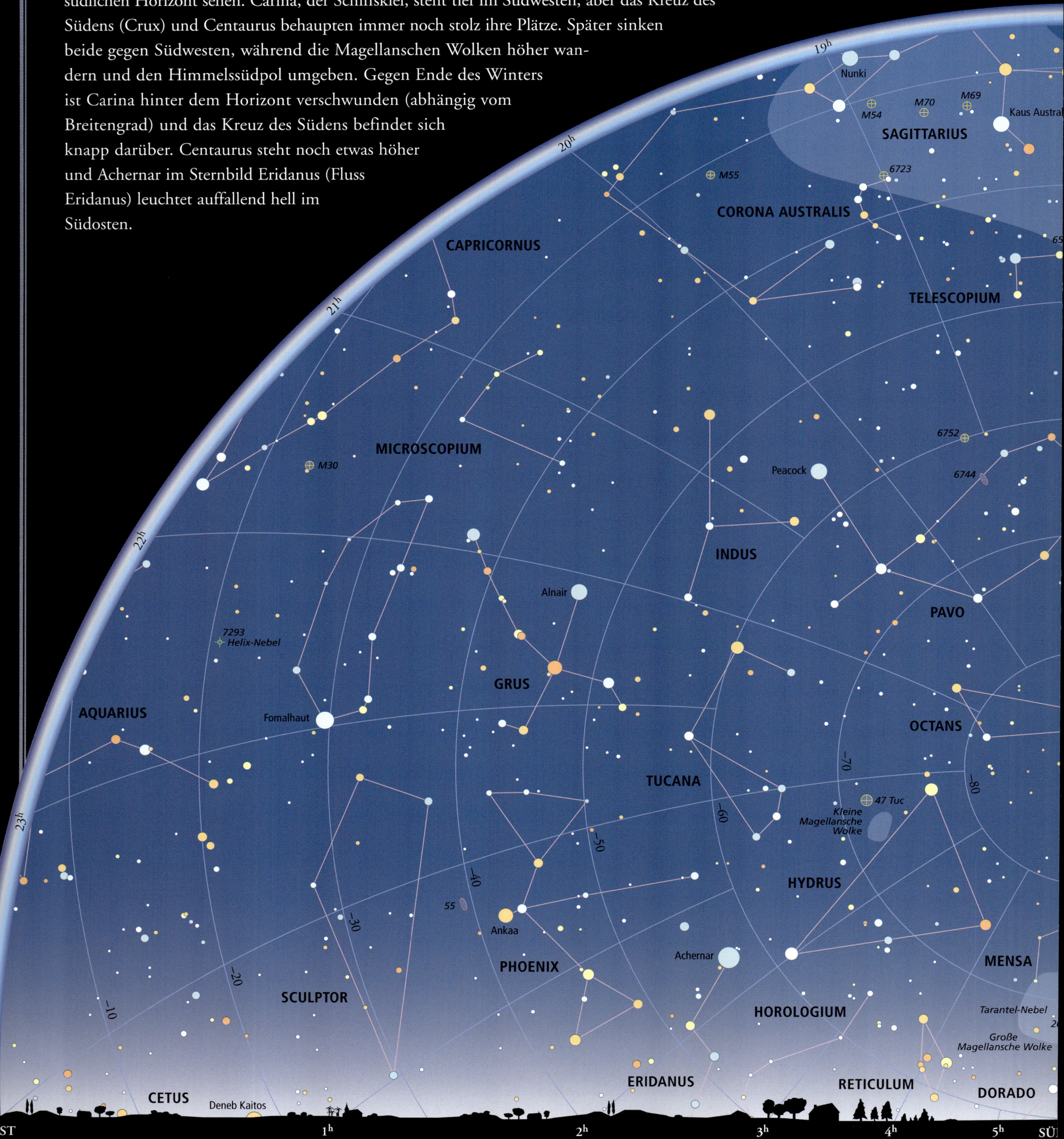

Zeit
Von 30° S
Anfang Juni 01.00 h
Ende Juni Mitternacht
Anfang Juli 23.00 h
Ende Juli 22.00 h
Anfang August 21.00 h
Spektralklasse
O, B
A
F
G
K
M, N, R, S
Deep-Sky-Objekte
Offener Sternhaufen
Kugelsternhaufen
Heller Nebel
Planetarischer Nebel
Galaxie
Grössenklassen-Skala
–0,5 und heller
0,0 bis –0,4
0,1 bis 0,5
0,6 bis 1,0
1,1 bis 1,5
1,6 bis 2,0
2,1 bis 2,5
2,6 bis 3,0
3,1 bis 3,5
3,6 bis 4,0
4,1 bis 4,5
4,6 bis 5,0
5,1 bis 5,5
5,6 bis 6,0
OPHIUCHUS
M19
17h
M6
M62
M7
Shaula
Antares
M4
16h
SCORPIUS
6388
6231
LIBRA
15h
5986
6397
NORMA
ARA
LUPUS
6087
6025
CIRCINUS
6362
Atria
Menkent
14h
Rigil Kent
TRIANGULUM AUSTRALIS
Hadar
Südliche Feuerrad-Galaxie
M83
Omega Centauri
5139
5128
Centaurus A
APUS
4945
Spica
4755
4833
Schmuckkästchen-Haufen
VIRGO
Kohlensack-Nebel
Mimosa
CENTAURUS
Acrux
Gacrux
HAMAELEON
CRUX
MUSCA
M68
13h
HYDRA
Südliche Plejaden
IC2602
3532
M104
Sombrero-Galaxie
3293
Miaplacidus
3372
Eta-Carinae-Nebel
CORVUS
CARINA
VOLANS
VELA
Avior
2516
CRATER
PICTOR
ÜD
7h
8h
9h
10h
11h
WEST

Dieses Bild zeigt einen Abschnitt der Milchstraße im unverwechselbaren Sternbild Crux (Kreuz des Südens), dem kleinsten der zurzeit anerkannten 88 Sternbilder. Der dunkle Fleck oberhalb des Kreuzes ist der sogenannte Kohlensack-Nebel, eine interstellare Staubwolke, die das Licht der Hintergrundsterne verdunkelt.

Die Sternbilder

Karten der Sternbilder

Einige der heute bekannten Sternbilder sind wirklich alt, doch die letzten Flecken des Himmels erhielten ihre Namen erst im achtzehnten Jahrhundert und es dauerte noch bis zum Jahr 1930, bis die Internationale Astronomische Vereinigung die Grenzen der heutigen 88 Sternbilder anerkannte. Auf den folgenden Seiten findet man detaillierte Karten jedes Sternbilds mit beigefügten Fotografien der interessantesten Objekte am Nachthimmel.

Alphabetische Liste der Sternbilder Seite

Nördlicher Himmel

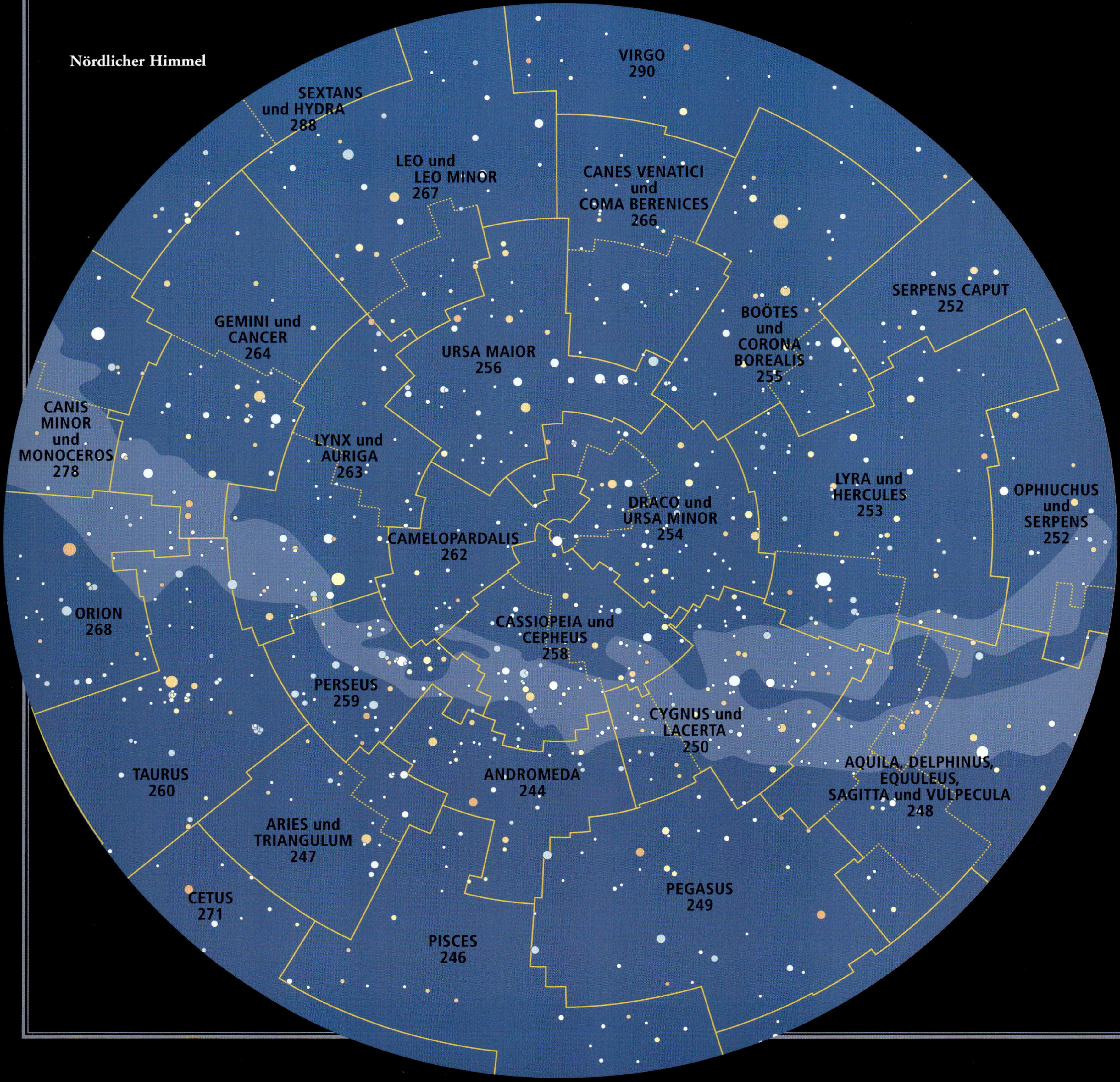

Südlicher Himmel

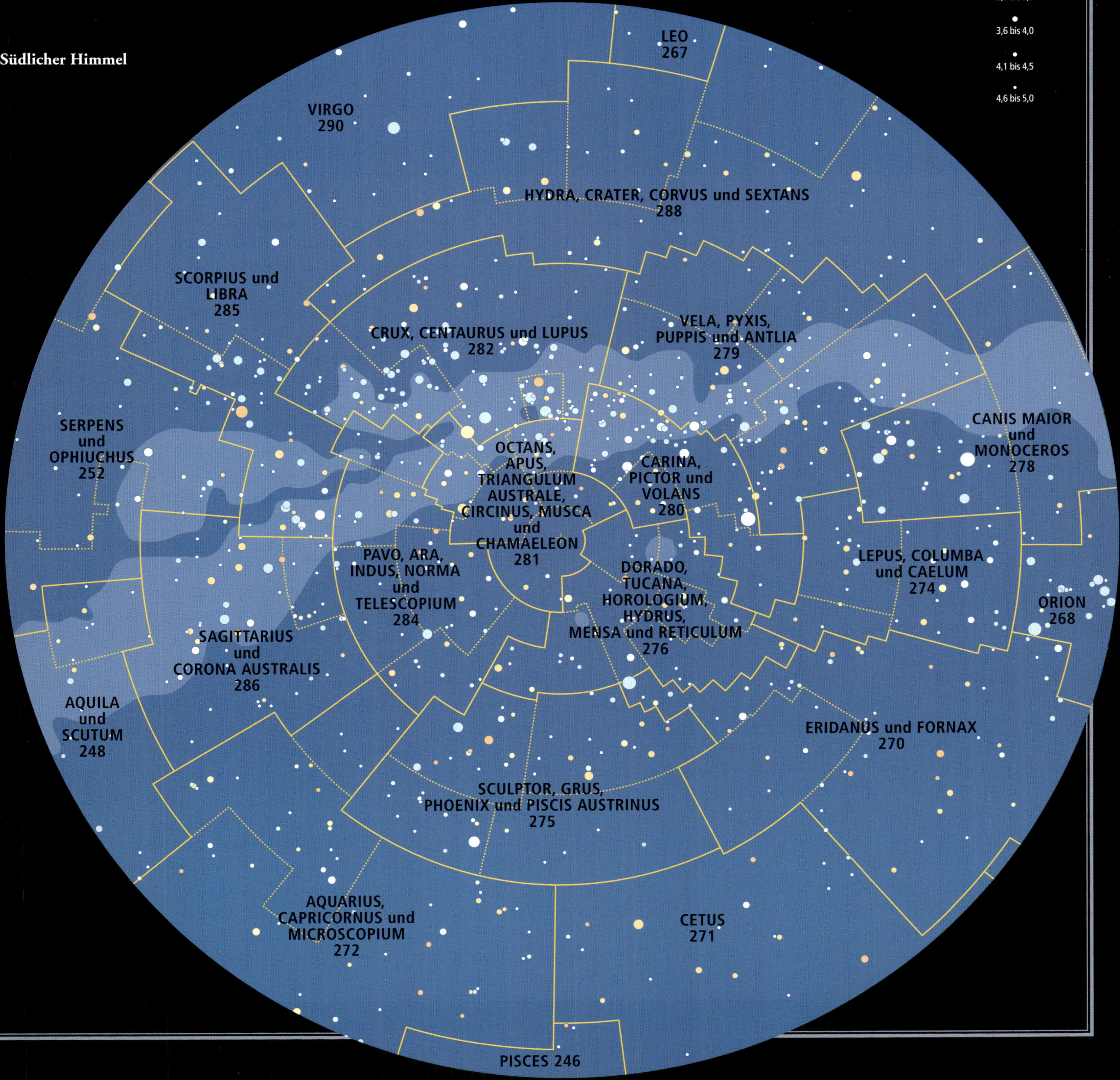

Spektral-Klasse
O, B
A
F
G
K
M, N, R, S

Sterne
Doppelstern
Veränderlicher Stern

Deep-Sky-Objekte
Offener Sternhaufen
Kugelsternhaufen
Heller Nebel
Planetarischer Nebel
Galaxie
Lichtschwache Galaxie

Andromeda

Andromeda (die Prinzessin, rechts abgebildet) ist kein besonders auffälliges Sternbild, aber unmittelbar südlich des großen Ws der Cassiopeia und nordöstlich des Pegasusquadrats leicht zu finden. Die Prinzessin hat die sehr schlanke, in die Länge gezogene Form eines Vs und ihr südlicher Arm enthält die vier hellsten Sterne. Die gleichnamige Andromeda-Galaxie (M 31) ist eine Spiralgalaxie, die etwas größer ist als unsere Milchstraße und der die Auszeichnung zukommt, mit einer Entfernung von 2,9 Millionen Lichtjahren das fernste für das bloße Auge sichtbare Objekt zu sein (obwohl man sie nur bei sehr dunklem Himmel sehen kann). Auch der mattere und weiter entfernte M 33 im Triangulum (Dreieck) soll für die schärfsten Augen zu erkennen sein. M 31 und M 33 sind Mitglieder des Galaxienhaufens der Lokalen Gruppe. Andromeda bietet auch den Planetarischen Nebel NGC 7662 und den Offenen Haufen NGC 752.

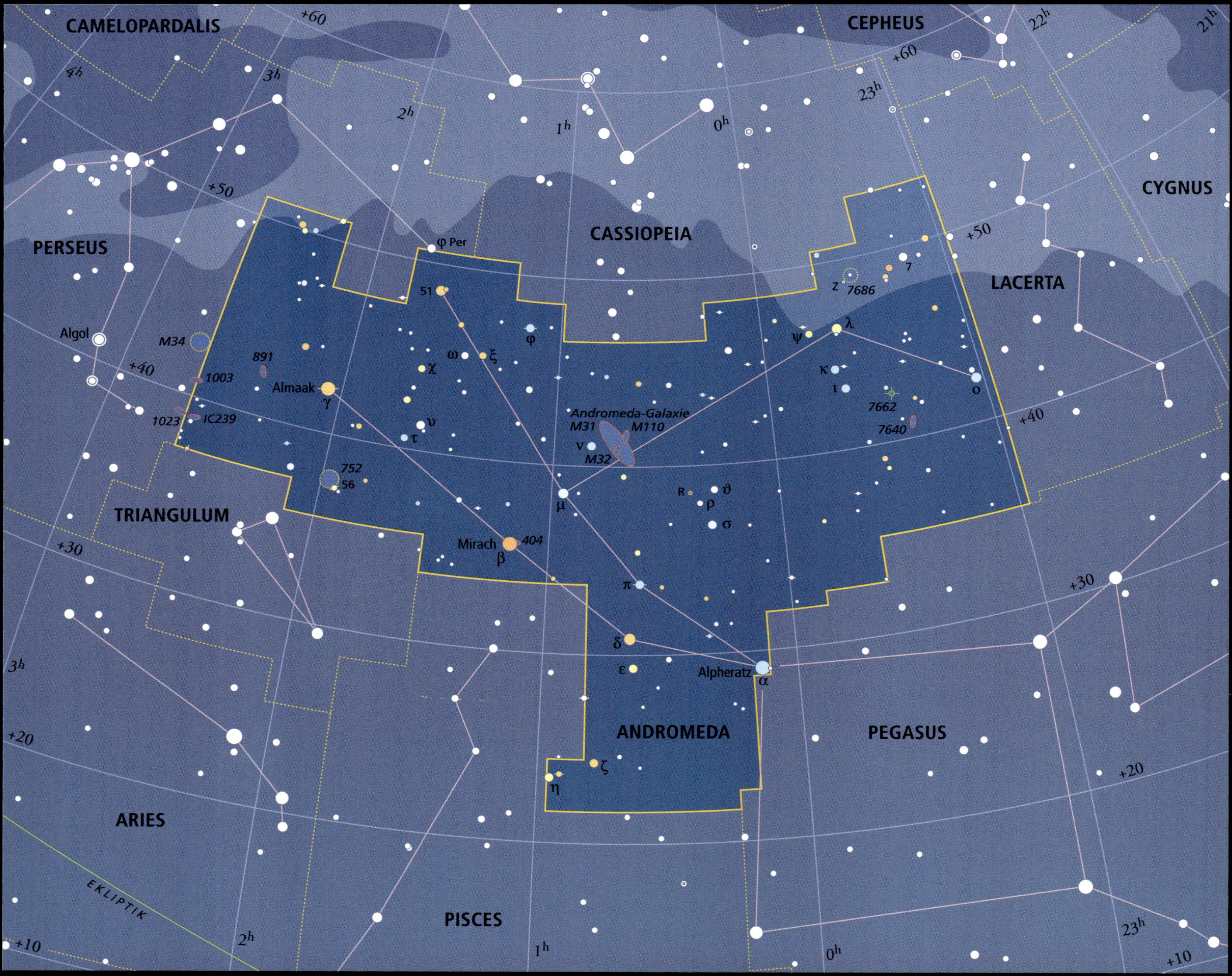

Die hellsten Sterne

Name	Grössenklasse	Distanz (Lj.)	Spektralklasse
Alpheratz (α And)	2,06	97	B8
Mirach (β And)	2,06	199	M0
Almaak (γ And)	2,26	355	K3+A0
δ And	3,27	101	K3
51 And	3,59	174	K3

Sehenswürdigkeiten

Name	Typ	Distanz (Lj.)	Anderer Name
NGC 752	Offener Haufen	1.300	Melotte 12
NGC 7662	Planetarischer Nebel	5.600	Blauer Schneeball-Nebel
M 32	Ellipt. Satellitengalaxie	2,9 Millionen	NGC 221
M 110	Ellipt. Satellitengalaxie	2,9 Millionen	NGC 205
Andromeda-Galaxie	Spiralgalaxie	2,9 Millionen	M 31, NGC 224

Die Andromeda-Galaxie (rechts)
Diese großartige Spiralgalaxie mit der Nummer 31 in Charles Messiers Katalog der Schätze des Himmels ist etwa 2,9 Millionen Lichtjahre entfernt und die nächste große Sterneninsel zu unserer Milchstraße. Sie ist auch als NGC 224 bekannt und eine Spiralgalaxie der Klasse Sb mit einigermaßen offenen Armen. Aber weil wir sie schräg von der Seite sehen, sind die Arme nicht so genau definiert wie bei einigen anderen Galaxien. Mit einem Fernglas ist M 31 gut zu sehen und sogar das bloße Auge wird bei genügend dunklem Himmel einen großen verschwommenen Fleck erkennen.

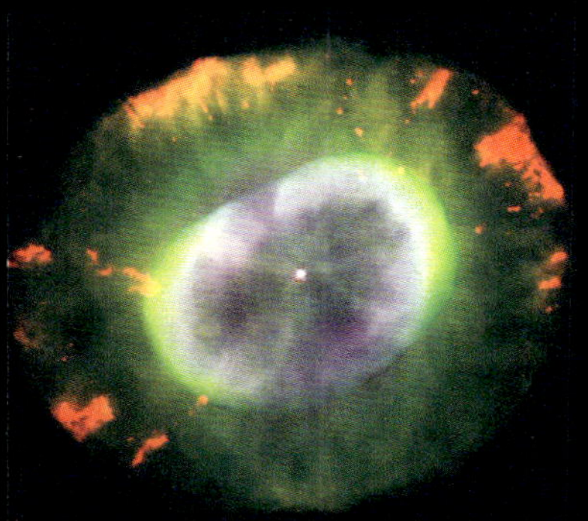

Der Blaue-Schneeball-Nebel (links)
Durch ein kleines Teleskop betrachtet erscheint der Blaue Schneeball-Nebel oder NGC 7662, der etwa 5.600 Lichtjahre entfernt ist, als blau leuchtende Scheibe. Von näher betrachtet, wie hier vom Hubble-Weltraumteleskop, gleicht NGC 7662 eher einem Auge als einem Schneeball. Die „Iris“ wird von einer Blase aus vor kurzem ausgeworfenem und sich schnell bewegendem Material gebildet, die das ältere Gas vor sich her treibt, wodurch ein heller Rand entsteht. Der Ursprung der äußeren roten Streifen ist nicht bekannt.

Der Begleiter der Andromeda-Galaxie (M 32) (oben)
Dieses in ultraviolettem Licht aufgenommene Hubble-Bild zeigt das Herz von M 32 und einen Schwarm von ungefähr 8.000 blauen Sternen, die den Galaktischen Kern umgeben. Es sind sehr heiße Sterne in einer späten Phase ihres Lebens. Anders als die Sonne, die Wasserstoff zu Helium verbrennt, haben sie den Wasserstoff in ihrem Inneren verbraucht und verbrennen nun Helium zu schwereren Elementen. Die starke Konzentration der Sterne um den Kern unterstützt die Vermutung, dass sich im Zentrum von M 32 ein sehr massereiches Schwarzes Loch befindet.

Schwarze Löcher in der Andromeda-Galaxie (M 31) (unten)
Im Inneren von M 31 befindet sich vermutlich ein Schwarzes Loch mit 30 Millionen Sonnenmassen. Seine Position entspricht dem gelben Punkt, der auf diesem Bild des Chandra-Röntgenobservatoriums direkt über dem blauen liegt und eine sehr heiße Quelle von Röntgenstrahlen anzeigt. Warum eine relativ kühle Röntgenquelle wie der blaue Punkt nur zehn Lichtjahre südlich des Schwarzen Loches liegen sollte, bleibt ein Geheimnis. Die gelben Punkte sind vielleicht Röntgen-Doppelsterne, wo ein Neutronenstern oder Schwarzes Loch um einen normalen Stern kreist.

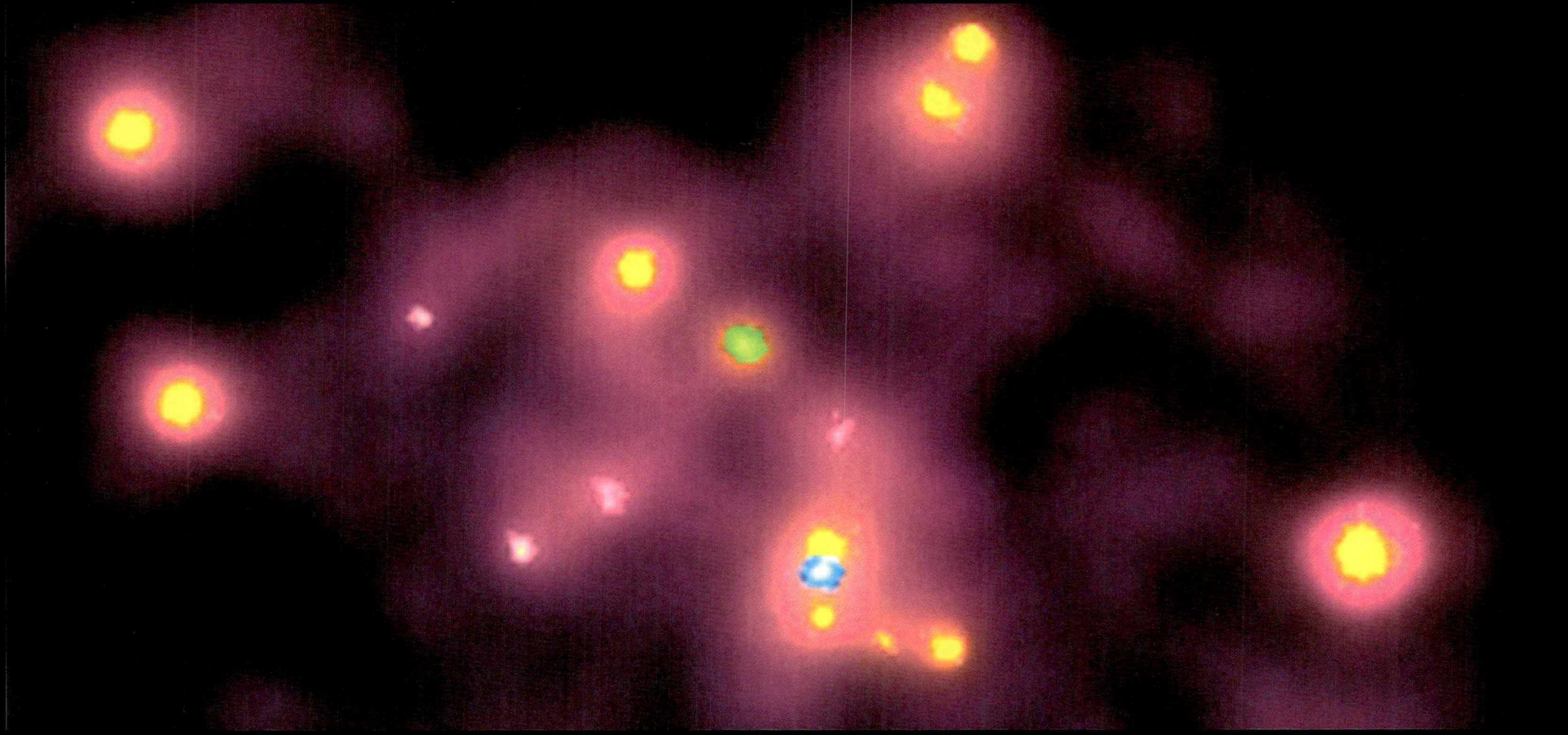

Grössen-Klassenskal

- −0,5 und heller
- 0,0 bis −0,4
- 0,1 bis 0,5
- 0,6 bis 1,0
- 1,1 bis 1,5
- 1,6 bis 2,0
- 2,1 bis 2,5
- 2,6 bis 3,0
- 3,1 bis 3,5
- 3,6 bis 4,0
- 4,1 bis 4,5
- 4,6 bis 5,0
- 5,1 bis 5,5
- 5,6 bis 6,0
- 6,1 bis 6,5

Spektral-
klasse
O, B
A
F
G
K
M, N, R, S

Sterne
Doppelstern
Veränderlicher Stern

Deep-Sky-Objekte
Offener Sternhaufen
Kugelsternhaufen
Heller Nebel
Planetarischer Nebel
Galaxie
Lichtschwache Galaxie

Pisces

Pisces (die Fische) ist kein Sternbild, das sofort ins Auge fällt, denn es enthält keine Sterne über Größenklasse 3,5. Dennoch nimmt es einen beträchtlichen Teil des Himmels ein und ist oft Gastgeber für die Planeten, weil es auf der Ekliptik liegt und deshalb auch ein Tierkreiszeichen ist. Unsere Vorväter, die diese V-förmige Ansammlung benannten, stellten sich zwei mit den Schwänzen verbundene Fische vor. Der westliche Fisch liegt südlich von Pegasus und sein „Kopf" besteht aus einem Ring von sieben Sternen, die man den „Reif" nennt. Der östliche Fisch, der an Andromeda grenzt, ist kaum mehr als ein Strang aus matten Sternen. Zeta (ζ) Piscium steht ein Grad außerhalb der Ekliptik und ist ein Doppelstern, dessen Mitglieder etwa 23 Bogensekunden voneinander entfernt sind. Hier gibt es auch einige Galaxien wie M 74 (rechts), auch als NGC 628 bekannt, und eine 30 Millionen Lichtjahre entfernte Sc-Spiralgalaxie, aber man braucht ein 200-mm-Teleskop, um sie zu sehen.

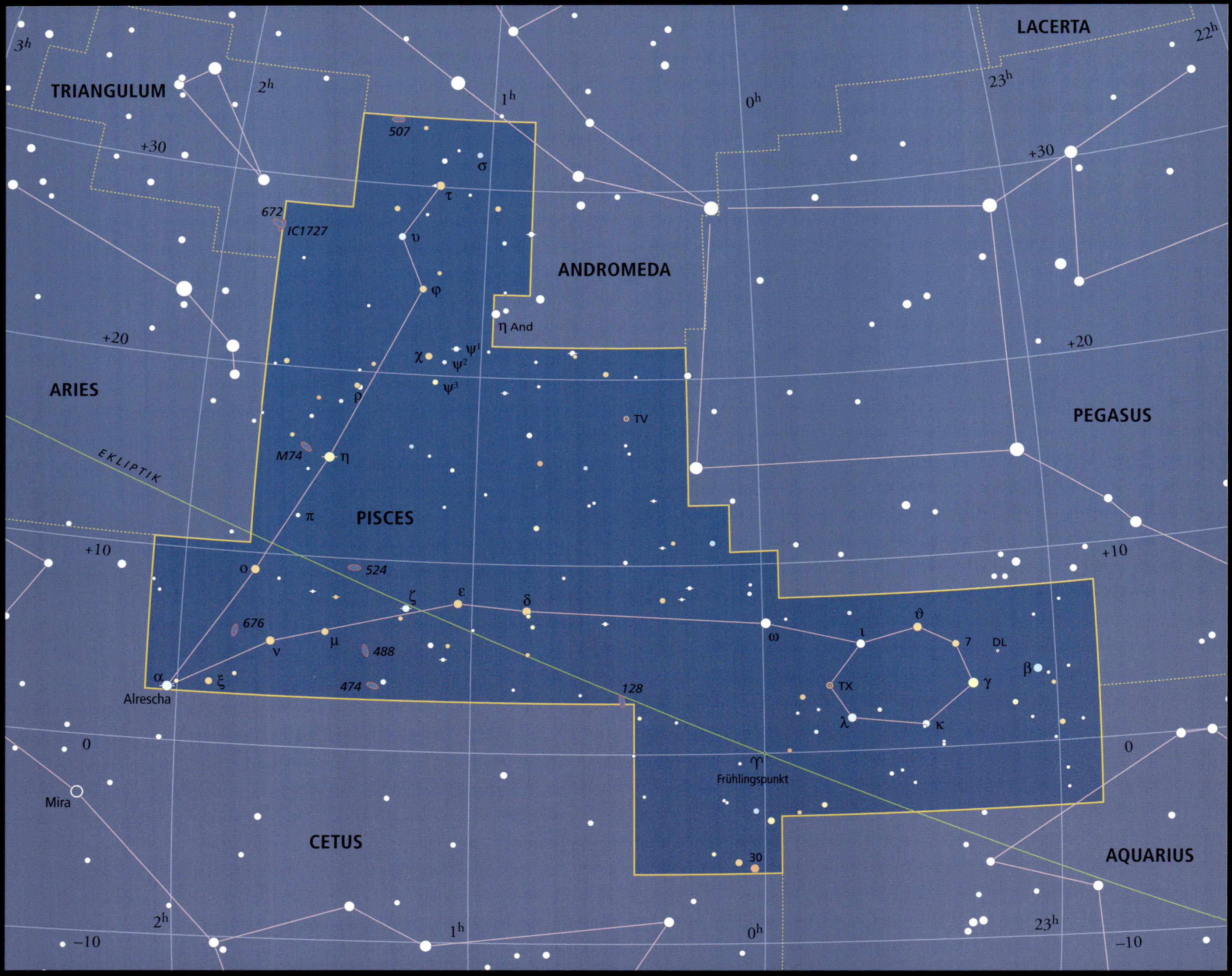

Aries Triangulum

Aries (der Widder) ist ein kleines Sternbild mit einer Hand voll von Sternen und unsere Vorfahren hatten eine lebfafte Vorstellungskraft, als sie es zu einem Widder machten. Die hellsten Sterne Hamal und Sheratan bilden die Hörner des Widders und gehören jeweils zur Größenklasse 2,0 und 2,6. Aries ist der Spielplatz vieler verschiedener Galaxien, aber sie leuchten nur schwach, zwischen Größenklasse elf und fünfzehn. Nahe bei Aries befindet sich ein anderes Sternbild, dessen Hauptsterne ein Dreieck bilden und der Gruppe deshalb den Namen Triangulum geben. Es ist zwar klein, doch es hat ein As im Ärmel in Form von M 33 (rechts), einer wunderschönen und etwa 2,7 Millionen Lichtjahre entfernten Spiralgalaxie. Wie die Andromeda-Galaxie (um welche M 33 möglicherweise kreist) und unsere Milchstraße gehört M 33 zum Galaxienhaufen der Lokalen Gruppe. In M 33 findet man auch einige Sternentstehungsregionen.

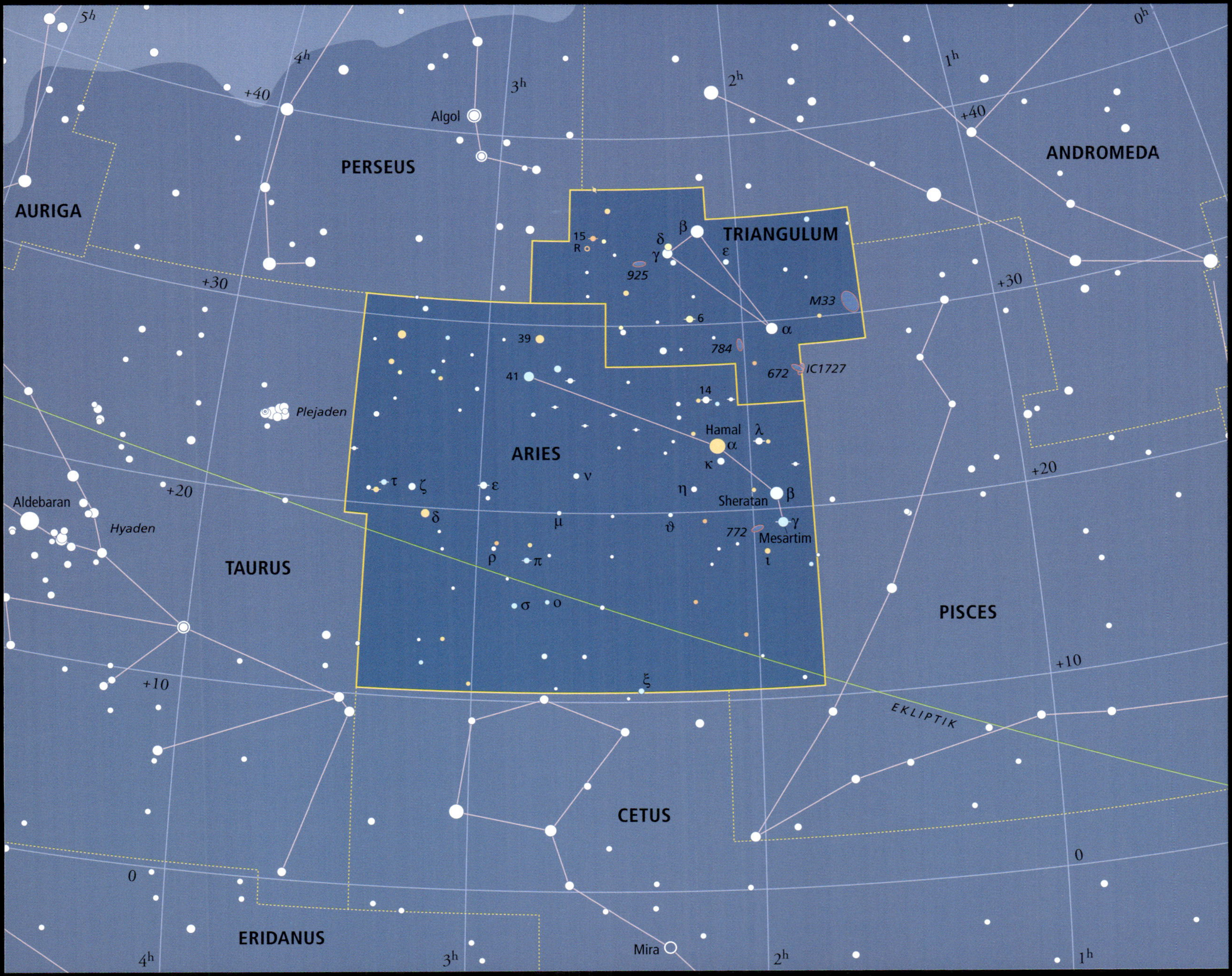

Spektralklasse

O, B

A

F

G

K

M, N, R, S

Sterne

Doppelstern

Veränderlicher Stern

Deep-Sky-Objekte

Offener Sternhaufen

Kugelsternhaufen

Heller Nebel

Planetarischer Nebel

Galaxie

Lichtschwache Galaxie

Aquila

Delphinus, Equuleus, Sagitta, Scutum, Vulpecula

Aquila (der Adler) spielt den Gastgeber für Atair, den zwölfthellsten Stern am Himmel, aber die meisten seiner Hauptsterne leuchten schwächer als die dritte Größenklasse. Atair ist eigentlich ein Mehrsternsystem und mit einer Entfernung von 17 Lichtjahren einer unserer nächsten Nachbarn. Dieses Sternbild birgt auch so interessante Objekte wie einen Überriesenstern, den Veränderlichen Cepheiden Eta (η) Aquilae, den Offenen Haufen NGC 6709 und den eindrucksvollen,aber kleinen Planetarischen Nebel NGC 6751. Rund um Aquila befinden sich mehrere kleine Sternbilder wie zum Beispiel Scutum (Schild), die Heimat des spektakulären Offenen Haufens M 11, Delphinus (Delphin), Equuleus (Füllen), Sagitta (Pfeil) und Vulpecula (Füchslein) mit dem Hantel-Nebel (rechts von einem 317-mm-Teleskop aufgenommen), einem der schönsten Planetarischen Nebel am Himmel. Equuleus ist nach dem Kreuz des Südens das zweitkleinste Sternbild.

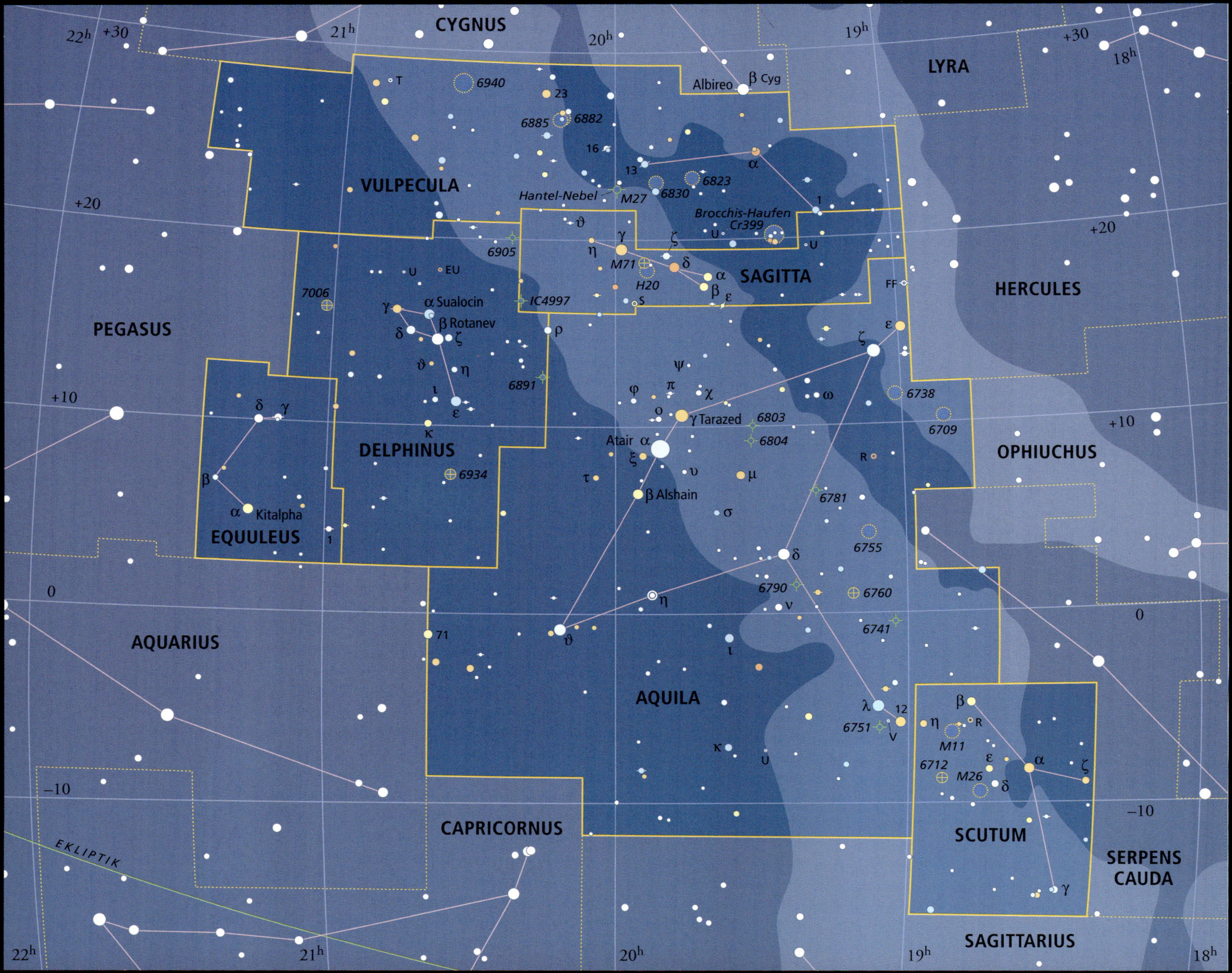

Pegasus

Pegasus (das geflügelte Pferd) ist ein großes, nördliches Sternbild, das an Pisces (Fische) und Andromeda grenzt. Obwohl seine hellsten Sterne alle schwächer leuchten als Größenklasse 2,4, ist dennoch das große berühmte Pegasusquadrat aus vier Sternen zu erwähnen, die ein großes Viereck beschreiben, das sich über etwa 15 Grad des Himmels erstreckt. Einer der vier Sterne im Pegasusquadrat, nämlich Alpheratz, gehört eigentlich nicht zu diesem Sternbild, sondern zur benachbarten Andromeda. Pegasus vereint viele Galaxien wie die Spiralgalaxie NGC 7742 (rechts vom Hubble-Weltraumteleskop eingefangen), aber sie leuchten alle schwach. Die hellste Galaxie ist NGC 7331, sie gehört jedoch nur zur neunten Größenklasse. Glücklicherweise birgt Pegasus einen der schönsten Kugelsternhaufen am Nordhimmel, den Pegasus-Haufen M 15. Er zählt zur Größenklasse 6,4 und umspannt etwa zwölf Bogenminuten oder etwas mehr als ein Drittel der Mondscheibe.

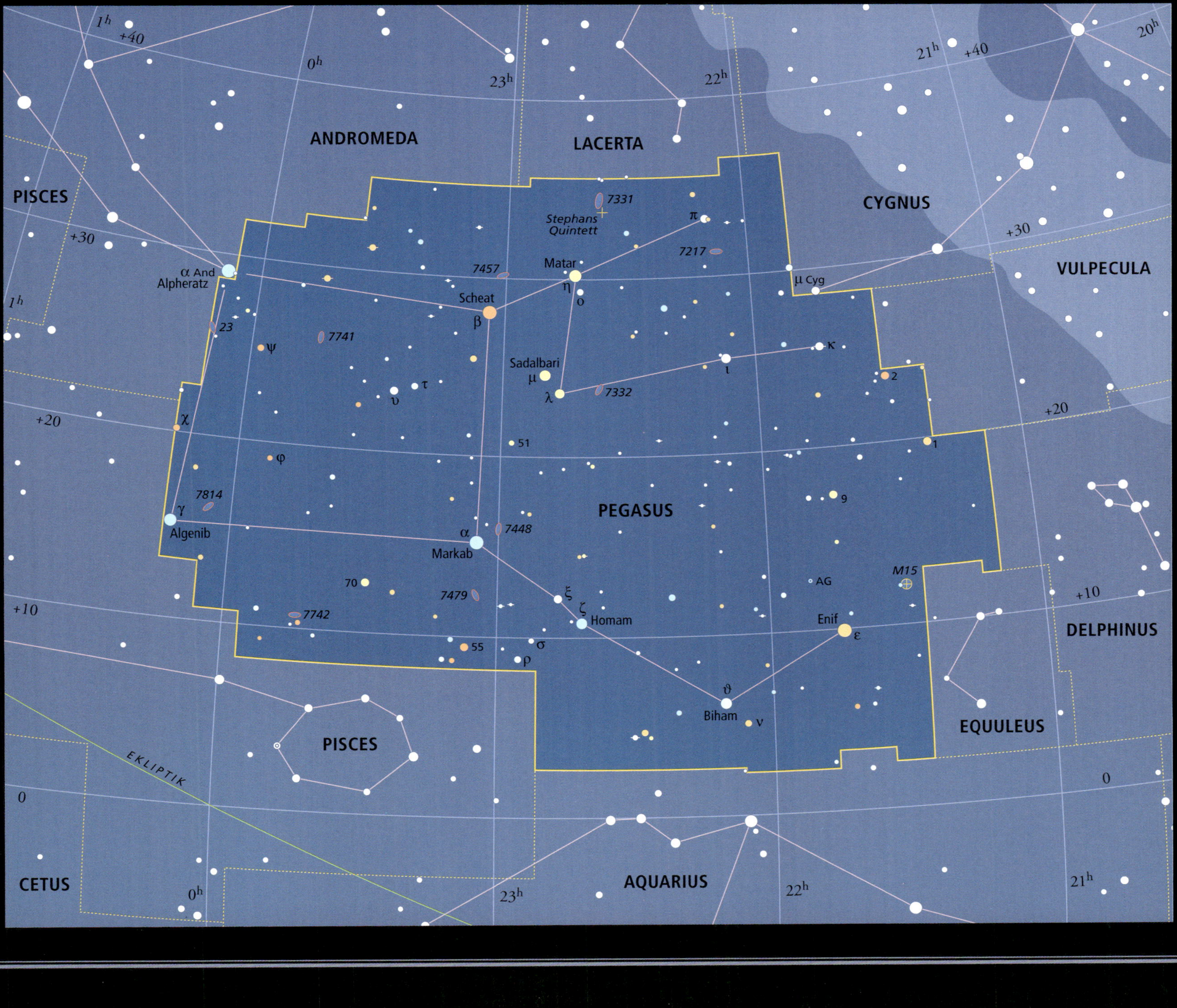

GRÖSSEN-KLASSENSKALA
- −0,5 und heller
- 0,0 bis −0,4
- 0,1 bis 0,5
- 0,6 bis 1,0
- 1,1 bis 1,5
- 1,6 bis 2,0
- 2,1 bis 2,5
- 2,6 bis 3,0
- 3,1 bis 3,5
- 3,6 bis 4,0
- 4,1 bis 4,5
- 4,6 bis 5,0
- 5,1 bis 5,5
- 5,6 bis 6,0
- 6,1 bis 6,5

Spektral-
Klasse

O, B
A
F
G
K
M, N, R, S

Sterne

Doppelstern
Veränderlicher Stern

Deep-Sky-Objekte

Offener Sternhaufen
Kugelsternhaufen
Heller Nebel
Planetarischer Nebel
Galaxie
Lichtschwache Galaxie

Cygnus Lacerta

Cygnus (der Schwan) ist ein unverwechselbares nördliches Sternbild, ein riesiger Vogel mit ausgestreckten Flügeln, der vor der benachbarten Lacerta (Eidechse) flieht. Der helle Stern Deneb markiert den Schwanz des Schwans, Albireo oder Beta (β) Cygni den Kopf und die Flügelspitzen werden von Kappa (κ) und Mü (μ) Cygni gebildet. Wegen seines Platzes vor der Kulisse der Milchstraße ist Cygnus ein sehr reiches Sternbild. Schon wenn man es durch ein Fernglas beobachtet, löst sich die Milchstraße in Wolken aus zahllosen Sternen auf. Die Milchstraße bricht hier scheinbar entzwei. Dies ist auf große, die Hintergrundsterne verdunkelnde Staubwolken zurückzuführen und hat den Namen der Große Riss. Lohnende Sehenswürdgkeiten im Sternbild Cygnus sind der Nordamerika-Nebel (NGC 7000), der Pelikan-Nebel (IC 5067) und der Schleier-Nebel (NGC 6992, 6995 und 6979), die hier nur einige von vielen Nebeln und Offenen Haufen sind.

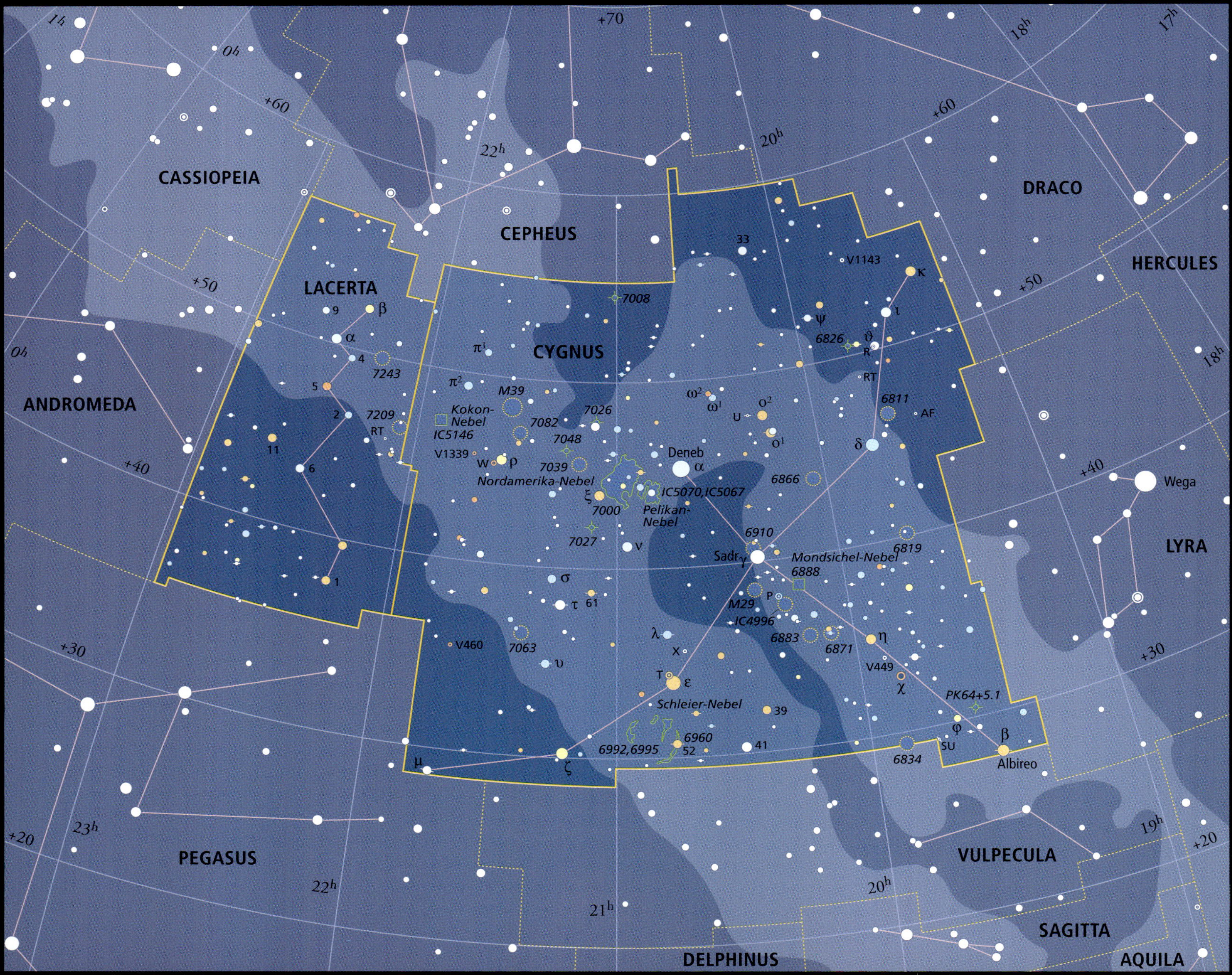

Der Mondsichel-Nebel (oben)
Der Mondsichel-Nebel (NGC 6888) im Sternbild Cygnus ist eine gashaltige Blase, die vor ungefähr 250.000 Jahren von einem Riesenstern ausgeworfen wurde. Ihr Vorläufer ist WR 136, ein Mitglied einer sehr energiereichen Klasse superheißer Objekte, die man Wolf-Rayet-Sterne nennt. Diese Riesensterne mit mehr als zehn Sonnenmassen zerreißen sich sprichwörtlich selbst durch ihre Energieproduktion und blasen ihre äußeren Schichten im Laufe ihrer Entwicklung in den Weltraum. Dieses Bild vom Hubble-Weltraumteleskop zeigt, wie der Zentralstern den Nebel in ein verwickeltes Netz aus Filamenten zerkleinert hat.

Der Schleier-Nebel (links)
Vor etwa 15.000 Jahren hat sich ein 2.600 Lichtjahre entfernter Stern im Sternbild Cygnus selbst gesprengt. Heute haben sich die verteilten Reste dieser stellaren Detonation ausgebreitet und eine kugelförmige Schale aus ionisiertem Gas gebildet, die zurzeit einen Durchmesser von etwa 130 Lichtjahren hat und sich weiter ausbreitet. Dieses Foto zeigt NGC 6960, aber nur einen Teil dieses bekannten Supernovarests, den Schleier-Nebel. Der helle Stern in der Mitte ist 52 Cygni.

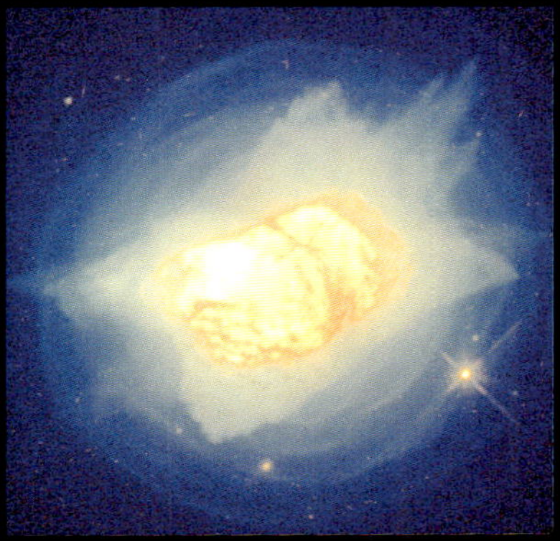

Die Galaktische Ebene (unten)
Die Ebene der Milchstraße ist nicht nur wegen der Sterne so dick, sondern auch wegen einer riesigen Menge an Staub. Dieses Foto zeigt die Milchstraße im Sternbild Cygnus im Infrarotlicht. Die strahlenförmigen Filamente sind Wölkchen aus Gas und Staub, die dichteren Knoten Regionen der Sternentstehung. Dieses Bild bedeckt ungefähr 6 x 4 Grad des Himmels.

Die Zukunft der Sonne (oben)
NGC 7027 ist ein Planetarischer Nebel, die abgeworfene Hülle eines Sterns mit geringer Masse. In fünf bis acht Milliarden Jahren wird unsere Sonne so enden und dem Nebel auf diesem Falschfarbenbild ähneln. NGC 7027 liegt 3.000 Lichtjahre entfernt im Sternbild Cygnus.

Die hellsten Sterne			
Name	**Grössenklasse**	**Distanz (Lj.)**	**Spektrum**
Deneb (α Cyg)	1,25	3.230	A2
Sadr (γ Cyg)	2,20	1.520	F8
ε Cyg	2,46	165	K0
δ Cyg	2,87	171	B9
Albireo (β Cyg)	3,08	386	K3
Sehenswürdigkeiten			
Name	**Typ**	**Distanz (Lj.)**	**Anderer Name**
Nordamerika-Nebel	Heller Nebel	1.600	NGC 7000
Pelikan-Nebel	Heller Nebel	1.600	IC 5067, IC 5070
Schleier-Nebel	Heller Nebel	2.600	NGC 6992, 6995, 6960, 6979
Mondsichel-Nebel	Heller Nebel	4.700	NGC 6888

Grössenklassenskal
- –0,5 und heller
- 0,0 bis –0,4
- 0,1 bis 0,5
- 0,6 bis 1,0
- 1,1 bis 1,5
- 1,6 bis 2,0
- 2,1 bis 2,5
- 2,6 bis 3,0
- 3,1 bis 3,5
- 3,6 bis 4,0
- 4,1 bis 4,5
- 4,6 bis 5,0
- 5,1 bis 5,5
- 5,6 bis 6,0
- 6,1 bis 6,5

SPEKTRAL-KLASSE
O, B
A
F
G
K
M, N, R, S

STERNE
Doppelstern
Veränderlicher Stern

DEEP-SKY-OBJEKTE
Offener Sternhaufen
Kugel-sternhaufen
Heller Nebel
Planetarischer Nebel
Galaxie
Lichtschwache Galaxie

SERPENS Ophiuchus

Serpens (die Schlange) ist ein schwach leuchtendes, langgestrecktes nördliches Sternbild und das einzige, das zweigeteilt ist. Serpens Cauda ist der Schwanz der Schlange, während Serpens Caput der Kopf ist. Gemeinsam bilden sie ein einzelnes Sternbild, getrennt vom Schlangenträger Ophiuchus. Serpens Cauda ist die Heimat von M 16, einer erstaunlichen Kombination aus einem Offenen Haufen und einem Emissionsnebel, dem sogenannten Adler-Nebel. Ophiuchus besitzt zahlreiche Kugelhaufen, einige trübe Planetarische Nebel (wie NGC 6369, hier rechts) und birgt den zweitnächsten Stern zur Sonne. Er heißt Barnards Stern und ist ein etwa sechs Lichtjahre entfernter Roter Zwerg der Größenklasse 9,5.

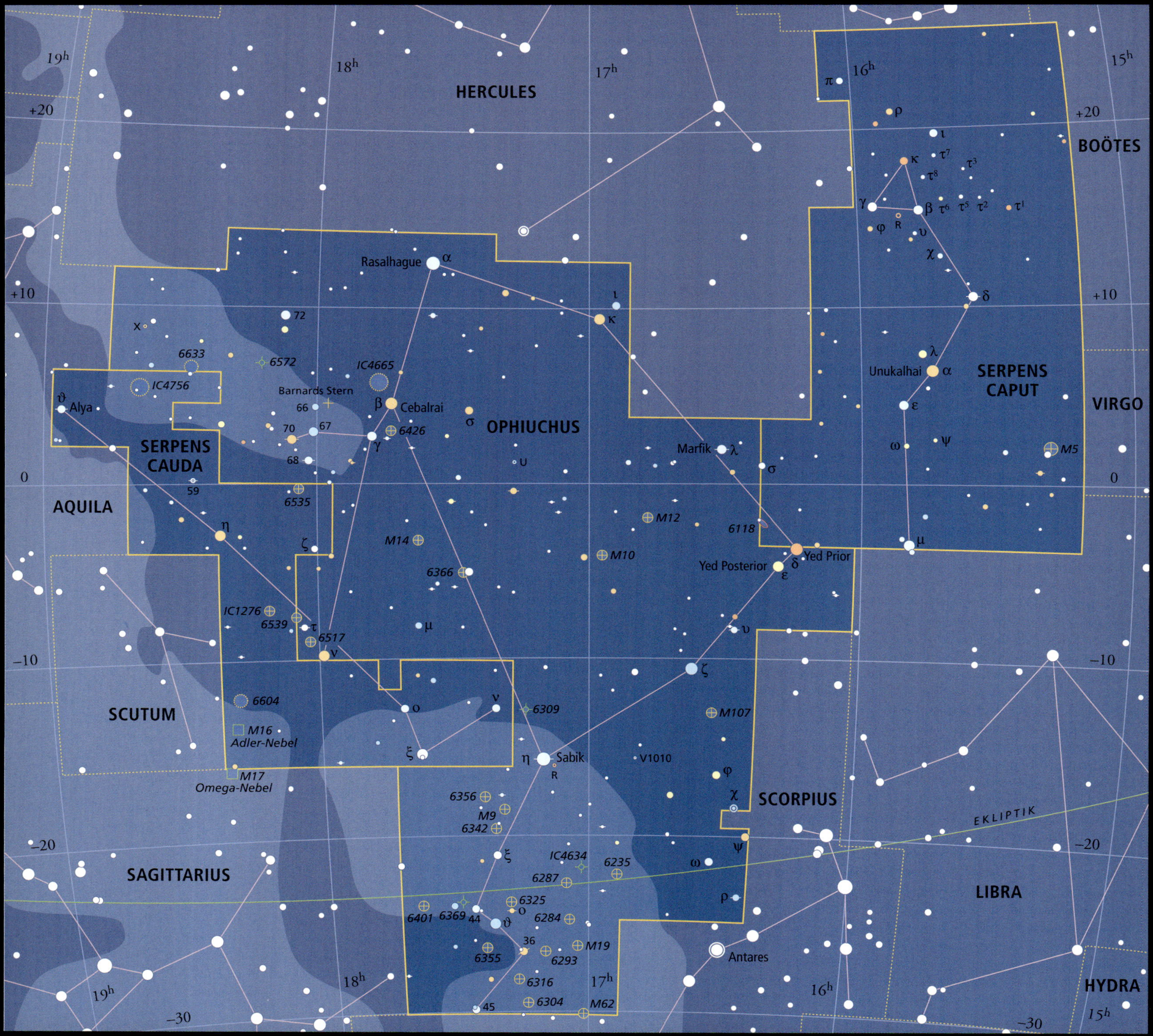

LYRA Hercules

Lyra stellt ein Musikinstrument dar, die Leier, eine Art antiker Harfe. Dieses nördliche Sternbild ist klein, enthält jedoch den erstaunlich hellen Stern Wega, den Musterstern der Größenklasse 0. Wega ist nur 25 Lichtjahre entfernt, ungefähr 50-mal leuchtkräftiger als die Sonne und erstrahlt in Stahlblau. Die Leier ist auch für den Ring-Nebel (M 57) berühmt, ein schöner himmlischer „Rauchkringel“, der die abgeworfene Atmosphäre eines alten Sterns ist. Das Hubble-Teleskop fing vor kurzem dieses atemberaubende Bild von diesem Planetarischen Nebel ein (rechts). An die Lyra grenzt Hercules (der berühmte Held der griechischen Mythologie), ein einigermaßen großes Sternbild, das in der Mitte aus einem Viereck von Sternen besteht, die den Körper des Helden darstellen, von dem die Arme und Beine ausgehen. Dieses Sternbild ist bekannt für den Kugelhaufen M 13, den man bei dunklem Himmel mit bloßem Auge als verschwommenen Fleck sehen kann.

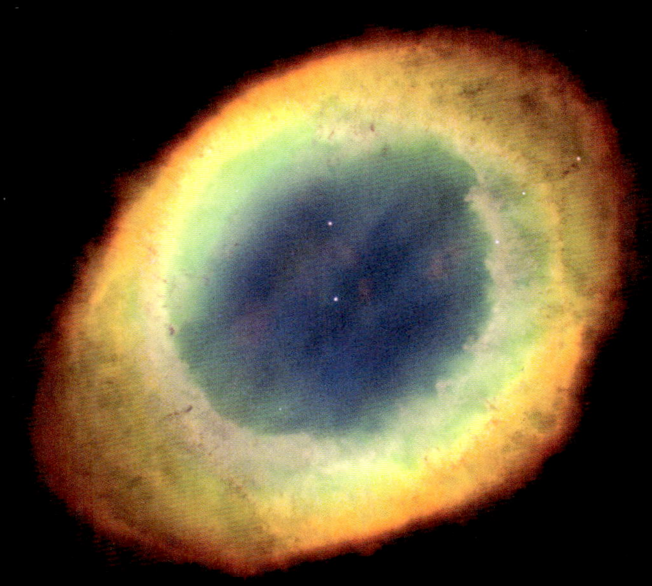

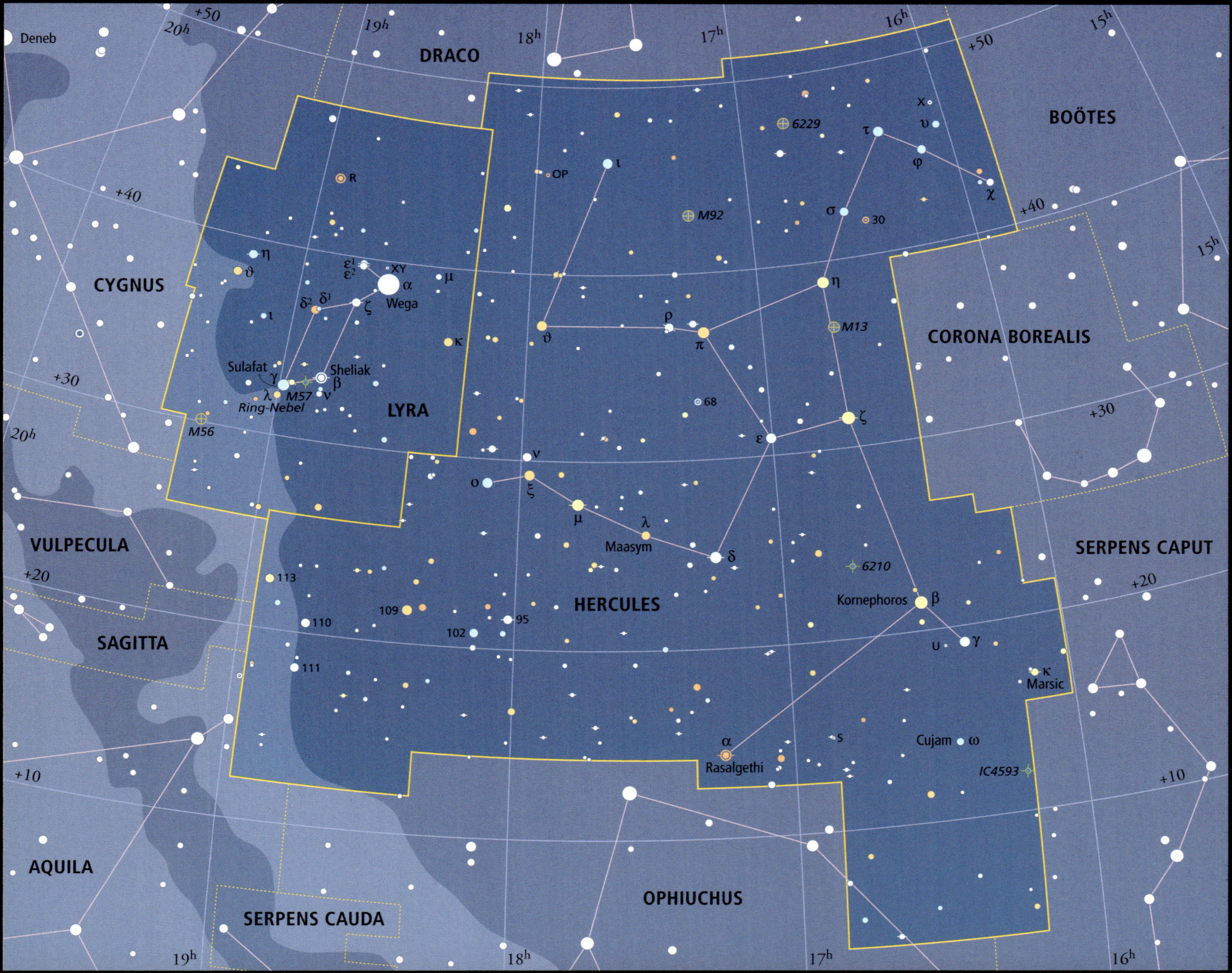

GRÖSSEN-
KLASSENSKALA

–0,5 und heller
0,0 bis –0,4
0,1 bis 0,5
0,6 bis 1,0
1,1 bis 1,5
1,6 bis 2,0
2,1 bis 2,5
2,6 bis 3,0
3,1 bis 3,5
3,6 bis 4,0
4,1 bis 4,5
4,6 bis 5,0
5,1 bis 5,5
5,6 bis 6,0
6,1 bis 6,5

SPEKTRALKLASSE
O, B
A
F
G
K
M, N, R, S

STERNE
Doppelstern
Veränderlicher Stern

DEEP-SKY-OBJEKTE
Offener Sternhaufen
Kugelsternhaufen
Heller Nebel
Planetarischer Nebel
Galaxie
Lichtschwache Galaxie

DRACO Ursa Minor

Draco (der Drache) ist ein sehr langes, aber schwach leuchtendes Sternbild, das sich um den Himmelsnordpol und das benachbarte Sternbild Ursa Minor windet. Es ist der Ausgangspunkt des alljährlichen Meteorschauers der Draconiden und enthält einen Planetarischen Nebel (Katzenaugen-Nebel oder NGC 6543, rechts vom Hubble-Weltraumteleskop eingefangen). Obwohl er eher matt schimmert, ist Ursa Minor dennoch berühmt für den Polarstern Polaris, der zurzeit der hellste Stern am Himmelsnordpol ist und eine Navigationshilfe bietet. Mit einer Abweichung von eineinhalb Monddurchmessern steht er nicht genau am Pol, aber für die meisten Zwecke nahe genug. Weil die Achse der Erde bei der Drehung eine Präzessionsbewegung ausführt, verändert sich der Polstern mit der Zeit. Im Alten Ägypten stand Thuban (Alpha (α) Draconis) beinahe am Pol und in 11.500 Jahren wird der strahlende Stern Wega weniger als sechs Grad vom Pol entfernt sein.

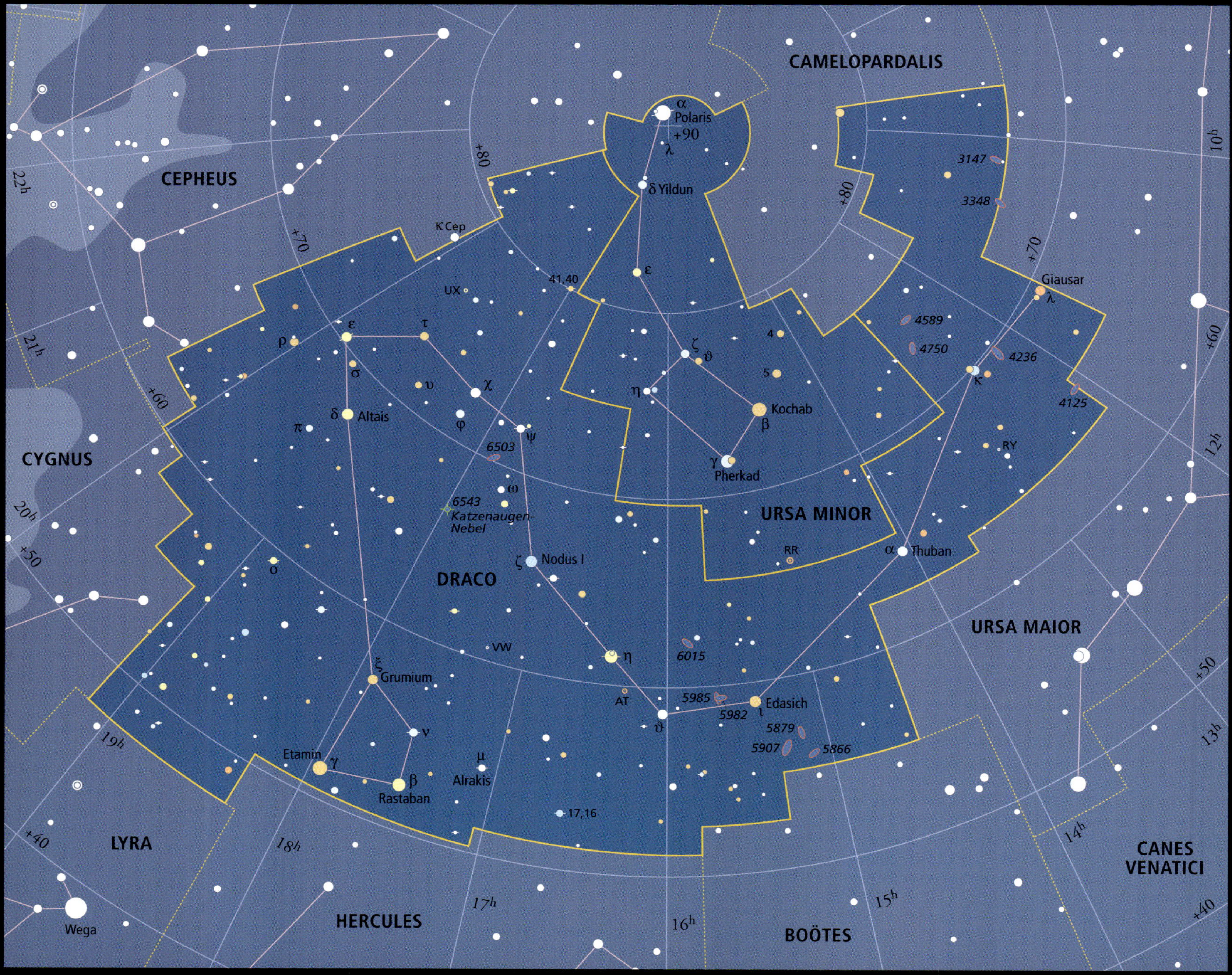

BOÖTES Corona Borealis

Boötes (der Rinderhirte) ist ein kaum bemerkenswertes nördliches Sternbild, das nur zwei Sterne enthält, die heller sind als die zweite Größenklasse. Einer davon ist der strahlende Arcturus, der mit Größenklasse –0,05 der hellste Stern nördlich des Himmelsäquators ist und der vierthellste Stern am Himmel. Arcturus, eigentlich ein System von mehreren Sternen, ist ein oranger Riese mit 34 Sonnenmassen und nur 37 Lichtjahre entfernt. Boötes birgt einige interessante nicht-stellare Objekte. Man findet mehrere lichtschwache Galaxien, einen Kugelhaufen (NGC 5466) und auch einen fernen Galaxienhaufen mit dem Namen 3C 295, der in eine riesige Wolke aus heißem Gas gehüllt ist (rechts fotografiert vom Chandra-Röntgenobservatorium), jedoch mit Größenklasse 19 nur sehr schwach leuchtet. Zwischen Boötes und Hercules liegt das kleine, aber leicht zu erkennende Sternbild Corona Borealis (die Nördliche Krone). Es bildet einen Halbkreis aus sieben Hauptsternen.

GRÖSSENKLASSENSKALA

–0,5 und heller

0,0 bis –0,4

0,1 bis 0,5

0,6 bis 1,0

1,1 bis 1,5

1,6 bis 2,0

2,1 bis 2,5

2,6 bis 3,0

3,1 bis 3,5

3,6 bis 4,0

4,1 bis 4,5

4,6 bis 5,0

5,1 bis 5,5

5,6 bis 6,0

6,1 bis 6,5

Spektral-
klasse

O, B

A

F

G

K

M, N, R, S

Sterne

Doppelstern

Veränderlicher Stern

Deep-Sky-Objekte

Offener Sternhaufen

Kugelsternhaufen

Heller Nebel

Planetarischer Nebel

Galaxie

Lichtschwache Galaxie

Ursa Maior

Das drittgrößte Sternbild ist Ursa Maior (der Große Bär) und Himmelsbeobachtern auf der Nordhalbkugel gut bekannt. Es ist berühmt wegen des auffälligen Musters, das von seinen sieben hellsten Sternen gebildet wird – „der Große Wagen", die Amerikaner nennen es „den Großen Schöpflöffel". Der zweite Stern im Griff des Großen Schöpflöffels trägt den Namen Mizar und ist eigentlich ein Doppelstern. Ihn und seinen elf Bogensekunden entfernten Kameraden Alcor kann man mit scharfen Augen leicht erkennen. Der Große Bär ist eine nützliche Navigationshilfe, denn man kann zwischen Merak (Beta (β) Ursae Maioris) und Dubhe (Alpha (α) Ursae Maioris) eine Linie ziehen, die beinahe genau auf den Polarstern Polaris zeigt. Verfolgt man die Linie entlang des Bärenschwanzes bzw. der Deichsel des Großen Wagens, so gelangt man zum glänzenden Arcturus im Sternbild Boötes. Ursa Maior enthält viele NGC- sowie Messier-Galaxien, wie die Spiralgalaxie M 81.

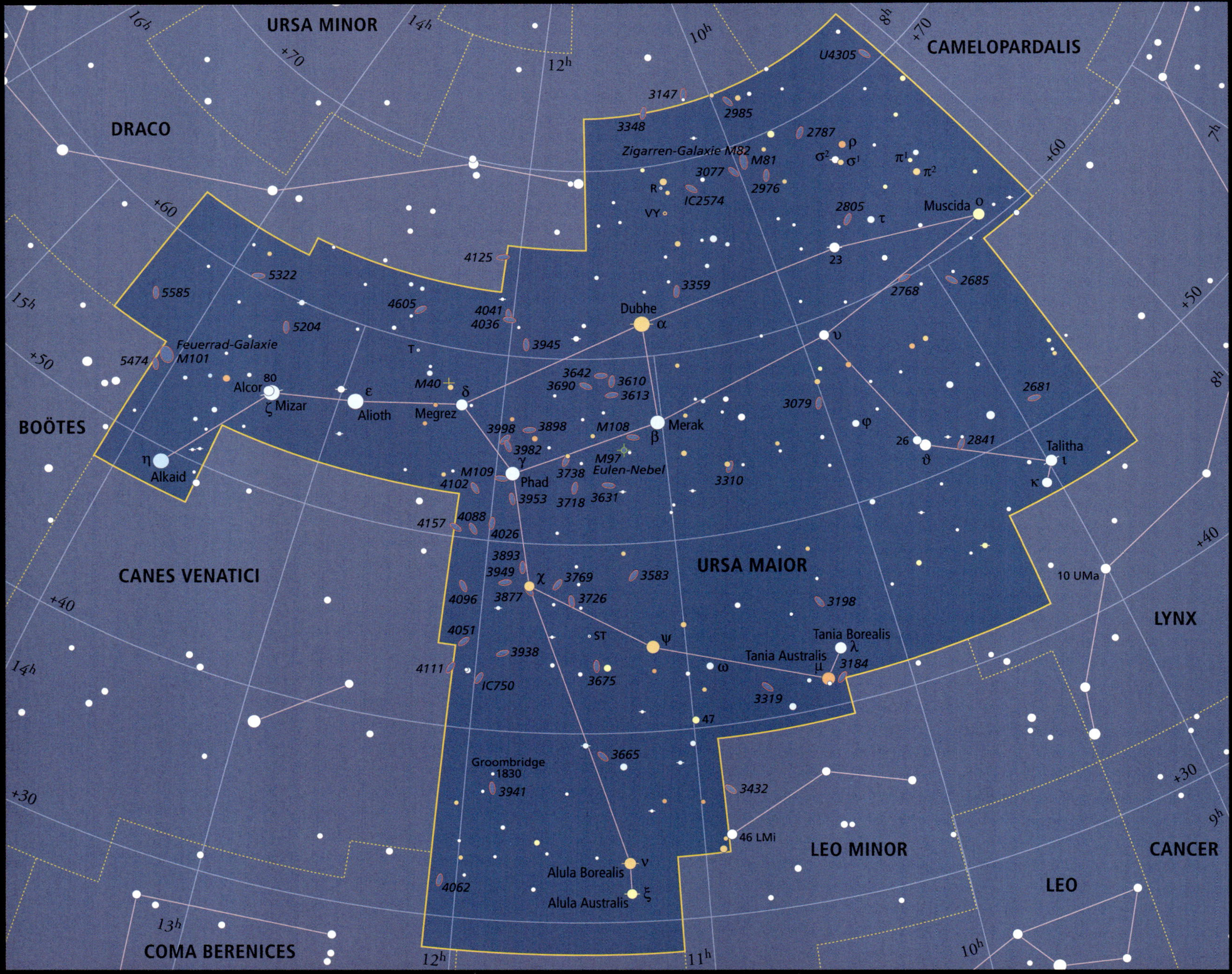

Die hellsten Sterne			
Name	**Grössenklasse**	**Distanz (Lj.)**	**Spektrum**
Alioth (ε UMa)	1,77	81	A0
Dubhe (α UMa)	1,79	124	K0
Alkaid (η UMa)	1,86	101	B3
Mizar (ζ UMa)	2,27	78	A1
Merak (β UMa)	2,37	79	A1
Sehenswürdigkeiten			
Name	**Typ**	**Distanz (Lj.)**	**Anderer Name**
Eulen-Nebel	Planetarischer Nebel	1.300	NGC 3587, M 97
M 81	Spiralgalaxie	11 Millionen	NGC 3031
Zigarren-Galaxie	Irreguläre Galaxie	12 Millionen	NGC 3034, M 82
Feuerrad-Galaxie	Spiralgalaxie	23 Millionen	NGC 5457, M 101
NGC 3079	Spiralgalaxie	50 Millionen	Bodes Galaxie

Die Zigarren-Galaxie (links)
M 82 ist eine Spiralgalaxie, die von der Kante zu sehen ist, wodurch sie das spindelförmige Aussehen hat, das ihr den Spitznamen Zigarren-Galaxie eingebracht hat. Dieses Falschfarbenbild stammt vom Chandra-Röntgenobservatorium, das sich auf einer Erdumlaufbahn befindet. Einige der hellen Punkte sind Doppelsterne, die Röntgenstrahlen aussenden, Neutronensterne oder Schwarze Löcher, die um weit größere Kameraden kreisen und sie dabei aufzehren. Andere leuchtende Flecken sind Regionen, wo das Gas vermutlich durch Supernovaschockwellen verdichtet wurde und nun Röntgenstrahlen aussendet.

NGC 3079 (rechts)
Das ist eine Nahaufnahme von der 50 Millionen Lichtjahre entfernten Spiralgalaxie NGC 3079. Man sieht die Galaxie von der Kante unten von links nach rechts verlaufend. Das darüberliegende rote Gebilde ist eine Blase aus heißem Gas von der Entstehung eines Sternes. Möglicherweise wird sie wieder in die Scheibe zurückfallen und weitere Sterngeburten auslösen.

Der Eulen-Nebel (unten)
M 97, auch Eulen-Nebel, ist ein Planetarischer Nebel, die ausgeworfene Atmosphäre eines alternden Sterns. Solche Nebel sind oft ungewöhnliche und komplexe Strukturen. Der Eulen-Nebel macht da keine Ausnahme und Astronomen haben verschiedene Theorien entwickelt, um seine gegenwärtige Form zu erklären.

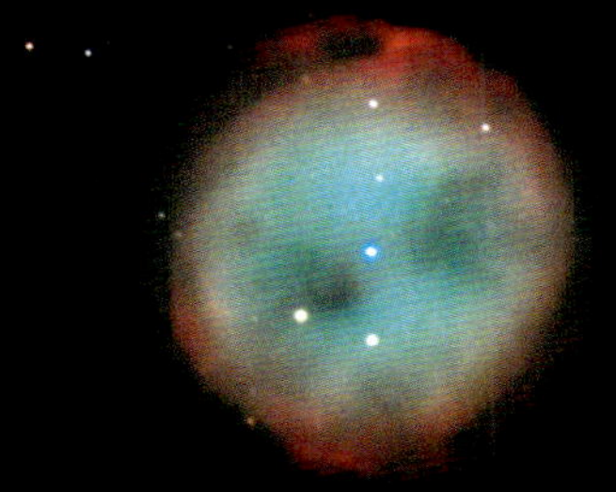

In unserer galaktischen Nachbarschaft
M 81 ist eine etwa elf Millionen Lichtjahre entfernte Spiralgalaxie und liegt gewissermaßen vor unserer Haustür. Dieses Falschfarbenbild vom Spitzer-Weltraumteleskop zeigt M 81 in Infrarot. Die Farbe des galaktischen Kerns (blau) deutet darauf hin, dass er mit älteren Sternen gefüllt ist. Die Spiralarme weisen eine starke Strahlung mit Wellenlängen von acht Mikron auf (rot). Das deutet auf Emissionen der dunklen Gassen aus Staub und Gas, die von eingebetteten, heißen Sternen aufgeheizt werden.

Zusammenstoßende Galaxien
Hier sehen wir die Spiralgalaxien M 81 und M 82 in sichtbaren Wellenlängen. Die Astronomen glauben, dass diese beiden Galaxien in einer Gravitationswechselwirkung stehen und sich periodisch aneinander vorbeibewegen und sich wieder entfernen. Bei jeder Annäherung entstehen Kräfte zwischen den Galaxien, die das interstellare Gas verdichten und neue Sterne entstehen lassen. In einigen Milliarden Jahren werden sie zu einer einzigen größeren Galaxie verschmolzen sein.

SPEKTRALKLASSE

O, B

A

F

G

K

M, N, R, S

STERNE

Doppelstern

Veränderlicher Stern

DEEP-SKY-OBJEKTE

Offener Sternhaufen

Kugelsternhaufen

Heller Nebel

Planetarischer Nebel

Galaxie

Lichtschwache Galaxie

CASSIOPEIA Cepheus

Cassiopeia (die Königin) ist ein unverwechselbares Sternbild auf der Nordhalbkugel. Seine fünf hellsten Sterne bilden ein deutliches, leicht verzerrtes großes W, das über der Milchstraße liegt. Beobachtet man Cassiopeia durch ein Fernglas, so findet man reiche Sternenwolken und einige Offene Haufen wie NGC 663, M 103 und M 52, den man auch als Skorpion kennt. Es gibt einige Nebel, darunter einen mit dem seltsamen Namen Pacman-Nebel (NGC 281) und NGC 7635, den Blasen-Nebel (rechts abgebildet). An die offene Seite des Ws der Cassiopeia grenzt Cepheus (der König), der aussieht wie eine kleine Schachtel mit einem Dreieck obenauf. Cepheus reicht bis zu den Sternenwolken der Milchstraße und sein Stern Delta (δ) Cephei ist der Prototyp für die sogenannten Veränderlichen Cepheidensterne, die pulsieren und deren Helligkeit deshalb variiert. Delta Cephei weist eine Änderung in der Intensität von einer Größenklasse innerhalb eines Zyklus von 5,4 Tagen auf.

Perseus

Perseus (ein Held der griechischen Mythologie) ist ein Sternbild am Herbsthimmel der Nordhalbkugel und befindet sich zwischen Taurus und Cassiopeia. Hier findet man den Bedeckungs-Doppelstern Algol oder Beta (β) Persei. Die beiden Hauptsterne, aus denen Algol besteht, umkreisen einander alle 2,87 Tage und verdunkeln einander abwechselnd (von der Erde gesehen). Es gibt mehrere Doppelsterne wie diesen, die man alle nach diesem Prototyp Algol-Systeme nennt. Ein interessantes Objekt ist auch der beeindruckende Doppelhaufen, der aus den beiden Offenen Haufen NGC 869 und 884 besteht und einen lohnenden Blick durch ein Fernglas oder ein schwächeres Teleskop bietet. Perseus birgt noch andere bemerkenswerte Objekte, wie zum Beispiel die Galaxie NGC 1275, welche auf diesem Hubble-Bild als helle Spiralgalaxie links von der Mitte zu sehen ist. Die dunklen Gassen aus Staub gehören zu einer anderen Galaxie im Vordergrund.

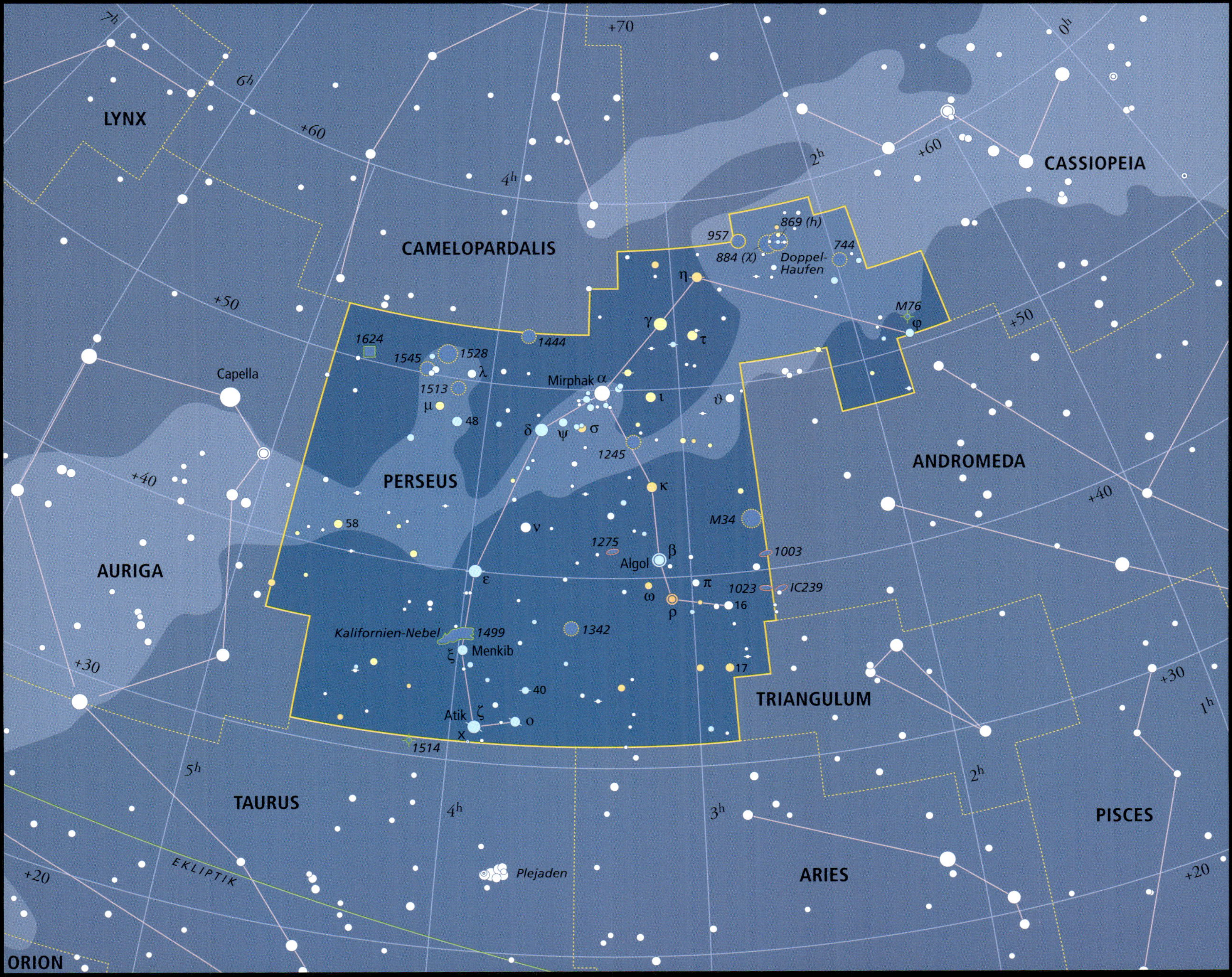

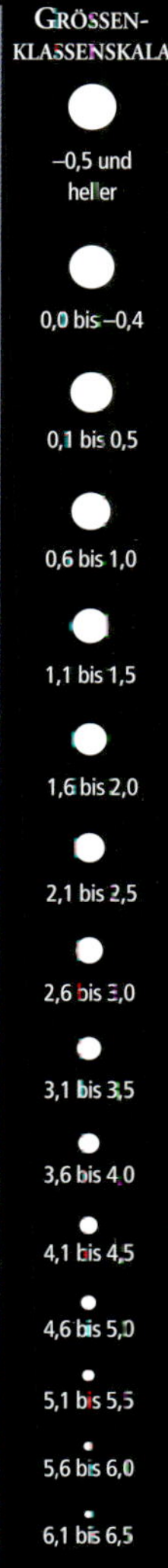

Spektralklasse

- O, B
- A
- F
- G
- K
- M, N, R, S

Sterne

- Doppelstern
- Veränderlicher Stern

Deep-Sky-Objekte

- Offener Sternhaufen
- Kugelsternhaufen
- Heller Nebel
- Planetarischer Nebel
- Galaxie
- Lichtschwache Galaxie

Taurus

Taurus (der Stier), ein altes Tierkreiszeichen der Nordhalbkugel, liegt auf der Ekliptik zwischen den Zwillingen (Gemini) und dem Widder (Aries) und bietet schon für das bloße Auge einen wundervollen Anblick. Sein hellster Stern ist der glänzende Aldebaran, ein orangefarbiger Riese, der etwa 150-mal leuchtkräftiger ist als die Sonne. Aldebaran, was im Arabischen „der Verfolger" bedeutet, steht vor dem Hintergrund des V-förmigen Offenen Hyaden-Haufens, des nächsten Offenen Haufens zur Sonne, der aber noch immer doppelt so weit entfernt ist wie Aldebaran. Ein sensationeller Haufen sind auch die Plejaden oder Sieben Schwestern (M 45), deren strahlendste Mitglieder einen Fleck ausleuchten, der doppelt so groß ist wie die sichtbare Mondscheibe. Taurus ist auch die Heimat des Krabben-Nebels (M 1), des Überrestes einer Supernovaexplosion. Dieses Ereignis wurde 1054 von chinesischen Astronomen beobachtet und es war so hell, dass man es auch bei Tag sehen konnte.

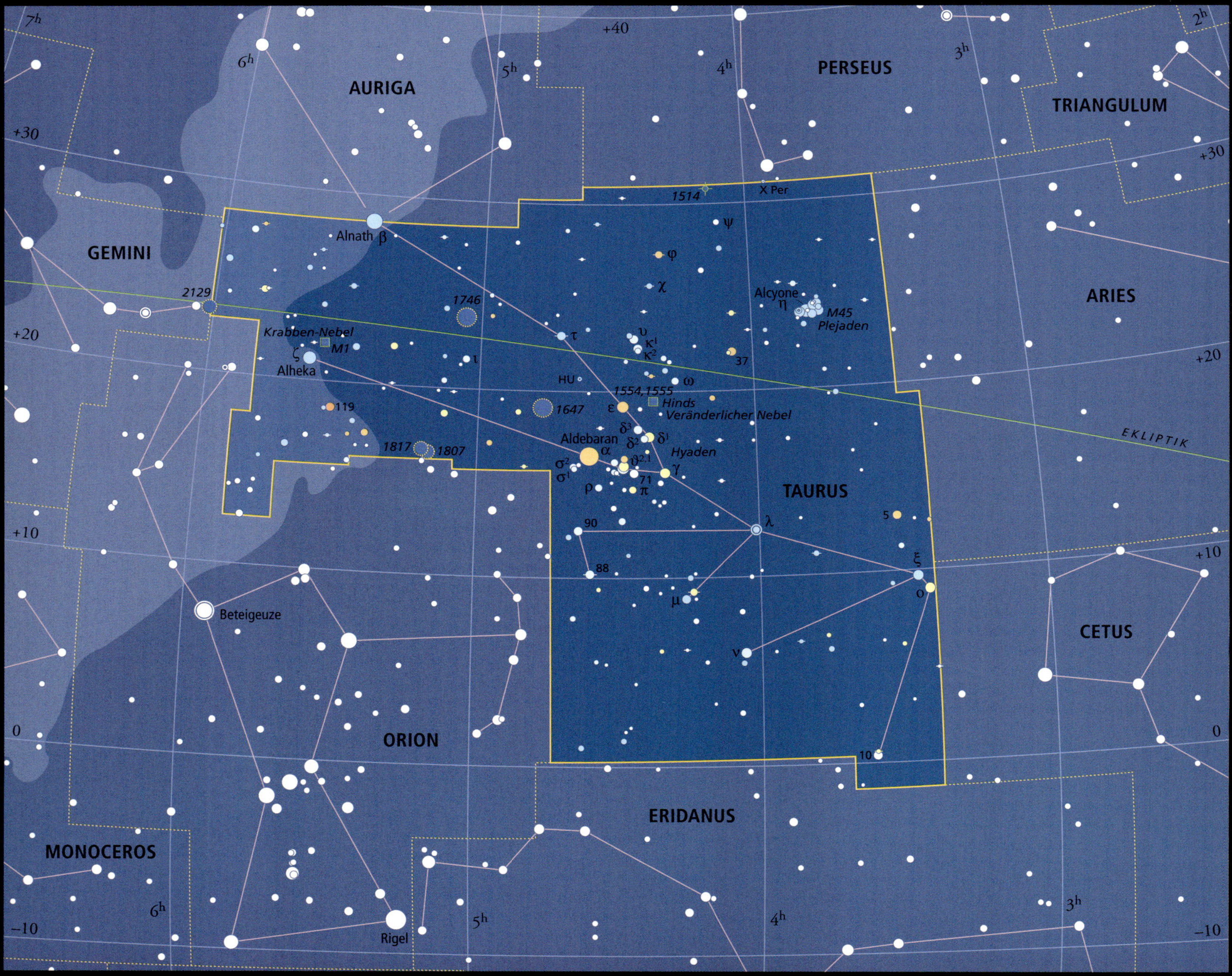

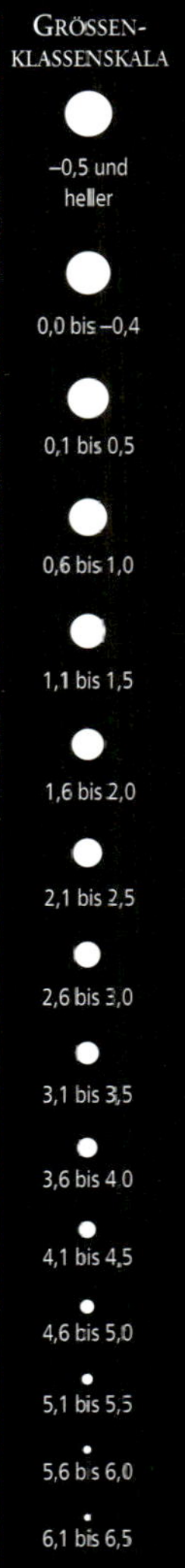

Der Krabben-Pulsar (links)
Beim explosiven Ereignis des Jahres 1054, durch welches der Krabben-Nebel entstanden ist, ist der ehemalige Stern kollabiert und hat sich in ein sehr dichtes, schnell rotierendes Objekt verwandelt, das man Pulsar nennt. Dieses aus optischen Daten (rot) von Hubble- und Chandra-Röntgendaten (blau) zusammengesetzte Bild des Krabben-Nebels enthüllt die Ringe und Strahlensäulen, die auf einen Pulsar hindeuten.

Ein Nebel in den Plejaden (unten)
Dieses ungewöhnliche Hubble-Foto zeigt, wie der Plejadenstern Merope (rechts oben, außerhalb des Bildes) eine nahe Staubwolke beleuchtet und dabei spektakulär glänzende Ranken in den Weltraum malt. Dieser Abschnitt der Plejaden trägt den Namen Merope-Nebel (IC 349).

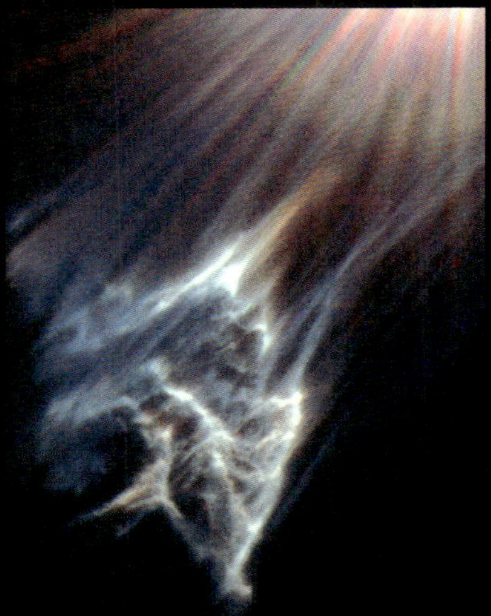

Der Krabben-Nebel (rechts)
Dieses Foto der europäischen Südsternwarte zeigt den berühmten Krabben-Nebel (M 1). Er war einst ein Stern, der im Jahr 1054 in einer Supernova explodierte und seine Bruchstücke im Weltraum verstreut hat. Heute, beinahe ein Jahrtausend später, hat sich der Supernovarest ausgebreitet und innerhalb des Nebels diese helle Filamentstruktur gebildet.

Die erstaunlichen Plejaden (unten)
Die Plejaden (M 45) im Sternbild Taurus sind wahrscheinlich der berühmteste Offene Haufen am ganzen Himmel. Obwohl er auch die Sieben Schwestern genannt wird, besteht dieser Haufen eigentlich aus einigen hundert jungen, blauen Sternen, die gemeinsam aus einer interstellaren Wolke aus Gas und Staub entstanden sind. Lange belichtete Fotos enthüllen, dass die Plejaden in einen eindrucksvollen blauen Reflexionsnebel gebettet sind.

Die hellsten Sterne

Name	Grössenklasse	Distanz (Lj.)	Spektrum
Aldebaran (α Tau)	0,85	65	K5
Alnath (β Tau)	1,65	131	B7
Alkyone (η Tau)	2,87	368	B7
Alheka (ζ Tau)	3,00	417	B4
λ Tau	3,47	370	B3

Sehenswürdigkeiten

Name	Typ	Distanz (Lj.)	Anderer Name
Hyaden	Offener Haufen	150	Melotte 25
Plejaden	Offener Haufen	375	M 45
Krabben-Nebel	Supernovarest	6.300	M 1
Krabben-Pulsar	Neutronenstern	6.300	NP0532

Spektral-klasse
O, B
A
F
G
K
M, N, R, S

Sterne
Doppelstern
Veränderlicher Stern

Deep-Sky-Objekte
Offener Sternhaufen
Kugel-sternhaufen
Heller Nebel
Planetarischer Nebel
Galaxie
Lichtschwache Galaxie

Camelopardalis

Dieses polare Sternbild der Nordhalbkugel, dessen Name Giraffe bedeutet, ist kaum bemerkenswert. Selbst der hellste Stern Beta (β) Camelopardalis erreicht nur die Größenklasse 4. Aber obwohl Camelopardalis keine hellen Sterne enthält, ist es dennoch interessant für Teleskopbesitzer, denn es ist voll von Galaxien. Die hellste ist NGC 2403 mit einer Größenklasse von 8,4 und es gibt noch einige andere bis zur zwölften Größenklasse. Eine davon ist die Irreguläre Zwerggalaxie NGC 1569, die man rechts auf einem Bild vom Hubble-Weltraumteleskop sehen kann. Die hellen Sterne links von der Mitte des Bildes haben mit der Kraft der aus ihnen kommenden Winde und den Druckwellen von Supernovae Löcher ins umgebende Interstellare Medium gemeißelt. Die Löcher zeigen sich als dunklere Gebiete in dem rotglühenden Gas, das die Sterne umgibt. Camelopardalis birgt auch den Offenen Haufen NGC 1502 und den benachbarten Planetarischen Nebel NGC 1501.

AURIGA Lynx

Auriga (der Fuhrmann) ist ein helles Sternbild des Nordhimmels, das sich über die Sternenfelder der Milchstraße erhebt und an Taurus grenzt. Sein hellster Stern, der Sechsthellste am ganzen Himmel, ist die gelb glänzende Capella (der Ziegenbock), der eigentlich ein Doppelsystem aus zwei Sternen ist, die unserer Sonne sehr ähnlich sind. Mit der Milchstraße als Hintergrund ist Auriga eine Schatztruhe für Besitzer eines Fernglases oder eines kleinen bis mittleren Teleskops. Man findet hier verschiedene Offene Haufen wie M 36, M 37, M 38 und auch vereinzelte NGC- und IC-Haufen. Der Stern AE Aurigae (rechts) ist sonderbar und wird oft der „Flammende Stern“ genannt, weil er von Rauch umringt zu sein scheint, der in Wirklichkeit aus Wasserstoffgas und Kohlenstoffkörnchen besteht. Auriga grenzt an das Sternbild Lynx (der Luchs), das nur Sterne der Größenklasse 3 besitzt. Obwohl es nicht gerade auffällig ist, enthält es doch einige helle Galaxien.

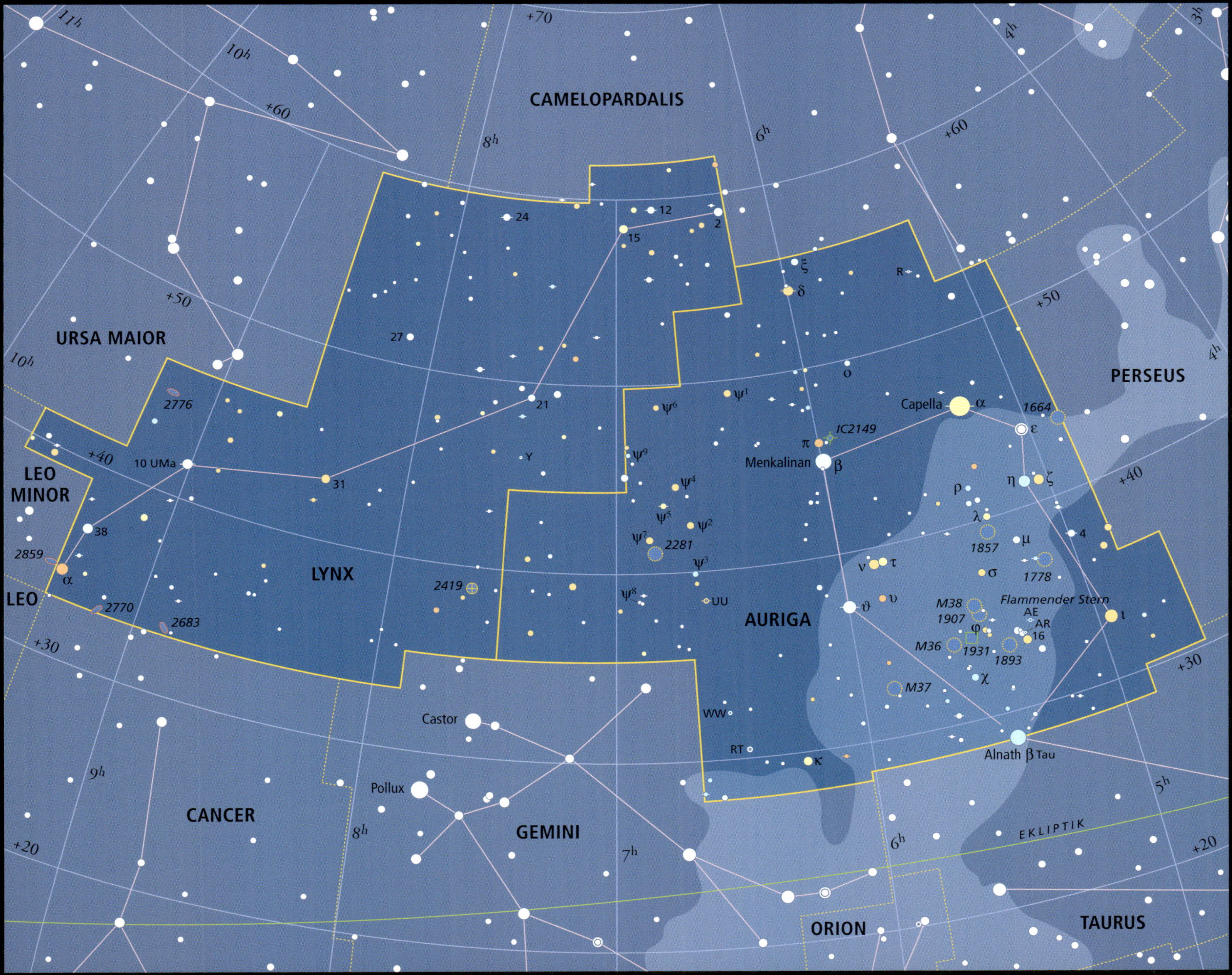

GRÖSSENKLASSENSKALA

−0,5 und heller
0,0 bis −0,4
0,1 bis 0,5
0,6 bis 1,0
1,1 bis 1,5
1,6 bis 2,0
2,1 bis 2,5
2,6 bis 3,0
3,1 bis 3,5
3,6 bis 4,0
4,1 bis 4,5
4,6 bis 5,0
5,1 bis 5,5
5,6 bis 6,0
6,1 bis 6,5

Spektral-klasse

O, B

A

F

G

K

M, N, R, S

Sterne

Doppelstern

Veränderlicher Stern

Deep-Sky-Objekte

Offener Sternhaufen

Kugelsternhaufen

Heller Nebel

Planetarischer Nebel

Galaxie

Lichtschwache Galaxie

Gemini

Cancer

Das Sternbild Gemini ist ein Tierkreiszeichen, das ein Zwillingspaar der griechischen Mythologie darstellt. Die Zwillinge wurden in den beiden hellsten Sternen Castor und Pollux verewigt. Castor ist ein Sechsfachstern, ein 52 Lichtjahre entferntes System aus drei durch Gravitation verbundenen Sternpaaren. Pollux ist auffallend gelb und liegt 18 Lichtjahre näher als Castor, die „Zwillinge" sind also nicht wirklich vereint. Man findet hier einige Sehenswürdigkeiten wie den Offenen Haufen M 35, den man in einer dunklen Nacht mit bloßem Auge sehen kann. Das Sternbild grenzt an zwei weitere Tierkreiszeichen, Cancer (Krebs) auf der einen und Taurus (Stier) auf der anderen Seite. Cancer ist keine sehr auffällige Gruppe und seine hellsten Sterne liegen um Größenklasse 4, aber es enthält ein für Fernglasbesitzer interessantes Gebilde namens Praesepe (M 44 oder NGC 2362), auch als Krippe bekannt. M 44 ist dreimal so groß wie die volle Mondscheibe und enthält 200 Sterne.

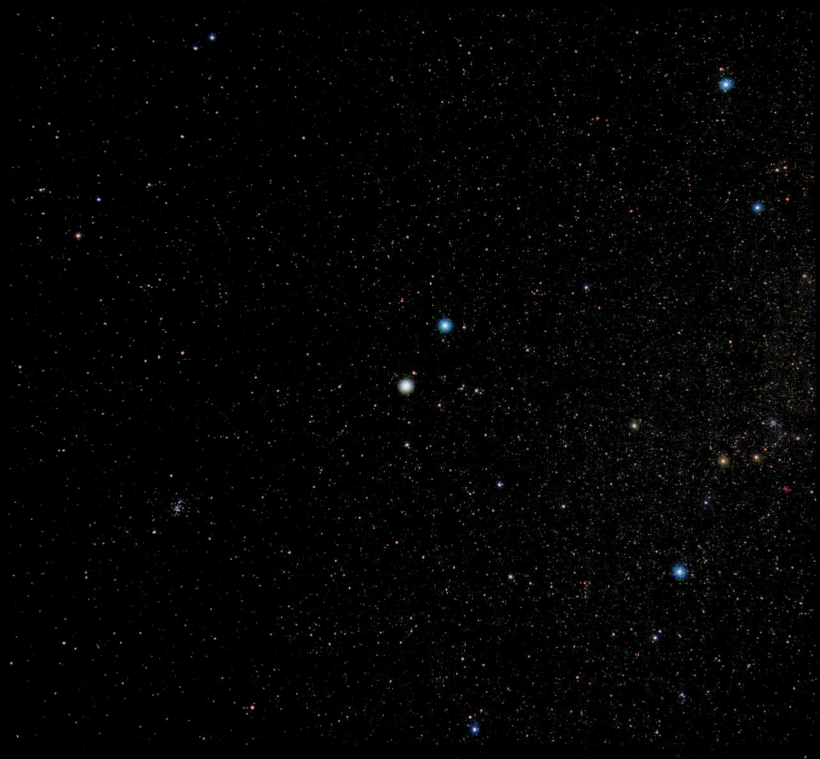

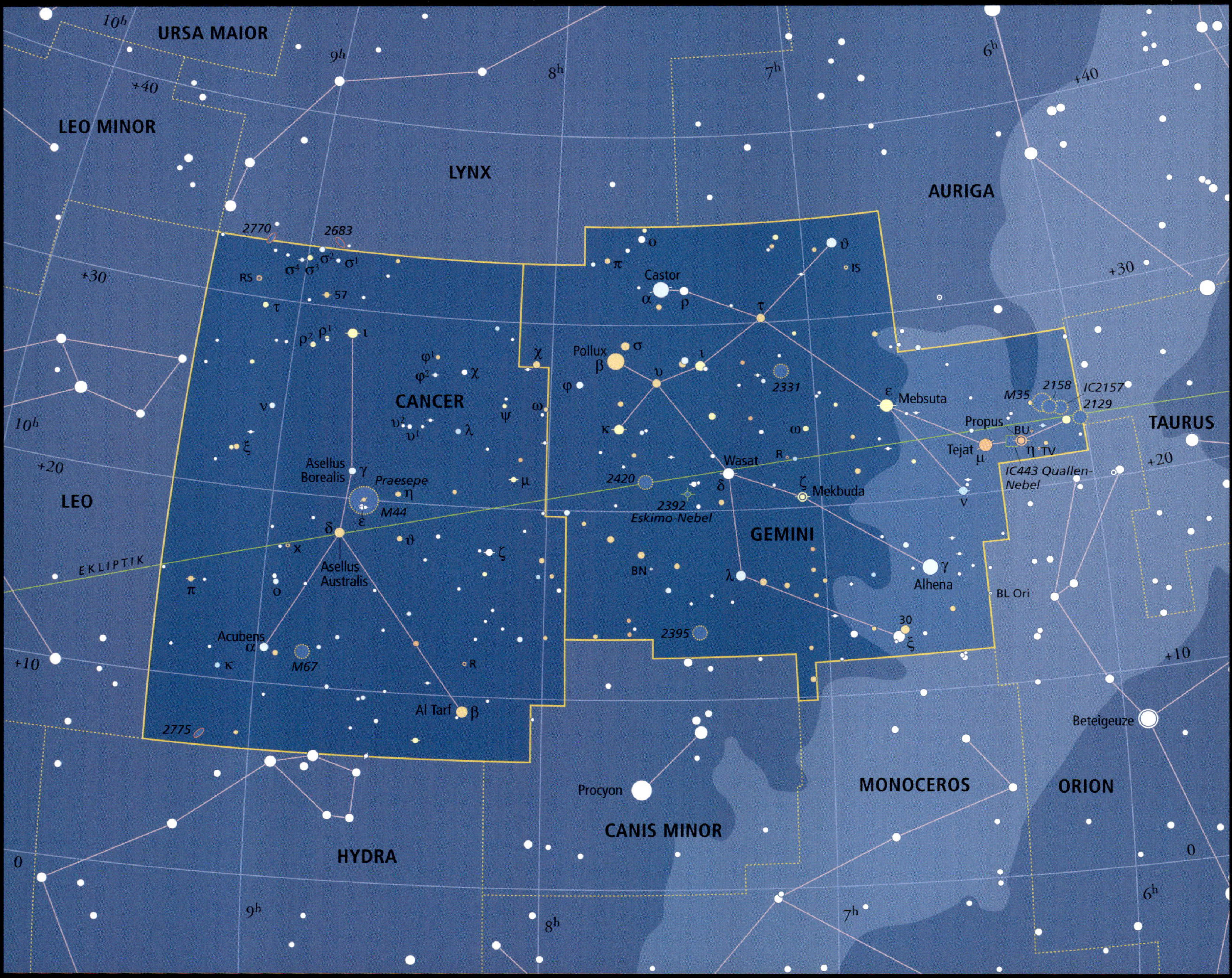

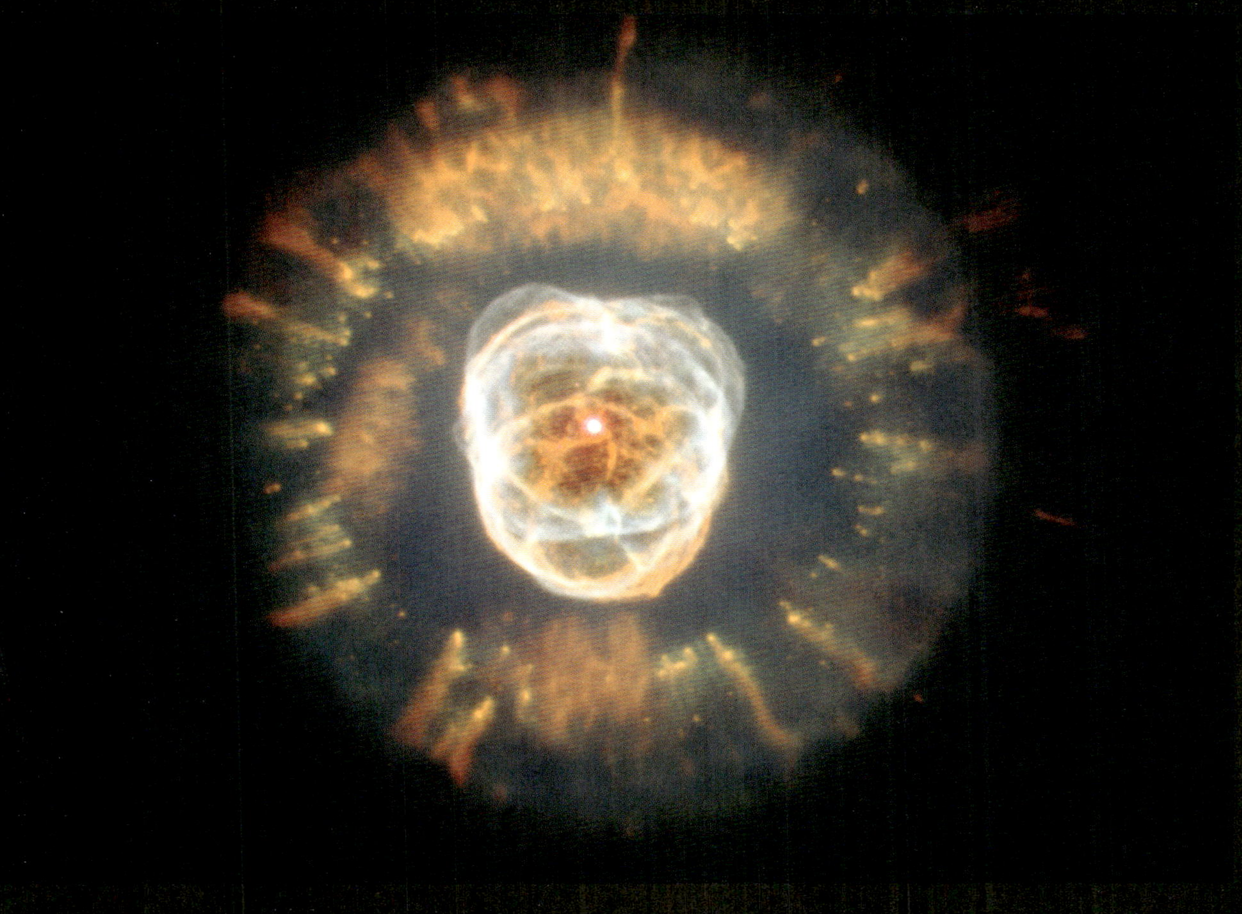

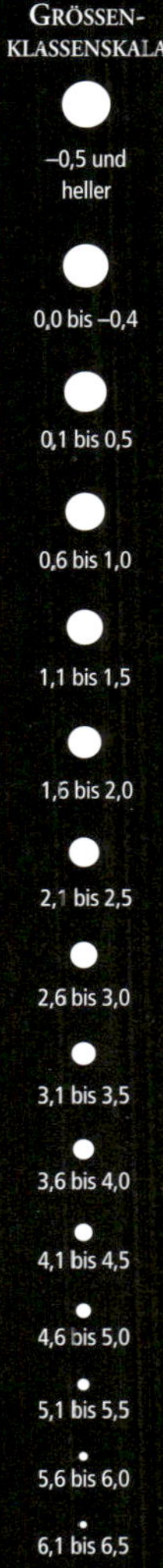

Der Eskimo-Nebel (links)
Der Eskimo-Nebel (NGC 2392) im Sternbild Gemini ist ein komplexer Planetarischer Nebel, eine Blase aus Gas, die vor etwa 10.000 Jahren von einem sterbenden Stern ausgeworfen wurde. Dieser Nebel hat seinen Namen von der Ähnlichkeit mit dem Gesicht eines Inuit mit Parkamütze und wurde im Jahr 1787 von dem aus Deutschland stammenden britischen Astronomen Sir William Herschel entdeckt. Der „Parka" ist mit kometenähnlichen Objekten (aber weitaus größer als Kometen) übersät, deren Schweife auf den sterbenden Stern in der Mitte gerichtet sind. Die Astronomen glauben, dass diese Objekte entstanden, als eine vor kurzem abgeworfene Gashülle mit einer früheren Blase zusammengestoßen ist, die sich langsamer bewegte.

Praesepe (unten)
Praesepe (auch M 44 oder Krippe) liegt 577 Lichtjahre entfernt im Sternbild Cancer und ist ein großer, heller Haufen aus etwa 200 Sternen. Obwohl man ihn mit bloßem Auge erkennen kann, sollte man ihn am besten durch ein Fernglas betrachten.

Der Offene Haufen M 35 (links unten)
M 35, der sich 2.800 Lichtjahre entfernt im Sternbild Gemini befindet, ist eine lohnenswerte Sehenswürdigkeit für Beobachter auf der Nordhalbkugel. Darunter und links davon kann man auf diesem eindrucksvollen Foto des Kanada-Frankreich-Hawaii-Teleskops NGC 2158 sehen, einen sechsmal ferneren kompakten Haufen.

Die hellsten Sterne

Name	Grössenklasse	Distanz (Lj.)	Spektrum
Pollux (β Gem)	1,14	34	K0
Castor (α Gem)	1,58	52	A2+A1
Alhena (γ Gem)	1,93	105	A0
Tejat (μ Gem)	2,88	232	M3
Mebsuta (ε Gem)	2,98	904	G8

Sehenswürdigkeiten

Name	Typ	Distanz (Lj.)	Anderer Name
Praesepe (Cnc)	Offener Haufen	577	M 44, Krippe
M 35 (Gem)	Offener Haufen	2.800	NGC 2168
Eskimo-Nebel (Gem)	Planetarischer Nebel	3.000	NGC 2392, Clowngesicht-Nebel
Quallen-Nebel (Gem)	Supernovarest	5.000	IC 443

Spektralklasse
O, B
A
F
G
K
M, N, R, S

Sterne
Doppelstern
Veränderlicher Stern

Deep-Sky-Objekte
Offener Sternhaufen
Kugelsternhaufen
Heller Nebel
Planetarischer Nebel
Galaxie
Lichtschwache Galaxie

Canes Venatici

Coma Berenices

Canes Venatici (die Jagdhunde) ist eine moderne Gruppierung aus dem siebzehnten Jahrhundert. Die Hunde gehören dem Rinderhirten Boötes, einem benachbarten Sternbild. Canes Venatici ist eine kleine, schwach schimmernde Ansammlung, deren hellster Stern Cor Caroli oder Alpha (α) Canum Venaticorum zur Größenklasse 2,9 zählt. Es gibt viele Deep-Sky-Objekte wie die auffällige Whirlpool-Galaxie (M 51), den glitzernden Kugelhaufen M 3, der eine geschätzte halbe Million Sterne enthält, und viele andere NGC-Objekte, hauptsächlich Galaxien. Das benachbarte Sternbild Coma Berenices (das Haar der Berenike) ist noch reicher an Galaxien zwischen Größenklasse 9 und 11. Eine davon ist M 64, die rechts auf einem Bild des Hubble-Weltraumteleskops aus dem Jahr 2001 zu sehen ist. Sie ist auch als „Schwarzaugen“-Galaxie, die „Schlafende Schönheit“ oder NGC 4826 bekannt und von einem sonderbaren, dicken Band aus Gas und Staub umgeben.

LEO Leo Minor

Leo (der Löwe) ist ein Sternbild des Tierkreises und eines der wenigen, das eine gewisse Ähnlichkeit aufweist mit dem, wonach es benannt ist, einem riesigen Himmelslöwen. Der hellste Stern Regulus oder Alpha (α) Leonis bildet eine der Vorderpranken des Löwen und Omikron (ο) Leonis die andere. Gamma (γ) Leonis markiert seine Schulter und Denebola oder Beta (β) Leonis sitzt auf der Schwanzspitze. Das Sternbild Leo enthält mehrere Galaxien, darunter M 95, M 96 und M 105, die alle zur Größenklasse 10 bis 11 gehören, sowie auch drei Galaxien, die das Leo-Triplet bilden: M 65, M 66 (rechts) und NGC 3628. Diese drei Galaxien liegen nahe genug beieinander, um sie gemeinsam durch ein Teleskop beobachten zu können. Der Nachbar des Löwen ist Leo Minor (der Kleine Löwe), ein ärmliches Sternbild ohne helle Sterne, aber wie sein größerer Bruder enthält Leo Minor einige schöne Galaxien für Himmelsbeobachter.

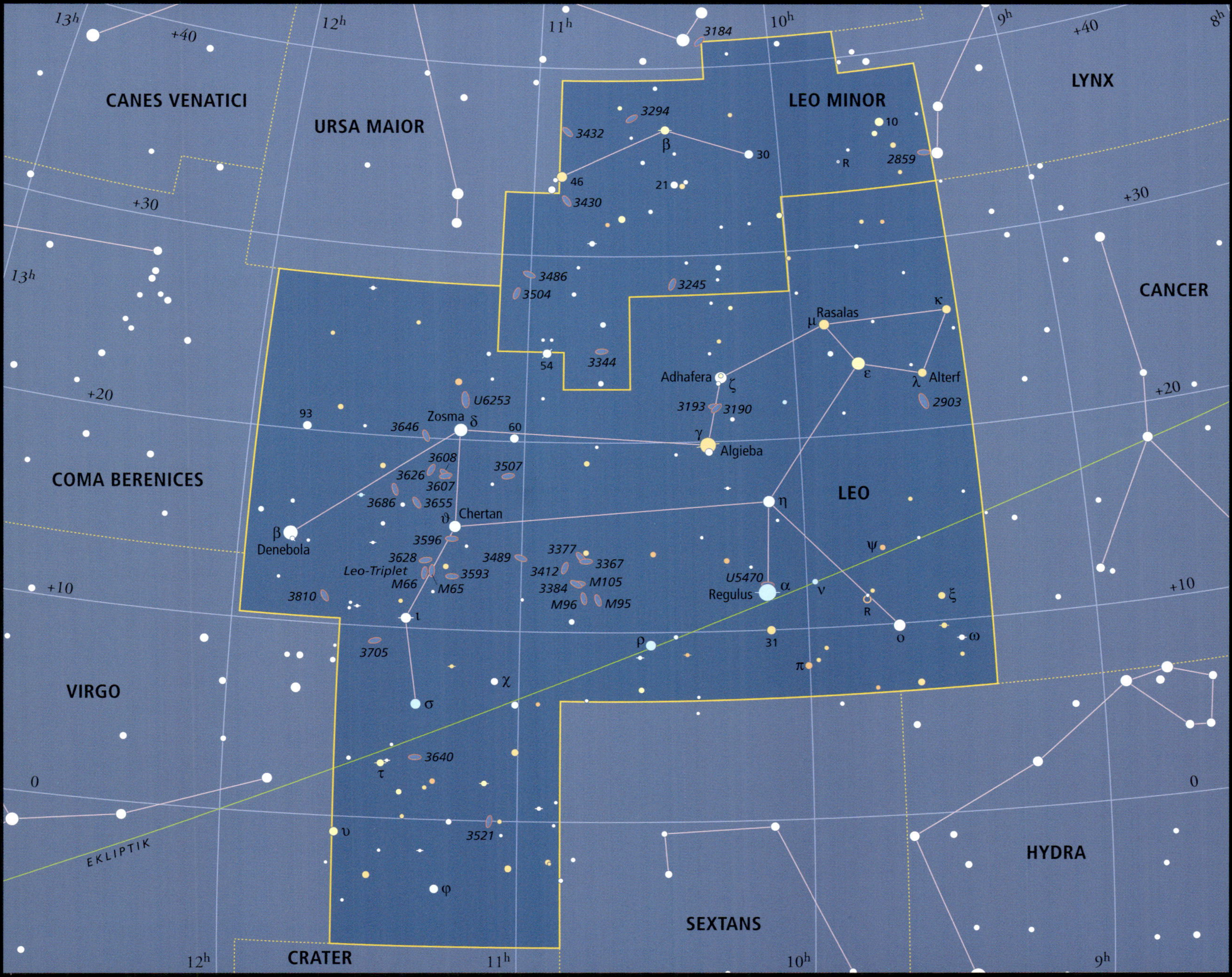

Spektral-
klasse
O, B
A
F
G
K
M, N, R, S

Sterne
Doppelstern
Veränderlicher Stern

Deep-Sky-Objekte
Offener Sternhaufen
Kugelsternhaufen
Heller Nebel
Planetarischer Nebel
Galaxie
Lichtschwache Galaxie

Orion

Neben dem Großen Bären ist Orion (der Jäger) wahrscheinlich das berühmteste Sternbild, da man es von beiden Halbkugeln aus sehen kann. Drei helle Sterne auf einer beinahe geraden Linie markieren den Gürtel des Jägers, zwei seine Schultern und zwei seine Füße. Einer der Sterne der Schultern ist Beteigeuze, der zehnthellste Stern am Himmel, den man mit bloßem Auge an seiner Orangefärbung erkennt. Er ist ein sehr leuchtkräftiger Veränderlicher Roter Überriese, der bis zu 50.000-mal heller leuchtet als die Sonne und dessen Durchmesser 650-mal größer ist als jener der Sonne. Rigel ist noch heller, ein stahlblauer Stern mit einer vier- oder fünfmal größeren absoluten Leuchtkraft als Beteigeuze. Der Orion ist für den Orion-Nebel (M 42) bekannt, den man auch Großen Nebel nennt. Er liegt unter dem Gürtel und soll das Schwert des Jägers darstellen. M 42 ist eine aktive Sternfabrik und von einem dunklen Ort als heller Klecks zu sehen, obwohl er 1.500 Lichtjahre entfernt ist.

Der Pferdekopf-Nebel (oben)
Der Pferdekopf-Nebel ist einer der berühmtesten Schätze des Himmels. Der Pferdekopf selbst wird von einer Wolke aus Staub mit dem Namen Barnard 33 gebildet. Wir können ihn nur sehen, weil er über einem hellen Emissionsnebel IC 434 liegt. Obwohl der Nebel sehr groß ist (die Region auf diesem Foto des Kanada-Frankreich-Hawaii-Teleskops umspannt ein Gebiet von der Größe des Vollmonds), leuchtet er schwach und ist mit einem Teleskop nur schwer zu erkennen.

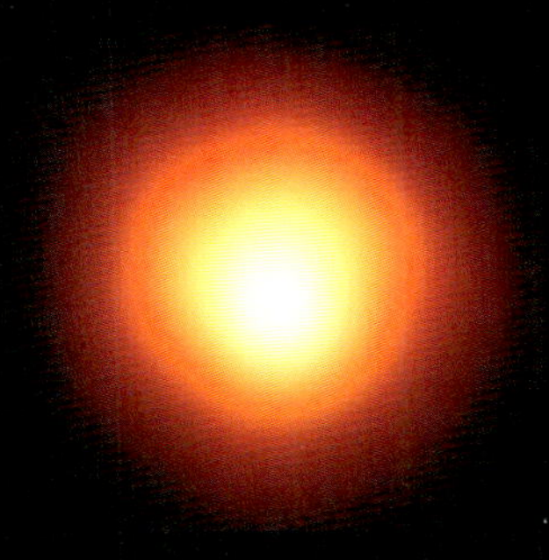

Der Gürtel des Orion (unten)
Diese Nahaufnahme vom Gürtel des Orion (der von den hellen Sternen Alnitak, Alnilam und Mintaka gebildet wird) zeigt, dass die Region von farbenprächtigen Nebeln erstrahlt. Links unten kann man den Pferdekopf-Nebel sehen, unter dem Stern Alnitak.

Beteigeuze (oben)
Beteigeuze gehört zu den bekanntesten Sternen. Er ist ein Roter Überriese und so groß, dass er, würde man die Sonne gegen ihn austauschen, die Bahnen aller Planeten bis zum Jupiter schlucken würde. Er ist einer der wenigen Sterne, deren Scheibe man direkt beobachtet hat.

Der Orion-Nebel (oben)
Der Orion-Nebel M 42 ist sicher der berühmteste Nebel am Himmel, weil er sowohl nördlich als auch südlich des Äquators mit bloßem Auge leicht als heller, verschwommener Fleck zu erkennen ist. Das obere Foto zeigt die Nahaufnahme eines Ausschnitts des Nebels, der mit neugeborenen und gerade entstehenden Sternen bespickt ist.

Die hellsten Sterne			
Name	Grössenklasse	Distanz (Lj.)	Spektrum
Rigel (β Ori)	0,12	773	B8
Beteigeuze (α Ori)	0,50	427	M1
Bellatrix (γ Ori)	1,64	243	B2
Alnilam (ε Ori)	1,70	1.340	B0
Alnitak (ζ Ori)	2,05	817	O9
Sehenswürdigkeiten			
Name	Typ	Distanz (Lj.)	Anderer Name
Orion-Nebel	Heller Nebel	1.500	Großer Nebel, M 42, NGC 1976
M 43	Heller Nebel	1.500	NGC 1982, Nebel de Mairans
M 78	Heller Nebel	1.600	NGC 2068
Pferdekopf-Nebel	Dunkler Nebel	1.600	Barnard 33
Barnards Loop	Reflexionsnebel	1.600	Sh2-276 (Sharpless 276)

Spektralklasse
O, B
A
F
G
K
M, N, R, S

Sterne
Doppelstern
Veränderlicher Stern

Deep-Sky-Objekte
Offener Sternhaufen
Kugelsternhaufen
Heller Nebel
Planetarischer Nebel
Galaxie
Lichtschwache Galaxie

Eridanus Fornax

Eridanus ist ein bedeutendes Sternbild, das Sechstgrößte, was die Ausdehnung am Himmel betrifft, und es wurde schon in alten Zeiten als sich windender Fluss gesehen. Die Spiralgalaxie NGC 1232 (rechts zu sehen) ist eine lohnende Sehenswürdigkeit für Fernglasbesitzer, ebenso wie der Fornax-Galaxienhaufen an der Grenze zwischen dem Sternbild Eridanus und Fornax. Fornax ist ein neuzeitliches Sternbild und steckt in einer der Biegungen des Flusses Eridanus, wo sich nur matte Sterne, aber mehrere Galaxien befinden.

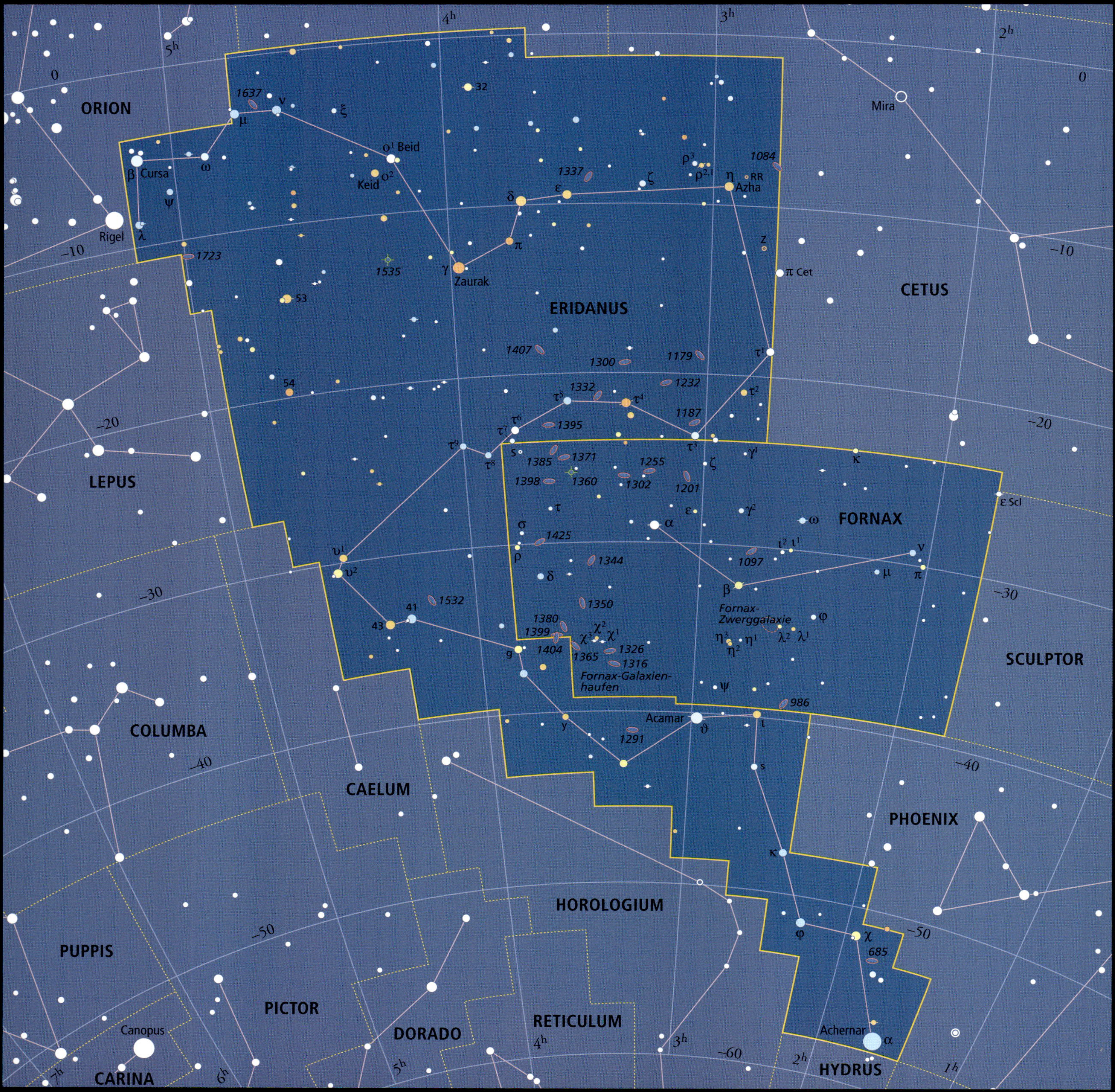

Cetus

Cetus (der Wal) ist das Sternbild mit der viertgrößten Ausdehnung und spannt sich in einem Bogen über den Himmelsäquator. Cetus enthält nur drei Sterne, die heller sind als Größenklasse 3, aber es ist die Heimat eines Veränderlichen Sterns namens Mira. Er wird auch Omikron (o) Ceti genannt und ist ein Roter Riese, dessen Durchschnittsradius pulsiert, wobei auch seine Helligkeit größer und kleiner wird. Von der Erde aus gesehen variiert die sichtbare Helligkeit von Mira, dem Prototypen für eine ganze Klasse von Sternen mit demselben Verhalten. Er hat eine Periode von 332 Tagen, weshalb er über lange Zeit des Jahres mit bloßem Auge nicht zu sehen ist. Das Sternbild Cetus enthält den Planetarischen Nebel NGC 246 und einige Galaxien. Die hellste davon ist M 77, die man rechts auf einem aus optischen (rot) und Röntgenstrahlen (blau und grün) zusammengesetzten Bild dabei sehen kann, wie sie Gas aus einem massereichen zentralen Schwarzen Loch ausstößt.

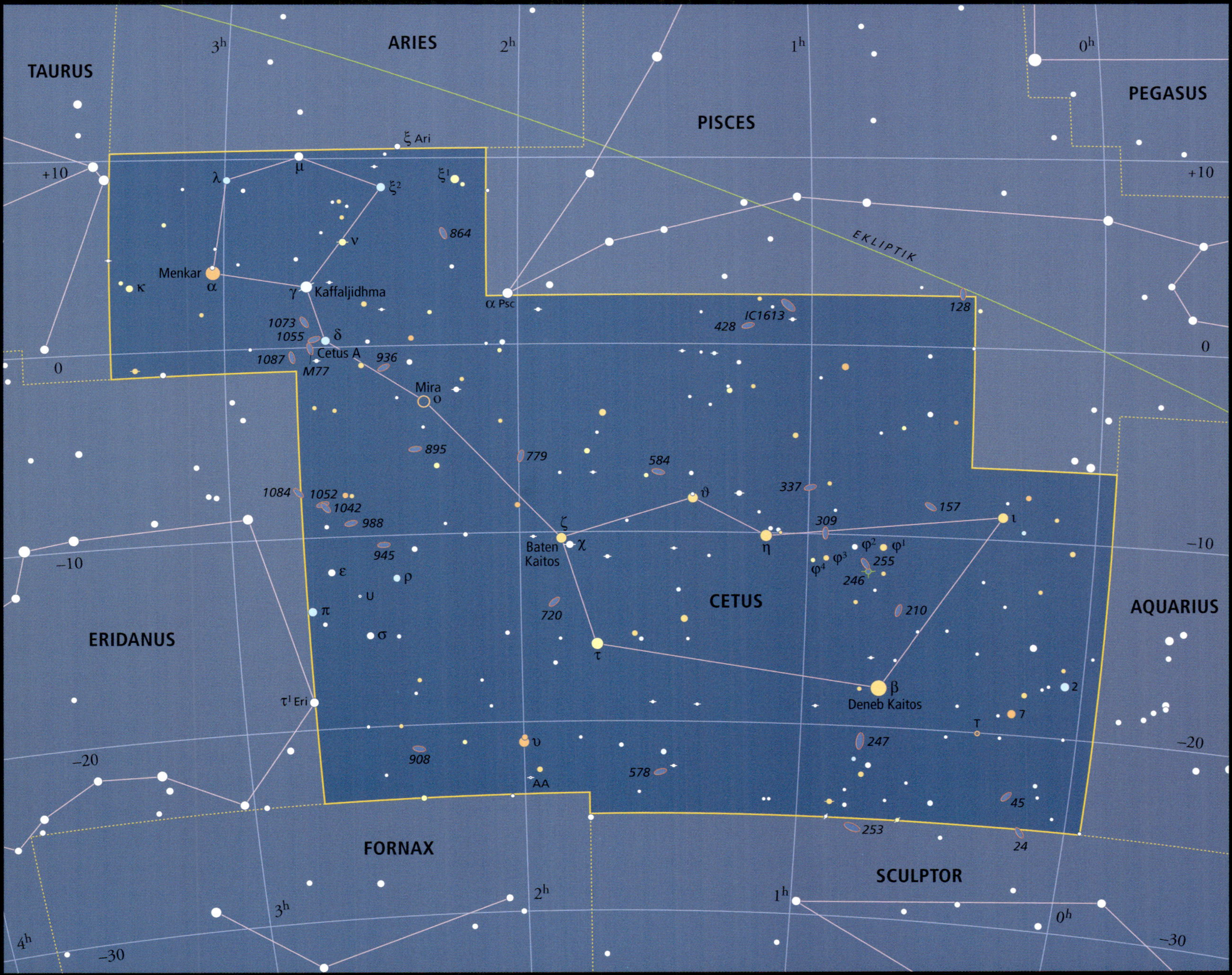

Spektralklasse
O, B
A
F
G
K
M, N, R, S

Sterne
Doppelstern
Veränderlicher Stern

Deep-Sky-Objekte
Offener Sternhaufen
Kugelsternhaufen
Heller Nebel
Planetarischer Nebel
Galaxie
Lichtschwache Galaxie

Aquarius
Capricornus, Microscopium

Aquarius (der Wassermann) liegt südlich des Himmelsäquators auf der Ekliptik und ist ein Tierkreiszeichen inmitten einer Gruppe ähnlicher Wassererscheinungen wie dem Sternbild Delphinus (der Delphin), Eridanus (der Fluss), Pisces (die Fische) und Cetus (der Wal). Das Sternbild Aquarius besitzt keine hellen Sterne, aber Planetarische Nebel wie den Saturn-Nebel NGC 7009 und den Helix-Nebel NGC 7293, welcher der scheinbar größte aller planetarischer Nebel ist. Aquarius grenzt an Capricornus (der Steinbock), der wiederum an das Sternbild Microscopium grenzt, und wonach diese Gruppe blasser Sterne im achtzehnten Jahrhundert benannt wurde, ist leicht zu erraten. Capricornus leuchtet zwar nur schwach, ist aber in einer dunklen Nacht deutlich zu erkennen, denn seine Hauptsterne bilden ein enges Dreieck. Microscopium enthält keine Sterne, die heller sind als Größenklasse 4, aber eine Anzahl von Galaxien zwischen der zwölften und vierzehnten Größenklasse.

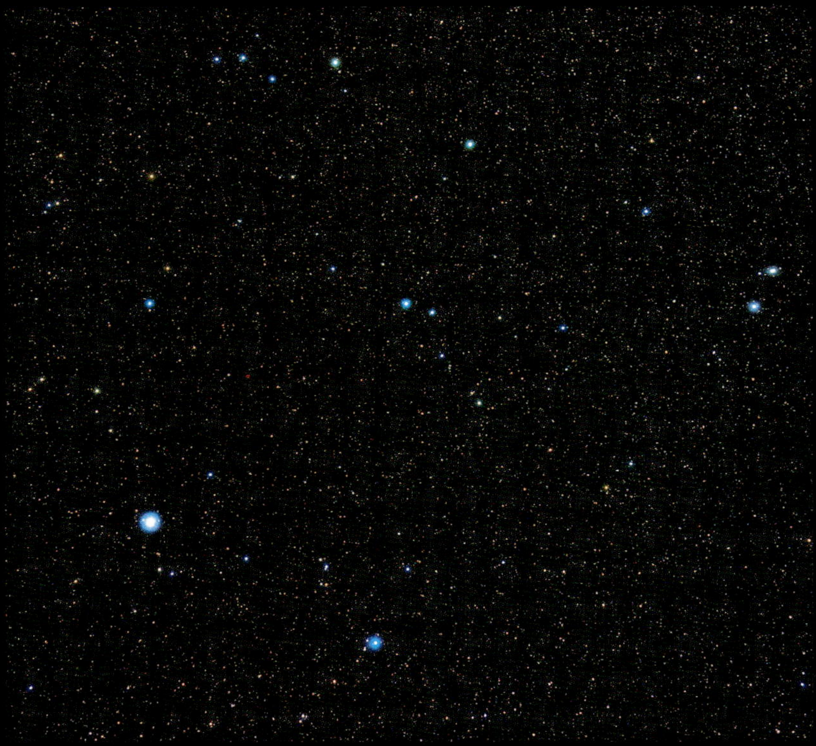

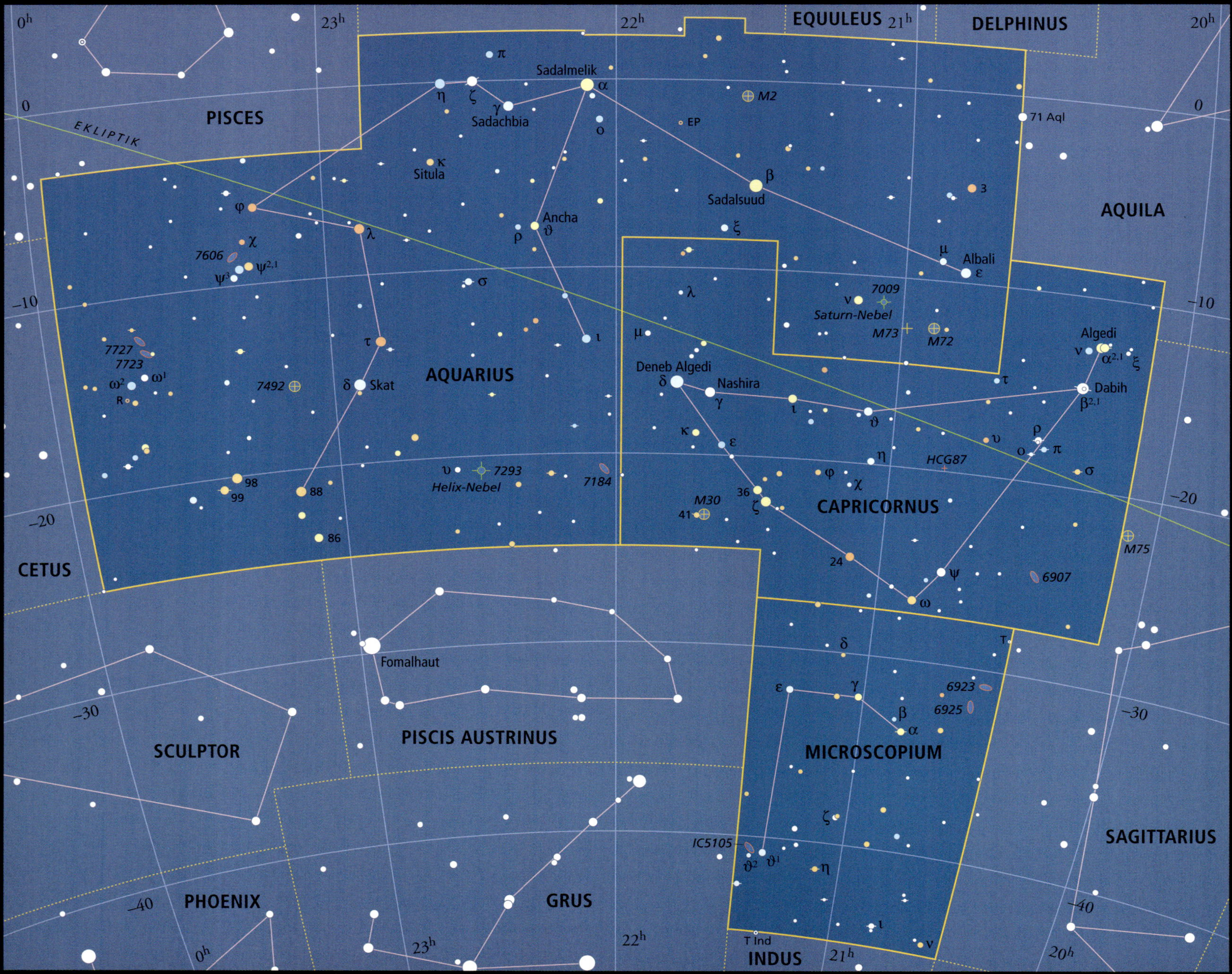

Die hellsten Sterne			
Name	**Grössenklasse**	**Distanz (Lj.)**	**Spektrum**
Deneb Algedi (δ Cap)	2,87	39	Amv
Sadalsuud (β Aqr)	2,91	612	G0
Sadalmelik (α Aqr)	2,96	759	G2
Dabih (β Cap)	3,08	344	F8 + A0
Skat (δ Aqr)	3,27	160	A3
Sehenswürdigkeiten			
Name	**Typ**	**Distanz (Lj.)**	**Anderer Name**
Helix-Nebel (Aqr)	Planetarischer Nebel	450	NGC 7293
Saturn-Nebel (Aqr)	Planetarischer Nebel	2.400	NGC 7009
M 2 (Aqr)	Kugelhaufen	37.500	NGC 7089
M 72 (Aqr)	Kugelhauen	55.400	NGC 6981

Kometenknoten (oben)
Das ist eine Nahaufnahme des Helix-Nebels (NGC 7293) vom Hubble-Weltraumteleskop aus dem Jahr 1994. Die kometenähnlichen Objekte wurden Kometenknoten getauft, sind jedoch viel größer als Kometen – der „Kopf" eines jeden hat den doppelten Durchmesser unseres Sonnensystems. Diese „Knoten" entstanden, als eine jüngere Schale aus Gas vom Stern im Zentrum des Nebels ausgeworfen wurde und auf eine langsamere, früher abgeworfene Schale getroffen ist und diese zerfetzte.

Der Helix-Nebel (unten)
Wegen seiner geringen Entfernung von nur 450 Lichtjahren hat der Helix-Nebel (NGC 7293) im Sternbild Aquarius den größten scheinbaren Durchmesser aller Planetarischen Nebel. Mit einem wirklichen Durchmesser von etwa drei Lichtjahren bedeckt er eine Fläche des Himmels, die beinahe genauso groß ist wie der Vollmond. Dieses Foto ist eine Zusammenstellung mehrerer Bilder von Hubble und einem bodenstationierten Teleskop am Kitt-Peak-National-Observatorium in den USA.

Die Galaxiengruppe im Sternbild Capricornus (unten)
HCG 87 ist eine Gruppe von Galaxien, die durch die Gravitation verbunden sind und sich 400 Millionen Lichtjahre entfernt im Sternbild Capricornus befinden. Dieses Foto der Gruppe, die eine von der Kante gesehene Spiralgalaxie (untere Mitte), eine Elliptische Galaxie (rechts davon) und eine größere Spiralgalaxie (oben) einschließt, stammt vom Gemini-Süd-Teleskop auf dem Cerro Pachón in den chilenischen Anden. Die anderen Galaxien auf dem Foto sind Hintergrundgalaxien, die nicht zur Gruppe gehören.

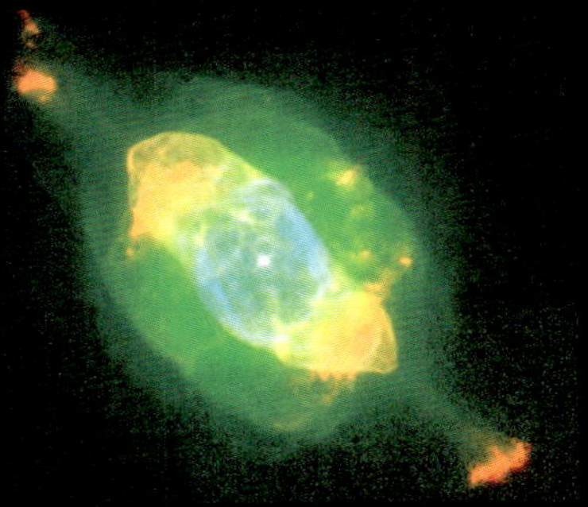

Der Saturn-Nebel (oben)
Ein weiterer Planetarischer Nebel im Sternbild Aquarius ist der 2.400 Lichtjahre entfernte Saturn-Nebel (NGC 7009). Die Mitte dieses Nebels wird von einer hellen, farbenprächtigen Schale aus Gas beherrscht, die einen Hohlraum mit dem ehemaligen Stern im Zentrum bildet. Weiter außerhalb an beiden Enden der langen Achse des Nebels befinden sich zwei „Griffe" aus weniger dichtem Gas. Sie geben dem Nebel die Erscheinung des von der Seite gesehenen Ringplaneten und deshalb auch seinen Namen.

Grössenklassenskala
–0,5 und heller
0,0 bis –0,4
0,1 bis 0,5
0,6 bis 1,0
1,1 bis 1,5
1,6 bis 2,0
2,1 bis 2,5
2,6 bis 3,0
3,1 bis 3,5
3,6 bis 4,0
4,1 bis 4,5
4,6 bis 5,0
5,1 bis 5,5
5,5 bis 6,0
6,1 bis 6,5

Spektral-
klasse

O, B

A

F

G

K

M, N, R, S

Sterne

Doppelstern

Veränderlicher Stern

Deep-Sky-Objekte

Offener Sternhaufen

Kugelsternhaufen

Heller Nebel

Planetarischer Nebel

Galaxie

Lichtschwache Galaxie

Lepus Columba, Caelum

Lepus (der Hase) ist eine nur mäßig helle Gruppe von Sternen und eher klein, aber einfach zu finden, weil sie sich unmittelbar südlich von Orion befindet. Die beiden hellsten Sterne Arneb und Nihal gehören zur Größenklasse 2,56 und 2,78, während die anderen Hauptsterne zwischen der dritten und vierten Größenklasse liegen. Das Sternbild Lepus enthält den Kugelhaufen M 79 und ist die Heimat des rätselhaften Spirograph-Nebels IC 418, den man rechts auf einem Bild des Hubble-Weltraumteleskops sehen kann. Südlich von Lepus liegen die Sternbilder Columba (die Taube) und Caelum (der Grabstichel). Diese Sternbilder liegen südlich vom Himmelsäquator und sind für Beobachter auf der Nordhalbkugel kaum zu sehen. Columba birgt den Kugelhaufen NGC 1851, der zur siebenten Größenklasse zählt, und eine Anzahl von Galaxien, die alle schwächer leuchten als Größenklasse 10. Caelum enthält einige Galaxien, jedoch keine Sterne, die heller sind als Größenklasse 4,5.

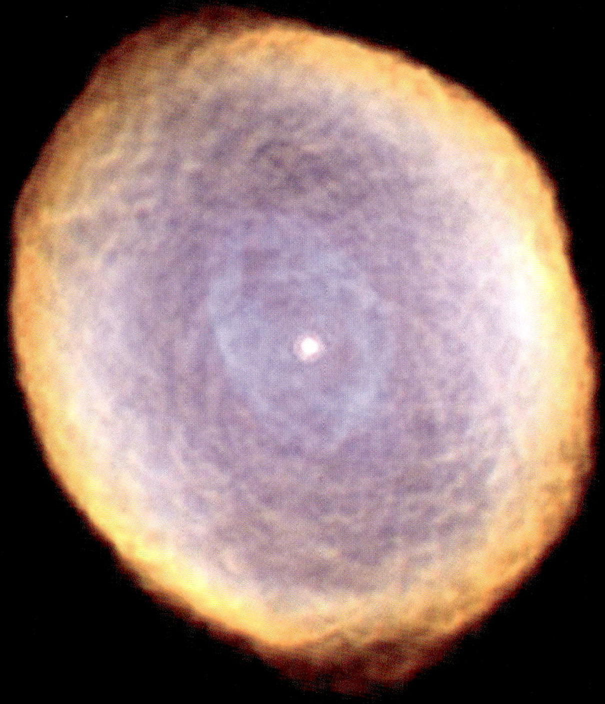

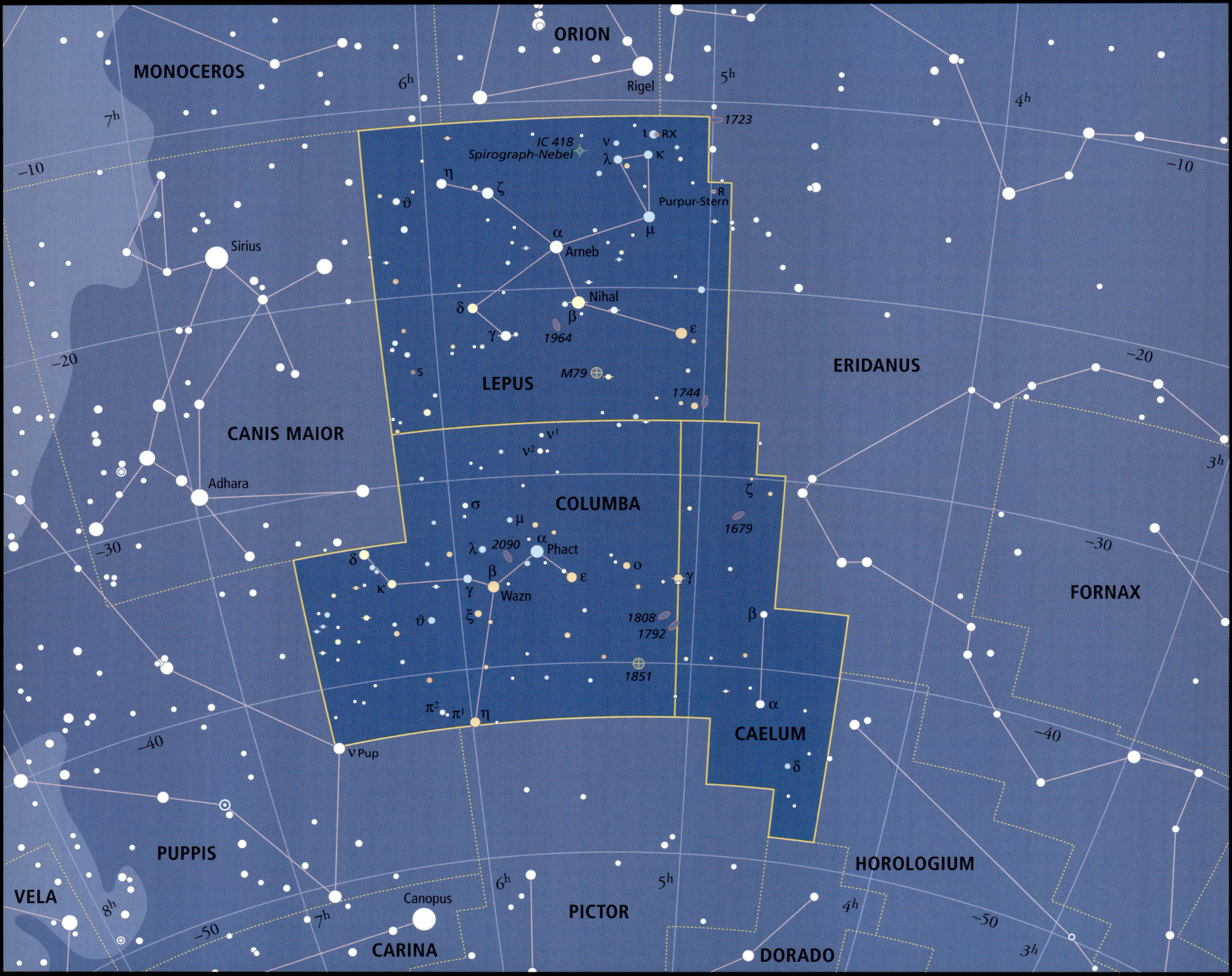

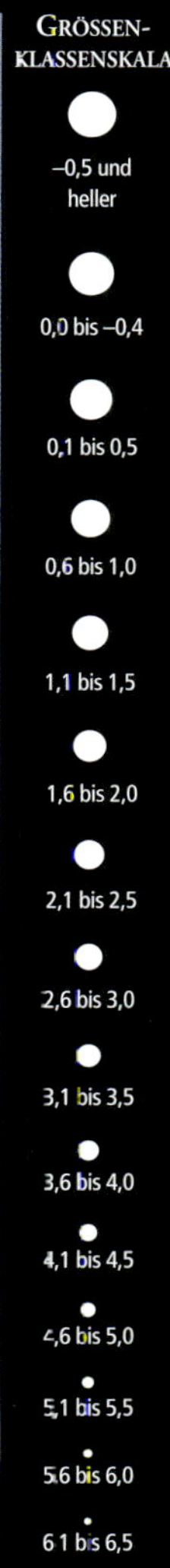

Sculptor

Grus, Phoenix, Piscis Austrinus

Sculptor (der Bildhauer) ist ein neuzeitliches Sternbild südlich vom Himmelsäquator. Nicht einmal in den südlichen Breiten, wo wir direkt aus der Ebene unserer Galaxie in den intergalaktischen Raum hinausblicken, ist dieser matt schimmernde Fleck aus Sternen deutlich zu erkennen. Dennoch kann man hier eine Reihe interessanter und recht heller Galaxien finden, darunter NGC 613 (rechts), NGC 55 und NGC 253. NGC 253 ist ziemlich groß und durch ein Fernglas als dicker Balken zu erkennen. Die benachbarten Sternbilder von Sculptor sind Phoenix, Grus (der Kranich) und Piscis Austrinus (der Südliche Fisch). Piscis Austrinus ist die Heimat des hellen Sterns Fomalhaut (den man manchmal den Einsamen nennt), der mit Größenklasse 1,15 der hellste Stern im Umkreis dieses Fleckens am Himmel ist. Die beiden hellsten Sterne im Sternbild Grus, Alnair und Beta (β) Grus, sind ein ziemlich auffälliges Paar der ansehnlichen Größenklassen 2,10 und 1,74.

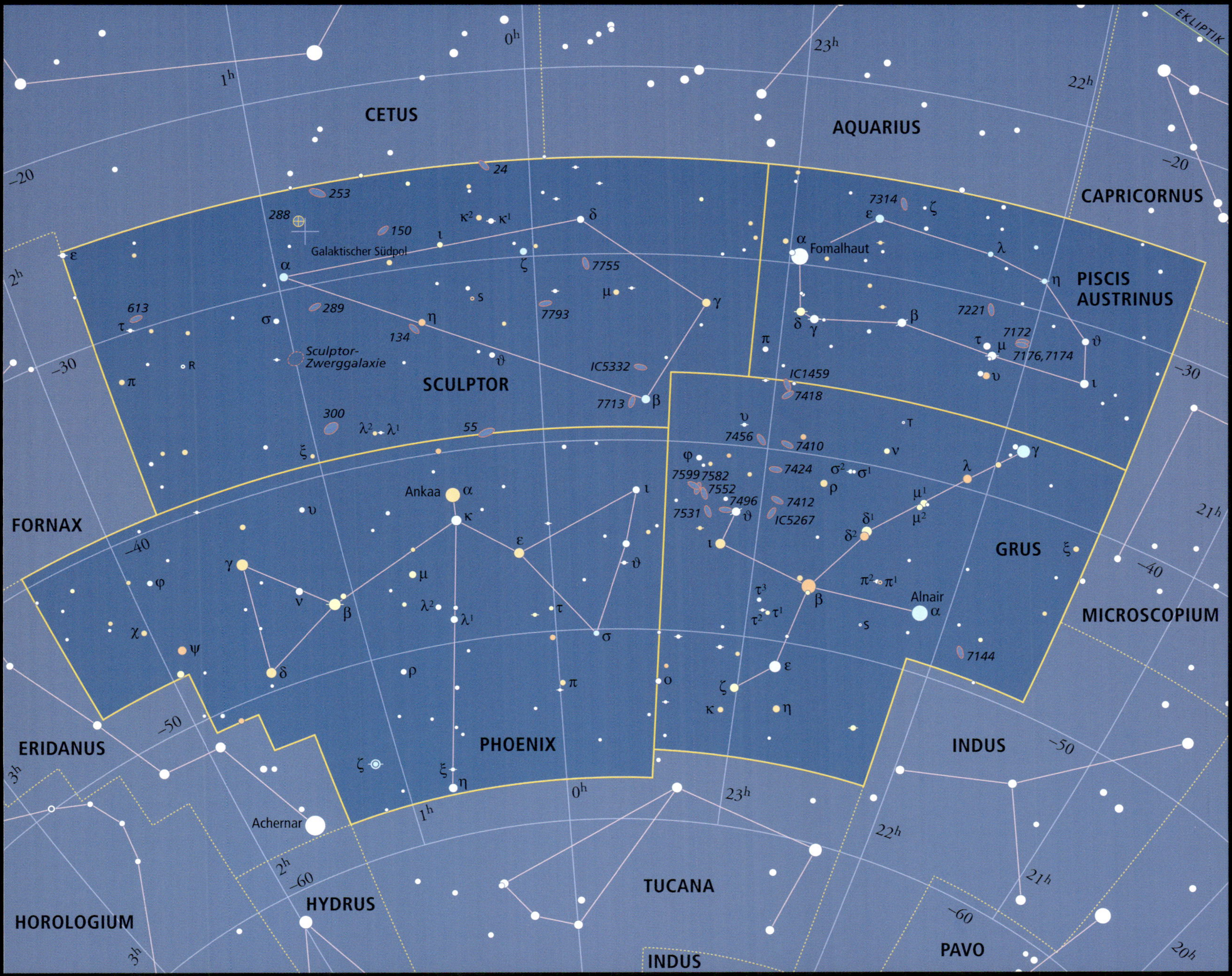

Spektral-
klasse
O, B
A
F
G
K
M, N, R, S

Sterne
Doppelstern
Veränderlicher Stern

Deep-Sky-Objekte
Offener Sternhaufen
Kugelsternhaufen
Heller Nebel
Planetarischer Nebel
Galaxie
Lichtschwache Galaxie

Dorado und Tucana

Horologium, Hydrus, Mensa, Reticulum

Auf der Südhalbkugel befinden sich zwei Sternbilder, die keine hellen Sterne aufweisen, jedoch die Heimat zweier wundervoller Schauspiele am Nachthimmel sind. Es sind die Sternbilder Dorado (Schwertfisch) und Tucana (der Tukan) und ihre Schätze sind die Große sowie die Kleine Magellansche Wolke. Diese hellen Flecken sehen aus wie abgetrennte Teile der Milchstraße und sind eigentlich unregelmäßig geformte Satellitengalaxien, die sich auf Bahnen um unsere Galaxie befinden. Tucana ist auch für seinen Kugelhaufen 47 Tucanae bekannt, dem zweithellsten am Himmel, den man schon mit bloßem Auge sehen kann. Nahe Sternbilder sind Horologium (Uhr), Hydrus (Männliche oder Kleine Wasserschlange), Mensa (das einzige Sternbild, das nach einer geologischen Formation, dem Tafelberg, benannt ist) und Reticulum (Netz), aber sie alle leuchten nur schwach.

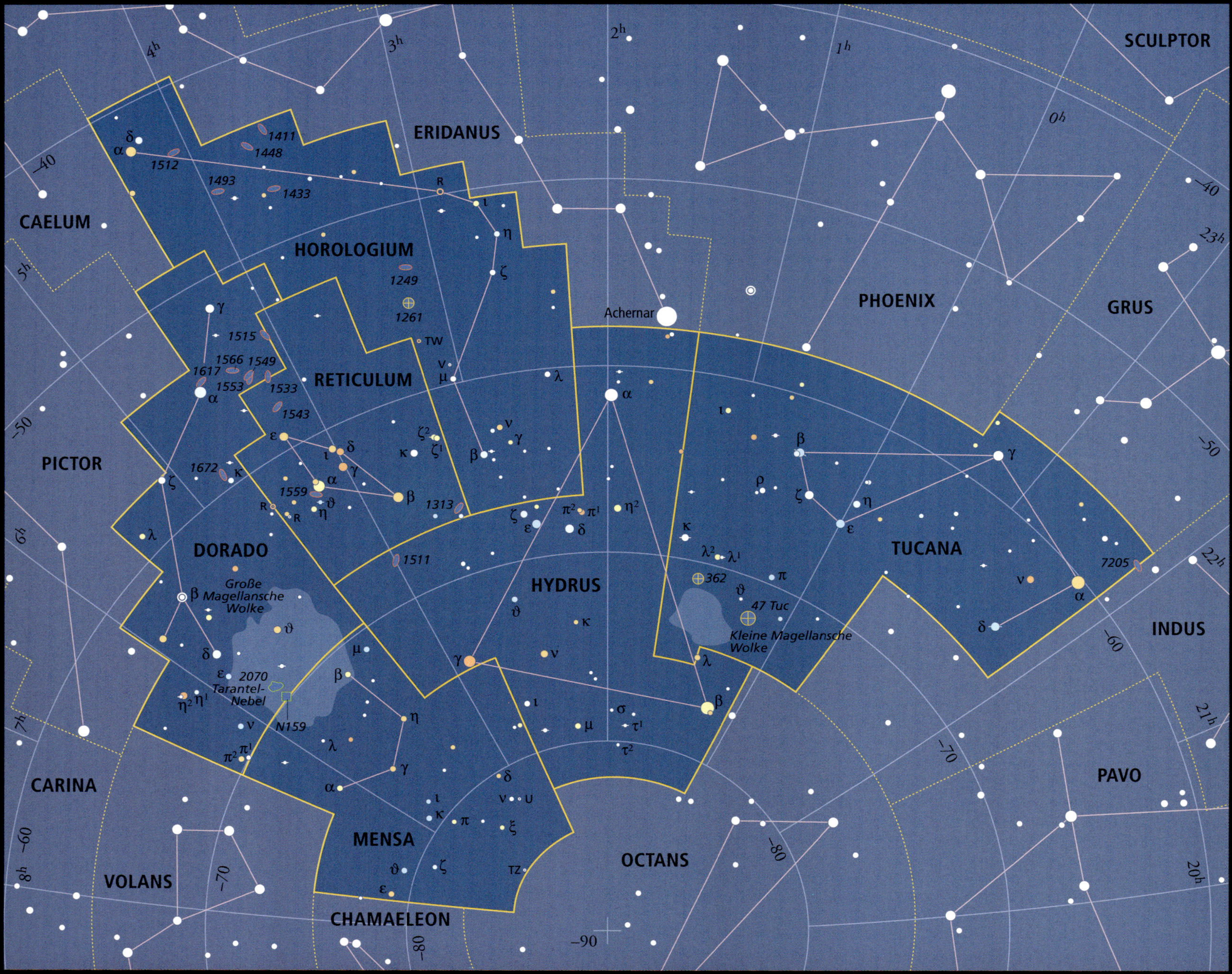

Die hellsten Sterne			
Name	**Grössenklasse**	**Distanz (Lj.)**	**Spektrum**
β Hyi	2,80	24	G2
α Hyi	2,86	71	F0
α Tuc	2,87	199	K3
γ Hyi	3,24	214	M2
α Dor	3,27	176	A0

Sehenswürdigkeiten			
Name	**Typ**	**Distanz (Lj.)**	**Anderer Name**
47 Tucanae (Tuc)	Kugelhaufen	13.400	NGC 104
Tarantel-Nebel (Dor)	Emissionsnebel	179.000	30 Doradus, NGC 2070
Große Magellansche Wolke	Irreguläre Satellitengalaxie	180.000	LMC
Kleine Magellansche Wolke	Irreguläre Satellitengalaxie	210.000	SMC

N159 (oben)
Dieser riesige Nebel ist einer der vielen Sternenfabriken im Inneren der Großen Magellanschen Wolke. Man nennt diese Nebelwolke N159, Nummer 159 in einem spezifischen Katalog der Objekte der Großen Magellanschen Wolke, und sie hat einen Durchmesser von mehr als 150 Lichtjahren. Ihre rote Farbe stammt von Wasserstoffgas, das durch junge Sterne im Inneren zum Glühen gebracht wird.

47 Tucanae (oben)
Dieses Hubble-Bild zeigt einen Schwarm von ungefähr 30.000 dichtgepackten Sternen nahe dem Zentrum des Kugelhaufens 47 Tucanae. Dieser Haufen aus mehreren Millionen hauptsächlich alten Sternen ist durch die Gravitation an die Milchstraße gefesselt, wurde aber gebildet, bevor unsere Galaxie ihre gegenwärtige Form erhalten hat. Haufen wie 47 Tucanae und Omega Centauri bergen einige der ältesten bekannten Sterne des Universums.

Der Tarantel-Nebel (oben)
Die Große Magellansche Wolke ist die Heimat eines großen interstellaren Nebels, den man den Tarantel-Nebel nennt (NGC 2070). Es ist leicht zu sehen, warum dieses wilde Netz aus Sternen und Gas mit einer Spinne in Verbindung gebracht wurde. Der Tarantel-Nebel ist 179.000 Lichtjahre entfernt und erscheint deshalb recht klein, aber wäre er so nahe wie der Orion-Nebel, dann würde er eindrucksvolle 30 Grad des Himmels umspannen, ein Drittel des Abstands vom Horizont zum Zenit. Im Inneren dieses riesigen Gaslabyrinths befinden sich einige der massereichsten bekannten Sterne.

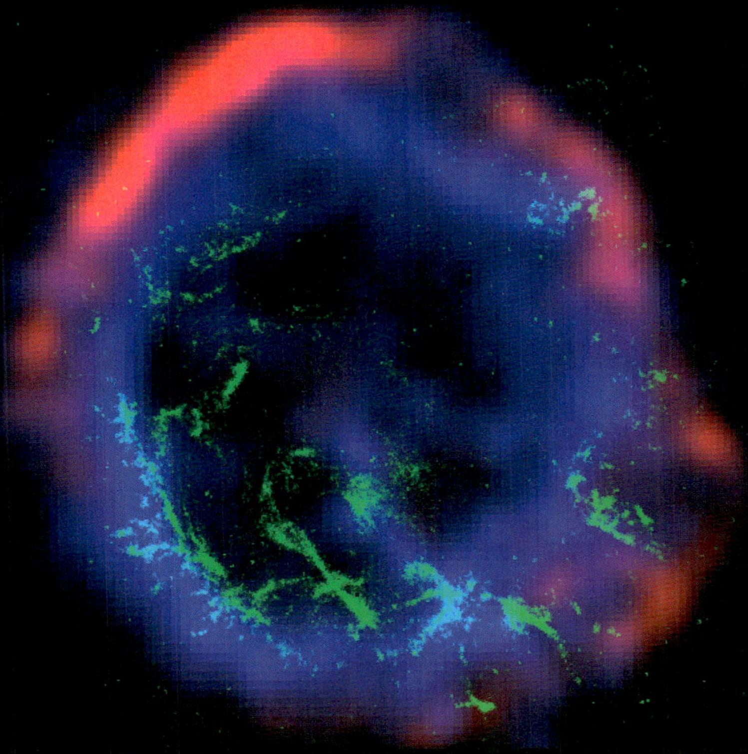

Eine tausend Jahre alte Explosion (links)
E0102-72 ist der Name, den man dem Rest einer Supernova gegeben hat, die vor etwa tausend Jahren in der Kleinen Magellanschen Wolke explodierte. Er hat einen Durchmesser von ungefähr 40 Lichtjahren. Diese Montage besteht aus drei Bildern aus unterschiedlichen Wellenlängenbereichen: Radio- (rot), sichtbaren (grün) und Röntgenstrahlen (blau). Das Radiobild zeigt die sich nach außen bewegende Schockwelle. In blauen Röntgenwellenlängen kann man Sauerstoff- und Neongas sehen, das auf Millionen Grad Celsius aufgeheizt ist, während man im sichtbaren Bereich kühlere, aber immer noch sehr heiße Sauerstoffwolken erkennen kann.

Grössen-Klassenskal
- –0,5 und heller
- 0,0 bis –0,4
- 0,1 bis 0,5
- 0,6 bis 1,0
- 1,1 bis 1,5
- 1,6 bis 2,0
- 2,1 bis 2,5
- 2,6 bis 3,0
- 3,1 bis 3,5
- 3,6 bis 4,0
- 4,1 bis 4,5
- 4,6 bis 5,0
- 5,1 bis 5,5
- 5,6 bis 6,0
- 6,1 bis 6,5

Spektralklasse

- O, B
- A
- F
- G
- K
- M, N, R, S

Sterne

- Doppelstern
- Veränderlicher Stern

Deep-Sky-Objekte

- Offener Sternhaufen
- Kugelsternhaufen
- Heller Nebel
- Planetarischer Nebel
- Galaxie
- Lichtschwache Galaxie

Canis Maior

Canis Minor, Monoceros

Canis Maior (der Große Hund) ist ein prachtvolles Sternbild. Er ist die Heimat des hellsten Sterns des ganzen Himmels und des achtnächsten Sterns zur Erde, des Sirius, den man auch Hundsstern nennt. Nördlich von Canis Maior befindet sich Monoceros (das Einhorn) und noch weiter nördlich der Kleine Hund Canis Minor. Er birgt einen hellen Stern namens Procyon. Die ganze Region (Canis Maior, Monoceros und Canis Minor) ist besonders reich, weil sie sich über die Milchstraße spannt. Es gibt viele Offene Haufen und Nebel und es ist ein guter Ort, um mit einem Fernglas auf Beobachtung zu gehen. Im Sternbild Monoceros findet man den Rosetten-Nebel (NGC 2237) sowie den Weihnachtsbaum-Haufen (NGC 2264) sowie im Großen Hund den schönen Offenen Haufen M 41. Rechts ein weiteres interessantes Gebilde dieses Sternbilds: die beiden verschmelzenden Galaxien NGC 2207 und IC 2163.

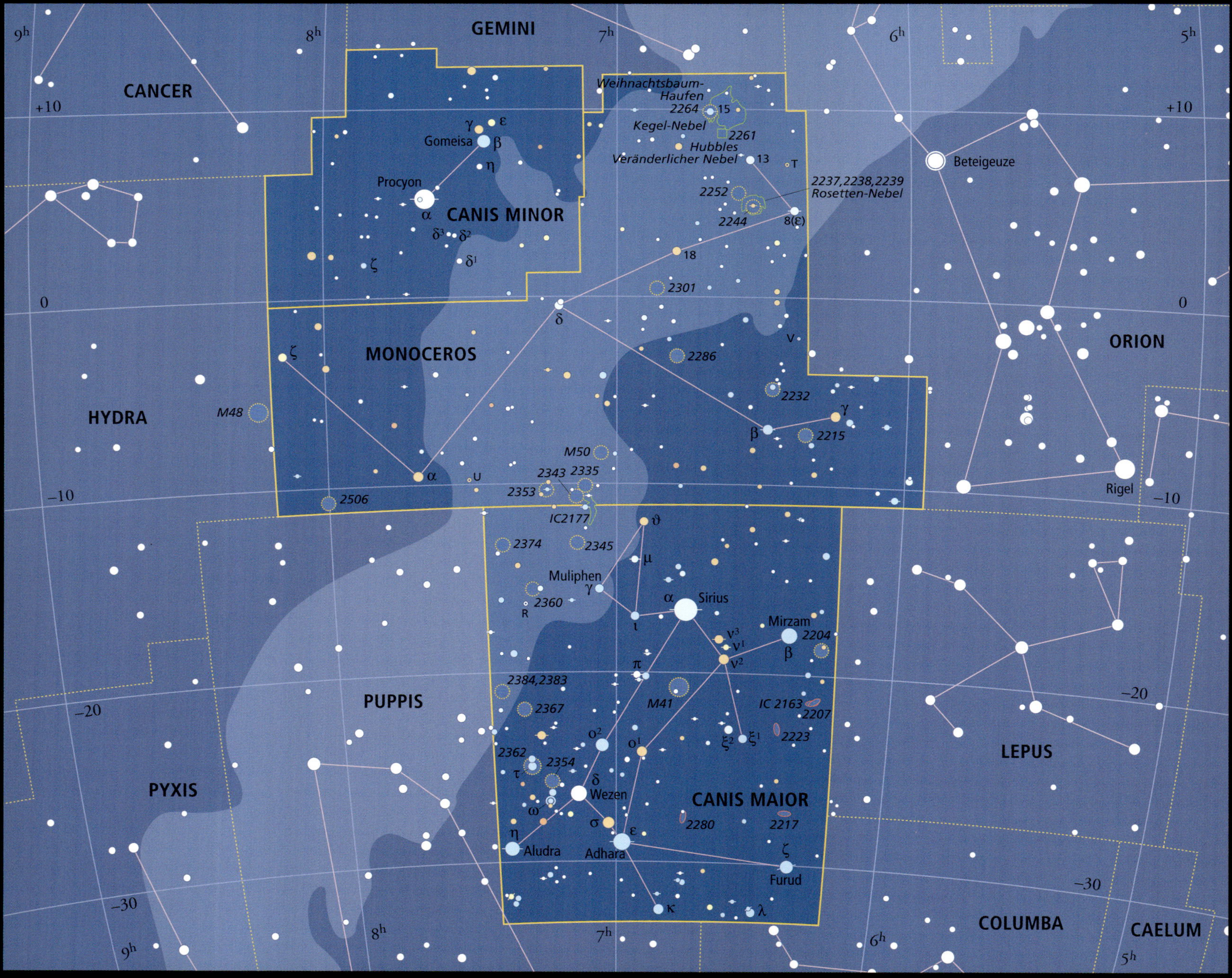

VELA Pyxis, Puppis, Antlia

Vela (das Segel) befindet sich inmitten eines wunderschönen Ausschnittes des Himmels der Südhalbkugel und über den hellen Sternenwolken der Milchstraße. Diese Region ist voll von Offenen Haufen, aber bis auf den Omikron-Velorum-Haufen mit Größenklasse 2,5 leuchten sie nur schwach. Man findet hier auch den großartigen Planetarischen Nebel NGC 3132 (rechts vom Hubble-Weltraumteleskop aufgenommen). NGC 3132 ähnelt dem berühmteren Ring-Nebel (M 57) im nördlichen Sternbild Lyra und wurde deshalb früher oft der Südliche Ring-Nebel genannt. An Vela grenzen Pyxis (der Kompass), Puppis (das Achterdeck) und Antlia (die Luftpumpe). Wie Vela ist das Sternbild Puppis reich an Offenen Haufen (zum Beispiel M 47) und es ist ein Vergnügen, es durch ein Fernglas oder schwaches Teleskop zu betrachten. Diese vier Sternbilder wurden mit dem weiter südlich gelegenen Sternbild Carina (der Schiffskiel) als Teile eines riesigen Schiffes namens Argo betrachtet.

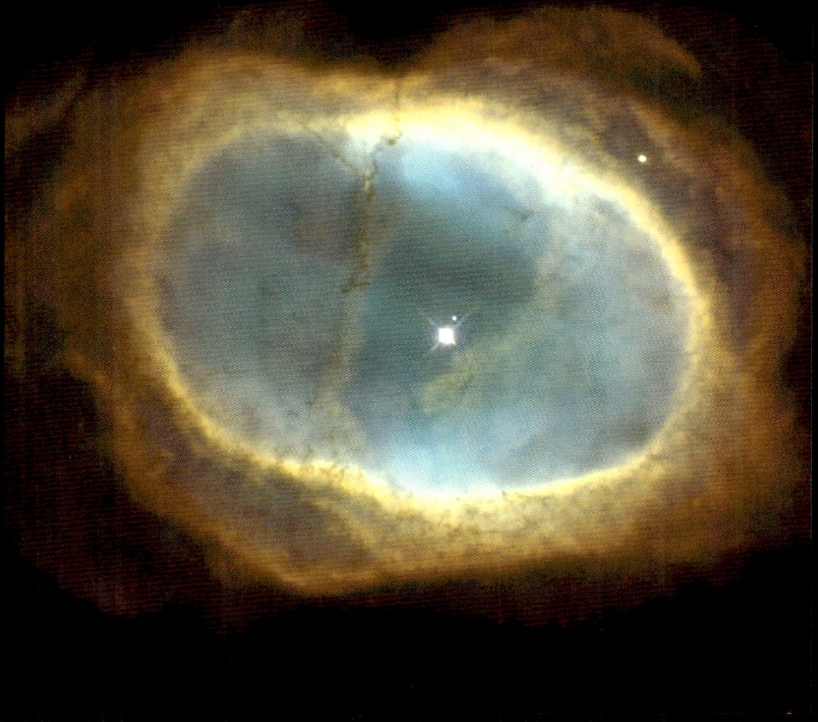

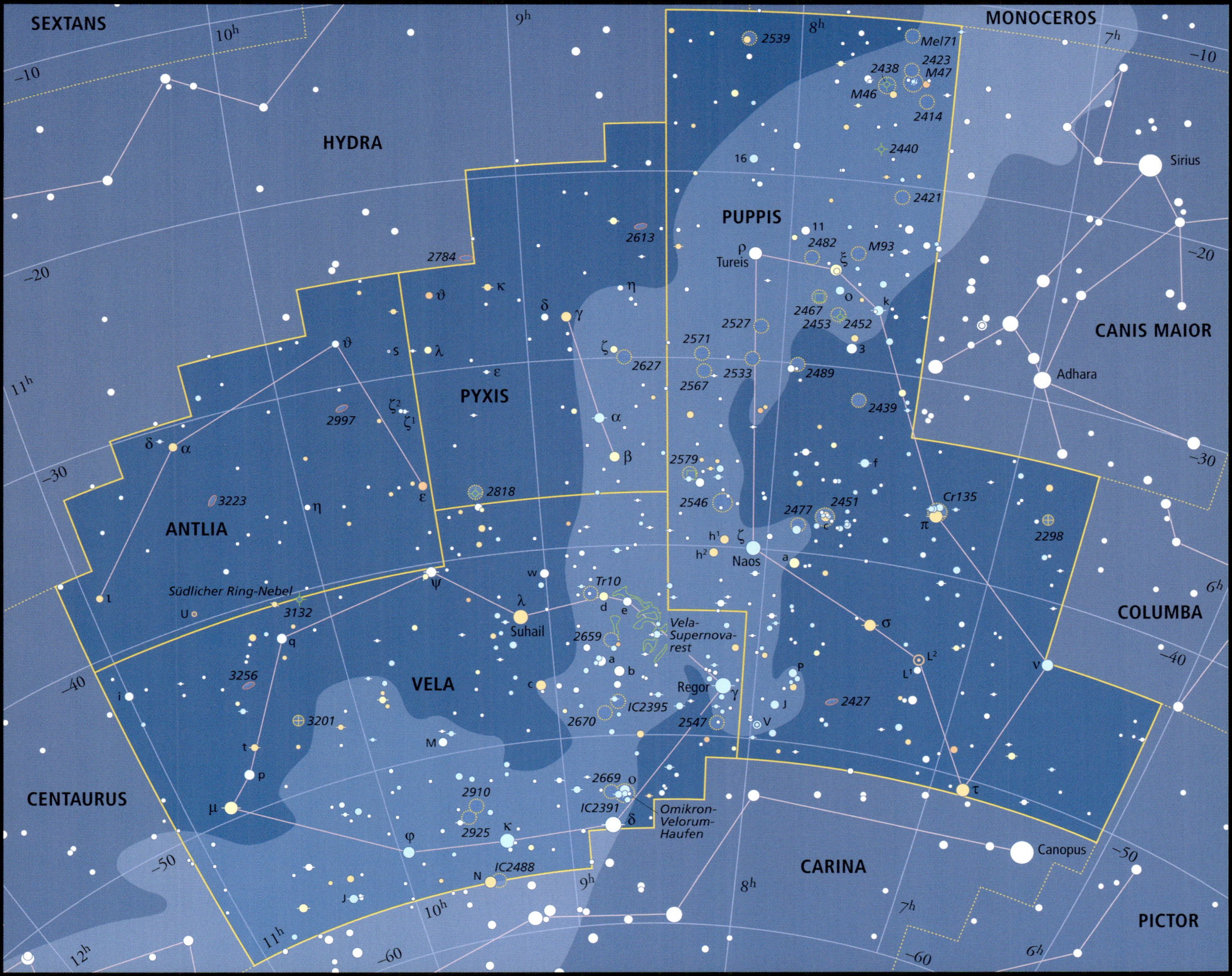

GRÖSSENKLASSENSKALA

- −0,5 und heller
- 0,0 bis −0,4
- 0,1 bis 0,5
- 0,6 bis 1,0
- 1,1 bis 1,5
- 1,6 bis 2,0
- 2,1 bis 2,5
- 2,6 bis 3,0
- 3,1 bis 3,5
- 3,6 bis 4,0
- 4,1 bis 4,5
- 4,6 bis 5,0
- 5,1 bis 5,5
- 5,6 bis 6,0
- 6,1 bis 6,5

Spektralklasse
O, B
A
F
G
K
M, N, R, S

Sterne
Doppelstern
Veränderlicher Stern

Deep-Sky-Objekte
Offener Sternhaufen
Kugelsternhaufen
Heller Nebel
Planetarischer Nebel
Galaxie
Lichtschwache Galaxie

Carina Pictor, Volans

Carina (der Schiffskiel) ist ein auffälliges Sternbild am Südhimmel, das man auch im Norden sehen kann, doch nur von den niederen Breiten. Die deutlichsten Merkmale sind Canopus, ein weißgelber Überriese, der hinter dem nahen Sirius der zweithellste Stern am Himmel ist, sowie der ehrfurchtgebietende Eta-Carinae-Nebel NGC 3372 (rechts auf einem Bild des Hubble-Teleskops), der oft mit dem Großen Nebel im Orion (M 42) verglichen wurde. Manche meinen, dass Eta Carinae der eindrucksvollere von beiden sei. Er besteht aus einer riesigen Gaswolke, die von dem Überriesen Eta (η) Carinae ausgestoßen wurde, der 1843 aufloderte, um beinahe ebenso hell zu strahlen wie Sirius, obwohl er 800-mal weiter weg ist. An Carina grenzt das fahle Sternbild Pictor (der Maler), erwähnenswert wegen Beta (β) Pictoris, einem Stern mit einem Planetensystem in der Entstehung. Südlich von Carina befindet sich ein weiteres kleines, unscheinbares Sternbild namens Volans (der Fliegende Fisch).

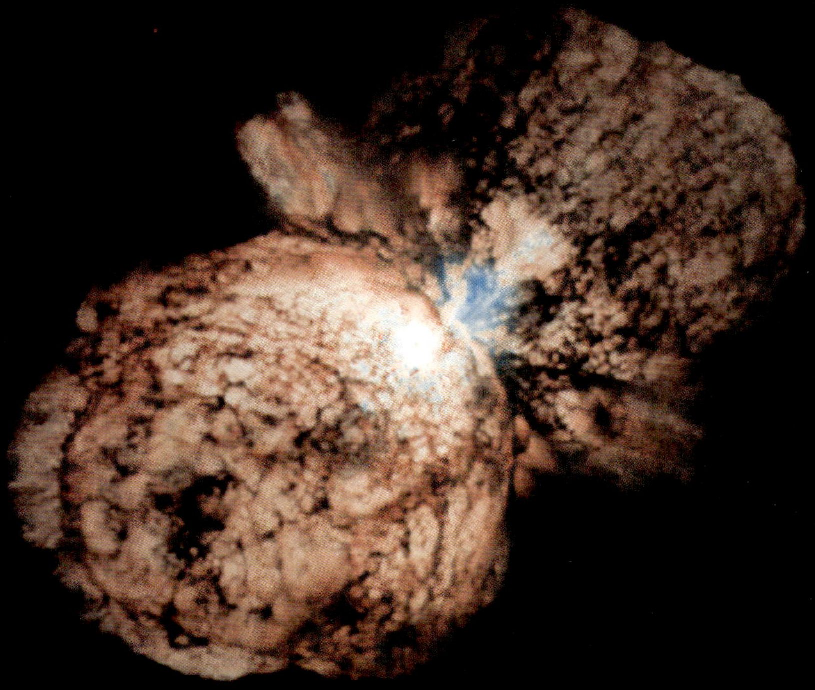

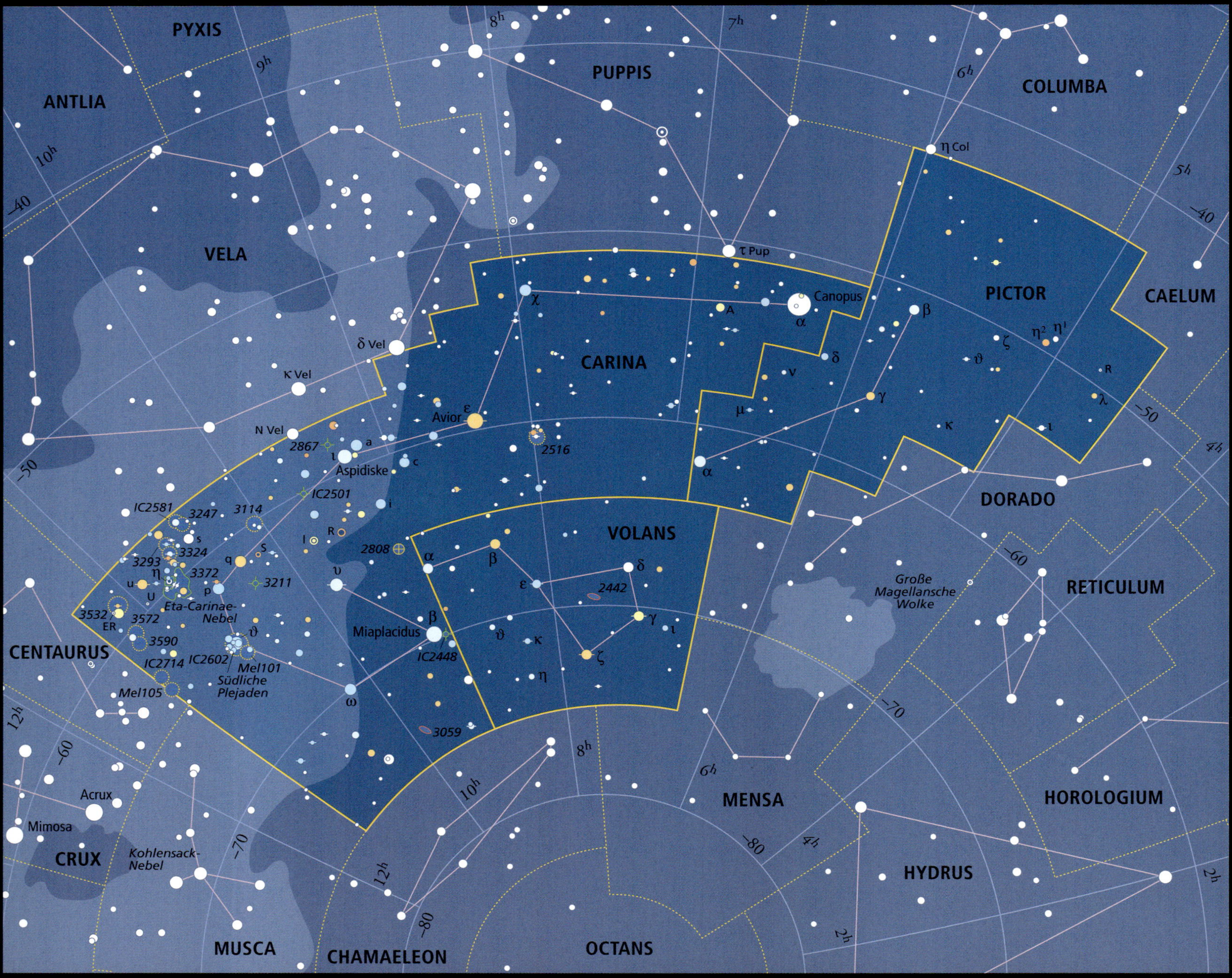

OCTANS Apus, Triangulum Australe, Circinus, Musca, Chamaeleon

Dieser Abschnitt des Südhimmels scheint nichts als kleine, matte Sternbilder zu enthalten. Octans (der Oktant) sitzt rittlings auf dem Himmelssüdpol und hier findet man auch das südliche Gegenstück zu Polaris, den südlichen Polarstern Sigma (σ) Octantis. Da man ihn aber selbst am dunkelsten Himmel mit bloßem Auge kaum erkennen kann, ist er keine große Hilfe bei der Navigation. Nördlich von Octans befindet sich der dunkle Apus (der Paradiesvogel) und weiter im Norden das Sternbild Triangulum Australe (Südliches Dreieck), ein Trio aus Sternen mittlerer Helligkeit und eine Ergänzung des nördlichen Triangulums. Westlich davon steht Circinus und südwestlich das unauffällige Sternbild Musca (Fliege), die Heimat des Sanduhr-Nebels MyCn18 (rechts vom Hubble-Weltraumteleskop eingefangen). Zwischen Musca und Octans liegt das nach dem gleichnamigen Tier benannte schwach leuchtende Sternbild Chamaeleon.

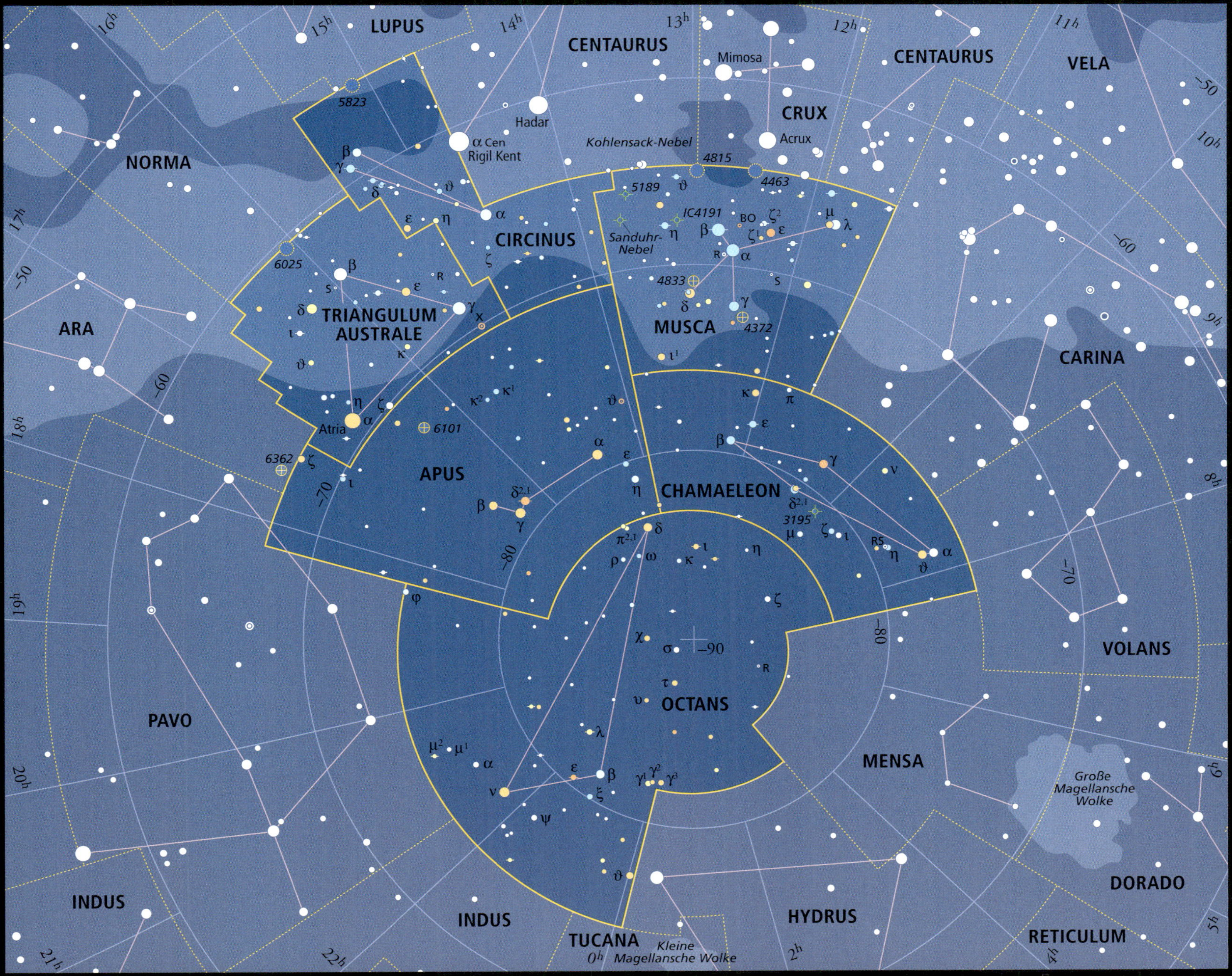

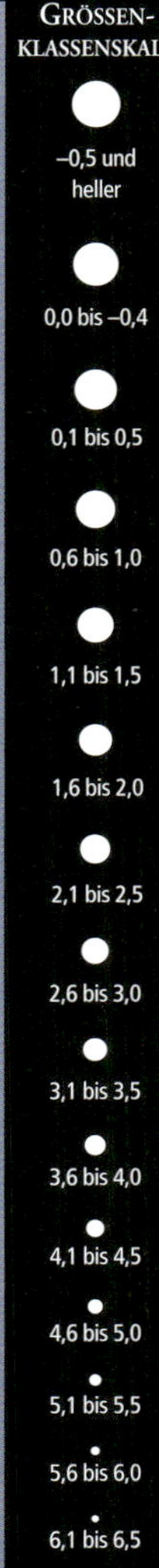

Spektralklasse
O, B
A
F
G
K
M, N, R, S

Sterne
Doppelstern
Veränderlicher Stern

Deep-Sky-Objekte
Offener Sternhaufen
Kugelsternhaufen
Heller Nebel
Planetarischer Nebel
Galaxie
Lichtschwache Galaxie

Crux und Centaurus

Lupus

Beobachter auf der Südhalbkugel benötigen für die beiden Sternbilder Crux (das Kreuz des Südens) und Centaurus (der Kentaur) keine Einführung. Betrachtet man die Ausdehnung, so ist das Kreuz des Südens das kleinste Sternbild. Vor dem dichten Hintergrund der Milchstraße bilden seine Hauptsterne ein strahlendes Kreuz am Himmel, das auch die Heimat des auffallend schönen Schmuckkästchen-Haufens und des dunklen Kohlensack-Nebels ist. Centaurus bietet den großartigen Omega-Centauri-Haufen und einige helle Sterne wie Alpha (α) und Beta (β) Centauri, die man auch Rigil Kent und Hadar nennt. Rigil Kent ist ein nahes Doppelsystem aus zwei Sternen, die abwechselnd von dem Roten Zwerg Proxima Centauri umkreist werden, dem nächsten Stern zur Sonne. Lupus (der Wolf) ist das dritte Sternbild dieser Region und enthält einige Sterne der Größenklasse 2 und mehrere Deep-Sky-Objekte.

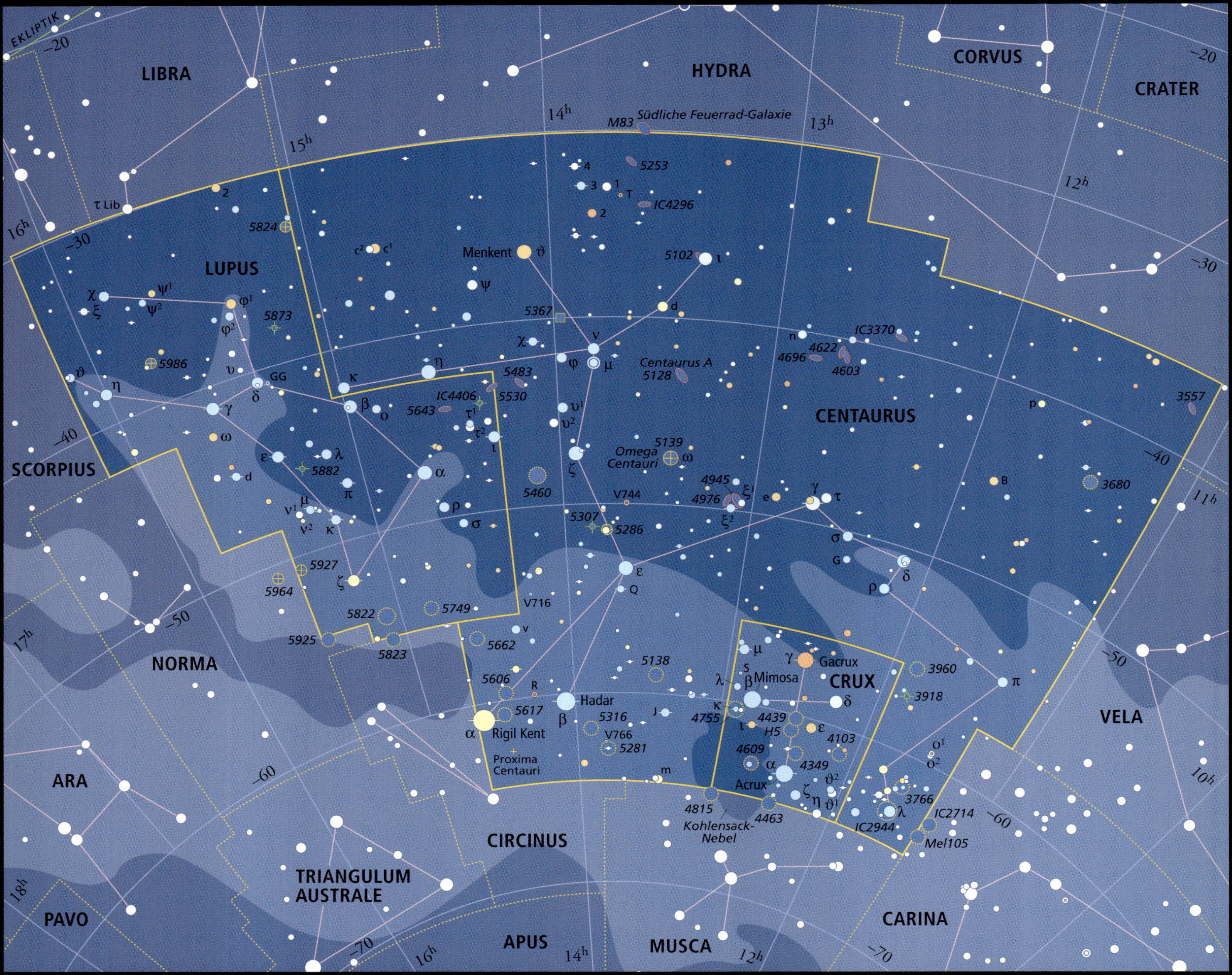

Die Thackeray-Globulen (oben)
Der rote Hintergrund auf dem Hubble-Bild ist der sternbildende Nebel IC 2944, der 5.900 Lichtjahre entfernt im Centaurus liegt. Darüber sind mehrere seltsame dunkle Flecken, die Thackeray-Globulen heißen, nach dem Wissenschaftler, der sie entdeckt hat. Globulen sind kleine Kleckse aus interstellarem Staub, von denen einige die Hülle neu entstehender Sterne bilden. Die großen Globulen oben sind eigentlich zwei überlappende Wolken, jede mit dem für Globulen typischen Durchmesser von einem Lichtjahr.

NGC 4603 (oben)
Auf diesem Hubble-Bild ist NGC 4603 zu sehen, eine Spiralgalaxie im Sternbild Centaurus, deren Arme hier mit Haufen von jungen blauen Sternen geschmückt sind. Sie ist nur eine von vielen Galaxien, die durch die Gravitation aneinander gebunden den Centaurus-Galaxienhaufen bilden.

Omega Centauri (links)
Dieses Hubble-Bild zeigt etwa 20.000 Sterne, die in einen kleinen Ausschnitt (5 mal 9 Lichtjahre) im Herzen von Omega Centauri gepackt sind, dem leuchtkräftigsten und massereichsten Kugelsternhaufen der Milchstraße. Ein ähnlicher Ausschnitt um die Sonne würde weniger als ein halbes Dutzend Sterne enthalten. Der Haufen wird, wie das Bild zeigt, von matten und sonnenähnlichen, weißgelben Zwergsternen beherrscht. Die hellen, orangegelben Sterne, die man verstreut sehen kann, sind Rote Riesen, die ihre Durchmesser auf das Hundertfache der Sonne ausgedehnt haben, während sich die matten, blauen Sterne in ihrer Entwicklung zwischen einem Zwerg und einem Roten Riesen befinden.

Centaurus A (unten)
Dieses Foto zeigt die Elliptische Galaxie Centaurus A (NGC 5128) im Infrarotbereich und den Inhalt ihres himmlischen „Magens". Im Inneren befinden sich die Reste einer Spiralgalaxie, die bei einer Kollision mit Centaurus A geschluckt wurde. Das Bild stammt vom Spitzer-Weltraumteleskop, dessen Infrarotkameras den interstellaren Staub durchdringen und das sonst verborgene Objekte sichtbar macht.

Die hellsten Sterne			
Name	**Grössenklasse**	**Distanz (lj.)**	**Spektrum**
Rigil Kent (α Cen)	–0,27	4,39	G2+K1
Hadar (β Cen)	0,61	525	B1
Acrux (α Cru)	0,77	321	B0+B1
Mimosa (β Cru)	1,25	353	B0
Gacrux (γ Cru)	1,63	88	M3
Sehenswürdigkeiten			
Name	**Typ**	**Distanz (lj.)**	**Anderer Name**
Proxima Centauri (Cen)	Roter Zwerg	4,22	Alpha Centauri C
Kohlensack-Nebel (Cru)	Dunkler Nebel	550	—
Schmuckkästchen-Haufen (Cru)	Offener Haufen	7.600	NGC 4755
Omega Centauri (Cru)	Kugelhaufen	16.000	NGC 5139
Centaurus A (Cen)	Elliptische Galaxie	15 Millionen	NGC 5128

GRÖSSENKLASSENSKALA

–0,5 und heller
0,0 bis –0,4
0,1 bis 0,5
0,6 bis 1,0
1,1 bis 1,5
1,6 bis 2,0
2,1 bis 2,5
2,6 bis 3,0
3,1 bis 3,5
3,6 bis 4,0
4,1 bis 4,5
4,6 bis 5,0
5,1 bis 5,5
5,6 bis 6,0
6,1 bis 6,5

SPEKTRAL-
KLASSE

O, B

A

F

G

K

M, N, R, S

STERNE

Doppelstern

Veränderlicher Stern

DEEP-SKY-
OBJEKTE

Offener Sternhaufen

Kugelsternhaufen

Heller Nebel

Planetarischer Nebel

Galaxie

Lichtschwache Galaxie

PAVO

Ara, Indus, Norma, Telescopium

Die fünf Sternbilder Pavo (der Pfau), Ara (der Altar), Indus (der Inder), Norma (das Winkelmaß) und Telescopium (das Teleskop) bedecken einen großen Ausschnitt zwischen Centaurus und Grus am südlichen Himmel, doch sie leuchten schwach und nur Pavo enthält einen Stern, der heller ist als Größenklasse 2: Alpha (α) Pavonis, der Pfauenstern. Trotzdem gibt es hier für Fernglasbesitzer einiges zu sehen. Ara und Norma, die vor der Milchstraße liegen, sind reich an Offenen Haufen. Die hellsten sind NGC 6087, 6067 und 6025, die alle zur fünften Größenklasse gehören. Um einen Blick auf einen nahen Kugelhaufen zu werfen, vielleicht den nächsten mit nur 8.200 Lichtjahren Entfernung, sollte man ein Teleskop auf NGC 6397 richten, dessen Kern zwischen Beta (β) und Theta (ϑ) Arae zu finden ist. Die Sterne sind hier eine Million Mal dichter gepackt als in der Nachbarschaft unserer Sonne.

Scorpius Libra

Scorpius (der Skorpion) mit seinem in die Milchstraße reichenden Stachel ist ein gut sichtbares Tierkreiszeichen mit hellen bis mittelhellen Sternen. Am erwähnenswertesten ist der strahlende Antares, ein leuchtkräftiger Roter Überriese, der 400-mal größer ist als die Sonne und 10.000-mal heller. Antares bedeutet „der Gegenspieler des Mars“ und tatsächlich hat er dieselbe klar orangefarbige Schattierung wie dieser Planet. In der Nähe liegt der Kugelhaufen M 4, den man schon mit einem kleinen Teleskop sehen kann. Das rechte Foto zeigt links unten Antares, rechts davon M 4 und rechts oben den in Gas gehüllten Sigma (σ) Scorpii. Im Skorpion findet man noch andere Sehenswürdigkeiten wie die Offenen Haufen M 6 und M 7. Im Westen liegt das benachbarte Tierkreiszeichen Libra (die Waage) und Sagittarius (der Schütze) markiert die östliche Grenze. Libra ist kein besonders helles Sternbild, aber ziemlich groß und enthält mehrere Galaxien um die Größenklasse 12.

GRÖSSEN-KLASSENSKALA
−0,5 und heller
0,0 bis −0,4
0,1 bis 0,5
0,6 bis 1,0
1,1 bis 1,5
1,6 bis 2,0
2,1 bis 2,5
2,6 bis 3,0
3,1 bis 3,5
3,6 bis 4,0
4,1 bis 4,5
4,6 bis 5,0
5,1 bis 5,5
5,6 bis 6,0
6,1 bis 6,5

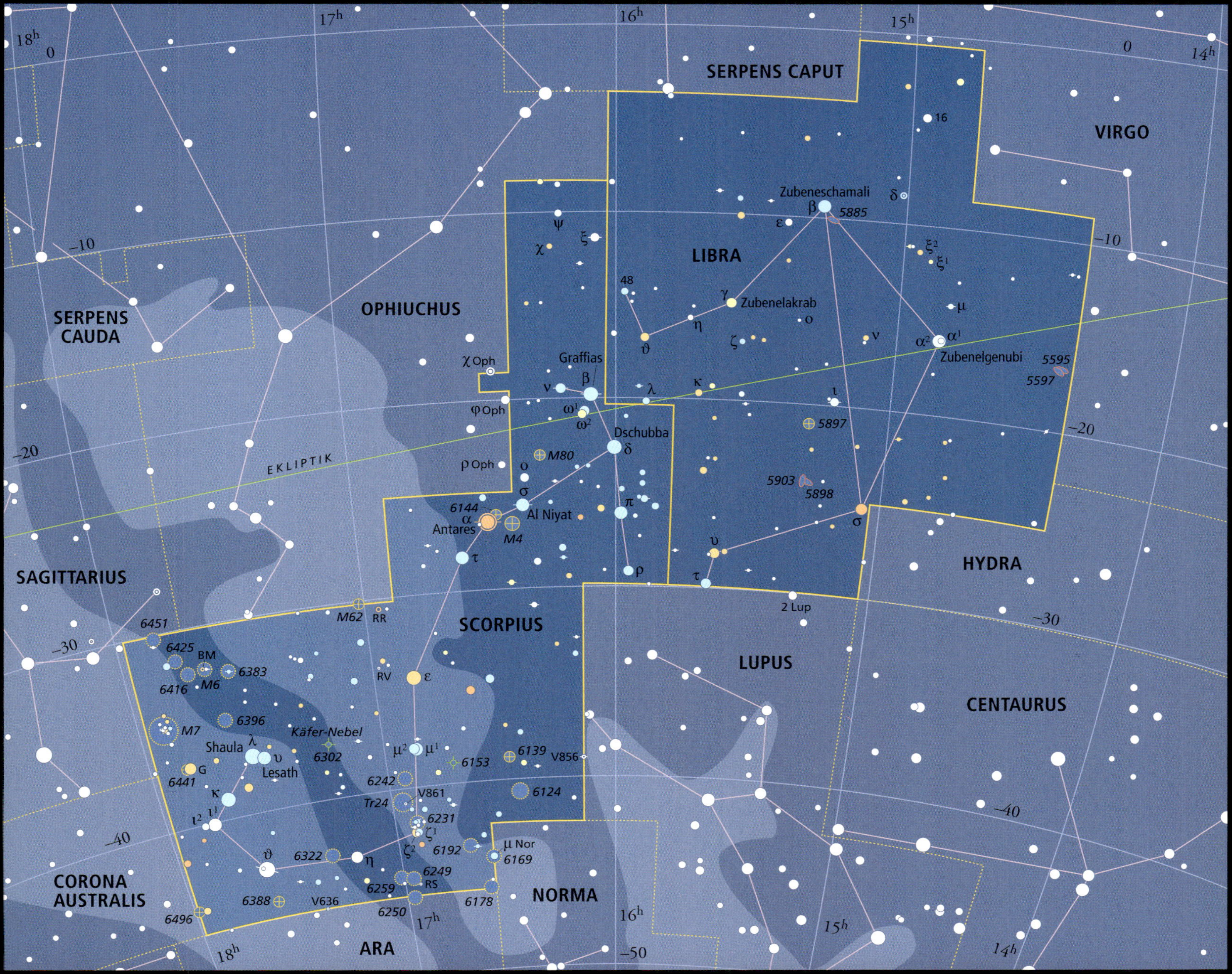

Spektral-
klasse

O, B

A

F

G

K

M, N, R, S

Sterne

Doppelstern

Veränderlicher Stern

Deep-Sky-Objekte

Offener Sternhaufen

Kugelsternhaufen

Heller Nebel

Planetarischer Nebel

Galaxie

Lichtschwache Galaxie

Sagittarius Corona Australis

Sagittarius ist ein Sternbild des Tierkreises, das sich über die Ekliptik und auch über die Milchstraße spannt und einen (Bogen-)Schützen darstellt. Es ist eine große Ansammlung mit vielen eindrucksvollen Sternhaufen und Nebeln sowie einer Anzahl mittelheller Sterne. Das Sternbild ist wohlbekannt, weil es die Position des Zentrums unserer Galaxie anzeigt, aber man kann es nicht sehen, denn es bleibt hinter der Sagittarius-Sternenwolke und dichten Staubwolken verborgen. Wenn man auf gerader Linie zum Schützen reist und noch weiter, dann erreicht man vielleicht das Herz unserer Galaxie. Wegen der Dichte der Milchstraße in diesem Sternbild ist es einer der besten Plätze, um durch ein Fernglas nach himmlischen Schätzen Ausschau zu halten. Südlich von Sagittarius liegt das kleine Sternbild Corona Australis (die Südliche Krone). Es leuchtet so schwach, wie es klein ist, weist jedoch eine interessante Ähnlichkeit mit seinem nördlichen Gegenstück Corona Borealis auf.

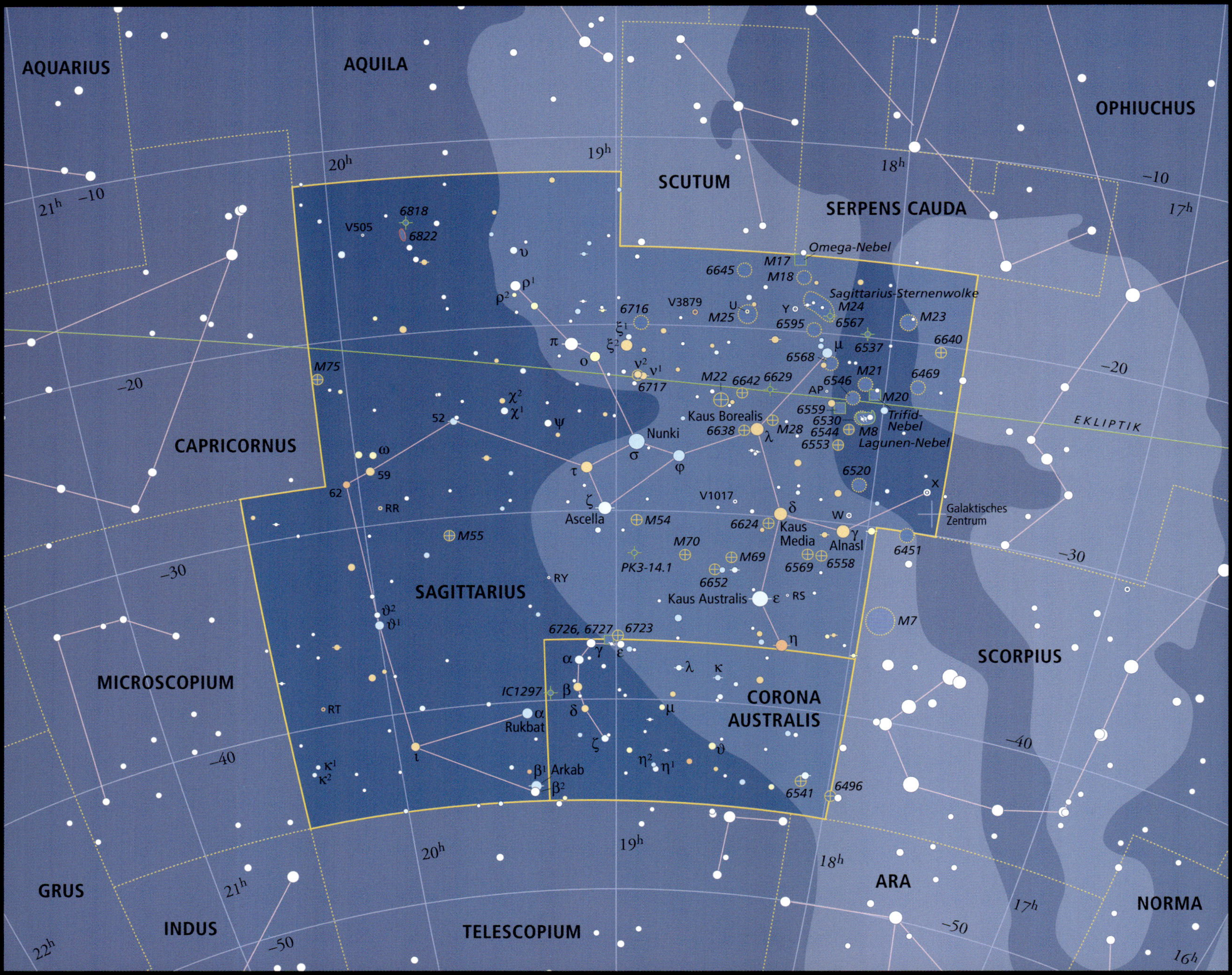

In der Mitte von NGC 6559 (oben)
NGC 6559 ist eine Wolke im Sternbild Sagittarius. Dieses Foto zeigt drei klassische Arten von Nebeln: einen Reflexionsnebel, einen Emissionsnebel und mehrere Dunkle Nebel. Der Emissionsnebel verursacht den rötlichen Glanz durch Wasserstoffgas, das von hellen Sternen in seinem Inneren zum Glühen gebracht wird. Der blaue Schimmer entsteht durch vom Staub reflektiertes Sternenlicht und ist ein sogenannter Reflexionsnebel. Die dunklen Regionen sind dichte Flecken im Nebel, die das Hintergrundlicht abblocken, sodass man nur ihre Umrisse erkennen kann.

Das Zentrum des Omega-Nebels (links)
Der Omega-Nebel mit der Objektnummer 17 im Katalog von Charles Messier ist eine aktive Region der Sternentstehung im Sternbild Sagittarius. Dieses Foto von der europäischen Südsternwarte zeigt glühendes ionisiertes Wasserstoffgas und die typischen dunklen Staubwolken solcher Regionen.

Die hellsten Sterne			
Name	Grössenklasse	Distanz (Lj.)	Spektrum
Kaus Australis (ε Sgr)	1,85	145	B9
Nunki (σ Sgr)	2,02	224	B2
Ascella (ζ Sgr)	2,60	89	A2+A4
Kaus Media (δ Sgr)	2,70	306	K3
Kaus Borealis (λ Sgr)	2,81	77	K1
Sehenswürdigkeiten			
Name	Typ	Distanz (Lj.)	Anderer Name
Omega-Nebel (Sgr)	Emissionsnebel	5.000	M 17, NGC 6618
Lagunen-Nebel (Sgr)	Emissionsnebel	5.200	M 8, NGC 6523
Trifid-Nebel (Sgr)	Komplexer Nebel	5.200	M 20, NGC 6514
Sagittarius-Sternenwolke	Sternenwolke	10.000–16.000	M 24

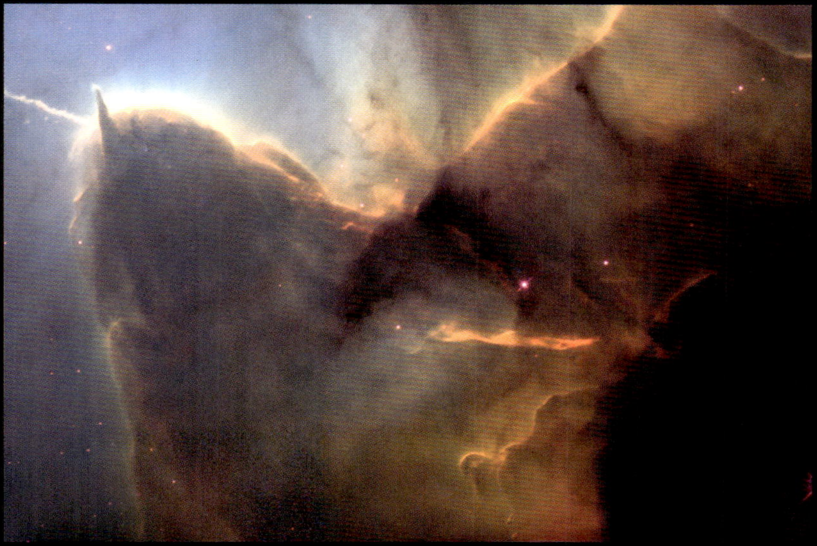

Der Trifid-Nebel: Säulen und Strahlen (oben)
Der Trifid-Nebel (M 20, NGC 6514) ist ein bekannter Emissionsnebel im Sagittarius. Diese Nahaufnahme vom Hubble-Teleskop zeigt ein Gebilde, das aussieht wie eine Nacktschnecke samt Fühlern. Tatsächlich ist diese Schnecke eine riesige Säule aus Gas und Staub, die von umgebenden Sternen beleuchtet wird. Manche dieser Sterne sind so energiereich, dass ihre Strahlung die Säule langsam verwittern lässt. Die Spitzen der „Fühler" enthalten Sterne in der Entstehung. In einigen Jahrtausenden werden die Fühler ganz der Erosion zum Opfer gefallen sein und die neugeborenen Sterne zum Vorschein kommen.

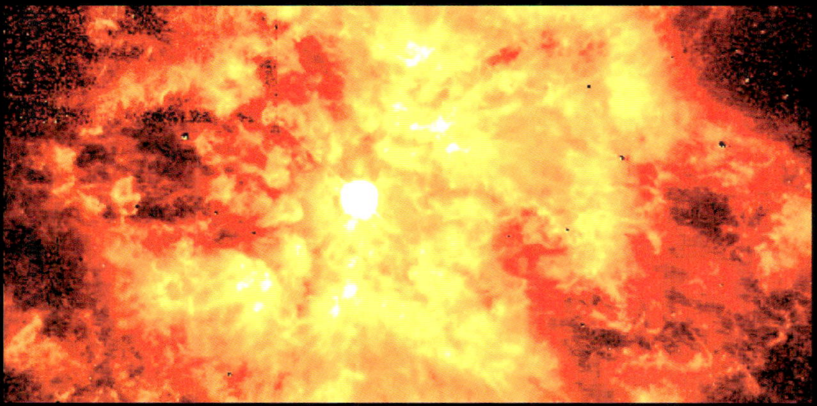

Wolf-Rayet-Sterne (oben)
WR124 zählt zu der extrem energiereichen Klasse von Objekten, die man Wolf-Rayet-Sterne nennt. Diese Sterne nähern sich dem Ende ihres Lebens, sind mindestens zehnmal massereicher als die Sonne und senden so viel Energie aus, dass sie ihre äußerstenen Schichten abwerfen. Im Fall von WR124, der im Sternbild Sagittarius liegt, hat das ein helles himmlisches Feuerwerk entfacht, bei dem das Gas mit Geschwindigkeiten von bis zu 160.000 km/h vom zentralen Stern nach außen dringt.

Ein Fenster zur Milchstraße (links)
Die Sagittarius-Sternenwolke (M 24) ist kein Offener Haufen und auch kein fernes Objekt, sondern eher eine Art Fenster, durch das unser Blick auf die Milchstraße weniger von Staub getrübt ist als anderswo. Dieses Bild vom Hubble-Weltraumteleskop enthüllt ein schimmerndes Aufgebot an Sternen. Neben zahlreichen gelben Sternen wie der Sonne finden sich junge blaue Sterne und rote Sterne, die entweder näher sind und ihren Brennstoff langsam verbrauchen oder fernere Rote Riesen am Ende ihres Lebenszyklus.

Grössen-
klassenskal

–0,5 und heller
0,0 bis –0,4
0,1 bis 0,5
0,6 bis 1,0
1,1 bis 1,5
1,6 bis 2,0
2,1 bis 2,5
2,6 bis 3,0
3,1 bis 3,5
3,6 bis 4,0
4,1 bis 4,5
4,6 bis 5,0
5,1 bis 5,5
5,6 bis 6,0
6,1 bis 6,5

Spektralklasse
O, B
A
F
G
K
M, N, R, S

Sterne
Doppelstern
Veränderlicher Stern

Deep-Sky-Objekte
Offener Sternhaufen
Kugelsternhaufen
Heller Nebel
Planetarischer Nebel
Galaxie
Lichtschwache Galaxie

Hydra Crater, Corvus, Sextans

Hydra ist ein wahrhaft riesiges Sternbild, das eine mythische Wasserschlange darstellt. Sie schlängelt sich über 100 Grad des Himmels, vom Sternbild Cancer (Krebs) im Westen, wo sich ihr Kopf befindet, bis zur Waage im Osten, aber trotz dieser Größe ist Hydra wegen ihrer matten Sterne schwer zu verfolgen. Im westlichen Teil des Sternbilds liegt der hellste Stern Alphard (der grüne Stern auf dem rechten Foto). Hydra ist die Heimat der von oben gesehenen Balken-Spiralgalaxie M 83, die man auch das Südliche Feuerrad nennt, sowie des Offenen Haufens M 48 (NGC 2548). An der Nordgrenze kann man von Ost nach West drei kleinere Sternbilder finden: Corvus (Rabe), Crater (Becher oder Kelch) und Sextans (Sextant). Sextans birgt die Spindel-Galaxie (NGC 3115), eine von der Kante gesehene Spiralgalaxie, und die berühmten Antennen-Galaxien (NGC 4038 und NGC 4039), zwei Spiralgalaxien, die immer wieder kollidieren.

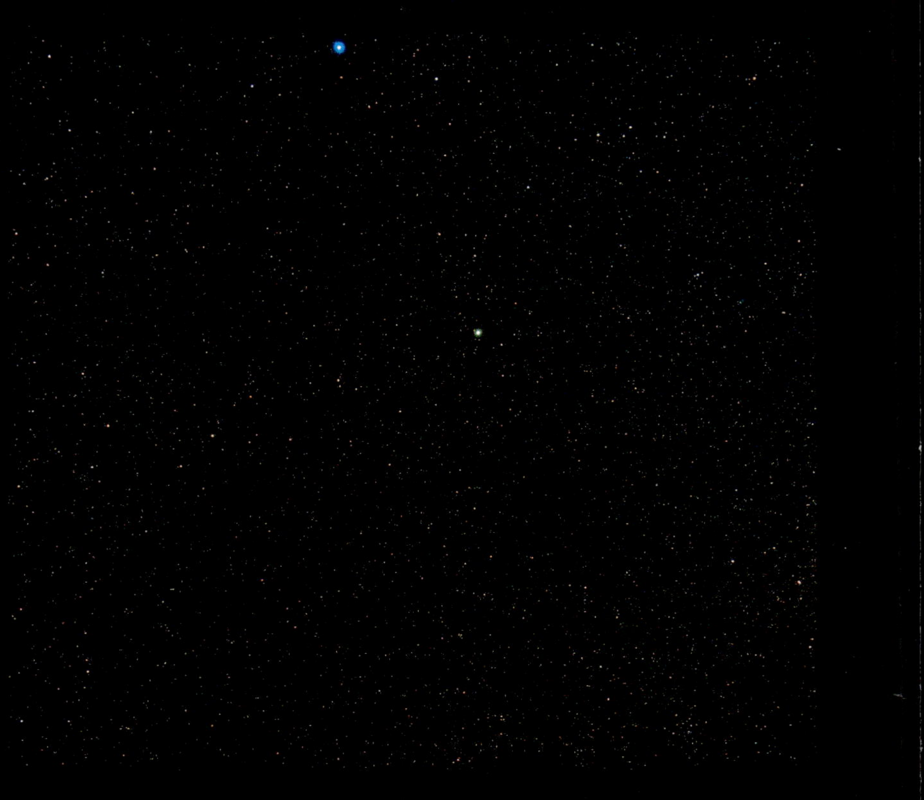

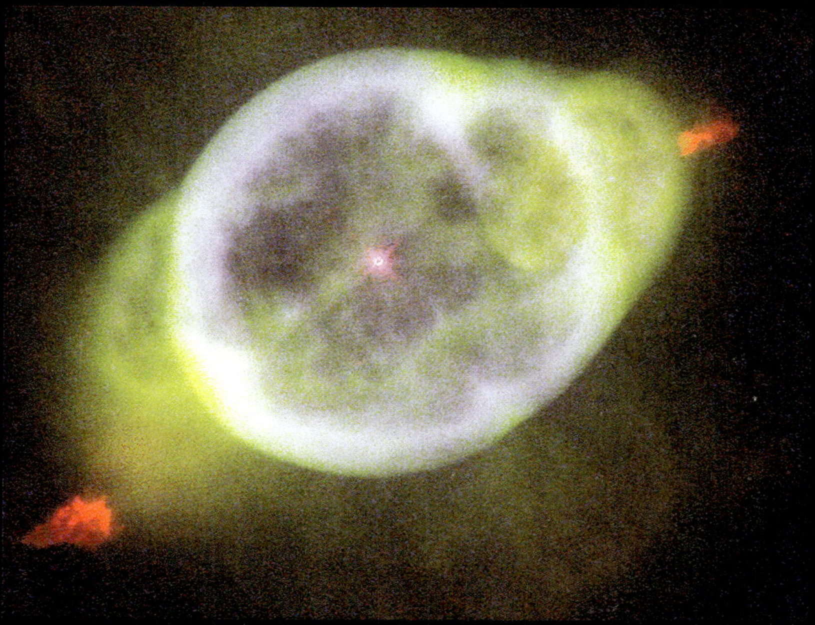

Der Geist des Jupiter (oben)
NGC 3242 ist ein Planetarischer Nebel im Sternbild Hydra und wird wegen der Ähnlichkeit, die er durch ein Teleskop betrachtet mit diesem Planeten zeigt, auch der Geist des Jupiter genannt. Er besteht aus den Resten eines Sterns (Mitte), der seine äußere Hülle abgeworfen hat, was auch die Sonne eines Tages tun wird. Man weiß nicht, woher das Gas stammt, das die roten Emissionen verursacht.

Die hellsten Sterne			
Name	Grössenklasse	Distanz (Lj.)	Spektrum
Alphard (α Hya)	1,98	177	K3
Gienah (γ Crv)	2,59	165	B8
Kraz (β Crv)	2,65	140	G5
Algorab (δ Crv)	2,95	88	B9
γ Hya	3,00	132	G8
Sehenswürdigkeiten			
Name	Typ	Distanz (Lj.)	Anderer Name
M 48 (Hya)	Offener Haufen	2.000	NGC 2548
Südliches Feuerrad (Hya)	Spiralgalaxie	15 Millionen	M 83, NGC 5236
Spindel-Galaxie (Sex)	Spiralgalaxie	30 Millionen	M 102, NGC 3115
Antennen-Galaxien (Crv)	Verschmelzende	60 Millionen	NGC 4038 und NGC 4039

Das Südliche Feuerrad (oben)
Dieses Bild zeigt einen zentralen Ausschnitt der spektakulären, von oben gesehenen Galaxie mit dem Namen das Südliche Feuerrad, die 15 Millionen Lichtjahre entfernt im Sternbild Hydra liegt und einen Durchmesser von 30.000 Lichtjahren hat. Das Südliche Feuerrad ist für die hohe Anzahl an Supernovae bekannt – im vergangenen Jahrhundert wurden fünf oder sechs beobachtet, obwohl man nur eine einzige erwartet hatte.

Eine Kollision von Galaxien (unten)
Etwa 60 Millionen Lichtjahre entfernt im Sternbild Corvus liegen zwei Galaxien, die seit 800 Millionen Jahren langsam zu einer einzigen, größeren Einheit verschmelzen. Dies sind die sogenannten Antennen-Galaxien NGC 4038 und NGC 4039.

Spektral-
klasse

O, B

A

F

G

K

M, N, R, S

Sterne

Doppelstern

Veränderlicher Stern

Deep-Sky-Objekte

Offener Sternhaufen

Kugelsternhaufen

Heller Nebel

Planetarischer Nebel

Galaxie

Lichtschwache Galaxie

Virgo

Virgo (die Jungfrau) gehört zum Tierkreis und spannt eine Brücke über den Himmelsäquator. Es ist das zweitgrößte Sternbild hinter Hydra, das zwar nur wenige helle Sterne aber viele großartige Galaxien enthält, wie den Virgo-Haufen, eine gewaltige Ansammlung tausender Galaxien, die durch die Gravitation zusammengehalten werden. Man kennt ihn auch unter dem Namen Coma-Virgo-Haufen, denn er greift auf das angrenzende Sternbild Coma Berenices über. Dieses „Gravitationsgekuschel" ist eine wahre Freude für Teleskopbesitzer. Die berühmte Sombrero-Galaxie (M 104) und M 87 (oder Virgo A) sind nur zwei der vielen Objekte, die man hier findet. Südlich des Virgo-Haufens befindet sich mit einer Größenklasse von 12,8 der hellste Quasar des Himmels, 3C 273. Er scheint 100-mal heller als die Milchstraße und ist etwa 2,5 Milliarden Lichtjahre entfernt und damit eines der fernsten für Amateurastronomen beobachtbaren Objekte.

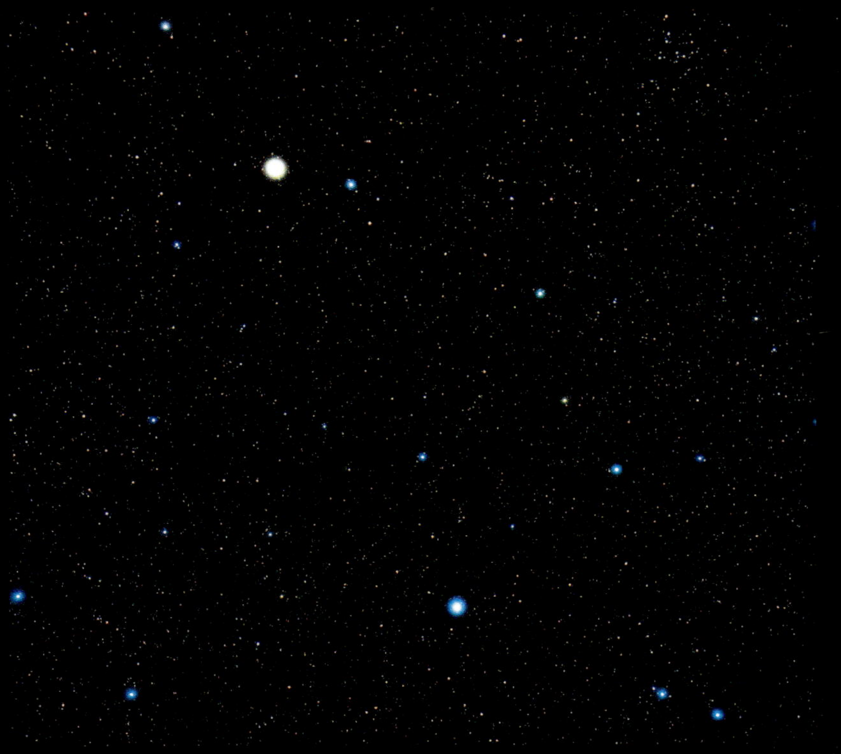

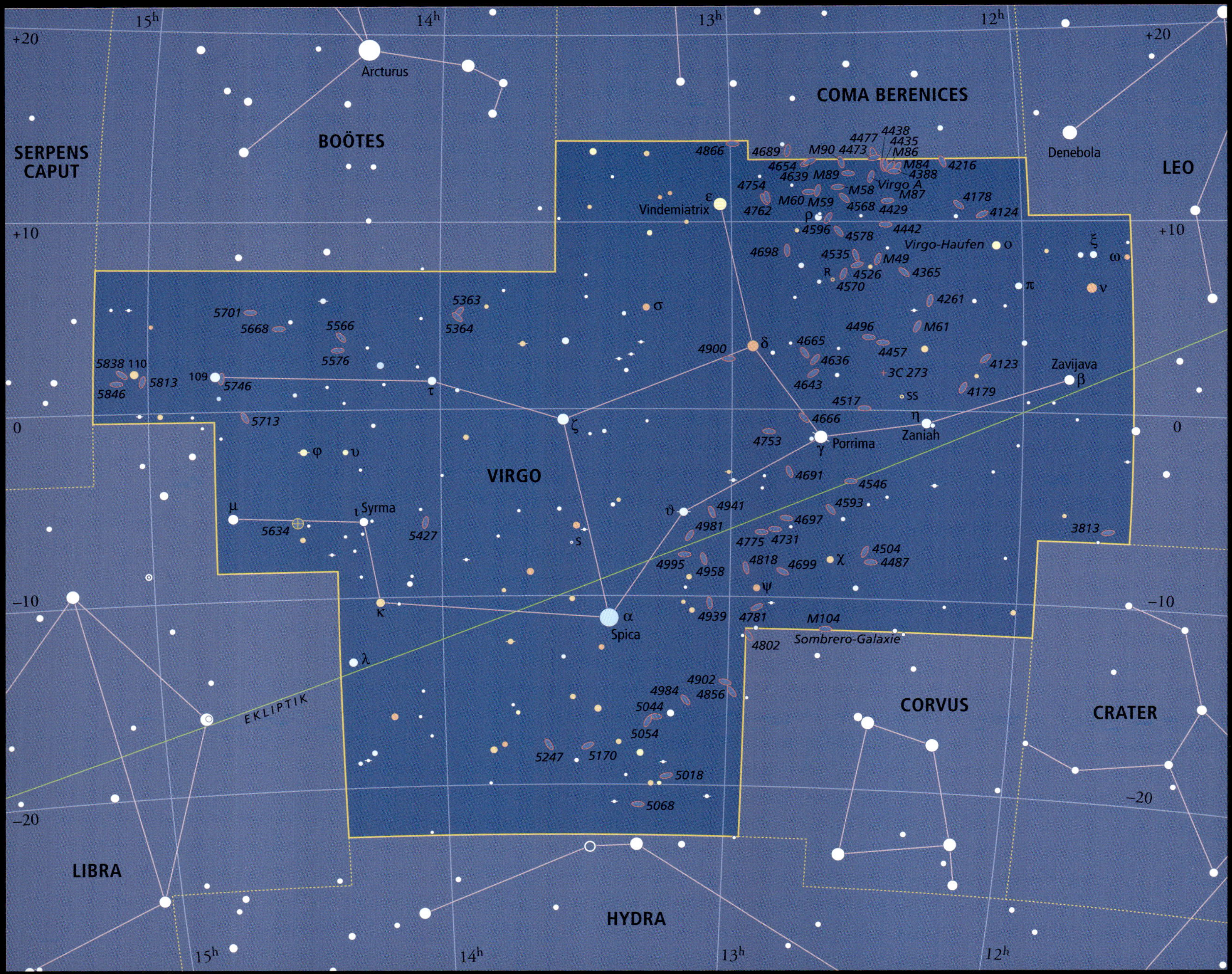

GRÖSSEN-KLASSENSKALA

−0,5 und heller
0,0 bis −0,4
0,1 bis 0,5
0,6 bis 1,0
1,1 bis 1,5
1,6 bis 2,0
2,1 bis 2,5
2,6 bis 3,0
3,1 bis 3,5
3,6 bis 4,0
4,1 bis 4,5
4,6 bis 5,0
5,1 bis 5,5
5,6 bis 6,0
5,1 bis 6,5

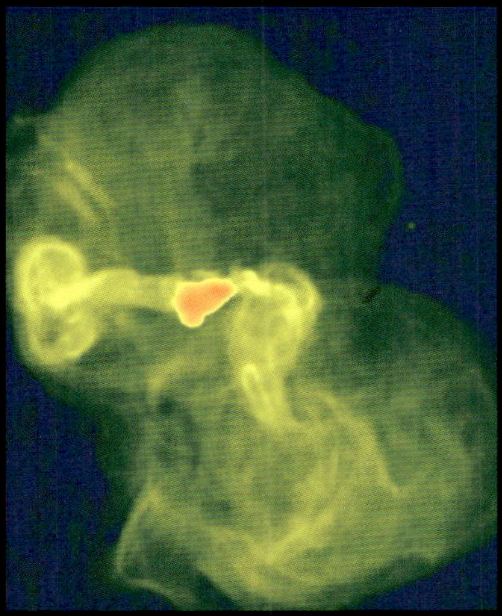

Virgo A in Radiowellen (oben)
Dieses Bild stammt von einem der Very-Large-Array-Radioteleskope in New Mexico und enthüllt die komplexe Struktur eines Strahls subatomarer Teilchen aus dem Kern der riesigen Elliptischen Galaxie Virgo A. Die Falschfarben entsprechen der Intensität der Radioemissionen. Auch als M 87 bekannt, birgt diese Galaxie wahrscheinlich im Inneren ein sehr massereiches Schwarzes Loch, was den Strahl erklären würde.

Die Sombrero-Galaxie (oben)
Die Sombrero-Galaxie (M104) liegt im Sternbild Virgo und ist eine berühmte Galaxie, die dem mexikanischen Hut gleichen soll, nach dem sie benannt ist. M 104 ist eine beinahe von der Kante gesehene Spiralgalaxie, der „Rand" des Hutes wird von einer dicken Schicht aus Gas und Staub im Inneren der Scheibe gebildet.

Die hellsten Sterne			
Name	**Grössenklasse**	**Distanz (Lj.)**	**Spektrum**
Spica (α Vir)	0,98	262	B1
Porrima (γ Vir)	2,60	39	F0+F0
Vindemiatrix (ε Vir)	2,83	102	G8
Heze (ζ Vir)	3,37	45	A3
Minelauva (δ Vir)	3,38	202	M3
Sehenswürdigkeiten			
Name	**Typ**	**Distanz (Lj.)**	**Anderer Name**
Virgo-Haufen	Galaxienhaufen	49–72 Millionen	Coma-Virgo-Haufen
Sombrero-Galaxie	Spiralgalaxie	50 Millionen	M 104, NGC 4594
Virgo A	Elliptische Galaxie	60 Millionen	M 87, NGC 4486
3C 273	Quasar	2,5 Milliarden	—

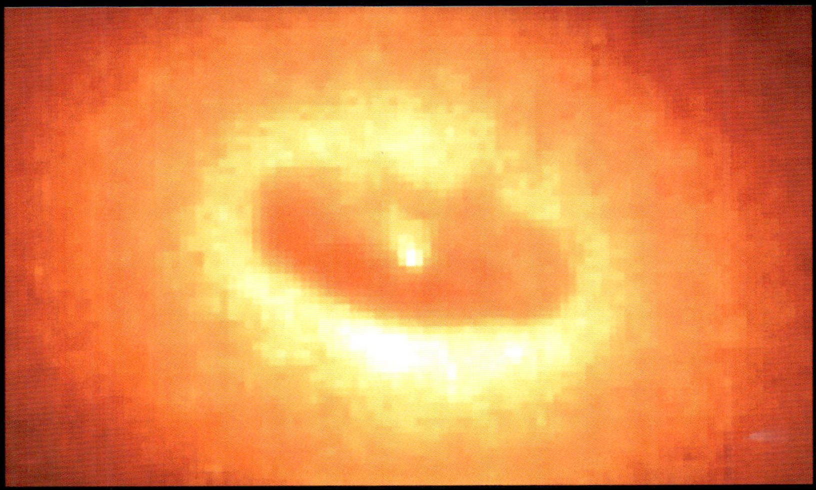

M 61 (unten)
M 61 ist eine Spiralgalaxie, die circa 60 Millionen Lichtjahre entfernt und nur eines von vielleicht 2.000 Mitgliedern des massereichen Virgo-Haufens ist. Die rosaroten Pünktchen in den Spiralarmen sind Regionen aktiver Sternbildung mit jungen, heißen Sternen. Dieses Foto wurde mit einem 500-mm-Teleskop geschossen.

NGC 4261 (oben)
Gegenwärtige Theorien besagen, dass in den Kernen vieler, möglicherweise aller Galaxien ein sehr massereiches Schwarzes Loch lauert, das die Sterne zerstückelt und riesige Pfannkuchen aus Gas und Staub bildet, sogenannte Akkretionsscheiben. Dieses Hubble-Foto aus dem Jahr 1992 zeigt deutlich eine solche Scheibe, die ein im Zentrum der Galaxie NGC 4261 vermutetes Schwarzes Loch mit über einer Milliarde Sonnenmassen umgibt.

Der Quasar 3C 273 (unten)
3C 273 ist ein faszinierendes fernes Objekt, das man Quasar nennt, eine Art aktiver galaktischer Kern, der vielleicht von einem Schwarzen Loch angetrieben wird. Dieses Foto zeigt den Quasar vom Hubble-Weltraumteleskop aus gesehen. Eine dunkle Scheibe wurde benutzt, um die hellen Emissionen des Kerns abzuschirmen, sodass die sonst unsichtbaren Details der Galaxie zum Vorschein kamen, wie dieser rote Ring aus Staub.

Die Rekorde des Universums

Die heisseste Planetenoberfläche im Sonnensystem

Die Oberfläche der Venus mit 464 °C. Der Merkur kommt mit einer Höchsttemperatur von 430 °C am nächsten. Die dichte Venusatmosphäre speichert die Sonnenhitze und deshalb herrschen um Mitternacht dieselben Temperaturen wie zu Mittag (die Felsen sind so heiß, dass sie rot glühen).

Die kälteste Oberfläche im Sonnensystem

Die Oberfläche des größten Neptunmondes Triton. Als die Raumsonde Voyager 2 im Jahr 1989 an dieser Welt vorüberflog, fand sie eine eisige Oberfläche mit Temperaturen von –235 °C vor.

Der grösste Krater im Sonnensystem

Das Aitken-Becken in der Nähe des Südpols unseres Mondes mit einem Durchmesser von 2.500 km. Diese alte Einschlagsnarbe ist so sehr mit kleineren Kratern übersät, dass ihre Existenz erst durch das Lunar-Orbiter-Programm in den sechziger Jahren des 20. Jahrhunderts bestätigt wurde. Messungen der Clementine-Mission aus dem Jahr 1994 ergaben, dass diese breite Vertiefung durchschnittlich 10 km tiefer liegt als das umgebende Hochland.

Der höchste Berg im Sonnensystem

Der Olympus Mons auf der Westhalbkugel des Mars. Er reicht 27 km über die Oberfläche und sein Durchmesser beträgt an der Basis 550 km. Der zweithöchste Berg ist Maxwell Montes auf der Osthalbkugel der Venus, der sich 11 km über die durchschnittliche Höhe der Planetenoberfläche erhebt. Der höchste Berg der Erde ist der Mount Everest, der 8,8 km über die Meereshöhe ragt, doch auch der Mauna Kea auf Hawaii könnte der höchste Gipfel genannt werden, denn er erhebt sich 9 km über den Meeresboden.

Der grösste Canyon im Sonnensystem

Die Valles Marineris auf dem Mars, die ungefähr 3.800 km lang, an der weitesten Stelle 600 km breit und bis zu 7 km tief sind. Würde dieser Canyon in den USA liegen, so würde er sich von San Francisco an der Westküste bis zu den Appalachen in Virginia nahe der Ostküste erstrecken. In Europa würde er von Paris bis zum Uralgebirge reichen.

Der grösste Planet im Sonnensystem

Der Jupiter mit 317,8 Erdmassen und beinahe elffachem Erddurchmesser. Er enthält mehr Masse als alle übrigen Planeten, Monde, Kometen und Asteroiden zusammengenommen.

Der grösste bekannte Planet

Ein namenloser Planet, der den Stern HD 114762 umkreist. Er scheint die elffache Masse des Jupiter aufzuweisen und manche Wissenschaftler vermuten, dass es ein Brauner Zwerg ist, ein kleiner, kühler Stern. Wenn dieses Objekt ein Brauner Zwerg ist, so wird ein Planet mit 6,6facher Jupitermasse, der um den Stern 70 Virginis kreist, zum massereichsten Planeten.

Der grösste Mond im Sonnensystem

Der Jupitermond Ganymed mit einem Durchmesser von 5.262 km. Würde Ganymed statt um den Jupiter um die Sonne kreisen, dann würde man ohne Weiteres von einem Planeten sprechen, denn er ist größer als Merkur oder Pluto.

Der grösste Meteorit

Der Hoba-Meteorit in Namibia, der 65 Tonnen wiegt, was ungefähr dem Gewicht von zehn Elefanten entspricht. Er wurde im Jahr 1920 entdeckt und noch immer liegt dieser beinahe drei Meter lange Meteorit an der Stelle, auf der er gelandet ist. Er war ursprünglich noch größer, aber ein Teil des Meteoriten ist bereits der Verwitterung zum Opfer gefallen.

Der grösste Meteorschauer

Die Leoniden am 13. November 1833 mit bis zu 200.000 Meteoren pro Stunde. Beobachter erzählten, dass die Meteore „wie Schneeflocken fielen", und viele Menschen glaubten, dass die Welt untergehen würde. Die bemerkenswerte Vorführung zeigte den Astronomen, dass die Meteore aus dem Weltraum in die Erdatmosphäre gelangten und nicht einfach ein irdisches Ereignis wie zum Beispiel der Regen waren.

Der grösste Asteroid

(1) Ceres mit 933 km im Durchmesser. Dieser größte Asteroid war auch der erste, der entdeckt wurde, und zwar am 1. Januar 1801 von Giuseppe Piazzi (1746–1826) im Observatorium von Palermo.

Das grösste Objekt aus dem Kuipergürtel

Der genaue Durchmesser eines namenlosen Objekts mit der Katalogisierung 2003 UB 313 ist nicht bestimmt, aber Schätzungen reichen von 2.400 bis 5.000 km. Selbst bei einem geringeren Wert wäre dieses Objekt größer als Pluto. Die Bahn von UB 313 liegt zwischen 38 und 97 AE von der Sonne entfernt und seine Umlaufdauer beträgt 560 Jahre. Das größte bekannte Objekt, dessen Bahn entlang des äußeren Rands des Kuipergürtels führt, ist Quaoar mit einem Durchmesser von 1.300 km.

Der nächste Komet zur Erde

Der Komet Lexell kam im Jahr 1770 bis auf eine Entfernung von 2,2 Millionen km an die Erde heran, weniger als der sechsfache Erde-Mond-Abstand. Obwohl dieser Komet so nahe war, hat er keinen Schweif entwickelt und sein Kopf war am Nachthimmel nicht größer als die fünffache Mondscheibe.

Der längste Kometenschweif

Der Große Komet im März 1843, mit einem 300 Millionen km langen Schweif, der von der Sonne bis hinter die Marsbahn reichte.

Der massereichste Stern am Himmel

Eta Carinae mit annähernd 150 Sonnenmassen. Die Astronomen wissen nicht genau, ob Eta Carinae ein Einzelstern oder ein Doppelsystem ist.

Der Stern mit der geringsten Masse

Gliese 105 C mit ungefähr 0,1 Sonnenmassen, gerade groß genug, um noch ein Stern (ein Objekt, das Wasserstoff zu Helium verschmilzt) zu sein.

Der nächste Stern

Proxima Centauri, möglicherweise das dritte Mitglied des Alpha-Centauri-Systems. Dieser kühle Rote Zwerg liegt 4,22 Lichtjahre entfernt im Sternbild Centaurus.

Der hellste Stern am Nachthimmel

Sirius mit einer scheinbaren Größe von –1,46. Sirius ist ein 8,6 Lichtjahre entfernter Doppelstern im Sternbild Canis Maior. Der hellste Stern nördlich des Himmelsäquators (und der vierthellste am Himmel) ist Arcturus im Sternbild Boötes mit einer scheinbaren Größe von –0,05.

Der sternreichste Kugelsternhaufen

Omega Centauri mit geschätzten zehn Millionen Sternen. Dieser Kugelhaufen hat einen Durchmesser von 600 Lichtjahren und ist etwa 16.000 Lichtjahre entfernt. Manche Astronomen vermuten, dass Omega Centauri der übriggebliebene Kern einer Zwerggalaxie ist, die in ferner Vergangenheit von der Milchstraße eingesaugt wurde.

Das grösste Sternbild

Hydra (die Wasserschlange) mit 1.302,844 Quadratgraden oder 3,16 Prozent des Himmels. Die Hydra schlängelt sich über 100 Grad des Himmels, doch ihre Sterne leuchten schwach und mit bloßem Auge kann man nur etwa 100 davon erkennen.

Das kleinste Sternbild

Crux (das Kreuz des Südens) mit 68,477 Quadratgraden oder 0,16 Prozent des Himmels. Obwohl es so klein ist, ist es ein reicher Fundort für die Astronomen, da es inmitten der Milchstraße liegt.

Die massereichste Galaxie

Die Elliptische Riesengalaxie M 87 im Sternbild Virgo mit mindestens 800 Milliarden Sonnenmassen. M 87 ist ein Mitglied des Virgo-Galaxienhaufens.

Die Galaxie mit der geringsten Masse

Die Elliptische Zwerggalaxie Pegasus II mit ungefähr zehn Millionen Sonnenmassen. Möglicherweise gibt es noch kleinere Galaxien, aber weil sie nicht sehr leuchtkräftig sind, können die Astronomen sie nicht entdecken, selbst wenn sie relativ nahe liegen.

Die nächste Galaxie

Die Zwerggalaxie im Sternbild Canis Maior ist 25.000 Lichtjahre vom Sonnensystem und 42.000 Lichtjahre vom Zentrum der Milchstraße entfernt. Sie hält zurzeit den Rekord, doch jedes Jahr findet man neue Elliptische Zwerggalaxien und vielleicht wird bald eine nähere Galaxie entdeckt.

Die fernste Galaxie

Eine namenlose Galaxie im Sternbild Fornax, die dreizehn Milliarden Lichtjahre entfernt ist und einen Durchmesser von nur 2.000 Lichtjahren hat. Diese Galaxie zeigte sich auf einem Bild des Hubble-Weltraumteleskops, als ihr Licht durch den Gravitationslinsen-Effekt eines viel näheren Galaxienhaufens verstärkt wurde. Sie ist so weit entfernt, dass ihr Licht zu einer Zeit ausgesandt wurde, als das Universum erst 750 Millionen Jahre alt war.

Erdmonde				
Name	Erdabstand Kilometer	Durchmesser Kilometer	Umlaufdauer Tage	Entd.
Der Mond	384.400	3.476	27,322	—

Marsmonde				
Name	Marsabstand Kilometer	Durchmesser Kilometer	Umlaufdauer Tage	Entd.
Phobos	9.378	24	0,319	1877
Deimos	23.459	13	1,262	1877

Bekannte Jupitermonde (Monde mit Durchmessern von weniger als 10 km sind nicht eingetragen)				
Name	Jupiterabstand Kilometer	Durchmesser Kilometer	Umlaufdauer Tage	Entd.
Metis	127.960	40	0,295	1979
Adrastea	128.980	20	0,298	1979
Amalthea	181.300	189	0,498	1892
Thebe	221.900	100	0,675	1979
Io	421.600	3.643	1,769	1610
Europa	670.900	3.122	3,551	1610
Ganymed	1.070.400	5.262	7,155	1610
Kallisto	1.882.700	4.821	16,689	1610
Leda	11.165.000	18	240,92	1974
Himalia	11.461.000	184	250,56	1904
Lysithea	11.717.000	38	259,22	1938
Elara	11.741.000	78	259,65	1905
Ananke	21.280.000	20	629,8[R]	1951
Karme	23.400.000	30	734,2[R]	1938
Pasiphae	23.620.000	36	743,6[R]	1908
Sinope	23.940.000	28	758,9[R]	1914

Bekannte Saturnmonde (Monde mit Durchmessern von weniger als 10 km sind nicht eingetragen)				
Name	Saturnabstand Kilometer	Durchmesser Kilometer	Umlaufdauer Tage	Entd.
Pan	133.583	20	0,575	1990
Atlas	137.670	33	0,602	1980
Prometheus	139.350	91	0,613	1980
Pandora	141.700	84	0,629	1980
Epimetheus	151.422	115	0,694	1980
Janus	151.472	178	0,695	1966
Mimas	185.520	397	0,942	1789
Enceladus	238.020	499	1,370	1789
Telesto	294.660	23	1,888	1980
Tethys	294.660	1.060	1,888	1684
Kalypso	294.660	21	1,888	1980
Helene	377.400	33	2,737	1980
Dione	377.400	1.120	2,737	1684
Rhea	527.040	1.528	4,518	1672
Titan	1.221.830	5.150	15,95	1672
Hyperion	1.481.100	286	21,28	1848
Japetus	3.561.300	1.436	79,33	1671
Kiviuq	11.370.000	14	450,44	2000
Ijiraq	11.440.000	10	452,76	2000
Phoebe	12.952.000	220	549,83[R]	1899
Paaliaq	15.200.000	22	680,67	2000
Albiorix	16.390.000	32	784,23	2000
Siarnaq	18.160.000	32	894,54	2000
Tarvos	18.240.000	14	13,6	2000
Ymir	23.100.000	16	1317,14[R]	2000

Bekannte Uranusmonde				
Name	Uranusabstand Kilometer	Durchmesser Kilometer	Umlaufdauer Tage	Entd.
Cordelia	49.770	20	0,335	1986
Ophelia	53.790	21	0,376	1986
Bianca	59.170	27	0,435	1986
Cressida	61.780	40	0,464	1986
Desdemona	62.680	32	0,474	1986
Juliet	64.350	47	0,493	1986
Portia	66.090	68	0,513	1986
Rosalind	69.940	36	0,559	1986
S/2003 U 2	74.800	12	0,618	2003
Belinda	75.260	40	0,624	1986
S/1986 U 10	76.400	80	0,638	1999
Puck	86.010	81	0,762	1986
S/2003 U 1	97.700	16	0,923	2003
Miranda	129.300	472	1,413	1948
Ariel	191.020	1.158	2,520	1851
Umbriel	266.300	1.169	4,144	1851
Titania	435.910	1.578	8,706	1787
Oberon	583.520	1.523	13,463	1787
S/2001 U 3	4.280.000	12	266,6[R]	2001
Caliban	7.230.000	96	579,5[R]	1986
Stephano	8.002.000	20	676,5[R]	1999
Trinculo	8.571.000	10	758,1[R]	2001
Sycorax	12.179.000	190	1.283,4[R]	1997
S/2003 U 3	14.345.000	12	1.694,8	2003
Prospero	16.418.000	30	1.992,8[R]	1999
Setebos	17.459.000	30	2.202,3[R]	1999
S/2001 U 2	21.000.000	12	2.823,4[R]	2001

Bekannte Neptunmonde				
Name	Neptunabstand Kilometer	Durchmesser Kilometer	Umlaufdauer Tage	Entd.
Naiade	48.200	69	0,294	1989
Thalassa	50.100	87	0,311	1989
Despina	52.500	152	0,335	1989
Galatea	62.000	177	0,429	1989
Larissa	73.548	196	0,555	1981
Proteus	117.647	420	1,122	1989
Triton	354.760	2.707	5,877[R]	1846
Nereide	5.513.400	340	360,136	1949
S/2002 N 1	15.686.000	48	1.874,8	2002
S/2002 N 2	22.452.000	48	2.918,9	2002
S/2002 N 3	22.452.000	48	2.918,9	2002
S/2002 N 4	46.570.000	60	9.136,1[R]	2003
S/2003 N 1	46.738.000	28	9.136,1[R]	2003

Die grössten bekannten Asteroiden des Hauptgürtels				
Name	Durchmesser Kilometer	Sonnenabstand (AE)	Umlaufdauer Jahre	Entd.
(1) Ceres	933	2,766	4,60	1801
(2) Pallas	532	2,773	4,62	1802
(4) Vesta	530	2,361	3,63	1807
(10) Hygiea	443	3,140	5,56	1849
(511) Davida	326	3,169	5,64	1903
(704) Interamnia	317	3,062	5,36	1910

[R] zeigt eine retrograde Bewegung an

GLOSSAR

Absolute Größe
Die scheinbare Helligkeit eines Sterns in einer Standardentfernung von 10 Parsec (32,6 Lichtjahren) von der Erde.

Adaptive Optik
Bei bodenstationierten Teleskopen wird diese Technologie für Echtzeitkorrekturen der atmosphärischen Verzerrungen eingesetzt.

Akkretionsscheibe
Eine Scheibe aus Materie, die einen Stern, ein Schwarzes Loch in einem Doppelsternsystem oder ein massereiches Schwarzes Loch in einer aktiven Galaxie umgibt.

Aktiver Galaktischer Kern
Ein massereiches Schwarzes Loch im Zentrum einer aktiven Galaxie

Aktive Galaxie
Eine Galaxie mit einem Schwarzen Loch im Zentrum, das große Strahlenmengen aussendet.

Albedo
Das Reflexionsvermögen eines Körpers, der selbst keine Strahlung aussendet.

Antimaterie
Materie aus Antiteilchen der normalen Materie: Anti-Elektronen, Anti-Protonen und Anti-Neutronen.

Aphel
Der sonnenfernste Punkt auf der elliptischen Bahn eines Planeten, Kometen oder Asteroiden.

Apogäum
Der erdfernste Punkt des Mondes oder eines künstlichen Satelliten.

Asteroid
Ein kleines steiniges und/oder metallisches Objekt mit einem Durchmesser von höchstens 1.000 km, das die Sonne im Asteroidengürtel umkreist.

Asteroidengürtel
Zwischen den Bahnen von Mars und Jupiter kreisen die Asteroiden auf der Ekliptik um die Sonne.

Astronomische Einheit (AE)
Der durchschnittliche Abstand der Erde zur Sonne (circa 150 Millionen km).

Astrophysik
Die Erforschung der Bewegungen, der chemischen Zusammensetzungen und der Entwicklung der Himmelskörper.

Atmosphäre
Eine Hülle aus verschiedenen Gasen, die durch die Gravitation an einen Mond oder Planeten gebunden wird.

Auswurfsmaterial
Material, das entweder bei einem Einschlag aus einem Krater herausgeschleudert wurde oder von einem aktiven Vulkan stammt.

Bahnknoten
Der Punkt, an dem die Bahn eines Planeten oder anderen Objektes die Ekliptik kreuzt.

Bedeckungs-Doppelstern
Ein Doppelsternsystem, dessen Mitglieder einander regelmäßig verdunkeln, was man von der Erde aus als Veränderungen in der Leuchtkraft beobachten kann.

Bipolarer Ausfluss
Ein Materiefluss, der in entgegengesetzten Richtungen aus einem T-Tauri-Stern oder kurz vor der Entstehung eines Planetarischen Nebels aus einem Roten Riesen strömt.

Blauer Riese
Ein riesiger, heißer und leuchtkräftiger Stern des Spektraltyps O oder B.

Blasar
Ein Quasar (eine quasi-stellare Radioquelle), der durch sehr starke und sich schnell ändernde Strahlung über einen breiten Bereich des Spektrums auffällt.

Bogenminute
Die Winkelmaßeinheit, die ein Sechzigstel eines Grades bezeichnet. Der Mond und die Sonne haben Durchmesser von ungefähr 30 Bogenminuten.

Bogensekunde
Die Winkelmaßeinheit, die ein Sechzigstel einer Minute bezeichnet. Der Jupiter hat einen Durchmesser von 44 Bogensekunden.

Brauner Zwerg
Ein sternenähnliches Objekt, das zu klein ist, um mit der Kernfusion zu beginnen. Braune Zwerge sind mögliche Kandidaten für eine Art von Dunkler Materie.

Bugstoßfront
Die Wechselwirkung zwischen einem sich schnell bewegenden Körper aus Gas oder einer Flüssigkeit und einem Hindernis, in der Astronomie beispielsweise die Zone, wo die Heliosphäre auf das Interstellare Medium trifft oder Gasausstöße eines energetischen Sterns auf einen Nachbarstern treffen.

Chromosphäre
Die dünne Atmosphäreschicht der Sonne, die sich zwischen der Photosphäre (sichtbare Oberfläche) und der Korona befindet .

Deep-Sky-Objekt
Jedes Himmelsobjekt, das sich außerhalb des Sonnensystems befindet

Deklination
Der Winkelabstand eines Himmelsobjekts nördlich und südlich vom Himmelsäquator.

Doppelasteroid
Ein System aus zwei annähernd gleichgroßen Asteroiden, die um ein gemeinsames Massezentrum kreisen.

Doppelstern
Zwei Sterne, die durch gegenseitige Gravitationseinflüsse verbunden um ein gemeinsames Massezentrum kreisen.

Dunkelnebel
Eine interstellare Staubwolke, die das Licht der dahinterliegenden Sterne und Nebel abblockt, weswegen man nur ihre Umrisse erkennen kann.

Dunkle Energie
Eine hypothetische Form der Energie, die der Gravitation entgegenwirkt und vielleicht für die beschleunigende Expansion des Universums verantwortlich ist.

Dunkle Materie
Eine Form der Materie, die kein Licht und auch keine andere Strahlung aussendet. Im Universum gibt es weit mehr Dunkle Materie als normale, sichtbare Materie.

Durchgang
Der Vorübergang eines astronomischen Körpers vor einem anderen. Oft kann man die Umrisse der Venus oder des Merkur bei Durchgängen vor der Sonnenscheibe sehen.

Eisriese
Ein Planet, der eine ähnliche Zusammensetzung aufweist wie ein Gasriese, aber zusätzlich eine große Menge an Gestein und matschigem Eis enthält.

Ekliptik
Der scheinbare Weg der Sonne entlang der Himmelskugel. Von der Sonne aus gesehen entspricht dieser Weg der Bahnebene der Erde.

Elektromagnetisches Spektrum
Der gesamte Bereich elektromagnetischer Strahlung: Radiowellen, Infrarot-, sichtbares Licht, Ultraviolett-, Röntgen- und Gammastrahlung.

Ellipse
Die ovale, geschlossene Bahn, auf der sich ein Himmelsobjekt unter dem Einfluss der Gravitation bewegt.

Elliptische Galaxie
Galaxien mit annähernd rundem Erscheinungsbild, die großteils aus alten Sternen bestehen.

Emissionsnebel
Eine Gaswolke, die dadurch zum Leuchten gebracht wird, dass sie das zuerst absorbierte Licht der Sterne wieder aussendet.

Entweichgeschwindigkeit
Die Mindestgeschwindigkeit, die ein Objekt (wie zum Beispiel eine Rakete) erreichen muss, um von der Oberfläche eines Planeten, Mondes oder anderen Körpers ins Weltall reisen zu können.

Erdnaher Asteroid
Ein Asteroid, der innerhalb eines Abstands von 1,3 AE um die Sonne kreist. Die Bahnen vieler erdnaher Asteroiden kommen nahe an die Erdbahn heran oder führen durch sie hindurch.

Ereignishorizont
Die Region um ein Schwarzes Loch, aus welcher kein Signal nach außen dringt, weder vom Schwarzen Loch selbst, noch von einem hineinfallenden Objekt. Hinter dem Ereignishorizont übersteigt die Entweichgeschwindigkeit die Lichtgeschwindigkeit.

Exzentrizität
Ein Maß für die Abweichung einer Umlaufbahn von der Kreisform, das dem Abstand des Brennpunktes vom Mittelpunkt einer Ellipse entspricht.

Finsternis
Ein Himmelskörper bewegt sich an einem anderen vorbei, verdeckt ihn und verdunkelt dabei dessen Licht.

Galaktischer Halo
Ein kugelförmiger Raum um eine Scheibengalaxie, der wahrscheinlich Sterne, Gas und Dunkle Materie enthält.

Galaxie
Eine große durch die Gravitation verbundene Ansammlung von Sternen, Gas und Staub mit 100.000 bis zehn Billionen Sonnenmassen.

Galileische Monde
Die vier größten Jupitermonde, die im Jahr 1610 von Galileo Galilei entdeckt wurden. Nach ihrer Entfernung zum Jupiter gereiht sind das Io, Europa, Ganymed und Kallisto.

Gammastrahlen
Strahlung mit kürzeren Wellenlängen als die Röntgenstrahlen.

Gasriese
Ein Planet, der hauptsächlich aus Wasserstoff und Helium besteht wie der Jupiter und der Saturn.

Globule (oder Dunkelwolke)
Eine kleine, dunkle, annähernd kugelförmige Wolke aus Gas und Staub. Globulen sind vermutlich Sternentstehungsregionen und man nennt sie auch Bok-Globulen.

Grad
Die Winkelmaßeinheit, die den dreihundertsechzigsten Teil eines Kreises bezeichnet.

Größenklasse
Eine logarithmische Einheit zur Messung der Helligkeit von Himmelsobjekten. Die scheinbare Größe beschreibt, wie hell ein Stern von der Erde aus gesehen ist, während die absolute Größe die Helligkeit desselben Sterns in einer Einheitsentfernung von zehn Parsec (32,6 Lichtjahre) anzeigt. Je geringer die Größenklasse, desto heller ist ein Stern.

Haufen
Gruppen von Sternen oder Galaxien, die durch die Gravitation zusammengehalten werden.

Hauptreihe
Die längste Phase im Leben eines Sterns, in welcher er seinen Wasserstoff zu Helium verwandelt.

Heliosphäre
Eine Blase, die durch den Druck des Sonnenwinds in das die Sonne umgebende Interstellare Medium geblasen wird.

Herbig-Haro-Objekte
Ein heller Emissionsnebel in Verbindung mit bipolaren Strahlensäulen aus geladenen Teilchen, die von jungen stellaren Objekten stammen.

Himmelsäquator
Der gedachte Kreis um die Mitte der Himmelskugel zwischen den Himmelspolen.

Himmelskugel
Eine gedachte Kugel um die Erde, auf der alle Sterne, Galaxien und anderen Objekte zu liegen scheinen.

Himmelspol
Die gedachten Punkte am Himmel, wo die ins Unendliche verlängerte Rotationsachse der Erde auf die imaginäre Himmelskugel trifft.

Hipparcos-Sternenkatalog
Ein sorgfältiges Verzeichnis von 118.218 Sternen, die vom Satelliten Hipparcos vermessen wurden. Der Katalog wurde im Jahr 1997 erstmals veröffentlicht.

Hubblekonstante
Der Wert der Geschwindigkeit des Zurückweichens einer Galaxie in Bezug auf ihre Entfernung zum Sonnensystem. Die Hubblekonstante ist zur Altersbestimmung des Universums unbedingt erforderlich.

Infrarot
Strahlung mit Wellenlängen, die etwas länger sind als die von sichtbarem Licht.

Infrarotgalaxie
Eine Galaxie, die beinahe ausschließlich im Infrarotbereich zu sehen ist.

Interferometrie
Eine Technik, bei der zwei oder mehrere Teleskope verbunden werden, um eine höhere Bildauflösung zu erreichen als mit einem einzelnen Instrument.

Intergalaktisches Medium (IGM)
Die Materie, die zwischen den Galaxien im Weltraum entdeckt wurde. Der Großteil des bisher gefundenen IGM besteht aus diffusem heißen Gas.

Interstellares Medium (ISM)
Die Materie, die zwischen den Sternen im Weltraum entdeckt wurde. Das ISM in der Scheibe der Milchstraße besteht etwa zu 90 Prozent aus Gas und zehn Prozent aus Staub.

Ionisation
Der Vorgang, bei dem ein Atom eines oder mehrere Elektronen verliert und dann positiv geladen erscheint.

Kataklysmische Veränderliche
Ein Doppelsternsystem, in dem ein Weißer Zwerg Materie aus seinem Begleiter (gewöhnlich ein Roter Zwerg) zieht. Sobald dieses Material in die Akkretionsscheibe des Weißen Zwerges gelangt, kommt es zu Kernfusionsreaktionen.

Komet
Ein Körper aus Eis und Staub, der sich auf einer langgezogenen Bahn um die Sonne befindet.

Konjunktion
Der Augenblick der größten Annäherung zweier Objekte am Himmel.

Konvektion
Ein Wärmeprozess, der heißeres Material aufsteigen und kühleres Material niedersinken lässt.

Korona
Die sehr heiße, äußerste Atmosphäre der Sonne, die man auf der Erde nur bei einer totalen Sonnenfinsternis sehen kann.

Koronale Masseneruption
Ein massereicher Auswurf von der Sonnenkorona, der mehrere Stunden andauert.

Kosmologie
Ein Zweig der Astronomie, der sich mit dem Ursprung, dem Aufbau und den Bewegungen des Universums in Raum und Zeit beschäftigt.

Kugelsternhaufen
Ein kugelförmiger Haufen mit über einer Million meist alter roter Sterne.

Kuipergürtel
Eine Region im Sonnensystem, die sich außerhalb der Planetenbahnen befindet und eisige Planetesimale enthält.

Leuchtkraft
Die Strahlenmenge, die von einem Objekt, wie zum Beispiel einem Stern, pro Zeiteinheit ausgesendet wird. Die Leuchtkraft ist abhängig von der Temperatur und der Oberflächenbeschaffenheit des Objekts.

Lichtjahr
Die Entfernung, die das Licht in einem Jahr zurücklegt, ungefähr 9,5 Billionen km.

Lokale Gruppe
Ein Galaxienhaufen aus etwa 40 nahen Mitgliedern, in dem sich auch unsere Milchstraße befindet.

Magnetfeld
Das Gebiet rund um ein Objekt, in dessen Bereich ein eisenhaltiger Körper starken Magnetkräften ausgesetzt ist.

Magnetosphäre
Eine Region um einen Planeten oder Stern, die vom Magnetfeld dieses Planeten oder Sterns beherrscht wird.

Mantel
Der Hauptteil eines Planeten oder Mondes, der sich zwischen der Kruste (oder äußeren Atmosphäre eines Gas- oder Eisplaneten) und dem Kern befindet.

Mare (pl. Maria)
Eine Ebene aus verfestiger Lava auf der Mondoberfläche, die dunkler ist als die Umgebung.

Mehrfachstern
Drei oder mehrere durch die Gravitation verbundene Sterne.

Meridian
Eine gedachte Linie, die sich zwischen den Polen der Himmelskugel über den Zenit erstreckt.

Meteor
Der helle, vergängliche Lichtstreifen eines Meteoriden, der aufgrund seiner großen Geschwindigkeit beim Eintritt in die Erdatmosphäre verglüht.

Meteorit
Der Name von interplanetarischen Bruchstücken, welche die Erdoberfläche unversehrt erreicht haben.

M-Objekte
Alle Sternhaufen, Nebel und Galaxien, die im Messier-Katalog verzeichnet sind.

Nebel
Eine Wolke aus Staub oder Gas im Weltall, die entweder dunkel ist oder hell erleuchtet.

Neutronenstern
Der Überrest eines massereichen Sterns, der fast zur Gänze aus dichtgepackten Neutronen besteht und möglicherweise als Pulsar zu sehen ist.

NGC-Objekte
Galaxien, Sternhaufen und Nebel, die im „New General Catalog" verzeichnet sind.

Nova
Ein Weißer Zwerg in einem Doppelsystem, der plötzlich um mehrere Größenklassen heller wird, weil das Gas, das er aus seinem Begleiter herauszieht, in einer thermonuklearen Reaktion explodiert.

Offener Sternhaufen
Eine Gruppe von einigen dutzend bis einigen hundert jungen Sternen, die durch die Gravitation aneinander gebunden sind.

Oortsche Wolke
Eine Kugel aus Billionen potenzieller Kometenkerne, die sich vom äußersten Rand des Kuipergürtels etwa 1,5 Lichtjahre nach außen erstreckt.

Opposition
Der Punkt auf einer Planetenbahn, wo dieser Planet am Himmel der Sonne gegenübersteht.

Optische Teleskope
Jedes Teleskop, das sichtbares Licht einfängt.

Optische Veränderliche
Sterne, die ihre Leuchtkraft (von der Erde aus gesehen) aufgrund äußerer Faktoren wie der Rotation oder der Anwesenheit eines Bedeckungs-Doppelsterns verändern.

Parallaxe
Die scheinbare Veränderung der Position eines nahen Objektes in Bezug auf den ferneren Hintergrund, wenn man es von zwei unterschiedlichen Punkten aus beobachtet. Die Parallaxe wird zur Entfernungsbestimmung naher Sterne verwendet.

Parsec
Die Entfernung eines Objektes mit einer Parallaxe von einer Bogensekunde oder 3,26 Lichtjahren.

Penumbra
Der äußere Teil des Schattens bei einer Finsternis, aber auch das hellere Gebiet um die Sonnenflecken.

Perigäum
Der erdnächste Punkt der Bahn des Mondes oder eines künstlichen Satelliten.

Perihel
Der sonnennächste Punkt auf der elliptischen Bahn eines Kometen, Asteroiden oder Planeten.

Photosphäre
Die sichtbare Oberfläche der Sonne oder eines anderen Sterns.

Planetarischer Nebel
Die Gashülle, die ein Stern mit geringer Masse abwirft, wenn der Brennstoff in seinem Kern ausgeht.

Planetesimale
Kleine steinige oder eisige Körper, aus denen sich die Planeten gebildet haben.

Plasma
Ein gasförmiger Zustand der Materie, in dem die Atome ionisiert wurden und elektromagnetisches Verhalten aufweisen.

Polarlichter (Aurorae)
Lichtbögen am Himmel über den mittleren und hohen Breiten. Sie entstehen durch Sonnenteilchen, die auf die Atmosphäre der Erde oder eines anderen Körpers treffen und dabei das Gas zum Glühen bringen.

Präzession
Das langsame, periodische Wackeln der Erdachse, das durch die Anziehungskräfte der Sonne, des Mondes oder eines anderen Planeten verursacht wird.

Prograde Bewegung
Die gegen den Uhrzeigersinn gerichtete Bahnbewegung oder Rotation eines Mondes von einem Punkt nördlich der Ekliptik aus gesehen. Die meisten Monde unseres Sonnensystems führen eine prograde Bewegung aus.

Protoplanetarische Scheibe (Proplyd)
Eine Scheibe aus Gas und Staub, die einen neugeborenen Stern umgibt. Protoplanetarische Scheiben sind vermutlich die Vorläufer von Planetensystemen.

Protuberanz
Kurzlebige Strukturen aus kühlerem Gas in der Sonnenkorona.

Pulsar
Ein schnell rotierender Neutronenstern, der scheinbar Blitze von Radiostrahlung (und manchmal auch optischen Lichts) ausstößt.

Pulsierende Veränderliche
Ein Stern, der seine Helligkeit verändert, indem er sich regelmäßig ausdehnt und wieder schrumpft.

Quasar
Eine Kurzform für quasi-stellare Radioquelle. Quasare sind vermutlich aktive Kerne weit entfernter Galaxien.

Radiogalaxie
Eine aktive Galaxie, die starke Strahlung im Radiowellenbereich aussendet.

Reflektor
Ein Teleskop, das als Objektiv einen Spiegel benutzt, um Licht zu sammeln.

Reflexionsnebel
Eine Wolke aus Gas oder Staub, die durch die Reflexion des nahen Sternenlichts sichtbar wird.

Rektaszension
Die Himmelskoordinaten, die den Längengraden auf der Erde entsprechen und in Stunden und Minuten gemessen werden.

Retrograde Bewegung
Die im Uhrzeigersinn gerichtete Bahn oder Rotation eines Satelliten von einem Punkt nördlich der Ekliptik.

Röntgenstrahlen
Strahlung mit Wellenlängen, die sich im Spektrum zwischen dem Ultraviolett- und dem Gammawellenbereich befinden.

Röntgen-Doppelstern
Ein Doppelstern, in dem ein Neutronenstern oder kleines Schwarzes Loch um einen viel größeren Begleiter kreist und dabei Materie aus diesem herauszieht.

Rotation
Die Drehung eines Planeten, Mondes oder Sterns um seine Achse.

Rotationsachse
Die gedachte Linie durch einen Planeten, Stern oder eine Galaxie, um die sich das betreffende Objekt dreht.

Roter Riese
Ein großer, kühler und roter Stern in einer späten Phase seines Lebens.

Roter Zwerg
Ein kleiner, relativ kühler Hauptreihenstern der Spektralklasse M oder K. Rote Zwerge sind die meistverbreitete Sternenart im Universum.

RR-Lyrae-Stern
Ein großer gelber oder weißer, pulsierender Veränderlicher Stern, dessen absolute Größe periodisch schwankt. RR-Lyrae-Sterne werden zur Entfernungsbestimmung benutzt.

Scheibengalaxie
Galaxien mit abgeflachten, kreisförmigen Scheiben aus Sternen. Diese Beschreibung trifft auf Spiralgalaxien und Linsenförmige Galaxien zu.

Scheinbare Größe
Die von der Erde aus gesehene scheinbare Helligkeit eines Sterns oder eines anderen Himmelsobjekts.

Schwarzes Loch
Ein Objekt mit so großer Dichte, dass kein Licht und auch keine andere Strahlung entweichen kann.

Seyfert-Galaxie
Eine aktive Galaxie mit gewaltigen, hellen Kernaktivitäten.

Siderische Zeit
Die Rotation oder Bahnbewegung eines Planeten oder Mondes in Bezug zu den Sternen. Auf der Erde weichen siderischer Tag, Monat und Jahr leicht vom Sonnentag, dem synodischen Monat und dem Julianischen Jahr ab.

Singularität
Ein Punkt in der Raum-Zeit, wo die Gesetze der Physik und Mathematik nicht anwendbar sind. Singularitäten existieren im Inneren von Schwarzen Löchern.

Solstitium
Der Moment, in dem der Pol eines Planeten am direktesten zur Sonne oder in die genau entgegengesetzte Richtung weist.

Sonnenfackel
Ein plötzlicher Energieausstoß in oder um die Sonnenkorona, der Strahlung in den Weltraum sendet.

Sonnenflecken
Dunkle und hochmagnetische Regionen auf der Sonnenoberfläche, die kühler sind als die Umgebung.

Sonnenwind
Ein ständiger, jedoch veränderlicher Fluss von geladenen Teilchen, die mit hohen Geschwindigkeiten aus der Sonne ins Weltall strömen.

Spektroskopie
Eine Analyse des Lichtes, bei der man aus den Spektrallinien auf die chemische Zusammensetzung eines Objektes schließen kann sowie auf die Geschwindigkeit, mit der es sich der Erde nähert oder von ihr entfernt.

Spikulen
Kurzlebige Gassäulen in der Chromosphäre der Sonne.

Standardstern
Ein Stern mit bekannter absoluter Größe. Durch die Messung der scheinbaren Größe eines Standardsterns kann man seine Entfernung von der Erde berechnen.

Sternbild
Eines der 88 offiziellen Sternenmuster, die den Himmel in Einzelabschnitte unterteilen.

Strahlung
Energie, die in Form von Wellen oder Teilchen von einer Quelle ausgestrahlt wird.

Superhaufen
Ein Haufen von Haufen: eine gewaltige Ansammlung von Galaxienhaufen.

Supernova
Die Explosion eines massereichen Sterns, dessen Brennstoff verbraucht ist. Supernovas können für eine kurze Zeit ganze Galaxien ausleuchten.

Supernovarest
Eine expandierende Gaswolke, die von einer Supernovaexplosion in den Weltraum geschleudert wurde.

Tagundnachtgleiche
Der Augenblick, in dem sich die Sonne scheinbar genau über dem Äquator eines Planeten befindet.

Tektonik
Die Verformungen der Kruste eines Planeten oder eines großen Mondes.

Terrestrische Planeten
Ein Planet, der zum Großteil aus Gestein besteht (Merkur, Venus, Erde und Mars).

Tierkreis (Zodiak)
Der Name für die zwölf Sternbilder, die sich am Himmel entlang der Bahn der Sonne (auf der sogenannten Ekliptik) befinden.

T-Tauri-Stern
Ein sehr junger Stern, der eine sehr schnelle Rotation, extreme Schwankungen in der Helligkeit und eine stark veränderliche Strahlung im Röntgen- und Radiowellenbereich aufweist.

Umbra
Der dunkle, innere Teil eines Verdunkelungsschattens, aber auch das dunkle Zentrum eines Sonnenflecks.

Urknall
Das Ereignis, das nach der zurzeit gültigen kosmologischen Theorie vor ungefähr 13,7 Milliarden Jahren die Geburt des Universums eingeleitet hat.

Veränderliche Cepheiden
Ein Veränderlicher Stern, dessen Helligkeit mit einer Periode von einigen Tagen schwankt. Die absolute Helligkeit steht in direktem Zusammenhang mit der Pulsierungsperiode und deshalb sind die Cepheiden gute Entfernungsanzeiger in der Astronomie.

Veränderliche Sterne
Jeder Stern, dessen Helligkeit sich scheinbar verändert.

Weißer Zwerg
Ein kleiner, sehr dichter, aber blasser Stern. Das Endstadium aller Sterne außer der massereichsten.

Wellenlänge
Der Abstand zweier aufeinanderfolgender Wellenberge oder Wellentäler.

Wurmlöcher
Theoretische Tunnel durch Zeit und Raum, die eine Abkürzung zu einem anderen Ort in unserem Universum oder in ein anderes Universum bieten könnten.

Zenit
Der Punkt über dem Kopf eines Beobachters, 90 Grad senkrecht zum Horizont.

Zwergstern
Jeder Stern von kleiner bis mittlerer Masse und Leuchtkraft. Dazu zählen Rote Zwerge, Braune Zwerge und Weiße Zwerge sowie die meisten Hauptreihensterne und die Sonne.

Wissenschaftlicher Vermerk

Um die sehr großen (und sehr kleinen) Zahlen in der Astronomie anzugeben, verwendet man das wissenschaftliche Zeichensystem, um die Verwirrung zu vermeiden, die durch lange Kommastellen entsteht, sowie aus der Tatsache, dass Begriffe wie „Billion" und „Trillion" in verschiedenen Teilen der Welt andere Zahlen beschreiben. Die wissenschaftliche Zeichensetzung basiert auf den Vielfachen der Zahl 10. Eine Milliarde wird als 10^9 geschrieben, was einer 1 mit 9 Nullen entspricht. 10^{-9} bezeichnet ein Milliardstel und entspricht einer 0 mit Komma und 8 Nullstellen. Zahlen, die kein Vielfaches von 10 bilden, schreibt man zum Beispiel folgendermaßen: 3,38 x 10^{17}. Das Dezimalzeichen der Zahl 3,38 wandert in diesem Fall um siebzehn Kommastellen nach rechts.

A

B

C

N

O

P

Q

R

U

V

W

Y

Z

0–9

Danksagung

Der Verlag möchte folgenden Personen für ihre Unterstützung bei der Produktion dieses Buchs danken: Angela Handley, Jennifer Losco, Irene Mickaiel, Sarah Plant (Puddingburn Publishing Services), Juliana Titin, Melanie Young.

Schlüssel: o=oben; l=links; r=rechts; lo=links oben; Mlo=Mitte links oben; oM=obere Mitte; Mro=Mitte rechts oben; ro=rechts oben; Ml=Mitte links; M=Mitte; Mr=Mitte rechts; u=unten; lu=links unten; Mlu=Mitte links unten; uM=untere Mitte; Mru=Mitte rechts unten; ru=rechts unten

Fotos

2MASS = Two Micron All Sky Survey; APL = Australian Picture Library; APL/CBT = Australian Picture Library/Corbis; AURA = Association of Universities for Research in Astronomy; ZfA = Harvard-Smithsonian-Zentrum für Astrophysik; KFHT = Kanada-Frankreich-Hawaii-Teleskop; ESA = Europäische Weltraumorganisation; ESO = Europäische Südsternwarte; GSFC = NASA Goddard Space Flight Center; ING = Isaac Newton Group of Telescopes; ISP = Institut für Sonnenphysik; JHU = John-Hopkins-Universität; LPI = Lunares und Planetarisches Institut; MSSS = Malin Space Science Systems; N_A = NASA/Astronomisches Bild des Tages; N_CH = NASA/Chandra-Röntgen-Observatorium; N_EO = NASA-Erdobservatorium; N_G = NASA/Great Images in NASA; N_H = NASA/Hubble-Weltraumteleskop; N_HI = NASA History Division; N_J = NASA-Jet-Propulsion-Labor; N_N = NIX/NASA Image Exchange; N_NC = NASA/National Space Science Data Center; N_O = NASA-Observatorium; N_SE = NASA Solar System Exploration; N_SP = NASA/Spitzer-Weltraumteleskop; NAOJ = Japanisches Nationales Astronomisches Observatorium; NASA = National Aeronautics and Space Administration; NOAO = Nationales Optisches Astronomisches Observatorium; NRAO = Nationales Radioastronomie-Observatorium; PL/WFA = photolibrary.com/Wissenschaftliches Fotoarchiv; KSA = Königlich-Schwedische Akademie der Wissenschaften; SOHO = NASA Solares und Heliosphärisches Observatorium; IWW = Institut für Weltraumwissenschaften; STScI = Space Telescope Science Institute

2–3M N_H/ESA/AURA/Caltech **4**M APL **6**lo, Mlo PL/WFA Mro GSFC/WMAP-Wissenschaftsteam ro APL **7**tl PL/WFA Mlo APL/CBT Mro 2MASS/G.Kopan/R.Hurt ro ISP/KSA **8**lu Robert Gendler ru N_J/Universität von Colorado M N_J Mlo PL/WFA ro ESA **14**M PL/WFA **16**Ml PL/WFA **17**lo NASA/GSFC/METI/ERS-DAC/JAROS/US-Japanisches ASTER-Wissenschaftsteam ro N_A **18**Ml GSFC **19**lu NASA ro PL/WFA **20**M LPI Ml PL/WFA ro N_EO **22**Ml Mr PL/WFA ro N_EO **26**Ml N_N/HQ/GRIN ro N_G **27**cr, lo N_J **28**lu N_N/Johnson-Weltraumzentrum ro PL/WFA **29**ru N_NC lo LPI **30**lu N_G ru N_HI Mr NRAO/AUI/Bruce Campbell/Smithsonian-Institut ro N_SE/Celementine-Wissenschaftsgruppe/LPI ro N_J **32**lu N_G ru N_SE/HQ/N_G Ml N_A Mr, ro N_NC **33**ru N_J ro N_G **34**M PL/WFA **36**M NASA-Visible-Earth M N_J Ml PL/WFA **37**lo Photo Researcher's Inc. **39**lu N_J/Northwestern-Universität ro N_A/SOHO/LASCO-Konsortium/ESA **40**Ml N_J **42**lu, ru, Mr N_J/Northwestern-Universität **43**lu N_O ru N_NC ro N_HI **44**lu N_J/Northwestern- Universität/Planetarium Mr N_J **47**lu N_N ro N_NC **48**Ml N_NC ro N_J **50**Ml N_NC **52**uM N_J lu N_J/Caltech ro N_N **53**u N_N lo, ro N_J **54**ru, ro PL/WFA **55**Ml N_J **57**lu N_J/MSSS **58**Ml N_J **60**Ml N_A/MGS/MOC/MSSS **62**ru N_J ru, Ml N_J/MSSS **63**lu N_J/GSFC ru N_J/MSSS ro N_SE/ESA **64**u, Ml N_J Mr N_J/MSSS **65**uMr PL/WFA M N_J/Cornell oM N_J/MSSS ro N_A/J_H/Viking-Projekt **66**u Mark Robinson/JHU-Labor für Angewandte Physik Ml N_A/Near-Projekt/NLR/JHU Labor für Angewandte Physik/Goddard SVS **67**ru N_A/Dr. William-J.Merline-Southwest-Research-Institut, Boulder CO/Dr Laird M.Close–Universität von Arizona, Tucson AZ/Bilder vom W.M.Keck-Observatorium/Mauna Kea, Hawaii Ml N_A/NEAR Ml N_A/US-Geologische Vermessung Mr N_J/Northwestern-Universität **68**uM N_J lu N_SE/JPL Mr PL/WFA oM N_H/Ben Zellner/Peter Thomas lo N_H /R.Kempton/New England Meteoritical Services **69**ru N_H/ESA/Y.Momany M N_A/NEAR-Projekt/JHU-Labor für Angewandte Physik **70**M N_J **73**ro N_J ro N_J/Heidi Hammel–Massachusetts-Institut für Technologie **75**ro N_H **76**Mr N_J o N_H/John-Clarke–Universität von Michigan/ESA **78**u N_H/H.A.Weaver/T.E.Smith–STScI/J.T.Trauger/R.W.Evans/N_J M N_H Ml, Mr, ro N_J **79**lu N_J ru N_J/IWW **80**lu, ru, Ml N_J Mr N_J/Universität von Arizona–Akademisches Forschungslabor **81**ru, Ml, Mr, o, ro N_J **82**lu, ru, lu, ro N_J **85**lu N_J ro N_H **86**M N_J o N_J/IWW **88**lu Universität von Ütrecht Ml N_SE Mr N_J ro NASA **89**M N_J/IWW o N_J/Universität von Colorado **90**u N_A/Voyager 1 u N_A/Voyager 2/Calvin J.Hamilton u, M, Ml N_J/WWI lu N_A/SSI ru, M, Mr N_J **91**lu N_J/IWW ru N_J/ESA/Universität von Arizona lo N_A/Voyager 2/Calvin J.Hamilton **93**lu N_J ro N_J/Kenneth Seidelmann–US-Meeresobservatorium **94**ru, Mr N_J ro Madison-Zentrum für Raumforschung und Technik/Lawrence Sromovsky **95**lu, ru N_J **96**u, lu, Ml N_J ru N_A/Astrogeologisches Team–USGS/Voyager-Projekt **97**uM, lu, ru N_J **99**lu N_J ro N_J/Voyager-Projekt **100**M, o N_A/Voyager 2 M N_A/Lawrence Sromovsky/P.Fry–Universität von Wisconsin **102**lu N_A/Voyager 2 ru N_NC ru N_J **103**lu N_J ru N_A/Voyager 2 **105**lu N_A/Eliot Young–SwRI Mr N_NC **106**M, Ml N_J/Caltech **107**ro N_J/Caltech/UMD **109**lu N_J ru N_H/M.Combi–Universität von Michigan M PL/WFA ro N_A/Voyager-Projekt **112**M, ISP/KSA **117**lu N_N/Johnson-Weltraumzentrum/Earth Sciences and Image Analysis **118**ro NASA/Yohkoh Mission–ISAS/Lockheed-Martin-Solar and Astrophysics Laboratory/ JNAO/Universität von Tokio **119**u, Mr ISP **120**lu, ru PL/WFA ro N_A/TRACE-Projekt **121**M SOHO/ESA lo N_A/SOHO/EIT-Konsortium/ESA **122**u PL/WFA ro Universität von New Mexico/A.Klypin–Universität von New Mexico **123**lu NASA/Yohkoh-Mission–ISAS/Lockheed-Martin Solar and Astrophysics Laboratory/ JNAO/Universität von Tokio Ml, o PL/WFA **124**Ml, ro Museum History Science, Oxford, UK **128**lu PL/WFA Ml N_CH/McDonald-Observatorium **130**Ml ESO **132**b Northwind Picture Archives ro Bridgeman Art Library **133**uM Universität von St. Andrews/A.Cameron/M.Jardine/K.Wood lu NOAO Mr N_H/Rodger Thompson/Marcia Rieke/Glenn Schneider/Susan Stolovy–Universität von Arizona/Edwin Erickson-SETI-Institut, Ames-Forschungszentrum/David Axon–STSMI o Nationales Meeresmuseum, Greenwich, UK **134**u NRAO/AUI/Kelly Gatlin/Patricia Smiley M KFHT/Jean-Charles Cuillandre **135**Ml PL/WFA r N_H/ESA/H.E.Bond–STSMI/AURA **136**M PL/WFA **138**lu N_A/Subaru-Teleskop/JNAO/Alle Rechte vorbehalten Ml PL/WFA **140**ru PL/WFA ro N_SP/MSX/IPAC **141**ru N_A/KFHT/Hawaiian Starlight **142**lu N_A/Russell Croman ru N_A/Joint Astronomy Center/Image Processing von C.Davis/W.Varricatt ro Atlas-Bilder, die aus der 2MASS-Vermessung stammen, einem gemeinsamen Projekt der Universität von Massachusetts und dem Infrarot-Analysezentrum/Kalifornisches Institut für Technologie/gegründet von der NASA und der Nationalen Wissenschaftlichen Vereinigung **143**lu PL/WFA ro N_A/Loke Kun Tan/StarryScapes **144**ru, Mr N_H/AURA/STS Ml ESO oMl N_SP/JPL/Caltech/V.Gorjian/NOAO **146**Ml N_SP/sichtbares Licht: Howard McCallon/Infrarot: NASA/IRAS r PL/WFA **147**lu PL/WFA Ml N_A/J.Bally/D.Devine/R.Sutherland/D.Johnson/Kanadisches Institut für Theoretische Astrophysik/HST r Robert Gendler lo ESO/ISAAC/Very-Large-Teleskop **148**Mlo N_SP/JPL/Caltech/G.Melnick/CfA ru PL/WFA Ml N_A/Bessell, Sutherland und Buxton–Australische National-universität, Forschungsschule für Astronomie und Astrophysik ro Robert Gendler **149**lu, ru, Mr, ro PL/WFA **150**u, M, oMl, ro PL/WFA **151**lu N_A/Jeffrey Newman–Universität von Kalifornien, Berkeley ru N_A/Christine Pulliam–CfA/Volker Springel/Max-Planck-Institut für Astrophysik/Lars Hernquist–ZfA Mr N_H/Margarita Karovska/ZfA ro N_CH/CXC/SAO/M.Karovska u. A.**152**lu N_A/Adam Block–NOAO/KPNO-Visitor-Programm/AURA/NSF Ml N_H/J.Hester/Universität von

Arizona **154**lu N_A/Hubble-Informationszentrum der Europäischen Weltraumorganisation/Valentin Bujarrabal ru PL/WFA Ml N_A/R.Corradi–ING/D.Goncalves–Institut für Astrophysik der Kanarischen Inseln ro N_H/ESA/A.Zijlsora–UMIST, Manchester, UK **155**ro N_A/H.Van Winckel–KU Leuven/M.Cohen–UC-Berkeley/H.Bond–STScI/T.Gull–GSFC/ESA Mr N_A/R.Sahai/J.Trauger–JPL/ESA **156**M PL/WFA oder Super-Kamiokande/Kamioka-Observatorium/Institut für Kosmische Strahlenforschung/Universität von Tokio **157**ru N_A/ Universität von Kalifornien, Berkeley-Labor für Weltraumwissenschaften/ W.M.Keck-Observatorium **158**Ml N_H/STScI/AURA Mr PL/WFA **159**oM N_CH/CXC/ASU/J.Hester u. A. lu ESA/CESR **160**M 2MASS/G.Kopan/R.Hurt **162**ro N_A/A.Vannini/G.Li Causi/A.Ricciardi/A.Garatti **163**ro PL/WFA **164**Ml ESO ro 2MASS/J.Carpenter/M.Skrutskie/ R.Hurt **165**uM, ru PL/WFA lu N_A/Steve Cannistra–Starry Wonders **166**lu N_SP/MSX Ml N_CH/UMass/D.Wang u.A.**167**ru N_A/Fred Calvert/Adam Block/NOAO/ AURA/NSF Mr NRAO **168** Ml PL/WFA ro N_A/Francesco Ferraro–Bologna-Observatorium/ESA **169**lu N_A/S.Kafka/K.Honeycutt–Universität von Indiana/WIYN/NOAO/ NSF ru NOAO M N_H/ESA/ K.Sahu–STScI lo PL/WFA **170**lu Röntgenstrahlen: N_CH/UMass/D.Wang u. A./optisches Licht: N_H/D.Wang u. A.. Ml N_A/D.Dixon–UCR/ D.Hartmann-Clemson/E.Kolaczyk–Universität von Chicago **171**lu Igor Liubarsky/Rutherford-Appleton-Labor ru GSFC/Dr. Richard Mushotzky Mr PL/WFA **172**M PL/WFA **174**ro N_A/AURA/NOAO/NSF **175**ru R.Corradi–ING/Laura Magrini–Universität von Florenz, Italien ro Université Louis Pasteur, Straßburg/Nicolas Martin/Rodrigo Ibata–Observatorium von Straßburg **176**lu, Ml Robert Gendler Mr N_H/ESA/A.Nota–STScI/ESA **177**ru N_A/P.Challis/R.Kirshner–ZfA/STScI oM N_A/N_J/Caltech **178**ru N_SP/N_J/Caltech/S.Willner–CfA lu, ro NOAO ru N_H/ESA/S.Beckwith–STScI/The Hubble Heritage Team/STSMI/AURA M N_H/ESA/The Hubble Heritage Team/STScI/AURA Ml, Mr N_H/The Hubble Heritage Team/STS MI/AURA **179**M PL/WFA **180**lu, Ml, Mr NOAO **181**ru Röntgenstrahlen: N_CH/W.Forman u. A./Radio-: NRAO/VLA/O.Ellek & Kassim Mr NRAO/NOAO/KPNO/OVRO/Caltech ro N_CH/CXC/UCSB/C.Martin u. A. **182**lu, ro N_H/ESA/STScI/AURA Ml N_H/ STS MI/AURA **183**uM N_H/H. Ford–JHU/G.Illingworth–UCSC/LO/M.Clampin–STScI/G.Hartig–STScI/ACS-Wissenschafts-Team/ESA ro Universität von Toronto/John Dubinski **184**M ESA/Jean-Paul Kneib–Observatoire Midi Pyrenees, Frankreich/Caltech **186**lu Sloan Digital Sky Survey/Fermilab Visual Media Services Ml Rien van der Weijgaert/Captayn- Institut **189**uMr, oMr N_H/STScI **190**lu, Ml NOAO Mr GSFC/S.L.Snowden–USRA ro N_H/Andrew Fruchter und das ERO-Team/Sylvia Baggett–STScI/ Richard Hook–ST-ECF/Zoltan Levay–STScI/AURA **191**ru ESO uMr N_H/STScI/AURA/ESA/ P.Rosati–ESO **193**lu NRAO/AUI ru H/L.Ferrarese–JHU Ml N_CH/ SAO/R.Kraft u. A. ESO **194**lu ESO ru PL/WFA ro 2MASS/T.H.Jarrett/J.Carpenter/R.Hurt **195**lu Lars Lindberg Christensen/ESA/ESO **196**ro GSFC/WMAP-Wissenschaftsteam **197**lu GSFC/WMAP-Wissenschaftsteam **198** Ml CERN **200**Ml Christine Pulliam–CfA/ Volker Springel–Max-Planck-Institut für Astrophysik/Lars Hernquist–CfA ru Zentrum für Kosmologie, Universität von Chicago/Anatoly Klypin–Universität von New Mexico/Visualisationen von Andrey Kravtsov–National Center for Supercomputer Applications, Universität von Chicago **204**M APL/CBT **240**M PL/WFA **244**ro Akira Fujii **245**u N_N/Marshall-Raumfahrtszentrum Ml N_H/Bruce Balick– Universität von Washington/Jason Alexander–Universität von Washington/Arsen Hajian–US-Meeresobservatorium/Yervant Terzian, Cornell-Universität/Mario Perinotto– Universität von Florenz/Patrizio Patriarchi–Arcetri-Observatorium Mr N_G ro APL **246**ro NOAO/AURA/NSF/Tod Boroson **247**ro Robert Gendler **248**ro Robert Gendler **249**ro N_H/AURA/STScI **250**lo Akira Fujii **251**ru N_SP/Midcourse Space Experiment Ml PL/WFA Mr N_A/H.Bond o N_N/Goddard-Raumfahrtszentrum **252**ro N_H **253**ro N_H/AURA/STScI **254**ro N_H/ESA/HEIC/AURA/STScI **255** ro N_CH/Smithsonian-Observatorium für Astrophysik **256**ro PL/WFA **257**lu N_J ro Robert Gendler Ml NOAO Mr N_N/STI lo N_A/CXC/SAO/PSU/CMU **258**ro N_H/Donald Walter–Universität von South Carolina/Paul Scowen and Brian Moore–Universität von Arizona **259**ro N_H/STScI/AURA **260**ro PL/WFA **261**lu N_H/ESA/AURA/Caltech Mr ESO lo N_H/STI ro N_N/GSFC **262**ro N_H/ESA/P.Anders/Universität von Göttingen ro NOAO **264**ro PL/WFA **265**lu KFHT Mr NOAO/AURA/NSF lo N_H/Andrew Fruchter/ERO Team/Sylvia Baggett/STScI/ Richard Hook/ST–ECF/Zoltan Levay/STScI **266**ro N_A/N_H/AURA/ STScI/S.Smartt/D.Richstone **267**ro ESO **268**ro PL/WFA **269**ru, ro PL/WFA Mr N_H/Andrea Dupree–CfA/Ronald Gilliland–STScI lo N_H/C.R.O'Dell/ S.K.Wong/Rice-Universität **270**ro ESO/YLT **271**ro N_A/Röntgenstrahlen: P.Ogle–UCSB/optisches Licht: A.Capetti–INAF u.A./ STScI **273**uMr N_H/Bruce Balick–Universität von Washington/Jason Alexander–Universität von Washington/Arsen Hajian–US-Meeresobservatorium/Yervant Terzian–Cornell-Universität/Mario Perinotto–Universität von Florenz/Patrizio Patriarchi–Arcetri-Universität, Italien lu NOAO/GMOS-S Commissioning Team/Gemini-Observatorium Mr NOAO/WIVN/ESA/Hubble-Helix-Nebel-Team/M.Meixner–STScI/T.A.Rector–NRAO lo N_N/HQ/N_G **274**ro N_H/STScI **275**ro ESO **276**ro PL/WFA **277**u N_N/MSFC Ml N_H/Ron Gilliland–STScI Mr ESO lo N_A/M.Heydari-Malayeri–Observatorium von Paris u. A../WFPC2/N_H/ESA **278**ro N_H **279**ro N_H **280**ro N_H **281**ro N_H/Raghvendra Sahai/John Trauger–JPL/WFPC2-Wissenschafts-Team **282**ro PL/WFA **283**lu N_A/STScI/AURA Mr N_J/Caltech/J.Keene– SSC/Caltech lo N_H/STScI/ AURA ro N_H/Jeffrey Newman–Universität von Kalifornien, Berkeley **284**ro N_H/AURA/STScI **285**ro N_A/Adam Block/KPNO-Visitor-Programm/ NOAO/AURA/NSF **286**ro PL/WFA **287**uM N_H lu N_O Mr N_A/N_H/Jeff Hester–Universität von Arizona lo ESO ro N_A/Adam Block/KPNO-Visitor-Programm/NOAO/AURA/NSF **288**ro PL/WFA **289**ru, Mr ESO lo N_A/B.Balick–Universität von Washington u. A./WFPC2/HST **290**ro PL/WFA **291**lu NOAO/Adam Block/AURA/NSF ru N_H/ A.Martel–JHU/H.Ford–JHU/M.Clampin–STScI/G.Hartig–STScI/G.Illingworth–UCO-Lick-Observatorium/ACS-Wissenschaftsteam/ESA Mr N_H/Walter Jaffe–Leiden-Observatorium/Holland Ford–JHU/STScI lo N_A/F.N.Owen–NRAO/YLA/NRAO/AUI ro N_A/AURA/STScI

ILLUSTRATIONEN

2Df Galaxy Redshift Survey/Robert Smith 195ru **CfA/David Aguliar** 157ro **Don Davis** 20u M, 22u M, 26M, 28M, 30Mr, 40lu Mr, 48u Mr, 50u Mr, 58u Mr, 60b Mr, 76Ml Mr, 82ru ro 86M Ml, 91o, 95oM, 97o, 100Mr, 102lu, 103oM **ESA** 55ru **ESA/DLR/FU Berlin/G.Neukum** 44Ml, 45ru, 65ro **ESA/Medialab** 131lo **Dr Mark A. Garlick** 16lu M, 18ro, 19ru, 24Ml Mr, 25Mr ro, 36u Ml Mr, 37M ro, 38M Ml, 45o, 46Ml Mr, 47ru, 56ro Ml, 57ru, 72M, 73oM, Mr, uM 74M Ml, 75ru, 76u, 79o, 84Ml ro, 85ru, 86u, 89u, 92Ml ro, 93ru, 94u, 98Ml ro, 99ru, 100lu, 104Ml ro, 106ru ro, 108u, 109o, 110lu Mr, 114Mr, 116ru Ml oM, 117r, 118u Ml, 121l r, 124u, 125o, 126M, 128r, 129ru o, 130lu, 131lu ro, 138ru, 140Ml, 141lu, 144ro, 145lu ru lo ro, 150Ml, 152Mr, 155ro, 156lu Mr, 162lu ru, 168Mr, 170ro, 174Mr, 177Ml, 186Mr, 188uM lu, 189u, 192u ro, 194Ml, 197ru, 198ru Mr, 200lu Mr, 202u Ml, 203lu ru M o **GSFC/Dana Berry/SkyWorks Digital** 159uMl, uMr, M, Ml, Mr, lo **GSFC/WMAP Science Team** 196l ru, 197lu **David Hardy/Wildlife Art Ltd.** 25ru, 40ro, 54Ml, 58ro, 60ro **Japanische Luft- und Weltraum-überwachung/MEF/S.Irushies** 69ro **Suzanne Keating** 18ru, 19uM, 24ru, 38ru, 39uM ru, 42ro, 43Ml, 46ru, 47uM, 53M, 56ru, 57uM, 66ro, 74ru, 75uM, 81Mr, 84ru, 85uM, 92ru, 93u 94Ml, 98ru, 99uM, 100Ml, 102Mr, 104ru, 105uM, 117uM, 202Mr **Zolt Levay/STScI/N_H** 168lu **Lowell-Observatorium/NOAO/AURA/ NSF** 106 o **Moonrunner Design Ltd.** 80ro, 90ro, 96ro, 102ro, 105ru, 126Ml, 193ro, 202o oM ro, 206uM uMr ru Ml ro **N_H/M.Brown–Caltech/G.Bacon/ STScI** 106u **N_J** 73lo 123Mr 131ru **N_J/Boston-Universität** 75lu **N_J/Caltech** 108ro **N_SP/JPL/Caltech/T.Pyle–SSC** 130ro **NASA/JHU-Labor für angewandte Physik/ Carnegie-Institut, Washington** 45lu **NASA/JHU-Labor für Angewandte Physik/Southwest-Forschungsinstitut** 105ro **Nationales Datenzentrum für Weltraumwissenschaften** 54u **photolibrary.com/Wissenschaftliches Fotoarchiv** 115ro, 123ru, 125lu, 134ro, 171Mr, 188ro **Universität von Hawaii, Institut für Astronomie** 81Mr **A.Schaller/N_H/ESA/STScI** 166r **Observatorium von Straßburg/Rodrigo Ibata/Nicolas Martin** 175ro